广东佛冈观音山省级自然保护区

植物彩色图鉴

徐颂军　李镇魁　范秀泽　主编

科学出版社

北　京

内 容 简 介

　　本书共收录广东佛冈观音山省级自然保护区维管植物187科643属1211种，其中蕨类植物31科50属86种，裸子植物6科7属9种，被子植物150科586属1116种。书中的每一种植物均列出了中文名、所在属、拉丁名、识别特征、分布及用途等信息。

　　本书图文并茂，实用性强，可供各级自然保护区、森林公园、湿地公园等各类自然保护地的工作人员，林业、园林、环保等部门的工作的从业人员，植物学、地理学和生态学等专业广大师生，以及相关专业科研人员等参考使用。

图书在版编目（CIP）数据

　　广东佛冈观音山省级自然保护区植物彩色图鉴 / 徐颂军，李镇魁，范秀泽主编. —北京：科学出版社，2022.7
　　ISBN 978-7-03-072553-0

　　Ⅰ. ①广… 　Ⅱ. ①徐… ②李… ③范… 　Ⅲ. ①自然保护区—植物—广东—图集 　Ⅳ. ①Q948.526.5-64

　　中国版本图书馆CIP数据核字（2022）第101154号

责任编辑：张会格　刘　晶 / 责任校对：郑金红
责任印制：吴兆东 / 封面设计：刘新新

科学出版社 出版

北京东黄城根北街16号
邮政编码：100717
http://www.sciencep.com

北京捷迅佳彩印刷有限公司 印刷

科学出版社发行　各地新华书店经销

*

2022年7月第 一 版　开本：889×1194 1/16
2022年7月第一次印刷　印张：15 1/4
字数：791 000

定价：328.00元

（如有印装质量问题，我社负责调换）

编辑委员会

《广东佛冈观音山省级自然保护区植物彩色图鉴》

前 言
PREFACE

广东佛冈观音山省级自然保护区位于广东省中部、佛冈县西北部，距广州市区约76km，与佛冈县城直线距离为8km，总面积2816.8hm^2。

保护区主峰亚婆髻海拔1219.08m，属粤中第一高峰，周围有10多座海拔900m以上的山峰，山体林木茂密苍翠，森林覆盖率达98.2%，区内古木参天，泉水奔涌，瀑布飞泻，奇峰异石，构成了观音山独特的景观。

保护区地处南亚热带北缘线上，气候属南亚热带季风湿润气候。据佛冈县气象资料，保护区日照时间长，年均为1717.5h；太阳辐射量大，年均为258 568.4J/cm^2；年均气温20.2～21.3℃，7月平均气温28.1℃，极端高温38.9℃；1月平均气温7.6℃，极端低温－4.2℃；隆冬时海拔高的地方有轻雪，2～4月有冰雹灾害，全年无霜期332天；年均降雨量2201.3mm，为广东暴雨中心区之一，雨量较集中于4～9月，占全年降雨量的81%，雷雨、暴雨较多，一般在6～8月出现。区内大小溪流密布，流向不同，以亚婆髻山为中心呈放射状分布，一部分溪流汇入龙潭河然后进入烟岭河，流向英德市境内的长湖水后注入北江；另一部分溪流汇入琶江注入北江。由于保护区所在地是广东省三大暴雨中心之一，森林涵养水源的功能强大，减弱了地表径流，溪涧流量均匀，且落差大、瀑布多，水力资源丰富。

保护区优越的自然地理环境蕴含着丰富的植物资源。据调查统计，保护区的维管植物达1211种，约占广东省维管植物的1/6。

为了更好地服务于保护区和林业、园林、环保等部门的有关工作者，各高等院校相关专业师生，植物学和地理学工作者及植物爱好者，编者根据调查结果，将观音山的野生维管植物（含少量长期栽培或归化的种类）以图谱的形式予以编辑发表。

本书共收录佛冈观音山省级自然保护区维管植物187科643属1211种，其中蕨类植物31科50属86种，裸子植物6科7属9种，被子植物150科586属1116种（双子叶植物130科476属945种，单子叶植物20科110属171种）。每一种植物均附有规范的中文名称（部分种类还收录了当地的地方名）、所在属、拉丁名、简单的形态特征、分布及用途等。书中的植物科按系统分类法进行排列。其中，蕨类植物按秦仁昌系统（1978年）排列，并参考《中国蕨类植物科属志》（吴兆洪和秦仁昌，1991）所作的修订；裸子植物按郑万钧系统（1978年）排列；被子植物按哈钦松（Hutchinson）系统（1926～1934年）排列。科内属与种的排列按拉丁字母顺序。

编者在现场调查及编写本书过程中，得到了广东省林业局、华南师范大学、华南农业大学、广东佛冈观音山省级自然保护区管理处、广东省林业科学研究院、广东省林业规划调查院、广东省教育研究院、广州医科大学等单位的大力支持，王卓越、黄如恒、袁飞龙、谭炳新、黄飞勇、刘焯贤、黄润霞、黄金辉和翁迪君等同志在我们课题研究或野外调研时给予了很大的帮助，在此谨致以最诚挚的感谢！

本书出版得到广东佛冈观音山省级自然保护区建设经费和国家自然科学基金（项目批准号：41877411）部分资助，在此表示衷心感谢。

限于编者水平，错漏之处在所难免，敬请专家、同仁和读者批评指正。

编 者

2022年1月于广州

目 录
CONTENTS

石松科　Lycopodiaceae··················1
卷柏科　Selaginellaceae··················1
木贼科　Equisetaceae··················2
观音座莲科　Angiopteridaceae··················2
紫萁科　Osmundaceae··················2
里白科　Gleicheniaceae··················3
海金沙科　Lygodiaceae··················3
膜蕨科　Hymenophyllaceae··················4
蚌壳蕨科　Dicksoniaceae··················5
桫椤科　Cyatheaceae··················5
碗蕨科　Dennstaedtiaceae··················5
鳞始蕨科　Lindsaeaceae··················6
蕨科　Pteridiaceae··················6
凤尾蕨科　Pteridaceae··················6
中国蕨科　Sinopteridaceae··················8
铁线蕨科　Adiantaceae··················8
裸子蕨科　Hemionitidaceae··················9
书带蕨科　Vittariaceae··················9
蹄盖蕨科　Athyriaceae··················10
金星蕨科　Thelypteridaceae··················10
铁角蕨科　Aspleniaceae··················11
乌毛蕨科　Blechnaceae··················12
鳞毛蕨科　Dryopteridaceae··················12
三叉蕨科　Aspidiaceae··················13
肾蕨科　Nephrolepidaceae··················13
骨碎补科　Davalliaceae··················14
水龙骨科　Polypodiaceae··················14
槲蕨科　Drynariaceae··················16
禾叶蕨科　Grammitidaceae··················16
苹科　Marsileaceae··················16
满江红科　Azollaceae··················16
松科　Pinaceae··················17
杉科　Taxodiaceae··················17
罗汉松科　Podocarpaceae··················17
三尖杉科　Cephalotaxaceae··················18
红豆杉科　Taxaceae··················18
买麻藤科　Gnetaceae··················18
木兰科　Magnoliaceae··················18
八角科　Illiciaceae··················20
五味子科　Schisandraceae··················21
番荔枝科　Annonaceae··················21
樟科　Lauraceae··················23

青藤科　Illigeraceae··················29
毛茛科　Ranunculaceae··················29
小檗科　Berberidaceae··················30
木通科　Lardizabalaceae··················31
大血藤科　Sargentodoxaceae··················32
防己科　Menispermaceae··················32
马兜铃科　Aristolochiaceae··················33
胡椒科　Piperaceae··················34
三白草科　Saururaceae··················35
金粟兰科　Chloranthaceae··················35
罂粟科　Papaveraceae··················35
白花菜科　Capparidaceae··················36
十字花科　Cruciferae··················36
堇菜科　Violaceae··················37
远志科　Polygalaceae··················38
虎耳草科　Saxifragaceae··················39
茅膏菜科　Droseraceae··················39
石竹科　Caryophyllaceae··················39
马齿苋科　Portulacaceae··················40
蓼科　Polygonaceae··················40
藜科　Chenopodiaceae··················42
苋科　Amaranthaceae··················42
酢浆草科　Oxalidaceae··················43
凤仙花科　Balsaminaceae··················44
千屈菜科　Lythraceae··················44
柳叶菜科　Onagraceae··················45
小二仙草科　Haloragidaceae··················46
瑞香科　Thymelaeaceae··················46
山龙眼科　Proteaceae··················47
第伦桃科　Dilleniaceae··················47
海桐花科　Pittosporaceae··················48
大风子科　Flacourtiaceae··················48
天料木科　Samydaceae··················49
西番莲科　Passifloraceae··················49
葫芦科　Cucurbitaceae··················49
秋海棠科　Begoniaceae··················50
山茶科　Theaceae··················51
五列木科　Pentaphylacaceae··················55
猕猴桃科　Actinidiaceae··················55
水东哥科　Saurauiaceae··················56
桃金娘科　Myrtaceae··················56
野牡丹科　Melastomataceae··················58

使君子科　Combretaceae ···········60
红树科　Rhizophoraceae ···········61
金丝桃科　Hypericaceae ···········61
藤黄科　Guttiferae ···········62
椴树科　Tiliaceae ···········62
杜英科　Elaeocarpaceae ···········63
梧桐科　Sterculiaceae ···········64
锦葵科　Malvaceae ···········65
金虎尾科　Malpighiaceae ···········67
粘木科　Ixonanthaceae ···········67
大戟科　Euphorbiaceae ···········67
交让木科　Daphniphyllaceae ···········75
鼠刺科　Escalloniaceae ···········76
绣球花科　Hydrangeaceae ···········76
蔷薇科　Rosaceae ···········77
含羞草科　Mimosaceae ···········82
苏木科　Caesalpiniaceae ···········84
蝶形花科　Papilionaceae ···········87
金缕梅科　Hamamelidaceae ···········95
黄杨科　Buxaceae ···········97
杨梅科　Myricaceae ···········97
壳斗科　Fagaceae ···········97
榆科　Ulmaceae ···········102
桑科　Moraceae ···········103
荨麻科　Urticaceae ···········108
冬青科　Aquifoliaceae ···········110
卫矛科　Celastraceae ···········114
翅子藤科　Hippocrateaceae ···········115
茶茱萸科　Icacinaceae ···········116
铁青树科　Olacaceae ···········116
桑寄生科　Loranthaceae ···········116
檀香科　Santalaceae ···········117
蛇菰科　Balanophoraceae ···········117
鼠李科　Rhamnaceae ···········117
胡颓子科　Elaeagnaceae ···········119
葡萄科　Vitaceae ···········120
芸香科　Rutaceae ···········122
苦木科　Simaroubaceae ···········124
楝科　Meliaceae ···········125
无患子科　Sapindaceae ···········125
槭树科　Aceraceae ···········126
清风藤科　Sabiaceae ···········126
省沽油科　Staphyleaceae ···········127
漆树科　Anacardiaceae ···········127
牛栓藤科　Connaraceae ···········128
胡桃科　Juglandaceae ···········129
山茱萸科　Cornaceae ···········129
八角枫科　Alangiaceae ···········130
蓝果树科　Nyssaceae ···········130
五加科　Araliaceae ···········130
伞形科　Umbelliferae ···········132
山柳科　Clethraceae ···········133
杜鹃花科　Ericaceae ···········134

越橘科　Vacciniaceae ···········136
水晶兰科　Monotropaceae ···········136
柿树科　Ebenaceae ···········136
山榄科　Sapotaceae ···········137
肉实科　Sarcospermataceae ···········137
紫金牛科　Myrsinaceae ···········137
安息香科　Styracaceae ···········140
山矾科　Smyplocaceae ···········141
马钱科　Loganiaceae ···········142
木犀科　Oleaceae ···········143
夹竹桃科　Apocynaceae ···········145
杠柳科　Periplocaceae ···········146
萝藦科　Asclepiadaceae ···········146
茜草科　Rubiaceae ···········149
忍冬科　Caprifoliaceae ···········157
败酱科　Valerianaceae ···········159
菊科　Compositae ···········160
龙胆科　Gentianaceae ···········170
报春花科　Primulaceae ···········170
车前科　Plantaginaceae ···········171
桔梗科　Campanulaceae ···········171
半边莲科　Lobeliaceae ···········172
紫草科　Boraginaceae ···········172
茄科　Solanaceae ···········173
旋花科　Convolvulaceae ···········174
玄参科　Scrophulariaceae ···········175
苦苣苔科　Gesneriaceae ···········177
爵床科　Acanthaceae ···········178
马鞭草科　Verbenaceae ···········179
唇形科　Labiatae ···········183
鸭跖草科　Commelinaceae ···········185
芭蕉科　Musaceae ···········186
姜科　Zingiberaceae ···········186
美人蕉科　Cannaceae ···········188
百合科　Liliaceae ···········188
延龄草科　Trilliaceae ···········190
雨久花科　Pontederiaceae ···········190
菝葜科　Smilacaceae ···········190
天南星科　Araceae ···········191
浮萍科　Lemnaceae ···········193
鸢尾科　Iridaceae ···········194
薯蓣科　Dioscoreaceae ···········194
棕榈科　Palmae ···········195
露兜树科　Pandanaceae ···········196
仙茅科　Hypoxidaceae ···········196
兰科　Orchidaceae ···········196
灯心草科　Juncaceae ···········201
莎草科　Cyperaceae ···········202
禾本科　Gramineae ···········207

主要参考文献 ···········218
中文名索引 ···········219
拉丁名索引 ···········227

石松科　Lycopodiaceae

藤石松　藤石松属
Lycopodiastrum casuarinoides (Spring) Holub ex Dixit

大型土生植物。地下茎长而匍匐；地上主茎木质藤状，圆柱形，直径约2mm，具疏叶。不育枝柔软，黄绿色，圆柱状，枝连叶宽约4mm，多回不等位二叉分枝；能育枝柔软，红棕色，小枝扁平，多回二叉分枝。叶螺旋状排列，贴生，卵状披针形至钻形，长1.5~3.0mm，宽约0.5mm，基部突出，弧形，无柄，先端渐尖，具1膜质、长2~5mm的长芒，或芒脱落。孢子囊穗每6~26个一组生于多回二叉分枝的孢子枝顶端，排列成圆锥形，具直立的总柄和小柄，弯曲，长1~4cm，直径2~3mm，红棕色；孢子囊生于孢子叶腋，内藏，圆肾形，黄色。

分布于华东、华南、华中及西南大部分省份；亚洲热带及亚热带地区。生于林下、林缘、灌丛下或沟边。

全草药用，有舒筋活血、祛风湿等作用。

石松　石松属
Lycopodium japonicum Thunb. ex Murray

多年生常绿草本，株高15~30cm。匍匐茎多分枝，疏生叶；直立茎上营养枝多回分叉，密生叶。叶针形，顶端有易脱落的芒状长毛。孢子囊穗通常2~6个生于孢子枝的上部，圆柱形，有柄；孢子叶卵状三角形，先端急尖，具不规则锯齿。

分布于东北、长江以南地区。生于疏林下或灌丛中。

全株供观赏；全草药用，治扭伤肿痛、急性肝炎、痢疾等；亦可作蓝色染料等。

灯笼石松　垂穗石松属
Palhinhaea cernua (L.) Franco et Vasc.

中型至大型土生草本。主茎直立，高达60cm，圆柱形，中部直径1.5~2.5mm，光滑无毛，多回不等位二叉分枝；主茎上的叶螺旋状排列，稀疏，钻形至线形，长约4mm，宽约0.3mm，通直或略内弯，基部圆形，下延，无柄，先端渐尖，边全缘，中脉不明显，纸质。侧枝上斜，多回不等位二叉分枝，有毛或光滑无毛；侧枝及小枝上的叶螺旋状排列，密集，略上弯，钻形至线形，长3~5mm，宽约0.4mm，基部下延，无柄，先端渐尖，边全缘，表面有纵沟，光滑，中脉不明显，纸质。孢子囊穗单生于小枝顶端，短圆柱形，成熟时通常下垂，长3~10mm，直径2.0~2.5mm，淡黄色，无柄；孢子囊生于孢子叶腋，内藏，圆肾形，黄色。

分布于华南、华东、西南大部分省份。生于林下、林缘及灌丛下荫处或岩石上。

全株能祛风湿、舒筋络、活血、止血。

卷柏科　Selaginellaceae

深绿卷柏　卷柏属
Selaginella doederleinii Hieron.

土生，近直立，基部横卧，植株高25~45cm，无匍匐根状茎或游走茎。根托达植株中部，通常由茎上分枝的腋处下面生出，根少分叉，被毛。主茎自下部开始羽状分枝，不呈"之"字形，无关节，禾秆色；侧枝3~6对，二至三回羽状分枝，分枝无毛。叶交互排列，二型，纸质，表面光滑，边缘不为全缘，不具白边；主茎上的腋叶较分枝上的大，卵状三角形，分枝上的腋叶对称，狭卵圆形到三角形；主茎上的中叶略大于分枝上的，分枝上的中叶长圆状卵形或卵状椭圆形或窄卵形；主茎上的侧叶较侧枝上的大，分枝上的侧叶长圆状镰形。孢子叶穗紧密，四棱柱形，单个或成对生于小枝末端。大孢子白色；小孢子橘黄色。

分布于我国南方大部分省份；日本、印度、越南、泰国、马来西亚。生于林下。

耳基卷柏　卷柏属
Selaginella limbata Alston

土生，匍匐，分枝斜升。根托自主茎分叉处下方生出，根多分叉，光滑。主茎分枝，禾秆色，茎近四棱柱形或具沟槽，无毛；侧枝2~5对，二至三次分叉。叶（除主茎上的外）交互排列，二型，光滑，全缘，具白边，主茎的叶一型，绿色或黄色，全缘；主茎的腋叶大于分枝的，近圆形或近心形，分枝的腋叶对称，椭圆形或宽椭圆形，全缘，具白边；中叶不对称，小枝的卵状椭圆形，覆瓦状排列，先端交叉，全缘；侧叶不对称，侧枝的卵状披针形或长圆形，全缘。孢子叶穗紧密，四棱柱形，单生于小枝末端；孢子叶一型，卵形，全缘，具白边，龙骨状；大、小孢子叶在孢子叶穗上相间排列，或下侧基部或中部有一个大孢子叶，余均为小孢子叶。大孢子深褐色；小孢子浅黄色。

分布于广东、福建、广西、香港、湖南、江西和浙江；日本。生于林下或山坡阳面。

江南卷柏　卷柏属
Selaginella moellendorffii Hieron.

土生或石生，直立，高达55cm，具一横走的地下根状茎和游走茎，其上生鳞片状淡绿色的叶。根托只生于茎的基部，长0.5~2cm，直径0.4~1mm，根多分叉，密被毛。主茎中上部羽状分枝，不呈"之"字形，无关节，禾秆色或红色；侧枝5~8对，二至三回羽状分枝，分枝无毛。叶（除不分枝主茎上的外）交互排列，二型，草质或纸质，表面光滑，边缘不为全缘，具白边，不分枝主茎上的叶排列较疏，绿色、黄色或红色，三角形；主茎上的腋叶不明显大于分枝上的，卵形或阔卵形，分枝上的腋叶对称，卵形；中叶不对称，小枝上的叶卵圆形；主茎上的侧叶较侧枝上的大，分枝上的侧叶卵状三角形。孢子叶穗紧密，四棱柱形，单生于小枝末端。大孢子浅黄色；小孢子橘黄色。

分布于华南、华东、西南、西北及华中大部分省份；越南、柬埔寨、菲律宾。生于岩石缝中。

翠云草　卷柏属
Selaginella uncinata (Desv.) Spring

土生，主茎先直立而后攀缘状，长50～100cm或更长，无横走地下茎。根托只生于主茎的下部或沿主茎断续着生，自主茎分叉处下方生出，根少分叉，被毛。主茎自近基部羽状分枝，不呈"之"字形，无关节，禾秆色；侧枝5～8对，二回羽状分枝，排列紧密。叶全部交互排列，二型，草质，表面光滑，边全缘，明显具白边，主茎上的叶排列较疏，较分枝上的大，二型，绿色；主茎上的腋叶明显大于分枝上的，肾形或略心形，分枝上的腋叶对称，宽椭圆形或心形；中叶不对称，主茎上的明显大于侧枝上的，侧枝上的叶卵圆形；侧叶不对称，主茎上的明显大于侧枝上的，侧枝上的长圆形。孢子叶穗紧密，四棱柱形，单生于小枝末端。大孢子灰白色或暗褐色；小孢子淡黄色。

分布于华南、华东、西南、华中及西北部分省份。生于林下。

全草药用，治黄疸、淋病、盗汗、蛇伤等；姿态秀丽，蓝绿色的荧光使人赏心悦目，是极好的地被植物，也是理想的兰花盆面覆盖材料。

🌿 木贼科　**Equisetaceae**

笔管草　木贼属
Equisetum ramosissimum Desf. subsp. *debile* (Roxb. ex Vaucher) Hauke

大中型植物，草本，高可达60cm或更高。根状茎直立或横走，黑棕色，节和根密生黄棕色长毛或光滑无毛。地上枝多年生。茎圆管状，黄绿色，中部直径3～7mm，节间长3～10cm，成熟主枝有分枝。主枝有10～20条纵棱，节上叶鞘基部有黑圈；鞘筒短，下部绿色，顶部略为黑棕色；鞘齿10～22个，狭三角形，上部淡棕色，膜质，下部黑棕色，革质，扁平；分枝有8～12条纵棱，鞘齿6～10个，披针形，较短，淡棕色，膜质。孢子囊穗短圆形，长1～2.5cm，中部直径约0.5cm，顶端有小尖突，无柄。

分布于华南及华中大部分省份；南亚和东南亚。生于路边草丛湿处或山涧石缝中。

全草药用，茎枝治目翳、结膜炎、泪囊炎、湿热泄泻、感冒、便血及小便不利；根可接骨。

🌿 观音座莲科　**Angiopteridaceae**

福建观音座莲　观音座莲属
Angiopteris fokiensis Hieron.

植株高大，高1.5m以上。根状茎块状，直立，下面簇生有圆柱状的粗根。叶柄粗壮，干后褐色，长约50cm，粗1～2.5cm；叶片宽卵形，长与宽各60cm以上；羽片5～7对，互生，长50～60cm，宽14～18cm，狭长圆形，基部不变狭，羽柄长约2～4cm，奇数羽状；小羽片35～40对，对生或互生，平展，上部的稍斜上，具短柄，披针形，下部小羽片较短，近基部的小羽片仅长3cm或过之，顶生小羽片分离，有柄，叶缘全部具有规则的浅三角形锯齿；叶脉开展，下面

明显，一般分叉，无倒行假脉；叶为草质，上面绿色，下面淡绿色，两面光滑；叶轴干后淡褐色，光滑，腹部具纵沟。孢子囊群棕色，长圆形，长约1mm，距叶缘0.5～1mm，彼此接近，由8～10个孢子囊组成。

分布于广东、福建、湖北、贵州、广西和香港。生于林下溪沟边。

根状茎富含淀粉，又可药用，有祛风解毒、止血散结、消肿清热之功效；也是优良的观赏植物或盆栽植物。

🌿 紫萁科　**Osmundaceae**

紫萁　紫萁属
Osmunda japonica Thunb.

植株高50～80cm或更高。根状茎短粗，或成短树干状而稍弯。叶簇生，直立，柄长20～30cm，禾秆色，幼时被密绒毛，不久脱落；叶片为三角广卵形，长30～50cm，宽25～40cm，顶部一回羽状，其下为二回羽状；羽片3～5对，对生，长圆形，长15～25cm，基部宽8～11cm，基部一对稍大，有柄（柄长1～1.5cm），斜向上，奇数羽状；小羽片5～9对，对生或近对生，无柄，分离，长4～7cm，宽1.5～1.8cm，长圆形或长圆披针形，顶生的同形，有柄，边缘有均匀的细锯齿；叶脉两面明显，自中肋斜向上，二回分歧，小脉平行，达于锯齿；叶为纸质，成长后光滑无毛，干后为棕绿色。孢子叶的羽片和小羽片均短缩，小羽片变成线形，长1.5～2cm，沿中肋两侧背面密生孢子囊。

分布于华南、华东、西南及华北大部分省份；日本、朝鲜、印度。生于林下或溪边酸性土上。

嫩叶可食；根状茎药用，可作贯众代用品。

华南紫萁　紫萁属
Osmunda vachellii Hook.

植株高达1m，坚强挺拔。根状茎直立，粗肥，成圆柱状的主轴。叶簇生于顶部；柄长20～40cm，粗逾5mm，棕禾秆色，略有光泽，坚硬；叶片长圆形，长40～90cm，宽20～30cm，一型，但羽片为二型，一回羽状；羽片15～20对，近对生，斜向上，有短柄，以关节着生于叶轴上，长15～20cm，宽1～1.5cm，披针形或线状披针形，顶生小羽片有柄，边缘遍体为全缘，或向顶端略为浅波状；叶脉粗健，两面明显，二回分歧，小脉平行，达于叶边，叶边稍向下卷；叶为厚纸质，两面光滑，略有光泽，干后绿色或黄绿色。下部数对（多达8对，通常3～4对）羽片为能育，生孢子囊，羽片紧缩为线形，宽仅4mm，中肋两侧密生圆形的、分开的孢子囊穗，深棕色。

分布于广东、广西、香港、海南、福建、贵州和云南；印度、缅甸、越南。生于草坡上和溪边荫处酸性土上。

叶、根药用，有消炎解毒、健脾利湿、舒筋活络等功效；植株形体像苏铁，株形美观，姿态优雅，可供庭园栽植或室内盆栽观赏。

里白科 Gleicheniaceae

芒萁 芒萁属
Dicranopteris dichotoma (Thunb.) Berhn.

植株通常高达1.2m。根状茎横走，粗约2mm，密被暗锈色长毛。叶远生，柄长24~56cm，粗1.5~2mm，棕禾秆色，光滑，基部以上无毛；叶轴一至三回二叉分枝，一回羽轴长约9cm，被暗锈色毛，渐变光滑；二回羽轴长3~5cm；各回分叉处两侧均各有一对托叶状的羽片，宽披针形；末回羽片长16~23.5cm，宽4~5.5cm，披针形或宽披针形，裂片平展，35~50对，线状披针形，长1.5~2.9cm，宽3~4mm；侧脉两面隆起，明显，斜展，每组有3~5条并行小脉，直达叶缘；叶为纸质，上面黄绿色或绿色，沿羽轴被锈色毛，后变无毛，下面灰白色，沿中脉及侧脉疏被锈色毛。孢子囊群圆形，一列，着生于基部上侧或上下两侧小脉的弯弓处，由5~8个孢子囊组成。

分布于华南、华东、华中及西南大部分省份；日本、印度、越南。生于强酸性土的荒坡或林缘。

铁芒萁 芒萁属
Dicranopteris linearis (Burm.) Underw.

植株高达3~5m，蔓延生长。根状茎横走，粗约3mm，深棕色，被锈毛。叶远生，柄长约60cm，粗约6mm，深棕色，幼时基部被棕色毛，后变光滑；叶轴五至八回二叉分枝，一回叶轴长13~16cm，粗约3.4mm，二回以上的羽轴较短，末回叶轴长3.5~6cm，粗约1mm，上面具1纵沟；腋芽卵形，密被锈色毛，除叶轴第一回，其余各回分叉处两侧均有一对托叶状羽片，披针形或宽披针形；末回羽片长5.5~15cm，宽2.5~4cm；裂片平展，15~40对，披针形或线状披针形，长10~19mm，宽2~3mm；中脉下面凸起，侧脉上面相当明显，下面不太明显，斜展，小脉3条；叶坚纸质，上面绿色，下面灰白色，无毛。孢子囊群圆形，细小，一列，着生于基部上侧小脉的弯弓处，由5~7个孢子囊组成。

分布于广东、海南和云南；马来群岛、斯里兰卡、泰国、越南、印度南部。生于疏林下，或火烧迹地上。

中华里白 里白属
Diplopterygium chinensis (Ros.) De Vol

植株高约3m。根状茎横走，粗约5mm，深棕色，密被棕色鳞片。叶片巨大，二回羽状；叶柄深棕色，粗5~6mm或过之，密被红棕色鳞片，后几变光滑；羽片长圆形，长约1m，宽约20cm；小羽片互生，多数，具极短柄，长14~18cm，宽2~3cm，披针形，羽状深裂；裂片稍向上斜，互生，50~60对，长1~1.4mm，宽约2mm，披针形或狭披针形，边全缘；中脉上面平，下面凸起，侧脉两面凸起，明显，叉状，近水平状斜展；叶坚质，上面绿色，沿小羽轴被分叉的毛，下面灰绿色，沿中脉、侧脉及边缘密被星状柔毛，后脱落；叶轴褐棕色，初密被红棕色鳞片。孢子囊群

圆形，一列，位于中脉和叶缘之间，稍近中脉，着生于基部上侧小脉上，被夹毛，由3~4个孢子囊组成。

分布于广东、福建、广西、贵州和四川；越南。生于山谷溪边或林中。

光里白 里白属
Diplopterygium laevissimum (Christ) Nakai

植株高1~1.5m。根状茎横走，圆柱形，被鳞片，暗棕色。叶柄绿色或暗棕色，下面圆，上面平，有沟，基部被鳞片或疣状凸起，其他部分光滑；一回羽片对生，具短柄，卵状长圆形，长38~60cm；小羽片20~30对，互生，几无柄，显然斜向上，中部的最长，狭披针形，羽状全裂；裂片25~40对，互生，向上斜展，长7~13mm，宽约2mm，基部下侧裂片长约5mm，披针形，边全缘；中脉上面平，下面凸起，侧脉两面明显，两叉，斜展，直达叶缘；叶坚纸质，无毛，上面绿色，下面灰绿色或淡绿色；叶轴干后缘禾秆色，背面圆，腹面平，有边，光滑。孢子囊群圆形，位于中脉及叶缘之间，着生于上方小脉上，由4~5个孢子囊组成。

分布于华南、华东、华中及西南大部分省份；日本、越南和菲律宾。生于山谷中荫湿处。

海金沙科 Lygodiaceae

海南海金沙 海金沙属
Lygodium conforme C. Chr.

植株高攀达5~6m。叶轴粗3mm，羽片多数，对生于叶轴的短距上，向两侧平展，距端有一丛红棕色短柔毛；羽片二型；不育羽片生于叶轴下部，柄长4~4.5cm，掌状深裂几达基部，裂片6个，披针形，长17~22cm，宽1.8~2.5cm或稍宽，叶缘全缘，有一条软骨质狭边，中脉粗凸，有光泽，侧脉纤细，分离，明显，略向上斜出，二回叉状分歧，直达叶缘，叶厚近革质，干后绿色，两面光滑；能育羽片常为二叉掌状深裂，裂片几达基部，每个掌状小羽片有长5~17mm的柄，柄两侧有狭翅，无关节，深裂几达基部，末回裂片通常三片，披针形，长20~30cm，宽2~2.6cm。孢子囊穗排列较紧密，长2~5mm，线形，无毛，褐棕色或绿褐色。

分布于广东、海南、广西和云南；越南。生于林中或溪边灌丛中。

曲轴海金沙 海金沙属
Lygodium flexuosum (L.) Sw.

植株高达7m。三回羽状；羽片多数，对生于叶轴上的短距上，向两侧平展，距端有一丛淡棕色柔毛；羽片长圆三角形，长16~25cm，宽15~20cm，羽柄长约2.5cm；奇数二回羽状，一回小羽片3~5对，互生或对生，开展；

末回裂片1~3对,有短柄或无柄,无关节;顶生的一回小羽片披针形,长6~10cm,宽1.5~3cm;叶缘有细锯齿;中脉明显,侧脉纤细,明显,自中脉斜上,三回二叉分歧,达于小锯齿;叶草质,干后暗绿褐色,下面光滑,小羽轴两侧有狭翅和棕色短毛,叶面沿中脉及小脉略被刚毛。孢子囊穗长3~9mm,线形,棕褐色,无毛,小羽片顶部通常不育。

分布于广东、海南、广西、贵州和云南等省份;越南、泰国、印度、马来西亚、菲律宾、澳大利亚。生于疏林中。

海金沙　海金沙属
Lygodium japonicum (Thunb.) Sw.

植株高攀达1~4m。叶轴上面有两条狭边,羽片多数,对生于叶轴上的短距两侧,平展;距长达3mm,距端有一丛黄色柔毛覆盖腋芽。不育羽片尖三角形,长宽几相等,10~12cm或较狭,柄长1.5~1.8cm;一回羽片2~4对,互生,柄长4~8mm;二回小羽片2~3对,卵状三角形,互生,掌状三裂;末回裂片短阔;顶端的二回羽片长2.5~3.5cm,宽8~10mm,波状浅裂;主脉明显,侧脉纤细,从主脉斜上,一回至二回二叉分歧;叶纸质,干后绿褐色;两面沿中肋及脉上略有短毛;能育羽片卵状三角形,长宽几相等,12~20cm,二回羽状,一回小羽片4~5对,互生,长圆披针形,长5~10cm,基部宽4~6cm。孢子囊穗长2~4mm,长往往超过小羽片的中央不育部分,排列稀疏,暗褐色,无毛。

分布于华南、华东、西北、华中及西南部分省份;日本、斯里兰卡、印度尼西亚、菲律宾、印度、热带大洋洲。生于灌丛中。

全草药用,有祛湿通淋作用;茎叶捣烂的水浸液可治棉蚜虫、红蜘蛛等。

柳叶海金沙　海金沙属
Lygodium salicifolium Presl

植株高攀达8m。叶轴禾秆色,无毛,上部具窄翅;羽片多数,相距10~13cm,对生于叶轴短距,向两侧平展,距端密生棕黄色柔毛;不育羽片生于叶轴下部,二回二叉分裂或二叉掌状深裂,向上的羽片长圆形,长17~25cm,宽12~16cm,柄长2.5~3cm,柄和叶轴均具翅,常为偶数一回羽状;小羽片3~5对,互生,宽披针形,长6~7cm,宽1~1.5cm,基部近心形,两侧耳状,不裂或基部偶有1小耳片,小柄长2~3mm,柄端有关节,两侧有窄翅,顶生1对的基部常合生,与下面的同形,具不规则锯齿;中脉明显,侧脉纤细,明显,斜上,二至三回二叉。孢子囊穗沿叶缘从基部向上分布,几光滑,长2~3mm,棕色。

分布于广东、云南和海南;越南、泰国、马来群岛、印度、缅甸。生于混交林中。

小叶海金沙　海金沙属
Lygodium scandens (L.) Sw.

植株蔓攀,高达5~7m。叶轴纤细,二回羽状;羽片多数,羽片对生于叶轴的距上,距长2~4mm,顶端密生红棕色毛;不育羽片生于叶轴下部,长圆形,长7~8cm,宽4~7cm,柄长1~1.2cm,奇数

羽状,边缘有矮钝齿,或锯齿不甚明显;叶脉清晰,三出,小脉二至三回二叉分歧,斜向上;叶薄草质,干后暗黄绿色,两面光滑;能育羽片长圆形,长8~10cm,宽4~6cm,通常奇数羽状,小羽片的柄长2~4mm,柄端有关节,9~11片,互生,三角形或卵状三角形,长1.5~3cm,宽1.5~2cm。孢子囊穗排列于叶缘,到达先端,5~8对,线形,一般长3~5mm,最长的达8~10mm,黄褐色,光滑。

分布于广东、福建、台湾、香港、海南、广西和云南;印度、缅甸、马来群岛。生于溪边灌木丛中。

全株药用,有止血通淋、舒筋活络等功效。

🌿 膜蕨科　Hymenophyllaceae

蕗蕨　蕗蕨属
Mecodium badium (Hook. et Grev.) Cop.

植株高15~25cm。根状茎铁丝状,粗约0.8mm,长而横走,褐色,几光滑,下面疏生粗纤维状的根。叶远生;叶柄长5~10cm,褐色或绿褐色,无毛;叶片披针形至卵状披针形或卵形,长10~15cm,宽4~6cm,三回羽裂;羽片10~12对,互生,有短柄,开展,三角状卵形至斜卵形,长1.5~4cm,宽1~2.5cm;小羽片3~4对,互生,无柄,开展,长圆形,长1~1.5cm,宽5~8mm;末回裂片2~6个,互生,极斜向上,长圆形或阔线形,长2~5mm,宽1~1.5mm;叶脉叉状分枝,两面明显隆起,褐色,光滑无毛;叶为薄膜质,干后褐色或绿褐色,光滑无毛;叶轴及各回羽轴均全部有阔翅,无毛,稍曲折。孢子囊群大,多数,位于全部羽片上,着生于向轴的短裂片顶端。

分布于我国东部、南部及西南部;印度、越南、马来西亚及印度尼西亚等地。生于密林下溪边潮湿的岩石上。

长柄蕗蕨　蕗蕨属
Mecodium osmundoides (v. d. B.) Ching

植株高15~18cm。根状茎纤细,丝状,褐色,长而横走,几光滑,下面疏生纤维状的根。叶远生;叶柄长4~7cm,细长,深褐色,光滑无毛;叶片为宽卵形至长圆形或卵状披针形,长8~12cm,宽2.5~4.5cm,三回羽裂;羽片10~15对,互生,有短柄,开展,三角状卵形至长圆形,长1~2.5cm,宽4~12mm;小羽片4~6对,互生,无柄,开展,长圆形至阔楔形,长3~5mm,宽2~4mm;末回裂片2~6个,互生,极斜向上,线形至长圆状线形,长1~3mm,宽0.5~1mm;叶脉叉状分枝,两面稍隆起,褐色,无毛,末回裂片有小脉1条;叶为薄膜质,半透明,干后呈褐色或绿褐色,光滑无毛;叶轴及羽轴褐色,无毛,稍曲折,全部均有翅。孢子囊群位于叶片上部1/3~1/2处,多数,各裂片均能育。

分布于广东、福建、香港、广西和贵州;越南、柬埔寨、印度及尼泊尔等地。生于山谷溪旁荫湿的岩石上。

瓶蕨　瓶蕨属
Trichomanes auriculata Bl.

植株高15~30cm。根状茎长而横走，粗2~3mm，灰褐色，坚硬，被黑褐色有光泽的多细胞节状毛，后渐脱落，叶柄腋间有1个密被节状毛的芽。叶远生，沿根状茎在同一平面上排成两行，互生，平展或稍斜出；叶柄短，长4~8mm，灰褐色，基部被节状毛，无翅或有狭翅；叶片披针形，长15~30cm，宽3~5cm，一回羽状；羽片18~25对，互生，无柄，卵状长圆形，长2~3cm，宽1~1.5cm；不育裂片披针长圆形，长4~5mm，宽3~4mm；能育裂片通常缩狭或仅有一单脉；叶脉多回两歧分枝，暗褐色，隆起，无毛，叶为厚膜质，干后深褐色，常沿叶脉多少形成褶皱，无毛，叶轴灰褐色，有狭翅或几无翅，几无毛，上面有浅沟。孢子囊群顶生于向轴的短裂片上，每个羽片有10~14个。

分布于广东、浙江、台湾、江西、海南、广西、四川、贵州和云南；日本、中南半岛、印度尼西亚、菲律宾、加里曼丹岛至几内亚。攀缘在溪边树干上或荫湿岩石上。

蚌壳蕨科　Dicksoniaceae

金毛狗　金毛狗属
Cibotium barometz (L.) J. Sm.

根状茎卧生，粗大，顶端生出一丛大叶。叶柄长达120cm，粗2~3cm，棕褐色，基部被一大丛垫状的金黄色绒毛；叶片大，长达180cm，宽约相等，广卵状三角形，三回羽状分裂；下部羽片为长圆形，长达80cm，宽20~30cm，有柄，互生；一回小羽片长约15cm，宽约2.5cm，互生，开展，有小柄，线状披针形；末回裂片线形略呈镰刀形，长1~1.4cm，宽约3mm，开展，中脉两面凸出，侧脉两面隆起；叶几为革质或厚纸质，干后上面褐色，有光泽，下面为灰白色或灰蓝色，两面光滑，或小羽轴上、下两面略被短褐毛疏生。孢子囊群在每一末回能育裂片1~5对，生于下部的小脉顶端；囊群盖坚硬，棕褐色，横长圆形，两瓣状。孢子为三角状的四面体，透明。

分布于华南、西南、华东、华中部分省份；印度、中南半岛、日本及印度尼西亚。生于山麓沟边及林下阴处酸性土上。

根状茎含淀粉，酿酒或药用，有补肝肾、强腰膝等功效。国家二级重点保护野生植物。

桫椤科　Cyatheaceae

桫椤　桫椤属
Alsophila spinulosa (Wall. ex Hook.) Tryon

茎干高达6m或更高，直径10~20cm。叶螺旋状排列于茎顶端；茎段端和拳卷叶以及叶柄的基部密被鳞片和糠秕状鳞毛，鳞片暗棕色，有光泽，狭披针形；叶柄长30~50cm，通常棕色，连同叶轴和羽

轴有刺状凸起，背面两侧各有一条不连续的皮孔线。叶片大，长矩圆形，长1~2m，宽0.4~1.5m，三回羽状深裂；羽片17~20对，互生，基部一对缩短，长约30cm，中部羽片长40~50cm，宽14~18cm，长矩圆形，二回羽状深裂；小羽片18~20对，披针形，羽状深裂；裂片18~20对，斜展，镰状披针形；叶纸质，干后绿色；羽轴、小羽轴和中脉上面被糙硬毛，下面被灰白色小鳞片。孢子囊群孢生于侧脉分叉处，靠近中脉，有隔丝，囊托凸起；囊群盖球形，薄膜质，外侧开裂。

分布于广东、福建、台湾、海南、香港、广西、贵州、云南、四川、重庆和江西；日本、越南、柬埔寨、泰国、缅甸、孟加拉国、不丹、尼泊尔和印度。生于山地溪旁或疏林中。

黑桫椤　黑桫椤属
Gymnosphaera podophylla (Hook.) Cop.

植株高1~3m，有短主干，顶部生出几片大叶。叶柄红棕色，略光亮，基部略膨大，粗糙或略有小尖刺，被褐棕色披针形厚鳞片；叶片大，长2~3m，一回、二回深裂以至二回羽状，沿叶轴和羽轴上面有棕色鳞片，下面粗糙；羽片互生，斜展，柄长2.5~3cm，长圆状披针形，长30~50cm；小羽片约20对，互生，近平展，柄长约1.5mm，小羽轴相距2~2.5cm，条状披针形；叶脉两边均隆起，主脉斜疣，小脉3~4对，相邻两侧的基部一对小脉顶端通常联结成三角状网眼，并向叶缘延伸出一条小脉；叶为坚纸质，干后疣面褐绿色，下面灰绿色，两面均无毛。孢子囊群圆形，着生于小脉背面近基部处，隔丝短；无囊群盖。

分布于广东、台湾、福建、香港、海南、广西、云南和贵州；日本、越南、老挝、泰国及柬埔寨。生于山坡林中、溪边灌丛。

树姿优美，可作观赏植物。国家二级重点保护野生植物。

碗蕨科　Dennstaedtiaceae

华南鳞盖蕨　鳞盖蕨属
Microlepia hancei Prantl

根状茎横走，灰棕色，密被灰棕色透明节状长绒毛。叶远生，柄长30~40cm，棕禾秆色或棕黄色，除基部外无毛，略粗糙，稍有光泽；叶片长50~60cm，中部宽25~30cm，卵状长圆形，三回羽状深裂；羽片10~16对，互生，柄短，两侧有狭翅，几平展，基部宽5cm左右，长三角形，中部的长13~20cm，宽5~8cm，阔披针形，二回羽状深裂；小裂片5~7对；叶脉上面不太明显，下面稍隆起，侧脉纤细，羽状分枝，不达叶边；叶草质，干后绿色或黄绿色，两面沿叶脉有刚毛疏生；叶轴、羽轴和叶柄同色，粗糙，略有灰色细毛（羽轴上较多）。孢子囊群圆形，生小裂片基部上侧近缺刻处；囊群盖近肾形，膜质，灰棕色，偶有毛。

分布于广东、福建、台湾、香港和海南；日本、印度、中南半岛。生于林中或溪边湿地。

鳞始蕨科 Lindsaeaceae

剑叶鳞始蕨（双唇蕨） 鳞始蕨属
Lindsaea ensifolia Sw.

草本，植株高达40cm。根状茎横走，被红褐色钻形鳞片。叶近生；叶柄长15cm，禾秆色至褐色，有四棱，上面有沟，通体光滑；叶片长圆形，长约25cm，宽约11cm，一回奇数羽状，羽片4～5对，基部近对生，上部互生，有短柄或几无柄，线状披针形，长7～11.5cm，宽约8mm，全缘或在不育羽片上有锯齿；中脉显著，细脉沿中脉联结成2行网眼，网眼斜长，为不整齐的四边形至多边形，向叶缘分离；叶草质，两面光滑。孢子囊群线形，沿叶缘联结各细脉着生；囊群盖两层，灰色，膜质，全缘，里层较外层的叶边稍狭，向外开口。

分布于广东、香港、海南、广西和云南；泰国、印度尼西亚及非洲、大洋洲。生于山谷林下。

异叶鳞始蕨 鳞始蕨属
Lindsaea heterophylla Dry.

草本，植株高达40cm。根状茎短而横走，密被赤褐色的钻形鳞片。叶近生；叶柄长12～22cm，有四棱，光滑；叶片阔披针形或长圆状三角形，长15～30cm，一回羽状或下部常为二回羽状；羽片11对左右，基部近对生，上部互生，远离，斜展，披针形，长3～5cm，宽约1cm，边缘有啮蚀状的锯齿；叶脉可见，中脉显著，侧脉羽状二叉分枝，沿中脉两边各有一行不整齐的、多边形的斜长网眼；叶轴有四棱，禾秆色，下部栗色，光滑。孢子囊群线形；囊群盖线形，棕灰色，全缘。

分布于广东、广西、云南、福建、湖南和台湾等省份；日本、菲律宾、越南、缅甸。生于疏林荫处的湿润地上。

团叶鳞始蕨 鳞始蕨属
Lindsaea orbiculata (Lam.) Mett. ex Kuhn

草本，植株高达30cm。根状茎短，横走，先端密生红棕色鳞片。叶柄长5～11cm，栗色，基部近栗褐色；叶近生，无毛，一回羽状，下部往往二回羽状，叶片线状披针形，长15～20cm，宽1.8～2cm；羽片20～28对，有短柄，基部内缘凹入，下缘平直，上缘圆而有不整齐的齿牙；叶脉二叉分枝，小脉20条左右，紧密，下面稍明显；叶草质，干后灰绿色，叶轴禾秆色至棕栗色，有四棱。孢子囊群连续不断形成长线形，群生于小脉顶端的连接脉上；囊群盖线形，狭，棕色，膜质，有细齿牙。

分布于广东、台湾、福建、广西、贵州、四川和云南；热带亚洲及澳大利亚。生于溪边林下或石上。

全株可盆栽观赏。

乌蕨 乌蕨属
Sphenomeris chinensis (L.) Maxon

植株高达65cm。根状茎短而横走，粗壮，密被赤褐色的钻状鳞片。叶近生，叶柄长达25cm，禾秆色至褐禾秆色，有光泽，上面有沟，除基部外，通体光滑；叶片披针形，长20～40cm，宽5～12cm，四回羽状；羽片15～20对，互生，有短柄，斜展，卵状披针形，长5～10cm，宽2～5cm，下部三回羽状；一回小羽片在一回羽状的顶部下有10～15对，有短柄，近菱形，长1.5～3cm，一回羽状或基部二回羽状；二回（或末回）小羽片小，倒披针形，有齿牙；叶脉上面不显，下面明显，在小裂片上为二叉分枝；叶坚草质，干后棕褐色，通体光滑。孢子囊群边缘着生，每裂片上1枚或2枚，顶生1～2条细脉；囊群盖灰棕色，革质，半杯形，宿存。

分布于华南、华中、华东及西南大部分省份；日本、菲律宾、波利尼西亚、马达加斯加等地。生于林下或灌丛中荫湿地。

全草药用，治感冒发热、肝炎、痢疾、肠炎、毒蛇咬伤、烫火伤等。

蕨科 Pteridiaceae

蕨 蕨属
Pteridium aquilinum (L.) Kuhn var. *latiusculum* (Desv.) Underw. ex Heller

多年生草本，高达1m。根状茎长而粗壮，横卧地下，密被锈黄色柔毛，后脱落。叶柄长20～80cm，褐棕色或棕禾秆色，光滑，上面有浅纵沟1条；叶远生，三角形或阔披针形，长30～60cm，宽20～45cm，革质，三回羽状复叶。羽片4～6对，对生或近对生，斜展；小羽片约10对，互生，斜展，披针形，长6～10cm，宽1.5～2.5cm，具短柄，一回羽状；裂片10～15对，平展；叶脉稠密，仅下面明显；叶干后近革质或革质，暗绿色，上面无毛，下面在裂片主脉上多少被棕色或灰白色的疏毛或近无毛；叶轴及羽轴均光滑，小羽轴上面光滑，下面被疏毛，少有密毛。孢子囊群生叶背边缘。

分布于全球各地。生于向阳林地、灌丛、荒山草坡。

幼叶可食，俗称"蕨菜"；根状茎含淀粉，俗称"蕨粉"、"山粉"，可供食用或酿酒；也供药用，有清热、滑肠、降气、祛风、化痰等功效。

凤尾蕨科 Pteridaceae

凤尾蕨 凤尾蕨属
Pteris cretica L. var. *nervosa* (Thunb.) Ching et S. H. Wu

植株高50～70cm。根状茎短而直立或斜升，粗约1cm，先端被黑褐色鳞片。叶簇生，二型或近二型，叶片卵圆形，长25～30cm，宽15～20cm，一回羽状；柄长30～45cm，禾秆色，不育叶的羽片2～5对（有时为掌状），通常对生，斜向上，基部一对有短柄并为二叉（罕有三叉），向上的无柄，狭披针形或披针形，长10～24cm，宽1～2cm；能育叶的羽片3～5（8）对，对生或向上渐为互生，斜向上，基部一对有短柄并为二叉，偶有三叉或单一，向上的无柄，线形（或第二对也往往二叉），长12～25cm，宽5～12mm；主脉下面强度隆起，禾秆色，光滑；侧脉两面均明显，稀疏，斜展，单一或从基部分叉；叶干后纸质，绿色或灰绿色，无毛；叶轴禾秆色，表面平滑。

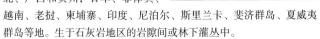

分布于广东、河南、陕西、湖北、广西和贵州；日本、菲律宾、越南、老挝、柬埔寨、印度、尼泊尔、斯里兰卡、斐济群岛、夏威夷群岛等地。生于石灰岩地区的岩隙间或林下灌丛中。

刺齿半边旗　凤尾蕨属

Pteris dispar Kze.

植株高30～80cm。根状茎斜向上，粗7～10mm，先端及叶柄基部被黑褐色鳞片，鳞片先端纤毛状并稍卷曲。叶簇生（10～15片），近二型；柄长15～40cm，与叶轴均为栗色，有光泽；叶片卵状长圆形，长25～40cm，宽15～20cm，二回深裂或二回半边深羽裂；顶生羽片披针形，长12～18cm，基部宽2～3cm；裂片12～15对，对生，开展，阔披针形或线披针形，略呈镰刀状，长1～2cm，宽3～5mm；侧生羽片5～8对，与顶生羽片同形，对生或近对生斜展，下部的有短柄，长6～12cm，基部宽2.5～4cm；羽轴下面隆起，基部栗色，羽轴上面有浅栗色的纵沟，纵沟两旁有啮蚀状的浅灰色狭翅状的边，侧脉明显，斜向上，二叉，小脉直达锯齿的软骨质刺尖头；叶干后草质，绿色或暗绿色，无毛。

分布于华南、华东、华中及西南大部分省份；越南、马来西亚、菲律宾、日本、朝鲜。生于山谷疏林下。

剑叶凤尾蕨　凤尾蕨属
Pteris ensiformis Burm. f.

草本，植株高30～50cm。根状茎细长，斜升或横卧，粗4～5mm，被黑褐色鳞片。叶柄长10～30cm，与叶轴同为禾秆色，光滑；叶丛生，两型，簇生，草质，无毛，长圆状卵形，长10～25cm（不育叶远比能育叶短），宽5～15cm，羽状，羽片3～6对，对生，稍斜向上，上部的无柄，下部的有短柄；不育叶的叶柄较短，三角形，尖头，长2.5～8cm，宽1.5～4cm，无毛，有四棱；能育叶片二回羽状，疏离，先端不育的叶缘有密尖齿；叶干后草质，灰绿色至褐绿色，无毛。孢子囊群狭线形，沿能育羽片及小羽片的边缘延伸；囊群盖狭线形，膜质。

分布于广东、广西、浙江、江西、福建、台湾、贵州和云南；越南、缅甸、斯里兰卡、马来群岛、澳大利亚等。生于溪旁或林下潮湿的酸性土壤。

全草药用，治痢疾、淋病、外伤出血、湿疹等症，也作神曲药料。

傅氏凤尾蕨　凤尾蕨属
Pteris fauriei Hieron.

草本，高50～60cm。根状茎短，斜生，顶端和叶柄基部有狭披针

形鳞片，深褐色；叶纸质，近丛生，叶柄长30～50cm，暗褐色，被鳞片，光滑；叶一型，卵状三角形，长25～50cm，宽17～30cm，二回深羽裂达羽轴两侧的狭翅，或基部三回羽状深裂；侧生羽片3～9对，镰状披针形，先端渐尖，长13～23cm，宽3～4cm；顶生羽片的形状、大小及分裂度与中部的侧生羽片相似；裂片20～30对，互生或对生，斜展，镰刀状阔披针形；羽轴下面隆起，上面有狭纵沟，两旁有针状扁刺，侧脉两面明显，斜展；叶干后纸质，浅绿色至暗绿色，无毛。孢子囊群线性，沿裂片顶部以下的边缘连续分布；囊群盖膜质，灰棕色。

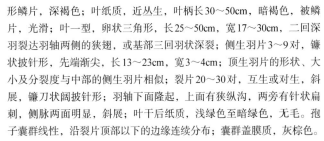

分布于广东、广西、安徽、浙江、江西、福建、台湾和湖南；越南和日本。生于林下沟边的酸性土上。

叶药用，有清热利湿、祛风定惊、敛疮止血等作用。

井栏边草　凤尾蕨属
Pteris multifida Poir.

植株高30～45cm。根状茎短而直立，粗1～1.5cm，先端被黑褐色鳞片。叶多数，密而簇生，明显二型；不育叶柄长15～25cm，粗1.5～2mm，禾秆色或暗褐色，稍有光泽，光滑；叶片卵状长圆形，长20～40cm，宽15～20cm，一回羽状；羽片通常3对，对生，斜向上，无柄，线状披针形，长8～15cm，宽6～10mm，先端渐尖，叶缘有不整齐的尖锯齿并有软骨质的边；能育叶有较长的柄，羽片4～6对，狭线形，长10～15cm，宽4～7mm，仅不育部分具锯齿，余均全缘。主脉两面均隆起，禾秆色，侧脉明显，稀疏，单一或分叉，有时在侧脉间具有或多或少的、与侧脉平行的细条纹（脉状异形细胞）；叶干后草质，暗绿色，遍体无毛；叶轴禾秆色，稍有光泽。

分布于我国除东北地区以外的大部分省份；越南、菲律宾、日本。生于墙壁、井边及石灰岩缝隙或灌丛下。

全草药用，有清热祛湿、凉血解毒、强筋活络等功效。

栗柄凤尾蕨　凤尾蕨属
Pteris plumbea Christ

植株高25～35cm。根状茎直立或稍偏斜，先端被黑褐色鳞片。叶簇生；柄四棱，长10～20cm，粗1～2mm，连同叶轴为栗色，有光泽，光滑；叶片（成长叶）近一型，长圆形或卵状长圆形，长20～25cm，宽10～15cm，一回羽状；羽片通常2对，对生，斜向上，基部羽片有栗色的短柄；顶生小羽片线状披针形，长10～15cm，宽8～10mm，先端渐尖，基部阔楔形，稍偏斜，两侧的小羽片远短于顶生小羽片，顶生羽片通常与其下一对侧生羽片合生而成三叉，基部多少下延，叶缘有软骨质的边，能育部分全缘，不育部分有锐锯齿；主脉两面均隆起，侧脉明显，单一或分叉；叶干后草质，灰绿色或上面为棕绿色，无毛。

分布于广东、江苏、浙江、江西、福建、湖南和广西；印度、越南、柬埔寨、菲律宾、日本。生于石灰岩地区疏林下的石隙中。

半边旗 凤尾蕨属
Pteris semipinnata L.

植株高35~120cm。根状茎长而横走，粗1~1.5cm，先端及叶柄基部被褐色鳞片。叶簇生，近一型；叶柄长15~55cm，连同叶轴均为栗红色，有光泽，光滑；叶片长圆披针形，长15~60cm，宽6~18cm，二回半边深裂；顶生羽片阔披针形至长三角形，长10~18cm，基部宽3~10cm，先端尾状，篦齿状，深羽裂几达叶轴，裂片6~12对，对生，开展，镰刀状阔披针形，长2.5~5cm，宽6~10mm，先端短渐尖；侧生羽片4~7对，对生或近对生，开展，半三角形而略呈镰刀状，长5~18cm，基部宽4~7cm，先端长尾头，基部偏斜，裂片3~6片或较多，镰刀状披针形。羽轴下面隆起，下部栗色，向上禾秆色，上面有纵沟，纵沟两旁有啮蚀状的、浅灰色狭翅状的边；侧脉明显，斜上；叶干后草质，灰绿色，无毛。

分布于广东、台湾、福建、江西、广西、湖南、贵州、四川和云南；日本、菲律宾、越南、老挝、泰国、缅甸、马来西亚、斯里兰卡及印度北部。生于疏林下荫处、溪边或岩石旁的酸性土壤上。

全草药用，有清热解毒、化湿消肿的作用，治疮疖蛇伤。盆栽观赏。酸性土指示植物。

蜈蚣草 凤尾蕨属
Pteris vittata L.

草本，植株高30~150cm。直立根状茎木质，密被蓬松的黄褐色鳞片。柄坚硬，长10~30cm或更长，深禾秆色至浅褐色。叶簇生，叶片倒披针状椭圆形，长20~90cm或更长，宽5~25cm或更宽，一回羽状；羽片无柄，条状披针形；顶生羽片与侧生羽片同形，侧生羽多数（可达40对），互生或有时近对生，下部羽片较疏离，基部羽片仅为耳形，中部羽片最长，狭线形；不育叶的边缘有细密锯齿；主脉下面隆起并为浅禾秆色，侧脉纤细；叶干后薄革质，暗绿色，无光泽，无毛；叶轴禾秆色，疏被鳞片。孢子囊群条形，生于小脉顶端的连接脉上，靠近羽片两侧边缘，连续分布；囊群盖同形，膜质。

分布于我国长江以南各省份；亚洲热带及亚热带地区。生于岩石上。

全草药用，能祛风、杀虫。

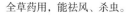
中国蕨科 **Sinopteridaceae**

薄叶碎米蕨 碎米蕨属
Cheilanthes tenuifolia (Burm. f.) Sw.

植株高10~40cm。根状茎短而直立，连同叶柄基部密被棕黄色柔软的钻状鳞片叶。叶簇生，柄长6~25cm，栗色，下面圆形，上面有沟，下部略有一二鳞片，向上光滑；叶片远较叶柄为短，五角状卵形、三角形或阔卵状披针形，渐尖头，三回羽状；羽片6~8对，基部一对最大，卵状三角形或卵状披针形，先端渐尖，基部上侧与叶轴

并行，下侧斜出，二回羽状；小羽片5~6对，具有狭翅的短柄，下侧的较上侧的为长，下端基部一片最大，一回羽状；末回小羽片以极狭翅相连，羽状半裂；裂片椭圆形；小脉单一或分叉；叶干后薄草质，褐绿色，上面略有一二短毛，叶轴及各回羽轴下面圆形，上面有纵沟。孢子囊群生裂片上半部的叶脉顶端；囊群盖连续或断裂。

分布于广东、海南、广西、云南、湖南、江西和福建；亚洲热带地区，以及波利尼西亚、澳大利亚（塔斯马尼亚）等地。生于溪旁、田边或林下石上。

野雉尾金粉蕨（野鸡尾） 金粉蕨属
Onychium japonicum (Thunb.) Kze.

植株高60cm左右。根状茎长而横走，疏被鳞片，鳞片棕色或红棕色，披针形，筛孔明显。叶散生；柄基部褐棕色，略有鳞片；叶片几和叶柄等长，宽约10cm或过之，卵状三角形或卵状披针形，渐尖头，四回羽状细裂；羽片12~15对，互生，基部一对最大，长圆披针形或三角状披针形，先端渐尖，并具羽裂尾头，三回羽裂；各回小羽片彼此接近，均为上先出，基部一对最大；末回能育小羽片或裂片线状披针形，有不育的急尖头；末回不育裂片短而狭，线形或短披针形，短尖头；叶轴和各回育轴上面有浅沟，下面凸起，不育裂片仅有中脉一条；叶干后坚草质或纸质，灰绿色或绿色，遍体无毛。孢子囊群盖线形或短长圆形，膜质，灰白色，全缘。

分布于华南、华东、华中、东南及西南等部分省份；日本、菲律宾、印度尼西亚（爪哇）及波利尼西亚。生于林下沟边或溪边石上。

全草有解毒作用。

铁线蕨科 **Adiantaceae**

铁线蕨 铁线蕨属
Adiantum capillus-veneris L.

草本，高15~40cm。根状茎细长横走，密被棕色披针形鳞片。叶柄长5~20cm，纤细，栗黑色，有光泽，基部被与根状茎上同样的鳞片；叶远生或近生，薄草质，无毛，长10~25cm，宽8~16cm，叶中部以下二回羽状，中部以上为一回奇数羽状；羽片3~5对，互生，斜向上，有柄；侧生末回小羽片2~4对，互生，斜扇形或斜方形，外缘浅裂至深裂；不育裂片先端钝圆形，具阔三角形的小锯齿或具啮蚀状的小齿，能育裂片先端截形、直或略下陷，全缘或两侧具有啮蚀状的小齿；叶脉多回二歧分叉，两面均明显；叶干后薄草质，草绿色或褐绿色，两面均无毛；叶轴、羽轴和小羽柄均与叶柄同色。孢子囊群生于由变质裂片顶部反折的囊群盖下面；囊群盖圆肾形，棕色，膜质。

分布于我国长江以南各省份；欧洲、美洲、非洲及大洋洲温暖地区。生于流水溪旁石灰岩上或石灰岩洞底和滴水岩壁上。

全草药用，能清热解毒、祛风除湿、利尿通淋。

鞭叶铁线蕨　铁线蕨属
Adiantum caudatum L.

植株高15～40cm。根状茎短而直立，被深栗色、披针形、全缘的鳞片。叶簇生；柄长约6cm，栗色，密被褐色或棕色多细胞的硬毛；叶片披针形，长15～30cm，宽2～4cm，一回羽状；羽片28～32对，互生，或下部的近对生，平展或略斜展；下部的羽片逐渐缩小，中部羽片半开式，近长圆形；裂片线形，几无柄。叶脉多回二歧分叉，两面可见；叶干后纸质，绿色或棕绿色，两面均疏被棕色多细胞长硬毛和密而短的柔毛；叶轴与叶柄同色，并疏被同样的毛，老时部分脱落，先端常延长成鞭状，能着地生根，行无性繁殖。孢子囊群每羽片5～12枚；囊群盖圆形或长圆形，褐色。

分布于广东、台湾、福建、海南、广西、贵州和云南；亚洲热带及亚热带地区。生于林下或山谷石上及石缝中。

扇叶铁线蕨　铁线蕨属
Adiantum flabellulatum L.

植株高20～45cm。根状茎短而直立，密被棕色、有光泽的钻状披针形鳞片。叶簇生；柄长10～30cm，紫黑色，有光泽，基部被有和根状茎上同样的鳞片，上面有纵沟1条，沟内有棕色短硬毛；叶片扇形，长10～25cm，二至三回不对称的二叉分枝；中央羽片线状披针形，奇数一回羽状；小羽片8～15对，互生，平展，具短柄，中部以下的小羽片大小几相等；顶部小羽片略小，顶生，倒卵形或扇形；叶脉多回二歧分叉，两面均明显；叶干后近革质，绿色或常为褐色，两面均无毛；各回羽轴及小羽柄均为紫黑色，有光泽，上面均被红棕色短刚毛，下面光滑。孢子囊群每羽片2～5枚，横生于裂片上缘和外缘，以缺刻分开；囊群盖半圆形或长圆形，革质，褐黑色。

分布于华南、华东、华中及西南大部分省份；日本、越南、缅甸、印度、斯里兰卡及马来群岛。

全草药用，有清热解毒、舒筋活络、利尿、化痰、治跌打内伤等功效；也供插花用。

裸子蕨科　Hemionitidaceae

凤丫蕨　凤丫蕨属
Coniogramme japonica (Thunb.) Diels

植株高60～120cm。叶柄长30～50cm，禾秆色或栗褐色，基部以上光滑；叶片和叶柄等长或稍长，宽20～30cm，长圆三角形，二回羽状；羽片通常5对（少则3对），基部一对最大，长20～35cm，宽10～15cm，卵圆三角形，羽状；侧

生小羽片1～3对，长10～15cm，宽1.5～2.5cm，披针形，有柄或向上的无柄，顶生小羽片远较侧生的为大，长20～28cm，宽2.5～4cm，阔披针形；第二对羽片和其下羽片的顶生小羽片同形；顶羽片较其下的为大，有长柄；羽片和小羽片边缘有向前伸的疏矮齿；叶脉网状，在羽轴两侧形成2～3行狭长网眼，网眼外的小脉分离，小脉顶端有纺锤形水囊，不到锯齿基部；叶干后纸质，上面暗绿色，下面淡绿色，两面无毛。孢子囊群沿叶脉分布，几达叶边。

分布于华南、华东、华中及西南大部分省份；朝鲜南部及日本。生于湿润林下和山谷荫湿处。

书带蕨科　Vittariaceae

唇边书带蕨　书带蕨属
Vittaria elongata Sw.

根状茎长而横走，多分叉，密被须根和鳞片；须根的根毛绒毛状，密布，形成线状的吸水结构；鳞片黑褐色，具亮光泽，钻状披针形。叶稍远生，通常成丛倒垂；叶柄横切面椭圆形，或长或短，基部常被较根状茎鳞片狭长的鳞片；叶片线形或带状，长可达1m以上，宽0.5～2cm，顶端圆头或钝头，下部渐狭，全缘；中肋细，两面扁平，不甚明显，侧脉多数，形成斜升的网眼，较明显；叶近革质，干后有皱纹。孢子囊群线生于叶缘的双唇形夹缝中，开口向外，自叶片的近基部延伸直达近顶端，隔丝多数，顶端杯状，长略大于宽。孢子狭长椭圆形，单裂缝，表面纹饰模糊。

分布于广东、福建、台湾、海南、广西、云南和西藏；越南、泰国、柬埔寨、老挝、缅甸、尼泊尔、印度、斯里兰卡、马来西亚、印度尼西亚、菲律宾、日本、澳大利亚和马达加斯加。附生于树上或林中岩石上。

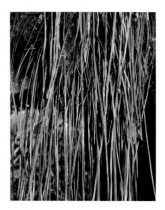

书带蕨　书带蕨属
Vittaria flexuosa Fée

根状茎横走，密被鳞片；鳞片黄褐色，具光泽，钻状披针形。叶近生，常密集成丛；叶柄短，纤细，下部浅褐色，基部被纤细的小鳞片；叶片线形，长15～40cm或更长，宽4～6mm，亦有小型个体，其叶片长仅6～12cm，宽1～2.5mm；中肋在叶片下面隆起，纤细，其上面凹陷呈一狭缝，侧脉不明显；叶薄草质，叶边反卷，遮盖孢子囊群。孢子囊群线形，生于叶缘内侧，位于浅沟槽中；沟槽内侧略隆起或扁平，孢子囊群线与中肋之间有阔的不育带，或在狭窄的叶片上为成熟的孢子囊群线充满；叶片下部和先端不育；隔丝多数，先端倒圆锥形，长宽近相等，亮褐色。孢子长椭圆形，无色透明，单裂缝，表面具模糊的颗粒状纹饰。

分布于华南、华东、华中及西南大部分省份；越南、老挝、柬埔寨、泰国、缅甸、印度、不丹、尼泊尔、日本、朝鲜半岛。附生于林中树干上或岩石上。

蹄盖蕨科 Athyriaceae

膨大短肠蕨　短肠蕨属
Allantodia dilatata (Bl.) Ching

常绿大型林下植物。根状茎横走、横卧至斜升或直立，先端密被鳞片；鳞片深褐色或黄褐色，线状披针形或线形。叶疏生至簇生；叶柄粗壮，长可达1m，基部黑褐色，密被鳞片；叶片三角形，长可达2m，宽达1m，羽裂渐尖的顶部以下二回羽状或二回羽状一小羽片羽状半裂；侧生羽片达14对，互生，略斜向上，中部以下的卵状阔披针形，上部的披针形；小羽片达15对，互生，平展，卵状披针形或披针形；小羽片的裂片达15对，略斜向上，边缘有浅锯齿或近全缘；叶脉羽状；叶干后纸质，上面通常绿色或深绿色，下面灰绿色；叶轴和羽轴绿禾秆色，光滑。孢子囊群线形，在小羽片的裂片上可达7对，多数单生于小脉上侧；囊群盖褐色，膜质。孢子近肾形。

分布于华南、西南及华东大部分省份；尼泊尔、印度、缅甸、泰国、老挝、越南、日本、印度尼西亚、马来西亚、菲律宾及热带大洋洲、波利尼西亚。生于热带山地荫湿阔叶林下。

双盖蕨　双盖蕨属
Diplazium donianum (Mett.) Tard.-Blot

多年生草本。根状茎黑色，粗短，表面密被黑色鳞片；鳞片披针形，质厚，褐色至黑褐色。叶近生或簇生；能育叶长达80cm；叶柄长25~50cm，禾秆色或褐黄禾秆色，密被鳞片，上面有纵沟；叶片椭圆形或卵状椭圆形，长25~40cm，宽15~25cm，奇数一回羽状复叶；侧生羽片通常2~5对，近对生或向上互生，斜向上，卵状披针形或椭圆形；中脉下面圆而隆起，上面有浅纵沟；侧生小脉两面明显或上面略可见，斜展或略斜向上，每组有小脉3~5条，纤细，直达叶边；叶近革质或厚纸质，干后灰绿色或褐绿色；叶轴灰褐禾秆色，光滑，上面有纵沟。孢子囊群及囊群盖长线形，每组侧脉有1~2条，往往双生于一脉；囊群盖同形，膜质。

分布于广东、广西、福建、云南和台湾；亚洲。生于溪边林下。

全草药用，有清热利湿、凉血解毒的作用。

单叶双盖蕨　双盖蕨属
Diplazium subsinuatum (Wall. ex Hook. et Grew.) Tagawa

根状茎细长，横走，被黑色或褐色披针形鳞片。叶远生；能育叶长达40cm；叶柄长8~15cm，淡灰色，基部被褐色鳞片；叶片披针形或线状披针形，长10~25cm，宽2~3cm，两端渐狭，边全缘或稍呈波状；中脉两面均明显，小脉斜展，每组3~4条，通直，平行，直达叶边；叶干后纸质或近革质。孢子囊群线形，通常多分布于叶片上半部，沿小脉斜展，在每组小脉上通常有1条，生于基部上出小脉，距主脉较远，单生或偶有双

生；囊群盖成熟时膜质，浅褐色。

分布于华南、华中、华东及西南大部分省份；日本、菲律宾、越南、缅甸、尼泊尔、印度、斯里兰卡。生于溪旁林下酸性土或岩石上。

全草药用，有清热凉血、利尿通淋、消炎解毒等作用。

金星蕨科 Thelypteridaceae

华南毛蕨　毛蕨属
Cyclosorus parasiticus (L.) Farwell

植株高达70cm。根状茎横走，粗约4mm，连同叶柄基部有深棕色披针形鳞片。叶近生；叶柄长达40cm，深禾秆色；叶片长35cm，长圆披针形，先端羽裂，二回羽裂；羽片12~16对，无柄，顶部略向上弯弓或斜展，中部以下的对生，向上的互生，中部羽片披针形，羽裂达1/2处或稍深；裂片20~25对，斜展，全缘；叶脉两面可见，侧脉斜上，每裂片6~8对，基部一对出自主脉基部以上，其先端交接成一钝三角形网眼；叶草质，干后褐绿色，上面除沿叶脉有一二伏生的针状毛外，脉间疏生短糙毛，下面沿叶轴、羽轴及叶脉密生具一二分隔的针状毛，脉上饰有橙红色腺体。孢子囊群圆形，生侧脉中部以上，每裂片1~6对；囊群盖小，膜质，棕色，上面密生柔毛，宿存。

分布于广东、浙江、福建、台湾、海南、湖南、江西、重庆、广西和云南；日本、韩国、尼泊尔、缅甸、印度南部及东北部、斯里兰卡、越南、泰国、印度尼西亚、菲律宾。生于山谷密林下或溪边湿地。

全草药用，治外伤出血。

普通针毛蕨　针毛蕨属
Macrothelypteris torresiana (Gaud.) Ching

植株高60~150cm。根状茎短，直立或斜升，顶端密被红棕色、有毛的线状披针形鳞片。叶簇生；叶柄灰绿色，干后禾秆色；叶片长30~80cm，下部宽20~50cm，三角状卵形，先端渐尖并羽裂，基部不变狭，三回羽状；羽片约15对，近对生，斜上，基部一对最大，长圆披针形，渐尖头，二回羽状；一回小羽片15~20对，互生，斜上，披针形，渐尖头，羽状分裂；裂片10~15对，斜上，彼此接近，披针形，钝头或钝尖头；第二对以上各对羽片和基部的同形；侧脉单一或在锐裂的裂片上分叉，斜上，每裂片3~7对；叶草质，干后褐绿色。孢子囊群小，圆形，每裂片2~6对，生于侧脉的近顶部；囊群盖小，圆肾形，淡绿色，成熟时隐没于囊群中，不易见。

分布于我国长江以南各省份；缅甸、尼泊尔、不丹、印度、越南、日本、菲律宾、印度尼西亚、澳大利亚及美洲热带和亚热带地区。生于山谷潮湿处。

红色新月蕨　新月蕨属
Pronephrium lakhimpurense (Rosenst.) Holtt.

植株高达1.5m以上。根状茎长而横走，粗约2mm。叶远生；叶柄长80~90cm，深禾秆色；叶片长60~85cm，长圆披针形或卵状长圆形，渐尖头，奇数一回羽状；侧生羽片8~12对，近斜展，互生，阔披针形，全缘或浅波状；顶生羽片与其下的同形。叶脉纤细，下面较显，

侧脉近斜展，并行，小脉13～17对，近斜展，基部一对顶端联结成一个三角形网眼，其上各对小脉和相交点的外行小脉形成2列斜方形网眼，外行小脉达到或几达到上一对小脉联结点；叶干后薄纸质或草质，褐色，两面无毛。孢子囊群圆形，生于小脉中部或稍上处，在侧脉间排成2行，成熟时偶有汇合，无盖。

分布于广东、福建、江西、广西、四川、重庆和云南；印度北部、越南和泰国。生于山谷或林沟边。

全草药用，有清热解毒、收敛消肿等作用。

单叶新月蕨　新月蕨属
Pronephrium simplex (Hook.) Holtt.

植株高30～40cm。根状茎细长横走，粗约1.5mm，先端疏被深棕色的披针形鳞片和钩状短毛。叶远生，单叶，二型；不育叶的柄长14～18cm，禾秆色，向上密被钩状短毛；叶片长15～20cm，中部宽4～5cm，椭圆状披针形，长渐尖头，基部对称，深心脏形，两侧呈圆耳状，边全缘或浅波状；叶脉上面可见，斜向上，并行，侧脉间基部有1个近长方形网眼，其上具有两行近正方形网眼；叶干后厚纸质，两面均被钩状短毛；能育叶远高于不育叶，具长柄，叶片长5～10cm，中部宽8～15mm，披针形，长渐尖头，基部心脏形，全缘，叶脉同不育叶有同样的毛。孢子囊群生于小脉上，初为圆形，无盖，成熟时布满整个羽片下面。

分布于广东、台湾、福建、香港、海南和云南；越南和日本。生于溪边林下或山谷林下。

全草药用，治蛇伤、痢疾等。

三羽新月蕨　新月蕨属
Pronephrium triphyllum (Sw.) Holtt.

植株高20～50cm。根状茎细长横走，黑褐色，密被灰白色钩状短毛及棕色带毛的披针形鳞片。叶疏生，一型或近二型；叶柄深禾秆色，基部疏被鳞片，通体密被钩状短毛；叶片长12～20cm，下部宽7～11cm，卵状三角形，长尾头，基部圆形，三出，侧生羽片一对（罕有2对），斜上，对生，长圆披针形，短渐尖头，基部圆形或圆楔形，全缘；顶生羽片较大，披针形，渐尖头，基部圆形或圆楔形，边全缘或呈浅波状；叶脉下面较明显，侧脉斜展，并行，小脉在羽片中部通常8～9对，斜展或近平展；叶干后坚纸质，能育叶略高于不育叶，有较长的柄，羽片较狭。孢子囊群生于小脉上，初为圆形，后变长形并成双汇合，无盖。

分布于广东、台湾、福建、香港、广西和云南；泰国、缅甸、印度、斯里兰卡、马来西亚、印度尼西亚、日本、韩国南部及澳大利亚东北部。生于林下。

铁角蕨科　Aspleniaceae

毛轴铁角蕨　铁角蕨属
Asplenium crinicaule Hance

植株高20～40cm。根状茎短而直立，密被鳞片；鳞片披针形，

长4～5mm，厚膜质，黑褐色，有虹色光泽，全缘。叶簇生；叶柄长5～12cm，灰褐色，上面有纵沟，与叶轴通体密被黑褐色或深褐色鳞片；叶片阔披针形或线状披针形，长10～30cm，中部宽3.5～7cm，一回羽状；羽片18～28对，互生或下部的对生，斜展，基部羽片略缩短为长卵形，中部羽片较长，菱状披针形；叶片两面均明显，隆起呈沟脊状，小脉多为二回二叉。叶纸质，干后棕褐色，两面（或仅上面）呈沟脊状，主脉上面疏被褐色星芒状的小鳞片；叶轴灰褐色，上面有纵沟。孢子囊群阔线形，长4～8mm，棕色，极斜向上，彼此疏离，通常生于上侧小脉；囊群盖阔线形，黄棕色，后变灰棕色，厚膜质。

分布于广东、广西、云南、江西、福建、四川和贵州；印度、缅甸、越南、马来西亚、菲律宾、澳大利亚等地。生于林下溪边潮湿岩石上。

巢蕨　铁角蕨属
Asplenium nidus L.

植株高1～1.2m。根状茎直立，粗短，木质，深棕色，先端密被鳞片；鳞片蓬松，线形，深棕色，有光泽。叶簇生；柄浅禾秆色，木质，两侧无翅，基部密被线形棕色鳞片，向上光滑；叶片阔披针形，长90～120cm，渐尖头或尖头，中部最宽处为（8～）9～15cm，向下逐渐变狭而长下延，叶边全缘并有软骨质的狭边，干后反卷；主脉下面几全部隆起为半圆形，上面下部有阔纵沟，向上部稍隆起，表面平滑不皱缩，暗禾秆色，光滑；小脉两面均稍隆起，斜展，分叉或单一，平行；叶厚纸质或薄革质，干后灰绿色，两面均无毛。孢子囊群线形，长3～5cm，生于小脉的上侧，自小脉基部外行约达1/2，彼此接近，叶片下部通常不育；囊群盖线形，浅棕色，厚膜质，全缘，宿存。

分布于广东、台湾、海南、广西、贵州、云南和西藏；斯里兰卡、印度、缅甸、柬埔寨、越南、日本、菲律宾、马来西亚、印度尼西亚、大洋洲热带地区及非洲东部。成大丛附生于雨林中树干上或岩石上。

长叶铁角蕨（长生铁角蕨）　铁角蕨属
Asplenium prolongatum Hook.

植株高20～40cm。根状茎短而直立，先端密被鳞片；鳞片披针形，长5～8mm，黑褐色，有光泽，厚膜质。叶簇生；叶柄长8～18cm，淡绿色；叶片线状披针形，长10～25cm，宽3～4.5cm，二回羽状；羽片20～24对，下部对生，向上互生，斜向上，近无柄，下部羽片通常不缩短，中部的狭椭圆形，羽状；小羽片互生，上侧2～5片，下侧0～4片，斜向上，狭线形，裂片与小羽片同形而较短；叶脉明显，略隆起，每小羽片或裂片有小脉1条，先端有明显的水囊，不达叶边；叶近肉质，干后草绿色，略显细纵纹；叶与叶柄同色，羽轴与叶片同色，上面隆起，两侧有狭翅。孢子囊群狭线形，长2.5～5mm，深棕色，每小羽片或裂片1枚，位于小羽片的中部上侧

边；囊群盖狭线形，灰绿色，膜质。

分布于华南、西北、华东、华中及西南部分省份；印度、斯里兰卡、中南半岛、日本、韩国南部、斐济群岛。附生于林中树干上或潮湿岩石上。

植株像被蜡般光滑，可配置于假山石上供观赏；全草药用，治刀伤、咯血等。

乌毛蕨科　Blechnaceae

乌毛蕨　乌毛蕨属
Blechnum orientale L.

草本，植株高达2m。根状茎直立，粗短，木质，黑褐色，先端及叶柄下部密被鳞片；鳞片狭披针形，长约1cm，全缘，中部深棕色或褐棕色，边缘棕色，有光泽。叶簇生，叶柄棕禾秆色，坚硬，上面有沟；叶片长阔披针形，长达1m左右，宽20～60cm，一回羽状；羽片多数，二型，互生，无柄，下部羽片不育，极度缩小为圆耳形，向上羽片突然伸长，能育，至中上部羽片最长，斜展，线形或线状披针形；叶脉上面明显，主脉两面均隆起，上面有纵沟，单一或二叉，侧脉细而密，通常分叉，少有单一；叶近革质，干后棕色，无毛；叶轴粗壮，棕禾秆色，无毛。孢子囊群线形，连续，紧靠主脉两侧，与主脉平行；囊群盖线形。

分布于广东、广西、福建、台湾、贵州、云南、四川和江西等省份；亚洲热带地区。生于林下、溪边、山坡。

根状茎药用，有清热解毒、活血散淤之功效，嫩芽捣烂外敷可消炎去肿；未展开的嫩叶也可作野菜。

狗脊　狗脊属
Woodwardia japonica (L. f.) Sm.

植株高50～120cm。根状茎粗壮，横卧，暗褐色，粗3～5cm，与叶柄基部密被鳞片；鳞片披针形或线状披针形，长约1.5cm，膜质，深棕色，略有光泽。叶近生；柄长15～70cm，暗浅棕色，坚硬；叶片长卵形，长25～80cm，下部宽18～40cm，先端渐尖，二回羽裂；顶生羽片卵状披针形或长三角状披针形，大于侧生羽片；侧生羽片4～16对，下部的对生或近对生，向上的近对生或为互生，斜展或略斜向上，无柄；裂片11～16对，互生或近对生；叶脉明显，羽轴及主脉均为浅棕色，两面均隆起，在羽轴及主脉两侧各有1行狭长网眼，其外尚有若干不整齐的多角形网眼；叶近革质，干后棕色或棕绿色。孢子囊群线形，着生于主脉两侧的狭长网眼上，不连续，呈单行排列；囊群盖线形，棕褐色。

分布于我国长江以南各省份；朝鲜南部和日本。生于疏林下。

根状茎及叶柄残基作贯众入药，能清热解毒、杀虫散瘀。

胎生狗脊　狗脊属
Woodwardia prolifera Hook. et Arn.

植株高70～230cm。根状茎横卧，黑褐色，与叶柄下部密被蓬松的大鳞片；鳞片狭披针形或线状披针形，长2～4cm，红棕色，膜质。叶近生；柄粗壮，长30～110cm，褐色，叶柄脱落时基部宿存于根状

茎上；叶片长卵形或椭圆形，长35～120cm，宽30～40cm，先端渐尖，二回深羽裂达羽轴两侧的狭翅；羽片5～13对，对生或上部的互生，斜展，密接，有极短柄；裂片10～24对，略斜向上，披针形或线状披针形；叶脉明显，羽轴及主脉均隆起，棕禾秆色或棕色，沿羽轴及主脉两侧各有1行整齐的狭长网眼，其外尚有1～2行不整齐的、多角形小网眼；叶革质，干后棕色或棕绿色，无毛，羽片上面通常产生小珠芽。孢子囊群粗短，形似新月形，着生于主脉两侧的狭长网眼上；囊群盖同形，薄纸质。

分布于广东、湖南、江西、安徽、浙江、福建和台湾；日本南部。生于低海拔丘陵或坡地的疏林下荫湿处或溪边。

根状茎药用，有补肝肾、强腰膝、除风湿等作用。

鳞毛蕨科　Dryopteridaceae

中华复叶耳蕨　复叶耳蕨属
Arachniodes chinensis (Ros.) Ching

植株高40～65cm。叶柄长14～30cm，禾秆色；叶片卵状三角形，长26～35cm，宽17～20cm，顶部略狭缩呈长三角形，二回羽状或三回羽状；羽状羽片8对，基部一（二）对对生，向上的互生，有柄，斜展，密接，基部一对较大，三角状披针形，羽状或二回羽状；小羽片约25对，互生，有短柄，基部下侧一片较大，披针形，略呈镰刀状，羽状；末回小羽片9对，长圆形，上部边缘具2～4个有长芒刺的骤尖锯齿；基部上侧一片小羽片羽状或羽裂；第2～5对羽片披针形，羽状；第6或第7对羽片明显缩短，披针形，深羽裂；叶干后纸质，暗棕色，光滑，羽轴下面被有小鳞片。孢子囊群每小羽片5～8对，夹于中脉与叶边之间；囊群盖棕色，近革质。

分布于广东、浙江、江西、福建、广西、四川、云南和香港。生于山地杂木林下。

镰羽贯众　贯众属
Cyrtomium balansae (Christ) C. Chr.

草本，植株高30～70cm。根状茎斜升或直立。叶簇生；叶柄长15～40cm，坚硬，棕褐色，与叶轴同被阔披针形棕色鳞片，鳞片边缘有小齿；叶片披针形，长16～42cm，宽6～15cm，一回羽状；羽片12～18对，互生，略斜向上，柄极短，镰状披针形；具羽状脉，小脉联结成2行网眼，腹面不明显，背面微凸起；叶为纸质，腹面光滑，背面疏生披针形棕色小鳞片或几净；叶轴腹面有浅纵沟，疏生披针形及线形卷曲的棕色鳞片，羽柄着生处常有鳞片。孢子囊群多数，位于中脉两侧各成2行；囊群盖圆盾形，边全缘，宿存。

分布于广东、贵州、四川、广西、江西和福建；越南及日本。生于山谷中的酸性土壤上。

根状茎药用，有清热解毒、驱虫等作用。

黑足鳞毛蕨　鳞毛蕨属

Dryopteris fuscipes C. Chr.

植株高40~92cm。根状茎直立或斜升，连同叶柄基部密被深棕色披针形全缘鳞片。叶簇生；叶柄长20~49cm，基部深褐色或黑色，向上棕禾秆色，连同叶轴疏被窄披针形鳞片；叶片卵形或卵状长圆形，长18~43cm，宽12~26cm，基部不缩短，羽裂渐尖头；羽片8~16对，互生或下部的对生，具短柄，披针形，中下部羽片几等大，长7.5~17cm，宽2~5.5cm；小羽片10~12对，三角状卵形，长1.5~2cm，钝圆头，边缘具浅齿，基部羽片的中部下侧小羽片通常比基部羽片基部下侧小羽片长；叶轴、羽轴和中脉上面均具浅沟；叶脉羽状，上面不显，下面可见；叶纸质，干后褐绿色，叶轴和羽轴密被泡状鳞片。孢子囊群近主脉着生，在主脉两侧各排成1行；囊群盖圆肾形，棕色，全缘，宿存。

分布于广东、江苏、安徽、浙江、福建、台湾、湖南、湖北、广西、四川、贵州和云南；日本、朝鲜和中南半岛。生于林下。

柄叶鳞毛蕨　鳞毛蕨属

Dryopteris podophylla (Hook.) O. Ktze.

植株高40~60cm。根状茎短而直立，密被鳞片；鳞片黑褐色，钻形，顶端纤维状。叶簇生；叶柄长15~20cm，禾秆色，坚硬，基部密被与根状茎同样的鳞片；叶片卵形，长20~25cm，宽15~20cm，奇数一回羽状；侧生羽片4~8对，互生，斜向上，有短柄，披针形，长10~13cm，宽1.5~2cm，顶端渐尖，基部圆形或略呈心形，近全缘或稍有波状钝齿，并具软骨质狭边，顶生羽片分离，和侧生羽片同形且等大；叶脉羽状，侧脉二叉，每组3~4条，除基部上侧1脉外，均伸达叶边；叶纸质或薄草质，仅叶轴和羽轴下面疏被棕褐色、纤维状鳞片。孢子囊群小，圆形，着生于小脉中部以上，沿羽轴和叶缘之间排成不整齐2~3行，近羽轴两侧不育；囊群盖圆肾形，深褐色，质厚，宿存。

分布于广东、福建、海南、香港、广西和云南。生于林下溪沟边。

三叉蕨科　Aspidiaceae

下延叉蕨　三叉蕨属

Tectaria decurrens (Presl.) Cop.

植株高50~100cm。根状茎短，直立，粗1.5~2cm，顶部及叶柄基部均密被鳞片；鳞片披针形，长8~10mm，全缘，膜质，褐棕色。叶簇生；叶柄长35~60cm，基部褐色，向上部深禾秆色，上面有浅沟；叶二型，叶片椭圆状卵形，长30~80cm，基部宽30~40cm，先端渐尖，基部近截形而长下延，奇数一回羽裂，能育叶各部明显缩狭；顶生裂片阔披针形，长20~25cm，先端渐尖，全缘或为浅波状；侧生裂片3~8对，对生，稍斜向上，披针形，中部宽

3~4cm，先端渐尖，全缘；叶脉联结成近六角形网眼，内藏小脉分叉；叶坚纸质，干后淡褐色，两面均光滑；叶轴棕禾秆色，两侧有阔翅。孢子囊群圆形，生于联结小脉上，在侧脉间有2行；囊群盖圆盾形，膜质，棕色，全缘。

分布于广东、台湾、福建、海南、广西和云南；印度、缅甸、越南、菲律宾、印度尼西亚和日本。生于山谷林下荫湿处或岩石旁。

三叉蕨　三叉蕨属

Tectaria subtriphylla (Hook. et Arn.) Cop.

植株高50~70cm。根状茎长而横走，粗约5mm，顶部及叶柄基部均密被鳞片；鳞片线状披针形，长3~4mm，全缘，膜质，褐棕色。叶近生；叶柄长20~40cm，深禾秆色；叶二型：不育叶三角状五角形，长25~35cm，基部宽20~25cm，一回羽状，能育叶与不育叶形状相似但各部均缩狭；顶生羽片三角形，两侧羽裂，基部一对裂片最长；侧生羽片1~2对，对生；叶脉联结成近六角形网眼，有分叉的内藏小脉，两面均明显而稍隆起，下面被淡棕色短毛；侧脉稍曲折，下面隆起并疏被淡棕色短毛；叶纸质，干后褐绿色，上面光滑；叶轴及羽轴禾秆色，上面均被短毛，羽轴下面密被细长毛。孢子囊群圆形，生于小脉联结处，在侧脉间有不整齐的2至多行；囊群盖圆肾形，坚膜质，棕色。

分布于广东、台湾、福建、海南、广西、贵州和云南；印度、斯里兰卡、缅甸、越南、印度尼西亚、波利尼西亚。生于山地或河边密林下荫湿处或岩石上。

叶药用，治痢疾、刀伤、蛇伤、风湿骨痛。

肾蕨科　Nephrolepidaceae

毛叶肾蕨　肾蕨属

Nephrolepis brownii (Desvaux) Hovenkamp et Miyamoto

根状茎短而直立，有鳞片伏生，具横走的匍匐茎，匍匐茎暗褐色，疏被鳞片；鳞片披针形或卵状披针形，边缘棕色并有睫毛，中部红褐色，有光泽。叶簇生，密集；柄灰棕色，有棕色的披针形鳞片贴生，上面有纵沟；叶片阔披针形或椭圆披针形，长30~75cm，宽9~15cm，叶轴上面密被棕色的纤维状鳞片；一回羽状，羽片多数（20~45对），近生，下部的对生，向上互生，近无柄，以关节着生于叶轴，近平展，下部羽片较短，阔披针形，中部羽片较长，披针形或线状披针形，边缘有疏钝锯齿；叶脉纤细，侧脉斜向上，2~3分叉，小脉几达叶边，顶端有圆形水囊；叶坚草质或纸质，干后褐绿色。孢子囊群圆形，靠近叶边，生于每组侧脉的上侧小脉顶端；囊群盖圆肾形，膜质，红棕色，无毛。

分布于广东、台湾、福建、海南、广西和云南；热带亚洲及日本。生于林下。

肾蕨　肾蕨属

Nephrolepis auriculata (L.) Trimen

附生或土生。根状茎直立，被蓬松的淡棕色长钻形鳞片，下部有粗铁丝状的匍匐茎向四方横展，匍匐茎棕褐色，粗约1mm，长达30cm，不分枝，疏被鳞片，有纤细的褐棕色须根；匍匐茎上生有近圆

形的块茎，密被与根状茎上同样的鳞片。叶簇生；柄长6～11cm，暗褐色；叶片线状披针形或狭披针形，长30～70cm，宽3～5cm，先端短尖，叶轴两侧被纤维状鳞片，一回羽状，羽状多数，45～120对，互生，披针形，叶缘有疏浅的钝锯齿；叶脉明显，侧脉纤细，小脉直达叶边附近，顶端具纺锤形水囊；叶坚草质或草质，干后棕绿色或褐棕色，光滑。孢子囊群成1行位于主脉两侧，肾形，生于每组侧脉的上侧小脉顶端，位于从叶边至主脉的1/3处；囊群盖肾形，褐棕色。

分布于广东、浙江、福建、台湾、湖南、海南、广西、贵州、云南和西藏；世界热带及亚热带地区。生于溪边林下。

优良地被及附生植物；块茎与全草药用，治瘰疬、疝气、五淋白浊、崩带、痢疾、中毒性消化不良、支气管炎、小儿疳积、烫火伤等。

骨碎补科 Davalliaceae

阴石蕨　阴石蕨属
Humata repens (L. f.) Diels

植株高10～20cm。根状茎长而横走，粗2～3mm，密被鳞片；鳞片披针形，长约5mm，宽约1mm，红棕色，伏生，盾状着生。叶远生；柄长5～12cm，棕色或棕禾秆色；叶片三角状卵形，长5～10cm，基部宽3～5cm，上部伸长，向先端渐尖，二回羽状深裂；羽片6～10对，无柄，以狭翅相连，基部一对最大，近三角形或三角状披针形；从第二对羽片向上渐缩短，椭圆披针形，斜展或斜向上，边缘浅裂或具不明显的疏缺裂；叶脉上面不见，下面粗而明显，褐棕色或深棕色，羽状。叶革质，干后褐色，两面均光滑或下面沿叶轴偶有少数棕色鳞片。孢子囊群沿叶缘着生，通常仅于羽片上部有3～5对；囊群盖半圆形，棕色，全缘，质厚，基部着生。

分布于华南、华东及西南大部分省份；日本、印度、斯里兰卡、波利尼西亚、澳大利亚至东非的马达加斯加。

圆盖阴石蕨　阴石蕨属
Humata tyermanni T. Moore

植株高达20cm。根状茎长而横走，粗4～5mm，密被蓬松的鳞片；鳞片线状披针形，淡棕色。叶远生；柄长6～8cm，深禾秆色；叶片长三角状卵形，长宽几相等，10～15cm，三至四回羽状深裂；羽片约10对，有短柄，近互生至互生，斜向上，基部一对最大，长三角形，三回深羽裂；一回小羽片6～8对，基部一片与叶轴平行，基部下侧一片最大，椭圆披针形或三角状卵形，二回羽裂；二回小羽片5～7对，椭圆形，深羽裂或波状浅裂；裂片近三角形。叶上面隆起，羽状，小脉单一或分叉，不达叶边；叶革质，干后棕色或棕绿色，两面光滑。孢子囊群生于小脉顶端；囊群盖近圆形，全缘，浅棕色，仅基部一点附着。

分布于华南、华东、华中及西南部分省份；越南和老挝。生于林中树干上或石上。

根状茎药用，有活血散瘀、祛风除湿、利尿通淋的作用。

水龙骨科 Polypodiaceae

线蕨　线蕨属
Colysis elliptica (Thunb.) Ching

草本，高达70cm。根状茎长而横走，密生鳞片；鳞片褐棕色，卵状披针形，边缘有疏锯齿。叶远生，近二型；不育叶的叶柄长6.5～48.5cm，禾秆色，基部密生鳞片；叶片长圆状卵形或卵状披针形，长20～70cm，宽15（8～22）cm，一回羽裂深达叶轴；羽片或裂片3～11对，对生或近对生，狭长披针形或线形，长4.5～15cm，宽0.3～2.2mm；能育叶和不育叶近同形，但叶柄较长，羽片远较狭或有时近等大；中脉明显，侧脉及小脉均不明显；叶纸质，较厚，干后稍呈褐棕色，两面无毛。孢子囊群线形，斜展，在每对侧脉间各排列成一行，伸达叶边；无囊群盖。孢子极面观为椭圆形，赤道面观为肾形。

分布于我国长江以南各省份；日本、越南。生于岩石上。

断线蕨　线蕨属
Colysis hemionitidea (Wall. ex Mett.) Presl

植株高30～60cm。根状茎长而横走，红棕色，密生鳞片，根密生；鳞片红棕色，卵状披针形，长1.2～2.8mm，宽0.3～0.9mm，边缘有疏锯齿，盾状着生。叶远生；叶柄长1～4cm，暗棕色至红棕色，基部疏生鳞片，有狭翅；叶片阔披针形至倒披针形，长30～50cm，宽3～7cm，顶端渐尖；侧脉两面明显，近平展，不达叶边，小脉网状，在每对侧脉间联结成3～4个大网眼，大网眼内又有数个小网眼，内藏小脉分叉或单一，近叶边缘又有一行小网眼，内藏小脉通常单一或分叉，指向中脉；叶纸质，无毛。孢子囊群近圆形、长圆形至短线形，分离或很少接近，在每对侧脉间排列成不整齐的一行，通常仅叶片上半部能育；无囊群盖。孢子极面观为椭圆形，赤道面观为肾形。

分布于广东、江西、福建、台湾、广西、海南、四川、贵州、云南和西藏等省份；日本、尼泊尔、印度、泰国、不丹、缅甸、越南和菲律宾。生于溪边或林下岩石上。

叶药用，治尿路感染、小便短赤。

伏石蕨　伏石蕨属
Lemmaphyllum microphyllum Presl

小型附生蕨类。根状茎细长横走，淡绿色，疏生鳞片；鳞片粗筛孔，顶端钻状，下部略近圆形，两侧不规则分叉。叶远生，二型；不育叶近无柄，或仅有2～4mm的短柄，近圆球形或卵圆形，基部圆形或阔楔形，长1.6～2.5cm，宽1.2～1.5cm，全缘；能育叶柄长3～8mm，狭缩成舌状或狭披针形，长3.5～6cm，宽约4mm，干后边缘反卷；叶脉网状，内藏小脉单一。孢子囊群线形，位于主脉与叶边之间，幼时被隔丝覆盖。

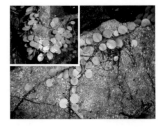

分布于我国南部各省份；韩国、日本。生于树干或岩壁上。

全草药用，可散瘀消肿、利尿通淋、凉血止血。

骨牌蕨　骨牌蕨属
Lepidogrammitis rostrata (Bedd.) Ching

植株高约10cm。根状茎细长横走，粗约1mm，绿色，被鳞片；鳞片钻状披针形，边缘有细齿。叶远生，一型；不育叶阔披针形或椭圆形，钝圆头，基部楔形，下延，长6～10cm，中部以下为最宽，达2～2.5cm，全缘，肉质，干后革质，淡棕色，两面近光滑；主脉两面均隆起，小脉稍可见，有单一或分叉的内藏小脉。孢子囊群圆形，通常位于叶片最宽处以上，在主脉两侧各成一行，略靠近主脉，幼时被盾状隔丝覆盖。

分布于广东、浙江、海南、广西、贵州和云南；印度及中南半岛。附生于林下树干上或岩石上。

鳞瓦韦　瓦韦属
Lepisorus oligolepidus (Bak.) Ching

植株高10～20cm。根状茎横走，密被披针形鳞片；鳞片中部褐色，不透明，边缘1～2行网眼淡棕色，透明，具锯齿。叶略近生；叶柄长2～3cm，禾秆色，粗壮；叶片披针形到卵状披针形，中部或近下部1/3处为最宽，达1.5～3.5cm，长8～18cm，渐尖头，向基部渐变狭并下延，下面被有深棕色透明的披针形鳞片，上面光滑，干后淡黄绿色，软革质；主脉粗壮，上下均隆起，小脉不见。孢子囊群圆形或椭圆形，其直径达5mm，彼此密接，聚生于叶片上半部狭缩区域，最先端不育，位于主脉与叶边之间，幼时被圆形深棕色隔丝覆盖。

分布于华南、华东、华中、西南及西北部分省份；日本。附生于山坡荫处或林下树干上或岩石缝中。

瓦韦　瓦韦属
Lepisorus thunbergianus (Kaulf.) Ching

植株高8～20cm。根状茎横走，密被披针形鳞片；鳞片棕褐色，大部分不透明，仅叶边1～2行网眼透明，具锯齿。叶柄长1～3cm，禾秆色；叶片线状披针形，或狭披针形，中部最宽，达0.5～1.3cm，渐尖头，基部渐变狭并下延，干后黄绿色至淡黄绿色，或淡绿色至褐色，纸质；主脉上下均隆起，小脉不见。孢子囊群圆形或椭圆形，彼此相距较近，成熟后扩展几密接，幼时被褐棕色的圆形隔丝覆盖。

分布于华南、华东、华中、华北、西南及西北大部分省份；朝鲜、日本和菲律宾。附生于山坡林下树干或岩石上。

攀缘星蕨　星蕨属
Microsorium buergerianum (Miq.) Ching

多年生草本，植株高15～30cm。根状茎长而攀缘横走，淡绿色，

疏生鳞片；鳞片披针形，长渐尖头，基部卵圆，边缘有疏齿。叶远生，厚纸质，有短柄；叶片宽2～3cm，披针形，渐尖头，基部急变狭，并下延成翅，全缘或略呈波状；叶脉网状，不明显。孢子囊群多数，小而密，散生于叶片下面，圆形，棕黄色，无盖。

分布于我国长江以南各省份；越南和日本。攀缘于树上。

全草药用，有清热利湿、舒筋活络等作用。

江南星蕨　星蕨属
Microsorium fortunei (Moore) Ching

附生，植株高30～100cm。根状茎长而横走，顶部被鳞片；鳞片棕褐色，卵状三角形，顶端锐尖，基部圆形，有疏齿，筛孔较密，盾状着生，易脱落。叶远生，相距约1.5cm；叶柄长5～20cm，禾秆色，上面有浅沟，基部疏被鳞片，向上近光滑；叶片线状披针形至披针形，长25～60cm，宽1.5～7cm，顶端长渐尖，基部渐狭，下延于叶柄并形成狭翅，全缘，有软骨质的边；中脉两面明显隆起，侧脉不明显，小脉网状，略可见，内藏小脉分叉；叶厚纸质，下面淡绿色或灰绿色，两面无毛，幼时下面沿中脉两侧偶有极少数鳞片。孢子囊群大，圆形，沿中脉两侧排列成较整齐的一行或有时为不规则的两行，靠近中脉。孢子豆形，周壁具不规则褶皱。

分布于我国西北及长江以南各省份；马来西亚、不丹、缅甸、越南。生于林下溪边岩石上或树干上。

全草药用，治风湿骨痛、尿路感染、黄疸。

石韦　石韦属
Pyrrosia lingua (Thunb.) Farw.

植株通常高10～30cm。根状茎长而横走，密被鳞片；鳞片披针形，长渐尖头，淡棕色。叶远生，近二型；叶柄与叶片大小和长短变化很大，能育叶通常远比不育叶长得高而较狭窄，两者的叶片略比叶柄长；不育叶片近长圆形或长圆披针形，下部1/3处为最宽，向上渐狭，宽一般为1.5～5cm，长5～20cm，全缘，干后革质，上面灰绿色，近光滑无毛，下面淡棕色或砖红色，被星状毛；能育叶约长过不育叶1/3，而较之狭1/3～2/3；主脉下面稍隆起，上面不明显下凹，侧脉在下面明显隆起，清晰可见，小脉不显。孢子囊群近椭圆形，在侧脉间整齐成多行排列，布满整个叶片下面，或聚生于叶片的大上半部，初时为星状毛覆盖而呈淡棕色，成熟后孢子囊开裂外露而呈砖红色。

分布于我国西北及长江以南各省份；印度、越南、朝鲜和日本。附生于低海拔林下树干上，或稍干的岩石上。

药用，能清湿热、利尿、通淋。

槲蕨科 **Drynariaceae**

崖姜 连珠蕨属
Aglaomorpha coronans (Wallich ex Mettenius) Copeland

根状茎横卧，粗大，肉质，密被蓬松长鳞片，有被毛茸的线状根混生鳞片间，鳞片钻状长线形，深锈色，边缘有睫毛。叶一型，长圆状倒披针形，长0.8～1.5m，中部宽20～30cm，先端渐尖，向下渐窄，下延至1/4成翅，基部圆心形，有裂缺刻或浅裂，基部以上叶片羽状深裂，向上几深裂达叶轴，裂片多数，斜展或略斜上，被圆形缺刻分开，披针形，中部裂片长15～22cm，宽2～3cm，为宽圆形缺刻分开；叶脉粗，侧脉斜展，隆起，通直，向外达加厚边缘，横脉与侧脉直角相交，成一回网眼；叶硬草质，两面均无毛。孢子囊群位于小脉交叉处，4～6个生于侧脉之间，略偏近下脉，每一网眼内有1个孢子囊群，在主脉与叶缘间排成一长行，圆球形或长圆形，分离，但成熟后常多少汇合成一连贯的囊群线。

分布于广东、福建、台湾、广西、海南、贵州和云南；越南、缅甸、印度、尼泊尔、马来西亚。附生于雨林或季雨林中的树干上或石上。

本种可栽培于庭园供观赏用，其粗大的肉质根状茎在部分地区作骨碎补的代用品。

槲蕨 槲蕨属
Drynaria fortunei (Kze.) J.Sm

通常附生岩石上，匍匐生长，或附生树干上，螺旋状攀缘。根状茎直径1～2cm，密被鳞片；鳞片斜升，盾状着生，边缘有齿。叶二型，基生，不育叶圆形，长2～9cm，宽2～7cm，浅裂到叶片宽度的1/3处，边全缘，黄绿色或枯棕色，厚干膜质，下面有疏短毛；正常能育叶叶柄长4～13cm，具明显的狭翅；叶片长20～45cm，宽10～20cm，深羽裂到距叶轴2～5mm处，裂片7～13对，互生，稍斜向上，披针形，长6～10cm，宽1.5～3cm；叶脉两面均明显；叶干后纸质，仅上面中肋略有短毛。孢子囊群圆形、椭圆形，叶片下面均有分布，沿裂片中肋两侧各排列成2～4行，成熟时相邻两侧脉间有圆形孢子囊群1行，或幼时成1行长形的孢子囊群，混生有大量腺毛。

分布于华南、华中、华东及西南大部分省份；越南、老挝、柬埔寨、泰国、印度。附生于树干或石上，偶生于墙缝。

本种植物的根状茎在许多地区作骨碎补用，补肾坚骨，活血止痛，治跌打损伤、腰膝酸痛。

禾叶蕨科 **Grammitidaceae**

穴子蕨 穴子蕨属
Prosaptia khasyana (Hook.) C. Chr. et Tardieu

根状茎短，斜升，被鳞片；鳞片长圆三角形，长约3mm，宽达1.2mm，灰褐色，边缘有纤毛。叶柄长不及1cm，密被毛；叶片狭

披针形，向两端渐狭，长20～40cm，宽达3cm，羽状深裂达叶轴1～2mm处；裂片斜升，长圆三角形，尖端略呈尖头，全缘，下部裂片逐渐缩短，中部裂片长达1.4cm，宽约0.5cm；叶薄草质，叶脉单一，裂片基部上的小脉通常出自中肋，叶片上面光滑或疏被毛，叶缘和下面被毛，叶缘的毛有时成簇。孢子囊群生于叶脉尖端以上或中部，圆形至近椭圆形，生于穴中，穴的边缘不甚隆起，穴中有毛。

分布于广东、台湾、海南、广西和云南；泰国、越南、印度、马来西亚和菲律宾。生于密林下潮湿的岩石上。

苹科 **Marsileaceae**

苹（田字草） 苹属
Marsilea quadrifolia L.

植株高5～20cm。根状茎细长横走，分枝，顶端被有淡棕色毛，茎节远离，向上发出一至数枚叶片。叶柄长5～20cm；叶片由4片倒三角形的小叶组成，呈"十"字形，长宽各1～2.5cm，外缘半圆形，基部楔形，全缘，幼时被毛，草质；叶脉从小叶基部向上呈放射状分叉，组成狭长网眼，伸向叶边，无内藏小脉。孢子果双生或单生于短柄上，而柄着生于叶柄基部，长椭圆形，幼时被毛，褐色，木质，坚硬；每个孢子果内含多数孢子囊，大小孢子囊同生于孢子囊托上，一个大孢子囊内只有一个大孢子，而小孢子囊内有多数小孢子。

分布于华北、东北及我国长江以南各省份；世界温、热两带地区。生于水田或沟塘中。

全草药用，有清热解毒、利水消肿等功效。

满江红科 **Azollaceae**

满江红 满江红属
Azolla pinnata subsp. *asiatica* R. M. K. Saunders et K. Fowler

小型漂浮植物。植物体呈卵形或三角状，根状茎细长横走，侧枝腋生，假二歧分枝，向下生须根。叶小如芝麻，互生，无柄，覆瓦状排列成两行，叶片深裂为背裂片和腹裂片两部分，背裂片长圆形或卵形，肉质，绿色，但在秋后常变为紫红色，边缘无色透明，上表面密被乳状瘤突，下表面中部略凹陷，基部肥厚形成共生腔；腹裂片贝壳状，无色透明，多少饰有淡紫红色，斜沉水中。孢子果双生于分枝处，大孢子果体积小，长卵形，顶部喙状，内藏一个大孢子囊，大孢子囊只产一个大孢子；小孢子果体积较大，圆球形或桃形，顶端有短喙，果壁薄而透明，内含多数具长柄的小孢子囊。

分布于我国各省份；朝鲜、日本。生于水田和静水沟塘中。

本植物体和蓝藻共生，既是优良的绿肥，又是很好的饲料，还可药用，能发汗、利尿、祛风湿、治顽癣。

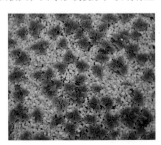

松科 Pinaceae

马尾松 松属
Pinus massoniana Lamb.

乔木，高达45m，胸径可达1.5m。树皮红褐色，下部灰褐色，裂成不规则的鳞状块片；枝平展或斜展，树冠宽塔形或伞形，枝条每年生长一轮，淡黄褐色，无白粉，无毛；冬芽圆柱形，褐色，顶端尖。针叶2针一束，稀3针一束，长12～20cm，细柔，微扭曲，两面有气孔线，边缘有细锯齿；树脂道4～8个，边生。雄球花淡红褐色，圆柱形，弯垂，聚生于新枝下部苞腋，穗状；雌球花单生或2～4个聚生于新枝近顶端，淡紫红色。球果卵圆形或圆锥状卵圆形，长4～7cm，径2.5～4cm，有短梗，下垂，熟时栗褐色；鳞盾菱形，微隆起或平，横脊微明显，鳞脐微凹，无刺，生于干燥环境者常具极短的刺。种子长卵圆形，长4～6mm，连翅长2～2.7cm。花期4～5月，球果第二年10～12月成熟。

分布于我国汉江以南、长江中下游各省份；越南北部。生于干旱、瘠薄的红壤、石砾土及沙质土，或生于岩石缝中。

树姿挺拔，树形苍劲雄伟，是江南及华南自然风景区和疗养林的优良树种；也是速生用材树种、树脂植物和药用植物；根还可用于培养茯苓。

杉科 Taxodiaceae

杉木 杉木属
Cunninghamia lanceolata (Lamb.) Hook.

乔木，高达30m，胸径可达2.5～3m。幼树树冠尖塔形，大树树冠圆锥形，树皮灰褐色，裂成长条片脱落，内皮淡红色；大枝平展，小枝近对生或轮生，常成二列状，幼枝绿色，光滑无毛；冬芽近圆形，有小型叶状的芽鳞。叶在主枝上辐射伸展，侧枝之叶基部扭转成二列状，披针形，微弯呈镰状，革质，坚硬。雄球花圆锥状，有短梗，通常40余个簇生枝顶；雌球花单生或2～4个集生，绿色，长宽几相等。球果卵圆形，长2.5～5cm，径3～4cm；熟时苞鳞革质，棕黄色，三角状卵形，先端有坚硬的刺状尖头。种子扁平，遮盖着种鳞，长卵形或矩圆形，暗褐色，两侧边缘有窄翅。花期4月，球果10月下旬成熟。

分布于华南、西南及华东大部分省份；越南。散生于林中。

为我国长江流域和秦岭以南地区栽培广、生长快、经济价值高的用材树种。

罗汉松科 Podocarpaceae

长叶竹柏 竹柏属
Nageia fleuryi (Hickel) de Laub.

乔木。叶交叉对生，宽披针形，质地厚，无中脉，有多数并列的细脉，长8～18cm，宽2.2～5cm，上部渐窄，先端渐尖，基部楔形，窄成扁平的短柄。雄球花穗腋生，常3～6个簇生于总梗上，长1.5～6.5cm，总梗长2～5mm，药隔三角状，边缘有锯齿；雌球花单生叶腋，有梗，梗上具数枚苞片，轴端的苞腋着生1～3枚胚珠，仅1枚发育成熟，上部苞片不发育成肉质种托。种子圆球形，熟时假种皮蓝紫色，径1.5～1.8cm，梗长约2cm。

分布于广东、广西和云南；越南、柬埔寨。散生于常绿阔叶树林中。

竹柏 竹柏属
Nageia nagi (Thunb.) Kuntze

乔木，高达20m，胸径可达50cm。树皮近于平滑，红褐色或暗紫红色，成小块薄片脱落；枝条开展或伸展，树冠广圆锥形。叶对生，革质，长卵形、卵状披针形或披针状椭圆形，有多数并列的细脉，无中脉，长3.5～9cm，宽1.5～2.5cm，上面深绿色，有光泽，下面浅绿色，上部渐窄，基部楔形或宽楔形，向下窄成柄状。雄球花穗状圆柱形，单生叶腋，常呈分枝状，总梗粗短，基部有少数三角状苞片；雌球花单生叶腋，稀生对腋生，基部有数枚苞片。种子圆球形，径1.2～1.5cm，成熟时假种皮暗紫色，有白粉，梗长7～13mm，其上有苞片脱落的痕迹；骨质外种皮黄褐色，顶端圆，基部尖，其上密被细小的凹点，内种皮膜质。花期3～4月，种子10月成熟。

分布于广东、浙江、福建、江西、湖南、广西和四川；日本。生于常绿阔叶树林中。

边材淡黄白色，心材色暗，纹理直，结构细，硬度适中，比重0.47～0.53，易加工，耐久用。为优良的建筑、造船、家具、器具及工艺用材。种仁油供食用及工业用。

百日青 罗汉松属
Podocarpus neriifolius D. Don

乔木，高达25m，胸径约50cm。树皮灰褐色，薄纤维质，片状纵裂；枝条开展或斜展。叶螺旋状着生，披针形，厚革质，常微弯，长7～15cm，宽9～13mm，上部渐窄，先端有渐尖的长尖头，萌生枝上的叶稍宽、有短尖头，基部渐窄，楔形，有短柄，上面中脉隆起，下面微隆起或近平。雄球花穗状，单生或2～3个簇生，长2.5～5cm，总梗较短，基部有多数螺旋状排列的苞片。种子卵圆形，长8～16mm，顶端圆或钝，熟时肉质假种皮紫红色，种托肉质橙红色，梗长9～22mm。花期5月，种子10～11月成熟。

分布于华南、华东、华中及西南大部分省份；尼泊尔、印度（锡金）、不丹、缅甸、越南、老挝、印度尼西亚、马来西亚。生于山地，与阔叶树混生成林。

为优良用材种和庭园观赏植物。

三尖杉科 Cephalotaxaceae

三尖杉　三尖杉属
Cephalotaxus fortunei Hook. f.

乔木，高达20m，胸径达40cm。树皮褐色或红褐色，裂成片状脱落；枝条较细长，稍下垂；树冠广圆形。叶排成两列，披针状条形，通常微弯，长4～13cm，宽3.5～4.5mm，上部渐窄，先端有渐尖的长尖头，基部楔形或宽楔形，上面深绿色，中脉隆起，下面气孔带白色，较绿色边带宽3～5倍，绿色中脉带明显或微明显。雄球花8～10朵聚生成头状，径约1cm，总花梗粗，基部及总花梗上部有18～24枚苞片；雌球花的胚珠3～8枚发育成种子。种子椭圆状卵形或近圆形，长约2.5cm，假种皮成熟时紫色或红紫色，顶端有小尖头。花期4月，种子8～10月成熟。

分布于华南、华东、华中、西北及西南大部分省份。生于阔叶树、针叶树混交林中。

木材黄褐色，纹理细致，材质坚实，韧性强，有弹性。可作为建筑、桥梁、舟车、农具、家具及器具等用材树种。叶、枝、种子、根可提取多种植物碱，种仁可榨油，供工业用。

红豆杉科 Taxaceae

穗花杉　穗花杉属
Amentotaxus argotaenia (Hance) Pilg.

灌木或小乔木，高达7m。树皮灰褐色或淡红褐色，裂成片状脱落；小枝斜展或向上伸展，圆形或近方形，一年生枝绿色，二、三年生枝绿黄色、黄色或淡黄红色。叶基部扭转列成两列，条状披针形，直或微弯镰状，长3～11cm，宽6～11mm，先端尖或钝，基部渐窄，楔形或宽楔形，有极短的叶柄，边缘微向下曲，下面白色气孔带与绿色边带等宽或较窄；萌生枝的叶较长，通常镰状，稀直伸，先端有渐尖的长尖头，气孔带较绿色边带为窄。雄球花穗1～3穗，长5～6.5cm，雄蕊有2～5枚。种子椭圆形，成熟时假种皮鲜红色，长2～2.5cm，径约1.3cm，顶端有小尖头露出，基部宿存苞片的背部有纵脊，梗长约1.3cm，扁四棱形。花期4月，种子10月成熟。

分布于广东、江西、湖北、湖南、四川、西藏、甘肃和广西等地。生于荫湿溪谷两旁或林内。

木材材质细密，可供雕刻、器具、农具及细木加工等用。叶常绿，上面深绿色，下面有明显的白色气孔带，种子熟时假种皮红色、下垂，极美观，可作庭园树。

买麻藤科 Gnetaceae

罗浮买麻藤　买麻藤属
Gnetum luofuense C. Y. Cheng

藤本。茎枝圆形，皮紫棕色，皮孔浅而不显著。叶片薄或稍带革

质，矩圆形或矩圆状卵形，长10～18cm，宽5～8cm，先端短渐尖，基部近圆形或宽楔形，侧脉9～11对，明显，由中脉近平展伸出，小脉网状，在叶背较明显，叶柄长8～10mm。雌雄花均未见。成熟种子矩圆状椭圆形，长约2.5cm，径约1.5cm，顶端微呈急尖状，基部宽圆，无柄，种脐宽扁，宽3～5mm。

分布于广东、福建和江西。生于林中，缠绕于树上。

叶片青翠，是良好的垂直绿化植物，可配植于花架、走廊、墙栏等地；茎皮纤维可织网、制人造棉等；树液可作清凉饮料；种子可食。

小叶买麻藤　买麻藤属
Gnetum parvifolium (Warb.) C. Y. Cheng ex Chun

缠绕藤本，高4～12m，常较细弱。茎枝圆形，皮土棕色或灰褐色，皮孔常较明显。叶椭圆形、窄长椭圆形或长倒卵形，革质，长4～10cm，宽约2.5cm，先端急尖或渐尖而钝，稀钝圆，基部宽楔形或微圆；侧脉细，在叶背隆起，不达叶缘即弯曲前伸，小脉在叶背形成明显细网，网眼间常呈极细的皱突状；叶柄较细短，长5～10mm。雄球花穗长1.2～2cm，有5～10轮环状总苞，每总苞内具雄花40～70，总苞内具不育雌花10～12；雌球花序一次三出分枝，花序梗长1.5～2cm，雌球花穗每轮总苞具雌花5～8。成熟种子假种皮红色，长椭圆形或窄矩圆状倒卵圆形，长1.5～2cm，径约1cm，先端常有小尖头，种脐近圆形，径约2mm，干后种子表面常有细纵皱纹，无种柄或近无柄。

分布于广东、福建、广西和湖南等省份。生于干燥平地或湿润谷地的森林中，缠绕在大树上。

垂直绿化植物，枝叶生长茂盛，可在小游园、庭园小径、门前、院落等布置走廊、棚架或拱顶；茎皮纤维可用于纺织。

木兰科 Magnoliaceae

木莲　木莲属
Manglietia fordiana Dandy

乔木，高达20m。嫩枝及芽有红褐色短毛，后脱落无毛。叶革质，狭倒卵形、狭椭圆状倒卵形或倒披针形，长8～17cm，宽2.5～5.5cm，先端短急尖，通常尖头钝，基部楔形，沿叶柄稍下延，边缘稍内卷，下面疏生红褐色短毛；侧脉每边8～12条；叶柄长1～3cm，基部稍膨大，托叶痕半椭圆形，长3～4mm。总花梗具1环状苞片脱落痕，被红褐色短柔毛；花被片纯白色，每轮3片，外轮3片质较薄，近革质，凹入，长圆状椭圆形，长6～7cm，宽3～4cm，内2轮稍小，常肉质，倒卵形，长5～6cm，宽2～3cm；雄蕊长约1cm，花柱长约1mm。聚合果褐色，卵球形，长2～5cm，蓇葖果露出面有粗点状凸起，先端具长约1mm的短喙。种子红色。花期5月，果期10月。

分布于广东、福建、广西、贵州和云南。生于花岗岩、沙质岩山地丘陵。

木材供板料、细工用材；果及树皮入药，治便秘和干咳。

毛桃木莲　木莲属

Manglietia moto Dandy

　　乔木，高达14m，胸径约50cm。树皮深灰色，具数个横列或连成小块的皮孔；嫩枝、芽、幼叶、果柄均密被锈褐色绒毛。叶革质，倒卵状椭圆形、狭倒卵状椭圆形或倒披针形，长12～25cm，宽4～8cm，先端短钝尖或渐尖，基部楔形或宽楔形，上面无毛，下面和叶柄均被锈褐色绒毛，沿中脉较浓密；侧脉每边10～15条；叶柄长2～4cm，上面具狭沟；托叶披针形，被锈褐色绒毛；托叶痕狭三角形，长约为叶柄的1/3。花芳香；花被片9，乳白色，外轮3片近革质，长圆形，中轮3片厚肉质，倒卵形，内轮3片厚肉质，倒卵状匙形；雄蕊群红色，雌蕊群卵圆形。聚合果卵球形，长5～7cm，径3.5～6cm；蓇葖果背面有疣状凸起，顶端具长2～3mm的喙。花期5～6月，果期8～12月。

　　分布于广东、福建、湖南和广西。生于酸性山地黄壤上。

　　木材轻软，可供一般家具、建筑用材。不耐腐，易受白蚁蛀食，需进行防腐处理。

乳源木莲　木莲属

Manglietia yuyuanensis Law

　　乔木，高达8m，胸径约18cm。树皮灰褐色；枝黄褐色；除外芽鳞被金黄色平伏柔毛外余无毛。叶革质，倒披针形、狭倒卵状长圆形或狭长圆形，长8～14cm，宽2.5～4cm，先端稍弯的尾状渐尖或渐尖，基部阔楔形或楔形，上面深绿色，下面淡灰绿色；中脉平坦或稍凹，侧脉每边8～14条，纤细；叶柄长1～3cm，上面具宽浅的沟；托叶痕长3～4mm。花梗具1环苞片脱落痕；花被片9，3轮，外轮3片带绿色，薄革质，倒卵状长圆形，中轮与内轮肉质，纯白色，中轮倒卵形，内轮3片狭倒卵形；雄蕊长4～7mm；雌蕊群椭圆状卵圆形，长1.3～1.8cm，花柱长1～1.5mm。聚合果卵圆形，熟时褐色，长2.5～3.5cm。花期5月，果期9～10月。

　　分布于广东、安徽、浙江、江西、福建和湖南。生于林中。

白兰　含笑属

Michelia × *alba* DC.

　　常绿乔木，高达17m，枝广展，呈阔伞形树冠，胸径约30cm。树皮灰色；揉枝叶有芳香；嫩枝及芽密被淡黄白色微柔毛，老时毛渐脱落。叶薄革质，长椭圆形或披针状椭圆形，长10～27cm，宽4～9.5cm，先端长渐尖或尾状渐尖，基部楔形，上面无毛，下面疏生微柔毛，干时两面网脉均很明显；叶柄长1.5～2cm，疏被微柔毛；托叶痕几达叶柄中部。花白色，极香；花被片10，披针形，长3～4cm，宽3～5mm；雌蕊群被微柔毛，雌蕊群柄长约4mm；心皮多数，通常部分不发育，成熟时随着花托的延伸，形成蓇葖果疏生的聚

合果。蓇葖果熟时鲜红色。花期4～9月，夏季盛开，通常不结实。

　　分布于我国长江以南各省份。保护区有栽培。

　　少见结实，多用嫁接繁殖，用黄兰、含笑、火力楠等为砧木；也可用空中压条和靠接繁殖。

黄兰　含笑属

Michelia champaca L.

　　常绿乔木，高达10m。枝斜上展，呈狭伞形树冠；芽、嫩枝、嫩叶和叶柄均被淡黄色的平伏柔毛。叶薄革质，披针状卵形或披针状长椭圆形，长10～20（25）cm，宽4.5～9cm，先端长渐尖或近尾状，基部阔楔形或楔形，下面稍被微柔毛；叶柄长2～4cm，托叶痕长达叶柄中部以上。花黄色，极香，花被片15～20，倒披针形，长3～4cm，宽4～5mm；雌蕊群具毛；雌蕊群柄长约3mm。聚合果长7～15cm；蓇葖果倒卵状长圆形，长1～1.5cm，有疣状凸起。种子2～4粒，有皱纹。花期6～7月，果期9～10月。

　　分布于我国长江以南各省份；印度、尼泊尔、缅甸、越南。保护区有栽培。

　　本种花黄色，树冠狭长，叶下面被长柔毛，叶柄托叶痕超过1/2等与白兰区别。

含笑　含笑属

Michelia figo (Lour.) Spreng.

　　常绿灌木，高2～3m。树皮灰褐色，分枝繁密；芽、嫩枝、叶柄、花梗均密被黄褐色绒毛。叶革质，狭椭圆形或倒卵状椭圆形，长4～10cm，宽1.8～4.5cm，先端钝短尖，基部楔形或阔楔形，上面有光泽，无毛，下面中脉上留有褐色平伏毛，余脱落无毛，叶柄长2～4mm，托叶痕长达叶柄顶端。花直立，长12～20mm，宽6～11mm，淡黄色而边缘有时红或紫色，具甜浓的芳香；花被片6，肉质，较肥厚，长椭圆形，长12～20mm，宽6～11mm；雄蕊长7～8mm，雌蕊群无毛，长约7mm，超出于雄蕊群；雌蕊群柄长约6mm，被淡黄色绒毛。聚合果长2～3.5cm；蓇葖果卵圆形或球形，顶端有短尖的喙。花期3～5月，果期7～8月。

　　分布于全国各省份。生于阴坡杂木林中、溪谷沿岸。

　　本种除供观赏外，花有水果甜香，花瓣可拌入茶叶制成花茶，亦可提取芳香油和供药用。本种花开放，含蕾不尽开，故称"含笑花"。

火力楠　含笑属

Michelia macclurei Dandy var. *sublanea* Dandy

　　乔木，高达30m，胸径1m左右。树皮灰白色，光滑不开裂；芽、嫩枝、叶柄、托叶及花梗均被紧贴而有光泽的红褐色短绒毛。叶革质，倒卵形、椭圆状倒卵形、菱形或长圆状椭圆形，长7～14cm，宽5～7cm，先端短急尖或渐尖，基部楔形或宽楔形，上面初被短柔毛；侧脉每边10～15条，纤细；叶柄长2.5～4cm，上面具狭纵沟，无托叶痕。花蕾内有时包裹不同节上2～3小花蕾，形成2～3朵的聚伞花序，花梗具2～3苞片脱落痕；花被片白色，通常9片，匙状倒卵形或倒披针形。聚合果长3～7cm；

蓇葖果长圆形、倒卵状长圆形或倒卵圆形，顶端圆，基部宽阔着生于果托上，疏生白色皮孔，沿腹背二瓣开裂。种子1~3粒，扁卵圆形。

分布于广东、海南和广西；越南北部。生于林中。

木材易加工，切面光滑，美观耐用，是供建筑、家具的优质用材。花芳香，可提取香精油。树冠宽广、伞状，整齐壮观，是美丽的庭园和行道树种。

深山含笑　含笑属
Michelia maudiae Dunn

常绿乔木，高达20m，各部均无毛。树皮薄，浅灰色或灰褐色；芽、嫩枝、叶下面、苞片均被白粉。叶革质，长圆状椭圆形，很少卵状椭圆形，长7~18cm，宽3.5~8.5cm，先端骤狭短渐尖或短渐尖而尖头钝，基部楔形、阔楔形或近圆钝，上面深绿色，有光泽，下面灰绿色，被白粉；侧脉每边7~12条，直或稍曲；叶柄长1~3cm，无托叶痕。花单生枝梢叶腋，芳香；花梗具3环状苞片痕；花被片9，纯白色，基部稍呈淡红色，外轮的倒卵形，内两轮则渐狭小，近匙形；雄蕊长1.5~2.2cm，花丝淡紫色。聚合果长7~15cm，蓇葖果长圆形、倒卵圆形、卵圆形，顶端圆钝或具短突尖头。种子红色，斜卵圆形，稍扁。花期2~3月，果期9~10月。

分布于我国长江以南各省份。生于山谷、溪沟两侧和山坡中、下部。

木材适于作胶合板、优良家具、工艺品、室内装饰等用材；花可药用及提取芳香油；枝叶茂密，树形美观，早春满树白花，花大，有清香，供观赏。

野含笑　含笑属
Michelia skinneriana Dunn

乔木，高可达15m。树皮灰白色，平滑；芽、嫩枝、叶柄、叶背中脉及花梗均密被褐色长柔毛。叶革质，狭倒卵状椭圆形、倒披针形或狭椭圆形，长5~11（14）cm，宽1.5~3.5（4）cm，先端长尾状渐尖，基部楔形，上面深绿色，有光泽，下面被稀疏褐色长毛；侧脉每边10~13条，网脉稀疏，干时两面凸起；叶柄长2~4mm，托叶痕达叶柄顶端。花淡黄色，芳香；花梗细长；花被片6，倒卵形，长16~20mm，外轮3片，基部被褐色毛；雄蕊长6~10mm，花药侧向开裂；雌蕊群柄密被褐色毛。聚合果长4~7cm，常因部分心皮不育而弯曲或较短，具细长的总梗；蓇葖果黑色，球形或长圆形，具短尖的喙。花期5~6月，果期8~9月。

分布于广东、浙江、江西、福建、湖南和广西。生于山谷、山坡、溪边密林中。

观光木　观光木属
Tsoongiodendron odorum Chun

常绿乔木，高达25m。树皮淡灰褐色，具深皱纹；枝纵切面，髓心白色，具厚壁组织横隔；小枝、芽、叶柄、叶面中脉、叶背和花梗均被黄棕色糙伏毛。叶片厚膜质，倒卵状椭圆形，中上部较宽，长8~17cm，宽3.5~7cm，顶端急尖或钝，基部楔形；侧脉每边10~12条。花被片象牙黄色，有红色小斑点，狭倒卵状椭圆形。聚合果长椭圆形，有时上部的心皮退化而呈球形，长达13cm，直径约9cm，垂悬

于具皱纹的老枝上，外果皮橄榄绿色，有苍白色孔，干时深棕色，具显著的黄色斑点。种子4~6粒，椭圆形或三角状倒卵圆形。花期3月，果期10~12月。

分布于广东、江西南部、福建、海南、广西和云南东南部。生于岩山地常绿阔叶林中。

树干挺直，树冠宽广，枝叶稠密，花色美丽而芳香，供庭园观赏及行道树种。花可提取芳香油；种子可榨油。

八角科　Illiciaceae

红花八角　八角属
Illicium dunnianum Tutcher

灌木，通常高1~2m，稀达10m。幼枝纤细。叶密集生近枝顶，3~8片簇生，或假轮生，薄革质，狭披针形或狭倒披针形，长5~12cm，宽0.8~2.7cm，先端急尾状渐尖或渐尖，基部渐狭，下延至叶柄成明显狭翅；中脉在叶上面稍凹下，在下面凸起。花单生于叶腋或2~3朵簇生于枝梢叶腋；花梗纤细，直径0.5~1mm，长10~35mm；花被片12~20，粉红色到红色、紫红色，最大的花被片椭圆形到近圆形，长6~11mm，宽4~8mm；雄蕊长1.7~3.3mm。果梗纤细，长20~55mm；果较小，直径1.5~3cm，蓇葖果通常7~8枚，少13枚，长9~15mm，宽约4mm，厚2~3mm，有明显钻形尖头，长3~5mm，略弯曲。种子较小。花期3~7月，果期7~10月，也有的花期10~11月。

分布于广东、福建、广西、湖南和贵州。生于河流沿岸、山谷水旁、山地林中、湿润山坡或岩石缝中。

八角　八角属
Illicium verum Hook.f.

乔木，高10~15m。树冠塔形、椭圆形或圆锥形；树皮深灰色，枝密集。叶不整齐互生，在顶端3~6片近轮生或松散簇生，革质或厚革质，倒卵状椭圆形、倒披针形或椭圆形，长5~15cm，宽2~5cm，先端骤尖或短渐尖，基部渐狭或楔形；在阳光下可见密布透明油点；中脉在叶上面稍凹下，在下面隆起；叶柄长8~20mm。花粉红色至深红色，单生叶腋或近顶生；花梗长15~40mm；花被片7~12，常具不明显的半透明腺点，最大的花被片宽椭圆形到宽卵圆形，长9~12mm，宽8~12mm；雄蕊11~20枚，长1.8~3.5mm。聚合果，直径3.5~4cm，饱满平直，蓇葖果多为8，呈八角形，长14~20mm，宽7~12mm，厚3~6mm，先端钝或钝尖。正糙果花期3~5月，果期9~10月；春糙果花期8~10月，果期翌年3~4月。

分布于广东、福建、江西、云南和广西。生于温暖湿润的山谷中。

八角为经济树种。果为著名的调味香料，味香甜。也供药用，有祛风理气、和胃调中的功能，用于中寒呕逆、腹部冷痛、胃部胀闷等。果皮、种子、叶都含芳香油，是制造化妆品、甜香酒和啤酒及其他食品工业的重要原料。

五味子科 Schisandraceae

黑老虎 冷饭藤属

Kadsura coccinea (Lem.) A. C. Smith

　　藤本，全株无毛。单叶，互生，厚革质，长椭圆形至卵状披针形，长8~17cm，宽3~8cm，先端骤尖或短渐尖，基部楔形至钝，全缘；侧脉每边6~7条；叶柄长1~2.5cm。花红色或黄色而略带红色，单生叶腋内，雌雄异株；雄花花被片红色，10~16片，中轮最大1片椭圆形，长2~2.5cm，宽约14mm，最内轮3片明显增厚，肉质；雌花花被片与雄花相似，花柱短钻状，顶端无盾状柱头冠，心皮长圆形，50~80枚，花梗长5~10mm。聚合果近球形，熟时红色或黑紫色，直径通常6~10cm或更大。种子卵形。花期4~7月，果期8~10月。

　　分布于广东、四川、江西、湖南、云南、贵州和广西；越南。生于林中。

　　果熟时可食，味甜。根药用，有行气活血、消肿止痛的作用。

异形南五味子 冷饭藤属

Kadsura heteroclita (Roxb.) Craib

　　常绿木质大藤本，无毛。小枝褐色，干时黑色，有明显深入的纵条纹，具椭圆形点状皮孔，老茎木栓层厚，块状纵裂。叶卵状椭圆形至阔椭圆形，长6~15cm，宽3~7cm，先端渐尖或急尖，基部阔楔形或近圆钝，全缘或上半部边缘有疏离的小锯齿；侧脉每边7~11条，网脉明显；叶柄长0.6~2.5cm。花单生于叶腋，雌雄异株，花被片白色或浅黄色，11~15片，外轮和内轮的较小，中轮的最大1片椭圆形至倒卵形；雄花花托椭圆形，雄蕊群椭圆形，雄蕊长0.8~1.8mm，花梗长3~20mm，具数枚小苞片；雌蕊群近球形。聚合果近球形，直径2.5~4cm。种子2~3粒，长圆状肾形。花期5~8月，果期8~12月。

　　分布于广东、海南、广西、贵州和云南；孟加拉国、越南、老挝、缅甸、泰国、印度、斯里兰卡等。生于山谷、溪边、密林中。

　　藤及根称鸡血藤，药用，行气止痛、祛风除湿，治风湿骨痛、跌打损伤。

冷饭藤 冷饭藤属

Kadsura oblongifolia Merr.

　　藤本，全株无毛。叶纸质，长圆状披针形、狭长圆形或狭椭圆形，长5~10cm，宽1.5~4cm，先端圆或钝，基部宽楔形，边有不明显疏齿；侧脉每边4~8条；叶柄长0.5~1.2cm。花单生于叶腋，雌雄异株；雄花花被片黄色，12~13片，中轮最大的1片椭圆形或倒卵状长圆形，花托椭圆形，顶端不伸长，雄蕊群球形，约具雄蕊25枚；雌花花被片与雄花相似，雌蕊35~50（60）枚，花梗纤细。聚合果近球形或椭圆形，径1.2~2cm；小浆果椭圆形或倒卵圆形，长约5mm，顶

端外果皮薄革质，不增厚，干时显出种子。种子2~3粒，肾形或肾状椭圆形，种脐稍凹入。花期7~9月，果期10~11月。

　　分布于广东和海南。生于疏林中。

番荔枝科 Annonaceae

鹰爪 鹰爪花属

Artabotrys hexapetalus (L.f.) Bhandri

　　攀缘灌木，高达4m，无毛或近无毛。叶纸质，长圆形或阔披针形，长6~16cm，顶端渐尖或急尖，基部楔形，叶面无毛，叶背沿中脉上被疏柔毛或无毛。花1~2朵，淡绿色或淡黄色，芳香；萼片绿色，卵形，长约8mm，两面被稀疏柔毛；花瓣长圆状披针形，长3~4.5cm，外面基部密被柔毛，其余近无毛或稍被稀疏柔毛，近基部收缩；雄蕊长圆形，药隔三角形，无毛；心皮长圆形，柱头线状长椭圆形。果卵圆状，长2.5~4cm，直径约2.5cm，顶端尖，数个群集于果托上。花期5~8月，果期5~12月。

　　分布于广东、浙江、台湾、福建、江西、广西和云南等省份；印度、斯里兰卡、泰国、越南、柬埔寨、马来西亚、印度尼西亚和菲律宾。保护区有栽培。

　　绿化植物，花极香，常栽培于公园或屋旁。鲜花含芳香油0.75%~1.0%，可提制鹰爪花浸膏，用于高级香水化妆品和皂用的香精原料，亦供熏茶用。根可药用，治疟疾。

香港鹰爪花 鹰爪花属

Artabotrys hongkongensis Hance

　　攀缘灌木，长达6m。小枝被黄色粗毛。叶革质，椭圆状长圆形至长圆形，长6~12cm，宽2.5~4cm，顶端急尖或钝，基部近圆形或稍偏斜，两面无毛，或仅在下面中脉上被疏柔毛，叶面有光泽；侧脉每边8~10条，两面均凸起，远离边缘而联结，网脉疏散，明显；叶柄长2~5mm，被疏柔毛。花单生；花梗稍长于钩状的总花梗，被疏柔毛；萼片三角形，长约3mm，近无毛；花瓣卵状披针形，长10~18mm，基部卵形，凹陷，外轮花瓣密被丝质柔毛，厚质，内轮花瓣长10~12mm；雄蕊楔形。果椭圆状，长2~3.5cm，径1.5~3cm，干时黑色。花期4~7月，果期5~12月。

　　分布于广东、湖南、广西、云南和贵州等省份；越南。生于山地密林下或山谷荫湿处。

　　花芳香，可提取香料；叶翠绿，为优良垂直绿化植物，宜作花棚、花架等。

假鹰爪（酒饼叶） 假鹰爪属

Desmos chinensis Lour.

　　直立或攀缘灌木，有时上枝蔓延，除花外，全株无毛。枝皮粗糙，有纵条纹，有灰白色凸起的皮孔。叶薄纸质或膜质，长圆形或椭圆形，少数为阔卵形，长4~13cm，宽2~5cm，顶端钝或急尖，基部圆形或稍偏斜，上面有光泽，下面粉绿色。花黄白色，单朵与叶对生或互生；花梗长2~5.5cm，无毛；萼片卵圆形，外面被微柔毛；外

轮花瓣比内轮花瓣大，长圆形或长圆状披针形，长达9cm，宽达2cm，顶端钝，两面被微柔毛；内轮花瓣长圆状披针形，长达7cm，宽达1.5cm，两面被微毛；花托凸起，顶端平坦或略凹陷；雄蕊长圆形。果有柄，念珠状，长2～5cm，内有种子1～7粒。种子球状。花期夏季至冬季，果期6月至翌年春季。

分布于广东、广西、云南和贵州；印度、老挝、柬埔寨、越南、马来西亚、新加坡、菲律宾和印度尼西亚。生于丘陵山坡、林缘灌木丛中或低海拔旷地、荒野及山谷等地。

茎皮纤维可代麻。根、叶可入药。叶可制酒饼。

瓜馥木　瓜馥木属
Fissistigma oldhamii (Hemsl.) Merr.

攀缘灌木，长约8m。小枝被黄褐色柔毛。叶革质，倒卵状椭圆形或长圆形，长6～12.5cm，宽2～5cm，顶端圆形或微凹，有时急尖，基部阔楔形或圆形，叶面无毛，叶背被短柔毛，老渐几无毛；侧脉每边16～20条，上面扁平，下面凸起；叶柄长约1cm，被短柔毛。花长约1.5cm，直径1～1.7cm，1～3朵集成密伞花序；总花梗长约2.5cm；萼片阔三角形，顶端急尖；外轮花瓣卵状长圆形，长约2.1cm，宽约1.2cm，内轮花瓣长2cm，宽6mm；雄蕊长圆形，长约2mm。果圆球状，直径约1.8cm，密被黄棕色绒毛。种子圆形。花期4～9月，果期7月至翌年2月。

分布于我国长江以南各省份；越南。生于疏林或灌木丛中。

茎皮纤维可编绳、织麻袋和造纸；花可提制瓜馥木花油或浸膏，用作调制化妆品和皂用香精的原料；种子油供工业用和调制化妆品用；根药用，治跌打损伤和关节炎；果熟时味甜可吃。

白叶瓜馥木　瓜馥木属
Fissistigma glaucescens (Hance) Merr.

攀缘灌木，长达3m。枝条无毛。叶近革质，长圆形或长圆状椭圆形，有时倒卵状长圆形，长3～19.5cm，宽1.2～5.5cm，顶端通常圆形，少数微凹，基部圆形或钝形，两面无毛，叶背灰绿色，干后苍白色；侧脉每边10～15条，在叶面稍凸起，下面凸起；叶柄长约1cm。花数朵集成聚伞式的总状花序，花序顶生，长达6cm，被黄色绒毛；萼片阔三角形，长约2mm；外轮花瓣阔卵形，长约6mm，被黄色柔毛，内轮花瓣卵状长圆形，外面被白色柔毛；药隔三角形；心皮约15个，被褐色柔毛，花柱圆柱状，柱头顶端二裂。果圆球状，无毛。花期1～9月，果期几乎全年。

分布于广东、广西、福建和台湾；越南。生于山地林中。

根可供药用，活血除湿，可治风湿和痨伤。茎皮纤维坚韧，广西民间有作绳索和点火绳用；广东民间取叶作酒饼药。

香港瓜馥木　瓜馥木属
Fissistigma uonicum (Dunn) Merr.

攀缘灌木，除果实和叶背被稀疏柔毛外无毛。叶纸质，长圆形，

长4～20cm，宽1～5cm，顶端急尖，基部圆形或宽楔形，叶背淡黄色，干后呈红黄色；侧脉在叶面稍凸起，在叶背凸起。花黄色，有香气，1～2朵聚生于叶腋；花梗长约2cm；萼片卵圆形；外轮花瓣比内轮花瓣长，无毛，卵状三角形，长约2.4cm，宽约1.4cm，厚，顶端钝；内轮花瓣狭长，长约1.4cm，宽约6mm。果圆球状，直径约4cm，成熟时黑色，被短柔毛。花期3～6月，果期6～12月。

分布于广东、广西、湖南和福建等省份。生于丘陵山地林中。

果味甜，可食。叶可制酒曲。

光叶紫玉盘　紫玉盘属
Uvaria boniana Finrt et Gagnep.

攀缘灌木，除花外全株无毛。叶纸质，长圆形至长圆状卵圆形，长4～15cm，宽1.8～5.5cm，顶端渐尖或急尖，基部楔形或圆形；侧脉每边8～10条，纤细，两面稍凸起，网脉不明显；叶柄长2～8mm。花紫红色，1～2朵与叶对生或腋外生；花梗柔弱，长2.5～5.5cm，中部以下通常有小苞片；萼片卵圆形，长2.5～3mm，被缘毛；花瓣革质，两面顶端被微毛，外轮花瓣阔卵形，长和宽约1cm，内轮花瓣比外轮花瓣稍小，内面凹陷。果球形或椭圆状卵圆形，直径约1.3cm，成熟时紫红色，无毛；果柄细长，长4～5.5cm，无毛。花期5～10月，果期6月至翌年4月。

分布于广东、江西和广西；越南。生于丘陵山地疏密林中较湿润的地方。

山椒子　紫玉盘属
Uvaria grandiflora Roxb.

攀缘灌木，长约3m，全株密被黄褐色星状柔毛至绒毛。叶纸质或近革质，长圆状倒卵形，长7～30cm，宽3.5～12.5cm，顶端急尖或短渐尖，有时有尾尖，基部浅心形；侧脉每边10～17条，在叶面扁平，在叶背凸起；叶柄粗壮。花单朵，与叶对生，紫红色或深红色，大型，直径达9cm；花梗短；苞片2，大型，卵圆形；萼片膜质，宽卵圆形，顶端钝或急尖；花瓣卵圆形或长圆状卵圆形，长和宽为萼片的2～3倍，内轮比外轮略大些，两面被微毛；雄蕊长圆形或线形，药隔顶端截形，无毛；心皮长圆形或线形，柱头顶端二裂而内卷。果长圆柱状，长4～6cm，直径1.5～2cm，顶端有尖头。种子卵圆形，扁平，种脐圆形。花期3～11月，果期5～12月。

分布于广东；印度、缅甸、泰国、越南、马来西亚、菲律宾和印度尼西亚。生于低海拔灌木丛中或丘陵山地疏林中。

紫玉盘　紫玉盘属
Uvaria macrophylla Roxb.

直立灌木，高约2m。枝条蔓延性，幼枝、幼叶、叶柄、花梗、

苞片、萼片、花瓣、心皮和果均被黄色星状柔毛，老渐无毛或几无毛。叶革质，长倒卵形或长椭圆形，长10～23cm，宽5～11cm，顶端急尖或钝，基部近心形或圆形；侧脉每边约13条，在叶面凹陷，叶背凸起。花1～2朵，与叶对生，暗紫红色或淡红褐色，直径2.5～3.5cm；花梗长2cm以下；萼片阔卵形，长约5mm，宽约10mm；花瓣内外轮相似，卵圆形，长约2cm，宽约1.3cm，顶端圆或钝；雄蕊线形，长约9mm。果卵圆形或短圆柱形，长1～2cm，直径约1cm，暗紫褐色，顶端有短尖头。种子圆球形。花期3～8月，果期7月至翌年3月。

分布于广东、广西和台湾；越南和老挝。生于低海拔灌木丛中或丘陵山地疏林中。

花果奇特兼秀艳，可作庭园观赏用；果可食；叶可制酒饼；茎皮纤维可代麻。

樟科 Lauraceae

广东琼楠　琼楠属
Beilschmiedia fordii Dunn

乔木，高6～18m，胸径15～50cm。树皮青绿色；顶芽卵状披针形，无毛。叶通常对生，革质，披针形、长椭圆形、阔椭圆形，长6～12cm，宽2～5cm，先端短渐尖或钝，基部楔形或阔楔形，上面深绿色，下面淡绿色，两面无毛，干后褐色，上面通常平滑；中脉上面下陷，下面凸起，侧脉纤细，每边6～10条，侧脉及网脉不明显或略明显；叶柄长1～2cm。聚伞状圆锥花序通常腋生，长1～3cm，花密；苞片早落，内面被锈色短柔毛；花黄绿色；花梗长3～5mm；花被裂片卵形至长圆形，长1.5～2mm，无毛。果椭圆形，长1.4～1.8cm，两端圆形，通常具瘤状小凸点；果梗粗1.5～2mm。果期6～12月。

分布于广东、广西、四川、湖南和江西；越南。生于湿润的山地山谷密林或疏林中。

网脉琼楠　琼楠属
Beilschmiedia tsangii Merr.

乔木，高可达25m，胸径达60cm。树皮灰褐色或灰黑色；顶芽常小，与幼枝密被黄褐色绒毛或短柔毛。叶互生或有时近对生，革质，椭圆形至长椭圆形，长6～9（14）cm，宽1.5～4.5cm，先端短尖，尖头钝，有时圆或有缺刻，基部急尖或近圆形，干时上面灰褐色或绿褐色，下面稍浅，两面具光泽，中脉上面下陷，侧脉每边7～9条，小脉密网状，干后略构成蜂巢状小窝穴；叶柄长5～14mm，密被褐色绒毛。圆锥花序腋生，长3～5cm，微被短柔毛；花白色或黄绿色，花梗长1～2mm；花被裂片卵形，外面被短柔毛；花丝被短柔毛；第三轮雄蕊近基部有一对无柄腺体；退化雄蕊箭头形。果椭圆形，长1.5～2cm，直径9～15mm，有瘤状小凸点；果梗粗1.5～3.5mm。花期夏季，果期7～12月。

分布于广东、台湾、广西和云南；越南。生于山坡湿润混交林中。

无根藤　无根藤属
Cassytha filiformis L.

寄生缠绕草本，借盘状吸根攀附于寄主植物上。茎线形，绿色或绿褐色，稍木质，幼嫩部分被锈色短柔毛，老时毛被稀疏或无毛。叶退化为微小的鳞片。穗状花序长2～5cm，密被锈色短柔毛；苞片和小苞片微小，宽卵圆形，长约1mm，褐色，被缘毛；花小，白色，长不及2mm，无梗；花被裂片6，排成二轮，外轮3枚小，圆形，有缘毛，内轮3枚较大，卵形，外面有短柔毛，内面几无毛。果小，卵球形，包藏于花后增大的肉质果托内，但彼此分离，顶端有宿存的花被片。花果期5～12月。

分布于广东、云南、贵州、广西、湖南、江西、浙江、福建和台湾等省份；热带亚洲、非洲和澳大利亚。生于山坡灌木丛或疏林中。

全草药用，有去湿消肿、利水等功效，治肾炎、水肿等。无根藤以盘状吸根攀附其他植物，对寄主有害。

华南桂（华南樟）　樟属
Cinnamomum austrosinense H. T. Chang

乔木，高5～16m，胸径可达40cm。树皮灰褐色；一年生枝条圆柱形，粗约3mm，黑褐色，具纵向细条纹，被微柔毛，略具棱角，具纵向条纹及沟槽，被贴伏而短的灰褐色微柔毛。叶近对生或互生，叶椭圆形，长14～16cm，先端骤长尖，基部近圆，幼叶两面密被平伏灰褐色微柔毛，后上面脱落无毛，下面密被毛，边缘内卷；三出脉或离基三出脉；叶柄长1～1.5cm，密被平伏灰褐色微柔毛。花黄绿色，长约4.5mm；花梗长约2mm，密被灰褐色微柔毛；花被片卵形，两面密被灰褐色微柔毛。果椭圆形，长约1cm，宽达9mm；果托浅杯状，高约2.5mm，直径达5mm，边缘具浅齿，齿先端截平。花期6～8月，果期8～10月。

分布于广东、广西、福建、江西和浙江等省份。生于山坡或溪边的常绿阔叶林中或灌丛中。

树皮作桂皮收购入药，功效同肉桂皮；果实入药治虚寒胃痛。枝、叶、果及花梗可蒸取桂油，桂油可作轻化工业及食品工业原料。叶研粉，作熏香原料。

阴香　樟属
Cinnamomum burmannii (C. G. et Th. Nees) Bl.

常绿乔木。树皮灰褐色至黑褐色，平滑，枝叶揉碎有肉桂香味；小枝绿色或绿褐色，无毛。单叶，互生，草质至薄革质，卵形至长圆形或长椭圆圆状披针形，长5.5～10.5cm，先端渐尖，基部宽楔形，无毛，离基三出脉；叶柄长0.5～1.2cm，无毛。聚伞花序长2～6cm，末端为3花聚伞花序，花序梗与花序轴均被灰白色微柔毛。花被片长圆状卵形，两面密被灰白色柔毛。果卵形，长约8mm，果托高4mm，具6齿。花期10月至翌年2月，果期12月至翌年4月。

分布于广东、云南、海南、福建、贵州、香港和澳门等省份；东南亚地区。生于林中、路旁、村旁。

树冠近圆球形，树姿优美整齐，枝叶终年常绿，有肉桂之香味，为优良绿化树种，可作庭园风景树、绿荫树和行道树等。

樟树　樟属
Cinnamomum camphora (L.) Presl

常绿大乔木，高达30m。树皮幼时绿色，平滑，老时渐变为黄褐色或灰褐色，不规则纵裂；小枝无毛。单叶，互生，卵形或椭圆状卵形，长6~12cm，先端骤尖，基部宽楔形或近圆形，两面无毛或下面初稍被微柔毛，边缘有时微波状；离基三出脉，背面微被白粉，侧脉及支脉脉腋具腺窝；叶柄长2~3cm，无毛。圆锥花序生于新枝的叶腋内，花序梗长2.5~4.5cm；花被无毛或被微柔毛，内面密被柔毛，花被片椭圆形。果球形，径6~8mm，熟时紫黑色；果托杯状，高约5mm，顶端截平，径达4mm。

分布于长江以南各省份；越南、朝鲜和日本。生于林缘或山坡上。

可提取樟脑、樟油，樟脑供医药、防腐、杀虫等用，樟油可作农药、制肥皂及香精等原料；木材供建筑、造船、家具、雕刻等用；枝叶浓密，树形美观，供观赏。

沉水樟　樟属
Cinnamomum micranthum (Hay.) Hay.

乔木，高14~30m，胸径25~65cm。树皮坚硬，黑褐色或红褐灰色，外有不规则纵向裂缝；枝条圆柱形，干时有纵向细条纹，茶褐色，疏布凸起的圆形皮孔。叶长圆形、椭圆形或卵状椭圆形，长7.5~10cm，先端急渐尖，基部宽楔形或近圆形，两侧稍不对称，两面无毛，干时上面黄绿色，下面黄褐色，边缘内卷；侧脉4~5对；叶柄长2~3cm，无毛。圆锥花序顶生及腋生，末端为聚伞花序；花白色或紫红色，具香气，长约2.5mm；花梗长约2mm，无毛；花被外面无毛，内面被柔毛，花被裂片6，长卵圆形，长约1.3mm，先端钝。果椭圆形，径1.5~2cm，无毛；果托壶形，高约9mm，径达1cm，全缘或具波状齿。花期7~10月，果期10月。

分布于广东、广西、湖南、江西、福建和台湾等省份；越南。生于山坡或山谷密林中，路边或河旁水边。

黄樟　樟属
Cinnamomum parthenoxylon (Jack) Meisn.

常绿乔木，树干通直，高10~20m，胸径达40cm以上。树皮暗灰褐色，上部为灰黄色，深纵裂，小片剥落，具有樟脑气味；枝条粗壮，圆柱形，绿褐色，小枝具棱角，灰绿色，无毛。叶互生，椭圆状卵形或长椭圆状卵形，长6~12cm，宽3~6cm，先端通常急尖或短渐尖，基部楔形或阔楔形，革质，上面深绿色，下面色稍浅，两面无毛或仅下面腺窝具毛簇；羽状脉，侧脉每边4~5条，与中脉两面明显。圆锥花序于枝条上部腋生或近顶生；花小，长约3mm，绿色带黄色；花被外面无毛，内面被短柔毛，花被裂片宽，长椭圆形，具点，先端钝形。果球形，直径6~8mm，黑色；果托狭长倒锥形，长约1cm或稍短，基部宽约1mm，红色，有

纵长的条纹。花期3~5月，果期4~10月。

分布于广东、广西、福建、江西、湖南、贵州、四川和云南；巴基斯坦、印度经马来西亚至印度尼西亚。生于常绿阔叶林或灌木丛中。

枝叶可提取香料，供药用及化妆品等用；木材供建筑、小木工等用。

卵叶桂　樟属
Cinnamomum rigidissimum Chang

小至中乔木，高3~22m，胸径50cm。树皮褐色；枝条圆柱形，灰褐色或黑褐色，无毛，有松脂的香气；小枝略扁，有棱角，幼嫩时被灰褐色的绒毛，棱角更为显著。叶对生，卵圆形、阔卵形或椭圆形，长3.5~8cm，宽2.2~6cm，先端钝或急尖，基部宽楔形、钝至近圆形，革质或硬革质，上面绿色，光亮，下面淡绿色，晦暗，两面无毛或下面初时略被微柔毛后变无毛；离基三出脉，中脉及侧脉两面凸起，横脉两面隐约可见，网脉两面不明显；叶柄扁平而宽，无毛。花序近伞形，生于当年生枝的叶腋内，有花3~11朵，总梗略被短柔毛。成熟果卵球形，长达2cm，直径1.4cm，乳黄色；果托浅杯状，高约1cm，顶端截形，宽约1.5cm，淡绿色至绿蓝色。果期8月。

分布于广东、广西和台湾。生于林中溪边。

香桂　樟属
Cinnamomum subavenium Miq.

乔木，高达20m，胸径约50cm。树皮灰色，平滑；小枝纤细，密被黄色平伏绢状短柔毛。叶椭圆形、卵状椭圆形至披针形，长4~13.5cm，宽2~6cm，先端渐尖或短尖，基部楔形至圆形，上面幼时被黄色平伏绢状短柔毛，老时脱落至无毛，下面初密被黄色平伏绢状短柔毛，老时毛被渐脱落，革质；三出脉或近离基三出脉，中脉及侧脉在上面凹陷，下面显著凸起；叶柄长5~15mm，密被黄色平伏绢状短柔毛。花淡黄色，长3~4mm；花梗密被黄色平伏绢状短柔毛；花被内外两面密被短柔毛，花被裂片6，外轮较狭，长圆状披针形或披针形，内轮卵圆状长圆形。果椭圆形，长约7mm，宽约5mm，熟时蓝黑色；果托杯状，顶端全缘，宽达5mm。花期6~7月，果期8~10月。

分布于华南、西南、华中及华东部分省份；印度、中南半岛、印度尼西亚。生于山坡或山谷的常绿阔叶林中。

香桂叶油可作香料及医药上的杀菌剂，还可以分离丁香酚，用作配制食品及烟用香精。香桂皮油可作化妆及牙膏用的香精原料。香桂叶是罐头食品的重要配料，能增加食品香味且保持经久不败。

厚壳桂　厚壳桂属
Cryptocarya chinensis (Hance) Hemsl.

乔木，高达20m，胸径达10cm。树皮暗灰色，粗糙；老枝粗壮，多少具棱角，淡褐色，疏布皮孔；小枝圆柱形，具纵向细条纹，初时被灰棕色小绒毛，后毛被逐渐脱落。叶互生或对生，长椭圆形，长7~11cm，宽2~5.5cm，先端长或短渐尖，基部阔楔形，革质，幼时被灰棕色小绒毛，后渐无毛，上面光亮，下面苍白色；具离基三出脉，中脉在上面凹陷，下面凸起；叶柄长约1cm。圆锥花序腋生

及顶生，长1.5～4cm，被黄色小绒毛；花淡黄色，长约3mm；花梗长约0.5mm，被黄色小绒毛；花被两面被黄色小绒毛，花被裂片近倒卵形，长约2mm，先端急尖。果球形或扁球形，长7.5～9mm，直径9～12mm，熟时紫黑色，纵棱12～15条。花期4～5月，果期8～12月。

分布于广东、四川、广西、福建和台湾。生于山谷荫蔽的常绿阔叶林中。

木材花纹美观，宜做高档家具、工艺品及建筑、车辆、农具等用，但不甚耐腐。

黄果厚壳桂　厚壳桂属
Cryptocarya concinna Hance

乔木，高达18m，胸径35cm。树皮淡褐色；枝条灰褐色，多少有棱角，具纵向细条纹，无毛；幼枝被黄褐色短绒毛。叶互生，椭圆状长圆形或长圆形，长3～10cm，宽1.5～3cm，先端钝、近急尖或短渐尖，基部楔形，两侧常不相等，坚纸质，上面无毛，下面稍被柔毛，后脱落无毛；侧脉4～7对；叶柄长0.4～1cm，被黄褐色柔毛。圆锥花序腋生及顶生，长2～8cm，被短柔毛；苞片十分细小，三角形；花长达3.5mm；花梗长1～2mm，被短柔毛；花被两面被短柔毛，花被裂片长圆形，长约2.5mm，先端钝。果长椭圆形，长1.5～2cm，直径约8mm，幼时深绿色，有纵棱12条，熟时黑色或蓝黑色，纵棱有时不明显。花期3～5月，果期6～12月。

分布于广东、广西、江西和台湾；越南北部。生于谷地或缓坡常绿阔叶林中。

本种木材纹理交错，结构细致而均匀，材质硬且韧，易于加工，不易折裂，耐水湿，但稍易患虫蛀，材色鲜明，呈淡灰棕色，纵切面具光泽，颇雅致，可作家具材，通常也用于建筑。

乌药　山胡椒属
Lindera aggregata (Sims) Kosterm

常绿灌木或小乔木，高可达5m，胸径约4cm。根纺锤状，长达8cm，径约2.5cm，褐黄色或褐黑色。树皮灰褐色；外面棕黄色至棕黑色，表面有细皱纹，有香味，微苦；幼枝青绿色，具纵向细条纹，密被金黄色绢毛。叶互生，卵形、椭圆形至近圆形，长2.7～7cm，宽1.5～4cm，先端长渐尖或尾尖，基部圆，下面幼时密被棕色柔毛，后脱落，两面有小凹窝；三出脉；叶柄长0.5～1cm。伞形花序腋生，无总梗，常6～8序集生短枝，每花序具7花；花梗被柔毛；花被片近等长，被白色柔毛，内面无毛。果卵形或有时近圆形，长0.6～1cm，直径4～7mm。花期3～4月，果期5～11月。

分布于广东、浙江、江西、福建、安徽、湖南、广西和台湾等省份；越南、菲律宾。生于向阳坡地、山谷或疏林灌丛中。

根药用，一般在11月至翌年3月采挖，为散寒、理气、健胃药。果实、根、叶均可提芳香油制香皂；根、种子磨粉可杀虫。

香叶树　山胡椒属
Lindera communis Hemsl.

常绿灌木或小乔木，高（1～5）3～4m，胸径约25cm。树皮淡褐色；幼枝绿色，被黄白色短柔毛，后无毛；顶芽卵形。叶互生，披针形、卵形或椭圆形，长3～12.5cm，宽1.5～3.5cm，先端骤尖或近尾尖，基部宽楔形或近圆形，被黄褐色柔毛，后渐脱落；侧脉5～7对；叶柄长5～8mm，被黄褐色微柔毛或近无毛。伞形花序具5～8朵花，单生或2个并生叶腋；花被片6，卵形，近等大；雄花黄色，直径达4mm，花梗长2～2.5mm，略被金黄色微柔毛；雌花黄色或黄白色，花梗长2～2.5mm；花被片6，卵形，长2mm，外面被微柔毛。果卵形，长约1cm，宽7～8mm，有时略小而近球形，无毛，成熟时红色。花期3～4月，果期9～10月。

分布于华南、西北、华东、华中及西南大部分省份；中南半岛。生于干燥砂质土壤，散生或混生于常绿阔叶林中。

果、叶含芳香油，可提取香精；种子油可制肥皂；叶、茎、皮可入药。

小叶乌药（小叶钓樟）　山胡椒属
Lindera aggregata (Sims) Kosterm. var. *playfairii* (Hemsl.) H. P. Tsui

常绿灌木或小乔木。树皮灰褐色；幼枝青绿色，具纵向细条纹，幼枝、叶及花等被毛较稀疏，且多为灰白色毛或近无毛，后渐脱落。单叶，互生，小，狭卵形至披针形，通常具尾尖，长4～6cm，宽1.3～2cm，上面绿色有光泽，下面苍白色，幼时被灰白色柔毛，后渐脱落；三出脉。花较小，黄色或黄绿色，无总梗；伞形花序腋生，每花序有一苞片；花被片近等长。果近球形，熟时黑色。花期3～4月，果期5～11月。

分布于广东、广西和海南。生于林中。

根药用。

尖脉木姜子　木姜子属
Litsea acutivena Hay.

常绿乔木，高达7m。树皮褐色；嫩枝密被黄褐色长柔毛，老枝近无毛；顶芽卵圆形，鳞片外面被锈色柔毛，边缘无毛。叶互生或聚生枝顶，披针形、倒披针形或长圆状披针形，长4～11cm，宽2～4cm，先端急尖或短渐尖，基部楔形，革质；羽状脉，侧脉每边9～10条，中脉、侧脉在叶上面均下陷，在下面凸起，横脉在叶下面明显凸起，与侧脉几垂直相连。伞形花序生于当年生枝上端，簇生；总梗有柔毛；每一花序有花5～6朵；花梗密被柔毛；花被裂片6，长椭圆形，外面中肋有柔毛；能育雄蕊9枚，花丝有毛，腺体盾形，退化雌蕊细小；雌花中子房卵形，近于无毛，花柱头2裂，退化雄蕊有毛。果椭圆形，成熟时黑色；果

托杯状。花期7～8月，果期12月至翌年2月。

分布于广东、台湾、福建和广西；中南半岛东部。生于山地密林中。

山苍子（山鸡椒） 木姜子属

Litsea cubeba (Lour.) Pers

落叶小乔木或灌木状，高达10m。枝、叶芳香，小枝无毛。叶互生，披针形或长圆形，长4～11cm，先端渐尖，基部楔形，纸质，上面深绿色，下面粉绿色，两面均无毛；羽状脉，侧脉每边6～10条，纤细，中脉、侧脉在两面均凸起；叶柄长6～20mm，纤细，无毛。雌雄异株；伞形花序单生或簇生，花序梗长0.6～1cm；雄花序具4～6花；花梗无毛；花被裂片6，宽卵形，花丝中下部被毛。果近球形，径约5mm，无毛，黑色果柄长2～4mm。花期2～3月，果期7～8月。

分布于我国长江以南各省份；印度尼西亚、马来西亚、印度。生于阳光充足的林地或荒地上。

根、果、叶药用，根用于治风湿骨痛、跌打损伤等；果用于治感冒头痛、消化不良、胃痛等；叶用于治痈疖肿痛、乳腺炎、虫蛇蚊伤等。枝叶可提取芳香油。

长叶木姜子（黄丹木姜子） 木姜子属

Litsea elongata Benth. et Hood.

常绿乔木，高达12m。小枝密被褐色绒毛。叶互生，长圆形、长圆状披针形或倒披针形，长6～22cm，先端钝或短渐尖，基部楔形或近圆，下面被短柔毛，沿脉被长柔毛；侧脉10～20对，中脉及侧脉在叶上面平或稍下陷，在下面凸起；叶柄长1～2.5cm，密被褐色绒毛。伞形花序单生，稀簇生，花序梗长2～5mm；雄花序具4～5朵花；花梗被绢状长柔毛；花被裂片6，卵形，外面中肋有丝状长柔毛；雌花序较雄花序略小，无毛。果长圆形，黑紫色；果托杯状。花期5～11月，果期2～6月。

分布于华南、华中、西南及华东大部分省份；尼泊尔、印度。生于山坡路旁、溪旁、杂木林下。

木材可供建筑及家具等用；种子可榨油，供工业用。

剑叶木姜子 木姜子属

Litsea lancifolia (Roxb. ex Nees) Benth.et Hook. f.

常绿灌木，高约3m。树皮黑色；小枝灰褐色，被锈色绒毛。叶对生，或兼有互生，长5～10cm，宽2.4～4.5cm，先端急尖或渐尖，椭圆形、长圆形或椭圆状披针形，叶基部宽楔形或近圆形，薄革质，上面深绿色，初时有柔毛，老时除中脉留有毛外，其余无毛，下面苍白绿色，有黄褐色或锈色绒毛；羽状脉，侧脉每边5～8条，斜展，中脉、侧脉在上面微陷，下面稍凸起，网脉不明显；叶柄短，长约3mm，密被锈色绒毛。伞形花序单生或几个簇生叶腋，花被裂片6，披针形或长圆形，外面有长柔毛，内面无毛。果球形，直径约1cm；果托浅碟状，直径约5mm；果梗短，长约3mm。花期5～6月，果期7～8月。

分布于广东、广西和云南；印度、不丹、越南、菲律宾以及加里曼丹岛。生于山谷溪旁或混交林中。

假柿木姜子（假柿树、柿叶木姜子） 木姜子属

Litsea monopetala (Roxb.) Pers

常绿乔木，高达18m，直径约15cm。树皮灰色或灰褐色；小枝淡绿色，密被锈色短柔毛。叶互生，宽卵形、倒卵形或卵状长圆形，长8～20cm，先端钝或圆，基部圆形或宽楔形，幼叶上面沿中脉及下面密被锈色短柔毛；侧脉8～12对；叶柄长1～3cm。伞形花序簇生叶腋，总梗极短；每一花序有花4～6朵或更多；花序总梗长4～6mm；苞片膜质；花梗长6～7mm，有锈色柔毛；雄花花被片5～6，披针形，黄白色；雌花较小；花被裂片长圆形。果长卵形，长约7mm，直径约5mm；果托浅碟状；果梗长约1cm。花期11月至翌年5～6月，果期6～7月。

分布于广东、广西、贵州和云南；东南亚各国及印度、巴基斯坦。生于阳坡灌丛或疏林中。

木材供建筑等用；可提取黏胶。

竹叶木姜子 木姜子属

Litsea pseudoelongata Liouh.

常绿小乔木，高达10m。树皮褐色；幼枝灰褐色，有灰色柔毛。叶互生，宽条形，长7～12cm，宽1～1.5cm，有时达2.5cm，先端钝尖，基部急尖略下延，薄革质，上面绿色，略有光泽，下面粉绿色，有时带锈黄色，幼时有柔毛；羽状脉，侧脉每边15～20条，在上面不甚明显，下面略凸起，中脉在上面下陷，下面凸起；叶柄长5～9mm，初时有柔毛。伞形花序常3～5个簇生在枝顶叶腋短枝上，短枝长5～10mm；苞片4～5；每一雄花序有花4朵；花梗短，被柔毛；花被裂片6，有时4或8，卵形或椭圆形，外面有柔毛，内面无毛，有香味。果长卵形，长约1cm，先端尖；果托浅杯状，直径约4mm，边缘有圆齿，外面有短柔毛；果梗短，长约2mm，有灰色柔毛。花期5～6月，果期10～12月。

分布于广东和广西。生于灌木丛中。

豺皮樟 木姜子属

Litsea rotundifolia Hemsl. var. *oblongifolia* (Nees) Allen

常绿灌木或小乔木，高达5m。单叶，互生，革质，卵状长圆形，长2.5～5.5cm，宽1～2.2cm，先端钝或短渐尖，基部楔形或钝，羽状脉，背面粉绿色而秃净；中脉隆起；叶柄密被褐色柔毛。花单性，雌雄异株；伞形花序腋生或节间生，总花梗及花梗不明显；花被片6，长约2cm，有稀疏柔毛；花小，无柄，腋生，浅黄色。果球形，直径约6mm，成熟时蓝黑色。花期秋季，果期冬季。

分布于广东、香港、澳门、广西、福建、台湾、海南、湖南和浙江等省份。生于次生林中。

种子油可供工业用；根入药，治跌打损伤、消化不良等。

轮叶木姜子 木姜子属
Litsea verticillata Hance

常绿灌木或小乔木，高2～5m。树皮灰色；小枝灰褐色，密被黄色长硬毛，老枝无毛。叶4～6片轮生，披针形或倒披针形长椭圆形，长7～25cm，宽2～6cm，先端渐尖，基部急尖、钝或近圆，薄革质，上面绿色，初时中脉有短柔毛，边缘有长柔毛，下面淡灰绿色或黄褐绿色，有黄褐色柔毛；羽状脉，侧脉每边12～14条，中脉在叶上面下陷，下面凸起；叶柄长2～6mm，密被黄色长柔毛。伞形花序2～10个集生于枝顶，苞片4～7，外面有灰褐色丝状短柔毛；每一花序有花5～8朵，淡黄色，近无梗；花被裂片6（4），披针形，外面中肋有长柔毛。果卵形或椭圆形，长1～1.5cm，直径5～6mm，顶端有小尖头；果托碟状，直径约3mm，具残留花被片；果梗短。花期4～11月，果期11月至翌年1月。

分布于广东、广西和云南；越南、柬埔寨。生于山谷、溪旁、灌丛中或杂木林中。

根、叶药用，治跌打损伤、胸痛、风湿痛及妇女经痛；叶外敷治骨折及蛇伤。

短序润楠 润楠属
Machilus breviflora (Benth.) Hemsl.

乔木，高约8m。树皮灰褐色；小枝咖啡色，渐变灰褐色；芽卵形，长约5mm，芽鳞有绒毛。叶略聚生于小枝先端，倒卵形至倒卵状披针形，长4～5cm，极少长至9cm，宽1.5～2cm，先端钝，基部渐狭，革质，两面无毛，干时下面稍粉绿色或带褐色；中脉上面凹入，下面凸起，侧脉和网脉纤细；叶柄长3～5mm或更短。圆锥花序3～5个，顶生，无毛，有长总梗，花枝萎缩，常呈复伞形花序状，长2～5cm；花梗短，长3～5mm；花绿白色，长7～9mm，外轮花被裂片较小，结果时花被裂片宿存，有时脱落。果球形，直径8～10mm。花期7～8月，果期10～12月。

分布于广东和广西。生于山地或山谷阔叶混交疏林中，或生于溪边。

浙江润楠 润楠属
Machilus chekiangensis S. Lee

乔木。枝褐色，散布纵裂的唇形皮孔，在当年生和一、二年生枝的基部遗留有顶芽鳞片数轮的疤痕，疤痕高3～4mm。叶常聚生于小枝枝梢，倒披针形，长6.5～13cm，宽2～3.6cm，先端尾状渐尖，尖头常呈镰状，基部渐狭，革质或薄革质，梢头的叶干时有时呈黄绿色，叶下面初时有贴伏小柔毛；中脉在上面稍凹下，下面凸起，侧脉每边10～12条，小脉纤细，在两面上构成细密的蜂巢状浅穴；叶柄纤细，长8～15mm。花未见。果序生于当年生枝基部，纤细，长7～9cm，有灰白色小柔毛，总梗长3～5.5cm；嫩果球形，绿色，直径约6mm，干时带黑色；宿存花被裂片近等长，长约4mm，两面都有灰白色绢状小柔毛，内面的毛较疏；果梗稍纤细，长约5mm。果期6月。

分布于广东和浙江。生于林中。

用材树种；也可作园林观赏树。

华润楠 润楠属
Machilus chinensis (Champ. ex Benth.) Hemsl.

乔木，高8～11m，无毛。芽细小，无毛或有毛。叶倒卵状长椭圆形至长椭圆状倒披针形，长5～10cm，宽2～4cm，先端钝或短渐尖，基部狭，革质，干时下面稍粉绿色或褐黄色；中脉在上面凹下，下面凸起，侧脉不明显，每边约8条，网状小脉在两面上形成蜂巢状浅窝穴；叶柄长6～14mm。圆锥花序顶生，2～4个聚集，常较叶为短，长约3.5cm，在上部分枝，有花6～10朵，总梗约占全长的3/4；花白色，花梗长约3mm；花被裂片长椭圆状披针形，外面有小柔毛，内面或内面基部有毛，内轮的长约4mm，宽1.8～2.5mm，外轮的较短；花被裂片通常脱落，间有宿存。果球形，直径8～10mm。花期11月，果期翌年2月。

分布于广东和广西；越南。生于山坡阔叶混交疏林或矮林中。

木材坚硬，可作家具；树形美观，枝叶浓密，可作庭园观赏树。

黄绒润楠 润楠属
Machilus grijsii Hance.

乔木，高可达5m。芽、小枝、叶柄、叶下面有黄褐色短绒毛。叶倒卵状长圆形，长7.5～14（18）cm，宽3.7～6.5（7）cm，先端渐狭，基部多少圆形，革质，上面无毛；中脉和侧脉在上面凹下，在下面隆起，侧脉每边8～11条，小脉纤细而不明显；叶柄稍粗壮，长7～18mm。花序短，丛生小枝枝梢，长约3cm，密被黄褐色短绒毛；总梗长1～2.5cm；花梗长约5mm；花被裂片薄，长椭圆形，近相等，长约3.5mm，两面均被绒毛，外轮的较狭。果球形，直径约10mm。花期3月，果期4月。

分布于广东、福建、江西和浙江。生于灌木丛中或密林中。

宜昌润楠 润楠属
Machilus ichangensis Rehd. et Wils.

乔木，高7～15m，很少较高，树冠卵形。小枝纤细而短，无毛，褐红色，极少褐灰色。叶长圆状披针形或长圆状倒披针形，长10～24cm，宽3～6cm，先端短渐尖，有时稍镰状，基部楔形，上面无毛，下面带白粉，被平伏柔毛或脱落无毛；上面中脉凹下，侧脉12～17对，细脉在两面稍呈网状；叶柄长1～2cm。圆锥花序生自当年生枝基部脱落苞片的腋内，长5～9cm，有灰黄色贴伏小绢毛或变无毛；花梗长5～7（～9）mm，有贴伏小绢毛；花白色，花被裂片长5～6mm，花被片外面被毛，内面上被柔毛。果近球形，直径约1cm，黑色，有小尖头；果梗不增大。花期4月，果期8月。

分布于广东、湖北、四川、陕西和甘肃。生于山坡或山谷的疏林内。

广东润楠 润楠属
Machilus kwangtungensis Yang

乔木，高约达10m，直径约18cm。幼枝密被锈色绒毛，一、二年生枝条带紫色或紫褐色，干后常变黑褐色，无毛，有黄褐色纵裂唇形皮孔。叶长椭圆形或倒披针形，长6～15cm，宽2～4.5cm，先端渐尖，基部渐窄，革质，上面无毛或沿中脉被微柔毛，下面被细柔毛；上面中脉凹下，侧脉细，12～17对，细脉稍可见；叶柄长1.2～2.5cm，有小柔毛。圆锥花序生于新枝下端，长5～10.5cm，被柔毛；花长约6mm，花被片近等长，长圆形，长约5mm，两面被毛。果近球形，略扁，直径8～9mm，嫩时绿色，熟时黑色；果梗长5～8mm，有小柔毛。花期3～4月，果期5～7月。

分布于广东、广西、湖南和贵州。生于山地或山谷阔叶混交疏林中，或在山谷水旁。

木材供家具等用。

刨花润楠　润楠属
Machilus pauhoi Kanehir

乔木，高6.5～20m，直径达30cm。树皮灰褐色，有浅裂；小枝绿色带褐色，干时常带黑色，无毛或新枝基部有浅棕色小柔毛。叶常集生小枝梢端，椭圆形或狭椭圆形，间或倒披针形，长7～17cm，宽2～5cm，先端渐尖或尾状渐尖，尖头稍钝，基部楔形，革质，上面深绿色，无毛，下面浅绿色，嫩时除中脉和侧脉外密被灰黄色贴伏绢毛，老时仍被贴伏小绢毛；中脉上面凹下，下面明显凸起，侧脉纤细，每边12～17条，小脉很纤细，结成密网状；叶柄长1.2～2.5cm。聚伞状圆锥花序生当年生枝下部，约与叶近等长，有微小柔毛，疏花，约在中部或上端分枝；花梗长8～13mm；花被裂片卵状披针形，长约6mm，先端钝，两面都有小柔毛。果球形，直径约1cm，熟时黑色。

分布于广东、浙江、福建、江西、湖南和广西等省份。生于土壤湿润肥沃的山坡灌丛或山谷疏林中。

树冠翠绿，既是珍贵用材树种，又是优美的庭园观赏树。

凤凰润楠　润楠属
Machilus phoenicis Dunn

中等乔木，高约5m。树皮褐色，全株无毛；枝和小枝粗壮，紫褐色，干时有纵向皱纹，一年和二年生枝顶端有顶芽鳞片脱落后的疤痕约8～9环；顶芽外面芽鳞无毛，内面的两面有绢毛。叶二、三年不脱落，椭圆形、长椭圆形至狭长椭圆形，长9.5～18（21）cm，宽2.5～5.5cm，先端渐尖，尖头钝，基部钝至近圆形，厚革质；中脉上面略凹下，有时近平坦，下面粗壮，明显凸起，带红褐色，侧脉每边8～12条，较长的叶可达15条；叶柄粗壮。花序多数，生于枝端，在上端分枝；总梗约占全长的2/3，与分枝带红褐色；花被裂片近等长，长圆形或狭长圆形，绿色，先端钝，内面的先端有很短的绢毛。果球形。

分布于广东、湖南、福建和浙江。生于混交林中。

红楠　润楠属
Machilus thunbergii Sieb.

常绿中等乔木，通常高10～20m。树干粗短，树皮黄褐色；树冠平顶或扁圆；枝条多而伸展，紫褐色，老枝粗糙，嫩枝紫红色。叶倒卵形或倒卵状披针形，长5～13cm，先端骤钝尖或短渐钝尖，基部楔形，下面带白粉；上面中脉稍凹下，侧脉不明显；叶柄长1～3.5cm，上面有红色浅槽。花序顶生或在新枝上腋生，无毛，长5～11.8cm，在上端分枝；多花，上部分枝的花较少；苞片卵形，有棕红色贴伏绒毛；花被裂片长圆形，长约5mm，外轮的较狭，略短，先端急尖，外面无毛，内面上端有小柔毛。果扁球形，直径8～10mm，初时绿色，后变黑紫色；果梗鲜红色。花期2月，果期7月。

分布于华南及华东大部分省份；日本、朝鲜。生于山地阔叶混交林中。

红楠边材淡黄色，心材灰褐色，硬度适中，供建筑、家具、小船、胶合板、雕刻等用。叶可提取芳香油。种子油可制肥皂和润滑油。树皮入药，有舒筋活络之功效。

绒毛润楠　润楠属
Machilus velutina Champ. ex Benth.

乔木，高可达18m，胸径约40cm。枝、芽、叶下面和花序均密被锈色绒毛。叶狭倒卵形、椭圆形或狭卵形，长5～11（18）cm，宽2～5（5.5）cm，先端渐狭或短渐尖，基部楔形，革质，上面有光泽；中脉上面稍凹下，下面凸起，侧脉每边8～11条，下面明显凸起，小脉纤细，不明显；叶柄长1～3cm。花序单独顶生或数个密集在小枝顶端，近无总梗，分枝多而短，近似团伞花序；花黄绿色，有香味，被锈色绒毛；内轮花被裂片卵形，长约6mm，宽约3mm，外轮的较小且较狭。果球形，直径约4mm，紫红色。花期10～12月，果期翌年2～3月。

分布于广东、广西、福建、江西和浙江；中南半岛。生于低海拔山坡或谷地疏林中。

枝叶可作香料；木材坚硬，耐水湿，可供家具等用。

鸭公树　新木姜子属
Neolitsea chui Merr.

乔木，高8～18m，胸径达40cm。树皮灰青色或灰褐色；小枝绿黄色，除花序外，其他各部均无毛。叶互生或聚集枝顶近轮生状，椭圆形至长圆状椭圆形或卵状椭圆形，长8～16cm，宽2.7～9cm，先端渐尖，基部尖锐，革质，上面深绿色，有光泽，下面粉绿色；离基三出脉，侧脉每边3～5条，中脉与侧脉于两面凸起；叶柄长2～4cm。伞形花序腋生或侧生，多个密集；总梗极短或无；苞片4，宽卵形，长约3mm，外面有稀疏短柔毛；每一花序有花5～6朵；花梗长4～5mm，被灰色柔毛；花被裂片4，卵形或长圆形，外面基部及中肋被柔毛，内面基部有柔毛。果椭圆形或近球形，长约1cm，直径约8mm；果梗长约7mm。花期9～10月，果期12月。

分布于广东、广西、湖南、江西、福建和云南。生于山谷或丘陵地的疏林中。

果核含油量60%左右，油供制肥皂和润滑等用。

广西新木姜子　新木姜子属
Neolitsea kwangsiensis Liou

灌木或小乔木，高约5m。树皮灰色，平滑；小枝黄褐色，粗壮，无毛。叶互生或聚生枝顶呈轮生状，宽卵形、卵形或卵状长圆形，长11～19cm，宽6.8～12.5cm，先端渐尖或钝，基部近圆或渐狭，革质，上面深绿色，略有光泽，下面粉绿色，两面均无毛；离基三出脉，中脉与侧脉在叶两面凸起，横脉粗壮，近于平行，两面凸起；叶柄长2.5～4mm，略扁平，无毛。伞形花序5～8个簇生于叶腋或枝侧；苞片4，外面有短柔毛；花序梗长4～7mm；每一花序有花5朵；花梗短，密被柔毛；花被裂片4，卵形或卵圆形，长约3.5mm，宽2.5～3mm，两面有短柔毛。果球形，直径15～16mm；果梗长6～7mm，被短柔毛。花期12月，果期翌年8月。

分布于广东和广西。生于路旁、疏林或山谷密林中。

大叶新木姜子　新木姜子属
Neolitsea levinei Merr.

乔木，高达22m。树皮灰褐色至深褐色，平滑；小枝圆锥形，幼时密被黄褐色柔毛，老时毛被脱落渐稀疏。叶4～5轮生，长圆状披针形、长圆状倒披针形或椭圆形，长15～31cm，先端短尖或骤尖，基部楔形，下面幼时密被黄褐色长柔毛，老时毛稀疏，被白粉；离基三出脉，侧脉3～4对，下面横脉明显；叶柄长1.5～2cm，密被黄褐色柔毛。伞形花序簇生；花丝无毛；总梗长约2mm；每一花序有花5朵；花梗长3mm，密被黄褐色柔毛；花被裂片4，卵形，黄白色，长约3mm，外面有稀疏柔毛，边缘有睫毛，内面无毛。果椭圆形或球形，长1.2～1.8cm，直径0.8～1.5cm，成熟时黑色；果梗长0.7～1cm，密被柔毛。花期3～4月，果期8～10月。

分布于广东、广西、湖南、湖北、江西、福建、四川、贵州和云南。生于山地路旁、水旁及山谷密林中。

根可入药，治妇女白带。

显脉新木姜子　新木姜子属
Neolitsea phanerophlebia Merr.

小乔木，高达10m，胸径达15～20cm。树皮灰色或暗灰色；小枝黄褐色或紫褐色，密被近锈色短柔毛。叶轮生或散生，长圆形至长圆状椭圆形，长6～13cm，宽2～4.5cm，先端渐尖，基部急尖或钝，纸质至薄革质，上面淡绿色，幼时脉上有短的近锈色柔毛，下面粉绿色，有柔毛；离基三出脉，侧脉每边3～4条，中脉、侧脉在两面均凸起，横脉在叶下面明显；叶柄长1～2cm，密被短柔毛。伞形花序2～4个丛生于叶腋，无总梗；每一花序有花5～6朵；花梗长2～3mm，密被锈色柔毛；花被裂片4，卵形或卵圆形，长约3mm，宽约2mm，外面及边缘有柔毛。果近球形，直径5～9mm，无毛，成熟时紫黑色；果梗长5～7mm，有贴伏柔毛。花期10～11月，果期7～8月。

分布于广东、广西、湖南和江西。生于山谷疏林中。

宽药青藤（大青藤）　青藤属
Illigera celebica Miq.

藤本。茎具沟棱，无毛。指状复叶有3小叶；叶柄长5～14cm，具条纹，无毛；小叶卵形至卵状椭圆形，纸质至近革质，长6～15cm，宽3.5～7cm，两面光滑无毛，先端突然渐尖，基部圆形至近心形；侧脉4～5对，两面明显，网脉两面显著；小叶柄长1～2cm，无毛。聚伞花序组成的圆锥花序腋生，较疏松，长约20cm；花绿白色；花萼管长约3mm，顶端缢缩，无毛；萼片5，椭圆状长圆形，长5～6mm，宽约2.5mm，被柔毛，具透明腺点，被短柔毛；雄蕊5枚。果具4翅，直径3～4.5cm，小的翅长0.5～1cm，大的翅长1.5～2.3cm。花期4～10月，果期6～11月。

分布于广东、云南和广西；越南、泰国、柬埔寨、菲律宾、印度尼西亚、马来西亚。生于疏林或密林中。

小木通　铁线莲属
Clematis armandii Franch.

木质藤本，高达6m。茎圆柱形，有纵条纹，小枝有棱，有白色短柔毛，后脱落。三出复叶；小叶片革质，卵状披针形、长椭圆状卵形至卵形，长4～16cm，宽2～8cm，顶端渐尖，基部圆形、心形或宽楔形，全缘，两面无毛。聚伞花序或圆锥状聚伞花序，腋生或顶生，通常比叶长或近等长；花序下部苞片近长圆形，常3浅裂，上部苞片渐小，披针形至钻形；萼片4（～5），开展，白色，偶带淡红色，长圆形或长椭圆形，大小变异极大，长1～4cm，宽0.3～2cm，外面边缘密生绒毛至稀疏，雄蕊无毛。瘦果扁，卵形至椭圆形，长4～7mm，疏生柔毛，宿存花柱长达5cm，有白色长柔毛。花期3～4月，果期4～7月。

分布于广东、西藏、云南、贵州、四川、甘肃、陕西、湖北、湖南、广西和福建；越南。生于山坡、山谷、路边灌丛中、林边或水沟旁。

藤茎能利尿消肿、通经下乳，治尿路感染、小便不利、肾炎水肿、闭经、乳汁不通。幼茎能除湿活络，治风湿、月经不调、胃痛、小儿麻痹后遗症。

威灵仙　铁线莲属
Clematis chinensis Osbeck

木质藤本，干后变黑色。茎、小枝近无毛或疏生短柔毛。一回羽状复叶有5小叶；小叶纸质，卵形、窄卵形或披针形，长1.5～9.5cm，先端渐尖或渐窄，基部圆形、宽楔形或浅心形，全缘，上面脉疏被毛，下面无毛或脉疏被毛；叶柄长1.8～7.5cm。圆锥状聚伞花序，多花，腋生或顶生；花直径1～2cm；萼片4（～5），开展，白色，长圆形或长圆状倒卵形，长0.5～1.5cm，顶端常凸尖，外面边缘密生绒毛或中间有短柔毛，雄蕊无毛。瘦果扁，3～7个，卵形至宽椭圆形，长5～7mm，有柔毛，宿存花柱长2～5cm。花期6～9月，果期8～11月。

分布于华南、西南、西北、华中及华东大部分省份；越南。生于山坡、山谷灌丛中或沟边、路旁草丛中。

根入药，能祛风湿、利尿、通经、镇痛，治风寒湿热、偏头疼、黄疸浮肿、鱼骨硬喉、腰膝腿脚冷痛。

厚叶铁线莲　铁线莲属
Clematis crassifolia Benth.

藤本，全株除心皮及萼片外，其余无毛。茎带紫红色，圆柱形，有纵条纹。三出复叶；小叶片革质，长椭圆形、椭圆形或卵形，长5～12cm，宽2.5～6.5cm，顶端锐尖或钝，基部楔形至近圆形，全缘，上面深绿色，下面浅绿色。圆锥状聚伞花序腋生或顶生，多花，花直径2.5～4cm；萼片4，开展，白色或略带水红色，披针形或倒披针形，长1.2～2cm，外面近无毛，边缘密生短绒毛，内面有较密短柔毛；雄蕊无毛。瘦果镰刀状狭卵形，有柔毛，长4～6mm。花期12月至翌年1月，果期2月。

分布于广东、广西、湖南、福建和台湾；日本。生于山地、山谷、平地、溪边、路旁的密林或疏林中。

毛柱铁线莲　铁线莲属
Clematis meyeniana Walp.

木质藤本。老枝圆柱形，有纵条纹，小枝有棱。三出复叶；小叶片近革质，卵形或卵状长圆形，有时为宽卵形，长3～12cm，宽2～7.5cm，顶端锐尖、渐尖或钝急尖，基部圆形、浅心形或近楔形，全缘，两面无毛。圆锥状聚伞花序多花，腋生或顶生，常比叶长或近等长；通常无宿存芽鳞，偶尔有；苞片小，钻形；萼片4，开展，白色，长椭圆形或披针形，顶端钝、凸尖，有时微凹，长0.7～1.2cm，外面边缘有绒毛，内面无毛；雄蕊无毛。瘦果镰刀状狭卵形或狭倒卵形，长约4.5mm，有柔毛，宿存花柱长达2.5cm。花期6～8月，果期8～10月。

分布于广东、云南、四川、贵州、广西、湖南、福建、台湾、江西和浙江；老挝、越南、日本。生于山坡疏林及路旁灌丛中或山谷、溪边。

花多，色洁白，可用作垂直绿化；茎纤维供造纸、搓绳等；全株药用，有活络止痛等功效。

柱果铁线莲　铁线莲属
Clematis uncinata Champ.

藤本，干时常带黑色，除花柱有羽状毛及萼片外面边缘有短柔毛

外，其余光滑。茎圆柱形，有纵条纹。一至二回羽状复叶，有5～15小叶，基部两对常为2～3小叶，茎基部为单叶或三出叶；小叶片纸质或薄革质，宽卵形、卵形、长圆状卵形至卵状披针形，长3～13cm，宽1.5～7cm，顶端渐尖至锐尖，偶有微凹，基部圆形或宽楔形，有时浅心形或截形，全缘，上面亮绿色，下面灰绿色，两面网脉突出。圆锥状聚伞花序腋生或顶生，多花；萼片4，开展，白色，干时变褐色至黑色，线状披针形至倒披针形，长1～1.5cm；雄蕊无毛。瘦果圆柱状钻形，干后变黑，长5～8mm，宿存花柱长1～2cm。花期6～7月，果期7～9月。

分布于华南、西南、西北、华中及华东大部分省份；越南。生于山地、山谷、溪边的灌丛中或林边，或石灰岩灌丛中。

石龙芮　毛茛属
Ranunculus sceleratus L.

一年生草本。须根簇生。茎直立，高10～50cm，直径2～5mm，有时粗达1cm，上部多分枝，具多数节，下部节上有时生根，无毛或疏生柔毛。基生叶5～13，叶五角形、肾形或宽卵形，长1～4cm，宽1.5～5cm，基部心形，3深裂，中裂片楔形或菱形，3浅裂，小裂片具1～2钝齿或全缘，侧裂片斜倒卵形，不等2裂，两面无毛或下面疏被柔毛；叶柄长1.2～15cm。聚伞花序有多数花；花小，直径4～8mm；花梗长1～2cm，无毛；萼片椭圆形，长2～3.5mm，外面有短柔毛，花瓣5，倒卵形，长2.2～4.5mm；雄蕊10多枚。聚合果长圆形，长8～12mm，为宽的2～3倍；瘦果极多数，近百枚，紧密排列，倒卵球形，稍扁，长1～1.2mm，无毛，喙短至近无。花果期5～8月。

分布于全国各省份；亚洲、欧洲、北美洲的亚热带至温带地区。生于河沟边及平原湿地。

全草药用，治风寒湿痹、淋巴结核等；全株有毒。

小檗科　Berberidaceae

阔叶十大功劳　十大功劳属
Mahonia bealei (Fort.) Carr.

灌木或小乔木，高0.5～8m。叶狭倒卵形至长圆形，长27～51cm，宽10～20cm，具4～10对小叶，上面暗灰绿色，背面被白霜，有时淡黄绿色或苍白色，两面叶脉不显；小叶厚革质，硬直，自叶下部往上小叶渐次变长而狭，最下一对小叶卵形，具1～2粗锯齿，往上小叶圆形至卵形或长圆形，边缘每边具2～6粗锯齿，先端具硬尖；顶生小叶较大，具柄。总状花序直立，通常3～9个簇生；花梗长4～6cm；苞片阔卵形或卵状披针形；花黄色；外萼片卵形，中萼片椭圆形，内萼片长圆状椭圆形；花瓣倒卵状椭圆形，长6～7mm，宽3～4mm；雄蕊长3.2～4.5mm。浆果卵形，长约1.5cm，直径1～1.2cm，深蓝色，被白粉。花期9月至翌年1月，果期3～5月。

分布于华南、华东、华中、西北及西南部分省份；日本、墨西哥、美国温暖地区。生于阔叶林、竹林、杉木林及混交林下，林缘、草坡、溪边、路旁或灌丛中。

北江十大功劳　十大功劳属
Mahonia shenii Chun

灌木，高0.8~1.5m。叶长圆形至狭长圆形，长20~35cm，宽7~11cm，具5~9对排列稀疏的小叶，上面暗绿色，叶脉微显，背面淡绿色，叶脉不显；最下一对小叶狭卵形；向上小叶狭卵形至椭圆状卵形，近等大，边缘每边具2~9刺锯齿，先端渐尖；顶生小叶稍大，具小叶柄。总状花序5~7个簇生，长6~15cm；花梗长2.5~4mm；苞片阔卵形；花黄色；外萼片卵形，中萼片椭圆形，先端钝，内萼片倒卵状椭圆形；花瓣椭圆形，长约4mm，宽约2.3mm，基部腺体显著，先端微缺；雄蕊长约2.6mm。浆果（未熟）长约7mm，直径约5mm，宿存花柱很短。花期7~9月，果期10~12月。

分布于广东和四川。生于林下或灌丛中。

 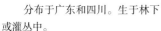
木通科　Lardizabalaceae

三叶木通　木通属
Akebia trifoliata (Thunb.) Koidz.

落叶木质藤本。茎皮灰褐色，有稀疏的皮孔及小疣点。掌状复叶互生或在短枝上簇生；叶柄直，长7~11cm；小叶3片，纸质或薄革质，卵形至阔卵形，长4~7.5cm，宽2~6cm，先端通常钝或略凹入，具小凸尖，基部截平或圆形，边缘具波状齿或浅裂，上面深绿色，下面浅绿色。总状花序自短枝上簇生叶中抽出，长6~18cm，雌花常2，花梗长1~4cm；雄花12~35，花梗长2~6mm；雄花萼片3，淡紫色，卵圆形；雄蕊6枚，紫红色；雌花萼片3，暗紫红色，宽卵形或卵圆形，顶端钝圆，凹入；雌蕊5~15，紫红色，圆柱形。蓇葖果长5~11cm，淡紫色或土灰色，光滑或被石细胞束形成的小颗粒凸起。花期4~5月，果期7~8月。

分布于广东、河北、山西、山东、河南、陕西、甘肃至长江流域各省份；日本。生于山地沟谷边疏林或丘陵灌丛中。

根、茎和果均入药，有利尿、通乳、舒筋活络之功效，治风湿关节痛；果也可食及酿酒；种子可榨油。

野木瓜（七叶莲）　野木瓜属
Stauntonia chinensis DC.

木质藤本。茎绿色，具线纹，老茎皮厚，粗糙，浅灰褐色，纵裂。掌状复叶，有小叶5~7片；叶柄长5~10cm；小叶革质，长圆形、椭圆形或长圆状披针形，长6~11.5cm，宽2~4cm，先端长渐尖，基部宽楔形或近圆形，上面深绿色，下面浅绿色；中脉在上面凹入，侧脉和网脉在两面凸起；小叶柄长6~25mm。花雌雄同株，

3~4朵组成总状花序；花梗长2~3cm；苞片和小苞片线状披针形；雄花萼片外面淡黄色或乳白色，内面紫红色，外轮的披针形，内轮的线状披针形；蜜腺状花瓣6枚，舌状，顶端稍呈紫红色；雌花萼片与雄花的相似但稍大；蜜腺状花瓣与雄花的相似。果长圆形，长7~10cm，直径3~5cm。种子近三角形，压扁，种皮深褐色至近黑色，有光泽。花期3~4月，果期6~10月。

分布于华南、西南、华中、华东部分省份。生于山地密林、山腰灌丛或山谷溪边疏林中。

果甜酸可食，也可制果酱或酿酒；植株供观赏，在长江以南可作攀缘绿化材料。

斑叶野木瓜　野木瓜属
Stauntonia maculata Merr.

木质藤本。茎皮绿色带紫色。掌状复叶，通常有小叶5~7片；叶柄长3.5~9cm；小叶革质，披针形至长圆状披针形，长5~12cm，宽1~3cm，先端长渐尖，基部钝或楔形，边缘加厚，略背卷，上面深绿色，下面淡绿色，密布更绿色的明显斑点；中脉在上面凹入，与侧脉及网脉于下面凸起。总状花序数个簇生于叶腋，下垂，长5~6cm，少花；花雌雄同株，浅黄绿色；雄花外轮萼片卵状长圆形，顶端钝渐尖，内轮的线状披针形，花瓣开展，长圆形，长2.5~3mm；雌花外轮萼片披针形，内面有紫红色斑纹，内轮的线状披针形，蜜腺状花瓣线形，长2~3mm。果椭圆状或长圆状，长4~6cm，直径约2.5cm。种子近三角形略扁，干时褐色。花期3~4月，果期8~10月。

分布于广东和福建。生于山地疏林或山谷溪旁向阳处。

倒卵叶野木瓜　野木瓜属
Stauntonia obovata Hemsl.

木质藤本，全体无毛。茎和枝纤细，有线纹。掌状复叶有小叶3~6片；叶柄长2~8cm；小叶薄革质，形状和大小变化很大，通常倒卵形，侧生小叶有时略偏斜，先端圆，基部楔形至阔楔形，边缘略背卷，上面深绿色，下面粉白绿色；侧脉每边4~7条，叶脉在两面不明显或在上面微凹入，下面略凸起。总状花序2~3个簇生于叶腋，长4~5cm，少花；花雌雄同株，白色带淡黄色；雄花外轮萼片卵状披针形，先端渐尖，边缘稍内卷，内轮萼片线状披针形，无花瓣；雌花萼片和雄花的相似。果椭圆形或卵形，长4~5cm，干时褐黑色，果皮外面密布小疣点。种子卵形、肾形至近三角形，略扁平，长8~10mm，宽5~6mm，种皮褐黑色，有光泽。花期2~4月，果期9~11月。

分布于广东、福建、台湾、广西、香港、江西、湖南和四川。生于山地山谷疏林或密林中。

大血藤科　Sargentodoxaceae

大血藤　大血藤属
Sargentodoxa cuneata (Oliv.) Rehd. et Wils.

落叶木质藤本，长达10m。藤径粗达9cm，全株无毛；当年生枝条暗红色，老树皮有时纵裂。三出复叶，或兼具单叶，稀全为单叶；叶柄长3~12cm；小叶革质，顶端小叶近棱状倒卵圆形，先端急尖，基部渐狭成短柄，全缘；侧生小叶斜卵形，先端急尖，基部内面楔形，上面绿色，下面淡绿色。总状花序长6~12cm，雄花与雌花同序或异序，同序时，雄花生于基部；花梗长2~5cm；萼片6，花瓣状，长圆形，顶端钝；花瓣6，小，圆形，长约1mm，蜜腺性；雌蕊多数，螺旋状生于卵状凸起的花托上。每一浆果近球形，直径约1cm，成熟时黑蓝色。种子卵球形，长约5mm，基部截形，种皮黑色，光亮，平滑；种脐显著。花期4~5月，果期6~9月。

分布于华南、西北、西南、华中及华东大部分省份；中南半岛。生于山坡灌丛、疏林和林缘等。

性味苦，平。具有清热解毒、活血通络、祛风止痉的作用。对治疗风湿痹痛、赤痢、血淋、月经不调、疳积、虫痛、跌打损伤等有效。

防己科　Menispermaceae

木防己　木防己属
Cocculus orbiculatus (L.) DC.

木质藤本。小枝被绒毛至疏柔毛，或有时近无毛，有条纹。叶片纸质至近革质，形状变异极大，边全缘至掌状5裂不等，长通常3~8cm，很少超过10cm，宽不等，两面被密柔毛至疏柔毛，有时除下面中脉外两面近无毛；叶柄长1~3cm，被稍密的白色柔毛。聚伞花序少花，腋生，或排成多花，狭窄聚伞圆锥花序，顶生或腋生，长可达10cm或更长，被柔毛；雄花具2或1小苞片，被柔毛；萼片6，外轮卵形或椭圆状卵形，内轮宽圆形或近圆形；花瓣6，长1~2mm，下部边缘内折；雄蕊6；雌花萼片及花瓣与雄花相同。核果近球形，红色至紫红色，径通常7~8mm；果核骨质，径5~6mm，背部有小横肋状雕纹。

分布于我国长江流域中下游以南各省份；亚洲东南部和东部以及夏威夷群岛。生于灌丛、村边、林缘等处。

适于篱栏、墙垣、廊柱绿化；根药用，治风湿痹痛、神经痛、肾炎水肿等，又用于毒蛇咬伤、跌打损伤等。

毛叶轮环藤　轮环藤属
Cyclea barbata Miers

草质藤本，长达5m。主根稍肉质，条状或块状。嫩枝被糙硬毛。叶纸质或近膜质，三角状卵形或三角状阔卵形，长4~10cm，宽2.5~8cm，顶端短渐尖或钝而具小凸尖，基部微凹或近截平，两面被伸展长毛；掌状脉9~10条；叶柄被硬毛，长1~5cm，盾状着生。花序腋生或生于老茎上，雄花序为圆锥花序式，阔大，长7~30cm，宽达12cm，被长柔毛，花密集成头状，雄花有明显的梗；萼杯状，被硬毛，4~5裂达中部；花冠合瓣，杯状；雌花序下垂，为狭窄的总状圆锥花序，雌花无花梗；萼片2，倒卵形至菱形，外面被疏毛；花瓣2，与萼片对生，无毛。核果斜倒卵圆形至近圆球形，红色，被柔毛；果核长约3mm，背部两侧各有3列乳头状小瘤体。花期秋季，果期冬季。

分布于广东和海南；印度、中南半岛、印度尼西亚。生于林缘和村边的灌木上，绕缠于林中。

根、茎药用，有解毒、健胃、止痛、散瘀等作用。

粉叶轮环藤　轮环藤属
Cyclea hypoglauca (Schauer) Diels

藤本。老茎木质，小枝纤细，除叶腋有簇毛外无毛。叶纸质，阔卵状三角形至卵形，长2.5~7cm，宽1.5~4.5cm或稍过之，顶端渐尖，基部截平至圆形，边全缘而稍反卷，两面无毛或下面被稀疏而长的白毛；掌状脉5~7条，纤细，网脉不很明显；叶柄纤细，长1.5~4cm，盾状着生。花序腋生；雄花序为间断的穗状花序，花序轴常不分枝或有时基部有短小分枝，纤细而无毛；苞片小，披针形，雄花萼片4或5，分离，倒卵形或倒卵状楔形，花瓣4~5，通常合生成杯状，高0.5~1.5mm；雌花序总状花序状，花序轴明显曲折，长达10cm；雌花萼片2，近圆形，花瓣2，不等大，大的与萼片近等长。核果红色，无毛；果核长约3.5mm，背部中肋两侧各有3列小瘤状凸起。

分布于广东、湖南、江西、福建、云南、广西和海南；越南北部。生于林缘和山地灌丛。

根药用，有清热解毒、排脓镇痛等作用。

夜花藤　夜花藤属
Hypserpa nitida Miers ex Benth.

木质藤本。幼枝被褐黄色毛，老枝近无毛，有条纹。叶片纸质至革质，卵形、卵状椭圆形至长椭圆形，较少椭圆形或阔椭圆形，长4~10cm，无毛；掌状脉3；叶柄长1~2cm，被柔毛或近无毛。雄花序通常仅有花数朵，长1~2cm，被柔毛；雄花萼片7~11，外轮小苞片状，长0.5~0.8mm，内轮4~5片，宽倒卵形、卵形或卵圆形，长1.5~2.5mm，具缘毛，花瓣4~5，近倒卵形，长1~1.2mm，雄蕊5~10枚，花丝分离或基部稍连合；雌花序与雄花序相似或仅有花1~2朵；雌花萼片及花瓣与雄花相似，无毛。核果成熟时黄色或橙红色，近球形，稍扁；果核阔倒卵圆形，长5~6mm。果花期夏季。

分布于广东、云南、广西、海

南和福建；斯里兰卡、中南半岛、印度尼西亚和菲律宾。生于林中或林缘。

茎纤维供编织。

细圆藤 细圆藤属
Pericampylus glaucus (Iam) Merr.

木质藤本，长达10m或更长。小枝常被灰黄色绒毛，老枝无毛。叶纸质至薄革质，三角状卵形或三角状近圆形，稀卵状椭圆形，长3.5～10cm，先端钝或圆，具小凸尖，基部近截平或心形，具圆齿或近全缘，两面被绒毛或上面疏被柔毛或近无毛，稀两面近无毛，掌状脉5；叶柄长3～7cm，被绒毛。聚伞花序伞房状，长2～10cm，被绒毛；雄花萼片背面被毛，最外轮狭，中轮倒披针形，内轮稍阔；花瓣6，楔形或有时匙形，长0.5～0.7mm，边缘内卷；雄蕊6枚，花丝分离；雌花萼片和花瓣与雄花相似。核果红色或紫色，果核径5～6mm。花期4～6月，果期9～10月。

分布于我国长江以南各省份；亚洲东南部。生于林中、林缘和灌丛中。

细长的枝条在四川等地是编织藤器的重要原料。

千金藤 千金藤属
Stephania japonica (Thunb.) Miers

稍木质藤本，全株无毛。根条状，褐黄色。小枝纤细，有直线纹。叶纸质或坚纸质，叶三角状圆形或三角状宽卵形，长6～15cm，先端具小凸尖，基部常微圆，下面粉白色；掌状脉10～12；叶柄长3～12cm，盾状着生。复伞形聚伞花序腋生，通常有伞梗4～8条，小聚伞花序近无柄，密集呈头状；花近无梗，雄花萼片6或8，膜质，倒卵状椭圆形至匙形，无毛；花瓣3或4，黄色，稍肉质，阔倒卵形，长0.8～1mm；雌花萼片和花瓣各3～4片，形状和大小与雄花的近似或较小。核果倒卵形或近球形，长约8mm，红色；果核背部具2行小横肋状雕纹，每行8～10条，小横肋常断裂。

分布于广东、河南、四川、湖北、湖南、江苏、浙江、安徽、江西和福建。生于村边或旷野灌丛中。

根含多种生物碱，为民间常用草药，味苦性寒，有祛风活络、利尿消肿等功效。

粪箕笃 千金藤属
Stephania longa Lour.

多年生草质缠绕藤本，长1～4m，全体无毛。茎细长，扭曲，有条纹。单叶，互生，叶三角状卵形，长3～9cm，先端钝，具小凸尖，基部近截平或微圆，稀微凹，无毛，下面淡绿色，有时粉绿色；掌状脉10～11；叶柄长1～4.5cm，基部常扭曲。复伞形聚伞花序腋生，总梗长1～4cm，雄花序较纤细，被短硬毛；雄花萼片8，偶有6，排成2轮，楔形或倒卵形；花瓣4或有时3，绿黄色，通常近圆形，长约0.4mm；雌花萼片和花瓣均4片，长约0.6mm。核果近球形，红色，干后扁平呈马蹄形，背有小瘤；果核径约5.5mm，背部鸡冠状隆起，两侧各具约15条小横肋状雕纹。

花期春末夏初，果期秋季。

分布于华南各省份。生于次生林、风水林、路边等。

全草药用，治痢疾、肾炎水肿、尿道感染等。

粉防己 千金藤属
Stephania tetrandra S. Moore

草质藤本，高1～3m。主根肉质，柱状。小枝有直线纹。叶纸质，阔三角形，有时三角状近圆形，通常长4～7cm，宽5～8.5cm或过之，顶端有凸尖，基部微凹或近截平，两面或仅下面被贴伏短柔毛；掌状脉9～10条，较纤细，网脉甚密，很明显；叶柄长3～7cm。花序头状，于腋生、长而下垂的枝条上作总状式排列，苞片小或很小；雄花萼片4或有时5，通常倒卵状椭圆形，有缘毛；花瓣5，肉质，长0.6mm，边缘内折；雌花萼片和花瓣与雄花的相似。核果成熟时近球形，红色；果核径约5.5mm，背部鸡冠状隆起，两侧各有约15条小横肋状雕纹。花期夏季，果期秋季。

分布于广东、浙江、安徽、福建、台湾、湖南、江西、广西和海南。生于村边、旷野、路边等处的灌丛中。

本种肉质主根入药，称粉防己，味苦、辛、性寒，功能为祛风除湿、利尿通淋。含多种生物碱，其中粉防己碱治风湿关节炎和高血压症均有效。

🌱 马兜铃科 Aristolochiaceae

广防己 马兜铃属
Aristolochia fangchi Wu ex Chow et Hwang

木质藤本，长达4m。块根条状，长圆柱形，长达15cm或更长。嫩枝平滑或具纵棱，密被褐色长柔毛；茎初直立，后攀缘，基部具纵裂及增厚的木栓层。叶薄革质或纸质，长圆形或卵状长圆形，稀卵状披针形，长6～16cm，宽3～5.5cm，顶端短尖或钝，基部圆形，稀心形，边全缘；基出脉3，侧脉每边4～6条，网脉两面均凸起；叶柄长1～4cm，密被棕褐色长柔毛。花单生或2～4成总状花序，生于老茎近基部；花梗长5～7cm，花被筒中部膝状弯曲，檐部盘状，暗紫色，具黄斑及网脉，3浅裂，喉部半圆形，白色。蒴果圆柱形，长5～10cm，直径3～5cm，6棱。种子卵状三角形，背面平凸状，边缘稍隆起，腹面稍凹入，中间具隆起的种脊，褐色。花期3～5月，果期7～9月。

分布于广东、广西、贵州和云南。生于山坡密林或灌木丛中。

块根药用，性寒、味苦涩，有祛风、行水之功效，主治小便不利、关节肿痛、高血压、蛇咬伤等。

通城虎 马兜铃属
Aristolochia fordiana Hemsl.

草质藤本。叶革质或薄革质，卵状心形或卵状三角形，长10～12mm，宽5～8mm，顶端长渐尖或短渐尖，基部心形，两侧裂片近圆形，下垂或扩展，全缘，上面绿色，无毛，下面粉绿色，仅网脉上密被绒毛；基出脉5～7，密布油点，揉之具芳香；叶柄上面具纵槽，基部稍膨大，近无毛。总状花序，有花3～4朵或有时仅一朵，腋生，苞片和小苞片卵形或钻形；花被管基部膨大呈球形，外面绿色，向上急遽收狭成一长管，管口扩大呈漏斗状；檐部一侧极短，边缘有时向下翻，另一侧延伸为舌片；舌片卵状长圆形，顶端钝而具凸尖，暗紫色，有3～5条纵脉和网脉。

蒴果长圆形或倒卵形，褐色，成熟时由基部向上6瓣开裂；果梗开裂。种子卵状三角形，褐色。花期3～4月，果期5～7月。

分布于广东、广西、江西、浙江和福建。生于山谷林下灌丛中和山地石隙中。

根供药用。味苦、辛，性温，有小毒。有解毒消肿、祛风镇痛、行气止咳之功效。民间治疗胃痛、胸腹胀痛、风湿关节炎，外用治疗毒、湿疹、疥癣等。

胡椒科　Piperaceae

石蝉草　草胡椒属
Peperomia blanda (Jacquin) Kunth

肉质草本，高10～45cm。茎直立或基部匍匐，分枝，被短柔毛，下部节上常生不定根。叶对生或3～4片轮生，膜质或薄纸质，有腺点，椭圆形、倒卵形或倒卵状菱形，下部的有时近圆形，长2～4cm，宽1～2cm，顶端圆或钝，稀短尖，基部渐狭或楔形，两面被短柔毛；叶脉5条，基出，最外1对细弱而短或有时不明显；叶柄被毛。穗状花序腋生和顶生，单生或2～3丛生；总花梗被疏柔毛；花疏离；苞片圆形，盾状，有腺点；雄蕊与苞片同着生于子房基部，花药长椭圆形，有短花丝。浆果球形，顶端稍尖，直径0.5～0.7mm。花期4～7月及10～12月。

分布于我国东南至西南部各省份及台湾；印度至马来西亚。生于林谷、溪旁或湿润岩石上。

全草药用，有散瘀消肿、止血等功效，治跌打刀伤、烧烫伤等。

草胡椒　草胡椒属
Peperomia pellucida (L.) Kunth

一年生肉质草本，高20～40cm。茎直立或基部有时平卧，分枝，无毛，下部节上常生不定根。叶互生，膜质，半透明，阔卵形或卵状三角形，长和宽近相等，1～3.5cm，顶端短尖或钝，基部心形，两面无毛；基出脉5～7，网状脉不明显；叶柄长1～2cm。穗状花序顶生和与叶对生，细弱，长2～6cm，其与花序轴均无毛；花疏生；苞片近圆形，直径约0.5mm，中央有细短柄，盾状；子房椭圆形，柱头顶生，被短柔毛。浆果球形，顶端尖，直径约0.5mm。花期4～7月。

分布于广东、福建、广西和云南各省份；原产热带美洲，现广布于各热带地区。生于林下湿地、石缝中或宅舍墙脚下。

华南胡椒　胡椒属
Piper austrosinense Tseng

木质攀缘藤本。枝有纵棱，节上生根。叶厚纸质，无明显腺点，花枝下部叶阔卵形或卵形，长8.5～11cm，宽6～7cm，顶端短尖，基部通常心形，两侧相等；上部叶卵形、狭卵形或卵状披针形，长6～11cm，宽1.5～4.5cm，顶端渐尖，基部钝或略狭，两侧常不等齐；叶脉5条，少有7条，全部基出，网状脉明显；下部叶柄长达2cm，上部叶柄长4～10mm。花单性，雌雄异株，聚集成与叶对生的穗状花序；雄花序圆柱形，顶端钝，白色，长3～6.5cm；总花梗长1～1.8cm；苞片圆形，无柄，盾状，腹面中央和花序轴同被白色密毛；雌花序白色，长1～1.5cm，苞片与雄花序的相同。浆果球形，直径约3mm，基部嵌生于花序轴中。花期4～6月。

分布于广东、广西和海南。生于密林或疏林中，攀缘于树上或石上。

山蒟　胡椒属
Piper hancei Maxim.

攀缘藤本，除花序轴和苞片柄外，余均无毛。茎、枝具细纵纹，节上生根。叶纸质或近革质，卵状披针形或椭圆形，少有披针形，长6～12cm，宽2.5～4.5cm，顶端短尖或渐尖，基部渐狭或楔形，有时钝，通常相等或有时略不等；叶脉5～7条，网状脉通常明显；叶柄长5～12mm。花单性，雌雄异株，聚集成与叶对生的穗状花序；雄花序长6～10cm；总花梗与叶柄等长或略长，花序轴被毛；苞片近圆形，近无柄或具短柄，盾状，向轴面和柄上被柔毛；雄蕊2枚；雌花序长约3cm，于果期延长，苞片与雄花序的相同，但柄略长。浆果球形，黄色，直径2.5～3mm。花期3～8月。

分布于广东、浙江、福建、江西、湖南、广西、贵州和云南。生于山地溪涧边、密林或疏林中，攀缘于树上或石上。

茎药用，治风湿、咳嗽和感冒。

假蒟　胡椒属
Piper sarmentosum Roxb. ex Hunter

多年生、匍匐、逐节生根草本，长达10m。小枝近直立。叶近膜质，有细腺点，下部的阔卵形或近圆形，长7～14cm，宽6～13cm，顶端短尖，基部心形或稀有截平，两侧近相等，腹面无毛，背面沿脉上被极细的粉状短柔毛；叶脉7条，干时呈苍白色，背面显著凸起，网状脉明显；上部的叶小，卵形或卵状披针形，基部浅心形、圆形、截平或稀有渐狭；叶柄长2～5cm，被极细的粉状短柔毛，匍匐茎的叶柄长可达7～10cm。花单性，雌雄异株，聚集成与叶对生的穗状花序；雄花序长1.5～2cm；总花梗与花序轴被毛；苞片扁圆形，盾状；雄蕊2枚；雌花序长6～8mm，花序轴无毛，苞片近圆形，盾状。核果近球形，具4棱，径2.5～3mm，部分与花序轴合生。花期4～11月。

分布于广东、福建、广西、云南、贵州和西藏；印度、越南、马来西亚、菲律宾、印度尼西亚、巴布亚新几内亚。生于林下或村旁湿地上。

全株药用，有消肿解毒、健胃止痛、行气祛风等功效；叶可生食，作调味香料。

三白草科　Saururaceae

蕺菜（鱼腥草）　蕺菜属
Houttuynia cordata Thunb.

腥臭草本，高30～60cm。茎下部伏地，节上轮生小根，上部直立，无毛或节上被毛，有时带紫红色。叶薄纸质，密被腺点，宽卵形或卵状心形，先端短渐尖，基部心形，下面常带紫色；叶脉5～7条，全部基出或最内1对离基约5mm从中脉发出，如为7脉时，则最外1对很纤细或不明显；叶片长1～3.5cm，无毛，托叶膜质，长1～2.5cm，顶端钝，下部与叶柄合生而成长8～20mm的鞘，且常有缘毛，基部扩大，略抱茎。花序长约2cm，宽5～6mm；总花梗长1.5～3cm，无毛；总苞片长圆形或倒卵形，长10～15mm，宽5～7mm，顶端钝圆；雄蕊长于子房，花丝长为花药的3倍。蒴果长2～3mm，顶端有宿存的花柱。花期4～7月。

分布于华南、西北及西南大部分省份；亚洲东部和东南部。生于沟边、溪边或林下湿地上。

全草药用，可治扁桃体炎、肺脓肿、肺炎、气管炎、泌尿系统感染、肾炎水肿、肠炎痢疾、白带过多等症；外用鲜品捣烂治痈疖肿毒、毒蛇咬伤等症。

三白草　三白草属
Saururus chinensis (Lour.) Baill.

湿生草本，高约1m余。茎粗壮，有纵长粗棱和沟槽，下部伏地，常带白色，上部直立，绿色。叶纸质，密生腺点，阔卵形至卵状披针形，长10～20cm，宽5～10cm，顶端短尖或渐尖，基部心形或斜心形，两面均无毛，上部的叶较小，茎顶端的2～3片于花期常为白色，呈花瓣状；叶脉5～7条，均自基部发出，网状脉明显；叶柄长1～3cm，无毛，基部与托叶合生成鞘状，略抱茎。花序白色，长12～20cm；总花梗长3～4.5cm，无毛，但花序轴密被短柔毛；苞片近匙形，上部圆，无毛或有疏柔毛，下部线形，被柔毛，且贴生于花梗上；雄蕊6枚，花药长圆形，纵裂，花丝比花药略长。果近球形，直径约3mm，表面多疣状凸起。花期4～6月。

分布于华北、华东、华中及长江以南各省份；日本、菲律宾至越南。生于低湿沟边、塘边或溪旁。

药用，有清热解毒、利尿消肿的作用，用于尿路感染、肾炎水肿、白带、疮疡肿毒、皮肤湿疹。

金粟兰科　Chloranthaceae

宽叶金粟兰　金粟兰属
Chloranthus henryi Hemsl.

多年生草本，高40～65cm。根状茎粗壮，黑褐色，具多数细长的棕色须根；茎直立，单生或数个丛生，有6～7个明显的节，下部节上生一对鳞状叶。叶对生，通常4片生于茎上部，纸质，宽椭圆形、卵状椭圆形或倒卵形，长9～18cm，宽5～9cm，顶端渐尖，基部楔形至宽楔形，边缘具锯齿，齿端有一腺体，背面中脉、侧脉有鳞屑状毛；叶脉6～8对；叶柄长0.5～1.2cm；鳞状叶卵状三角形，膜质；托叶小，钻形。穗状花序顶生，通常两歧或总状分枝；苞片通常宽卵状三角形或近半圆形；花白色；雄蕊3枚，基部几分离。核果球形，长约3mm，具短柄。花期4～6月，果期7～8月。

分布于广东、陕西、甘肃、安徽、浙江、福建、江西、湖南、湖北、广西、贵州和四川。生于山坡林下荫湿地或路边灌丛中。

根、根状茎或全草供药用，能舒筋活血、消肿止痛、杀虫，主治跌打损伤、痛经；外敷治癞痢头、疔疮、毒蛇咬伤。有毒。

草珊瑚（九节茶）　草珊瑚属
Sarcandra glabra (Thunb.) Nakai

常绿半灌木，高50～120cm。茎与枝均有膨大的节。叶革质，椭圆形、卵形至卵状披针形，长6～17cm，宽2～6cm，顶端渐尖，基部尖或楔形，边缘具粗锐锯齿，齿尖有一腺体，两面均无毛；叶柄长0.5～1.5cm，基部合生成鞘状；托叶钻形。穗状花序顶生，通常分枝，多少成圆锥花序状，连总花梗长1.5～4cm；苞片三角形；花黄绿色；雄蕊1枚，肉质，棒状至圆柱状，花药2室，生于药隔上部之两侧，侧向或有时内向；子房球形或卵形，无花柱，柱头近头状。核果球形，直径3～4mm，熟时亮红色。花期6月，果期8～10月。

分布于华南、华东及西南各省份；朝鲜、日本、马来西亚、菲律宾、越南、柬埔寨、印度、斯里兰卡。生于山坡、沟谷林下荫湿处。

全株药用，有抗菌消炎、祛风通络、活血散结等作用，是"草珊瑚含片"的主要成分。

罂粟科　Papaveraceae

小花黄堇　堇属
Corydalis racemosa (Thunb.) Pers.

灰绿色丛生草本，高30～50cm，具主根。茎具棱，分枝，具叶，枝条花葶状，叶对生。基生叶具长柄，常早枯萎；茎生叶具短柄，叶片三角形，上面绿色，下面灰白色，二回羽状全裂，一回羽片3～4对，具短柄，二回羽片1～2对，卵圆形至宽卵圆形，约长2cm，宽约1.5cm，通常二回三深裂，末回裂片圆钝。总状花序长3～10cm，密具多花，后渐疏离；苞片披针形至钻形，渐尖至具短尖；花梗长3～5mm；花黄色至淡黄色；萼片小，卵圆形，早落；外花瓣不宽展，无鸡冠状凸起，顶端通常近圆，具宽短尖，有时近下凹，有时较长的短尖。蒴果线形，具1列种子。种子黑亮，近肾形，具短刺状凸起，种阜三角形。

分布于华南、西北、华中、西南及华东大部分省份；日本。生于林缘荫湿地或多石溪边。

草入药。有杀虫解毒的作用，外敷治疮疥和蛇伤。

白花菜科 Capparidaceae

独行千里（尖叶槌果藤） 槌果藤属
Capparis acutifolia Sweet

藤本或灌木，无毛，小枝、叶柄及花梗有时被污黄色短绒毛，早或迟变无毛。小枝圆柱形，干后浅黄绿色，无刺。叶硬草质或亚革质，干后呈淡黄绿色，长圆状披针形，先端渐尖，基部楔形或渐窄，长宽变异甚大，长4~19.5cm，宽0.8~6.3cm；中脉表面平坦或微凹，背面凸起，侧脉8~10对，网状脉两面明显；叶柄长5~7mm。花蕾长圆形；花2~4朵排成一短纵列，腋上生；萼片外轮两面无毛，有时顶部边缘有淡黄色绒毛，内轮稍小，边缘有淡黄色绒毛；花瓣长圆形；雄蕊19~30枚。果成熟后（鲜）红色，近球形或椭圆形，长1~2.5cm，直径1~1.5cm，顶端有1~2mm的短喙，表面干后有细小疣状凸起。种子1至数粒，种皮平滑，黑褐色。花期4~5月，果期全年都有记载。

分布于广东、江西、福建、台湾和湖南等省份；越南。生于低海拔的旷野、山坡路旁或石山上，也常见于灌丛或林中。

根药用，有消炎解毒、镇痛等功效。

广州山柑（广州槌果藤） 槌果藤属
Capparis cantoniensis Lour.

攀缘灌木，长2~5m。幼枝劲直，初被淡黄色微柔毛，后渐脱落无毛。叶纸质或近革质，长圆状卵形或长圆状披针形，长5~12cm，宽1.5~4cm，先端渐尖，有小凸尖头，基部楔形或圆钝，无毛或初下面脉上有疏毛；侧脉7~12对；叶柄长0.4~1cm，被柔毛；托叶2，刺状，长2~5mm，下弯。圆锥花序顶生，由数个伞形花序组成，每个伞形花序有花数朵；花序梗长1~3cm；苞片钻形，长1~2mm，早落；花梗长0.4~1.2cm，被微柔毛；萼片长4~5mm，有缘毛；花瓣白色，长圆形或卵形，长4~6mm；雄蕊20~45枚，花丝长0.8~1.5cm；雌蕊柄长0.6~1.2cm。果黄绿色，球形或长球形，径0.6~1.5cm。种子1至数粒，近球形，径6~7mm。花期3~11月，果期6月至翌年3月。

分布于广东、福建、广西、海南、贵州和云南；印度东北部经中南半岛至印度尼西亚及菲律宾。生于山沟水旁或平地疏林中，湿润而略荫蔽的环境更常见。

根、藤入药，性味苦、寒，有清热解毒、镇痛、疗肺止咳的功效。

黄花草（臭矢菜） 白花菜属
Cleome viscosa L.

一年生直立草本，高0.3~1m。茎基部常木质化，有纵细槽纹，全株密被黏质腺毛与淡黄色柔毛，无刺，有恶臭气味。叶为具3~7小叶的掌状复叶；小叶薄草质，近无柄，倒披针状椭圆形，中央小叶最大，侧生小叶依次减小，全缘；侧脉3~7对；叶柄长1~6cm。

花单生于茎上部与简化的叶腋内，近顶端总状或伞房状花序；萼片分离，狭椭圆形倒披针形椭圆形，近膜质，有细条纹；花瓣淡黄色或橘黄色，无毛，有数条明显的纵行脉，倒卵形或匙形，顶端圆形；雄蕊10~30枚。果直立，圆柱形，劲直或稍镰弯，长6~9cm，表面有多条呈同心弯曲、纵向平行凸起的棱与凹陷的槽。种子黑褐色，表面有约30条横向平行的皱纹。无明显的花果期，通常3月出苗，7月果熟。

分布于广东、安徽、浙江、江西、福建、台湾、湖南、广西、海南和云南等省份；全球热带与亚热带地区。生于荒地、路旁及田野间。

全草药用，有散瘀消肿、去腐生肌等作用。

十字花科 Cruciferae

荠 荠属
Capsella bursa-pastoris (L.) Medik.

一年或二年生草本，高7~50cm。茎直立，单一或从下部分枝。基生叶丛生呈莲座状，大头羽状分裂，长可达12cm，宽可达2.5cm，顶裂片卵形至长圆形，长5~30mm，宽2~20mm，侧裂片3~8对，长圆形至卵形，长5~15mm，顶端渐尖，浅裂或有不规则粗锯齿或近全缘，叶柄长5~40mm；茎生叶窄披针形或披针形，长5~6.5cm，宽2~15mm，基部箭形，抱茎，边缘有缺刻或锯齿。总状花序顶生及腋生；花梗长3~8mm；萼片长圆形，长1.5~2mm；花瓣白色，卵形，长2~3mm，有短爪。短角果倒三角形或倒心状三角形，长5~8mm，宽4~7mm，扁平，无毛，顶端微凹，裂瓣具网脉。种子2行，长椭圆形，长约1mm，浅褐色。花果期4~6月。

分布于全国各省份；世界温带地区。生于山坡、田边及路旁。

全草药用，有利尿、止血、清热、明目等功效；嫩时可作野菜。

碎米荠 碎米荠属
Cardamine hirsuta L.

一年生小草本，高15~35cm。茎直立或斜升，分枝或不分枝，下部有时淡紫色，被较密柔毛。基生叶具叶柄，有小叶2~5对，顶生小叶肾形或肾圆形，长4~10mm，宽5~13mm，边缘有3~5圆齿，小叶柄明显，侧生小叶卵形或圆形，较小，基部楔形而两侧稍歪斜，边缘有2~3圆齿，有或无小叶柄；茎生叶具短柄，有小叶3~6对，生于茎上部的顶生小叶菱状长圆形，顶端3齿裂，侧生小叶长卵形至线形；全部小叶两面稍有毛。总状花序生于枝顶，花小，直径约3mm，花梗长2.5~4mm；萼片绿色或淡紫色，长椭圆形；花瓣白色，倒卵形，顶端钝，向基部渐狭。长角果线形，稍扁，无毛，长达30mm；果梗纤细，直立开展，长4~12mm。种子椭圆形，顶端有的具明显的翅。花期2~4月，果期4~6月。

分布于全国各省份；全球温带地区。生于山坡、路旁、荒地及耕地的草丛中。

药用，能清热祛湿；也作野菜。

臭独行菜（臭荠）　独行菜属
Lepidium didymum L.

一年或二年生匍匐草本，高5～30cm，全体有臭味。主茎短且不显明，基部多分枝，无毛或有长单毛。叶为一回或二回羽状全裂，裂片3～5对，线形或窄长圆形，长4～8mm，宽0.5～1mm，顶端急尖，基部楔形，全缘，两面无毛；叶柄长5～8mm。花极小，直径约1mm，萼片具白色膜质边缘；花瓣白色，长圆形，比萼片稍长，或无花瓣；雄蕊通常2枚。短角果肾形，长约1.5mm，宽2～2.5mm，2裂；果瓣半球形，表面有粗糙皱纹，成熟时分离成2瓣。种子肾形，长约1mm，红棕色。花期3月，果期4～5月。

分布于广东、山东、安徽、江苏、浙江、福建、台湾、湖北、江西、四川和云南；欧洲、北美、亚洲。生于路旁或荒地。

广州蔊菜　蔊菜属
Rorippa cantoniensis (Lour.) Ohwi

一年或二年生草本，高10～30cm，植株无毛。茎直立或呈铺散状分枝。基生叶具柄，基部扩大贴茎，叶片羽状深裂或浅裂，长4～7cm，宽1～2cm，裂片4～6，边缘具2～3缺刻状齿，顶端裂片较大；茎生叶渐缩小，无柄，基部呈短耳状，抱茎，叶片倒卵状长圆形或匙形，边缘常呈不规则齿裂，向上渐小。总状花序顶生，花黄色，近无柄，每花生于叶状苞片腋部；萼片4，宽披针形，长1.5～2mm，宽约1mm；花瓣4，倒卵形，基部渐狭成爪，稍长于萼片；雄蕊6枚，近等长，花丝线形。短角果圆柱形，柱头短，头状。种子极多数，细小，扁卵形，红褐色，表面具网纹，一端凹缺；子叶缘倚胚根。花期3～4月，果期4～6月（有时秋季也有开花结实的）。

分布于华南、华中、西南、华东、华北及东北大部分省份；朝鲜、俄罗斯、日本、越南。生于田边路旁、山沟、河边或潮湿地。

蔊菜（塘葛菜）　蔊菜属
Rorippa indica (L.) Hiern

一年或二年生直立草本，高20～40cm，植株较粗壮，无毛或具疏毛。茎单一或分枝，表面具纵沟。叶互生，基生叶及茎下部叶具长柄，叶形多变化，通常大头羽状分裂，长4～10cm，宽1.5～2.5cm，顶端裂片大，卵状披针形，边缘具不整齐牙齿，侧裂片1～5对；茎上部叶片宽披针形或匙形，边缘具疏齿，具短柄或基部耳状抱茎。总状花序顶生或侧生，花小，多数，具细花梗；萼片4，卵状长圆形；花瓣4，黄色，匙形，基部渐狭成短爪，与萼片近等长；雄蕊6枚，2枚稍短。长角果线状圆柱形，短而粗，长1～2cm，宽1～1.5mm，直立

或稍内弯，成熟时果瓣隆起；果梗纤细，斜升或近水平开展。种子每室2行，多数，细小，卵圆形而扁，一端微凹，表面褐色，具细网纹。花期4～6月，果期6～8月。

分布于华南、华东、华中、西北及西南部分省份；日本、朝鲜、菲律宾、印度尼西亚、印度等。生于路旁、田边、园圃、河边、屋边墙脚及山坡路旁等较潮湿处。

野菜。全草药用，治慢性支气管炎、急性风湿关节炎和肺热咳嗽等。

🌱 董菜科　**Violaceae**

如意草（董菜）　董菜属
Viola arcuata Blume

多年生草本。根状茎横走，褐色，密生多数纤维状根；地上茎通常数条丛生，淡绿色，节间较长；匍匐枝蔓生，节间长，节上生不定根。基生叶叶片深绿色，三角状心形或卵状心形，长1.5～3cm，宽2～5.5cm，先端急尖，基部通常宽心形，垂片大而开展，边缘具疏锯齿；茎生叶及匍匐枝上的叶片与基生叶的叶片相似；基生叶具长柄，叶柄上部具狭翅，茎生叶及匍匐枝上叶的叶柄较短；托叶披针形。花淡紫色或白色，皆自茎生叶或匍匐枝的叶腋抽出，具长梗，在花梗中部以上有2枚线形小苞片；萼片卵状披针形，先端尖；花瓣狭倒卵形，侧方花瓣具暗紫色条纹，下方花瓣较短，有明显的暗紫色条纹。蒴果长圆形，无毛，先端尖。种子卵状，淡黄色。花果期较长。

分布于广东、台湾和云南；印度、缅甸、越南及印度尼西亚。生于溪谷潮湿地、沼泽地、灌丛林缘。

七星莲（蔓茎董菜）　董菜属
Viola diffusa Ging.

匍匐草本。匍匐枝先端具莲座状叶丛。叶基生，莲座状，或互生于匍匐枝上；叶卵形或卵状长圆形，先端钝或稍尖，基部宽楔形或截平，边缘具钝齿及缘毛，叶柄具翅。花较小，淡紫色或浅黄色；花梗纤细，中部有1对小苞片；萼片披针形，长4～5.5mm，基部附属物短，末端圆或疏生细齿；侧瓣倒卵形或长圆状倒卵形，长6～8mm，内面无须毛，下瓣连距长约6mm，距极短。蒴果长圆形，无毛。花期3～5月，果期5～8月。

分布于我国长江以南各省份；印度、尼泊尔、菲律宾、马来西亚和日本。生于山地沟旁、路边、林下等较湿润肥沃处。

全草入药，有消肿排脓、清热化痰等功效。

长萼董菜（犁头草）　董菜属
Viola inconspicua Bl.

多年生草本，无地上茎。根状茎垂直或斜生，较粗壮，节密生，

通常被残留的褐色托叶所包被。叶均基生，呈莲座状；叶三角形、三角状卵形或戟形，基部宽心形，弯缺呈宽半圆形，具圆齿，叶柄具窄翅。花淡紫色，有暗色条纹；花梗细弱，无毛或上部被柔毛，中部稍上处有2枚线形小苞片；萼片卵状披针形或披针形，顶端渐尖，基部附属物伸长，无毛或具纤毛；花瓣长圆状倒卵形，长7～9mm，侧方花瓣里面基部有须毛，下瓣距管状，直伸。蒴果长圆形，长8～10mm，无毛。种子卵球形，长1～1.5mm，直径约0.8mm，深绿色。花果期3～11月。

分布于华南、西北、华东、华中及西南部分省份；缅甸、菲律宾、马来西亚。生于林缘、山坡草地、田边及溪旁等处。

全草药用，可治急性结膜炎、咽炎、乳腺炎、疖痛和疔疮等。

柔毛堇菜　堇菜属
Viola principis H. de Boiss.

多年生草本，全体被开展的白色柔毛。根状茎较粗壮，长2～4cm，粗3～7mm；匍匐枝较长，延伸，有柔毛，有时似茎状。叶近基生或互生于匍匐枝上；叶卵形或宽卵形，有时近圆形，长2～6cm，先端圆，稀具短尖，基部宽心形，有时较窄，密生浅钝齿，下面沿中脉毛较密；叶柄长5～13cm；托叶大部分离生，先端渐尖，具长流苏状齿。花白色；花梗常高于叶丛，中部以上有2对生小苞片；萼片窄卵状披针形或披针形，长7～9mm，基部附属物短；花瓣长圆状倒卵形，长1～1.5cm，侧方花瓣内面基部稍有须毛，下瓣较短，连囊状距长约7mm。蒴果长圆形，长约8mm。花期3～6月，果期6～9月。

分布于华南、华东、华中及西南大部分省份。生于山地林下、林缘、草地、溪谷、沟边及路旁等处。

![远志科 Polygalaceae]

黄花倒水莲　远志属
Polygala fallax Hemsl.

灌木或小乔木，高1～3m。根粗壮，多分枝，表皮淡黄色。枝灰绿色，密被长而平展的短柔毛。单叶互生，叶片膜质，叶披针形或椭圆状披针形，长8～20cm，先端渐尖，基部楔形，两面被柔毛，侧脉8～9对；叶柄长0.9～1.1cm，被柔毛。总状花序长10～15cm，被柔毛；萼片早落，外层中间1枚盔状，内2枚花瓣状，斜倒卵形；花瓣黄色，侧瓣长圆形，长约1cm，先端近截平，2/3以上与龙骨瓣合生，龙骨瓣盔状，鸡冠状附属物具柄；花盘环状。蒴果阔倒心形至圆形，绿黄色，径10～14mm，具半同心圆状凸起的棱，无翅及缘毛，顶端具喙状短尖头，具短柄。种子圆形，径约4mm，棕黑色至黑色，密被白色短柔毛，种阜盔状，顶端凸起。花期5～8月，果期8～10月。

分布于广东、江西、福建、湖南、广西和云南。生于山谷林下水旁荫湿处。

根药用，有补气血、壮筋骨的作用，用于月经不调、肾虚腰痛、风湿骨痛。

尾叶远志　远志属
Polygala caudata Rehd. Et Wils

灌木，高1～3m。幼枝上部被黄色短柔毛，后变无毛，具纵棱槽。单叶，叶片近革质，长圆形或倒披针形，长3～12cm，宽1～3cm，先端具尾状渐尖，基部渐狭至楔形，全缘，叶面深绿色，背面淡绿色，两面无毛；侧脉7～12对，网脉不明显；叶柄长5～10mm。总状花序顶生或生于叶腋，数个密集成伞房状花序；花梗无毛；萼片5，外面3枚小，卵形，里面2枚大，倒卵形至斜倒卵形，具3脉；花瓣3，白色、黄色或紫色，侧生花瓣与龙骨瓣于3/4以下合生，较龙骨瓣短，龙骨瓣顶端背部具1盾形鸡冠状附属物；雄蕊8枚。蒴果长圆状倒卵形，长约8mm，径约4mm，先端微凹，具杯状环，边缘具狭翅。种子广椭圆形，棕黑色，密被红褐色长毛。花期11月至翌年5月，果期5～12月。

分布于广东、湖北、广西、四川、贵州和云南。生于石灰山林下。

根入药，有止咳、平喘、清热利湿、通淋之功效。

华南远志（紫背金牛）　远志属
Polygala chinensis Linnaeus

一年生直立草本，高10～90cm。主根粗壮，橘黄色，茎基部木质化，分枝圆柱形，被卷曲短柔毛。叶互生，纸质，倒卵形、椭圆形或披针形，长2.6～10cm，宽1～1.5cm，先端钝，具短尖头，或渐尖，基部楔形，全缘，微反卷，绿色，疏被短柔毛；主脉上面凹入，背面隆起，侧脉少数，背面不明显；叶柄被柔毛。总状花序腋上生，花少而密集；花大；萼片5，绿色，宿存，外面3枚卵状披针形，里面2枚花瓣状，镰刀形；花瓣3，淡黄色或白色带淡红色，基部合生，侧瓣较龙骨瓣短，基部内侧具1簇白色柔毛，龙骨瓣顶端具2束条裂鸡冠状附属物；雄蕊8枚。蒴果圆形，径约2mm，具狭翅及缘毛，顶端微凹。种子卵形，黑色，密被白色柔毛。花期4～10月，果期5～11月。

分布于广东、福建、海南、广西和云南；印度、越南、菲律宾。生于山坡草地或灌丛中。

全草药用，治咳嗽胸痛、咽炎、支气管炎、肺结核、百日咳、腹部膨胀、小儿疳积、黄疸、肝炎、角膜溃疡、急性结膜炎等。

齿果草（莎萝莽）　齿果草属
Salomonia cantoniensis Lour.

一年生草本，高5～20cm。根纤细，芳香。茎细弱，多分枝，无毛，具狭翅。单叶互生，叶片膜质，卵状心形或心形，长5～16mm，宽5～12mm，先端钝，具短尖头，基部心形，全缘或微波状，绿色，无毛；基出脉3；叶柄长1.5～2mm。穗状花序顶生，多花；花极小，长2～3mm，无梗，小苞片极小，早落；萼片5，极小，线状钻形，基部连合，宿存；花瓣3，淡红色，侧瓣长约2.5mm，龙骨瓣舟状，长约3mm，无鸡冠状附属物；雄蕊4枚。蒴果肾形，长约1mm，宽约2mm，两侧具2列三角状尖齿

果爿具蜂窝状网纹。种子2粒，卵形，亮黑色，无毛，无种阜。花期7～8月，果期8～10月。

分布于广东、广西、云南、贵州、湖南、江西和福建等省份；越南、印度、马来西亚和澳大利亚。生于旷野草地。

全草入药，有抗菌、消炎、镇痛、解毒等功效。

黄叶树（青蓝） 黄叶树属
Xanthophyllum hainanense Hu

乔木，高5～20m。树皮暗灰色，具细纵裂；小枝圆柱形，纤细，无毛。叶片革质，叶卵状椭圆形或长圆状披针形，长4～12cm，宽1.5～5cm，先端长渐尖，基部宽楔形或稍圆，无毛；中脉及侧脉在两面凸起；叶柄具横纹，上面具槽，长0.6～1cm。总状或圆锥花序长3～9cm，密被柔毛；花芳香，萼片5，两面均被柔毛，具缘毛，外3片卵形，长2mm，内2片长约4mm；花瓣5，白黄色，长圆状披针形或椭圆形，长约7mm。核果球形，淡黄色，径1.5～2cm，被柔毛，后变无毛，基部具1盘状环和花被脱落之疤痕，具种子1粒；果柄圆柱形，粗壮，被短柔毛。种子近球形，淡黄色。花期3～5月，果期4～7月。

分布于广东、海南和广西。生于山林中。

木材坚硬，可作小木工及工艺品用材。

🌿 虎耳草科 **Saxifragaceae**

虎耳草 虎耳草属
Saxifraga stolonifera Meerb.

多年生草本，高8～45cm。鞭匐枝细长，密被卷曲长腺毛，具鳞片状叶；茎被长腺毛，具1～4枚苞片状叶。基生叶近心形、肾形或扁圆形，长1.5～7.5cm，先端急尖或钝，基部近截、圆形或心形，边缘5～11浅裂，并具不规则牙齿和腺睫毛，两面被腺毛和斑点，叶柄长1.5～21cm，被长腺毛；茎生叶1～4，叶片披针形，长约6mm。聚伞花序圆锥状，长7.3～26cm，具7～61花；花序分枝被腺毛，具2～5花；花梗细弱，被腺毛；花两侧对称；萼片在花期开展至反曲，卵形，3脉于先端汇合成1疣点；花瓣白色，中上部具紫红色斑点，基部具黄色斑点，5枚，其中3枚较短，卵形，先端急尖，另2枚较长，披针形至长圆形。花果期4～11月。

分布于华南、华北、西北、华东、华中及西南大部分省份；朝鲜、日本。生于林下、灌丛、草甸和阴湿岩隙。

全草药用，有凉血止血、解毒消炎等作用。

🌿 茅膏菜科 **Droseraceae**

锦地罗 茅膏菜属
Drosera burmanni Vahl

草本。茎短，不具球茎。叶莲座状密集，楔形或倒卵状匙形，长0.6～1.5cm，基部渐狭，近无柄或具短柄，绿色或变红色至紫红色，叶缘头状黏腺毛长而粗，常紫红色，叶面腺毛较细短，叶背被柔毛或无毛；托叶膜质，基部与叶柄合生，上部分离，5～7深裂或2～3深裂

而每裂片再作1～3裂。花序花葶状，1～3条，具花2～19朵，无毛或具白色腺点，红色或紫红色；苞片被短腺毛，3或5裂，戟形，居中1裂特长，线形，两边裂片短小，钻形或三角形；花萼钟形，5裂几达基部，浅绿色、红色或紫红色，背面被短腺毛和白腺点，宿萼腹面密具黑点或无点；花瓣5，倒卵形，白色或变浅红色至紫红色；雄蕊5枚。蒴果，果爿5，稀6。种子多数，棕黑色，具规则脉纹。花果期全年。

分布于广东、云南、广西、福建和台湾等省份；亚洲、非洲和大洋洲的热带及亚热带地区。生于平地、山坡、山谷和山顶的向阳处或疏林下，常见于雨季。

全株药用，味微苦，有清热祛湿、凉血、化痰止咳和止痢之功效。民间用于治肠炎、菌痢、喉痛、咳嗽和小儿疳积，外敷可治疮痈肿毒等。

茅膏菜 茅膏菜属
Drosera peltata Smith

多年生草本，具紫红色汁液。鳞茎状球茎紫色，球形。基生叶密集成近一轮或最上几片着生于节间伸长的茎上，退化、脱落或最下数片不退化、宿存；退化基生叶线状钻形，不退化基生叶圆形或扁圆形；茎生叶稀疏，盾状，互生，叶片半月形或半圆形，叶缘密具单一或成对而一长一短的头状黏腺毛。螺状聚伞花序生于枝顶和茎顶；花序下部的苞片楔形或倒披针形；花梗长，花萼5～7裂，歪斜；花瓣楔形，白色、淡红色或红色，基部有黑点或无。蒴果3～5裂，稀6裂。种子椭圆形、卵形或球形，种皮脉纹加厚成蜂房格状。

分布于广东、云南、四川、贵州和西藏。生于松林和疏林下，草丛或灌丛中，田边、水旁、草坪亦可见。

球茎生食会麻口，过量服食有毒。据载药用可治跌打损伤。

🌿 石竹科 **Caryophyllaceae**

荷莲豆 荷莲豆草属
Drymaria cordata (L.) Willd.

一年生草本，长60～90cm。根纤细。茎匍匐，丛生，纤细，无毛，基部分枝，节常生不定根。叶片卵状心形，长1～1.5cm，宽1～1.5cm，顶端凸尖，基出脉3～5；叶柄短；托叶数片，小形，白色，刚毛状。聚伞花序顶生；苞片针状披针形，边缘膜质；花梗细弱，短于萼筒，被白色腺毛；萼片披针状卵形，长2～3.5mm，草质，边缘膜质，具3条脉，被腺柔毛；花瓣白色，倒卵状楔形，长约2.5mm，稍短于萼片，顶端2深裂；雄蕊稍短于萼片，花丝基部渐宽，花药黄色，圆形，2室；子房卵圆形；花柱3，基部合生。蒴果卵形，长约2.5mm，宽约1.3mm，3瓣裂。种子近圆形，长约1.5mm，宽约1.3mm，表面具小疣。花期4～10月，果期6～12月。

分布于华南、华东、华中、西南大部分省份及港澳台地区；日本、印度、斯里兰卡、阿富汗以及非洲南部。生于山谷、杂木林缘。

全草入药，有消炎、清热、解毒之功效。

雀舌草　繁缕属

Stellaria uliginosa Murr.

二年生草本，高15～35cm，全株无毛。须根细。茎丛生，稍铺散，上升，多分枝。叶无柄，叶片披针形至长圆状披针形，长5～20mm，宽2～4mm，顶端渐尖，基部楔形，半抱茎，边缘软骨质，呈微波状，基部具疏缘毛，两面微显粉绿色。聚伞花序通常具3～5花，顶生或花单生叶腋；花梗细，长5～20mm，无毛，基部有时具2披针形苞片；萼片5，披针形，顶端渐尖，边缘膜质，中脉明显，无毛；花瓣5，白色，短于萼片或近等长，2深裂几达基部，裂片条形，钝头；雄蕊5（～10）枚，微短于花瓣。蒴果卵圆形，与宿存花萼等长或稍长，6齿裂，含多粒种子。种子肾脏形，微扁，褐色，具皱纹状凸起。花期5～6月，果期7～8月。

分布于华南、华北、西北、华中、华东及西南大部分省份；北温带广布，印度、越南以及喜马拉雅南部地区。生于田间、溪岸或潮湿地。

全株药用，可强筋骨、治刀伤。

马齿苋科　Portulacaceae

马齿苋　马齿苋属

Portulaca oleracea L.

一年生草本，全株无毛。茎平卧或斜倚，伏地铺散，多分枝，圆柱形，淡绿色或带暗红色。叶互生，有时近对生，叶片扁平，肥厚，倒卵形，似马齿状，长1～3cm，宽0.6～1.5cm，顶端圆钝或截平，有时微凹，基部楔形，全缘，上面暗绿色，下面淡绿色或带暗红色，中脉微隆起；叶柄粗短。花无梗，直径4～5mm，常3～5朵簇生枝端，午时盛开；苞片2～6，叶状，膜质，近轮生；萼片2，对生，绿色，盔形，左右压扁，顶端急尖，背部具龙骨状凸起，基部合生；花瓣5，稀4，黄色，倒卵形，顶端微凹，基部合生；雄蕊通常8枚，或更多，花药黄色。蒴果卵球形，盖裂。种子细小，多数，偏斜球形，黑褐色，有光泽，具小疣状凸起。花期5～8月，果期6～9月。

分布于我国南北各省份；世界温带和热带地区。生于菜园、农田、路旁，为田间常见杂草。

全草供药用，有清热利湿、解毒消肿、消炎、止渴、利尿的作用；种子明目；还可作兽药和农药，嫩茎叶可作蔬菜，味酸，也是很好的饲料。

土人参　土人参属

Talinum paniculatum (Jacq.) Gaertn.

一年或多年生草本，全株无毛，高达1m。主根粗壮，圆锥形，有少数分枝，皮黑褐色，断面乳白色。茎直立，肉质，基部近木质，多少分枝，圆柱形。叶互生或近对生，具短柄或近无柄，叶片稍肉质，倒卵形或倒卵状长椭圆形，长5～10cm，宽2.5～5cm，顶端急尖，有时微凹，具短尖头，基部狭楔形，全缘。圆锥花序顶生或腋生，较大形，常二叉状分枝，具长花序梗；花小；总苞片绿色或近红

色，圆形，顶端圆钝；苞片2，膜质，披针形，顶端急尖；萼片卵形，紫红色，早落；花瓣粉红色或淡紫红色，长椭圆形、倒卵形或椭圆形，顶端圆钝，稀微凹；雄蕊（10～）15～20枚，比花瓣短。蒴果近球形，3瓣裂，坚纸质。种子多数，扁圆形，黑褐色或黑色，有光泽。花期6～8月，果期9～11月。

分布于我国中部和南部各省份。有的逸为野生，生于阴湿地。

根为滋补强壮药，补中益气、润肺生津。叶消肿解毒，治疗疮疖肿。

蓼科　Polygonaceae

短毛金线草　金线草属

Antenoron filiforme (Thunb.) Rob. et Vaut. var. *neofiliforme* (Nakai) A. J. Li

多年生草本。茎直立，具糙伏毛，有纵沟，节部膨大。叶椭圆形或长椭圆形，顶端短渐尖或急尖，基部楔形，全缘，两面疏生短糙伏毛；托叶鞘筒状，膜质，褐色，具短缘毛。总状花序呈穗状，顶生或腋生，花序轴延伸，花排列稀疏；苞片漏斗状，绿色，边缘膜质，具缘毛；花被4深裂，红色，花被片卵形，果时稍增大；雄蕊5枚；花柱2，果时伸长，硬化，顶端呈钩状，宿存，伸出花被之外。瘦果卵形，双凸镜状，褐色，有光泽，包于宿存花被内。花期7～8月，果期9～10月。

分布于华南、西北、华东、华中及西南大部分省份。生于山坡林缘、山谷路旁。

全株入药，具凉血止血、清热利湿、散瘀止痛之功效。

何首乌　何首乌属

Polygonum multiflorum Thunb.

多年生草本。茎缠绕，长3～4m，中空，多分枝，基部木质化。叶卵形或长卵形，长3～7cm，宽2～5cm，顶端渐尖，基部心形或近心形，两面粗糙，边全缘；叶柄长1.5～3cm；托叶鞘膜质，偏斜，无毛，长3～5mm。花序圆锥状，顶生或腋生，长10～20cm，分枝开展，具细纵棱，沿棱密被小凸起；苞片三角状卵形，具小凸起，顶端尖，每苞内具2～4花；花梗细弱，下部具关节；花被5深裂，白色或淡绿色，花被片椭圆形，大小不相等，外面3片较大且背部具翅，果时增大且外形近圆形，直径6～7mm；雄蕊8枚。瘦果卵形，具3棱，长2.5～3mm，黑褐色，有光泽，包于宿存花被内。花期8～9月，果期9～10月。

分布于我国长江以南各省份；日本及中南半岛。生于山坡、林下或灌丛中。

块根药用，用于瘰疬疮痈、风疹瘙痒、肠燥便秘、高脂血症，具有补肝肾、益精血、乌须发、壮筋骨之功效。

火炭母　扁蓄属

Polygonum chinense L.

多年生草本。根状茎粗壮；茎直立，具纵棱，多分枝。叶卵形或

长卵形，长4～10cm，宽2～4cm，先端渐尖，基部截平或宽心形，无毛，下面有时沿叶脉疏被柔毛；下部叶叶柄长1～2cm，基部常具叶耳，上部叶近无柄或抱茎，托叶鞘膜质，无毛，长1.5～2.5cm，偏斜，无缘毛。花序头状，通常数个排成圆锥状，顶生或腋生，花序梗被腺毛；苞片宽卵形，每苞内具1～3花；花被5深裂，白色或淡红色，裂片卵形，果时增大，呈肉质，蓝黑色。瘦果宽卵形，具3棱，黑色，无光泽，包于宿存的花被。花期7～9月，果期8～10月。

分布于华南、华东、华中、西北及西南部分省份。生于山谷湿地、山坡草地。

根状茎供药用，具清热解毒、散瘀消肿之功效。

长箭叶蓼 扁蓄属
Polygonum hastatosagittatum Makino

一年生草本。茎基部外倾，上部近直立，有分枝，无毛，四棱形，沿棱具倒生皮刺。叶宽披针形或长圆形，长2.5～8cm，宽1～2.5cm，顶端急尖，基部箭形，上面绿色，下面淡绿色，两面无毛，下面沿中脉具倒生短皮刺，边全缘，无缘毛；叶柄长1～2cm，具倒生皮刺；托叶鞘膜质，偏斜，无缘毛，长0.5～1.3cm。花序头状，通常成对，顶生或腋生，花序梗细长，疏生短皮刺；苞片椭圆形，顶端急尖，背部绿色，边缘膜质，每苞内具2～3花；花梗短，长1～1.5mm，比苞片短，花被5深裂，白色或淡紫红色，花被片长圆形，长约3mm；雄蕊8枚，比花被短；花柱3，中下部合生。瘦果宽卵形，具3棱，黑色，无光泽，长约2.5mm，包于宿存花被内。花期6～9月，果期8～10月。

分布于全国各省份；朝鲜、日本、俄罗斯。生于山谷、沟旁、水边。

水蓼 扁蓄属
Polygonum hydropiper L.

一年生草本。茎直立，节部膨大。叶披针形或椭圆状披针形，具缘毛，两面无毛，被褐色小点，有时沿中脉具短硬伏毛，具辛辣味，叶腋具闭花受精花；托叶鞘筒状，膜质，褐色，疏生短硬伏毛，通常托叶鞘内藏有花簇。总状花序呈穗状，顶生或腋生，通常下垂，花稀疏，下部间断；苞片漏斗状，绿色，边缘膜质，疏生短缘毛，每苞内具3～5花；花被5深裂，稀4裂，绿色，上部白色或淡红色，被黄褐色透明腺点，花被片椭圆形。瘦果卵形，双凸镜状或具3棱，密被小点，黑褐色，无光泽，包于宿存花被内。花期5～9月，果期6～10月

分布于全国各省份。生于河滩、水沟边、山谷湿地。

全草入药，具消肿解毒、利尿、止痢之功效。古代为常用调味剂。

杠板归 扁蓄属
Polygonum perfoliatum L.

一年生草本。茎攀缘，多分枝，长1～2m，具纵棱，沿棱具稀疏的倒生皮刺。叶三角形，长3～7cm，宽2～5cm，顶端钝或微尖，基部截形或微心形，薄纸质，上面无毛，下面沿叶脉疏生皮刺；叶柄与叶片近等长，具倒生皮刺，盾状着生于叶片的近基部；托叶鞘叶状，草质，绿色，圆形或近圆形，穿叶，直径1.5～3cm。总状花序呈短穗状，顶生或腋生，长1～3cm；苞片卵圆形，每苞片内具花2～4朵；花被5深裂，白色或淡红色，花被片椭圆形，长约3mm，果时增大，呈肉质，深蓝色；雄蕊8枚，略短于花被；花柱3，中上部合生；柱头头状。瘦果球形，直径3～4mm，黑色，有光泽，包于宿存花被内。花期6～8月，果期7～10月。

分布于全国各省份；朝鲜、日本、印度尼西亚、菲律宾、印度和俄罗斯。生于田边、路旁、山谷湿地。

习见蓼（腋花蓼） 扁蓄属
Polygonum plebeium R. Br.

一年生草本。茎平卧，自基部分枝，具纵棱，沿棱具小凸起，通常小枝的节间比叶片短。叶狭椭圆形或倒披针形，长0.5～1.5cm，宽2～4mm，顶端钝或急尖，基部狭楔形，两面无毛，侧脉不明显；叶柄极短或近无柄；托叶鞘膜质，白色，透明，长2.5～3mm，顶端撕裂。花3～6朵，簇生于叶腋，遍布于全植株；苞片膜质；花梗中部具关节，比苞片短；花被5深裂；花被片长椭圆形，绿色，背部稍隆起，边缘白色或淡红色；雄蕊5枚，花丝基部稍扩展，比花被短；花柱3，稀2，极短，柱头头状。瘦果宽卵形，具3锐棱或双凸镜状，黑褐色，平滑，有光泽，包于宿存花被内。花期5～8月，果期6～9月。

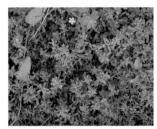

分布于除西藏外的全国各省份；日本、印度及大洋洲、欧洲、非洲。生于田边、路旁、水边湿地。

虎杖 虎杖属
Reynoutria japonica Houtt.

多年生草本。根状茎粗壮，横走；茎直立，高1～2m，粗壮，空心，具明显的纵棱，具小凸起，无毛，散生红色或紫红斑点。叶有短柄，宽卵形或卵状椭圆形，顶端有短骤尖，基部圆形或楔形；托叶鞘膜质，褐色，早落。花单性，雌雄异株，花序圆锥状，长3～8cm，腋生；苞片漏斗状，顶端渐尖，无缘毛，每苞内具2～4花；花梗长2～4mm，中下部具关节；花被5深裂，淡绿色，雄花花被片具绿色中脉，无翅，雄蕊8枚，比花被长；雌花花被片外面3片背部具翅，果时增大，翅扩展下延，花柱3，柱头流苏状。瘦果卵形，具3棱，长4～5mm，黑褐色，有光泽，包于宿存花被内。花期8～9月，果期9～10月。

分布于华南、西北、华东、华中及西南部分省份；朝鲜、日本。生于山坡灌丛、山谷、路旁、田边湿地。

根状茎供药用，有活血、散瘀、通经、镇咳等功效。

长刺酸模（假菠菜） 酸模属
Rumex trisetifer Stokes

一年生草本。根粗壮，红褐色。茎直立，高30～80cm，褐色或红褐色，具沟槽，分枝开展。茎下部叶长圆形或披针状长圆形，长8～20cm，宽2～5cm，顶端急尖，基部楔形，边缘波状，茎上部的叶较小，狭披针形；叶柄长1～5cm；托叶鞘膜质，早落。花序总状，顶生和腋生，具叶，再组成大型圆锥状花序；花两性，多花轮生，上部较紧密，下部稀疏，间断；花梗细长，近基部具关节；花被片6，2轮，黄绿色，外花被片披针形，较小内花被片果时增大，狭三角状卵形，顶端狭窄，急尖，基部截形，全部具小瘤，边缘每侧具1个针刺，针刺直伸或微弯。瘦果椭圆形，具3锐棱，两端尖，黄褐色，有光泽。花期5～6月，果期6～7月。

分布于华南、华东、华中、西北、西南大部分省份及台湾；越南、老挝、泰国、孟加拉国、印度。生于田边湿地、水边、山坡草地。

藜科 Chenopodiaceae

土荆芥 藜属
Chenopodium ambrosioides L.

一年生或多年生草本，高50～80cm，有强烈香味。茎直立，多分枝，有色条及钝条棱；枝通常细瘦，有短柔毛并兼有具节的长柔毛，有时近于无毛。叶片矩圆状披针形至披针形，先端急尖或渐尖，边缘具稀疏不整齐的大锯齿，基部渐狭具短柄，上面平滑无毛，下面有散生油点并沿叶脉稍有毛，下部的叶长达15cm，宽达5cm，上部叶逐渐狭小而近全缘。花两性且雌性通常3～5个团集，生于上部叶腋；花被裂片5，较少为3，绿色，果时通常闭合；雄蕊5枚。胞果扁球形，完全包于花被内。种子横生或斜生，黑色或暗红色，平滑，有光泽，边缘钝，直径约0.7mm。花期和果期的时间都很长。

分布于广东、广西、福建、台湾、江苏、浙江、江西、湖南和四川等省份；世界热带及温带地区。生于村旁、路边、河岸等处。

全草入药，治蛔虫病、钩虫病、蛲虫病，外用治皮肤湿疹，并能杀蛆虫。

苋科 Amaranthaceae

土牛膝 牛膝属
Achyranthes aspera L.

多年生草本。根细长，土黄色。茎四棱形，有柔毛，节部稍膨大，分枝对生。叶片纸质，叶椭圆形或长圆形，长1.5～7cm，先端渐尖，基部楔形，全缘或波状，两面被柔毛，或近无毛；叶柄长0.5～1.5cm，密被柔毛或近无毛。穗状花序顶生，直立，长10～30cm，花在花后反折，花序梗密被白色柔毛；苞片披

针形，长3～4mm，小苞片2，刺状，基部两侧具膜质裂片；花被片披针形，长3.5～5mm，花后硬化锐尖，具1脉；雄蕊长2.5～3.5mm。胞果卵形。种子卵形，不扁压，棕色。花期6～8月，果期10月。

分布于广东、湖南、江西、福建、台湾、广西、四川、云南和贵州。生于山坡疏林或村庄附近空旷地。

根药用，有清热解毒、利尿之功效，主治感冒发热、扁桃体炎、白喉、流行性腮腺炎、泌尿系统结石、肾炎水肿等症。

牛膝 牛膝属
Achyranthes bidentata Bl.

多年生草本。根圆柱形，土黄色。茎有棱角或四方形，绿色或带紫色，有白色贴生或开展柔毛，或近无毛，分枝对生。叶片椭圆形或椭圆状披针形，少数倒披针形，长4.5～12cm，宽2～7.5cm，顶端尾尖，基部楔形或宽楔形，两面有贴生或开展柔毛；叶柄长5～30mm，有柔毛。穗状花序顶生及腋生，花被片5，绿色；雄蕊5枚，基部合生。胞果矩圆形，长2～2.5mm，黄褐色，光滑。种子矩圆形，黄褐色。花期7～9月，果期9～10月。

分布于全国除东北以外的各省份。生于山坡林下。

根入药，生用可活血通经，治产后腹痛、月经不调、闭经、鼻衄、虚火牙痛、脚气水肿；熟用可补肝肾、强腰膝，治腰膝酸痛、肝肾亏虚、跌打瘀痛。兽医用作治牛软脚症、跌伤断骨等。

喜旱莲子草 莲子草属
Alternanthera philoxeroides (Mart.) Griseb.

多年生草本。茎基部匍匐，上部上升，管状，不明显4棱，长55～120cm，具分枝，幼茎及叶腋有白色或锈色柔毛，茎老时无毛，仅在两侧纵沟内保留。叶片矩圆形、矩圆状倒卵形或倒卵状披针形，长2.5～5cm，宽7～20mm，顶端急尖或圆钝，具短尖，基部渐狭，全缘，两面无毛或上面有贴生毛及缘毛，下面有颗粒状凸起；叶柄长3～10mm，无毛或微有柔毛。花密生，成具总花梗的头状花序，单生在叶腋，球形，直径8～15mm；苞片及小苞片白色，顶端渐尖，具1脉；苞片卵形，长2～2.5mm，小苞片披针形，长2mm；花被片矩圆形，长5～6mm，白色，光亮，无毛，顶端急尖，背部侧扁；雄蕊花丝长2.5～3mm，基部连合成杯状。果实未见。花期5～10月。

分布于广东、北京、江苏、浙江、江西、湖南和福建。生于池沼、水沟内。

全株可作猪饲料；全草药用，用于治疗流行性乙型脑炎早期、流行性出血热初期和麻疹等。

虾钳菜 莲子草属
Alternanthera sessilis (L.) DC.

多年生草本，高10～45cm。圆锥根粗，直径可达3mm。茎上升或匍匐，绿色或稍带紫色，有条纹及纵沟，沟内有柔毛。叶片形状及大小有变化，条状披针形、矩圆形、倒卵形、卵状矩圆形，长1～8cm，宽2～20mm，顶端急尖，圆形或圆钝，基部渐狭，全缘或有不显明锯齿，两面无毛或疏生柔毛；叶柄长1～4mm，无毛或有柔毛。头状花序1～4个，腋生，无总花梗，初为球形，后渐成圆柱形，直径

3～6mm；花密生，花轴密生白色柔毛；苞片及小苞片白色，苞片卵状披针形，小苞片钻形；花被片卵形，长2～3mm，白色，顶端渐尖或急尖，无毛，具1脉；雄蕊3枚。胞果倒心形，长2～2.5mm，侧扁，翅状，深棕色，包在宿存花被片内。种子卵球形。花期5～7月，果期7～9月。

分布于华南、华东、华中大部分省份及港澳台地区；印度、缅甸、越南、马来西亚、菲律宾。生于村庄附近的草坡、水沟、田边、或沼泽、海边潮湿处。

全株入药，有散瘀消毒、清火退热之功效，治牙痛、痢疾、疗肠风、下血；嫩叶可作为野菜食用，又可作饲料。

老鸦谷（繁穗苋） 苋属
Amaranthus cruentus Linnaeus

一年生草本，高1～2m。茎直立、单一或分枝，具钝棱，绿色，或常带粉红色，幼时有短柔毛，后渐脱落。叶卵状矩圆形或卵状披针形，具凸尖，基部宽楔形，稍不对称，全缘或波状缘，绿色或红色，除在叶脉上稍有柔毛外，两面无毛。圆锥花序直立或以后下垂，花穗顶端尖；苞片及花被片顶端芒刺明显；花被片和胞果等长；雌花苞片为花被片长的一倍半，花被片顶端圆钝。种子近球形，淡棕黄色，有厚的环。花期6～7月，果期9～10月。

分布于全国各省份。生于路旁。

茎叶可作蔬菜；栽培供观赏；种子可食用或酿酒。

反枝苋 苋属
Amaranthus retroflexus L.

一年生草本。茎直立，粗壮，淡绿色，有时带紫色条纹，稍具钝棱，密生短柔毛。叶片菱状卵形或椭圆状卵形，长5～12cm，先端锐尖或尖凹，具小凸尖，基部楔形，全缘或波状，两面及边缘被柔毛，下面毛较密；叶柄长1.5～5.5cm，被柔毛。穗状圆锥花序径2～4cm，顶生花穗较侧生者长；苞片钻形，长4～6mm；花被片长圆形或长圆状倒卵形，长2～2.5mm，薄膜质，中脉淡绿色，具凸尖，雄蕊较花被片稍长。胞果扁卵形，环状横裂，薄膜质，淡绿色，包裹在宿存花被片内。种子近球形，棕色或黑色，边缘钝。花期7～8月，果期8～9月。

分布于华南、东北、华东及西北大部分省份；美洲热带地区。生于田园内、农地旁、草地上、瓦房上。

嫩茎叶为野菜，也可作家畜饲料；种子作青葙子入药；全草药用，治腹泻、痢疾、痔疮肿痛出血等症。

青葙 青葙属
Celosia argentea L.

一年生草本，高0.3～1m，全体无毛。茎直立，有分枝，绿色或

红色，具明显条纹。叶片矩圆状披针形、披针形或披针状条形，少数卵状矩圆形，长5～8cm，宽1～3cm，绿色常带红色，顶端急尖或渐尖，具小芒尖，基部渐狭；叶柄长2～15mm，或无叶柄。花多数，密生，在茎端或枝端成单一、无分枝的塔状或圆柱状穗状花序，长3～10cm；苞片及小苞片披针形，长3～4mm，白色，光亮，顶端渐尖，延长成细芒，具1中脉，在背部隆起；花被片矩圆状披针形，长6～10mm，初为白色顶端带红色，或全部粉红色，后成白色，顶端渐尖，具1中脉，在背面凸起。胞果卵形，长3～3.5mm，包裹在宿存花被片内。种子凸透镜状肾形。花期5～8月，果期6～10月。

分布于全国各省份；朝鲜、日本、俄罗斯、印度、越南、缅甸、泰国、菲律宾、马来西亚及非洲热带地区。生于平原、田边、丘陵、山坡。

种子供药用，有清热明目的作用；花序宿存经久不凋，可供观赏；种子含油脂，可榨油；嫩茎叶浸去苦味后，可作野菜食用；全株植物可作饲料。

酢浆草科 Oxalidaceae

阳桃 阳桃属
Averrhoa carambola L.

乔木，高可达12m，分枝甚多。树皮暗灰色，内皮淡黄色，干后茶褐色，味微甜而涩。奇数羽状复叶，互生，长10～20cm；小叶5～13片，全缘，卵形或椭圆形，长3～7cm，宽2～3.5cm，顶端渐尖，基部圆，一侧歪斜，表面深绿色，背面淡绿色，疏被柔毛或无毛，小叶柄甚短。花小，微香，数朵至多朵组成聚伞花序或圆锥花序，自叶腋出或着生于枝干上，花枝和花蕾深红色；萼片5，长约5mm，覆瓦状排列，基部合成细杯状，花瓣略向背面弯卷，长8～10mm，宽3～4mm，背面淡紫红色，边缘色较淡，有时为粉红色或白色；雄蕊5～10枚。浆果肉质，下垂，有5棱，很少6或3棱，横切面呈星芒状，长5～8cm，淡绿色或蜡黄色，有时带暗红色。种子黑褐色。花期4～12月，果期7～12月。

分布于广东、广西、福建、台湾和云南；热带地区。生于路旁、疏林或庭园中。

果生津止渴，亦可入药。根、皮、叶具止痛止血之功效。

酢浆草 酢浆草属
Oxalis corniculata L.

草本，全株被柔毛。茎细弱，直立或匍匐，匍匐茎节上生根。叶基生或茎上互生；托叶小，长圆形或卵形，边缘被柔毛，基部与叶柄合生；叶柄基部具关节；小叶3枚，无柄，倒心形，两面被柔毛或表面无毛，边缘具贴伏缘毛。花单生或数朵组成伞形花序状，花序梗与叶近等长；萼片5，披针形或长圆状披针形，长3～5mm，背面和边缘被柔毛；花瓣5，黄色，长圆状倒卵形，长6～8mm；雄蕊10枚，

基部合生。蒴果长圆柱形。种子长卵形，褐色或红棕色，具横向肋状网纹。花果期2～9月。

分布于全国各省份。生于山坡草地、河谷沿岸、路边、田边、荒地或林下荫湿处等。

全草入药，能解热利尿、消肿散淤；茎叶含草酸，可用以磨镜或擦铜器，使其具光泽。牛羊食其过多可中毒致死。

红花酢浆草　酢浆草属
Oxalis corymbosa DC.

多年生直立草本。无地上茎，地下部分有球状鳞茎，外层鳞片膜质，褐色，背具3条肋状纵脉，被长缘毛，内层鳞片呈三角形，无毛。叶基生，小叶3枚，扁圆状倒心形，长1～4cm，宽1.5～6cm，先端凹缺，两侧角圆，基部宽楔形，上面被毛或近无毛；下面疏被毛；托叶长圆形，与叶柄基部合生。总花梗基生，二歧聚伞花序，通常排列成伞形花序式，总花梗长10～40cm或更长，被毛；花梗、苞片、萼片均被毛；花梗长5～25mm，每花梗有披针形干膜质苞片2枚；萼片5，披针形，长4～7mm，先端有暗红色长圆形的小腺体2枚，顶部腹面被疏柔毛；花瓣5，倒心形，长1.5～2cm，为萼长的2～4倍，淡紫色至紫红色，基部颜色较深；雄蕊10枚。花果期3～12月。

分布于华南、西北、华东、华中及西南部分省份；日本。生于低海拔的山地、路旁、荒地或水田中。

全草入药，治跌打损伤、赤白痢，可止血。

凤仙花科　**Balsaminaceae**

华凤仙　凤仙花属
Impatiens chinensis L.

一年生草本，高30～60cm。茎纤细，无毛，上部直立，下部横卧，节略膨大，有不定根。叶对生，无柄或几无柄；叶片硬纸质，线形或线状披针形，稀倒卵形，长2～10cm，宽0.5～1cm，先端尖或稍钝，基部近心形或截形，有托叶状的腺体，边缘疏生刺状锯齿，上面绿色，被微糙毛，下面灰绿色，无毛，侧脉5～7对。花较大，单生或2～3朵簇生于叶腋，无总花梗，紫红色或白色；苞片线形，位于花梗的基部；侧生萼片2，线形，唇瓣漏斗状，具条纹，基部渐狭成内弯或旋卷的长距；旗瓣圆形，先端微凹，背面中肋具狭翅，顶端具小尖，翼瓣无柄，2裂，下部裂片小，近圆形；雄蕊5枚。蒴果椭圆形，中部膨大，顶端喙尖，无毛。种子数粒，圆球形，黑色，有光泽。

分布于广东、江西、福建、浙江、安徽、广西和云南等省份；印度、缅甸、越南、泰国、马来西亚。生于池塘、水沟旁、田边或沼泽地。

全草入药，有清热解毒、消肿拔脓、活血散瘀之功效。用于治肺结核、颜面及喉头肿痛、热痢、小便混浊、湿热带下及痈疮肿毒等症。

绿萼凤仙花　凤仙花属
Impatiens chlorosepala Hand.-Mazz.

一年生草本，高30～40cm。茎肉质，直立，不分枝或稀分枝，无

毛。叶常密集茎上部，互生，具柄；叶片膜质，长圆状卵形或披针形，长7～11cm，宽2.5～4.5cm，顶端渐尖，基部楔状狭成叶柄，具指状托叶腺。边缘具齿，上面深绿色，被白色疏生伏毛，下面淡绿色，无毛；侧脉5～6对，向基部具少数腺体。总花梗生于上部叶腋，长于叶柄，具1～2花；花梗中部以上有宿存苞片；花大，淡红色；侧生萼片2，绿色，斜宽卵形或近圆形；旗瓣圆形，兜状，背面中肋增厚，具狭龙骨状凸起；翼瓣具短柄，2裂，基部裂片半圆形，上部裂片较长，背部具明显的小耳；唇瓣檐部漏斗状，口部平，先端具小尖，基部急狭成长2～2.5cm，内弯顶端内卷的距，具粉红色纹条。蒴果披针形，顶端喙尖。花期10～12月。

分布于广东、广西和贵州。生于山谷水旁荫处或疏林溪旁。

此植物在广西俗称"金耳环"，民间用以消热消肿，治疥疮，用茎、叶外敷或外洗。

千屈菜科　**Lythraceae**

耳基水苋　水苋菜属
Ammannia auriculata Willdenow

草本。茎直立，少分枝，无毛，高15～60cm，上部的茎4棱或略具狭翅。叶对生，膜质，狭披针形或矩圆状披针形，长1.5～7.5cm，宽3～15mm，顶端渐尖或稍急尖，基部扩大，多少呈心状耳形，半抱茎；无柄。聚伞花序腋生，通常有花3朵，多可至15朵；总花梗长约5mm，花梗极短；小苞片，2枚，线形；萼筒钟形，最初基部狭，结实时近半球形，有略明显的棱4～8条，裂片4，阔三角形；花瓣4，紫色或白色，近圆形，早落，有时无花瓣，雄蕊4～8枚，约一半突出萼裂片之上。蒴果扁球形，成熟时约1/3突出于萼之外，紫红色，成不规则周裂。种子半椭圆形。花期8～12月。

分布于广东、福建、浙江、江苏、安徽、湖北、河南、河北、陕西、甘肃和云南等省份；世界热带各地。生于湿地和水稻田中。

香膏萼距花　萼距花属
Cuphea balsamona Cham. et Schlecht.

一年生草本，高12～60cm。小枝纤细，幼枝被短硬毛，后变无毛而稍粗糙。叶对生，薄革质，卵状披针形或披针状矩圆形，长1.5～5cm，宽5～10mm，顶端渐尖或阔渐尖，基部狭或有时近圆形，两面粗糙，幼时被粗伏毛，后变无毛；叶柄极短，近无柄。花细小，单生于枝顶或分枝的叶腋上，成带叶的总状花序；花梗极短，仅长约1mm，顶部有苞片；花萼长4.5～6mm，在纵棱上疏被硬毛；花瓣6，等大，倒卵状披针形，长约2mm，蓝紫色或紫色；雄蕊排成2轮。

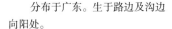

分布于广东。生于路边及沟边向阳处。

紫薇 紫薇属
Lagerstroemia indica L.

落叶灌木或小乔木，高达7m。树皮平滑，灰色或灰褐色；枝干多扭曲，小枝纤细，具4棱，略具翅状。叶互生或有时对生，纸质，椭圆形、阔矩圆形或倒卵形，长2.5~7cm，先端短尖或钝，有时微凹，基部宽楔形或近圆形，无毛或下面沿中脉有微柔毛，侧脉3~7对；无柄或叶柄很短。花淡红色或紫色、白色，常组成7~20cm的顶生圆锥花序。蒴果椭圆状球形或阔椭圆形，幼时绿色至黄色，成熟时或干燥时呈紫黑色，室背开裂。种子有翅。花期6~9月，果期9~12月。

分布于广东、广西、湖南、福建、河南、云南、贵州和吉林等省份；热带地区。生于肥沃湿润的土壤上，在钙质土或酸性土都生长良好。

木材坚硬、耐腐，可作农具、家具、建筑等用材；树皮、叶及花为强泻剂；根和树皮煎剂可治咯血、吐血、便血。

节节菜 节节菜属
Rotala indica (Willd.) Koehne

一年生草本。茎多分枝，节上生根；茎常略具4棱，基部常匍匐，上部直立或稍披散。叶对生，无柄或近无柄，倒卵状椭圆形或矩圆状倒卵形，长4~17mm，宽3~8mm，侧枝上的叶仅长约5mm，顶端近圆形或钝形而有小尖头，基部楔形或渐狭，下面叶脉明显，边缘为软骨质。花小，通常组成腋生的长8~25mm的穗状花序，稀单生，苞片叶状，矩圆状倒卵形，小苞片2枚，极小，线状披针形，长约为花萼之半或稍过之；萼筒管状钟形，膜质，半透明，裂片4，披针状三角形，顶端渐尖；花瓣4，极小，倒卵形，长不及萼裂片之半，淡红色，宿存；雄蕊4枚。蒴果椭圆形，稍有棱，常2瓣裂。花期9~10月，果期10月至翌年4月。

分布于广东、广西、湖南、江西、福建、浙江、江苏、安徽、湖北、陕西、四川、贵州和云南等省份；印度、斯里兰卡、印度尼西亚、菲律宾、中南半岛、日本至俄罗斯。生于稻田中或湿地上。

本种是夏秋季水稻田中常见的杂草，嫩苗可食。

圆叶节节菜 节节菜属
Rotala rotundifolia (Buch.-Ham. ex Roxb.) Koehne

一年生草本，各部无毛。根状茎细长，匍匐地上；茎单一或稍分枝，直立，丛生，高5~30cm，带紫红色。叶对生，无柄或具短柄，近圆形、阔倒卵形或阔椭圆形，长5~10mm，有时可达20mm，宽3.5~5mm，顶端圆形，基部钝头，或无柄时近心形，侧脉4对，纤细。花单生于苞片内，组成顶生稠密的穗状花序，花序长1~4cm，每株1~3个，有时5~7个；花极小，几无梗，苞片叶状，卵形或卵状矩圆形，约与花等长，小苞片2枚，披针形或钻形，约与萼筒等长；萼筒阔钟形，膜质，半透明，裂片4，三角形，裂片间无附属体；花瓣4，倒卵形，淡紫红色，长约为花萼裂片的2倍；雄蕊4枚。蒴

果椭圆形，3~4瓣裂。花果期12月至翌年6月。

分布于广东、广西、福建、台湾、浙江、江西、湖南、湖北、四川、贵州和云南等省份，华南地区极为常见；印度、斯里兰卡、日本及中南半岛。生于水田或潮湿的地方。

本种是我国南部水稻田的主要杂草之一，群众常用作猪饲料。

柳叶菜科 Onagraceae

草龙 丁香蓼属
Ludwigia hyssopifolia (G.Don) Exell.

一年生直立草本，高达2m。茎高60~200cm，茎基部常木质化，常3或4棱，多分枝，幼枝及花序被微柔毛。叶披针形或线形，长2~10cm，侧脉9~16对，下面脉上疏被短毛；叶柄长0.2~1cm。花腋生；萼片4，卵状披针形，长2~4mm，常有3纵脉；花瓣4，黄色，倒卵形或近椭圆形，长2~3mm；雄蕊8枚，淡绿黄色，花丝不等长，花药具单体花粉；花盘稍隆起；花柱长0.8~1.2mm，柱头头状，顶端浅4裂。蒴果近无柄，幼时近四棱形，熟时近圆柱形，长1~2.5cm，上部1/5~1/3处增粗，被微柔毛，果皮薄。种子近椭圆状，长约0.6mm，两端多少锐尖，淡褐色，有纵横条纹，腹面有纵形种脊。花果期几乎四季。

分布于广东、香港、海南、广西、台湾和云南；印度、斯里兰卡、中南半岛、菲律宾、密克罗尼西亚、澳大利亚、非洲热带地区。生于田边、水沟、河滩、塘边、湿草地等湿润向阳处。

全草入药，能清热解毒、去腐生肌，可治感冒、咽喉肿痛、疮疖等。

毛草龙 丁香蓼属
Ludwigia octovalvis (Jacq.) Raven

多年生粗壮直立草本，有时基部木质化，甚至亚灌木状，高50~200cm，粗5~18mm。茎多分枝，稍具纵棱，常被伸展的黄褐色粗毛。叶披针形至线状披针形，长4~12cm，宽0.5~2.5cm，先端渐尖或长渐尖，基部渐狭，侧脉每侧9~17条，边缘具毛；叶柄长至5mm，或无柄，托叶小，三角状卵形。萼片4，卵形，先端渐尖，基出3脉，两面被粗毛；花瓣黄色，倒卵状楔形，长7~14mm，宽6~10mm，先端钝圆形或微凹，基部楔形，具侧脉4~5对；雄蕊8枚。蒴果圆柱状，具8条棱，绿色至紫红色，长2.5~3.5cm，粗3~5mm，被粗毛，熟时室背迅速并不规则地开裂；果梗长3~10mm。种子每室多列，离生，近球状或倒卵状，一侧稍内陷。花期6~8月，果期8~11月。

分布于广东、江西、浙江、福建、台湾、香港、海南、广西和云南；亚洲、非洲、大洋洲、南美洲及太平洋岛屿热带与亚热带广泛地区。生于田边、湖塘边、沟谷旁及开旷湿润处。

全草药用，治疗感冒发热、咽喉肿痛、口腔溃疡、痈疮疖肿等。

水龙 丁香蓼属
Ludwigia adscendens (L.) Hara

多年生浮水或上升草本。浮水茎节上常簇生圆柱状或纺锤状白色

海绵状贮气的根状浮器，具多数须状根；浮水茎长可达3m，直立茎高达60cm，无毛；生于旱生环境的枝上则常被柔毛但很少开花。叶倒卵形、椭圆形或倒卵状披针形，长3～6.5cm，宽1.2～2.5cm，先端常钝圆，有时近锐尖，基部狭楔形；侧脉6～12对；叶柄长3～15mm；托叶卵形至心形。花单生于上部叶腋；萼片5，三角形至三角状披针形，先端渐狭，被短柔毛；花瓣乳白色，基部淡黄色，倒卵形，先端圆形；雄蕊10枚，花丝白色。蒴果淡褐色，圆柱状，具10条纵棱，果皮薄，不规则开裂；果梗被长柔毛或变无毛。种子在每室单列纵向排列，淡褐色，椭圆状。花期5～8月，果期8～11月。

分布于广东、福建、江西、湖南南部、香港、海南、广西和云南；印度、斯里兰卡、孟加拉国、巴基斯坦、澳大利亚、印度尼西亚及中南半岛。生于水田、浅水塘。

全草入药，具清热解毒、利尿消肿之功效，也可治蛇咬伤；可作猪饲料。

小二仙草科 Haloragidaceae

黄花小二仙草　小二仙草属
Haloragis chinensis (Lour.) Merr.

多年生细弱陆生草本植物，高10～60cm。茎4棱，近直立或披散，多分枝，粗糙而多少被倒粗毛，节上常生不定根。叶对生，近无柄，通常条状披针形至矩圆形，长10～28mm，宽1～9mm，基部宽楔形，先端钝尖，边缘具小锯齿，两面粗糙，多少被粗毛，淡绿色；茎上部的叶有时互生，逐渐缩小而变成苞片。花序为纤细的总状花序及穗状花序组成顶生的圆锥花序；花两性，极小，近无柄，长0.2～0.7mm，基部具1苞片；萼筒圆柱形，4深裂，具棱，裂片披针状三角形，有黄白色硬骨质的边缘；花瓣4，狭距圆形，长0.5～0.9mm，宽0.4～0.6mm，黄色，背面疏生毛；雄蕊8枚。坚果极小，近球形，长约1mm，具8纵棱，并具粗糙的瘤状物。花期春夏秋季，果期夏秋季。

分布于广东、湖北、湖南、江西、福建、台湾、四川、贵州、广西和云南等省份；澳大利亚、密克罗尼西亚、马来西亚、越南、泰国、印度等。生于潮湿的荒山草丛中。

瑞香科 Thymelaeaceae

长柱瑞香　瑞香属
Daphne championii Benth.

常绿直立灌木，高0.5～1m，多分枝。小枝纤细，褐色，密被黄色或灰白色丝状粗毛；老枝橄榄色，无毛。叶互生，近纸质或近膜质，椭圆形或近卵状椭圆形，长1.5～4.5cm，宽0.6～1.8cm，先端钝形或钝尖，基部宽楔形，边

全缘，上面亮绿色，干燥后黑褐色，下面干燥后褐色，两面被白色丝状粗毛；中脉上面扁平，下面隆起，侧脉5～6对，在下面较上面显著；叶柄短，长1～2mm，密被白色丝状长粗毛。花白色，通常3～7朵组成头状花序，腋生或侧生；无苞片，稀具叶状苞片；无花序梗或极短，无花梗；花萼筒筒状，外面贴生淡黄色或淡白色丝状绒毛，裂片4，广卵形，顶端钝尖，外面密被淡白色丝状绒毛；雄蕊8枚，2轮，着生于花萼筒的中部以上。果实未见。花期2～4月，果期不详。

分布于广东、江苏、江西、福建、湖南、广西和贵州等省份。生于低山或山腰的密林中，山谷瘠土少见。

茎皮纤维为复写纸等高级用纸原料，又可作人造棉。

白瑞香　瑞香属
Daphne papyracea Wall. ex Steud.

常绿灌木，高达1.5m。树皮灰色，当年生枝被黄褐色粗绒毛，后脱落。叶互生，膜质或纸质，长椭圆形或长圆状披针形，长6～16cm，宽1.5～4cm，先端钝尖、长渐尖至尾尖，基部楔形，两面无毛；上面中脉凹下，侧脉7～15对；叶柄长0.4～1.5cm，几无毛。多花簇生于小枝顶端成头状花序；花序梗被丝状柔毛，具叶状苞片；苞片早落，卵状披针形或卵状长圆形，被毛；花萼筒外面被淡黄色丝状柔毛，裂片4，卵状披针形或卵状长圆形，先端渐尖，外面中部至顶部被柔毛；雄蕊8枚，2轮，下轮着生于萼筒中部，上轮着生于萼筒喉部；花盘杯状，边缘微波状。浆果成熟时红色，卵形或倒梨形。种子圆球形。花期11月至翌年1月，果期4～5月。

分布于广东、湖南、湖北、广西、贵州、四川和云南等省份。生于山地。

茎皮纤维可作打字蜡纸、皮纸及人造棉的原料。

了哥王　荛花属
Wikstroemia indica (L.) C. A. Mey.

灌木，高0.5～2m或过之。小枝红褐色，无毛。叶对生，纸质至近革质，倒卵形、椭圆状长圆形或披针形，长2～5cm，宽0.5～1.5cm，先端钝或急尖，基部阔楔形或窄楔形，干时棕红色，无毛；侧脉细密，极倾斜；叶柄长约1mm。花黄绿色，数朵组成顶生头状总状花序，花序梗长5～10mm，无毛，花梗长1～2mm，花萼长7～12mm，近无毛，裂片4；宽卵形至长圆形，长约3mm，顶端尖或钝；雄蕊8枚，2列，着生于花萼管中部以上，花盘鳞片通常2或4枚。果椭圆形，长7～8mm，成熟时红色至暗紫色。花果期夏秋间。

分布于华南、华东及西南大部分省份；越南、印度、菲律宾。生于开旷林下或石山上。

全株有毒，可药用；茎皮纤维可作造纸原料。

北江荛花　荛花属
Wikstroemia monnula Hance

灌木。枝暗绿色，小枝被短柔毛。叶对生，稀互生，纸质，卵形、卵状椭圆形或椭圆形，长3～6cm，宽1～2.8cm，先端尖，基部宽楔形或近圆形，上面绿色，无毛，下面暗绿色，有时呈紫红色，疏

生灰色细柔毛；侧脉4～5对，成弧形开展；叶柄长1～1.5cm。总状花序顶生，花序梗长0.3～1.5cm，被灰色柔毛，萼筒白色，顶端淡紫色，外面被绢状柔毛，裂片4，卵形；雄蕊8枚，2轮，上轮4枚生于萼筒喉部，下轮4枚生于萼筒中部；花丝细瘦，黄色带紫色或淡红色；花盘鳞片1～2枚，线状长圆形或长方形，顶端啮蚀状。核果卵圆形，白色，基部为宿存花萼所包被。花期4～8月，随即结果。

分布于广东、广西、贵州、湖南和浙江。生于山坡、灌丛中或路旁。

韧皮纤维可作人造棉及高级纸的原料。

细轴荛花 荛花属
Wikstroemia nutans Champ. ex Benth.

灌木，高1～2m或过之。树皮暗褐色；小枝圆柱形，红褐色，无毛。叶对生，膜质至纸质，卵形、卵状椭圆形至卵状披针形，长3～8.5cm，宽1.5～4cm，先端渐尖，基部楔形或近圆形，上面绿色，下面淡绿白色，两面均无毛；侧脉每边6～12条，极纤细；叶柄长约2mm，无毛。花黄绿色，4～8朵组成顶生近头状的总状花序；花序梗纤细，俯垂，无毛，长1～2cm，萼筒长1.3～1.6cm，无毛，4裂，裂片椭圆形，长约3mm；雄蕊8枚，2列，上列着生在萼筒的喉部，下列着生在花萼筒中部以上。果椭圆形，长约7mm，成熟时深红色。花期春季至初夏，果期夏秋间。

分布于广东、海南、广西、湖南、福建和台湾。生于常绿阔叶林中。

药用祛风、散血、止痛；纤维可制高级纸及人造棉。

🌿 山龙眼科 **Proteaceae**

小果山龙眼 山龙眼属
Helicia cochinchinensis Lour.

乔木或灌木，高4～20m。树皮灰褐色或暗褐色；枝和叶均无毛。叶薄革质或纸质，长圆形、倒卵状椭圆形、长椭圆形或披针形，长5～15cm，宽2.5～5cm，顶端短渐尖，尖头或钝，基部楔形，稍下延，全缘或上半部叶缘具疏生浅锯齿；侧脉6～7对，两面均明显；叶柄长0.5～1.5cm。总状花序，腋生，长8～20cm，无毛，有时花序轴和花梗初被白色短毛，后全脱落；花梗常双生，长3～4mm；苞片三角形，长约1mm；小苞片披针形；花被管长10～12mm，白色或淡黄色。果椭圆状，长1～1.5cm，直径0.8～1cm，果皮干后薄革质，厚不及0.5mm，蓝黑色或黑色。花期6～10月，果期11月至翌年3月。

分布于广东、云南、四川、广西、湖南、湖北、江西、福建、浙江和台湾；越南、日本。生于丘陵或山地湿润常绿阔叶林中。

木材坚韧，灰白色，适宜做小农具；种子可榨油，供制肥皂等用。

广东山龙眼 山龙眼属
Helicia kwangtungensis W. T. Wang

乔木，高4～10m。树皮褐色或灰褐色；幼枝和叶被锈色短毛，小枝和成长叶均无毛。叶坚纸质或革质，长圆形、倒卵形或椭圆形，长10～26cm，宽6～12cm，顶端短渐尖、急尖或钝尖，稀圆钝，基部楔形，上半部叶缘具疏生浅锯齿或细齿，有时全缘；侧脉5～8对，网脉不明显；叶柄长1～2.5cm。总状花序，1～2个腋生，长14～20cm，花序轴和花梗密被褐色短毛；花常双生，下半部彼此贴生；苞片狭三角形，被柔毛；小苞片披针形；花被管长12～14mm，淡黄色，具疏柔毛或近无毛。果近球形，直径1.5～2.5cm，顶端具短尖，果皮干后革质，厚约1mm，紫黑色或黑色。花期6～7月，果期10～12月。

分布于广东、广西、湖南、江西和福建。生于山地湿润常绿阔叶林中。

木材灰白色，适宜做小农具；种子煮熟又经漂浸1～2天，可食用。

网脉山龙眼 山龙眼属
Helicia reticulata W. T. Wang

乔木或灌木，高3～10m。树皮灰色；芽被褐色或锈色短毛，小枝和成长叶均无毛。叶革质或近革质，长圆形、卵状长圆形、倒卵形或倒披针形，长5.5～27cm，宽2～10cm，顶端短渐尖、急尖或钝，基部楔形，边缘具疏生锯齿或细齿；中脉和6～12对侧脉在两面均隆起或凸起，网脉两面均凸起或明显；叶柄长0.5～3cm。总状花序腋生或生于小枝已落叶腋部，长7～15cm，无毛，有时花序轴和花梗初被短毛，后全脱落、变无毛；花梗常双生，基部或下半部彼此贴生；苞片披针形；花被管长13～16mm，白色或浅黄色。果椭圆状，长1.5～1.8cm，直径约1.5cm，顶端具短尖，果皮干后革质，厚约1mm，黑色。花期5～7月，果期10～12月。

分布于广东、云南、贵州、广西、湖南、江西和福建。生于山地湿润常绿阔叶林中。

可作荒山绿化树种或生物防火林带；木材供家具、薪炭用材；种子可提取淀粉，但须经浸水去毒处理。

🌿 第伦桃科 **Dilleniaceae**

锡叶藤 锡叶藤属
Tetracera asiatica (Lour.) Hoogl.

常绿木质藤本，长达20m或更长。茎多分枝，枝条粗糙，幼嫩时被毛，老枝秃净。叶革质，极粗糙，矩圆形，长4～12cm，宽2～5cm，先端钝或圆，基部阔楔形或近圆形，上下两面初时有刚毛，后脱落，留下刚毛基部矽化小凸起；侧脉10～15对，全缘或上半部有小钝齿；叶柄长1～1.5cm，粗糙，有毛。圆锥花序顶生或生于侧枝顶，被贴生柔毛，花序轴常为"之"字形屈曲；苞片1个，线状披针形，被柔毛；小苞片线形；花多数；萼

片5个，离生，宿存，广卵形；花瓣通常3个，白色，卵圆形，约与萼片等长；雄蕊多数，比萼片稍短。果实长约1cm，成熟时黄红色，干后果皮薄革质，稍发亮，有残存花柱。种子1粒，黑色，基部有黄色流苏状的假种皮。花期4～5月。

分布于广东和广西；印度尼西亚、印度、斯里兰卡及中南半岛等地。生于灌丛或疏林中。

根、叶药用，可治腹泻、肝脾肿大、关节炎；叶面粗糙，可磨锡器或用具；茎坚韧耐水，可制绳。

海桐花科　Pittosporaceae

光叶海桐　海桐花属
Pittosporum glabratum Lindl.

常绿灌木，高2～3m。嫩枝无毛，老枝有皮孔。叶聚生于枝顶，薄革质，二年生，窄矩圆形，或为倒披针形，长5～10cm，有时更长，宽2～3.5cm，先端尖锐，基部楔形，上面绿色，发亮，下面淡绿色，无毛，侧脉5～8对，与网脉在上面不明显，在下面约隐约可见，干后稍凸起，网眼宽1～2mm，边缘平展，有时稍皱折；叶柄长6～14mm。花序伞形，1～4枝簇生于枝顶叶腋，多花；苞片披针形，长约3mm；花梗长4～12mm，有微毛或秃净；萼片卵形，长约2mm，通常有睫毛；花瓣分离，倒披针形，长8～10mm；雄蕊长6～7mm。蒴果椭圆形，3片裂开，果片薄，革质，每片有种子约6粒；果梗短而粗壮，有宿存花柱。种子大，近圆形，红色。

分布于广东、广西、贵州和湖南。生于林间荫湿地。

根药用，治风湿关节炎、产后风瘫、毒蛇咬伤等。

少花海桐　海桐花属
Pittosporum pauciflorum Hook. et Arn.

常绿灌木。嫩枝无毛，老枝有皮孔。叶散布于嫩枝上，有时呈假轮生状，革质，狭窄矩圆形，或狭窄倒披针形，长5～8cm，宽1.5～2.5cm，先端急锐尖，基部楔形，上面深绿色，发亮，下面在幼嫩时有微毛，以后变秃净；侧脉6～8对，与网脉在上面稍陷入，在下面凸起，边缘干后稍反卷；叶柄长8～15mm，初时有微毛，以后变秃净。花3～5朵生于枝顶叶腋内，呈假伞形状；花梗长约1cm，秃净或有微毛；苞片线状披针形；萼片窄披针形，有微毛，边缘有睫毛；花瓣长8～10mm；雄蕊长6～7mm。蒴果椭圆形或卵形，被疏毛，3片裂开，果片阔椭圆形，木质，胎座位于果片中部，各有种子5～6粒。种子红色，种柄长约2mm，稍压扁。

分布于广东、广西和江西。生于林下、林缘处。

根及果实常供药用。根皮治毒蛇咬伤，有镇痛、消炎等作用。种子在中药里作山栀子用，有镇静、收敛、止咳等功效；亦可榨油，为工业用油脂原料。

大风子科　Flacourtiaceae

山桐子　山桐子属
Idesia polycarpa Maxim.

落叶乔木，高可达21m。树皮淡灰色，不裂；小枝圆柱形，细

而脆，黄棕色，有明显的皮孔，当年生枝条紫绿色。叶薄革质或厚纸质，卵形或心状卵形，或为宽心形，长13～16cm，宽12～15cm，先端渐尖或尾状，基部通常心形，边缘有粗的齿，齿尖有腺体，上面深绿色，光滑无毛，下面有白粉，沿脉有疏柔毛，脉腋有丛毛；基出脉通常5；叶柄无毛，下部有2～4个紫色、扁平腺体，基部稍膨大。花单性，雌雄异株或杂性，黄绿色，有芳香，花瓣缺，排列成顶生下垂的圆锥花序；雄花比雌花稍大，萼片3～6片，通常6片，覆瓦状排列，长卵形；花丝丝状，被软毛。浆果成熟期紫红色，扁圆形，宽大于长，果梗细小。种子红棕色，圆形。花期4～5月，果熟期10～11月。

分布于华南、西南、中南、华东及甘肃、陕西、山西、河南、台湾等省份；朝鲜、日本的南部。生于山坡、山洼等落叶阔叶林和针阔叶混交林中。

南岭柞木　刺柊属
Xylosma controversa Clos

常绿灌木或小乔木，高4～10m。树皮灰褐色，不裂；小枝圆柱形，被褐色长柔毛。叶薄革质，椭圆形至长圆形，长5～15cm，宽3～6cm，先端渐尖或急尖，基部楔形，边缘有锯齿，上面无毛或沿主脉疏被短柔毛，深绿色，干后褐色，有光泽，下面密或疏被柔毛，淡绿色；中脉在上面凹，下面凸起，侧脉5～9对，弯拱上升，两面均明显；叶柄短，长0.7～1cm，被棕色毛。总状花序或圆锥花序，腋生，花序梗长1.5～3cm，被棕色柔毛；苞片披针形，外面有毛；花直径4～5mm；萼片4，卵形，外面有毛，内面无毛；花瓣无。浆果圆形，直径3～5mm，花柱宿存。花期4～5月，果期8～9月。

分布于华南、华东、华中及西南部分省份；越南、马来西亚、印度。生于常绿阔叶林中和林缘。

木材坚硬，纹理细密，供家具等用。

长叶柞木　柞木属
Xylosma longifolia Clos

常绿小乔木或大灌木，高4～7m。树皮灰褐色；小枝有枝刺，无毛。叶革质，长圆状披针形或披针形，长5～12cm，宽1.5～4cm，先端渐尖，基部宽楔形，边缘有锯齿，两面无毛，上面深绿色，有光泽，下面淡绿色，干后灰褐色，侧脉6～7对，两面凸起；叶柄长5～8mm。花小，淡绿色，多数，总状花序，长1～2cm，花序梗和花梗无毛或近于无毛；苞片小，卵形；花直径2.5～3.5mm；萼片4～5，卵形或披针形，外面有毛，内面无毛；花瓣缺。浆果球形，黑色，直径4～6mm，无毛。种子2～5粒。花期4～5月，果期6～10月。

分布于广东、福建、广西、贵州和云南；老挝、越南和印度。生于山地林中。

天料木科　Samydaceae

球花脚骨脆（嘉赐树）　嘉赐树属
Casearia glomerata Roxb.

乔木或灌木。小枝初时有棱和小柔毛，后变无毛而近圆柱形。单叶，排成2列，叶薄革质，叶长椭圆形，长9～12cm，有橙黄色透明腺点或腺条，先端短渐尖，基部钝圆而稍偏斜，边缘微波状或有小齿，幼时被毛，后渐脱落无毛，侧脉7～8对；叶柄长0.7～1.2cm，无毛。花绿黄色，10～15朵或更多簇生于叶腋内，花直径约3mm；花梗长5～8mm，有柔毛；萼片5片，倒卵形或椭圆形，先端钝，下面有短疏毛，边缘有睫毛；花瓣缺；雄蕊9～10枚。蒴果卵形，长1～1.2cm，干后有小瘤状凸起，通常不裂；果梗有毛。种子多数，卵形。花期8～12月，果期10月至翌年春季。

分布于广东、香港、广西和福建；越南。生于疏林中。

根、叶治跌打；建筑、箱板用材。

膜叶脚骨脆（膜叶嘉赐树）　嘉赐树属
Casearia membranacea Hance

常绿乔木或灌木，高4～15m。树皮灰褐色，不裂；小枝细弱，蜿蜒状，有小棱条，绿色，无毛。叶膜质，排成2列，长椭圆形或卵状长椭圆形，长5～12cm，具极密的透明腺条，先端短渐尖或钝，基部宽楔形，边缘浅波状或有钝齿，两面无毛；侧脉5～8对；叶柄长6～8mm。花两性，花白色，芳香，单生或数朵簇生于叶腋，花梗长6～9mm；苞片长约2mm；花萼裂片4～5，长约2.5mm；雄蕊8枚。蒴果卵状或卵状椭圆形，成熟时带黑色，无毛，长1.5～3cm，3瓣裂。种子卵形。花期7～8月，果期10～12月。

分布于广东、台湾、海南和广西等省份；越南。生于低海拔的山地林中。

木材供家具、器具和农具等的用材。

爪哇脚骨脆（毛叶嘉赐树）　嘉赐树属
Casearia velutina Bl.

常绿小乔木。小枝近圆柱形，密被锈色柔毛。单叶，互生，纸质，排成2列，叶椭圆形或长圆状椭圆形，长7～20cm，宽4～8cm，先端渐尖，基部楔形或钝圆，常不对称，边缘有小齿或近全缘，幼叶两面有毛，后渐脱落，上面无毛，下面脉上有毛；侧脉8～12对；叶柄长0.5～1cm，密被毛。花绿白色至黄绿色，具短梗，多朵簇生于叶腋内；花梗长2～4mm，被毛；苞片被毛；花萼裂片5，长2～3mm，被毛；雄蕊5～7枚。果长椭圆形，

长1.5～2cm，2瓣裂。种子多粒。花期3～5月，果期翌年春季。

分布于广东、广西、福建、贵州、海南和云南；亚洲南部。生于次生林中。

天料木　天料木属
Homalium cochinchinense (Lour.) Druce

小乔木，高达8m。小枝幼时被黄色的短绒毛，老时毛脱落。单叶，互生，叶纸质，倒卵形或长椭圆形，长6～12cm，先端短渐尖或短渐尖，基部宽楔形或近圆钝，边缘有锯齿，两面沿中脉被柔毛，有时下面有疏柔毛；侧脉7～9对；叶柄长2～3mm，被黄色绒毛。总状花序腋生，花单生或数朵簇生于花序轴上；7～8数；花梗长2～3mm，被柔毛；萼筒被毛，裂片长约3mm，具缘毛；花瓣匙形，长3～4mm，具缘毛。蒴果倒圆锥形，长5～6mm，近无毛。花期全年，果期9～12月。

分布于广东、香港、广西、海南、湖南、福建和台湾；越南。生于山坡、灌丛、次生林中。

材质硬，供家具、雕刻等用。

西番莲科　Passifloraceae

龙珠果　西番莲属
Passiflora foetida L.

草质藤本。茎柔弱，被平展柔毛。叶膜质，宽卵形或长圆状卵形，长4.5～13cm，宽4～12cm，先端尖或渐尖，基部心形，3浅裂，有缘毛及少数腺毛，两面及叶柄均被丝状长伏毛，叶上面混生少量腺毛，叶下面中部有散生小腺点；叶柄无腺体，托叶细线状分裂，裂片顶端有腺体。聚伞花序具1花；花白色或淡紫色；苞片羽状分裂，裂片顶端具腺毛；萼片长圆形，背面近顶端具角状附属物；花瓣与萼片近等长；副花冠裂片3～5轮；内花冠长1～1.5mm；雌雄蕊柄长5～7mm；花丝基部合生。浆果卵球形或球形，径2～3cm。花期7～8月，果期翌年4～5月。

分布于广东、广西、云南和台湾。逸生于草坡路边。

果味甜可食。广东兽医用果治猪、牛肺部疾病；叶外敷治痈疮。

葫芦科　Cucurbitaceae

红瓜　红瓜属
Coccinia grandis (L.) Voigt

攀缘草本，根粗壮。茎纤细，稍带木质，多分枝，有棱角，光滑无毛。叶柄长2～5cm；叶宽心形，长、宽均5～10cm，常有5角，稀近5中裂，两面被颗粒状小凸点，先端钝圆，基部有数个腺体，叶下面腺体明显，穴状；卷须不分歧。雌雄异株；雌花、雄花均单生；雄花花梗长2～4cm；萼筒宽钟形，长、宽均4～5mm，裂片线状披针

形，长约3mm；花冠白色或稍黄色，长2.5～3.5cm，5中裂，裂片卵形；雄蕊3枚，花丝及花药合生；雌花花梗长1～3cm。果实纺锤形，长约5cm，径约2.5cm，熟时深红色。种子黄色，长圆形，两面密布小疣点，顶端圆。

分布于广东、广西和云南；非洲热带、亚洲和马来西亚。生于山坡灌丛及林中。

花白果红，可作垂直绿化植物。

绞股蓝（五叶神） 绞股蓝属
Gynostemma pentaphyllum (Thunb.) Makino

草质攀缘藤本。茎无毛或疏被柔毛。鸟足状复叶，具3～9小叶，叶柄长3～7cm；小叶膜质或纸质，卵状长圆形或披针形，中央小叶长3～12cm，宽1.5～4cm，具波状齿或圆齿状牙齿，两面疏被硬毛；侧脉7～8对；小叶柄略叉开，卷须二歧，稀单一。雌雄异株，圆锥花序，雄花序较大，具钻状小苞片，花萼5裂，裂片三角形，花冠淡绿色或白色，5深裂；雄花雄蕊5枚，花丝短而合生。果球形，成熟后黑色。种子2粒，卵状心形，扁。花期3～11月，果期4～12月。

分布于我国长江以南各省份；朝鲜和日本。生于沟边、路旁灌丛中或疏林下。

全株含类似人参所含的皂苷，近年来被用作提取抗癌物质和制作保健食品、药品的原料，或直接作茶饮用。

茅瓜 茅瓜属
Solena amplexicaulis (Lam.) Gandhi

攀缘草本。块根纺锤状，径1.5～2cm。茎、枝柔弱，无毛，具沟纹。叶柄长0.5～1cm；叶薄革质，卵形、长圆形、卵状三角形或戟形，不裂，3～5浅裂至深裂，长8～12cm，宽1～5cm；卷须不分歧。雌雄异株；雄花10～20朵生于长2～5mm的花序梗顶端，成伞房状花序；萼筒钟形，径约3mm，裂片近钻形，长0.2～0.3mm；花冠黄色，三角形，长约1.5mm；雄蕊3枚。果实红褐色，长圆状或近球形，长2～6cm，径2～5cm，表面近平滑。种子数粒，灰白色，近圆球形或倒卵形，表面光滑无毛。花期5～8月，果期8～11月。

分布于广东、台湾、福建、江西、广西、云南、贵州、四川和西藏；越南、印度、印度尼西亚。生于山坡路旁、林下、杂木林中或灌丛中。

果成熟时可生食，味甜；块根或全草药用，有消肿拔毒、清肝利水的作用。

栝楼 栝楼属
Trichosanthes kirilowii Maxim.

攀缘藤本，长达10m。块根圆柱状，粗大肥厚，富含淀粉，淡黄褐色。茎多分枝，被伸展柔毛。叶纸质，近圆形，径5～20cm，常3～7浅至中裂，裂片菱状倒卵形、长圆形，常再浅裂，叶基心形，弯缺深2～4cm，两面沿脉被长柔毛状硬毛；基出掌状脉5；叶柄长3～10cm，被长柔毛；卷须被柔毛，3～7歧。雌雄异株；雄总状花序单

生，或与单花并存，长10～20cm，被柔毛，顶端具5～8花；单花花梗长15cm；小苞片倒卵形或宽卵形，具粗齿，被柔毛，萼筒状，被柔毛，裂片披针形，全缘；花冠白色，裂片倒卵形，具丝状流苏；花梗被柔毛。果实椭圆形或圆形，长7～10.5cm，成熟时黄褐色或橙黄色。种子卵状椭圆形，淡黄褐色，近边缘处具棱线。花期5～8月，果期8～10月。

分布于华南、东北、华北、华东、西北及西南大部分省份。生于山坡林下、灌丛中、草地和村旁田边。

马㼎儿（老鼠拉冬瓜） 马㼎儿属
Zehneria indica (Lour.) Keraudren

攀缘草本。块根纺锤状，径1.5～2cm。茎、枝柔弱，无毛。叶柄短，初时被柔毛，后渐脱落；叶片薄革质，多型，卵形、长圆形或戟形等，不分裂，3～5浅裂至深裂，裂片长圆状披针形、披针形或三角形，长8～12cm，宽1～5cm，先端钝或渐尖，上面深绿色，背面灰绿色，叶脉凸起，几无毛，基部心形，弯缺半圆形，有时基部向后靠合，边全缘或有疏齿；卷须纤细，不分歧。雌雄异株；雄花10～20朵生于花序梗顶端，呈伞房状花序；花极小，花梗纤细几无毛；花萼筒钟状，裂片近钻形；花冠黄色，外面被短柔毛，裂片开展，三角形；雄蕊3枚，分离。果实红褐色，长圆状或近球形，长2～6cm，径2～5cm，表面近平滑。种子数粒，灰白色，近圆球形或倒卵形。花期5～8月，果期8～11月。

分布于广东、台湾、福建、江西、广西、云南、贵州、四川和西藏；越南、印度、印度尼西亚。生于山坡路旁、林下、杂木林中或灌丛中。

块根药用，有清热解毒、泻火散结、生肌、止痛作用。

秋海棠科 Begoniaceae

粗喙秋海棠 秋海棠属
Begonia crassirostris Irmsch.

多年生草本。球茎膨大，呈不规则块状，直径可达2.5cm；茎高0.9～1.5m，直立，微弯曲，褐色。叶互生，具柄；叶片轮廓披针形至卵状披针形，长8.5～17cm，宽3.4～7cm，先端渐尖至尾状渐尖，基部极偏斜，呈微心形，窄侧宽楔形至微心形，宽侧呈宽圆耳垂状，边缘有大小不等极疏的带突头之浅齿，齿尖有短芒，上面褐绿色，无毛或近无毛，下面淡绿色，无毛或近无毛，掌状7（～8）条脉；叶柄长2.5～4.7cm，近无毛。花白色，2～4朵，腋生，二歧聚伞状；花梗无毛；苞片膜质，披针形，无毛，早落；雄花花被片4，外轮2枚呈长方形，内轮2枚长圆形；雄蕊多数。蒴果下垂，果梗长约12mm；轮廓近球形，无毛。种子极多数，小，淡褐色，光滑。花期4～5月，果期7月。

分布于广东、福建、海南、广西、湖南、云南、贵州和江西。生于山谷水旁、密林中荫处、河边荫处湿地、山坡荫处疏林中、山谷溪旁灌丛中和山谷水沟边。

紫背天葵　秋海棠属
Begonia fimbristipula Hance

多年生无茎草本。根状茎球状，直径7～8mm，具多数纤维状之根。叶基生，宽卵形，长6～13cm，先端尖或渐尖，基部略偏斜，心形或深心形，有三角形重锯齿，上面散生短毛，下面沿脉被毛，常有不明显白色小斑点；叶柄长4～11.5cm，被卷曲长毛。花葶高6～18cm，无毛；花粉红色，数朵，二至三回二歧聚伞状花序，均无毛或近于无毛；小苞片膜质，长圆形，无毛；雄花花梗长1.5～2cm，无毛；花被片4，红色，外面2枚宽卵形，内面2枚倒卵长圆形；雌花花梗长1～1.5cm，无毛，花被片3，外面2枚宽卵形至近圆形，内面的倒卵形。蒴果下垂，轮廓倒卵长圆形，长约1.1mm，直径7～8mm，无毛，具有不等3翅。种子极多数，小，淡褐色，光滑。花期5月，果期6月。

分布于广东、浙江、江西、湖南、福建、广西、海南和香港。生于山地山顶疏林下、石上、悬崖石缝中、山顶林下潮湿岩石上和山坡林下。

观赏；保健饮料；全草药用，用于感冒发热、肺热咳嗽、支气管炎、咯血、跌打肿痛、咽喉肿痛和烧烫伤等。

大香秋海棠　秋海棠属
Begonia handelii Irmsch.

多年生草本。根状茎圆柱形，直径约8mm，常有匍匐枝，有残存褐色的鳞片，周围生出多数细长之根。叶通常基生，具长柄；叶片两侧不相等，轮廓宽卵形，长8～11cm，宽6～10cm，先端急尖或短渐尖，基部偏斜，呈心形，窄侧呈圆形，宽侧呈圆耳垂状，边缘有大小不等的三角形浅齿，上面褐绿色，下面为深绿色，两面均无毛或近无毛；掌状脉7，羽状脉；叶柄长13～15cm，疏被短卷曲毛。花大，极香，白色，通常4朵，呈伞房状聚伞花序，花序梗长约4cm，被疏毛；苞片膜质，卵状披针形；雄花花被片4，外轮2枚卵形，内轮花被片2，窄长圆形或带状；雄蕊多数；雌花花被片4，外轮2枚花被片椭圆形，内轮2枚花被片窄长圆形或带状。果实未见。花期1月。

分布于广东、云南和广西；越南。生于山坡路边密林中荫湿处、竹林沟边。

裂叶秋海棠　秋海棠属
Begonia palmata D. Don

多年生具茎草本，高达50cm。茎和叶柄均密被或被锈褐色交织的绒毛。叶片轮廓和大小变化较大，通常斜卵形，长5～16cm，宽3.5～13cm，浅至中裂，裂片宽三角形至窄三角形，先端渐尖，边缘有齿或微具齿，基部斜心形，上面密被短小而基部带圆形的硬毛，有时散生长硬毛，下面沿脉被或被锈褐色交织绒毛。花玫瑰色或白色，4至数朵，二至三回二歧聚伞状花序，密被褐色绒毛；苞片大，被褐色绒毛；雄花花梗长1～2cm，被褐色毛；花被片4，外轮2枚宽卵形或宽椭圆形，内轮2枚宽椭圆

形；雌花花被片4～5，外轮宽卵形。花期6月开始，果期7月开始。

分布于华南、华东、华中、西南大部分省份及港澳台地区。生于河边荫处湿地、山谷荫处岩石上和潮湿地、密林中岩壁上、山谷阴处岩石边潮湿地、山坡常绿阔叶林下、石山林下石壁上、林中潮湿的石上。

全株供观赏；全草药用，用于感冒、气管炎、风湿、跌打损伤和肝脾肿大。

🌿 **山茶科　Theaceae**

两广杨桐　杨桐属
Adinandra glischroloma Hand.-Mazz.

灌木或小乔木，高3～8m。树皮灰褐色；小枝无毛，幼枝和顶芽密被黄褐色或锈褐色披散刚毛。叶互生，革质，叶长圆状椭圆形，长8～13cm，先端渐尖或尖，基部楔形或稍圆，全缘，下面密被锈褐色刚毛；侧脉10～12对，两面稍明显；叶柄长0.8～1cm，密被刚毛。花1～2朵，稀单朵腋生；花梗粗，密被刚毛，萼片5，宽卵形；花瓣5，白色，长圆形或卵状长圆形，外面中部密被刚毛；雄蕊约25枚。果圆球形，熟时黑色，径8～9mm，密被刚毛。花期5～6月，果期9～10月。

分布于广东、江西、湖南和广西等省份。生于山地林中荫湿地、山坡溪谷林缘稍阴地，以及近山顶疏林中。

杨桐（黄瑞木）　杨桐属
Adinandra millettii (Hook. et Arn.) Benth. et Hook. f. ex Hance

灌木或小乔木，高2～16m，胸径10～40cm。树皮灰褐色。幼枝初被灰褐色平伏柔毛，后脱落无毛；顶芽被灰褐色平伏柔毛。叶互生，革质，长圆状椭圆形，长4.5～9cm，先端短渐尖或近钝，基部楔形，全缘，稀上部疏生细齿，下面初疏被平伏柔毛，旋脱落无毛或近无毛；侧脉10～12对，两面隐约可见；叶柄疏被柔毛或近无毛。花单朵腋生；花梗纤细，长约2cm，疏被柔毛或近无毛；小苞片2，早落，线状披针形；萼片5，卵状披针形或卵状三角形，疏被平伏柔毛或近无毛；花瓣5，白色，卵状长圆形至长圆形，无毛；雄蕊约25枚。果圆球形，疏被短柔毛，直径约1cm，熟时黑色。种子多数，深褐色，有光泽，表面具网纹。花期5～7月，果期8～10月。

分布于广东、安徽、浙江、江西、福建、湖南、广西和贵州等省份。生于山坡路旁灌丛中或山地阳坡的疏林中或密林中，也见于林缘沟谷地或溪河路边。

木材供建筑、家具等用。

长尾毛蕊茶　山茶属
Camellia caudata Wall.

常绿灌木或小乔木，高2～7m。幼枝被短柔毛。单叶，互生，纸质，叶长圆形、卵状披针形，长5～9（12）cm，宽1～3.5cm，先端尾尖，基部楔形，上面中脉被短毛，下面疏被长毛；侧脉6～8对，具细齿；叶柄长2～4mm，被柔毛。花白色；花梗长3～4mm，被毛；苞片3～5，卵形，被毛；萼片5，近圆形，被毛，宿存；花瓣5，长1～1.4cm，被短毛，基部连合2～3mm，外层1～2片革质，内侧3～4

片倒卵形，先端圆。蒴果球形。种子球形，褐色。花果期秋冬季。

分布于广东、香港、广西、海南、云南、福建、台湾和西藏等省份；印度、缅甸、不丹、泰国和越南。生于山地林中。

种子可榨油。

心叶毛蕊茶　山茶属
Camellia cordifolia (Metc.) Nakai

灌木至小乔木，高1～6m。嫩枝有披散长粗毛。叶革质，长圆状披针形或长卵形，长6～12cm，先端尾尖，尾长1～2cm，基部圆形或微心形，上面中脉疏被毛，下面被长毛；侧脉6～7对，具细锯齿；叶柄长2～4mm，被长粗毛。花白色，单生或成对；花梗长2～3mm，被毛；苞片4～5，半圆形或卵形，长1～2mm，先端圆，被毛；萼片5，宽卵形或圆形，长3～4mm，被毛；花瓣5，外层1～2片离生，圆形，长7～9mm，被毛。蒴果近球形，长约1.4cm，宽约1cm，2～3室种子小（未成熟），果爿厚2mm。花期10～12月。

分布于广东、广西、江西和台湾。生于阔叶林下或林缘灌丛中。

糙果茶　山茶属
Camellia furfuracea (Merr.) C. Stuart

灌木至小乔木，高2～6m。嫩枝无毛。叶革质，长圆形或披针形，长8～15cm，宽2.5～4cm，无毛，先端渐尖，基部楔形；侧脉7～8对，具细齿；叶柄长5～7mm，无毛。花1～2朵腋生或顶生；白色；花无梗；苞片及萼片7～8，最外2片宽卵形，长2～4mm，内5～6片倒卵形，长0.8～1.3cm，被毛；花瓣7～8，最外2片萼状，革质，被毛，内5～6片倒卵形，稍被毛，长1.5～2cm。蒴果球形，直径2.5～4cm，3室，每室有种子2～4粒，3爿裂开，果爿厚2～3mm，表面多糠秕，中轴三角形，无宿存苞片或萼片。

分布于广东、广西、湖南、福建和江西；越南。生于低海拔、富含腐殖质的森林红壤上，亦生于岩石露头多的湿润谷地。

油茶　山茶属
Camellia oleifera Abel.

灌木或中乔木。嫩枝有粗毛。叶革质，椭圆形、长圆形或倒卵形，先端尖而有钝头，有时渐尖或钝，基部楔形，长5～7cm，宽2～4cm，有时较长，上面深绿色、发亮；中脉有粗毛或柔毛，下面浅绿色，无毛或中脉有长毛，侧脉在上面能见，边缘有细锯齿，有时具钝齿；叶柄有粗毛。花顶生，近于无柄；苞片与萼片约10，由外向内逐渐增大，阔卵形，背面有贴紧柔毛或绢毛，花后脱落；花瓣白色，5～7片，倒卵形，有时较短或更长，先端凹入或2裂，基部狭窄，近于离生，背面有丝毛，至少在最外侧的有丝毛。蒴果球形或卵圆形，3室或1室，3爿或2爿裂开，

每室有种子1或2粒，果爿木质，中轴粗厚；苞片及萼片脱落后留下的果柄粗大，有环状短节。花期冬春间。

分布于我国长江流域到华南各省份，广泛栽培。生于原生森林，呈中等乔木状。

南山茶（广宁油茶、红花油茶）　山茶属
Camellia semiserrata Chi

小乔木，高8～12m，胸径约50cm。嫩枝无毛。叶革质，椭圆形，长9～15cm，先端稍骤尖，基部宽楔形，两面无毛；侧脉7～9对，网脉不明显，中上部具齿；叶柄粗，长1～1.7cm，无毛。花顶生，红色，径7～9cm；花无梗；苞片或萼片11，半圆形或圆形，长0.3～2cm，被短绢毛，花后脱落；花瓣6～7，倒卵圆形，长4～5cm，基部连合7～8mm；雄蕊5轮。蒴果卵球形，直径4～8cm，3～5室，每室有种子1～3粒，果皮厚木质，表面红色，平滑，中轴长4～5cm。种子长2.5～4cm。花期12月至翌年2月，果期翌年10月。

分布于广东和广西。生于山地。

茶　山茶属
Camellia sinensis (L.) O. Ktze

灌木或小乔木。嫩枝无毛。叶革质，长圆形或椭圆形，长4～12cm，宽2～5cm，先端钝或尖锐，基部楔形，上面发亮，下面无毛或初时有柔毛；侧脉5～7对，边缘有锯齿；叶柄长3～8mm，无毛。花1～3朵腋生，白色，花柄长4～6mm，有时稍长；苞片2片，早落；萼片5片，阔卵形至圆形，长3～4mm，无毛，宿存；花瓣5～6片，阔卵形，长1～1.6cm，基部略连合，背面无毛，有时有短柔毛；雄蕊长8～13mm，基部连生1～2mm。蒴果3球形或1～2球形，高1.1～1.5cm，每球有种子1或2粒。花期10月至翌年2月。

分布于我国长江以南各省份。生于丘陵和山地。

著名饮料。全株也供药用。

红淡比　红淡比属
Cleyera japonica Thunb.

灌木或小乔木，高2～10m，胸径约20cm，全株无毛。树皮灰褐色或灰白色；顶芽大，长锥形，无毛；嫩枝褐色，略具二棱，小枝灰褐色，圆柱形。叶革质，长圆形或长圆状椭圆形至椭圆形，长6～9cm，宽2.5～3.5cm，顶端渐尖或短渐尖，稀可近于钝形，基部楔形或阔楔形，全缘，上面绿色，有光泽，下面淡绿色；中脉在上面平贴或少有略下凹，下面隆起；侧脉6～8对，两面稍明显，有时且隆起；叶柄长7～10mm。花常2～4朵腋生，花梗长1～2cm；苞片2，早落；萼片5，卵圆形或圆形，顶端圆，边缘有纤毛；花瓣5，白色，倒卵状长圆形；雄蕊25～30枚。果实圆球形，成熟时紫黑色，直径8～10mm；果梗长1.5～2cm。种子扁圆形，深褐色，有光泽。花期5～6月，果期10～11月。

分布于华南、华东、华中及西南部分省份。生于山地、沟谷林中或山坡沟谷溪边灌丛中或路旁。

翅柃 柃属

Eurya alata Kobuski

灌木，高1～3m，全株均无毛。嫩枝具显著4棱，淡褐色，小枝灰褐色，常具明显4棱；顶芽披针形，渐尖，长5～8mm，无毛。叶革质，长圆形或椭圆形，长4～7.5cm，宽1.5～2.5cm，顶端窄缩呈短尖，尖头钝，或偶有为长渐尖，基部楔形，边缘密生细锯齿，上面深绿色，有光泽，下面黄绿色；中脉在上面凹下，下面凸起，侧脉6～8对；叶柄长约4mm。花1～3朵簇生于叶腋，花梗长2～3mm，无毛；雄花小苞片2，萼片5，花瓣5，白色，倒卵状长圆形，基部合生；雄蕊约15枚；雌花的小苞片和萼片与雄花同，花瓣5，长圆形，长约2.5mm。果实圆球形，直径约4mm，成熟时蓝黑色。花期10～11月，果期翌年6～8月。

分布于华南、华中、华东及西南大部分省份。生于山地沟谷、溪边密林中或林下路旁荫湿处。

米碎花（岗茶） 柃属

Eurya chinensis R. Br.

灌木，高1～3m，多分枝。茎皮灰褐色或褐色，平滑；嫩枝具2棱，黄绿色或黄褐色，被短柔毛，小枝稍具2棱，灰褐色或浅褐色，几无毛；顶芽披针形，密被黄褐色短柔毛。叶薄革质，倒卵形或倒卵状椭圆形，长2～5.5cm，宽1～2cm，先端钝，基部楔形，密生细齿，两面无毛或初疏被柔毛，后无毛；上面中脉凹下，侧脉6～8对，两面均不明显；叶柄长2～3mm。花1～4朵簇生叶腋，花梗长约2mm，无毛；雄花小苞片2，细小；萼片5，卵圆形或卵形，无毛；花瓣5，白色，倒卵形，无毛；雄蕊约15枚。果实圆球形，有时为卵圆形，成熟时紫黑色，直径3～4mm。种子肾形，稍扁，黑褐色，有光泽，表面具细蜂窝状网纹。花期11～12月，果期翌年6～7月。

分布于广东、江西、福建、台湾、湖南、广西等省份。生于低山丘陵山坡灌丛路边或溪河沟谷灌丛中。

可作绿篱观赏；叶可作保健饮料，当地称"大岗茶"。

二列叶柃 柃属

Eurya distichophylla Hemsl.

灌木或小乔木，高1.5～7m。树皮灰褐色或黑褐色；小枝稍纤细。叶坚纸质或薄革质，卵状披针形或卵状长圆形，长3.5～6cm，宽1.1～1.8cm，先端渐尖或长渐尖，基部圆，具细齿，下面被贴伏毛；侧脉8～11对，纤细；叶柄长约1mm，被柔毛。花1～3朵簇生于叶腋，花梗长约1mm，被柔毛；小苞片2，卵形；萼片5，卵形，密被长柔毛；花瓣5，白色，倒卵状长圆形或倒卵形；雄蕊15～18枚；雌花萼片5，卵形，密被柔毛，花瓣5，披针形。果实圆球形或卵球形，直径4～5mm，被柔毛，成熟时紫黑色。种子多数，褐色，有光泽，表面具密网纹。花期10～12月，果期翌年6～7月。

分布于广东、江西、福建和湖南等省份；越南。生于山坡路旁或沟谷溪边荫湿地的疏林、密林和灌丛中。

岗柃 柃属

Eurya groffii Merr.

灌木或小乔木，高2～7m，有时可达10m。树皮灰褐色或褐黑色，平滑；幼枝圆，密被披散柔毛；顶芽密被柔毛。叶薄革质，披针形或披针状长圆形，长2.5～10cm，宽1.5～2.2cm，先端渐尖或长渐尖，基部楔形，密生细齿，下面密被贴伏柔毛；上面中脉凹下，侧脉10～14对，在上面不凹下；叶柄长约1mm，密被柔毛。花1～9朵簇生叶腋；花梗长1～1.5mm，密被柔毛；雄花小苞片2，卵圆形；萼片5，革质，卵形，密被柔毛；花瓣5，白色，长圆形或倒卵状长圆形；雄蕊约20枚；雌花花瓣长圆状披针形，长约2.5mm。果实圆球形，直径约4mm，成熟时黑色。种子稍扁，圆肾形，深褐色，有光泽，表面具密网纹。花期9～11月，果期翌年4～6月。

分布于广东、福建、海南、广西、四川、重庆、贵州和云南等省份。生于山坡路旁林中、林缘及山地灌丛中。

叶药用，治咳嗽、肺结核等。

柃木 柃属

Eurya japonica Thunb.

灌木，高1～3.5m，全株无毛。嫩枝黄绿色或淡绿色，具2棱，小枝灰褐色或褐色；顶芽披针形，无毛。叶厚革质或革质，倒卵形、倒卵状椭圆形至长圆状椭圆形，长3～7cm，宽1.5～3cm，顶端钝或近圆形，有时急尖而尖顶钝，有微凹，基部楔形，边缘具疏的粗钝齿，上面深绿色，有光泽，下面淡绿色，两面无毛；中脉在上面凹下，下面凸起，侧脉5～7对，通常在上面明显下凹，在下面凸起；叶柄长2～3mm，无毛。花1～3朵腋生，花梗长约2mm；雄花小苞片2，近圆形，无毛；萼片5，卵圆形或近圆形，有小突尖，无毛；花瓣5，白色，长圆状倒卵形；雄蕊12～15枚；雌花小苞片2，近圆形，萼片5，卵形，花瓣5，长圆形。果实圆球形，无毛，顶端3浅裂。花期2～3月，果期9～10月。

分布于广东、浙江和台湾等省份；朝鲜、日本。生于滨海山地及山坡路旁或溪谷边灌丛中。

蜜源植物，枝叶可供药用，有清热、消肿的功效。

细枝柃 柃属

Eurya loquaiana Dunn.

灌木或小乔木，高2～10m。树皮灰褐色或深褐色，平滑；幼枝圆，密被微毛；顶芽密被微毛，兼有柔毛；顶芽狭披针形，密被微毛。叶薄革质，窄椭圆形或椭圆状披针形，先端长渐尖，基部楔形或宽楔形，上面暗绿色，有光泽，无毛，下面干后常变为红褐色；中脉在上面凹下，下面凸起，侧脉约10对，纤细，两面均稍明显；叶柄长3～4mm，被微毛。花1～4朵簇生叶腋，卵圆形小苞片2，卵形或卵圆形萼片5，白色花瓣5，倒卵形或卵形；雄蕊10～15枚；雌花的小苞片和萼片与雄花同，花瓣5，白色，卵形。果实圆球形，成熟时黑色，直径3～4mm。种子肾形，稍扁，暗褐色，有光泽，表面具细蜂

窝状网纹。花期10～12月，果期翌年7～9月。

分布于华南、华东、华中及西南大部分省份。生于山坡沟谷、溪边林中或林缘以及山坡路旁荫湿灌丛中。

细齿叶柃（亮叶柃） 柃属
Eurya nitida Korthals

灌木或小乔木，高2～5m，全株无毛。树皮灰褐色或深褐色，平滑；幼枝具2棱；顶芽无毛。叶薄革质，椭圆形、长圆状椭圆形或倒卵状椭圆形，长4～6cm，宽1.5～2.5cm，先端渐尖或短渐尖，基部楔形，有时近圆，密生锯齿或细钝齿；上面中脉稍凹下，干后下面淡绿色，侧脉9～12对；叶柄长约3mm。花1～4朵簇生于叶腋，花梗长约3mm；雄花小苞片2，萼片状，近圆形；萼片5，几膜质，近圆形；花瓣5，白色，倒卵形，基部稍合生；雄蕊14～17枚；雌花的小苞片和萼片与雄花同；花瓣5，长圆形，基部稍合生。果实圆球形，直径3～4mm，成熟时蓝黑色。种子肾形或圆肾形，亮褐色，表面具细蜂窝状网纹。花期11月至翌年1月，果期翌年7～9月。

分布于华南、华东、华中及西南大部分省份；越南、缅甸、斯里兰卡、印度、菲律宾及印度尼西亚。生于山地林中、沟谷溪边林缘以及山坡路旁灌丛中。

茎、叶和花药用，可杀虫、解毒，有治疗口疮溃烂和腹泻的功效。

大头茶 大头茶属
Gordonia axillaris (Roxb.) Dietrich

乔木，高9m。嫩枝粗大，无毛或有微毛。叶厚革质，倒披针形，长6～14cm，宽2.5～4cm，先端圆形或钝，基部狭窄而下延；侧脉在上、下两面均不明显，无毛，全缘，或近先端有少数齿刻；叶柄长1～1.5cm，粗大，无毛。花生于枝顶叶腋，直径7～10cm，白色，花柄极短；苞片4～5，早落；萼片卵圆形，长1～1.5cm，背面有柔毛，宿存；花瓣5，最外1片较短，外面有毛，其余4片阔倒卵形或心形，先端凹入，长3.5～5cm，雄蕊长1.5～2cm，基部连生，无毛。蒴果长2.5～3.5cm，5片裂开。种子长1.5～2cm。花期10月至翌年1月。

分布于我国南部及西南部。生于林中。

树形秀丽，花大而美，适于庭园丛植或荒山绿化；种子可榨油；树皮可提取鞣料。

厚叶紫茎（圆萼折柄茶） 紫茎属
Stewartia crassifolia (S. Z. Yan) J. Li et T. L. Ming

乔木，高10～18m。嫩枝被柔毛。叶厚革质，长卵形，长8～12cm，宽3～4.5cm，先端短尖，基部微心形；侧脉不明显，边缘有锯齿；叶柄粗壮，长1.4～2cm，有翅，翅宽2～3mm，幼时被毛，后脱落。花单生于叶腋，花柄长5～7mm，被毛；苞片2，阔卵形，长2～3mm，早落；萼片5，宿存，果时开展，覆瓦状排列，近圆形，长6～8mm，宽5～7mm，顶端圆，基部连合，被细柔毛；花黄白色，花瓣外面有白色绢毛；雄蕊多数；花丝下半部连合；雌蕊圆锥形，花柱极短，柱头不裂或5浅裂。蒴果短

圆锥形，直径15～16mm，5片裂开。花期5～6月。

分布于广东、湖南和江西等省份。生于常绿阔叶林。

疏齿木荷 木荷属
Schima remotiserrata Chang

乔木，全体除萼片内面有绢毛外秃净无毛。叶厚革质，长圆形或椭圆形，长12～16cm，宽5～6.5cm，先端渐尖，基部阔楔形；侧脉9～12对，与网脉在两面均明显凸起，边缘有疏钝齿，齿刻相隔7～20mm；叶柄长2～4cm，扁平，上半部有由叶基向下延的狭翅。花6～7朵簇生于枝顶叶腋，花柄长3.5～4cm，厚3mm，无毛；苞片3，早落，2片位于萼片下8～10mm处，1片紧贴萼片，卵形，长约7mm，无毛；萼片圆形，长约6mm，内面有绢毛；花瓣长2cm。蒴果宽约1.5cm，仅基底有毛。花期8～9月。

分布于广东、湖南、广西和福建。生于林中。

木荷（荷树、荷木） 木荷属
Schima superba Gardn. et Champ.

大乔木，高约25m。嫩枝通常无毛。叶革质或薄革质，椭圆形，长7～12cm，宽4～6.5cm，先端尖锐，有时略钝，基部楔形，上面干后发亮，下面无毛；侧脉7～9对，在两面明显，边缘有钝齿；叶柄长1～2cm。花生于枝顶叶腋，常多朵排成总状花序，直径约3cm，白色，花柄长1～2.5cm，纤细，无毛；苞片2，贴近萼片，长4～6mm，早落；萼片半圆形，长2～3mm，外面无毛，内面有绢毛；花瓣长1～1.5cm，最外1片风帽状，边缘多少有毛。蒴果直径1.5～2cm。花期6～8月。

分布于广东、浙江、福建、台湾、江西、湖南、海南、广西和贵州。生于向阳山地杂木林中。

树皮有毒，可诱杀蟑螂、苍蝇等；木材可用于建筑、农具、细工等；可用于营造生物防火林带。

厚皮香 厚皮香属
Ternstroemia gymnanthera (Wight et Arn.) Beddome

灌木或小乔木，高1.5～10m，有时达15m，胸径30～40cm，全株无毛。树皮灰褐色，平滑；嫩枝浅红褐色或灰褐色，小枝灰褐色。叶革质或薄革质，常簇生枝顶，椭圆形、椭圆状倒卵形或长圆状倒卵形，长5.5～9cm，先端短渐尖或骤短尖，基部楔形，全缘，稀上部疏生浅齿，下面干后淡红褐色；上面中脉稍凹下，侧脉5～6对，两面均不明显；叶柄长0.7～1.3cm。花两性或单性，花梗长约1cm；小苞片2，三角形或三角状卵形；萼片5，卵圆形或长圆卵形，先端圆；花瓣5，淡黄白色，倒卵形，先端圆，常微凹；雄蕊约50枚。果实圆球形，长8～10mm，直径7～10mm，小苞片和萼片均宿存；果梗长1～1.2cm，顶端2浅裂。种子肾形，成熟时肉质假种皮红色。花期5～7月，果期8～10月。

分布于华南、华东、华中及西南大部分省份；越南、老挝、泰国、柬埔寨、尼泊尔、不丹及印度。生于山地林中、林缘路边或近山顶疏林中。

枝叶层次感强，叶肥厚，入冬转绯红，是较优良观赏植物；抗有

害气体能力强，是厂矿区的绿化树种；种子油供工业用；树皮可提栲胶。

小果石笔木　石笔木属
Tutcheria microcarpa Dun

乔木，高5～17m。嫩枝无毛或初时有微毛。叶革质，椭圆形至长圆形，长4.5～12cm，宽2～4cm，先端尖锐，基部楔形，上面干后黄绿色，发亮，下面无毛；侧脉8～9对，在两面均能见，边缘有细锯齿；叶柄长5～8mm。花细小，白色，直径1.5～2.5cm，花柄长约1mm；苞片2，卵圆形，长2～3mm；萼片5，圆形，长4～8mm；花瓣长8～12mm，背面和萼片同样有绢毛；雄蕊长6～8mm，无毛。蒴果三角球形，长1～1.8cm，宽1～1.5cm，两端略尖。种子长6～8mm。花期6～7月。

分布于广东、海南、福建、湖南、江西、浙江和云南。生于山谷、溪边和杂木林中。

石笔木　石笔木属
Tutcheria championii Nakai

常绿乔木。树皮灰褐色；嫩枝略有微毛，不久变秃。叶革质，椭圆形或长圆形，长12～16cm，宽4～7cm，先端尖锐，基部楔形，上面干后黄绿色，稍发亮，下面无毛；侧脉10～14对，与网脉在两面均稍明显，边缘有小锯齿；叶柄长6～15mm。花单生于枝顶叶腋，白色，直径5～7cm，花柄长6～8mm；苞片2，卵形，长8～12mm；萼片9～11片，圆形，厚革质，长1.5～2.5cm，外面有灰毛；花瓣5，倒卵圆形，长2.5～3.5cm，先端凹入，外面有绢毛，雄蕊长约1.5cm。蒴果球形，直径5～7cm，由下部向上开裂；果爿5片。种子肾形，长1.5～2cm。花期6月。

分布于广东和福建。生于山谷、溪边常绿阔叶林中。

树形优美，花大而洁白，可作庭园观赏树；根、叶药用，治消化不良。

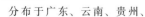
五列木科　Pentaphylacaceae

五列木　五列木属
Pentaphylax euryoides Gardn. et Champ.

常绿乔木或灌木，高4～10m。小枝圆柱形，灰褐色，无毛。单叶互生，叶革质，卵状长圆形或长圆状披针形，长5～9cm，先端尾状渐尖，基部圆形或宽楔形，边缘稍反卷，无毛；叶柄长1～1.5cm。总状花序长4～7cm，无毛或疏被微柔毛；花梗长约5mm；小苞片三角形，长约1.2mm；萼片圆形，宽约2mm；花瓣白色，长圆状披针形或倒披针形，长4～5mm；雄蕊5枚。蒴果椭圆状，长6～9mm，径4～5mm，褐黑色，基部具宿存花萼片，成熟后沿室背中脉5裂。种子线状长圆形，红棕色，先端极压扁或呈翅状。

分布于广东、云南、贵州、

广西、湖南、江西和福建；越南、印度尼西亚及马来半岛。生于密林中。

木材坚硬，可作各种用材；嫩叶红色，可作庭园观赏树种。

🌿 猕猴桃科　Actinidiaceae

毛花猕猴桃　猕猴桃属
Actinidia eriantha Benth.

大型落叶藤本。小枝、叶柄、花序和萼片密被绒毛或绵毛，枝髓心白色，片层状。叶软纸质，卵形至阔卵形，长8～16cm，宽6～11cm，顶端短尖至短渐尖，基部圆形、截形或浅心形，边缘具硬尖小齿，腹面草绿色，背面粉绿色，密被乳白色或淡污黄色星状绒毛；侧脉7～10对，横脉发达，显著可见，网状小脉较疏；叶柄短且粗，有毛。聚伞花序简单，1～3花，有毛，花直径2～3cm；萼片2～3，淡绿色，瓢状阔卵形，两面密被绒毛；花瓣顶端和边缘橙黄色，中央和基部桃红色，倒卵形；雄蕊极多，花丝纤细，浅红色。果柱状卵珠形，长3.5～4.5cm，直径2.5～3cm，密被不脱落的乳白色绒毛，宿存花萼片反折；果柄长达15mm。种子纵径约2mm。花期5月上旬至6月上旬，果熟期11月。

分布于广东、浙江、福建、江西、湖南、贵州和广西等省份。生于山地上的高草灌木丛或灌木丛林中。

黄毛猕猴桃　猕猴桃属
Actinidia fulvicoma Hance

中型半常绿藤本。枝髓心白色，片层状。叶亚革质，卵状长圆形或卵状披针形，长9～18cm，宽4.5～6cm，先端渐尖或短钝尖，基部常浅心形，具睫状细齿，上面密被糙伏毛或硬伏毛；中脉及侧脉被长糙毛；叶柄长1～3cm，密被黄褐色毛。聚伞花序密被黄褐色绵毛，通常3花；苞片钻形；花白色，半开展，径约17mm；萼片5，卵形至长方状长卵形，外面被绵毛，内面无毛或中部薄被绒毛；花瓣5，无毛，倒卵形至倒长卵形。果卵珠形至卵状圆柱形，幼时被绒毛，成熟后秃净，暗绿色，长1.5～2cm，具斑点，宿存花萼片反折。种子纵径1mm强。花期5月中旬至6月下旬，果熟期11月中旬。

分布于广东、湖南和江西。生于山地疏林中或灌丛中。

阔叶猕猴桃　猕猴桃属
Actinidia latifolia (Gardn. et Champ.) Merr.

大型落叶藤本。花枝幼时被黄褐色绒毛，后脱落无毛，髓心白色。叶坚纸质，宽卵形、近圆形或长卵形，长8～13cm，宽5～8.5cm，先端短尖或渐尖，基部圆形或稍心形，具细齿，上面无毛，下面密被星状绒毛；侧脉6～7对，横脉显著可见，网状小脉不易见；叶柄长3～7cm，近无毛。花序为3～4歧多花的大型聚伞花序，花序柄长2.5～8.5cm，雄花花序远较雌性花的为长，被黄褐色短绒毛；花有香气；萼片5，淡绿色，瓢状卵

形，花开放时反折，被污黄色短绒毛；花瓣5～8，前半部及边缘部分白色，下半部的中央部分橙黄色，长圆形或倒卵状长圆形，开放时反折。果暗绿色，圆柱形或卵状圆柱形，长3～3.5cm，直径2～2.5cm，具斑点，无毛或仅在两端有少量残存绒毛。种子纵径2～2.5mm。

分布于我国长江以南各省份；东南亚。生于山谷林中、丘陵、林缘或灌丛中。

可作庭园观赏；果可食用；茎叶药用可治咽喉肿痛、湿热腹泻。

🌿 水东哥科 Saurauiaceae

水东哥　水东哥属
Saurauia tristyla DC.

灌木或小乔木，高3～6m，稀达12m。小枝被爪甲状鳞片。叶纸质或薄革质，倒卵状椭圆形，稀宽椭圆形，长10～28cm，先端短渐尖，基部宽楔形，具刺状锯齿；侧脉8～20对，两面中、侧脉具钻状刺毛或爪甲状鳞片，腹面侧脉内具1～3行偃伏刺毛或无；叶柄具钻状刺毛。花序聚伞式，长2～4cm，被绒毛及钻状刺毛，分枝处具2～3卵形苞片；花粉红色或白色，径0.7～1.6cm；萼片卵形或椭圆形，长3～4mm；花瓣卵形，长约8mm；雄蕊25～35枚。果球形，白色、绿色或淡黄色，直径6～10mm。花期3～12月。

分布于广东、广西、云南和贵州；印度、马来西亚。生于丘陵、低山山地林下和灌丛中。

根、叶、树皮药用，治慢性肝炎、麻疹和风火牙痛等；果可食。

🌿 桃金娘科 Myrtaceae

肖蒲桃　肖蒲桃属
Acmena acuminatissima (Bl.) Merr. et L. M. Perry

乔木，高约20m。嫩枝圆形或有钝棱。叶片革质，卵状披针形或狭披针形，长5～12cm，宽1～3.5cm，先端尾状渐尖，尾长约2cm，基部阔楔形，上面干后暗色，多油腺点；侧脉多而密，彼此相隔约3mm，以65°～70°开角缓斜向上，在上面不明显，在下面能见，边脉离边缘约1.5mm；叶柄长5～8mm。聚伞花序排成圆锥花序，长3～6cm，顶生，花序轴有棱；花3朵聚生，有短柄；花蕾倒卵形，长3～4mm，上部圆，下部楔形；萼管倒圆锥形，萼齿不明显，萼管上缘向内弯；花瓣小，长约1mm，白色；雄蕊极短。浆果球形，直径约1.5cm，成熟时黑紫色。种子1粒。花期7～10月。

分布于广东和广西等省份；印度、印度尼西亚、菲律宾及中南半岛。生于低海拔至中海拔林中。

木材可作工具柄；果可食。

岗松　岗松属
Baeckea frutescens L.

灌木，有时为小乔木。嫩枝纤细，多分枝。叶小，无柄或有短柄，叶片狭线形或线形，长5～10mm，宽约1mm，先端尖，上面有沟，下面凸起，有透明油腺点，干后褐色；中脉1条，无侧脉。花小，

白色，单生于叶腋内；苞片早落；花梗长1～1.5mm；萼管钟状，长约1.5mm，萼齿5，细小三角形，先端急尖；花瓣圆形，分离，长约1.5mm，基部狭窄成短柄；雄蕊10枚或稍少，成对与萼齿对生；子房下位，3室，花柱短，宿存。蒴果小，长约2mm。种子扁平，有角。花期夏秋季。

分布于广东、福建、广西和江西等省份；东南亚各地。生于低丘及荒山草坡与灌丛中，是酸性土的指示植物。

叶、根供药用。

水翁　水翁属
Cleistocalyx operculatus (Roxb.) Merr. et Perry

乔木，高约15m。树皮灰褐色，颇厚，树干多分枝；嫩枝压扁，有沟。叶片薄革质，长圆形至椭圆形，长11～17cm，宽4.5～7cm，先端急尖或渐尖，基部阔楔形或略圆，两面多透明腺点；侧脉9～13对，脉间相隔8～9mm，以45°～65°开角斜向上，网脉明显，边脉离边缘2mm；叶柄长1～2cm。圆锥花序生于无叶的老枝上，长6～12cm；花无梗，2～3朵簇生；花蕾卵形，长约5mm，宽约3.5mm；萼管半球形，长约3mm，帽状体长2～3mm，先端有短喙；雄蕊长5～8mm；花柱长3～5mm。浆果阔卵圆形，长10～12mm，直径10～14mm，成熟时紫黑色。花期5～6月。

分布于广东、广西和云南等省份；印度、印度尼西亚及中南半岛、大洋洲等地。生于水边。

木材供建筑、家具等用；花蕾、树皮和叶药用，具清热解毒等作用；花和叶可作凉茶；树皮含单宁；果可食；常栽于岸边当观赏植物。

番石榴　番石榴属
Psidium guajava L.

乔木，高达13m。树皮平滑，灰色，片状剥落；嫩枝有棱，被毛。叶片革质，长圆形至椭圆形，长6～12cm，宽3.5～6cm，先端急尖或钝，基部近于圆形，上面稍粗糙，下面有毛；侧脉12～15对，常下陷，网脉明显；叶柄长约5mm。花单生或2～3朵排成聚伞花序；萼管钟形，长约5mm，有毛，萼帽近圆形，长7～8mm，不规则裂开；花瓣长1～1.4cm，白色；雄蕊长6～9mm；花柱与雄蕊同长。浆果球形、卵圆形或梨形，长3～8cm，顶端有宿存花萼片，果肉白色及黄色，胎座肥大，肉质，淡红色。种子多数。

分布于华南各省份；南美洲。生于荒地或低丘陵上。

果食用；叶有收敛作用。

桃金娘（岗稔）　桃金娘属
Rhodomyrtus tomentosa (Ait.) Hassk.

灌木，高1～2m。嫩枝有灰白色柔毛。叶对生，革质，叶片椭圆形或倒卵形，长3～8cm，宽1～4cm，先端圆或钝，常微凹入，有时

稍尖，基部阔楔形，上面初时有毛，以后变无毛，发亮，下面有灰色绒毛；离基三出脉，直达先端且相结合，边脉离边缘3～4mm，中脉有侧脉4～6对，网脉明显。叶柄长4～7mm。花有长梗，常单生，紫红色，直径2～4cm；萼管倒卵形，长约6mm，有灰绒毛，萼裂片5，近圆形，长4～5mm，宿存；花瓣5，倒卵形，长1.3～2cm；雄蕊红色，长7～8mm。浆果卵状壶形，长1.5～2cm，宽1～1.5cm，熟时紫黑色。种子每室2列。花期4～5月。

分布于广东、台湾、福建、广西、云南、贵州和湖南；菲律宾、日本、印度、斯里兰卡、印度尼西亚及中南半岛。生于丘陵坡地，为酸性土指示植物。

果可食用，也可酿酒；花果色彩丰富，为良好的野生木本花卉；全株药用；枝叶可提制栲胶。

赤楠蒲桃　蒲桃属
Syzygium buxifolium Hook. et Arn.

灌木或小乔木。嫩枝有棱，干后黑褐色。叶片革质，阔椭圆形至椭圆形，有时阔倒卵形，长1.5～3cm，宽1～2cm，先端圆或钝，有时有钝尖头，基部阔楔形或钝，上面干后暗褐色，无光泽，下面稍浅色，有腺点；侧脉多而密，脉间相隔1～1.5mm，斜行向上，离边缘1～1.5mm处结合成边脉，在上面不明显，在下面稍凸起；叶柄长约2mm。聚伞花序顶生，长约1cm，有花数朵；花梗长1～2mm；花蕾长约3mm；萼管倒圆锥形，长约2mm，萼齿浅波状；花瓣4，分离，长约2mm；雄蕊长约2.5mm；花柱与雄蕊同等。果实球形，直径5～7mm。花期6～8月。

分布于广东、安徽、浙江、台湾、福建、江西、湖南、广西和贵州等省份；越南、日本。生于低山疏林或灌丛。

枝叶茂密，可作绿篱或盆景；果可食或酿酒。

子凌蒲桃　蒲桃属
Syzygium championii (Benth.) Merr. et Perry

灌木至乔木。嫩枝有4棱，干后灰白色。叶片革质，狭长圆形至椭圆形，长3～6cm，宽1～2cm，偶有长9cm，宽3cm，先端急尖，常有长不及1cm的尖头，基部阔楔形，上面干后灰绿色，不发亮，下面同色；侧脉多而密，近于水平斜出，脉间相隔约1mm，边脉贴近边缘；叶柄长2～3mm。聚伞花序顶生，有时腋生，有花6～10朵，长约2cm；花蕾棒状，长约1cm，下部狭窄；花梗极短；萼管棒状，长8～10mm，萼齿4，浅波形；花瓣合生成帽状；雄蕊长3～4mm；花柱与雄蕊同长。果实长椭圆形，长约12mm，红色，干后有浅直沟。种子1～2粒。花期8～11月。

分布于广东和广西等省份；越南。生于常绿林中。

轮叶蒲桃　蒲桃属
Syzygium grijsii (Hance) Merr. et Perry

灌木，高不及1.5m。嫩枝纤细，有4棱，干后黑褐色。叶片革质，细小，常3叶轮生，狭窄长圆形或狭披针形，长1.5～2cm，宽5～7mm，先端钝或略尖，基部楔形，上面干后暗褐色，无光泽，下面稍浅色，多腺点；侧脉密，以50°开角斜行，彼此相隔1～1.5mm，在下面比上面明显，边脉极接近边缘；叶柄长1～2mm。聚伞花序顶生，长1～1.5cm，少花；花梗长3～4mm，花白色；萼管长约2mm，萼齿极短；花瓣4，分离，近圆形，长约2mm；雄蕊长约5mm；花柱与雄蕊同长。果实球形，直径4～5mm。花期5～6月。

分布于广东、浙江、江西、福建和广西。生于河岸、山野较湿润的灌木丛中。

红鳞蒲桃　蒲桃属
Syzygium hancei Merr. et Perry

灌木或中等乔木，高达20m。嫩枝圆形，干后变黑褐色。叶片革质，狭椭圆形至长圆形或倒卵形，长3～7cm，宽1.5～4cm，先端钝或略尖，基部阔楔形或较狭窄，上面干后褐色，不发亮，有多数细小而下陷的腺点，下面同色；侧脉相隔约2mm，以60°开角缓斜向上，在两面均不明显，边脉离边缘约0.5mm；叶柄长3～6mm。圆锥花序腋生，长1～1.5cm，多花；无花梗；花蕾倒卵形，长约2mm，萼管倒圆锥形，长约1.5mm，萼齿不明显；花瓣4，分离，圆形，长约1mm，雄蕊比花瓣略短；花柱与花瓣同长。果实球形，直径5～6mm。花期7～9月。

分布于广东、福建和广西等省份。生于低海拔疏林中。

车船、器械等用材；树皮可提制栲胶。

蒲桃　蒲桃属
Syzygium jambos (L.) Alston

乔木，高10m。主干极短，广分枝；小枝圆形。叶片革质，披针形或长圆形，长12～25cm，宽3～4.5cm，先端长渐尖，基部阔楔形，叶面多透明细小腺点；侧脉12～16对，以45°开角斜向上，靠近边缘约2mm处相结合成边脉，侧脉间相隔7～10mm，在下面明显凸起，网脉明显；叶柄长6～8mm。聚伞花序顶生，有花数朵，总梗长1～1.5cm；花梗长1～2cm，花白色，直径3～4cm；萼管倒圆锥形，长8～10mm，萼齿4，半圆形，长约6mm，宽8～9mm；花瓣分离，阔卵形，长约14mm；雄蕊长2～2.8cm；花柱与雄蕊等长。果实球形，果皮肉质，直径3～5cm，成熟时黄色，有油腺点。种子1～2粒。花期3～4月，果期5～6月。

分布于广东、香港、广西、海南、福建、台湾、云南和贵州等省份；马来群岛和中南半岛等。生于山谷沟边。

果可食用；根系发达，枝叶茂密，为优良的防风固沙植物。宜在水边、草坪、绿地作风景树和绿荫树。

山蒲桃（李万蒲桃）　蒲桃属
Syzygium levinei (Merr.) Merr.

常绿乔木，高达24m。嫩枝圆形，有糠秕，干后灰白色。叶片革质，椭圆形或卵状椭圆形，长4～8cm，宽1.5～3.5cm，先端急锐尖，基部阔楔形，上面干后灰褐色，下面同色或稍淡，两面有细小腺点，侧脉以45°开角斜向上，脉间相隔2～3mm，靠近边缘0.5mm处结合成边脉；叶柄长5～7mm。圆锥花序顶生和上部腋生，长4～7cm，多花，花序轴多糠秕或乳状突；花蕾倒卵形，长4～5mm；花白色，有短梗；萼管倒圆锥形，长3mm，萼齿极短，有1小尖头；花瓣4，分离，圆形，长2.5～3mm；雄蕊长5mm；

花柱长4mm。果实近球形，长7～8mm。种子1粒。花期8～9月。

分布于广东和广西等省份；越南。生于低海拔疏林中。

木材可做家具、建筑等用；冠大荫浓，可作庭荫树。

香蒲桃　蒲桃属
Syzygium odoratum (Lour.) DC.

常绿乔木，高达20m。嫩枝纤细，圆形或略压扁，干后灰褐色。叶片革质，卵状披针形或卵状长圆形，长3～7cm，宽1～2cm，先端尾状渐尖，基部钝或阔楔形，上面干后橄榄绿色，有光泽，多下陷的腺点，下面同色；侧脉多而密，彼此相隔约2mm，在上面不明显，在下面稍凸起，以45°开角斜向上，在靠近边缘1mm处结合成边脉；叶柄长3～5mm。圆锥花序顶生或近顶生；花梗长2～3mm，有时无花梗；花蕾倒卵形；萼管倒圆锥形，有白粉，干后皱缩，萼齿4～5，短而圆；花瓣分离或帽状；雄蕊长3～5mm；花柱与雄蕊同长。果实球形，略有白粉。花期6～8月。

分布于广东和广西等省份；越南。生于平地疏林或中山常绿林中。

红枝蒲桃　蒲桃属
Syzygium rehderianum Merr. et Perry

灌木至小乔木。嫩枝红色，干后褐色，圆形，稍压扁，老枝灰褐色。叶片革质，椭圆形至狭椭圆形，长4～7cm，宽2.5～3.5cm，先端急渐尖，尖尾长1cm，尖头钝，基部阔楔形，上面干后灰黑色或黑褐色，不发亮，多细小腺点，下面稍浅色，多腺点；侧脉相隔2～3.5mm，在上面不明显，在下面略凸起，以50°开角斜向边缘，边脉离边缘1～1.5mm；叶柄长7～9mm。聚伞花序腋生，或生于枝顶叶腋内，长1～2cm，通常有5～6条分枝，每分枝顶端有无梗的花3朵；花蕾长约3.5mm；萼管倒圆锥形，长约3mm，上部截平，萼齿不明显；花瓣连成帽状；雄蕊长3～4mm；花柱纤细，

与雄蕊等长。果实椭圆状卵形，长1.5～2cm，宽1cm。花期6～8月。

分布于广东、福建和广西。生于空旷地及疏林。

用材树种。

🌿 **野牡丹科**　Melastomataceae

棱果花　棱果花属
Barthea barthei (Hance) Krass.

灌木，高达1.5（稀3）m。茎圆柱形，树皮灰白色；小枝略四棱形，幼时被微柔毛及腺状糠秕。叶对生，椭圆形、近圆形、卵形或卵状披针形，先端渐尖，基部楔形，长（3.5～）6～11（～15）cm，全缘或具细锯齿；基出脉5，外侧两条近边缘，无毛，上面基出脉微凹，侧脉不明显，下面密被糠秕，上尤密，脉隆起；叶柄长0.5～1.5cm，被密糠秕或无。聚伞花序，顶生，有花3朵，常仅1朵成熟；花梗四棱形，被糠秕；花萼四棱状钟形，密被糠秕，棱上常具狭翅，裂片短三角形，顶端细尖，边缘膜质；花瓣白色至粉红色或紫红色，长圆状椭圆形或近倒卵形，上部偏斜。蒴果长圆形，顶端截平，为宿存花萼所包；宿存花萼四棱形，棱上有狭

翅，顶端常冠宿存花萼片，被糠秕。花期1～4月或10～12月，果期10～12月或1～5月。

分布于广东、湖南、广西、福建和台湾。生于山坡、山谷或山顶疏、密林中，有时也见于水旁。

柏拉木　柏拉木属
Blastus cochinchinensis Lour.

灌木，高0.6～3m。茎圆柱形，分枝多，幼时密被黄褐色小腺点，以后脱落。叶片纸质或近坚纸质，披针形、狭椭圆形至椭圆状披针形，顶端渐尖，基部楔形，长6～18cm，宽2～5cm，全缘或具不明显浅波状齿；基出脉3（5），上面初时被疏小腺点，下面密被小腺点，基出脉、侧脉明显，隆起，细脉网状，明显；叶柄长1～3cm，被小腺点。伞状聚伞花序，腋生，密被小腺点；花梗密被小腺点；花萼钟状漏斗形，密被小腺点，钝四棱形，裂片4（～5），广卵形，具小尖头；花瓣4（～5），白色至粉红色，卵形，顶端渐尖或近急尖，于右上角突出一小片；雄蕊4（～5）枚，等长。蒴果椭圆形，4裂，为宿存花萼所包；宿存花萼与果等长，檐部截平，被小腺点。花期6～8月，果

期10～12月，有时茎上部开花，下部果熟。

分布于广东、云南、广西、福建和台湾；印度至越南。生于阔叶林内。

叶药用，有拔毒和收敛等作用；根、茎可提制栲胶。

金花树　柏拉木属
Blastus dunnianus Levl.

灌木，高约1m。茎圆柱形，分枝多，幼时密被锈色微柔毛及黄色疏腺点。叶片纸质，卵形、广卵形或稀长圆状卵形，顶端渐尖，基部钝至心形，长6.5～15（～25）cm，宽3～6（～10）cm，全缘或具细波状齿；基出脉5（～7），叶面无毛，基出脉微凹，侧脉微凸，背面基出脉、侧脉隆起，被疏微柔毛，细脉网状，被黄色小腺点；叶柄密被微柔毛及疏小腺点。由聚伞花序

组成的圆锥花序，顶生；苞片早落；花萼漏斗形，具4棱，被小腺点，裂片反折，卵形或椭圆状卵形，顶端圆形；花瓣粉红色至玫瑰色或红色，卵形，顶端急尖，基部钝，略截平；雄蕊4枚。蒴果椭圆形，4纵裂，为宿存花萼所包。花期6~7月，果期9~11月。

分布于广东、贵州、湖南、广西、江西和福建。生于山谷、山坡的疏、密林下，土壤肥厚的地方，溪边或路旁。

全株供药用，治风湿及止血，叶可敷疮疖。

少花柏拉木　柏拉木属
Blastus pauciflorus (Benth.) Guillaum.

灌木，高约70cm。茎圆柱形，分枝多，被微柔毛及黄色小腺点，幼时更密。叶片纸质，卵状披针形至卵形，顶端短渐尖，基部钝至圆形，长3.5~6cm，宽1.3~2.3cm，近全缘或具极细的小齿；基出脉3~5，叶面基出脉微凹，被微柔毛，侧脉不明显，背面基出脉、侧脉隆起，密被微柔毛及疏腺点，其余密被黄色小腺点；叶柄长4~10mm，密被微柔毛及疏小腺点。由聚伞花序组成小圆锥花序，顶生，长约5mm，宽约3mm，密被微柔毛及疏小腺点；苞片不明显，花梗与花萼均被黄色小腺点；花萼漏斗形，具4棱，裂片短三角形；花瓣粉红色至紫红色，卵形，顶端急尖，雄蕊4枚。蒴果椭圆形，为宿存花萼所包；宿存花萼漏斗形，被黄色小腺点。花期7月，果期10月。

分布于广东。生于低海拔的山坡、林下。

野牡丹　野牡丹属
Melastoma malabathricum Linnaeus

灌木，高约1m。茎钝四棱形或近圆柱形，分枝多，密被紧贴的鳞片状糙伏毛。叶片坚纸质，披针形、卵状披针形或近椭圆形，顶端渐尖，基部圆形或近楔形，长5.4~13cm，宽1.6~4.4cm，全缘，基出脉5，两面有毛；叶面基出脉下凹，背面基出脉隆起；叶柄长5~10mm或略长，密被糙伏毛。伞房花序生于分枝顶端，近头状，有花10朵以上；苞片狭披针形至钻形；花梗和花萼均密被糙伏毛，花萼裂片广披针形，顶端渐尖，具细尖头，被糙伏毛，裂片间具1小裂片，稀无；花瓣粉红色至红色，稀紫红色，倒卵形，顶端圆形，仅上部具缘毛；雄蕊长者药隔基部延伸，末端2深裂，弯曲。蒴果坛状球形，顶端截平，与宿存花萼贴生；宿存花萼密被鳞片状糙伏毛。花期2~5月，果期8~12月。

分布于广东、云南、广西、福建和台湾；中南半岛。生于山坡松林下或开朗的灌草丛中，是酸性土常见的植物。

花大色艳，花期甚长，为美丽的观赏植物；全株可提取鞣料；全株药用，有消肿止痛、消滞祛风等功效。

地稔　野牡丹属
Melastoma dodecandrum Lour.

小灌木，长10~30cm。茎匍匐上升，逐节生根，分枝多，披散。叶卵形或椭圆形，先端急尖，基部宽楔形，长1~4cm，全缘或具密浅细锯齿；基出脉3~5，上面通常仅边缘被糙伏毛，下面仅基出脉疏被糙伏毛；叶柄长2~15mm，被糙伏毛。聚伞花序，顶生，有花（1~）

3朵，基部有叶状总苞2；花梗长2~10mm，被糙伏毛，上部具苞片2；苞片卵形，具缘毛，背面被糙伏毛；花萼管被糙伏毛，裂片披针形，疏被糙伏毛，具缘毛，裂片间具1小裂片；花瓣淡紫红色或紫红色，菱状倒卵形，先端有1束刺毛，疏被缘毛；雄蕊长者药隔基部延伸，弯曲，末端具2小瘤。果坛状或球状，截平，近顶端略缢缩，肉质，不开裂，长7~9mm，直径约7mm；宿存花萼被疏糙伏毛。花期5~7月，果期7~9月。

分布于广东、贵州、湖南、广西、江西、浙江和福建；越南。生于山坡矮草丛中，为酸性土壤常见的植物。

果可食；可作盆景或地被植物；根药用，有补血安胎、舒筋活络、活血止血、涩肠止痢的作用。

毛稔　野牡丹属
Melastoma sanguineum Sims

大灌木，高1.5~3m。茎、小枝、叶柄、花梗及花萼均被平展的长粗毛。叶片坚纸质，卵状披针形或披针形，先端长渐尖或渐尖，基部钝或圆，长8~22cm，全缘；基出脉5，两面被糙伏毛，上面脉上疏被糙伏毛；叶柄长1.5~4cm。伞房花序，顶生，常仅有花1朵，有时3（~5）朵；苞片戟形，膜质，顶端渐尖，背面被短糙伏毛，以脊上为密，具缘毛；花梗长约5mm，花萼管长1~2cm，直径1~2cm，有时毛外反，裂片5（~7），三角形至三角状披针形，脊上被糙伏毛，裂片间具线形或线状披针形小裂片，通常较裂片略短；花瓣粉红色或紫红色，5（~7）枚，广倒卵形；雄蕊长者药隔基部延伸，末端2裂。果杯状球形，胎座肉质，为宿存花萼所包；宿存花萼密被红色长硬毛，长1.5~2.2cm，直径1.5~2cm。花果期几乎全年，通常在8~10月。

分布于广东和广西；印度、马来西亚至印度尼西亚。生于坡脚、沟边，湿润的草丛或矮灌丛中。

全株药用，有收敛止血、消食止痢的作用，治水泻便血、月经过多，叶治外伤出血；熟果可食，亦可作猪饲料；花大、色艳、果奇，可作观花和观果植物。

谷木　谷木属
Memecylon ligustrifolium Champ. ex Benth.

常绿小乔木。小枝圆柱形或不明显四钝棱，棱上无翅。单叶，对生，革质，叶椭圆形、卵形或卵状披针形，先端渐尖，基部楔形，长5.5~8cm，宽2.5~3.5cm，全缘，两面无毛；粗糙叶柄长3~5mm。聚伞花序腋生或生于落叶的叶腋，花梗长1~2mm，基部及节上具髯毛；花萼半球形，长1.5~3mm，先端具波状4齿；花瓣白色、淡黄绿色，稀紫色，半圆形，长约3mm；雄蕊蓝色，长约4.5mm。浆果状核果球形，密布小瘤状凸起，顶端具环状宿存花萼檐。花期6~7月，果期12月至翌年2月。

分布于广东、香港、广西、海南、福建和云南等省份。生于次生林下。

黑叶谷木　谷木属
Memecylon nigrescens Hook. et Arn.

灌木或小乔木，高2~8m。小枝圆柱形，无毛，分枝多，树皮灰褐色。叶片坚纸质，椭圆形或稀卵状长圆形，顶端钝急尖，具微小尖头或有时微凹，基部楔形，长3~6.5cm，宽1.5~3cm，干时黄绿色带黑色，全缘，两面无毛，光亮；叶面中脉下凹，侧脉微隆起；叶柄长2~3mm。聚伞花序极短，近头状，有二至三回分枝，长1cm以下，总梗极短，多花；苞片极小，花梗长约0.5mm，无毛；花萼浅杯形，顶端截平，无毛，具4浅波状齿；花瓣蓝色或白色，广披针形，顶端渐尖，边缘具不规则裂齿1~2个，基部具短爪；雄蕊长约2mm。浆果状核果球形，直径6~7mm，干后黑色，顶端具环状宿存花萼檐。花期5~6月，果期12月至翌年2月。

　　分布于广东；越南。生于山坡疏、密林中或灌木丛中。

金锦香　金锦香属
Osbeckia chinensis L.

　　直立草本或亚灌木。茎四棱形，密被糙伏毛。单叶，对生，叶线形或线状披针形，稀卵状披针形，先端急尖，基部钝或近圆形，长2~5cm，全缘，两面被糙伏毛；基出脉3~5；叶柄短或几无，被糙伏毛。花淡紫红色或粉红色，数朵排成顶生的头状花序，有2~10花，无总花梗，基部具叶状总苞2~6，苞片卵形；花4基数；萼管常带红色，无毛或具1~5枚刺毛凸起，裂片4，三角状披针形，与萼管等长，具缘毛，裂片间外缘具一刺毛状凸起。蒴果卵状球形，紫红色，先顶孔开裂，后4纵裂；宿存花萼坛状，长约6mm，外面无毛或具少数刺毛凸起。花期7~9月，果期9~11月。

　　分布于我国长江以南各省份；日本、东南亚和大洋洲地区。生于荒山草坡或田边。

　　花艳，花期长，供观赏；全草药用，用于肺热咳嗽、泄泻、痢疾等。

星毛金锦香（朝天罐）　金锦香属
Osbeckia stellata Ham. ex D. Don: C. B. Clarke

　　直立灌木。茎通常六棱形或四棱形，被疏平展刺毛或几无毛。叶对生或3枚轮生，叶片坚纸质，长圆状披针形至披针形，顶端渐尖，基部钝至近楔形，长8~13cm，宽2~3.7cm，全缘，具缘毛；基出脉5，两面被疏糙伏毛或几无毛；叶柄长2~5mm，被毛。松散的聚伞花序组成圆锥花序，顶生，分枝上各节常仅有1花发育，似总状花序，长15~20cm；苞片广卵形，两面无毛；花梗几无，花萼长约1.8cm，被极疏的刺毛或棍棒状肉质毛，裂片具缘毛；花瓣红色或紫红色，广卵形，顶端钝，长约1.5cm，具缘毛。蒴果长卵形，4纵裂，长约8mm；宿存花萼坛形，顶端截平，中部略上缢缩，通常无毛或下部具疏刺毛。花期8~11月，果期11月至翌年1月。

　　分布于我国长江以南各省份；越南至泰国。生于山坡、山谷、水边、路旁、疏林中或灌木丛中。

锦香草　锦香草属
Phyllagathis cavaleriei (Lévl. et Van.) Guillaum.

　　草本，高10~15cm。茎直立或匍匐，逐节生根，密被长粗毛，四棱形，通常无分枝。叶宽卵形、宽椭圆形或圆形，先端急尖或近圆，有时微凹，基部心形，长6~12.5（~16）cm，具不明显细浅波齿及缘毛；基出脉7~9，两面绿色或有时背面紫红色，上面疏被糙伏毛状长粗毛，下面仅脉上被平展的长粗毛；叶柄密被长粗毛。伞形花序顶生；苞片被粗毛，通常4枚；花梗与花萼均被糠秕；花萼漏斗形，具4棱，裂片宽卵形；花瓣粉红色至紫色，宽倒卵形，长约5mm；雄蕊近等长。蒴果杯形，顶端冠4裂；宿存花萼具8纵肋，果梗伸长，被糠秕。花期6~8月，果期7~9月。

　　分布于广东、湖南、广西、贵州和云南。生于山谷、山坡疏、密林下荫湿的地方或水沟旁。

　　全株烧灰治耳朵出脓；亦作猪饲料。

蜂斗草（桑勒草）　蜂斗草属
Sonerila cantonensis Stapf

　　草本或亚灌木，高10~50cm。茎钝四棱形。叶片纸质或近膜质，卵形或椭圆状卵形，顶端短渐尖或急尖，基部楔形或钝，有时微偏斜，长3~5.5（~9）cm，宽1.3~2.2（3.8）cm，边缘具细锯齿，齿尖具刺毛；侧脉两对，其中一对基出；叶柄长0.5~1.8cm，密被长粗毛及柔毛。蝎尾状聚伞花序或二歧聚伞花序，顶生，有花3~7朵；花序梗长1.5~3cm，密被微柔毛及疏腺毛；花梗长1~3mm，微具3棱；花萼被微柔毛及疏腺毛，微具3棱，具6脉，裂片宽三角形；花瓣粉红色或淡玫瑰红色，长圆形，长约7mm，先端急尖，外面中肋具星散腺毛；雄蕊3枚。蒴果倒圆锥形，略具三棱，3纵裂，与宿存花萼贴生。花期7~10月，果期12月至翌年2月。

　　分布于广东、云南、广西和福建；越南。生于山谷、山坡密林下荫湿的地方，或有时见于荒地上。

　　全株药用，通经活血，治跌打、翳膜。

　　🌿 **使君子科** **Combretaceae**

使君子　使君子属
Quisqualis indica L.

　　落叶藤状灌木，高达8m。小枝被棕黄色柔毛。单叶，叶对生或近对生，卵形或椭圆形，长5~11cm，先端短渐尖，基部钝圆，上面无毛，下面有时疏被棕色柔毛；侧脉7~8对；叶柄长5~8mm，无关节，幼时密被锈色柔毛。顶生穗状花序组成伞房状；苞片卵形或线状披针形，被毛；萼筒长5~9cm，被黄色柔毛，先端具广展、外弯萼齿；花瓣长1.8~2.4cm，先端钝圆，初白色，后淡红色；雄蕊10枚。果卵圆形，具短尖，长2.7~4cm，无毛，具5条锐棱，熟时青黑色或栗色。种子圆柱状纺锤形，白色。

　　分布于广东、香港、海南、江西、四川、福建、台湾和广西等省份；印度、缅甸、印度尼西亚等。

生于平地、山坡、路旁等向阳灌丛中。

适作棚架观赏；药用，用于蛔虫病、蛲虫病、虫积腹痛、小儿疳积。

红树科　Rhizophoraceae

竹节树　竹节树属
Carallia brachiata (Lour.) Merr.

乔木，高7～10m，胸径20～25cm。基部有时具板状支柱根。树皮光滑，很少具裂纹，灰褐色。叶形变化很大，矩圆形、椭圆形至倒披针形或近圆形，顶端短渐尖或钝尖，基部楔形，全缘，稀具锯齿；叶柄长6～8mm，粗而扁。花序腋生，有长8～12mm的总花梗，分枝短，每一分枝有花2～5朵，有时退化为1朵；花小，基部有浅碟状的小苞片；花萼6～7裂，稀5或8裂，钟形，长3～4mm，裂片三角形，短尖；花瓣白色，近圆形，连柄长1.8～2mm，宽1.5～1.8mm，边缘撕裂状；雄蕊长短不一；柱头盘状，4～8浅裂。果实近球形，直径4～5mm，顶端冠以短三角形萼齿。花期冬季至翌年春季，果期春夏季。

分布于广东和广西；马达加斯加、斯里兰卡、印度、缅甸、泰国、越南、马来西亚至澳大利亚北部。生于丘陵灌丛或山谷杂木林中，有时村落附近也有生长。

木材致密，易加工，但不耐久。

金丝桃科　Hypericaceae

黄牛木　黄牛木属
Cratoxylum cochinchinense (Lour.) Bl.

落叶灌木或乔木，高1.5～25m，全体无毛。树皮灰黄色或灰褐色，平滑或有细条纹；枝条对生，幼枝略扁，无毛，淡红色。叶片椭圆形至长椭圆形或披针形，长3～10.5cm，宽1～4cm，先端骤然锐尖或渐尖，基部钝形至楔形，坚纸质，两面无毛，上面绿色，下面粉绿色，有透明腺点及黑点；中脉在上面凹陷，下面凸起，侧脉每边8～12条，两面凸起，小脉网状；叶柄长2～3mm，无毛。聚伞花序腋生或腋外生或顶生，有花1～3朵，具梗，总梗长3～10mm或以上；花直径1～1.5cm；萼片椭圆形，全面有黑色纵腺条；花瓣粉红色、深红色至红黄色，倒卵形，先端圆形，基部楔形，脉间有黑腺纹，无鳞片。蒴果椭圆形，棕色，无毛。种子倒卵形，基部具爪，不对称，一侧具翅。花期4～5月，果期6月开始。

分布于广东、广西和云南；缅甸、泰国、越南、马来西亚、印度尼西亚至菲律宾。生于丘陵或山地的干燥阳坡上的次生林或灌丛中。

材质坚硬，纹理精细，供雕刻用；嫩叶代茶用；嫩叶、根、树皮药用，有健胃、消滞、解毒等功能。

赶山鞭　金丝桃属
Hypericum attenuatum Choisy

多年生草本，高15～74cm。根茎具发达的侧根及须根。茎数个丛生，直立，圆柱形，常有2条纵线棱，且全面散生黑色腺点。叶卵状长圆形、卵状披针形或长圆状倒卵形，长0.8～3.8cm，先端钝或渐尖，基

部渐窄或微心形，微抱茎；侧脉2对；无柄。花序顶生，多花或有时少花，为近伞房状或圆锥花序；苞片长圆形；花直径1.3～1.5cm，平展；花蕾卵珠形；花梗长3～4mm；萼片卵状披针形，散生黑色腺点，花瓣宿存，淡黄色，长圆状倒卵形，疏被黑腺点；雄蕊3束。蒴果卵球形或长圆状卵球形，具条状腺斑。种子黄绿色、浅灰黄色或浅棕色，圆柱形，微弯，两端钝形且具小尖突，两侧有龙骨状凸起，表面有细蜂窝纹。花期7～8月，果期8～9月。

分布于华南、东北、西北、华东和华中部分省份；蒙古国、朝鲜和日本。生于田野、半湿草地、草原、山坡草地、石砾地、草丛、林内及林缘等处。

全株供药用。

地耳草（田基黄）　金丝桃属
Hypericum japonicum Thunb. ex Murray

一年或多年生草本，高2～45cm。茎单一或多少簇生，直立或外倾或匍匐而在基部生根，具4纵线棱，散布淡色腺点。叶卵形、卵状三角形、长圆形或椭圆形，长0.2～1.8cm，宽0.1～1cm，先端尖或圆，基部心形抱茎至截形；基脉1～3，侧脉1～2对；无柄。花序具1～30花，二歧状或多少呈单歧状，有或无侧生的小花枝；苞片及小苞片线形、披针形至叶状；花直径4～8mm，平展；萼片窄长圆形、披针形或椭圆形；花冠白色、淡黄色至橙黄色，花瓣椭圆形，长2～5mm，先端钝，无腺点，宿存；雄蕊5～30枚，不成束，宿存。蒴果短圆柱形至圆球形，长2.5～6mm，宽1.3～2.8mm，无腺条纹。种子淡黄色，圆柱形，两端锐尖，全面有细蜂窝纹。花期3月，果期6～10月。

分布于辽宁、山东和长江以南各省份；日本、朝鲜、尼泊尔、印度、斯里兰卡、缅甸至印度尼西亚、澳大利亚、新西兰以及美国的夏威夷。生于田边、沟边、草地以及撂荒地上。

全草药用，用于肝炎、早期肝硬化、阑尾炎、扁桃体炎和结膜炎等。

元宝草　金丝桃属
Hypericum sampsonii Hance

多年生草本，高0.2～0.8m，全体无毛。茎单一或少数，圆柱形，无腺点，上部分枝。叶对生，无柄，披针形、长圆形或倒披针形，长2～8cm，宽0.7～3.5cm，先端钝形或圆形，堆部合生，边缘密生黑色腺点；侧脉4对。伞房状花序顶生，多花组成圆柱状圆锥花序；苞片及小苞片线状披针形或线形，先端渐尖；萼片长圆状匙形或长圆状线形；花瓣淡黄色，椭圆状长圆形，宿存，边缘有无柄或近无柄的黑腺体，全面散布淡色或稀为黑色腺点和腺条纹；雄蕊3束。蒴果宽卵珠形至宽或狭的卵珠状圆锥形，长6～9mm，宽4～5mm，散布有卵珠状黄褐色囊状腺体。种子黄褐色，长卵柱形，两侧无龙骨状凸起，顶端无附属物，表面有明显的细蜂窝纹。花期5～6月，果期7～8月。

分布于陕西及长江以南各省份；日本、越南、缅甸、印度。生于路旁、山坡、草地、灌丛、田边、沟边等处。

藤黄科 Guttiferae

薄叶红厚壳（横经席） 红厚壳属
Calophyllum membranaceum Gardn. et Champ.

灌木至小乔木，高1～5m。幼枝四棱形，具狭翅。叶薄革质，长圆形或长圆状披针形，长6～12cm，先端渐尖、尖或尾尖，基部楔形，边缘反卷，两面具光泽，干时暗褐色；叶柄长6～10mm。聚伞花序腋生，长2.5～3cm，被柔毛，具1～5花；花两性，白色，带淡红色；花梗长5～8mm，无毛；花萼裂片4枚，外轮2枚近圆形，内轮倒卵形；花瓣4，倒卵形；雄蕊基部合生成4束。果卵状长圆球形，长1.6～2cm，顶端具短尖头，柄长10～14mm，成熟时黄色。花期3～5月，果期8～12月。

分布于广东、海南和广西。生于山地的疏林或密林中。

根、叶药用，有壮腰补肾、祛风除湿的作用。

木竹子（多花山竹子） 藤黄属
Garcinia multiflora Champ.

乔木，稀灌木，高3～15m，胸径20～40cm。树皮灰白色，粗糙；小枝绿色，具纵槽纹。叶片革质，卵形、长圆状卵形或长圆状倒卵形，长7～16（～20）cm，先端尖或短尖，基部楔形；侧脉10～15对；叶柄长0.6～1.2cm。花杂性，同株；雄花序成圆锥状聚伞花序，长5～7cm；雄蕊直径2～3cm，花梗长0.8～1.5cm，萼片2大2小，花瓣橙黄色，倒卵形，长为萼片1.5倍；雌花序具1～5花。果卵圆形至倒卵圆形，长3～5cm，直径2.5～3cm，成熟时黄色，盾状柱头宿存。种子1～2粒，椭圆形，长2～2.5cm。花期6～8月，果期11～12月，同时偶有花果并存。

分布于广东、台湾、福建、江西、湖南、海南、广西、贵州和云南等省份；越南。生于山坡疏林或密林中、沟谷边缘或次生林或灌丛中。

种子含油量51.22%，种仁含油量55.6%，可供制肥皂和机械润滑油用；树皮入药，有消炎功效，可治各种炎症；木材暗黄色，坚硬，可供舱板、家具及工艺雕刻用材。

岭南山竹子 藤黄属
Garcinia oblongifolia Champ.

乔木或灌木，高5～15m，胸径可达30cm。树皮深灰色；老枝通常具断环纹。叶片近革质，长圆形、倒卵状长圆形或倒披针形，长5～10cm，先端稍骤尖，基部楔形；侧脉10～18对；叶柄长约1cm。花小，单性，异株，单生或成伞形状聚伞花序，花梗长3～7mm；雄花萼片等大，近圆形；花瓣橙黄色或淡黄色，倒卵状长圆形；雄蕊多数，合生成1束；雌花的萼片、花瓣与雄花相似。浆果卵球形或圆球形，长2～4cm，直径2～3.5cm，基部萼片宿存，顶端承以隆起的柱头。花期4～5月，果期10～12月。

分布于广东和广西；越南北部。生于平地、丘陵、沟谷密林或疏林中。

果可食，种子含油量60.7%，

种仁含油量70%，可作工业用油；木材可制家具和工艺品；树皮含单宁3%～8%，供提制栲胶。

椴树科 Tiliaceae

甜麻 黄麻属
Corchorus aestuans L.

一年生草本，高约1m。茎红褐色，稍被淡黄色柔毛；枝细长，披散。叶卵形，长4.5～6.5cm，先端尖，基部圆，两面疏被长毛，边缘有锯齿，基部有1对线状小裂片；基出脉5～7；叶柄长1～1.5cm。花单生或数朵组成聚伞花序，生叶腋，花序梗及花梗均极短；萼片5，窄长圆形，长约5mm；上部凹陷呈角状，先端有角，外面紫红色；花瓣5，与萼片等长，倒卵形，黄色；雄蕊多数，黄色。蒴果长筒形，长约2.5cm，径约5mm，具纵棱6条，3～4条呈翅状。种子多数。花期夏季。

分布于我国长江以南各省份；热带亚洲、中美洲及非洲。生于荒地、旷野、村旁。

纤维可作为黄麻代用品，用作编织及造纸原料；嫩叶可供食用；入药可作清凉解热剂。

扁担杆 扁担杆属
Grewia biloba G. Don

灌木或小乔木，高1～4m，多分枝。嫩枝被粗毛。叶薄革质，椭圆形或倒卵状椭圆形，长4～9cm，宽2.5～4cm，先端锐尖，基部楔形或钝，两面有稀疏星状粗毛；基出脉3，两侧脉上行过半，中脉有侧脉3～5对，边缘有细锯齿；叶柄长4～8mm，被粗毛；托叶钻形。聚伞花序腋生，多花，花序柄长不到1cm；花柄长3～6mm；苞片钻形，萼片狭长圆形，外面被毛，内面无毛；花瓣长1～1.5mm；雌雄蕊柄有毛；雄蕊长约2mm；子房有毛，花柱与萼片平齐，柱头扩大，盘状，有浅裂。核果红色，有2～4颗分核。花期5～7月。

分布于广东、江西、湖南、浙江、台湾、安徽和四川等省份。生于丘陵、低山路边草地、灌丛或疏林。

破布叶（布渣叶） 破布叶属
Microcos paniculata L.

灌木或小乔木，高3～12m。树皮粗糙；嫩枝有毛。叶薄革质，卵状长圆形，长8～18cm，宽4～8cm，先端渐尖，基部圆形，两面初时有极稀疏星状柔毛，以后变秃净；三出脉的两侧脉从基部发出，向上行超过叶片中部，边缘有细锯齿；叶柄长1～1.5cm，被毛；托叶线状披针形，长5～7mm。顶生圆锥花序长4～10cm，被星状柔毛；苞片披针形；花柄短小；萼片长圆形，长5～8mm，外面有毛；花瓣长圆形，长3～4mm，下半部有毛；腺体长约2mm；雄蕊多数，比萼片短。核果近球形或倒卵形，长约1cm；果柄短。花期6～7月。

分布于广东、广西和云南；中南半岛、印度及印度尼西亚。生于山谷、平地、斜坡灌丛中。

叶药用，有清热解毒等功效，是各种凉茶的主要成分。

单毛刺蒴麻（小刺蒴麻） 刺蒴麻属
Triumfetta annua L.

草本或亚灌木。嫩枝被黄褐色绒毛。叶纸质，卵形或卵状披针形，长5~11cm，宽3~7cm，先端尾状渐尖，基部圆形或微心形，两面有稀疏单长毛；基出脉3~5，侧脉向上行超过叶片中部，边缘有锯齿；叶柄长1~5cm，有疏长毛。聚伞花序腋生，花序柄极短；花柄长3~6mm；苞片长2~3mm，均被长毛；萼片长5mm，先端有角；花瓣比萼片稍短，倒披针形；雄蕊10枚。蒴果扁球形；刺长5~7mm，无毛，先端弯勾，基部有毛。花期秋季。

分布于广东、云南、四川、湖北、贵州、广西、江西和浙江；马来西亚、印度及非洲。生于荒野及路旁。

本种的茎皮纤维可作绳索及织物。

毛刺蒴麻 刺蒴麻属
Triumfetta cana Bl.

木质草本，高约1.5m。嫩枝被黄褐色星状绒毛。叶卵形或卵状披针形，长4~8cm，宽2~4cm，先端渐尖，基部圆形，上面有稀疏星状毛，下面密被星状厚绒毛；基出脉3~5，侧脉向上行超过叶片中部，边缘有不整齐锯齿；叶柄长1~3cm。聚伞花序1至数枝腋生，花序柄长约3mm；花柄长约1.5mm；萼片狭长圆形，长约7mm，被绒毛；花瓣比萼片略短，长圆形，基部有短柄，柄有睫毛；雄蕊8~10枚或稍多。蒴果球形，有刺长5~7mm，刺弯曲，被柔毛，4片裂开，每室有种子2粒。花期夏秋间。

分布于广东、西藏、云南、贵州、广西和福建；印度尼西亚、印度及中南半岛。生于次生林及灌丛中。

刺蒴麻 刺蒴麻属
Triumfetta rhomboidea Jacq.

亚灌木。嫩枝被灰褐色短绒毛。叶纸质，生于茎下部的叶阔卵圆形，长3~8cm，宽2~6cm，先端常3裂，基部圆形；生于上部的叶长圆形；上面有疏毛，下面有星状柔毛；基出脉3~5，两侧脉直达裂片尖端，边缘有不规则的粗锯齿；叶柄长1~5cm。聚伞花序数枝腋生，花序柄及花柄均极短；萼片狭长圆形，长约5mm，顶端有角，被长毛；花瓣比萼片略短，黄色，边缘有毛；雄蕊10枚。果球形，不开裂，被灰黄色柔毛，具勾针刺，刺长约2mm，有种子2~6粒。花期夏秋季。

分布于广东、云南、广西、福建和台湾；热带亚洲及非洲。生于山坡灌丛中、林缘。

根、茎、叶入药清热解毒，治痢疾、风热感冒；茎皮纤维可制绳和麻袋。

杜英科 Elaeaocarpaceae

中华杜英 杜英属
Elaeocarpus chinensis (Gardn. et Champ.) Hook. f. ex Benth.

常绿小乔木，高3~7m。嫩枝有柔毛，老枝秃净。叶薄革质，卵状披针形或披针形，长5~8cm，宽2~3cm，先端渐尖，基部圆形，稀为阔楔形，上面绿色有光泽，下面有细小黑腺点；侧脉4~6对，网脉不明显，边缘有波状小钝齿；叶柄纤细，长1.5~2cm，幼嫩时略被毛。总状花序生于无叶的去年枝条上，长3~4cm，花序轴有微毛；花柄长3mm；花两性或单性；两性花萼片5片，披针形，长约3mm，内外两面有微毛，花瓣5片，长圆形，长约3mm，不分裂，内面有稀疏微毛，雄蕊8~10枚，长约2mm，花丝极短，花药顶端无附属物，子房2室，胚珠4颗，生于子房上部；雄花的萼片、花瓣、雄蕊和两性花的相同。核果椭圆形，长不到1cm。花期5~6月。

分布于广东、香港、海南、浙江、江西、福建、湖南和广西等省份；老挝和越南。生于低山杂木林中。

木材供建筑等用，也可培养香菇、木耳等；树皮和果皮可提制栲胶。

杜英 杜英属
Elaeocarpus decipiens Hemsl.

常绿乔木，高5~15m。幼枝有微毛，旋脱落，干后黑褐色。叶革质，披针形或倒披针形，长7~12cm，先端渐尖，基部下延，两面无毛；侧脉7~9对，边缘有小钝齿；叶柄长约1cm。总状花序多生于叶腋及无叶的去年枝条上，长5~10cm，花序轴纤细，有微毛；花柄长4~5mm；花白色，萼片披针形，先端尖，两侧有微毛；花瓣倒卵形，与萼片等长，上半部撕裂，裂片14~16条，外侧无毛，内侧近基部有毛；雄蕊25~30枚，长约3mm；花盘5裂，有毛。核果椭圆形，长2~2.5cm，宽1.3~2cm，外果皮无毛，内果皮坚骨质，表面有多数沟纹，1室。种子1粒，长约1.5cm。花期6~7月。

分布于华南、华东、华中及西南大部分省份；日本。生于林中。

木材可用于家具、建筑；果可食用；药用，用于跌打瘀肿。

日本杜英 杜英属
Elaeocarpus japonicus Sieb. et Zucc.

常绿乔木。嫩枝无毛，叶芽被发亮的绢毛。叶革质，通常卵形，亦有椭圆形或倒卵形，长6~12cm，宽3~6cm，先端尖锐，尖头钝，基部圆形或钝，有多数细小黑腺点；侧脉5~6对，在下面凸起，网脉在上下两面均明显，边缘有疏锯齿；叶柄长2~6cm。总状花序长3~6cm，生于当年枝的叶腋内，花序轴有短柔毛；花柄长3~4mm，被微毛；花两性或单性；两性花花瓣长圆形，两面有毛，与萼片等长，先端全缘或有数个浅齿，雄蕊15枚；雄花萼片5~6片，花瓣5~6片，均两面被毛，雄蕊9~14枚。核果椭圆形，长1~1.3cm，宽约8mm，1室。种子1粒。花期4~5月。

分布于我国长江以南各省份；日本、越南。生于常绿林中。

木材可制家具；树干可培养香菇、木耳。

绢毛杜英　杜英属
Elaeocarpus nitentifolius Merr. et Chun

乔木，高约20m。嫩枝被银灰色绢毛。叶革质，椭圆形，长8～15cm，先端骤尖或尾尖，初两面有绢毛，老叶无毛；侧脉6～8对，边缘密生小钝齿；叶柄长2～4cm。总状花序生于当年枝的叶腋内，长2～4cm，花序轴被绢毛；苞片披针形，早落；花梗长3～4mm，下弯；花杂性，萼片4～5，披针形，长约4mm，被毛；花瓣4～5，长圆形，长约4mm，先端有5～6个齿刻；雄蕊12～14枚，长约2.5mm。核果小，椭圆形，长1.5～2cm，宽8～11mm，1室，蓝绿色，内果皮厚约1mm。种子1粒，长约1cm。花期4～5月。

分布于广东、海南、广西和云南；越南北部。生于低海拔的常绿林里。

山杜英　杜英属
Elaeocarpus sylvestris (Lour.) Poir.

小乔木，高约10m。小枝纤细，通常秃净无毛；老枝干后暗褐色。叶纸质，倒卵形，长4～8cm，幼树叶长达15cm，宽约6cm，无毛，先端钝，基部窄而下延；侧脉5～6对，边缘有波状钝齿；叶柄长1～1.5cm。总状花序生于枝顶叶腋内，长4～6cm，花序轴纤细，无毛，有时被疏白色短柔毛；花柄长3～4mm，纤细，通常秃净；萼片5片，披针形，长约4mm，无毛；花瓣倒卵形，上半部撕裂，裂片10～12条，外侧基部有毛；雄蕊13～15枚，长约3mm。核果细小，椭圆形，长1～1.2cm，内果皮薄骨质，有腹缝沟3条。花期4～5月。

分布于华南、华东及西南大部分省份；越南、老挝、泰国。生于常绿林里。

木材可用于建筑、家具等；果加工后可食；树皮可提取鞣料。

猴欢喜　猴欢喜属
Sloanea sinensis (Hance) Hemsl.

乔木，高约20m。嫩枝无毛。叶薄革质，长圆形或窄倒卵形，长6～12cm，宽3～5cm，先端骤尖，基部楔形，有时近圆；侧脉5～7对，两面无毛，全缘或上部有小锯齿；叶柄长1～4cm，无毛。花多朵簇生于枝顶叶腋；花柄长3～6cm，被灰色毛；萼片4片，阔卵形，两侧被柔毛；花瓣4片，白色，外侧有微毛，先端撕裂，有齿刻；雄蕊与花瓣等长。蒴果的大小不一，宽2～5cm，3～7片裂开；果爿长短不一，长2～3.5cm，厚3～5mm；针刺长1～1.5cm；内果皮紫红色。种子黑色，有光泽，假种皮，黄色。花期9～11月，果期翌年6～7月。

分布于广东、海南、广西、贵州、湖南、江西、福建、台湾和浙江；越南。生于常绿林里。

木材可用于建筑、家具等；果形奇特，可供观赏。

🍃 梧桐科　**Sterculiaceae**

刺果藤　刺果藤属
Byttneria aspera Colebr.

木质大藤本。小枝的幼嫩部分略被短柔毛。叶广卵形、心形或近

圆形，长7～23cm，宽5.5～16cm，顶端钝或急尖，基部心形，上面几无毛，下面被白色星状短柔毛；基生脉5；叶柄长2～8cm，被毛。花小，淡黄白色，内面略带紫红色；萼片卵形，长约2mm，被短柔毛，顶端急尖；花瓣与萼片互生，顶端2裂并有长条形的附属体，约与萼片等长；具药的雄蕊5枚，与退化雄蕊互生。萼果圆球形或卵状圆球形，直径3～4cm，具扁而粗的刺，被短柔毛。种子长圆形，长约12mm，成熟时黑色。花期春夏季。

分布于广东、广西和云南；印度、越南、柬埔寨、老挝、泰国等地。生于疏林中或山谷溪旁。

茎皮纤维可制绳索、织麻袋；根、茎可治风湿痛、跌打骨折。

山芝麻　山芝麻属
Helicteres angustifolia L.

小灌木，高达1m。小枝被灰绿色短柔毛。叶狭矩圆形或条状披针形，长3.5～5cm，宽1.5～2.5cm，顶端钝或急尖，基部圆形，上面无毛或几无毛，下面被灰白色或淡黄色星状绒毛，间或混生纲毛；叶柄长5～7mm。聚伞花序有2至数朵花；花梗通常有锥尖状的小苞片4枚；萼管状，长约6mm，被星状短柔毛，5裂，裂片三角形；花瓣5片，不等大，淡红色或紫红色，比萼略长，基部有2个耳状附属体；雄蕊10枚，退化雄蕊5枚，线形，甚短。蒴果卵状矩圆形，长12～20mm，宽7～8mm，顶端急尖，密被星状毛及混生长绒毛。种子小，褐色，有椭圆形小斑点。花期几乎全年。

分布于广东、湖南、江西、广西、云南和福建；印度、缅甸、马来西亚、泰国、越南、老挝、柬埔寨、印度尼西亚、菲律宾等地。生于草坡上。

药用，有清热解毒、润肠通便、凉血泻火等功效；叶治疮疖。

马松子　马松子属
Melochia corchorifolia L.

半灌木状草本，高不及1m。枝黄褐色，略被星状短柔毛。叶薄纸质，卵形、矩圆状卵形或披针形，稀有不明显的3浅裂，长2.5～7cm，宽1～1.3cm，顶端急尖或钝，基部圆形或心形，边缘有锯齿，上面近于无毛，下面略被星状短柔毛；基出脉5；叶柄长5～25mm；托叶条形，长2～4mm。花排成顶生或腋生的密聚伞花序或团伞花序；小苞片条形，混生在花序内；萼钟状，5浅裂，外面被长柔毛和刚毛，内面无毛，裂片三角形；花瓣5片，白色，后变为淡红色，矩圆形，长约6mm，基部收缩；雄蕊5枚，下部连合成筒，与花瓣对生。蒴果圆球形，有5棱，直径5～6mm，被长柔毛，每室有种子1～2粒。种子卵圆形，略呈三角状，褐黑色，长2～3mm。花期夏秋季。

分布于四川、台湾及我国长江以南各省份；亚洲热带地区。生于田野间或低丘陵地原野间。

茎皮含纤维，可与黄麻混纺制麻袋。

翻白叶树　翅子树属
Pterospermum heterophyllum Hance

乔木，高达20m。树皮灰色或灰褐色；小枝被黄褐色短柔毛。叶二型，生于幼树或萌蘖枝上的叶盾形，直径约15cm，掌状3～5裂，基部截形而略近半圆形，上面几无毛，下面密被黄褐色星状短柔毛，叶柄长约12cm，被毛；生于大树上的叶矩圆形至卵状矩圆形，长7～15cm，宽3～10cm，顶端钝、急尖或渐尖，基部钝、截形或斜心形，下面密被黄褐色短柔毛，叶柄长1～2cm，被毛。花单生或2～4朵排成腋生聚伞花序；花梗无关节；小苞片鳞片状，与花萼紧靠；花青白色；萼片5，线形，两面被柔毛；花瓣5，倒披针形，与萼片等长；雌雄蕊柄长约2.5mm。蒴果木质，矩圆状卵形，长约6cm，宽2～2.5cm，被黄褐色绒毛，顶端钝，基部渐狭；果柄粗壮。种子具膜质翅。花期秋季。

分布于广东、福建和广西。生于林中、山谷、山脚、山坡林缘路边、山坡林中。

树干通直，叶片两面异色，为优良的庭园树；根药用，能祛风除湿、舒筋活血和消肿止痛。

两广梭罗　梭罗树属
Reevesia thyrsoidea Lindl.

常绿乔木。树皮灰褐色；幼枝干时棕黑色，略被稀疏的星状短柔毛。叶革质，矩圆形、椭圆形或矩圆状椭圆形，长5～7cm，宽2.5～3cm，顶端急尖或渐尖，基部圆形或钝，两面均无毛；叶柄长1～3cm，两端膨大。聚伞状伞房花序顶生，被毛，花密集；萼钟状，长约6mm，5裂，外面被星状短柔毛，内面只在裂片的上端被毛，裂片长约2mm，顶端急尖；花瓣5片，白色，匙形，长约1cm，略向外扩展；雌雄蕊柄长约2cm，顶端约有花药15个。蒴果矩圆状梨形，有5棱，长约3cm，被短柔毛。种子连翅长约2cm。花期3～4月。

分布于广东、广西和云南；越南和柬埔寨。生于山坡上或山谷溪旁。

树皮纤维供造纸和制绳索。

假苹婆　苹婆属
Sterculia lanceolata Cav.

乔木，小枝幼时被毛。叶椭圆形、披针形或椭圆状披针形，长9～20cm，宽3.5～8cm，顶端急尖，基部钝形或近圆形，上面无毛，下面几无毛；侧脉每边7～9条，弯拱，在近叶缘不明显联结；叶柄长2.5～3.5cm。圆锥花序腋生，长4～10cm，密集且多分枝；花淡红色，萼片5枚，仅于基部连合，向外开展如星状，矩圆状披针形或矩圆状椭圆形，顶端钝或略有小短尖突，长4～6mm，外面被短柔毛，边缘有缘毛；雄花的雌雄蕊柄长2～3mm，弯曲；雌花的子房圆球形，被毛，花柱弯曲，柱头不明显5裂。蓇葖果鲜红色，长卵形或长椭圆形，长5～7cm，宽2～2.5cm，顶端有喙，基部渐狭，密被短柔毛。种子黑褐色，椭圆状卵形，直

径约1cm。每果有种子2～4粒。花期4～6月。

分布于广东、广西、云南、贵州和四川；缅甸、泰国、越南、老挝。生于山谷溪旁。

树冠广阔，树姿优雅，蓇葖果色泽明艳，可作城市园林风景树。

🌿 锦葵科　Malvaceae

黄葵　黄葵属
Abelmoschus moschatus (L.) Medicus

一年或二年生草本，高1～2m，被粗毛。叶通常掌状5～7深裂，直径6～15cm，裂片披针形至三角形，边缘具不规则锯齿，偶有浅裂似槭叶状，基部心形，两面均疏被硬毛；叶柄长7～15cm，疏被硬毛；托叶线形，长7～8mm。花单生于叶腋间，花梗长2～3cm，被倒硬毛；小苞片8～10，线形，长10～13mm；花萼佛焰苞状，长2～3cm，5裂，常早落；花黄色，内面基部暗紫色，直径7～12cm；雄蕊柱长约2.5cm，平滑无毛；花柱分枝5，柱头盘状。蒴果长圆形，长5～6cm，顶端尖，被黄色长硬毛。种子肾形，具腺状脉纹，具香味。花期6～10月。

分布于广东、台湾、广西、江西、湖南和云南等省份；越南、老挝、柬埔寨、泰国、印度和热带地区。生于平原、山谷、溪涧旁或山坡灌丛中。

全株药用，有清热利水、解毒止痛、排脓消肿等功效，根、花、叶治感冒发热；茎皮纤维可供编织、人造棉、造纸原料；种子可作香料。

磨盘草（苘麻）　苘麻属
Abutilon indicum (L.) Sweet

一年或多年生直立亚灌木状草本，分枝多。叶卵圆形或近圆形，长2.5～9cm，先端尖或渐尖，基部心形，具不规则钝齿，两面被灰色或灰白色星状柔毛；叶柄长2～5cm，托叶钻形，长1～2mm，密被灰色柔毛，常外弯。花单生叶腋；花梗长4～6cm，近顶端具节；花萼盘状，绿色，径0.6～1cm，密被灰色柔毛，裂片5，宽卵形，先端尖；花冠黄色，花瓣5，长6～8mm；雄蕊柱被星状硬毛；心皮15～20，轮状排列，花柱分枝与心皮同数，柱头头状。分果近球形，顶端截平，似磨盘，径约1.5cm；分果爿15～20，顶端截平，具短芒，被星状长硬毛。种子肾形，被星状疏柔毛。花期7～10月。

分布于我国长江以南各省份；印度、越南、老挝、缅甸、柬埔寨和泰国等。生于沙地、旷地、路旁和村边。

全株供观赏；全草药用，有清热、利尿、通窍、祛风的作用，用于流行型腮腺炎、耳聋、小便不利等。

木芙蓉　木槿属
Hibiscus mutabilis L.

落叶灌木或小乔木，高2～5m。小枝、叶柄、花梗和花萼均密被星状毛与直毛相混的细绵毛。叶宽卵形至圆卵形或心形，先端渐尖，具钝圆锯齿，上面疏被星状毛和细点，下面密被星状细绒毛；掌状

脉5～11；叶柄长5～20cm；托叶披针形。花单生枝端叶腋；花梗长5～8cm，近顶端具节；小苞片8，线形，长1～1.6cm，宽约2mm，密被星状绵毛，基部合生；花萼钟形，长约3cm，裂片5，卵形，先端渐尖；花冠初白色或淡红色，后深红色，径约8cm，花瓣5，近圆形，基部具髯毛，雄蕊柱长2～3cm，无毛，花柱分枝5，疏被柔毛，柱头头状。蒴果扁球形，被淡黄色刚毛和绵毛，果爿5。种子肾形，背面被长柔毛。花期8～10月。

分布于全国大部分省份。保护区有栽培。

本种花大色丽，为我国久经栽培的园林观赏植物；花叶供药用，有清肺、凉血、散热和解毒之功效。

木槿　木槿属
Hibiscus syriacus L.

落叶灌木，高3～4m。小枝密被黄色星状绒毛。叶菱形至三角状卵形，长3～10cm，宽2～4cm，具深浅不同的3裂或不裂，先端钝，基部楔形，边缘具不整齐齿缺，下面沿叶脉微被毛或近无毛；叶柄长5～25mm，上面被星状柔毛；托叶线形，疏被柔毛。花单生于枝端叶腋间，花梗长4～14mm，被星状短毛；小苞片6～8，线形，密被星状疏绒毛；花萼钟形，密被星状短绒毛，裂片5，三角形；花钟形，淡紫色，直径5～6cm，花瓣倒卵形，长3.5～4.5cm，外面疏被纤毛和星状柔毛；雄蕊柱长约3cm；花柱枝无毛。蒴果卵圆形，直径约12mm，密被黄色星状绒毛。种子肾形，背部被黄白色长柔毛。花期7～10月。

分布于华南、华东、西南、华中、华北及西北大部分省份。保护区有栽培。

主要供园林观赏用，或作绿篱材料；茎皮富含纤维，供造纸原料；入药治疗皮肤癣疮。

赛葵　赛葵属
Malvastrum coromandelianum (L.) Garcke

亚灌木状，直立，高达1m，疏被单毛和星状粗毛。叶卵状披针形或卵形，长3～6cm，宽1～3cm，先端钝尖，基部宽楔形至圆形，边缘具粗锯齿，上面疏被长毛，下面疏被长毛和星状长毛；叶柄长1～3cm，密被长毛；托叶披针形，长约5mm。花单生于叶腋，花梗约5mm，被长毛；小苞片线形，长约5mm，宽约1mm，疏被长毛；萼浅杯状，5裂，裂片卵形，渐尖头，长约8mm，基部合生，疏被单长毛和星状长毛；花黄色，直径约1.5cm，花瓣5，倒卵形，长约8mm，宽约4mm；雄蕊柱长约6mm，无毛。果直径约6mm；分果爿8～12，肾形，疏被星状柔毛，直径约2.5mm，背部宽约1mm，具2芒刺。

分布于广东、台湾、福建、广西和云南等省份；美洲。生于干热草坡。

全草药用，性甘凉，具清热利湿、解毒散瘀之功效。

黄花稔　黄花稔属
Sida acuta Burm.f.

直立亚灌木状草本，高1～2m。分枝多，小枝被柔毛至近无毛。叶披针形，长2～5cm，宽4～10mm，先端短尖或渐尖，基部圆或

钝，具锯齿，两面均无毛或疏被星状柔毛，上面偶被单毛；叶柄长4～6mm，疏被柔毛；托叶线形，与叶柄近等长，常宿存。花单朵或成对生于叶腋，花梗长4～12mm，被柔毛，中部具节；萼浅杯状，无毛，长约6mm，下半部合生，裂片5，尾状渐尖；花黄色，直径8～10mm，花瓣倒卵形，先端圆，被纤毛；雄蕊柱长约4mm，疏被硬毛。蒴果近圆球形；分果爿4～9，但通常为5～6，长约3.5mm，顶端具2短芒，果皮具网状皱纹。花期冬春季。

分布于广东、台湾、福建、广西和云南；印度、越南和老挝。生于山坡灌丛间、路旁或荒坡。

其茎皮纤维供绳索料；根叶作药用，有抗菌消炎之功效。

心叶黄花稔　黄花稔属
Sida cordifolia L.

直立亚灌木，高约1m。小枝密被星状柔毛并混生长柔毛，毛长3mm。叶卵形，长1.5～5cm，宽1～4cm，先端钝或圆，基部微心形或圆形，边缘具钝齿，两面均密被星状柔毛，下面脉上混生长柔毛；叶柄长1～2.5cm，密被星状柔毛和混生长柔毛；托叶线形，长约5mm，密被星状柔毛。花单生或簇生于叶腋或枝端，花梗长5～15mm，密被星状柔毛和混生长柔毛，上端具节；萼杯状，裂片5，三角形，长5～6mm，密被星状柔毛并混生长柔毛；花黄色，直径约1.5cm，花瓣长圆形，长6～8mm；雄蕊柱长约6mm，被长硬毛。蒴果直径6～8mm；分果爿10，顶端具2长芒，芒长3～4mm，突出于萼外，被倒生刚毛。种子长卵形，顶端具短毛。花期全年。

分布于广东、台湾、福建、广西、四川和云南等省份；亚洲和非洲热带及亚热带地区。生于山坡灌丛间或路旁草丛中。

白背黄花稔　黄花稔属
Sida rhombifolia L.

直立亚灌木，高约1m。分枝多，枝被星状绵毛。叶菱形或长圆状披针形，长25～45mm，宽6～20mm，先端浑圆至短尖，基部宽楔形，边缘具锯齿，上面疏被星状柔毛至近无毛，下面被灰白色星状柔毛；叶柄长3～5mm，被星状柔毛；托叶纤细，刺毛状。花单生于叶腋，花梗长1～2cm，密被星状柔毛，中部以上有节；萼杯形，长4～5mm，被星状短绵毛，裂片5，三角形；花黄色，直径约1cm，花瓣倒卵形，长约8mm，先端圆，基部狭，雄蕊柱无毛，疏被腺状乳突，长约5mm，花柱分枝8～10。果半球形，直径6～7mm；分果爿8～10，被星状柔毛，顶端具2短芒。花期秋冬季。

分布于广东、台湾、福建、广西、贵州、云南、四川和湖北等省份；越南、老挝、柬埔寨和印度等地区。生于山坡灌丛间、旷野和沟谷两岸。

全草入药，有消炎解毒、祛风除湿、止痛之功效。

地桃花（肖梵天花） 梵天花属
Urena lobata L.

直立亚灌木状草本，高达1m。小枝被星状绒毛。茎下部的叶近圆形，长4～5cm，宽5～6cm，先端浅3裂，基部圆形或近心形，边缘具锯齿；中部的叶卵形，长5～7cm，宽3～6.5cm；上部的叶长圆形至披针形，长4～7cm，宽1.5～3cm；叶上面被柔毛，下面被灰白色星状绒毛；叶柄长1～4cm，被灰白色星状毛；托叶线形，早落。花腋生，单生或稍丛生，淡红色，直径约15mm；花梗长约3mm，被绵毛；小苞片5，基部1/3合生；花萼杯状，裂片5，较小苞片略短，两者均被星状柔毛；花瓣5，倒卵形，长约15mm，外面被星状柔毛；雄蕊柱长约15mm，无毛；花柱枝10，微被长硬毛。果扁球形，直径约1cm；分果爿被星状短柔毛和锚状刺。花期7～10月。

分布于我国长江以南各省份；越南、柬埔寨、老挝、泰国、缅甸、印度和日本等地区。生于干热空旷地、荒坡或疏林下。

全草药用，用于风湿关节痛、疟疾、肠炎、消化不良、跌打。

梵天花（狗脚迹） 梵天花属
Urena procumbens L.

小灌木，高约80cm。枝平铺，小枝被星状绒毛。叶下部生的轮廓为掌状3～5深裂，裂口深达中部以下，圆形而狭，长1.5～6cm，宽1～4cm，裂片菱形或倒卵形，呈葫芦状，先端钝，基部圆形至近心形，具锯齿，两面均被星状短硬毛；叶柄长4～15mm，被绒毛；托叶钻形，长约1.5mm，早落。花单生或近簇生，花梗长2～3mm；小苞片长约7mm，基部1/3合生，疏被星状柔毛；萼短于小苞片或近等长，卵形，尖头，被星状毛；花冠淡红色，花瓣长10～15mm；雄蕊柱无毛，与花瓣等长。果球形，直径约6mm，具刺和长硬毛，刺端有倒钩。种子平滑无毛。花期6～9月。

分布于广东、广西、福建、台湾、浙江、江西和湖南等省份。生于山坡、旷野、路旁。

茎皮纤维可代麻，并能制人造棉和造纸；根和叶入药，能行气活血、解毒治疮。

蛇婆子 蛇婆子属
Waltheria indica L.

略直立或匍匐状半灌木，长达1m。多分枝，小枝密被短柔毛。叶卵形或长椭圆状卵形，长2.5～4.5cm，宽1.5～3cm，顶端钝，基部圆形或浅心形，边缘有小齿，两面均被短柔毛；叶柄长0.5～1cm。聚伞花序腋生，头状，近于无轴或有长约1.5cm的花序轴；小苞片狭披针形；萼筒状，5裂，裂片三角形，远比萼筒长；花瓣5片，淡黄色，匙形，顶端截形，比萼略长；雄蕊5枚，花丝合生成筒状，包围着雌蕊。蒴果小，二瓣裂，倒卵形，被毛，为宿存的萼所包围，内有种子1粒。种子倒卵形，很小。花期夏秋季。

分布于广东、台湾、福建、广西和云南等省份的南部；世界的热带地区。生于山野间向阳草坡上。

风筝果 风筝果属
Hiptage benghalensis (L.) Kurz.

灌木或藤本，攀缘，长3～10m或更长。叶片革质，叶长圆形、椭圆状长圆形或卵状披针形，长9～18cm，先端渐尖，基部宽楔形或近圆形，下面常具2腺体，全缘，幼时被柔毛；叶柄长0.5～1cm。总状花序腋生或顶生，长5～10cm，被淡黄褐色柔毛；花梗密被黄褐色短柔毛，中下部具关节，有小苞片2；萼片外面密被黄褐色短柔毛，有1粗大长圆形腺体，一半附着在萼片上，一半下延贴生于花梗上；花瓣白色，基部具黄色斑点，或淡黄色或粉红色，圆形或宽椭圆形，基部具爪，边具流苏，外面被短柔毛。翅果除果核被短绢毛外，余无毛，中翅椭圆形或倒卵状披针形，长3.5～7cm，宽1～1.6cm，顶端全缘或微裂，侧翅披针状长圆形，背部具1三角形鸡冠状附属物。花期2～4月，果期4～5月。

分布于广东、福建、台湾、广西、海南、贵州和云南。生于沟谷密林、疏林中或沟边路旁。

粘木 粘木属
Ixonanthes chinensis Champ.

灌木或乔木，高4～20m。树皮干后褐色，嫩枝顶端压扁状。单叶互生，叶纸质，椭圆形或长圆形，长4～16cm，宽2～8cm，先端尖，基部楔形，无毛，全缘，侧脉5～12对；叶柄长1～3cm，具窄边。二歧或三歧聚伞花序，生于近枝顶叶腋，花序梗长于叶或等长；花梗长5～7mm；萼片5，卵状长圆形或三角形，长2～3mm，宿存；花瓣5，白色，卵状椭圆形或宽圆形。蒴果卵状圆锥形或长圆形，长2～3.5cm，宽1～1.7cm，顶部短锐尖，黑褐色，室间开裂为5果瓣，室背有较宽的纵纹凹陷。种子长圆形，一端有膜质种翅，种翅长10～15mm。花期5～6月，果期6～10月。

分布于广东、福建、广西、湖南、云南和贵州；越南。生于路旁、山谷、山顶、溪旁、沙地、丘陵和疏密林中。

枝叶繁茂，可作园景树和庭荫树；现存数量稀少，为我国珍稀濒危植物（渐危种）。

铁苋菜 铁苋菜属
Acalypha australis L.

一年生草本，高0.2～0.5m。小枝细长，被柔毛，毛逐渐稀疏。叶膜质，叶长卵形、近菱状卵形或宽披针形，长3～9cm，先端短渐尖，基部楔形，具圆齿；基出脉3，侧脉3～4对；叶柄长2～6cm，被柔毛；托叶披针形，具柔毛。雌雄花同序，花序腋生，花序长

1.5~5cm，雄花集成穗状或头状，生于花序上部，下部具雌花；雌花苞片1~4，卵状心形，长1.5~2.5cm，具齿；雄花花萼无毛；雌花1~3朵生于苞腋；萼片3，长约1mm；花柱长约2mm，撕裂。蒴果绿色，径约4mm，疏生毛和小瘤体。种子近卵状，长1.5~2mm，种皮平滑，假种皮细长。花果期4~12月。

分布于我国除西部高原或干燥地区外的大部分省份；俄罗斯远东地区、朝鲜、日本、菲律宾、越南、老挝、印度和澳大利亚。生于平原或山坡较湿润耕地和空旷草地，有时生于石灰岩山疏林下。

地上部分药用，有清热解毒、利湿、止血等作用，用于肠炎、痢疾、吐血、衄血、便血、尿血、崩血和皮炎湿疹等症。

红背山麻杆　山麻杆属
Alchornea trewioides (Benth.) Muell. Arg.

半落叶灌木。雌雄异株，幼枝被灰色微柔毛。单叶，互生，叶卵形，长8~15cm，先端骤尖或渐尖，基部近截平或浅心形，具4个斑状腺体，下面淡红色，沿脉被微柔毛；基出脉3；小托叶2，披针形；叶柄长7~12cm；托叶钻状。雌雄异株；雄花序穗状，长7~15cm，具微柔毛；苞片三角形，雄花3~15朵簇生苞腋；雌花序总状，顶生，长5~6cm，具花5~12朵，被短柔毛，苞片狭三角形，基部具腺体2个，小苞片披针形；花梗长约1mm；雄花花萼花蕾时球形，无毛，萼片4枚，长圆形；雄蕊（7~）8枚；雌花萼片5（~6）枚，披针形，被短柔毛，其中1枚的基部具1个腺体。蒴果近球形，径约1cm，被微柔毛。种子扁卵状，种皮浅褐色，具瘤体。花期3~5月，果期6~8月。

分布于华南及西南各省份；越南、泰国和日本。生于林缘、灌丛、路旁。

根或全株药用，具祛风发表、除湿解毒、止血之功效，治血崩、白带、腹泻、便血和尿路结石等症，叶煎水洗治风疹；茎皮纤维可作人造棉、造纸原料。

黄毛五月茶　五月茶属
Antidesma fordii Hemsl.

小乔木，高达7m。枝条圆柱形；小枝、叶柄、托叶、花序轴被黄色绒毛，其余均被长柔毛或柔毛。叶片长圆形、椭圆形或倒卵形，长7~25cm，宽3~10.5cm，顶端短渐尖或尾状渐尖，基部近圆或钝；侧脉每边7~11条，在叶背凸起；叶柄长1~3mm；托叶卵状披针形，长达1cm。花序顶生或腋生，长8~13cm；苞片线形；雄花多朵组成分枝的穗状花序；花萼5裂；裂片宽卵形，长和宽约1mm；花盘5裂；雄蕊5枚，着生于花盘内面；退化雌蕊圆柱状；雌花多朵组成不分枝和少分枝的总状花序；花梗长1~3mm；花萼与雄花的相同；花盘杯状，无毛。核果纺锤形，长约7mm，直径约4mm。花期3~7月，果期7月至翌年1月。

分布于广东、福建、海南、广西和云南；越南、老挝。生于山地密林中。

五月茶　五月茶属
Antidesma bunius (L.) Spreng.

乔木，高达10m。小枝有明显皮孔；除叶背中脉、叶柄、花萼两

面和退化雌蕊被短柔毛或柔毛外，其余均无毛。叶纸质，长椭圆形、倒卵形或长倒卵形，长8~23cm，先端尖或圆，有短尖头，基部宽楔形或楔形，上面深绿色，常有光泽，叶背绿色；侧脉7~11对；叶柄长0.3~1cm；托叶线形，早落。雄花序为顶生穗状花序，长6~17cm；雄花花萼杯状，顶端3~4裂，裂片卵状三角形；雄蕊3~4枚，长约2.5mm，着生花盘内面；花盘杯状，全缘或不规则分裂；退化雌蕊棒状；雌花序为顶生总状花序，长5~18cm；雌花花萼和花盘与雄花同；雌蕊稍长于萼片。核果近球形或椭圆形，长8~10mm，直径约8mm，成熟时红色；果梗长约4mm。花期3~5月，果期6~11月。

分布于广东、江西、福建、湖南、海南、广西、贵州、云南和西藏等省份；亚洲热带地区直至澳大利亚昆士兰。生于山地疏林中。

叶治小儿头疮；兽医用根、叶治跌打伤、牛叉胛、津液缺乏等；果可食及制果酱；木材可作箱板材。

方叶五月茶　五月茶属
Antidesma ghaesembilla Gaertn.

乔木，高达10m。除叶面外，全株各部均被柔毛或短柔毛。叶片长圆形、卵形、倒卵形或近圆形，长3~9.5cm，宽2~5cm，顶端圆、钝或急尖，有时有小尖头或微凹，基部圆、钝、截形或近心形，边缘微卷；侧脉每边5~7条；叶柄长5~20mm；托叶线形，早落。雄花黄绿色，多朵组成分枝的穗状花序；萼片通常5，有时6或7，倒卵形；雄蕊4~7枚，长2~2.5mm，花丝着生于分离的花盘裂片之间；花盘4~6裂；退化雌蕊倒锥形，长约0.7mm；雌花多朵组成分枝的总状花序；花梗极短；花萼与雄花的相同；花盘环状；花柱3，顶生。核果近圆球形，直径约4.5mm。花期3~9月，果期6~12月。

分布于广东、海南、广西和云南；印度、孟加拉国、不丹、缅甸、越南、斯里兰卡、马来西亚、印度尼西亚、巴布亚新几内亚、菲律宾和澳大利亚南部。生于山地疏林中。

叶药用，可治小儿头痛；茎有通经功效；果可通便。

酸味子（日本五月茶）　五月茶属
Antidesma japonicum Sieb. et Zucc.

乔木或灌木，高2~8m。小枝初时被短柔毛，后变无毛。叶片纸质至近革质，椭圆形、长椭圆形至长圆状披针形，稀倒卵形，长3.5~13cm，宽1.5~4cm，顶端通常尾状渐尖，有小尖头，基部楔形、钝或圆，除叶脉上被短柔毛外，其余均无毛；侧脉每边5~10条；叶柄长5~10mm，被短柔毛至无毛；托叶线形，早落。总状花序顶生，长达10cm，不分枝或有少数分枝；雄花花梗长约0.5mm，被疏微毛至无毛，基部具有披针形的小苞片；花萼钟状，3~5裂，裂片卵状三角形，外面被疏短柔毛，后变无毛；雄蕊2~5枚，伸出花萼之外；花盘垫状；雌花花梗极短；花萼与雄花的相似，但较小；花盘垫状；花柱顶生，柱头2~3裂。核果椭圆形，长5~6mm。花期4~6月，果期7~9月。

分布于我国长江以南各省份；日本、越南、泰国、马来西亚等。生于山地疏林中或山谷湿润地方。

种子含油率48%，为以亚麻酸为主的油脂。

小叶五月茶　五月茶属

Antidesma montanum var. *microphyllum* (Hemsley) Petra Hoffmann

灌木，高2~4m。小枝圆柱形，着叶较密集；幼枝、叶背、中脉、叶柄、托叶、花序及苞片被疏短柔毛或微毛，其余无毛。叶片近革质，狭披针形或狭长圆状椭圆形，长3~10cm，宽4~25mm，顶端钝或渐尖，基部宽楔形或钝，叶缘干后反卷；中脉和侧脉在叶面扁平，在叶背凸起，侧脉每边6~9条；叶柄长3~5mm；托叶线状披针形。总状花序单个或2~3个聚生于枝顶或叶腋内；苞片卵形；雄花花梗极短；萼片4~5，宽卵形或圆形，顶端常有腺体；花盘环状；雄蕊4~5枚，着生于花盘的凹缺处；雌花花梗长1~1.5mm；萼片和花盘与雄花的相同；花柱3~4，顶生。核果卵圆状，长约5mm，直径约3mm，红色，成熟时紫黑色，顶端常宿存有花柱；果柄长1.5~2mm。花期5~6月，果期6~11月。

分布于广东、海南、广西、四川、贵州和云南等省份；越南、老挝、泰国和非洲。生于山坡或谷地疏林中。

银柴　银柴属

Aporosa dioica Muell. Arg.

乔木，高达9m，在次生林中常呈灌木状。小枝被稀疏粗毛，老渐无毛。叶片革质，椭圆形、长椭圆形、倒卵形或倒披针形，长6~12cm，宽3.5~6cm，顶端圆至急尖，基部圆形或楔形，全缘或疏生浅齿，上面无毛而有光泽，下面初仅叶脉上疏生柔毛；侧脉5~7对，未达叶缘而弯拱联结；叶柄长5~12mm，被稀疏短柔毛，顶端两侧各具1个小腺体；托叶卵状披针形。雄穗状花序长约2.5cm，宽约4mm；苞片卵状三角形，顶端钝，外面被短柔毛；雌穗状花序长4~12mm；雄花萼片通常4，长卵形；雄蕊2~4枚，长过萼片；雌花萼片4~6，三角形，顶端急尖，边缘有睫毛。蒴果椭圆状，长1~1.3cm，被短柔毛，内有种子2粒。种子近卵圆形。花果期几乎全年。

分布于广东、海南、广西和云南等省份；印度、缅甸、越南和马来西亚等。生于山地疏林中和林缘或山坡灌木丛中。

叶药用，味甘性凉，可治疮毒。

秋枫　秋枫属

Bischofia javanica Blume

常绿或半常绿大乔木，高达40m，胸径可达2.3m。三出复叶，稀5小叶，总叶柄长8~20cm；小叶片纸质，卵形、椭圆形、倒卵形或椭圆状卵形，长7~15cm，宽4~8cm，顶端急尖或短尾状渐尖，基部宽楔形至钝，边缘有浅锯齿，每1cm长有2~3个，幼时仅叶脉上被疏短柔毛，老渐无毛；顶生小叶柄长2~5mm，侧生小叶柄长5~20mm；托叶膜质，披针形，长约8mm，早落。花雌雄异株，圆锥花序腋生，雄花序长8~13cm；雌花序长15~27cm，下垂；雄花萼片膜质，

半圆形，雄蕊5枚，退化雌蕊小，被柔毛；雌花萼片长圆状卵形。果浆果状，球形或近球形，淡褐色。花期4~5月，果期8~10月。

分布于华南、华东、华中、西南大部分省份及台湾；印度、缅甸、泰国、老挝、柬埔寨、越南、马来西亚、印度尼西亚、菲律宾、日本、澳大利亚和波利尼西亚等。常生于山地潮湿沟谷林中或平原栽培。

黑面神　黑面神属

Breynia fruticosa (L.) Hook. f.

灌木，高1~3m，全株均无毛。茎皮灰褐色；枝条上部常呈扁压状，紫红色；小枝绿色。叶革质，卵形、宽卵形或菱状卵形，长3~7cm，下面粉绿色，干后黑色，具小斑点；侧脉3~5对；叶柄长3~4mm；托叶三角状披针形。花小，单生或2~4朵簇生于叶腋内，雌花位于小枝上部，雄花则位于小枝的下部，有时生于不同的小枝上；雄花花梗长2~3mm，花萼陀螺状，厚，顶端6齿裂，雄蕊3枚，合生呈柱状；雌花花梗长约2mm，花萼钟状，6浅裂，萼片近相等，顶端近截形，中间有突尖。蒴果圆球状，直径6~7mm，有宿存的花萼。花期4~9月，果期5~12月。

分布于广东、浙江、福建、海南、广西、四川、贵州和云南等省份；越南。生于山坡、平地旷野灌木丛中或林缘。

枝叶可提取栲胶；根叶药用，有清热解毒、破瘀止痛等功效；种子可榨油。

喙果黑面神　黑面神属

Breynia rostrata Merr.

常绿灌木或乔木，高4~5m，少数可达10m，全株无毛。小枝和叶片干后呈黑色。叶纸质或近革质，卵状披针形或长圆状披针形，长3~7cm，先端渐尖，基部楔形，下面灰绿色；侧脉3~5对；叶柄长2~3mm，托叶三角状披针形。花单生或2~3朵雌花与雄花簇生叶腋；雄花花梗长约3mm，宽卵形，花萼漏斗状，顶端6细齿裂，直径2.5~3mm；雌花花梗长约3mm，花萼6裂，裂片3片较大，宽卵形，另3片较小，卵形，顶端急尖，花后常反折。蒴果圆球状，直径6~7mm，顶端具有宿存喙状花柱。种子长约3mm。花期3~9月，果期6~11月。

分布于广东、福建、海南、广西和云南等省份；越南。生于山地密林中或山坡灌木丛中。

根、叶可药用，治风湿骨痛、湿疹、皮炎等。

禾串树（尖叶土蜜树）　土蜜树属

Bridelia balansae Tutch.

乔木，高达17m。树干通直，胸径达30cm，树皮黄褐色，近平滑，内皮褐红色；小枝具有凸起的皮孔，无毛。叶片近革质，椭圆形或长椭圆形，长5~25cm，宽1.5~7.5cm，顶端渐尖或尾状渐尖，基部钝，无毛或仅在背面被疏微柔毛，边缘反卷；侧脉每边5~11条；叶柄长4~14mm；托叶线状披针形，被黄色柔毛。花雌雄同序，密集成腋生的团伞花序；除萼片及花瓣被黄色

柔毛外，其余无毛；雄花花梗极短，萼片三角形，花瓣匙形，长约为萼片的1/3，花丝基部合生，上部平展，花盘浅杯状，退化雌蕊卵状锥形；雌花萼片与雄花的相同，花瓣菱状圆形，长约为萼片之半，花盘坛状。核果长卵形，成熟时紫黑色，1室。花期3～8月，果期9～11月。

分布于广东、福建、台湾、海南、广西、四川、贵州和云南等省份；印度、泰国、越南、印度尼西亚、菲律宾和马来西亚等。生于山地疏林或山谷密林中。

散孔材，边材淡黄棕色，心材黄棕色，纹理稍通直，结构细致，材质稍硬，较轻，气干比重0.6，干燥后不开裂、不变形，耐腐，加工容易，可供建筑、家具、车辆、农具、器具等材料。树皮含鞣质，可提取栲胶。

大叶土蜜树　土蜜树属
Bridelia retusa (L.) Spreng.

乔木，高达15m，胸径达35cm。树皮灰褐色；小枝灰绿色，具有纵条纹和黄白色皮孔；苞片两面、花梗和萼片外面被柔毛。叶纸质，倒卵形，长8～22cm，先端圆或截平，具小短尖，基部钝、圆或浅心形；侧脉13～19对，近平行，直达叶缘网结；叶柄长约1.2cm；托叶早落。花小，黄绿色，雌雄异株；花梗长约1mm；穗状花序腋生或在小枝顶端由3～9个穗状花序再组成圆锥花序状，长10～20cm；苞片卵状三角形；雄花萼片长圆形，基部宽约1mm，花瓣倒卵形，膜质，顶端有3～5齿，花丝基部合生，花盘杯状；雌花萼片长圆形，花瓣匙形，膜质，雌蕊长2mm，花盘坛状。核果卵形，长7～8mm，直径4～6mm，黑色。花期4～9月，果期8月至翌年1月。

分布于广东、湖南、海南、广西、贵州和云南等省份。生于低海拔山地疏林中。

土蜜树（逼迫子）　土蜜树属
Bridelia tomentosa Bl.

灌木或小乔木，高达10m。除幼枝、叶下面、叶柄、托叶和雌花萼片外面被柔毛外，余均无毛；小枝顶部有黄褐色毛。单叶，互生，叶纸质，长圆形、长椭圆形或倒卵状长圆形，长3～9cm；侧脉9～12对；叶柄长3～5mm；托叶线状披针形。花簇生叶腋；雄花花梗极短；萼片三角形，长约1.2mm；花瓣倒卵形，顶端3～5齿裂；花丝下部与退化雌蕊贴生；花盘浅杯状；雌花几无花梗，萼片三角形，长和宽约1mm，花瓣倒卵形或匙形。核果近圆球形，径4～7mm。种子褐红色。

分布于广东、香港、广西、福建、台湾、海南和云南等省份；亚洲东南部各国至印度、澳大利亚。生于林中、灌丛、路旁。

药用，根皮治神经衰弱、月经不调，茎、叶治狂犬咬伤，叶治跌打骨折、湿热腹泻、痢疾等；树皮和叶含鞣质，可提制栲胶；木材供农具、细工用材。

鸡骨香　巴豆属
Croton crassifolius Geisel.

灌木，高20～50cm。一年生枝、幼叶、成长叶下面、花序和果均密被星状绒毛；老枝近无毛。叶卵形、卵状椭圆形至长圆形，长

4～10cm，宽2～6cm，顶端钝至短尖，基部近圆形至微心形，边缘有不明显的细齿，齿间有时具腺，成长叶上面的毛渐脱落；基出脉3（～5），侧脉（3～）4～5对；叶柄长2～4cm；叶片基部中脉两侧或叶柄顶端有2枚具柄的杯状腺体；托叶钻形，早落。总状花序顶生；苞片线形边缘有线形撕裂齿，齿端有细小头状腺体；雄花萼片外面被星状绒毛，花瓣长圆形，约与萼片等长，边缘被绵毛，雄蕊14～20枚；雌花萼片外面被星状绒毛。果近球形。种子椭圆状，褐色。花期11月至翌年6月。

分布于广东、广东、广西和海南等省份；越南、老挝、泰国。生于沿海丘陵山地较干旱山坡灌木丛中。

本种的根入药；性温、味苦。有理气止痛，祛风除湿之疗效。

毛果巴豆　巴豆属
Croton lachnocarpus Benth.

灌木，高1～3m。幼枝、幼叶、花序和果均密被星状毛。叶纸质，长圆形或椭圆状卵形，稀长圆状披针形，长4～13cm，先端钝、短尖或渐尖，基部近圆形或微心形，具不明显细钝齿，齿间常有具柄腺体，老叶下面密被星状毛；基出脉3，侧脉4～6对，叶基部或叶柄顶端有2枚具柄盘状腺体；叶柄长1～6cm。总状花序1～3个，顶生，长6～15cm，苞片钻形；雄花萼片卵状三角形，被星状毛，花瓣长圆形，雄蕊10～12枚；雌花萼片披针形，被星状柔毛，子房被黄色绒毛，花柱线形，2裂。蒴果稍扁球形，直径6～10mm，被毛。种子椭圆状，暗褐色，光滑。花期4～5月。

分布于广东、江西、湖南、贵州和广西。生于山地疏林或灌丛中。

根药用，有小毒，能驱寒祛风、散瘀活血。

巴豆　巴豆属
Croton tiglium L.

小乔木或灌木状。幼枝疏被星状毛，后脱落。叶卵形或椭圆形，长7～12cm，先端渐尖或尾尖，稀渐尖，基部宽楔形或近圆形，稀微心形，具细齿，或近全缘，老叶无毛或近无毛；基出脉3（～5），侧脉3～4对，基部两侧叶脉有腺体；叶柄长2.5～5cm，近无毛；托叶线形，早落。总状花序顶生，长8～20cm；雄花花蕾近球形，疏生星状毛或近无毛；雌花萼片长圆状披针形，几无毛。蒴果椭圆形，长约2cm，疏被星状毛或近无毛。种子椭圆形，长约1cm。花期4～6月。

分布于我国长江以南各省份；亚洲东南部。生于山地疏林中或溪边。

全株药用，其中种仁为著名泻药；种子、茎、叶均可杀虫；种仁含油53%～57%，为工业用油；含巴豆毒素，属有毒植物。

黄桐　黄桐属
Endospermum chinense Benth.

乔木，高6～20m。树皮灰褐色；幼枝、花序及果均被灰黄色星状微柔毛，老枝无毛。叶薄革质，椭圆形至卵圆形，长8～20cm，宽4～14cm，顶端短尖至钝圆形，基部阔楔形、钝圆、截平至浅心形，

全缘，两面近无毛或下面被疏生微星状毛，基部有2枚球形腺体；侧脉5～7对；叶柄长4～9cm；托叶三角形卵形，具毛。花序生于枝条近顶部叶腋，雄花序长10～20cm，雌花序长6～10cm，苞片卵形；雄花花萼杯状，有4～5枚浅圆齿；雄蕊5～12枚，2～3轮，生于长约4mm的凸起花托上，花丝长约1mm；雌花花萼杯状，具3～5枚波状浅裂，被毛，宿存；花盘环状，2～4齿裂。果近球形，直径约10mm，果皮稍肉质。种子椭圆形，长约7mm。花期5～8月，果期8～11月。

分布于广东、福建、海南、广西和云南；印度、缅甸、泰国、越南。生于山地常绿林中。

木材轻软适中，易加工，但易遭虫蛀，供家具、文具等用。

飞扬草　大戟属
Euphorbia hirta L.

一年生草本。根径3～5mm，常不分枝，稀3～5分枝。茎自中部向上分枝或不分枝，高达60（～70）cm，被褐色或黄褐色粗硬毛。叶对生，披针状长圆形、长椭圆状卵形或卵状披针形，长1～5cm，中上部有细齿，中下部较少或全缘，下面有时具紫斑，两面被柔毛；叶柄极短。花序多数，于叶腋处密集成头状，无梗或具极短梗，被柔毛；总苞钟状，被柔毛，边缘5裂，裂片三角状卵形，腺体4，近杯状，边缘具白色倒三角形附属物；雄花数枚，微达总苞边缘；雌花1，具短梗，伸出总苞。蒴果三棱状，长与直径均1～1.5mm，被短柔毛，成熟时分裂为3个分果爿。种子近圆状四棱，每个棱面有数个纵槽，无种阜。花果期6～12月。

分布于广东、江西、湖南、福建、台湾、广西、海南、四川、贵州和云南；世界热带和亚热带。生于路旁、草丛、灌丛及山坡，多见于沙质土。

全草药用，治急性肠炎、菌痢、淋病、尿血、肺痈、乳痈、疔疮、湿疹和皮肤瘙痒等。

千根草（小飞扬）　大戟属
Euphorbia thymifolia L.

一年生草本。根纤细，长约10cm，具多数不定根。茎纤细，常呈匍匐状，自基部极多分枝，长可达10～20cm，被稀疏柔毛。叶对生，椭圆形、长圆形或倒卵形，长4～8mm，先端圆，基部偏斜，圆形或近心形，有细齿，稀全缘，绿色或淡红色，两面常被柔毛；叶柄长约1mm。花序单生或数序簇生叶腋，具短梗，疏被柔毛；总苞窄钟状或陀螺状，外面被疏柔毛，边缘5裂，裂片卵形，腺体4，被白色附属物；雄花少数，微伸出总苞边缘；雌花1。蒴果卵状三棱形，长约1.5mm，直径1.3～1.5mm，被贴伏的短柔毛，成熟时分裂为3个分果爿。种子长卵状四棱形，暗红色，每个棱面具4～5个横沟，无种阜。花果期6～11月。

分布于广东、湖南、江苏、浙江、台湾、江西、福建、广西、海南和云南；世界热带和亚热带（除澳大利亚）。生于路旁、屋旁、草丛、稀疏灌丛等，多见于沙质土，常见。

全草药用，有清热利湿、解毒止痒的作用。

厚叶算盘子　算盘子属
Glochidion hirsutum (Roxb.) Voigt

灌木或小乔木，高1～8m。小枝密被长柔毛。叶卵形、长卵形或长圆形，长7～15cm，基部浅心形、截形或圆形，两侧偏斜，上面疏被柔毛，下面密被柔毛；侧脉6～10对；叶柄长5～7mm，托叶披针形。聚伞花序通常腋上生；总花梗长5～7mm或短缩；雄花花梗长6～10mm，萼片6，长圆形或倒卵形，其中3片较宽，外面被柔毛，雄蕊5～8枚；雌花花梗长2～3mm，萼片6，卵形或阔卵形，其中3片较宽，外面被柔毛，花柱合生呈近圆锥形，顶端截平。蒴果扁球状，直径8～12mm，被柔毛，具5～6条纵沟。花果期几乎全年。

分布于广东、福建、台湾、海南、广西、云南和西藏等省份；印度。生于山地林下或河边、沼地灌木丛中。

药用，治风湿骨痛、跌打肿痛、脱肛、子宫下垂、白带、泄泻、肝炎。

毛果算盘子　算盘子属
Glochidion eriocarpum Champ. ex Benth.

灌木，高达5m。小枝密被淡黄色、扩展的长柔毛。叶纸质，卵形、窄卵形或宽卵形，长4～8cm，先端渐尖或尖，基部钝、截平或圆形，两面被长柔毛；侧脉4～5对；叶柄长1～2mm，被柔毛；托叶钻形。花单生或2～4朵簇生叶腋，雌花生小枝上部，雄花生下部；雄花花梗长4～6mm，萼片6，长倒卵形，被疏柔毛，雄蕊3枚；雌花几无花梗，萼片6，长圆形，两面均被长柔毛，花柱合生呈圆柱状。蒴果扁球状，直径8～10mm，具4～5条纵沟，密被长柔毛，顶端具圆柱状稍伸长的宿存花柱。花果期几乎全年。

分布于广东、江苏、福建、台湾、湖南、海南、广西、贵州和云南等省份；越南。生于山坡、山谷灌木丛中或林缘。

根、叶药用，治急性胃肠炎、痢疾、风湿关节痛、跌打损伤、创伤出血、湿疮、湿疹和皮炎。

算盘子　算盘子属
Glochidion puberum (L.) Hutch.

直立灌木，高1～5m。茎多分枝，全株大部密被柔毛。叶长圆形、长卵形或倒卵状长圆形，长3～8cm，基部楔形，上面灰绿色；中脉被疏柔毛，下面粉绿色，侧脉5～7对，网脉明显；叶柄长1～3mm；托叶三角形。花雌雄同株或异株，2～5朵簇生叶腋，雄花束常生于小枝下部，雌花束在上部，有时雌花和雄花同生于叶腋；雄花花梗长0.4～1.5cm；萼片6，窄长圆形或长圆状倒卵形，长2.5～3.5mm；雄蕊3枚，合生成圆柱状；雌花花梗长约1mm，花柱合生成环状。蒴果扁球状，直径8～15mm，边缘有8～10条纵沟，成熟时带红色，顶端具有环状而稍伸长的宿存花柱。种子近肾形，具三棱，长约4mm，朱红色。花期4～8月，果期7～11月。

分布于华南、西北、华东、华中及西南大部分省份。生于山坡、溪旁灌木丛中或林缘。

种子油供制肥皂、作润滑油。根、叶药用。

艾胶算盘子 算盘子属
Glochidion lanceolarium (Roxb.) Voigt

常绿灌木或乔木，通常高1~3m，稀7~12m；除子房和蒴果外，全株均无毛。叶片革质，椭圆形、长圆形或长圆状披针形，长6~16cm，宽2.5~6cm，顶端钝或急尖，基部急尖或阔楔形而稍下延，两侧近相等，上面深绿色，下面淡绿色，干后黄绿色；侧脉每边5~7条；叶柄长3~5mm；托叶三角状披针形。花簇生于叶腋内，雌雄花分别着生于不同的小枝上或雌花1~3朵生于雄花束内；雄花萼片6，倒卵形或长倒卵形，黄色；雄蕊5~6枚；雌花萼片6，3片较大，3片较小，大的卵形，小的狭卵形。蒴果近球状，顶端常凹陷，边缘具6~8条纵沟，顶端被微柔毛，后变无毛。花期4~9月，果期7月至翌年2月。

分布于广东、福建、海南、广西和云南等省份；印度、泰国、老挝、柬埔寨和越南等。生于山地疏林中或溪旁灌木丛中。

白背算盘子 算盘子属
Glochidion wrightii Benth.

灌木或乔木，高1~8m，全株无毛。叶片纸质，长圆形或长圆状披针形，常呈镰刀状弯斜，长2.5~5.5cm，宽1.5~2.5cm，顶端渐尖，基部急尖，两侧不相等，上面绿色，下面粉绿色，干后灰白色；侧脉每边5~6条；叶柄长3~5mm。雌花或雌雄花同簇生于叶腋内；雄花花梗长2~4mm，萼片6，长圆形，长约2mm，黄色，雄蕊3枚，合生；雌花几无花梗，萼片6，其中3片较宽而厚，卵形、椭圆形或长圆形，长约1mm，子房圆球状，3~4室，花柱合生呈圆柱状，长不及1mm。蒴果扁球状，直径6~8mm，红色，顶端有宿存的花柱。花期5~9月，果期7~11月。

分布于广东、福建、海南、广西、贵州和云南等省份。生于山地疏林中或灌木丛中。

枝叶及树皮可提取栲胶；种子油供工业用。

香港算盘子 算盘子属
Glochidion zeylanicum (Gaerthn.) A. Juss.

灌木或小乔木，高1~6m，全株无毛。叶片革质，长圆形、卵状长圆形或卵形，长6~18cm，宽4~6cm，顶端钝或圆形，基部浅心形、截形或圆形，两侧稍偏斜；侧脉每边5~7条；叶柄长约5mm。花簇生成花束，或组成短小的腋上生聚伞花序；雌花及雄花分别生于小枝的上下部，或雌花序内具1~3朵雄花。雄花花梗长6~9mm，萼片6，卵形或阔卵形，雄蕊5~6，合生；雌花萼片与雄花的相同，子房圆球状，5~6室，花柱合生呈圆锥状，顶端截形。蒴果扁球状，直径8~10mm，高约5mm，边缘具8~12条纵沟。花期3~8月，果期7~11月。

分布于广东、福建、台湾、海南、广西和云南等省份；印度东部、斯里兰卡、越南、日本、印度尼西亚等。生于低海拔山谷、平地潮湿处或溪边湿土上灌木丛中。

药用，根皮可治咳嗽、肝炎；茎、叶可治腹痛、衄血、跌打损伤。茎皮含鞣质6.43%，可提取栲胶。

鼎湖血桐 血桐属
Macaranga sampsonii Hance

灌木或小乔木，高2~7m。嫩枝、叶和花序均被黄褐色绒毛，小枝无毛，有时被白霜。叶薄革质，三角状卵形或卵圆形，长12~17cm，先端骤长渐尖或尾尖，基部近截平或宽楔形，浅盾状着生，下面被柔毛和颗粒状腺体，边缘波状或具粗齿；侧脉约7对；叶柄长5~13cm；托叶披针形，长0.7~1cm，早落。雄花序圆锥状，长8~12cm；苞片卵状披针形，长0.5~1.2cm，先端尾尖，具1~3长齿，苞腋簇生5~6朵雄花；雄花花梗长1mm，萼片3；雄蕊3~5枚，花药4室；雌花序形状和苞片同雄花序；

雌花萼片3~4，卵形，具柔毛。蒴果双球形，长约5mm，宽约8mm，具颗粒状腺体；果梗长2~4mm。花期5~6月，果期7~8月。

分布于广东、福建和广西；越南。生于常绿阔叶林中。

血桐 血桐属
Macaranga tanarius (L.) Muell. Arg.

乔木，高5~10m。嫩枝、嫩叶、托叶均被黄褐色柔毛或有时嫩叶无毛；小枝粗壮，无毛，被白霜。叶近圆形或卵圆形，长17~30cm，先端渐尖，基部钝圆，盾状着生，下面密生颗粒状腺体，沿脉被柔毛；掌状脉9~11，侧脉8~9对；叶柄长14~30cm；托叶长角形，长1.5~3cm，早落。雄花序圆锥状；苞片卵圆形，基部兜状，边缘流苏状；雄花约11朵簇生苞腋；花梗长不及1mm；萼片3；雄蕊5~10枚；雌花花萼2~3裂；花柱2~3枚，长约6mm，稍舌状，疏生小乳头。蒴果具2~3个分果爿，密被颗粒状腺体和数枚长软刺；果柄长5~7mm。种子近球形。花期4~5月，果期6月。

分布于广东和台湾；日本、越南、泰国、缅甸、马来西亚、印度尼西亚、澳大利亚。生于沿海低山灌木林或次生林中。

因其树干受伤后，即分泌红色的树液，"血桐"之名由此而来。本种树冠圆伞形，树姿壮健，生长繁茂，为庭园和绿地优良的绿荫树种，又可植于海岸，有保持水土的功能。

白背叶 野桐属
Mallotus apelta (Lour.) Muell. Arg.

灌木或小乔木。小枝、叶柄和花序均被白色星状毛。单叶，互生，卵形或宽卵形，长宽均6~25cm，先端骤尖或渐尖，基部截平或稍心形，疏生齿，下面被灰白色星状绒毛，散生橙黄色腺体；基出脉5，侧脉6~7对；叶柄长5~15cm。雌雄异株，穗状花序或雄花序有时为圆锥状，长15~30cm，苞片卵形；雄花花梗长1~2.5mm；花蕾卵形或球形，花萼裂片4，卵形或卵状三角形，外面密生星状毛，内面散生腺体，雄蕊50~75枚；雌花序穗状，长15~30cm，苞片近三角形，

雌花花梗极短，花萼裂片3~5枚，卵形或近三角形，外面密生星状毛和腺体。蒴果近球形，密生被灰白色星状毛的软刺，软刺线形，黄褐色或浅黄色，长5~10mm。种子近球形，褐色或黑色，具皱纹。花期6~9月，果期8~11月。

分布于华南及西南各省份；越南。生于荒山灌丛中或疏林中。

种子含油率41.22%，其油供制肥皂及润滑油；茎皮纤维可编织麻袋或混纺；根、叶可入药。

粗糠柴　野桐属
Mallotus philippensis (Lam.) Muell. Arg.

小乔木或灌木，高2～18m。小枝、嫩叶和花序均密被黄褐色短星状柔毛。叶互生或有时小枝顶部的对生，近革质，卵形、长圆形或卵状披针形，长5～18（～22）cm，宽3～6cm，顶端渐尖，基部圆形或楔形，边近全缘，上面无毛，下面被灰黄色星状短绒毛，叶脉上具毛，散生红色颗粒状腺体；基出脉3，侧脉4～6对；近基部有褐色斑状腺体2～4个。花雌雄异株，花序总状，顶生或腋生，单生或数个簇生；雄花苞片卵形，雄花1～5朵簇生于苞腋，雄花花萼裂片3～4枚，长圆形，密被星状毛，具红色颗粒状腺体；雄蕊15～30枚；雌花苞片卵形，雌花花萼裂片3～5枚，卵状披针形，外面密被星状毛。蒴果扁球形，具2（～3）个分果爿，密被红色颗粒状腺体和粉末状毛。种子卵形或球形，黑色，具光泽。花期4～5月，果期5～8月。

分布于广东、四川、云南、贵州、湖北、江西、安徽、江苏、浙江、福建、台湾、湖南、广西和海南；亚洲南部和东南部、大洋洲热带区。生于山地林中或林缘。

木材淡黄色，为家具等用材；树皮可提取栲胶；种子的油可作工业用油；果实的红色颗粒状腺体有时可作染料，但有毒，不能食用。

白楸　野桐属
Mallotus paniculatus (Lam.) Muell. Arg.

乔木或灌木，高3～15m。树皮灰褐色，近平滑；小枝被褐色星状绒毛。叶互生，卵形、卵状三角形或菱形，长5～15cm，先端长渐尖或稍尾尖，基部楔形或宽楔形，全缘或波状，有时上部具2粗齿或裂片，幼叶两面均被灰黄色星状绒毛，老叶上面无毛；基出脉5；叶柄稍盾状着生，长2～15cm。花雌雄异株，总状花序或圆锥花序，顶生；雄花序长10～20cm，苞片卵状披针形，雄花花梗长约2mm；花萼裂片4～5，卵形，外面密被星状毛；雄蕊50～60枚；雌花序长5～25cm，苞片卵形；雌花花梗长约2mm，花萼裂片4～5，长卵形，外面密生星状毛。蒴果扁球形，具3个分果爿，直径1～1.5cm，被褐色星状绒毛和疏生钻形软刺，具毛。种子近球形，深褐色，常具皱纹。花期7～10月，果期11～12月。

分布于广东、云南、贵州、广西、海南、福建和台湾；亚洲东南部各国。生于林缘或灌丛中。

茎皮纤维供制绳索、麻袋、造纸；种子可榨油供工业用。

石岩枫　野桐属
Mallotus repandus (Willd.) Muell. Arg.

攀缘状灌木，全体被星状柔毛。单叶，叶互生，纸质，卵形或椭圆状卵形，长3.5～8cm，先端骤尖或渐尖，全缘或波状，老叶下面脉腋被毛及散生黄色腺体；基出脉3，侧脉4～5对；叶柄长2～6cm。花单性，雌雄异株，黄绿色；总状花序或下部有分枝，雄花序顶生，稀腋生，花萼裂片3～4，卵状长圆形，雄蕊40～75枚；雌花序顶生，花

萼裂片5，卵状披针形，花柱2～3枚。蒴果具2（3）分果爿，径约1cm，密被黄色粉状毛及腺体。种子卵形，黑色，有光泽。花期3～5月，果期8～9月。

分布于广东、广西、海南和台湾；南亚和东南亚。生于山地疏林中或林缘。

茎皮纤维供编绳；根、茎药用，治风湿骨痛等；种子油供工业用；全株有毒，能毒鱼，也可作农药。

越南叶下珠　叶下珠属
Phyllanthus cochinchinensis (Lour.) Spreng.

灌木，高达3m。茎皮黄褐色或灰褐色；小枝具棱，长10～30cm，直径1～2mm，与叶柄幼时同被黄褐色短柔毛，老时变无毛。叶互生或3～5枚着生短枝，叶革质，倒卵形、长倒卵形或匙形，长1～2cm，先端钝或圆，基部渐窄；侧脉不明显；叶柄长1～2mm；托叶褐红色，卵状三角形，长约2mm，有缘毛。花雌雄异株，1～5朵腋生；苞片撕裂状；雄花常单生；萼片6，倒卵形或匙形；雄蕊3枚，花丝合生成柱，花药3，顶端合生，下部叉开；花盘腺体6，倒圆锥形；雌花单生或簇生，萼片6，外3枚卵形，内3枚卵状菱形。蒴果圆球形，具3纵沟，成熟后开裂成3个2瓣裂的分果爿。种子橙红色，易剥落，上面被稍凸起的腺点。花果期6～12月。

分布于广东、福建、海南、广西、四川、云南和西藏等省份；印度、越南、柬埔寨和老挝等。生于旷野、山坡灌丛、山谷疏林下或林缘。

余甘子　叶下珠属
Phyllanthus emblica L.

乔木，高达23m，胸径约50cm。枝被黄褐色柔毛。叶片纸质至革质，二列，线状长圆形，长8～20mm，宽2～6mm，顶端截平或钝圆，有锐尖头或微凹，基部浅心形而稍偏斜，上面绿色，下面浅绿色；侧脉每边4～7条；叶柄长0.3～0.7mm；托叶三角形，褐红色。多朵雄花和1朵雌花或全为雄花组成腋生的聚伞花序；萼片6；雄花萼片膜质，雄蕊3枚，花盘腺体6；雌花萼片长圆形或匙形，花盘杯状，包藏子房达一半以上，边缘撕裂。蒴果呈核果状，圆球形，外果皮肉质，绿白色或淡黄白色，内果皮硬壳质。种子略带红色。花期4～6月，果期7～9月。

分布于广东、江西、福建、台湾、海南、广西、四川、贵州和云南等省份；印度、斯里兰卡、中南半岛、印度尼西亚和菲律宾等。生于山地疏林、灌丛、荒地或山沟向阳处。

小果叶下珠　叶下珠属
Phyllanthus reticulatus Poir.

灌木，高达4m。枝条淡褐色；幼枝、叶和花梗均被淡黄色短柔毛或微毛。叶片膜质至纸质，椭圆形、卵形至圆形，长1～5cm，宽0.7～3cm，顶端急尖、钝至圆，基部钝至圆，下面有时灰白色；叶脉通常两面明显，侧脉每边5～7条；托叶钻状三角形，褐色。通

常2～10朵雄花和1朵雌花簇生于叶腋，稀组成聚伞花序；雄花萼片5～6，2轮，卵形或倒卵形，不等大，全缘；雄蕊5枚，直立，其中3枚较长，花丝合生；花盘腺体5，鳞片状；雌花萼片5～6，2轮，不等大，宽卵形，花盘腺体5～6，长圆形或倒卵形。蒴果呈浆果状，球形或近球形，红色，不分裂，4～12室，每室有2粒种子。种子三棱形，褐色。花期3～6月，果期6～10月。

分布于广东、江西、福建、台湾、湖南、海南、广西、四川、贵州和云南等省份；热带西非至印度、斯里兰卡、中南半岛、印度尼西亚、菲律宾和澳大利亚。生于山地林下或灌木丛中。

根、叶药用，具有驳骨和治跌打肿伤等用途。

黄珠子草　叶下珠属
Phyllanthus virgatus Forst. F.

一年生草本，通常直立，高达60cm。茎基部具窄棱，或有时主茎不明显；枝条常自基部发出，全株无毛。叶近革质，线状披针形、长圆形或窄椭圆形，长0.5～2.5cm，先端有小尖头，基部圆，稍偏斜，几无叶柄；托叶膜质，卵状三角形。通常2～4朵雄花和1朵雌花同簇生于叶腋；雄花直径约1mm；花梗长约2mm；萼片6，宽卵形或近圆形；雄蕊3枚，花丝分离；雌花花梗长约5mm，花萼深6裂，裂片卵状长圆形，紫红色，外折，边缘稍膜质，花盘圆盘状，不分裂，花柱分离，2深裂几达基部，反卷。蒴果扁球形，直径2～3mm，紫红色，有鳞片状凸起；果梗丝状，长5～12mm；萼片宿存。种子小，长约0.5mm，具细疣点。花期4～5月，果期6～11月。

分布于华南、华北、西北、华东、华中及西南大部分省份。生于平原、山地草坡、沟边草丛或路旁灌丛中。

全株入药，清热利湿，治小儿疳积等。

叶下珠　叶下珠属
Phyllanthus urinaria L.

一年生草本，高10～60cm。茎通常直立，基部多分枝；枝具翅状纵棱，上部被疏短柔毛。叶片纸质，呈羽状排列，长圆形或倒卵形，长4～10mm，宽2～5mm，下面灰绿色，近边缘有1～3列短粗毛；侧脉4～5对；叶柄极短；托叶卵状披针形，长约1.5mm。花雌雄同株；雄花2～4朵簇生于叶腋，通常仅上面1朵开花；花梗长约0.5mm，基部有苞片1～2枚；萼片6，倒卵形，雄蕊3枚，花丝全部合生成柱状；花盘腺体6，分离；雌花单生于小枝中下部的叶腋内，花梗长约0.5mm，萼片6，近相等，卵状披针形，边缘膜质，黄白色，花盘圆盘状，边全缘。蒴果圆球状，直径1～2mm，红色，表面具小凸刺，有宿存的花柱和萼片，开裂后轴柱宿存。种子橙黄色。花期4～6月，果期7～11月。

分布于华南、华北、西北、华东、华中及西南部分省份；印度、斯里兰卡、中南半岛、日本、印度尼西亚至南美洲。生于旷野平地、旱田、山地路旁或林缘。

全草药用，治肠炎、痢疾、传

染性肝炎、肾炎水肿、尿路感染、小儿疳积、火眼目翳、口疮头疮和无名肿毒。

蓖麻　蓖麻属
Ricinus communis L.

一年生粗壮草本或草质灌木，高达5m。小枝、叶和花序通常被白霜，茎多汁液。叶互生，近圆形，径15～60cm，掌状7～11裂，裂片卵状披针形或长圆形，具锯齿；叶柄粗，长达40cm，中空，盾状着生，顶端具2盘状腺体，基部具腺体；托叶长三角形，合生，长2～3cm，早落。雌雄同株，无花瓣，无花盘；总状花序或圆锥花序，长15～30cm或更长；苞片阔三角形，膜质，早落；雄花花萼裂片卵状三角形；雌花萼片卵状披针形，凋落，花柱红色，顶部2裂，密生乳头状凸起。蒴果卵球形或近球形，长1.5～2.5cm，果皮具软刺或平滑。种子椭圆形，微扁平，平滑，斑纹淡褐色或灰白色，种阜大。花期几全年或6～9月（栽培）。

分布于全国各省份；世界热带至暖温带地区。生于村旁疏林或河流两岸冲积地。

种子油为优良润滑油，也可药用（作缓泻药）和制皂、印刷油等；叶和种子作农药；油粕可作照相软片原料或肥料、饲料；根治风湿骨痛、跌打肿痛，叶治子宫脱出等；种子有毒。

山乌桕　乌桕属
Triadica cochinchinensis Loureiro

乔木或灌木，高3～12m，各部均无毛。小枝灰褐色，有皮孔。叶互生，纸质，嫩时呈淡红色，叶片椭圆形或长卵形，长4～10cm，宽2.5～5cm，顶端钝或短渐尖，基部短狭或楔形，背面近缘常有数个圆形的腺体；中脉在两面均凸起，侧脉8～12对，网脉明显；叶柄纤细，顶端具2腺体。花单性，雌雄同株，顶生总状花序长4～9cm，雌花生于花序轴下部，雄花生于花序轴上部或有时整个花序全为雄花；雄花苞片卵形，基部两侧各具1腺体，每苞片内有5～7朵花；花萼杯状，具不整齐的裂齿；雄蕊2枚；雌花苞片与雄花的相似，每苞片内有1朵花，花萼3深裂近基部，裂片三角形。蒴果黑色，球形，直径1～1.5cm，分果爿脱落而中轴宿存。种子近球形，外薄被蜡质的假种皮。花期4～6月。

分布于华南、西南、华中及华北部分省份；印度、缅甸、老挝、越南、马来西亚及印度尼西亚。生于山谷或山坡混交林中。

木材可供制火柴和茶箱；叶可入药；种子榨油，供制肥皂、蜡烛等用。

乌桕　乌桕属
Tradica sebiferum (L.) Small.

乔木，高可达15m，各部均无毛而具乳状汁液。树皮暗灰色，有纵裂纹；枝具皮孔。叶互生，纸质，叶片菱形，长3～8cm，宽3～9cm，先端骤尖，基部阔楔形，全缘；侧脉6～10对；叶柄顶端具2腺体。花单性，雌雄同株，顶生，

聚集成长6～12cm的总状花序，雌花常生于花序最下部，雄花生于花序上部或花序全为雄花；雄花苞片阔卵形，基部两侧各具一近肾形的腺体，每苞片内具10～15朵花；花萼杯状，3浅裂，具不规则的细齿；雄蕊2枚，伸出花萼，花丝分离；雌花苞片3深裂，基部两侧的腺体与雄花的相同，每苞片内1朵花，花萼3深裂。蒴果梨状球形，成熟时黑色，直径1～1.5cm，具3粒种子。种子扁球形，黑色，外被白色、蜡质的假种皮。花期4～8月。

分布于西北部分省份及我国黄河以南各省份；日本、越南、印度、欧洲、美洲和非洲。生于旷野、塘边或疏林中。

木材可用于木工；冠大荫浓，秋叶黄红色，供观赏；重要蜜源植物；柏油可制油漆、油墨；叶药用，治水肿、二便不通、湿疮、疥癣、疔毒。

油桐　油桐属
Vernicia fordii Hemsl.

落叶乔木，高达10m。树皮灰色，近光滑；枝条粗壮，无毛，具明显皮孔。叶卵圆形，长8～18cm，宽6～15cm，顶端短尖，基部截平至浅心形，全缘，成长叶上面深绿色，无毛，下面灰绿色，被贴伏微柔毛；掌状脉5（～7）；叶柄与叶片近等长，几无毛，顶端有2枚扁平、无柄腺体。花雌雄同株，先叶或与叶同时开放；花萼长约1cm，2（～3）裂，外面密被棕褐色微柔毛；花瓣白色，有淡红色脉纹，倒卵形，长2～3cm，宽1～1.5cm，顶端圆形，基部爪状；雄蕊8～12枚，2轮；外轮离生，内轮花丝中部以下合生；雌花花柱3～8，2裂。核果近球状，直径4～8cm，果皮光滑；具种子3～8粒。种子木质。花期3～4月，果期8～9月。

分布于华南、西北、华中、华东及西南大部分省份；越南。生于丘陵山地。

本种是我国重要的工业油料植物；桐油是我国的外贸商品；此外，其果皮可制活性炭或提取碳酸钾。

木油桐　油桐属
Vernicia montana (Lor.) Wils.

落叶乔木，高达20m。枝条无毛，散生凸起皮孔。叶阔卵形，长8～20cm，宽6～18cm，顶端短尖至渐尖，基部心形至截平，全缘或2～5裂；裂缺常有杯状腺体，两面初被短柔毛，成长叶仅下面基部沿脉被短柔毛；掌状脉5；叶柄长7～17cm，无毛，顶端有2枚具柄的杯状腺体。花序生于当年生已发叶的枝条上，雌雄异株或有时同株异序；花萼无毛，长约1cm，2～3裂；花瓣白色或基部紫红色且有紫红色脉纹，倒卵形，长2～3cm，基部爪状；雄花雄蕊8～10枚，外轮离生，内轮花丝下半部合生，花丝被毛。核果卵球状，直径3～5cm，具3条纵棱，棱间有粗疏网状皱纹，有种子3粒。种子扁球状，种皮厚，有疣突。花期4～5月。

分布于华南、华东、华中及西南部分省份；越南、泰国、缅甸。生于疏林中。

本种在华南亚热带丘陵山地较多栽培；用途同油桐。

牛耳枫　交让木属
Daphniphyllum calycinum Benth.

灌木，高1.5～4m。小枝灰褐色，径3～5mm，具稀疏皮孔。叶纸质，椭圆形、倒卵状卵圆形或宽椭圆形，长10～20cm，宽4～10cm，下面被白粉，稍背卷；侧脉8～11对；叶柄长5～15cm。总状花序腋生，长2～3cm，雄花花梗长8～10mm；花萼盘状，3～4浅裂，裂片阔三角形；雄蕊9～10枚；雌花花梗长5～6mm，苞片卵形，萼片3～4，阔三角形，花柱短，柱头2，直立，先端外弯。果序长4～5cm，密集排列；果卵圆形，较小，长约7mm，被白粉，具小疣状凸起，先端具宿存柱头，基部具宿萼。花期4～6月，果期8～11月。

分布于广东、广西、福建和江西等省份；越南和日本。生于疏林或灌丛中。

种子含油达30%，可作工业用油；根、叶药用，有清热解毒、活血散瘀的作用。

交让木　交让木属
Daphniphyllum macropodum Miq.

灌木或小乔木，高3～10m。小枝粗壮，暗褐色，具圆形大叶痕。叶革质，长圆形或长圆状披针形，长14～25cm，先端尖，稀渐尖，基部楔形或宽楔形，下面有时被白粉；侧脉12～18对，细密，两面均明显；叶柄粗，长3～6cm，紫红色，上面具槽。雄花序长5～7cm，雄花花梗长约0.5cm；花萼不育；雄蕊8～10枚，花药长为宽的2倍，约2mm，花丝短，长约1mm，背部压扁，具短尖头；雌花序长4.5～8cm，花梗长3～5mm，花萼不育，子房基部具大小不等的不育雄蕊10枚，花柱极短，柱头2，外弯，扩展。果椭圆形，长约10mm，径5～6mm，先端具宿存柱头，基部圆形，暗褐色，有时被白粉，具疣状皱褶；果梗长10～15mm，纤细。花期3～5月，果期8～10月。

分布于华南、西南、华中及华东部分省份；日本和朝鲜。生于阔叶林中。

虎皮楠　虎皮楠属
Daphniphyllum oldhamii (Hemsl.) Rosenth.

乔木或小乔木，高5～10m，也有灌木。小枝纤细，暗褐色。叶纸质，披针形或倒卵状披针形或长圆状披针形，长9～14cm，宽2.5～4cm，最宽处常在叶的上部，先端渐尖，基部楔形，边缘反卷，干后叶面暗绿色，具光泽，叶背通常显著被白粉，具细小乳突体；侧脉8～15对，两面凸起，网脉在叶面明显凸起；叶柄长2～3.5cm，纤细，上面具槽。雄花序长2～4cm，较短；花梗长约5mm，纤细；花萼小，不整齐4～6裂，三角状卵形，具细齿；雄蕊7～10枚；雌花序长4～6cm，花序轴及总梗纤细，花梗纤细，萼片4～6，披针形，具齿。果椭圆形或倒卵圆形，长约8mm，径约6mm，暗褐色至黑色，具不明显疣状凸起，先端具宿存柱

头，基部无宿存花萼片或多少残存。花期3～5月，果期8～11月。

分布于我国长江以南各省份；朝鲜和日本。生于阔叶林中。

种子榨油供制皂。树形美观，常绿，可作绿化和观赏树种。

鼠刺科　Escalloniaceae

鼠刺（华鼠刺）　鼠刺属
Itea chinensis Hook. et Arn.

灌木或小乔木，高4～10m，稀更高。幼枝黄绿色，无毛；老枝棕褐色，具纵棱条。叶薄革质，倒卵形或卵状椭圆形，长5～15cm，先端尖，基部楔形，边缘上部具不明显圆齿状小锯齿，波状或近全缘；侧脉4～5对，两面无毛；叶柄长1～2cm，无毛。腋生总状花序，通常短于叶，长3～9cm，单生或稀2～3束生，直立；花序轴及花梗被短柔毛；花多数，2～3个簇生，稀单生；花梗细，被短毛；苞片线状钻形；萼筒浅杯状，被疏柔毛，萼片三角状披针形，被微毛；花瓣白色，披针形，花时直立，顶端稍内弯，无毛；雄蕊与花瓣近等长或稍长于花瓣。蒴果长圆状披针形，长6～9mm，被微毛，具纵条纹。花期3～5月，果期5～12月。

分布于广东、福建、湖南、广西、云南和西藏；印度东部、不丹、越南和老挝。生于山地、山谷、疏林、路边及溪边。

木材供农具、细木工等用。

厚叶鼠刺　鼠刺属
Itea coriacea Y. C. Wu

灌木或小乔木，高达10m。小枝圆柱形，无毛，具明显纵条棱。叶厚革质，椭圆形或倒卵状长圆形，长6～13cm，宽3～5cm，先端急尖或短急尖，基部钝或宽楔形，边缘除近基部外具圆齿状齿，齿端有硬腺点，上面黄绿色，下面淡绿色，两面无毛，而具疏或蜜腺体；中脉下面明显凸起，侧脉5～6对，弧状上弯，网状脉明显；叶柄极粗壮，上面具小槽沟，无毛。总状花序腋生，或稀兼顶生，单生，具多数花；花序轴及花梗被短柔毛，花2，稀1或3个簇生；花梗基部有线状钻形苞片；萼筒浅杯状，黄绿色，被微毛；萼片三角状披针形；花瓣白色，直立，顶端渐尖，边缘及内面被疏微毛；雄蕊明显伸出花瓣。蒴果锥形，被疏柔毛，成熟时2裂，裂片顶端极反折。

分布于广东、江西、湖南、广西和贵州。生于疏或密林中、山地灌丛、山谷、路边和水旁。

绣球花科　Hydrangeaceae

常山　常山属
Dichroa febrifuga Lour.

灌木，高1～2m。小枝圆柱状或稍具四棱，无毛或被稀疏短柔毛，常呈紫红色。单叶，对生，椭圆形、倒卵形、椭圆状长圆形或披针形，长6～25cm，宽2～10cm，先端渐尖，基部楔形，具锯齿，稀波状，两面绿色或下面紫色，无毛或叶脉被疲卷柔毛，稀下面散生长柔毛；侧脉8～10对；叶柄长1.5～5cm。伞房状圆锥花序，花蕾倒卵形，花白色或蓝色；花萼裂片宽三角形；花瓣长圆状椭圆形，稍肉

质，花后反折；雄蕊一半与花瓣对生；花柱棒形，柱头长圆形。浆果直径3～7mm，蓝色，干时黑色。花期2～4月，果期5～8月。

分布于我国长江以南各省份；印度尼西亚、印度、中南半岛、日本和菲律宾。生于林下、路旁或溪边。

全株药用，有截疟、祛痰等作用；花、果色艳量丰，供观赏。

圆锥绣球　绣球属
Hydrangea paniculata Sieb.

灌木或小乔木，高1～5m，有时达9m，胸径约20cm。枝暗红褐色或灰褐色，幼枝疏被柔毛，具圆形浅色皮孔。叶纸质，2～3片对生或轮生，卵形或椭圆形，长5～14cm，先端渐尖或骤尖，具短尖头，基部圆形或宽楔形，密生小锯齿，上面无毛或疏被糙伏毛，下面沿中脉侧脉被紧贴长柔毛；侧脉6～7对；叶柄长1～3cm。圆锥状聚伞花序长达26cm，密被柔毛；不育花白色，萼片4；孕性花萼筒陀螺状；萼齿三角形；花瓣分离，白色，卵形或披针形，基部截平；雄蕊不等长，较长的于花蕾时内折。蒴果椭圆形，不连花柱长4～5.5mm，宽3～3.5mm，顶端突出部分圆锥形，其长约等于萼筒。种子褐色，扁平，具纵脉纹，轮廓纺锤形，两端具翅，先端的翅稍宽。花期7～8月，果期10～11月。

分布于华南、西北、华东、华中及西南部分省份；日本。生于山谷、山坡疏林下或山脊灌丛中。

星毛冠盖藤　冠盖藤属
Pileostegia tomentella Hand.-Mazz.

常绿攀缘灌木，长达16m。嫩枝、叶下面和花序均密被淡褐色或锈色星状柔毛，星状毛常为3～6辐线；老枝圆柱形，近无毛，灰褐色。叶革质，长圆形或倒卵状长圆形，稀倒披针形，长5～18cm，宽2.5～8cm，先端尖，基部圆形或稍心形，近全缘或近顶端具粗齿或不规则波浪状，幼叶上面疏被柔毛，后脱落；侧脉8～13对；叶柄长1.2～1.5cm。伞房状圆锥花序顶生，长和宽均10～25cm；苞片线形或钻形，被星状毛；花白色；花梗长约2mm；萼筒杯状，高约2mm，裂片三角形，疏被星状毛；花瓣卵形，长约2mm，早落，无毛；雄蕊8～10枚。蒴果陀螺状，平顶，直径约4mm，被稀疏星状毛，具宿存花柱和柱头，具棱，暗褐色。种子细小，连翅长约2mm，棕色。花期3～8月，果期9～12月。

分布于广东、江西、福建、湖南和广西。生于林谷中。

冠盖藤　冠盖藤属
Pileostegia viburnoides Hook. f. et Thoms

常绿攀缘状灌木，长达15m。小枝圆柱形，灰色或灰褐色，无毛。叶对生，薄革质，椭圆状倒披针形或长椭圆形，长10～18cm，宽

3～7cm，先端渐尖或急尖，基部楔形或阔楔形，边全缘或稍波状，常稍背卷，上面绿色或暗绿色，具光泽，无毛，下面干后黄绿色，无毛或主脉和侧脉交接处穴孔内有长柔毛；侧脉每边7～10对，上面凹入或平坦，下面明显；叶柄长1～3cm。伞房状圆锥花序顶生，长7～20cm，宽5～25cm，无毛或稍被褐锈色微柔毛；苞片和小苞片线状披针形，无毛，褐色；花白色；花梗长3～5mm；萼筒圆锥状，裂片三角形，无毛；花瓣卵形，雄蕊8～10枚。蒴果圆锥形，长2～3mm，5～10肋纹或棱，具宿存花柱和柱头。种子连翅长约2mm。花期7～8月，果期9～12月。

分布于华南、华东、华中及西南大部分省份。生于山谷林中。

蔷薇科 Rosaceae

日本龙芽草（小花龙芽草） 龙芽草属
Agrimonia nipponica Koide. var. *occidentatis* Skalicky

多年生草本。主根粗短，常呈块状。茎高达90cm，上部密被柔毛，下部密被黄色长硬毛。叶为间断奇数羽状复叶，下部叶有小叶3对，稀2对，中部叶具小叶2对，最上部1～2对，稀3出；叶柄被疏柔毛及短柔毛，小叶无柄或有短柄，棱状椭圆形或椭圆形，长1.5～4cm，先端急尖或圆钝，基部宽楔形，有圆齿，上面伏生疏柔毛，下面沿脉横生稀疏长硬毛，被稀疏腺体或不明显；托叶镰形或半圆形，稀长圆形，边缘有急尖锯齿，茎下部托叶常全缘。花序分枝，纤细；花梗长1～3mm；苞片小，3深裂，小苞片1对；花直径4～5mm；雄蕊5枚，稀10枚。瘦果小，萼筒钟状，半球形，有10肋，被疏柔毛，顶端具数层钩刺，开展，连钩刺长4～5mm，径2～2.5mm。花果期8～11月。

分布于广东、安徽、浙江、广西、贵州和江西；老挝。生于山坡草地、山谷溪边、灌丛、林缘及疏林下。

全草药用。

钟花樱桃（福建山樱花） 樱属
Cerasus campanulata (Maxim.) Yü et Li

乔木或灌木，高3～8m。树皮黑褐色；小枝灰褐色或紫褐色，嫩枝绿色，无毛。冬芽卵形，无毛。叶卵形、卵状椭圆形或倒卵状椭圆形，长4～7cm，先端渐尖，基部圆，有急尖锯齿，常稍不整齐，上面无毛，下面淡绿色，无毛或脉腋有簇毛；侧脉8～12对；叶柄长0.8～1.3cm，无毛，顶端常有2腺体。伞形花序，有花2～4朵，先叶开放；总苞片长椭圆形，两面伏生长柔毛，总梗短；苞片褐色，稀绿褐色，边有腺齿；花梗无毛或稀被极短柔毛；萼筒钟状，无毛或被极稀疏柔毛，基部略膨大，萼片长圆形，先端圆钝，全缘；花瓣倒卵状长圆形，粉红色，先端颜色较深，下凹，稀全缘；雄蕊39～41枚。核果卵球形，顶端尖；核表面微具棱纹；果梗先端稍膨大并有萼片宿存。花期2～3月，果期4～5月。

分布于广东、浙江、福建、台湾和广西；日本和越南。生于山谷林中及林缘。

早春着花，颜色鲜艳，在华东、华南可栽培，供观赏用。

蛇莓 蛇莓属
Duchesnea indica (Andr.) Focke

多年生草本。匍匐茎多数，长30～100cm，有柔毛。小叶片倒卵形至菱形长圆形，长2～5cm，宽1～3cm，先端钝圆，边缘有钝锯齿，两面皆有柔毛，或上面无毛，具小叶柄；叶柄长1～5cm，有柔毛；托叶窄卵形至宽披针形。花单生叶腋，萼片卵形，先端锐尖，外面有散生柔毛；副萼片倒卵形较长，先端有3～5锯齿；花瓣倒卵形，黄色；雄蕊多枚，心皮多数，离生；花托在果期膨大，海绵质，鲜红色，有光泽。瘦果卵形，长约1.5mm，光滑或具不显明凸起，鲜时有光泽。花期6～8月，果期8～10月。

分布于我国辽宁以南各省份；阿富汗至日本、印度、印度尼西亚、欧洲、美洲。生于山坡、路旁及杂草间。

野果；全草药用，治热病、咳嗽、吐血、咽喉肿痛、痢疾、蛇虫咬伤。

大花枇杷 枇杷属
Eriobotrya cavaleriei (Lévl.) Rehd.

常绿乔木，高4～6m。小枝粗壮，棕黄色，无毛。叶片集生枝顶，长圆形、长圆状披针形或长圆状倒披针形，长7～18cm，先端渐尖，基部渐窄，疏生内弯浅锐齿，近基部全缘，上面无毛，下面近无毛；侧脉7～14对，中脉在两面隆起；叶柄长1.5～4cm，无毛，托叶早落。圆锥花序顶生，径9～12cm；花序梗和花梗均疏被棕色短柔毛；花梗长0.3～1cm；花直径1.5～2.5cm；被丝托浅杯状，疏被棕色短柔毛，萼片三角状卵形，边缘被棕色绒毛；花瓣白色，倒卵形，先端微凹，无毛；雄蕊20枚；花柱2～3，基部合生，中部以下有白色长柔毛。果实椭圆形或近球形，直径1～1.5cm，橘红色，肉质，具颗粒状凸起，无毛或微有柔毛，顶端有反折宿存花萼片。花期4～5月，果期7～8月。

分布于广东、四川、贵州、湖北、湖南、江西、福建和广西。生于山坡、河边的杂木林中。

有化痰止咳、消肿止痛等功效。

香花枇杷 枇杷属
Eriobotrya fragrans Champ. ex Benth.

常绿小乔木或灌木，高可达10m。小枝幼时密被棕色绒毛，旋脱落无毛。叶革质，长圆状椭圆形，长7～15cm，先端尖或短渐尖，基部楔形或渐窄，中上部有不明显疏锯齿，幼时两面密被短绒毛；侧脉9～11对，中脉在两面凸起；叶柄长1.5～3cm，幼时有棕色短绒毛；托叶早落。圆锥花序顶生，长7～9cm，总花梗和花梗均密生棕色绒毛；花梗长2～5mm；花直径约15mm；萼筒杯状，萼片三角卵形，萼筒及萼片外面有棕色绒毛，内面无毛；花瓣白色，椭圆形，长约5mm，宽约3mm，基部有棕色绒毛；雄蕊20枚，较花瓣短。果实球形，直径1～2.5cm，表面具颗粒状凸起，并有绒毛，具反折宿存花萼片。花期4～5月，果期8～9月。

分布于广东和广西。生于山坡丛林中。

果可食，也可酿酒。

枇杷　枇杷属
Eriobotrya japonica (Thunb.) Lindl.

常绿小乔木，高可达10m。小枝粗，密被锈色或灰棕色绒毛。叶革质，披针形、倒披针形、倒卵形或椭圆状长圆形，长12～30cm，先端急尖或渐尖，基部楔形或渐窄成叶柄，上部边缘有疏锯齿，基部全缘，上面多皱，下面密被灰棕色绒毛；侧脉11～21对；叶柄长0.6～1cm，被灰棕色绒毛；托叶钻形，有毛。圆锥花序顶生，长10～19cm，多花；总花梗和花梗密生锈色绒毛；花梗长2～8mm；苞片钻形，密生锈色绒毛；萼筒浅杯状，萼片三角卵形，先端急尖，萼筒及萼片外面有锈色绒毛；花瓣白色，长圆形或卵形，基部具爪，有锈色绒毛；雄蕊20枚。果实球形或长圆形，黄色或橘黄色，有种子1～5粒。种子球形或扁球形，褐色，光亮，种皮纸质。花期10～12月，果期5～6月。

分布于华南、西北、华中、华东及西南大部分省份；日本、印度、越南、缅甸、泰国、印度尼西亚。生于山地和丘陵。

美丽观赏树木和果树。果味甘酸，供生食、蜜饯和酿酒用；叶晒干去毛，可供药用，有化痰止咳、和胃降气之功效。木材红棕色，可作木梳、手杖、农具柄等用。

腺叶桂樱　桂樱属
Laurocerasus phaeosticta (Hance)　Schneid.

常绿灌木或小乔木，高4～12m。小枝暗紫褐色，具稀疏皮孔，无毛。叶片近革质，叶窄椭圆形、长圆形或长圆状披针形，稀倒卵状长圆形，长6～12cm，先端长尾尖，基部楔形，全缘，两面无毛，下面密被黑色小腺点，基部近叶缘有2枚基腺；侧脉6～10对；叶柄长4～8mm，无腺体，无毛；托叶无毛，早落。总状花序单生于叶腋，具花数朵至10余朵，长4～6cm，无毛，生于小枝下部叶腋的花序，其腋外叶早落，生于小枝上部的花序，其腋外叶宿存；花梗长3～6mm；苞片无毛，早落；花直径4～6mm；花萼外面无毛；萼筒杯形；萼片卵状三角形，先端钝，有缘毛或具小齿；花瓣近圆形，白色，无毛；雄蕊20～35枚。果实近球形或横向椭圆形，紫黑色，无毛。花期4～5月，果期7～10月。

分布于广东、湖南、江西、浙江、福建、台湾、广西、贵州和云南；印度、缅甸北部、孟加拉国、泰国北部和越南。生于疏密杂木林内或混交林中，也见于山谷、溪旁或路边。

全株和种子药用，能活血散瘀、利尿滑肠；种子油供点灯、制皂及油漆用；木材供建筑、家具等用。

刺叶桂樱　桂樱属
Laurocerasus spinulosa (Sieb. et Zucc.) S. K. Schneid.

常绿乔木，高可达20m，稀灌木。小枝紫褐色或黑褐色，具明显皮孔，无毛或幼嫩时微被柔毛。叶片草质至薄革质，长圆形或倒卵状长圆形，长5～10cm，宽2～4.5cm，先端渐尖至尾尖，基部宽楔形至近圆形，边缘常波状，中部以上或近顶端常具少数针状锐锯齿，两面无毛，近基部具1或2对腺体；侧脉8～14对；叶柄长0.5～1.5cm，无毛；托

叶早落。总状花序生于叶腋，单生，具10～20余花，长5～10cm，被柔毛；花梗长1～4mm；苞片早落，花序下部的苞片常无花；花直径3～5mm；花萼外面无毛或微被细短柔毛；萼筒钟形或杯形；萼片卵状三角形，先端圆钝；花瓣圆形，白色，无毛；雄蕊25～35枚。核果椭圆形，长0.8～1.1cm，径6～8mm，熟时褐色或黑褐色，无毛。花期9～10月，果期11～3月。

分布于华南、华东、华中及西南部分省份；日本和菲律宾。生于山坡阳处疏密杂木林中或山谷、沟边阴暗阔叶林下及林缘。

木材可用于建筑和家具。

大叶桂樱　桂樱属
Laurocerasus zippeliana (Miq.) Yu et Lu

常绿乔木，高达25m。小枝无毛。叶革质，宽卵形、椭圆状长圆形或宽长圆形，长10～19cm，先端急尖或短渐尖，基部宽楔形或近圆形，具粗锯齿，两面无毛，侧脉7～13对；叶柄粗，长1～2cm，无毛，有1对扁平腺体；托叶线形，早落。总状花序单生或2～4个簇生叶腋，长2～6cm，被短柔毛；花梗长1～3mm；苞片长2～3mm，位于花序最下面者常先端3裂而无花；花直径5～9mm，花萼被柔毛，萼筒钟形，萼片卵状三角形，先端圆钝；花瓣近圆形，长约为萼片的2倍，白色；子房无毛。核果长圆形或卵状长圆形，长1.8～2.4cm，径0.8～1.1cm，顶端尖并具短尖头，熟时黑褐色，无毛。花期7～10月，果期冬季。

分布于我国长江以南各省份；日本和越南等。生于自然林中。

木材用于建筑和家具；果实、种仁及叶药用，可止咳平喘、温经止痛。

中华石楠　石楠属
Photinia beauverdiana Schneid.

落叶灌木或小乔木，高达10m。小枝无毛。叶薄纸质，长圆形、倒卵状长圆形或卵状披针形，长5～10cm，先端短渐尖，基部圆形或宽楔形，边缘疏生具腺锯齿，上面无毛，下面沿中脉疏生柔毛；侧脉9～14对，中脉在上面微凹；叶柄长0.5～1cm，微被柔毛；托叶早落。花多数组成复伞房花序，萼片三角状卵形，果期宿存，花瓣白色，卵形或倒卵形；雄蕊20枚，花柱（2）3，基部合生。果卵圆形，长7～8mm，紫红色，无毛，微有疣点，顶端有宿存花萼片；果柄长1～2cm，密生疣点。花期5月，果期7～8月。

分布于华南、西北、华中、华东及西南大部分省份。生于山坡或山谷林下。

小叶石楠　石楠属
Photinia parvifolia (Pritz.) Scned.

落叶灌木，高达3m。小枝纤细，无毛，冬芽卵圆形。叶革质，椭圆形、椭圆状卵形或菱状卵形，长4～8cm，先端渐尖或尾尖，基部宽楔形或近圆形，有尖锐腺齿，上面幼时疏被柔毛，后无毛，下面无毛；侧脉4～6对；叶柄长

1～2mm，无毛；托叶早落。花2～9组形成伞形花序，生于侧枝顶端，无花序梗；苞片和小苞片钻形，早落；花梗细，长1～2.5cm，无毛，有疣点；花直径0.5～1.5cm；被丝托钟状，无毛，萼片卵形，长约1mm，内面疏生长柔毛，外面无毛；花瓣白色，圆形，先端钝，基部有极短爪，内面基部疏生长柔毛；雄蕊20枚；花柱2～3，中部以下合生。果椭圆形或卵圆形，长0.9～1.2cm，径5～7mm，橘红色或紫色，无毛，宿存花萼片直立；果柄长1～2.5cm，密生疣点。花期4～5月，果期7～8月。

分布于华南、华中、华东及西南大部分省份。生于低山丘陵灌丛中。

桃叶石楠　石楠属
Photinia prunifolia (Hook. et Arn.) Lindl.

常绿乔木，高达20m。小枝无毛，灰黑色，具黄褐色皮孔。叶革质，长圆形或长圆状披针形，长7～13cm，先端渐尖，基部圆形至宽楔形，边缘有密生细腺齿，上面光亮，下面密被黑色腺点，两面无毛；侧脉13～15对；叶柄长1～2.5cm，无毛，具多数腺体，有时有锯齿。花多数，密集成顶生复伞房花序，径12～16cm；花序梗和花梗均微被长柔毛；花梗长0.5～1.1cm；花直径7～8mm；被丝托杯状，被柔毛，萼片三角形，内面微有绒毛；花瓣白色，倒卵形，基部有绒毛；雄蕊20枚；花柱2（3），离生。果椭圆形，长7～9mm，径3～4mm，红色，有种子2（3）粒。花期3～4月，果期10～11月。

分布于广东、广西、湖南、福建、江西、浙江和云南等省份；日本和越南。生于林中。

木材坚硬，供建筑、家具等用。

臀果木（臀形果）　臀果木属
Pygeum topengii Merr.

乔木，高达25m。幼枝被褐色柔毛，老时无毛。叶革质，卵状椭圆形或椭圆形，长6～12cm，先端短渐钝尖，基部宽楔形，全缘，上面无毛，下面被平伏褐色柔毛，老时疏被毛，沿中脉及侧脉毛较密，近基部有2枚黑色腺体；侧脉5～8对；叶柄长5～8mm，被褐色柔毛；托叶小，早落。总状花序有10余花，单生或2至数个簇生叶腋，花序梗、花梗和花萼均密被褐色柔毛；花梗长1～3mm；苞片小，卵状披针形或披针形，具毛，早落；花直径2～3mm；萼筒倒圆锥形；花被片10～12，萼片与花瓣均5～6，萼片三角状卵形，先端尖；花瓣长圆形，先端稍钝，被褐色柔毛。核果肾形，长0.8～1cm，径1～1.6cm，顶端凹下，无毛，熟时深褐色。种子被柔毛。花期6～9月，果期冬季。

分布于广东、福建、广西、云南和贵州。生于山野间，常见于山谷、路边、溪旁或疏密林内及林缘。

木材为制家具、器具、工艺品等优良用材；种子可榨油。

豆梨　梨属
Pyrus calleryana Decne.

乔木，高达8m。幼枝有绒毛，不久脱落，冬芽三角状卵圆形。叶宽卵形至卵形，稀长椭圆形，长4～8cm，先端渐尖，稀短尖，基部圆形至宽楔形，边缘有钝锯齿，两面无毛；叶柄长2～4cm，无毛，托叶叶质，线状披针形，早落。花6～12枚组成伞形总状花序，径4～6cm；花序梗无毛；苞片膜质，线状披针形，内面有绒毛；花梗长1.5～3cm；花直径2～2.5cm；被丝托无毛；萼片披针形，全缘，内面有绒毛；花瓣白色，卵形，长约1.3cm，基部具短爪；雄蕊20枚，稍短于花瓣；花柱2（～5），基部无毛。梨果球形，径约1cm，黑褐色，有斑点，萼片脱落，2（3）室；果柄细长。

分布于广东、山东、河南、江苏、浙江、江西、安徽、湖北、湖南、福建和广西；越南。生于次生林中。

果可生食；根、叶、果药用，能开胃健脾、止痢止咳。

沙梨　梨属
Pyrus pyrifolia (Brn. f.) Nakai

乔木，高达7～15m。小枝嫩时具黄褐色长柔毛或绒毛，不久脱落，二年生枝紫褐色或暗褐色，具稀疏皮孔；冬芽长卵形，先端圆钝，鳞片边缘和先端稍长绒毛。叶卵状椭圆形或卵形，先端长尖，基部圆形或近心形，有刺芒锯齿。伞形总状花序，具花6～9朵，直径5～7cm；总花梗和花梗幼时微具柔毛，花梗长3.5～5cm；萼片三角状卵形，边缘有腺齿，花瓣白色，卵形，先端啮齿状；雄蕊20枚，花柱5。果实近球形，浅褐色，有浅色斑点，先端微向下陷，萼片脱落。种子卵形，微扁，长8～10mm，深褐色。花期4月，果期8月。

分布于华南、华东、华中及西南大部分省份。生于温暖而多雨的地区。

石斑木（车轮梅、春花）　石斑木属
Rhaphiolepis indica (Linnaeus) Lindley

常绿灌木，稀小乔木，高可达4m。幼枝初被褐色绒毛。叶集生于枝顶，卵形或长圆形，稀倒卵形或长圆状披针形，长2～8cm，宽1.5～4cm，先端圆钝、急尖、渐尖或长尾尖，基部渐窄下延叶柄，具细钝锯齿，上面无毛，网脉常明显下陷，下面无毛或被稀疏绒毛，网脉明显；叶柄长0.5～1.8cm，近无毛，托叶钻形，早落。顶生圆锥花序或总状花序；花序梗和花梗均被锈色绒毛；苞片和小苞片窄披针形，近无毛；花直径1～1.3cm；被丝托筒状，边缘及内外面有褐色绒毛或无毛，萼片三角状披针形至线形，长4.5～6mm，两面被疏绒毛或无毛；花瓣白色或淡红色，倒卵形或披针形，长5～7mm，基部具柔毛；雄蕊15枚。果实球形，紫黑色，直径约5mm；果梗短粗。花期4月，果期7～8月。

分布于广东、安徽、浙江、江西、湖南、贵州、云南、福建、广西和台湾；日本、老挝、越南、柬埔寨、泰国和印度尼西亚。生于山坡、路边或溪边灌木林中。

花如梅花，时值春天开放，故名"车轮梅"、"春花"，可作庭园观赏植物；根、叶药用，治刀伤出血等症。

柳叶石斑木（柳叶春花） 石斑木属
Rhaphiolepis salicifolia Lindley

常绿灌木或小乔木，高达2.5～6m。小枝细瘦，圆柱形，灰褐色或褐黑色，幼时带红色，具短柔毛。叶片披针形、长圆披针形，稀倒卵状长圆形，长6～9cm，宽1.5～2.5cm，先端渐尖，稀急尖，基部狭楔形，下延连于叶柄，边缘具稀疏不整齐的浅钝锯齿，有时中部以下至基部近于全缘，上面光亮；中脉在两面凸起；叶柄长5～10mm，无毛。顶生圆锥花序，具多数或少数花朵，总花梗和花梗均具短柔毛；花梗长3～5mm；花直径约1cm，萼筒筒状，外面具短柔毛，内面近无毛；萼片三角披针形或椭圆披针形，外面几无毛，内面有柔毛；花瓣白色，椭圆形或倒卵状椭圆形，先端稍急尖；雄蕊20枚，短于花瓣；花柱2，几与雄蕊等长或稍长。花期4月。

分布于广东、江西、浙江和福建；越南。生于山坡林缘或山顶疏林下。

根药用，有消肿、散热等功效。

金樱子 蔷薇属
Rosa laevigata Michx.

常绿攀缘灌木，高达5m。小枝散生扁平弯皮刺，无毛，幼时被腺毛，老时渐脱落。小叶革质，通常3，稀5，连叶柄长5～10cm；小叶椭圆状卵形、倒卵形或披针卵形，长2～6cm，先端急尖或圆钝，稀尾尖，有锐锯齿，上面无毛，下面黄绿色，幼时沿中肋有腺毛，老时渐脱落无毛；小叶柄和叶轴有皮刺和腺毛；托叶离生或基部与叶柄合生，披针形，边缘有细齿，齿尖有腺体，早落。花单生叶腋，径5～7cm；花梗长1.8～3cm，花梗和萼筒密被腺毛；萼片卵状披针形，先端叶状，边缘羽状浅裂或全缘，常有刺毛和腺毛，内面密被柔毛，比花瓣稍短；花瓣白色，宽倒卵形，先端微凹。果梨形或倒卵圆形，稀近球形，熟后紫褐色，密被刺毛，果柄长约3cm，萼片宿存。花期4～6月，果期7～11月。

分布于华南、华东及西南各省份。生于向阳多石山坡或灌丛中。

果药用，有固精缩尿、涩肠止泻的作用，用于遗精滑精、遗尿尿频、崩漏带下等。

小果蔷薇 蔷薇属
Rosa cymosa Tratt.

攀缘灌木，高2～5m。小枝圆柱形，无毛或稍有柔毛，有钩状皮刺。小叶3～5枚，稀7枚，连叶柄长5～10cm；小叶卵状披针形或椭圆形，稀长圆状披针形，长2.5～6cm，先端渐尖，基部近圆，有紧贴或尖锐细锯齿，两面无毛，下面色淡，沿中脉有稀疏长柔毛；小叶柄和叶轴无毛或有柔毛，有稀疏皮刺和腺毛；托叶膜质，离生，线形，早落。花多朵成复伞房花序；花直径2～2.5cm，花梗长约1.5cm，幼时密被长柔毛，老时渐渐脱落近于无毛；萼片卵形，先端渐尖，常有羽状裂片，外面近无毛，稀有刺毛，内面被稀疏白色绒毛，沿边缘较密；花瓣白色，倒卵形，先端凹，基部楔形；花柱离生，密被白色柔毛。果球形，直径4～7mm，

红色至黑褐色，萼片脱落。花期5～6月，果期7～11月。

分布于华南、华东、华中及西南各省份。生于向阳山坡、路旁及丘陵地。

蔓茎细长，花、果有观赏性，适用于花架、花廊、篱垣、岩石间配置。

粗叶悬钩子 悬钩子属
Rubus alceifolius Poiret

攀缘灌木，高达5m。枝被黄灰色至锈色绒毛状长柔毛，有稀疏皮刺。单叶，近圆形或宽卵形，长6～16cm，先端钝圆，稀尖，基部心形，上面疏生长柔毛，有泡状凸起，下面密被绒毛，具不规则3～7浅裂，有不整齐粗锯齿；基出脉5；叶柄被黄灰色至锈色绒毛状长柔毛，疏生小皮刺；托叶长羽状深裂或不规则撕裂。顶生窄圆锥花序或近总状，腋生头状花序，稀单生；花序轴、花梗和花萼被浅黄色至锈色绒毛状长柔毛；花梗短；苞片羽状至掌状或梳齿状深裂；萼片宽卵形，有浅黄色至锈色绒毛和长柔毛，外萼片顶端及边缘掌状至羽状条裂，稀不裂，内萼片常全缘而具短尖头；花瓣宽倒卵形或近圆形，白色。果近球形，径达1.8cm，肉质，成熟时红色。花期7～9月，果期10～11月。

分布于我国长江以南各省份；日本、缅甸至印度尼西亚、菲律宾。生于山地林中或灌丛。

野生水果。

山莓 悬钩子属
Rubus corchorifolius L. F.

直立灌木，高1～3m。枝具皮刺，幼时被柔毛。单叶，卵形至卵状披针形，长5～12cm，宽2.5～5cm，基部微心形，上面色较浅，沿叶脉有细柔毛，下面色稍深，沿中脉疏生小皮刺，边缘不分裂或3裂，有不规则锐锯齿或重锯齿；基部具3脉；叶柄长1～2cm，疏生小皮刺；托叶线状披针形，具柔毛。花单生或少数生于短枝上；花梗长0.6～2cm，具细柔毛；花直径可达3cm；花萼外密被细柔毛，无刺；萼片卵形或三角状卵形，长5～8mm，顶端急尖至短渐尖；花瓣长圆形或椭圆形，白色，顶端圆钝，长9～12mm，宽6～8mm，长于萼片；雄蕊多数，花丝宽扁；雌蕊多数，子房有柔毛。果实由很多小核果组成，近球形或卵球形，直径1～1.2cm，红色，密被细柔毛。花期2～3月，果期4～6月。

分布于除东北及甘肃、青海、新疆、西藏以外的全国各省份；朝鲜、日本、缅甸、越南。生于向阳山坡、溪边、山谷、荒地和疏密灌丛中潮湿处。

果熟后可食及酿酒；根入药，有活血散瘀、止血的作用。

宜昌悬钩子（黄泡子） 悬钩子属
Rubus ichangensis Hemsl. et O. Kuntze

落叶或半常绿攀缘灌木，高达3m。枝圆形，浅绿色，无毛或近毛，幼时具腺毛，逐渐脱落，疏生短小微弯皮刺。单叶，近革质，卵状披针形，长8～15cm，宽3～6cm，顶端渐尖，基部深心形，弯曲较宽大，两面均无毛，下面沿中脉疏生小皮刺，边缘浅波状或近基部有小裂片，有稀疏具短尖头小锯齿；叶柄长2～4cm，无毛，常疏生腺毛和细小皮刺；托叶钻形或线状披针形，全缘，脱落。顶生圆锥花序狭窄，长

达25cm，腋生花序有时形似总状；总花梗、花梗和花萼有稀疏柔毛和腺毛，有时具小皮刺；苞片与托叶相似，有腺毛；花直径6～8mm；萼片卵形；花瓣直立，椭圆形，白色；雄蕊多数，雌蕊12～30枚。果实近球形，红色，无毛；核有细皱纹。花期7～8月，果期10月。

分布于华南、西北、华中及西南大部分省份。生于山坡、山谷疏密林中或灌丛内。

果味甜美，可食用及酿酒；种子可榨油；根入药，有利尿、止痛、杀虫之功效；茎皮和根皮含单宁，可提取栲胶。

蒲桃叶悬钩子　悬钩子属
Rubus jambosoides Hance

攀缘灌木，高1～3m。枝圆柱形，浅褐色，无毛，具钩状皮刺。单叶，革质，披针形，长8～12cm，宽1.5～3cm，顶端尾尖，基部圆形或近截形，两面无毛，下面沿中脉疏生钩状小皮刺，边缘近全缘或疏生极细小锯齿；叶脉不明显，6～8对；叶柄粗短，长5～10mm，无毛；托叶早落。花单生于叶腋；花梗长5～10mm，无毛；苞片卵形或椭圆形，无毛，全缘；花直径1～1.8cm；花萼外无毛，青红色；萼片三角状披针形，顶端渐尖，外层萼片边缘具灰白色绒毛；花瓣长圆形，顶端圆钝，白色；花丝宽扁，紫红色；雌蕊50～70枚或更多，稍短或几与雄蕊等长。果实卵球形，直径约1cm，红色，密被灰白色细柔毛；核较光滑或稍具细皱纹。花期2～3月，果期4～5月。

分布于广东、湖南和福建。生于低海拔山路旁或山顶洞边。

高粱泡　悬钩子属
Rubus lambertianus Ser.

半落叶藤状灌木，高达3m。幼枝有柔毛或近无毛，有微弯小皮刺。单叶，宽卵形，稀长圆状卵形，长5～12cm，先端渐尖，基部心形，上面疏生柔毛或沿叶脉有柔毛，下面被疏柔毛，中脉常疏生小皮刺，3～5裂或呈波状，有细锯齿；叶柄长2～5cm，具柔毛或近无毛，疏生小皮刺；托叶离生，线状深裂，有柔毛或近无毛，常脱落。花梗长0.5～1cm；苞片与托叶相似；花直径约8mm；萼片卵状披针形，全缘，边缘被白色柔毛，内萼片边缘具灰白色绒毛；花瓣倒卵形，白色，无毛；雄蕊多数，花丝宽扁；雌蕊15～20枚，无毛。果近球形，成熟时红色；核有皱纹。花期7～8月，果期9～11月。

分布于华南、华中、华东及西南部分省份。生于低海山坡、山谷或路旁灌木丛中荫湿处或生于林缘及草坪。

果熟后食用及酿酒；根叶供药用，有清热散瘀、止血之功效；种子药用，也可榨油作发油用。

白花悬钩子　悬钩子属
Rubus leucanthus Hance

攀缘灌木，高1～3m。枝无毛，疏生钩状皮刺。小叶3枚，稀单叶，革质，卵形或椭圆形，顶生小叶比侧生小叶稍长或几相等，长4～8cm，先端渐尖或尾尖，两面无毛，或上面稍具柔毛，有粗单锯

齿；叶柄长2～6cm，顶生小叶柄长1.5～2cm，均无毛，具钩状小皮刺；托叶钻形，无毛。花3～8朵形成伞房状花序，生于侧枝顶端，稀单花腋生；花梗长0.8～1.5cm，无毛；苞片与托叶相似；萼片卵形，顶端急尖并具短尖头；花瓣长卵形或近圆形，白色，基部微具柔毛，具爪，与萼片等长或稍长；雄蕊多数；雌蕊通常70～80枚；花托中央凸起部分近球形，基部无柄或几无柄。果实近球形，红色，无毛，萼片包于果实；核较小，具洼穴。花期4～5月，果期6～7月。

分布于广东、湖南、福建、广西、贵州和云南；越南、老挝、柬埔寨、泰国。生于低海拔至中海拔疏林中或旷野。

果可食；根治腹泻、痢疾。

茅莓　悬钩子属
Rubus parvifolius L.

灌木，高1～2m。枝呈弓形弯曲，被柔毛和稀疏钩状皮刺。小叶3（5）枚，菱状圆形或倒卵形，长2.5～6cm，上面伏生疏柔毛，下面密被灰白色绒毛，有不整齐粗锯齿或缺刻状粗重锯齿，常具浅裂片；叶柄长2.5～5cm，宽2～6cm，被柔毛和稀疏小皮刺；托叶线形，被柔毛。伞房花序顶生或腋生，具花数朵至多朵，被柔毛和细刺；花梗长0.5～1.5cm，具柔毛和稀疏小皮刺；苞片线形，有柔毛；花直径约1cm；花萼外面密被柔毛和疏密不等的针刺；萼片卵状披针形或披针形，顶端渐尖；花瓣卵圆形或长圆形，粉红色至紫红色，基部具爪；雄蕊花丝白色。果实卵球形，直径1～1.5cm，红色，无毛或具稀疏柔毛；核有浅皱纹。花期5～6月，果期7～8月。

分布于除西北少数地区以外的全国各省份；日本和朝鲜。生于山坡、路旁灌丛中。

果可食用；根药用，有凉血清热、散瘀止痛、利尿消肿等作用。

梨叶悬钩子　悬钩子属
Rubus pirifolius Smith.

攀缘灌木。枝具柔毛和扁平皮刺。单叶，近革质，卵形、卵状长圆形或椭圆状长圆形，长6～11cm，宽3.5～5.5cm，先端急尖或短渐尖，基部圆，两面沿叶脉有柔毛，渐脱落至近无毛，具不整齐粗锯齿；叶柄伏生粗柔毛，疏生皮刺；托叶分离，早落，条裂，有柔毛。圆锥花序顶生或生于上部叶腋内；总花梗、花梗和花萼密被灰黄色短柔毛，无刺或有少数小皮刺；花梗长4～12mm；苞片条裂成3～4枚线状裂片，有柔毛，早落；花直径1～1.5cm；萼筒浅杯状；萼片卵状披针形或三角状披针形；花瓣小，白色，长椭圆形或披针形，短于萼片；雄蕊多数，雌蕊5～10枚。果实直径1～1.5cm，由数个小核果组成，带红色，无毛；小核果较大，长5～6mm，宽3～5mm，有皱纹。花期4～7月，果期8～10月。

分布于广东、福建、台湾、广西、贵州、四川和云南；泰国、越南、老挝、柬埔寨、印度尼西亚、菲律宾。生于低海拔至中海拔的山地较荫蔽处。

全株入药，有强筋骨、去寒湿之功效。

锈毛莓　悬钩子属
Rubus reflexus Ker-Gawl.

攀缘灌木，高达2m。枝被锈色绒毛状毛，有稀疏小皮刺。单叶，心状长卵形，长7~14cm，宽5~11cm，上面无毛或沿叶脉疏生柔毛，有皱纹，下面密被锈色绒毛，沿叶脉有长柔毛，边缘3~5裂，有不整齐的粗锯齿或重锯齿，基部心形，顶生裂片披针形或卵状披针形，比侧生裂片长；叶柄被绒毛并有稀疏小皮刺；托叶宽倒卵形，被长柔毛，梳齿状或不规则掌状分裂。花数朵团集，生于叶腋或成顶生短总状花序；总花梗和花梗密被锈色长柔毛；苞片与托叶相似；花直径1~1.5cm；花萼外密被锈色长柔毛和绒毛；萼片卵圆形，外萼片顶端常掌状分裂，内萼片常全缘；花瓣长圆形至近圆形，白色，与萼片近等长。果实近球形，深红色；核有皱纹。花期6~7月，果期8~9月。

分布于我国长江以南各省份。生于草丛中、灌丛中或林缘。

果可食；根入药，有祛风湿、强筋骨之功效。

深裂锈毛莓　悬钩子属
Rubus reflexus Ker-Gawl. var. lanceolobus Metc.

攀缘灌木。单叶，互生，心状宽卵形或近圆形，叶背密被锈色绒毛，叶片心状宽卵形或近圆形，边缘5~7深裂，裂片披针形或长圆状披针形，顶生裂片仅较侧生裂片稍长或几等长。花白色。聚合果球形，熟后红紫色。花期3~6月，果期6~10月。

分布于我国长江以南各省份。生于草丛中、灌丛中或林缘。

果酸甜可口，可生食。

蔷薇莓（空心泡）　悬钩子属
Rubus rosifolius Smith

直立或攀缘灌木，高2~3m。小枝具柔毛或近无毛，有浅黄色腺点，疏生近直立皮刺。小叶5~7枚，卵状披针形或披针形，长3~7cm，宽1.5~2cm，基部圆，两面疏生柔毛，老时近无毛，有浅黄色发亮腺点，下面沿中脉疏生小皮刺，有尖锐缺刻状重锯齿；叶柄长2~3cm，顶生小叶柄长0.8~1.5cm，叶柄和叶轴均有柔毛及小皮刺，有时近无毛，被浅黄色腺点；托叶卵状披针形或披针形，具柔毛。花常1~2朵，顶生或腋生；花梗有柔毛，疏生小皮刺，有时被腺点；花萼被柔毛和腺点；萼片披针形或卵状披针形；花瓣长圆形、长倒卵形或近圆形，白色，基部具爪，长于萼片，幼时有柔毛；雌蕊多数。果实卵球形或长圆状卵圆形，红色，有光泽，无毛；核有深窝孔。花期3~5月，果期6~7月。

分布于华南、西北及西南部分省份；日本、亚洲南部至东南部、大洋洲和非洲。生于路边或灌丛中。

果可食用。

美脉花楸　花楸属
Sorbus caloneura (Stapf) Rehd.

乔木或灌木，高达10m。小枝圆柱形，具少数不明显皮孔，暗红褐色，幼时无毛；冬芽卵形，外被数枚褐色鳞片，无毛。叶长椭圆形、卵状长椭圆形或倒卵状长椭圆形，长7~12cm，具圆钝锯齿，上面常无毛，下面脉疏生柔毛；侧脉10~18对；叶柄长1~2cm，无毛。复伞房花序有多花，总花梗和花梗被稀疏黄色柔毛；花梗长5~8mm；花直径6~10mm；萼筒钟状，外面具稀疏柔毛，内面无毛；萼片三角卵形，先端急尖，外面被稀疏柔毛，内面近无毛；花瓣宽卵形，宽几与长相等，先端圆钝，白色；雄蕊20枚，稍短于花瓣。果球形，稀倒卵圆形，成熟时褐色，被皮孔。花期4月，果期8~10月。

分布于广东、湖北、湖南、四川、贵州、云南和广西。生于杂木林内、河谷地或山地。

含羞草科　Mimosaceae

藤金合欢　金合欢属
Acacia concinna (Willd.) DC.

攀缘藤本。小枝、叶轴被灰色短绒毛，有散生、多而小的倒刺。托叶卵状心形，早落；二回羽状复叶，长10~20cm；羽片6~10对，长8~12cm；总叶柄近基部及最顶1~2对羽片之间有1个腺体；小叶15~25对，线状长圆形，长8~12mm，宽2~3mm，上面淡绿色，下面粉白色，两面被粗毛或变无毛，具缘毛；中脉偏于上缘。头状花序球形，直径9~12mm，再排成圆锥花序，花序分枝被绒毛；花白色或淡黄色，芳香；花萼漏斗状，长约2mm；花冠稍突出。荚果带形，长8~15cm，宽2~3cm，边缘直或微波状，干时褐色，有种子6~10粒。花期4~6月，果期7~12月。

分布于广东、江西、湖南、广西、贵州和云南；亚洲热带地区。生于疏林或灌丛中。

台湾相思　金合欢属
Acacia confusa Merr.

常绿乔木，高6~15m，无毛。枝灰色或褐色，无刺，小枝纤细。苗期第一片真叶为羽状复叶，长大后小叶退化；叶柄变为叶状柄，叶状柄革质，披针形，长6~10cm，宽5~13mm，直或微呈弯镰状，两端渐狭，先端略钝，两面无毛；有明显的纵脉3~8条。头状花序球形，单生或2~3个簇生于叶腋，直径约1cm；总花梗纤弱，长8~10mm；花金黄色，有微香；花萼长约为花冠之半；花瓣淡绿色，长约2mm；雄蕊多数，明显超出花冠。荚果扁平，长4~12cm，宽7~10mm，干时深褐色，有光泽，于种子间微缢缩，顶端钝而有凸头，基部楔形，有种子2~8粒。种子椭圆形，压扁。花期3~10月，果期8~12月。

分布于广东、台湾、福建、广西和云南；菲律宾、印度尼西亚、斐济。生于平原、丘陵低山地区。

本种生长迅速，耐干旱，为华南地区荒山造林、水土保持和沿海防护林的重要树种。材质坚硬，可为车轮、桨橹及农具等用；树皮含单宁；花含芳香油，可作调香原料。

羽叶金合欢　金合欢属
Acacia pennata (L.) Willd.

攀缘、多刺藤本。小枝和叶轴均被锈色短柔毛。总叶柄基部及叶轴上部羽片着生处稍下均有凸起的腺体1枚；羽片8~22对；小叶30~54对，线形，长5~10mm，宽0.5~1.5mm，彼此紧靠，先端稍钝，基部截平，具缘毛，中脉靠近上边缘。头状花序圆球形，直径约1cm，具1~2cm长的总花梗，单生或2~3个聚生，排成腋生或顶生的圆锥花序，被暗褐色柔毛；花萼近钟状，长约1.5mm，5齿裂；花冠长约2mm。果带状，长9~20cm，宽2~3.5cm，无毛或幼时有极细柔毛，边缘稍隆起，呈浅波状，有种子8~12粒。种子长椭圆形而扁。花期3~10月，果期7月至翌年4月。

分布于广东、云南和福建；亚洲和非洲的热带地区。生于低海拔的疏林中，常攀附于灌木或小乔木的顶部。

海红豆　海红豆属
Adenanthera microsperma Teijsm. et Binnend.

落叶乔木，高5~20m。嫩枝被微柔毛。二回羽状复叶；叶柄和叶轴被微柔毛，无腺体；羽片3~5对，小叶4~7对，互生，长圆形或卵形，长2.5~3.5cm，宽1.5~2.5cm，两端圆钝，两面均被微柔毛，具短柄。总状花序单生于叶腋或在枝顶排成圆锥花序，被短柔毛；花小，白色或黄色，有香味，具短梗；花萼长不足1mm，与花梗同被金黄色柔毛；花瓣披针形，长2.5~3mm，无毛，基部稍合生；雄蕊10枚，与花冠等长或稍长。荚果狭长圆形，盘旋，长10~20cm，宽1.2~1.4cm，开裂后果瓣旋卷。种子近圆形至椭圆形，长5~8mm，宽4.5~7mm，鲜红色，有光泽。花期4~7月，果期7~10月。

分布于广东、云南、贵州、广西、福建和台湾；缅甸、柬埔寨、老挝、越南、马来西亚、印度尼西亚。生于山沟、溪边、林中或栽培于庭园。

姿态婆娑秀丽，叶色翠绿雅致，为热带、南亚热带地区优良的园林风景树，宜在庭园中孤植；其鲜红美丽的种子，可供人怡情兼作装饰品。

楹树（中华楹）　合欢属
Albizia chinensis (Osbeck) Merr.

落叶乔木，高达30m。小枝被黄色柔毛。托叶大，膜质，心形，先端有小尖头，早落。二回羽状复叶，羽片6~12对；总叶柄基部和叶轴上有腺体；小叶20~40对，无柄，长椭圆形，长6~10mm，宽2~3mm，先端渐尖，基部近截平，具缘毛，下面被长柔毛；中脉紧靠上边缘。头状花序有花10~20朵，生于长短不同、密被柔毛的总花梗上，再排成顶生的圆锥花序；花绿白色或淡黄色，密被黄褐色绒毛；花萼漏斗状，长约3mm，有5短齿；花冠长约为花萼的2倍，裂片卵状三角形；雄蕊长约25mm。荚果扁平，长10~15cm，宽约2cm，幼时被柔毛，成熟时无毛。花期3~5月，果期6~12月。

分布于广东、福建、湖南、广西、云南和西藏；南亚、东南亚。生于林中、谷地、河溪边等地方。

木材可作家具、建筑等用。

天香藤　合欢属
Albizia corniculata (Lour.) Druce

攀缘灌木或藤本，长约20m。幼枝稍被柔毛，在叶柄下常有1枚下弯的粗短刺。托叶小，脱落。二回羽状复叶，羽片2~6对；总叶柄近基部有压扁的腺体1枚；小叶4~10对，长圆形或倒卵形，长12~25mm，宽7~15mm，顶端极钝或有时微缺，或具硬细尖，基部偏斜，上面无毛，下面疏被微柔毛；中脉居中。头状花序有花6~12朵，再排成顶生或腋生的圆锥花序；总花梗柔弱，疏被短柔毛，长5~10mm；花无梗；花萼长不及1mm，与花冠同被微柔毛；花冠白色，管长约4mm，裂片长2mm；花丝长1cm。荚果带状，长10~20cm，宽3~4cm，扁平，无毛，有种子7~11粒。种子长圆形，褐色。花期4~7月，果期8~11月。

分布于广东、广西和福建；越南、老挝、柬埔寨。生于旷野或山地疏林中，常攀附于树上。

山槐　合欢属
Albizia kalkora (Roxb.) Prain

落叶小乔木或灌木，通常高3~8m。枝条暗褐色，被短柔毛，有显著皮孔。二回羽状复叶；羽片2~4对；小叶5~14对，长圆形或长圆状卵形，长1.8~4.5cm，宽7~20mm，先端圆钝而有细尖头，基部不对侧，两面均被短柔毛，中脉稍偏于上侧。头状花序2~7枚生于叶腋，或于枝顶排成圆锥花序；花初白色，后变黄，具明显的小花梗；花萼管状，5齿裂；花冠中部以下连合呈管状，裂片披针形，花萼、花冠均密被长柔毛；雄蕊长2.5~3.5cm，基部连合呈管状。荚果带状，深棕色，嫩荚密被短柔毛，老时无毛，有种子4~12粒。种子倒卵形。花期5~6月；果期8~10月。

分布于华南、华北、西北、华东至西南部各省份；越南、缅甸、印度。生于山坡灌丛、疏林中。

本种生长快，能耐干旱及瘠薄地。木材耐水湿；花美丽，亦可植为风景树。

猴耳环　猴耳环属
Archidendron clypearia (Jack.) Nielsen

乔木，高可达10m。小枝无刺，有明显的棱角，密被黄褐色绒毛。托叶早落；二回羽状复叶；羽片3~8对，通常4~5对；总叶柄具四棱，密被黄褐色柔毛，叶轴上及叶柄近基部处有腺体，最下部的羽片有小叶3~6对，最顶部的羽片有小叶10~12对，有时可达16对；小叶革质，斜菱形，长1~7cm，宽0.7~3cm，顶部的最大，往下渐小，两面稍被褐色短柔毛，基部极不等侧，近无柄。花具短梗，数朵聚成小头状花序，排成顶生和腋生的圆锥花序；花萼钟状，5齿裂，与花冠同密被褐色柔毛；花冠白色或淡黄色，中部以下合生，裂片披针形；雄蕊长约为花冠的2倍，下部合生。荚果旋卷，宽1~1.5cm，边缘在种子间缢缩，有种子4~10粒。种子椭圆形或阔椭圆形，黑色，种皮皱缩。花期2~6月，果期4~8月。

分布于广东、浙江、福建、台湾、广西和云南；亚洲热带。生于林中。

木材供箱板等用材；树皮可提取栲胶；叶凉血、消炎，治子宫脱垂、疮疥、烫火伤。

亮叶猴耳环 猴耳环属
Archidendron lucidum (Benth.) Nielsen

乔木，高2~10m。小枝无刺，嫩枝、叶柄和花序均被褐色短绒毛。羽片1~2对；总叶柄近基部、每对羽片下和小叶片下的叶轴上均有圆形而凹陷的腺体，下部羽片通常具2~3对小叶，上部羽片具4~5对小叶；小叶斜卵形或长圆形，长5~11cm，宽2~4.5cm，顶生的一对最大，对生，余互生且较小，先端渐尖而具钝小尖头，基部略偏斜，两面无毛或仅在叶脉上有微毛，上面光亮，深绿色。头状花序球形，有花10~20朵，总花梗长不超过1.5cm，排成腋生或顶生的圆锥花序；花萼长不及2mm，与花冠同被褐色短绒毛；花瓣白色，长4~5mm，中部以下合生；子房具短柄，无毛。荚果旋卷成环状，宽2~3cm，边缘在种子间缢缩。种子黑色。花期4~6月，果期7~12月。

分布于广东、浙江、台湾、福建、广西、云南和四川等省份；印度和越南。生于疏或密林中或林缘灌木丛中。

树皮可提取栲胶；枝叶药用，能消炎、祛风消肿、祛湿和清热毒等。

银合欢 银合欢属
Leucaena leucocephala (Lam.) de Wit

灌木或小乔木，高2~6m。幼枝被短柔毛，老枝无毛，具褐色皮孔，无刺。托叶三角形，小；羽片4~8对，长5~6cm，叶轴被柔毛，在最下一对羽片着生处有黑色腺体1枚；小叶5~15对，线状长圆形，长7~13mm，宽1.5~3mm，先端急尖，基部楔形，边缘被短柔毛，中脉偏向小叶上缘，两侧不等宽。头状花序通常1~2个腋生，直径2~3cm；苞片紧贴，被毛，早落；总花梗长2~4cm；花白色；花萼长约3mm，顶端具5细齿，外面被柔毛；花瓣狭倒披针形，长约5mm，背被疏柔毛；雄蕊10枚，通常被疏柔毛，长约7mm；子房具短柄，上部被柔毛，柱头下凹呈杯状。荚果带状，长10~18cm，宽1.4~2cm，顶端凸尖，基部有柄，纵裂，被微柔毛，有种子6~25粒。种子卵形，长约7.5mm，褐色，扁平，光亮。花期4~7月，果期8~10月。

分布于广东、台湾、福建、广西和云南；世界热带地区。生于低海拔的荒地或疏林中。

本种耐旱力强，适为荒山造林树种，亦可作咖啡或可可的荫蔽树种或植作绿篱；木质坚硬，为良好的薪炭材；叶可作绿肥及家畜饲料。

光荚含羞草（簕仔树） 含羞草属
Mimosa bimucronata (DC.) Ktze.

落叶灌木，高3~6m。小枝无刺，密被黄色绒毛。二回羽状复叶，羽片6~7对，长2~6cm，叶轴无刺，被短柔毛，小叶12~16对，线形，长5~7mm，宽1~1.5mm，革质，先端具小尖头，除边缘疏具缘毛外，余无毛，中脉略偏上缘。头状花序球形；花白色；花萼杯状，极小；花瓣长圆形，长约2mm，仅基部连合；雄蕊8枚，花丝长4~5mm。荚果带状，劲直，长3.5~4.5cm，宽约6mm，无刺

毛，褐色，通常有5~7个荚节，成熟时荚节脱落而残留荚缘。

分布于广东；热带美洲。生于疏林下。

无刺巴西含羞草 含羞草属
Mimosa diplotricha var. *inermis* (Adelb.)Verdc.

直立、亚灌木状草本。茎攀缘或平卧，长达60cm，五棱柱状，沿棱上密生钩刺，其余被疏长毛，老时毛脱落。二回羽状复叶，长10~15cm；总叶柄及叶轴有钩刺4~5列；羽片4~8对，长2~4cm；小叶12~30对，线状长圆形，长3~5mm，宽约1mm，被白色长柔毛。头状花序花时连花丝直径约1cm，1或2个生于叶腋，总花梗长5~10mm；花紫红色，花萼极小，4齿裂；花冠钟状，长2.5mm，中部以上4瓣裂，外面稍被毛；雄蕊8枚，花丝长为花冠的数倍。荚果长圆形，长2~2.5cm，宽4~5mm，边缘及荚节有刺毛。花果期3~9月。

分布于广东和云南；巴西。生于旷野、荒地。

绿肥、保土作物；全株有毒，牲畜误食可致命。

含羞草 含羞草属
Mimosa pudica L.

披散、亚灌木状草本，高可达1m。茎圆柱状，具分枝，有散生、下弯的钩刺及倒生刺毛。托叶披针形，长5~10mm，有刚毛；羽片和小叶触之即闭合而下垂；羽片通常2对，指状排列于总叶柄之顶端，长3~8cm；小叶10~20对，线状长圆形，长8~13mm，宽1.5~2.5mm，先端急尖，边缘具刚毛。头状花序圆球形，直径约1cm，具长总花梗，单生或2~3个生于叶腋；花小，淡红色，多数；苞片线形；花萼极小；花冠钟状，裂片4，外面被短柔毛；雄蕊4枚，伸出于花冠之外；胚珠3~4颗，花柱丝状，柱头小。荚果长圆形，长1~2cm，宽约5mm，扁平，稍弯曲，荚缘波状，具刺毛，成熟时荚节脱落，荚缘宿存。种子卵形。花期3~10月，果期5~11月。

分布于广东、台湾、福建、广西、云南等省份；世界热带地区。生于旷野荒地、灌木丛中。

叶触之下垂，非常奇特，可供观赏；药用，治感冒、肠炎、胃炎、失眠、小儿疳积、目热肿痛和带状疱疹。

🌿 苏木科 **Caesalpiniaceae**

阔裂叶羊蹄甲 羊蹄甲属
Bauhinia apertilobata Merr. et Metc.

藤本，具卷须。嫩枝、叶柄及花序均被短柔毛。叶纸质，卵形、阔椭圆形或近圆形，长5~10cm，宽4~9cm，基部阔圆形、截形或心形，先端通常浅裂为2片短而阔的裂片，罅口极阔甚或成弯缺状，嫩叶先端常不分裂而呈截形，老叶分裂可达叶长的1/3处或更深裂，裂片顶圆，上面近无毛或疏被短柔毛，下面被锈色柔毛；基出脉7~9。伞房式总状花序腋生或1~2个顶生，长4~8cm，宽4~7cm；苞片丝状；小苞片锥尖，着生于花梗中部；花蕾椭圆形；花托短漏斗

状；萼裂片披针形，开花时下反；花瓣白色或淡绿白色，具瓣柄，近匙形，外面中部被毛；能育雄蕊3枚。荚果倒披针形或长圆形，扁平，顶具小喙，果瓣厚革质，褐色，无毛。种子2或3粒，近圆形，扁平。花期5～7月，果期8～11月。

分布于广东、福建、江西和广西。生于山谷和山坡的疏林、密林或灌丛中。

龙须藤　羊蹄甲属
Bauhinia championii (Benth.) Benth.

藤本，具卷须。嫩枝和花序被紧贴的小柔毛。叶纸质，卵形或心形，长3～10cm，宽2.5～9cm，先端锐渐尖、圆钝、微凹或2浅裂，裂片不等，基部截形、微凹或心形，上面无毛，下面初时被紧贴短柔毛，渐变无毛，被白粉；基出脉5～7；叶柄疏被毛。总状花序狭长，腋生，有时与叶对生或数个聚生于枝顶而成复总状花序，长7～20cm，被灰褐色小柔毛；苞片与小苞片小，锥尖；花蕾椭圆形，具凸头，与萼及花梗同被灰褐色短柔毛；花托漏斗形；萼片披针形；花瓣白色，具瓣柄，瓣片匙形，长约4mm，外面中部疏被丝毛；能育雄蕊3枚；退化雄蕊2枚。荚果倒卵状长圆形或带状，扁平，长7～12cm，宽2.5～3cm，无毛，果瓣革质。种子2～5粒，圆形，扁平。花期6～10月，果期7～12月。

分布于华南、华中、华东及西南大部分省份；印度、印度尼西亚和越南。生于混交林中或灌木丛中。

适应性强，长势较旺，叶形稀奇可供观赏，适作绿篱、墙垣、棚架、山岩、石壁的攀缘、悬垂绿化材料。

首冠藤　羊蹄甲属
Bauhinia corymbosa Roxb. ex DC.

木质藤本。嫩枝、花序和卷须的一面被红棕色小粗毛；枝纤细，无毛；卷须单生或成对。叶纸质，近圆形，长和宽2～4cm，自先端深裂达叶长的3/4，裂片先端圆，基部近截平或浅心形，两面无毛或下面基部和脉上被红棕色小粗毛；基出脉7；叶柄长1～2cm。伞房花序式的总状花序顶生于侧枝上，多花；苞片和小苞片锥尖；花芳香；花蕾卵形，与纤细的花梗同被红棕色小粗毛；萼片外面被毛，开花时反折；花瓣白色，有粉红色脉纹，阔匙形或近圆形，边缘皱曲，具短瓣柄；能育雄蕊3枚，花丝淡红色，长约1cm；退化雄蕊2～5枚。荚果带状长圆形，扁平，直或弯曲，长10～25cm，宽1.5～2.5cm，具果颈，果瓣厚革质，有种子十余粒。种子长圆形，褐色。花期4～6月，果期9～12月。

分布于广东和海南。生于山谷疏林中或山坡阳处。世界热带、亚热带地区栽培供观赏。

叶形如羊蹄，花期长，花多而密，为良好的垂直绿化植物。

粉叶羊蹄甲　羊蹄甲属
Bauhinia glauca (Wall. ex Benth.) Benth.

木质藤本。卷须略扁，旋卷。叶纸质，近圆形，长5～9cm，2裂达中部或更深裂，罅口狭窄，裂片卵形，内侧近平行，先端圆钝，基部阔，心形至截平，上面无毛，下面疏被柔毛，脉上较密；基出脉

9～11；叶柄纤细，长2～4cm。伞房花序式的总状花序顶生或与叶对生，具密集的花；总花梗长2.5～6cm，被疏柔毛，渐变无毛；苞片与小苞片线形，锥尖；花序下部的花梗长可达2cm；花蕾卵形，被锈色短毛；花托被疏毛；萼片卵形，外被锈色绒毛；花瓣白色，倒卵形，各瓣近相等，具长柄，边缘皱波状；能育雄蕊3枚；退化雄蕊5～7枚。荚果带状，薄，无毛，不开裂，长15～20cm，宽约6cm，有种子10～20粒，在荚果中央排成一纵列。种子卵形，极扁平。花期4～6月，果期7～9月。

分布于广东、广西、江西、湖南、贵州和云南；印度、中南半岛、印度尼西亚。生于山坡阳处疏林中或山谷荫蔽的密林或灌丛中。

华南云实　云实属
Caesalpinia crista L.

木质藤本，长可达10m以上。树皮黑色，有少数倒钩刺。二回羽状复叶长20～30cm；叶轴上有黑色倒钩刺；羽片2～3对，有时4对，对生；小叶4～6对，对生，具短柄，革质，卵形或椭圆形，长3～6cm，宽1.5～3cm，先端圆钝，有时微缺，很少急尖，基部阔楔形或钝，两面无毛，上面有光泽。总状花序长10～20cm，复排列成顶生、疏松的大型圆锥花序；花香；花梗纤细，长5～15mm；萼片5，披针形，无毛；花瓣5，不相等，其中4片黄色，卵形，无毛，瓣柄短，稍明显，上面一片具红色斑纹，向瓣柄渐狭，内面中部有毛；雄蕊略伸出，花丝基部膨大，被毛。荚果斜阔卵形，革质，长3～4cm，宽2～3cm，肿胀，具网脉，先端有喙，有种子1粒。种子扁平。花期4～7月，果期7～12月。

分布于广东、云南、贵州、四川、湖北、湖南、广西、福建和台湾；印度、斯里兰卡、缅甸、泰国、柬埔寨、越南、马来半岛、波利尼西亚群岛以及日本。生于山地林中。

可作攀缘观赏植物；根药用，治跌打、骨痛，又作利尿剂。

喙荚云实（南蛇簕）　云实属
Caesalpinia minax Hance

有刺藤本，各部被短柔毛。二回羽状复叶长可达45cm；托叶锥状；羽片5～8对；小叶6～12对，对生，椭圆形或长圆形，长2～4cm，先端圆钝或急尖，基部圆，微偏斜，两面沿中脉被短柔毛。总状花序或圆锥花序顶生；苞片卵状披针形，先端短渐尖；萼片5；花瓣5，白色，有紫红色斑点，倒卵形，长约1.8cm，先端圆钝，基部靠合，外面和边缘有毛；雄蕊10枚，较花瓣稍短，花丝下部密被长柔毛；花柱稍超出雄蕊，无毛。荚果长圆形，长7.5～13cm，顶端圆钝，有喙，喙长0.5～2.5cm，果瓣密生针状刺，有4～8粒种子。种子椭圆状球形，一侧稍凹陷，有环状纹。花期4～5月，果期7月。

分布于华南及西南各省份。生于山坡林中或灌丛中、山沟、溪旁及路旁。

种子药用，治感冒发热、风湿性关节炎、痢疾、膀胱炎。

苏木 云实属
Caesalpinia sappan L.

小乔木，高达6m。具疏刺，除老枝、叶下面和荚果外，多少被细柔毛，枝上皮孔密而显著。二回羽状复叶长30～45cm；羽片7～13对，长8～12cm；小叶10～17对，紧靠，无柄，长圆形或长圆状菱形，长1～2cm，先端微缺，基部歪斜，以斜角着生于羽轴上；侧脉明显。圆锥花序顶生或腋生，长约与叶相等；苞片大，披针形，早落；花梗被细柔毛；花托浅钟形；萼片5，下面一片比其他的大，呈兜状；花瓣黄色，阔倒卵形，最上面一片基部带粉红色，具柄，雄蕊稍伸出。荚果木质，稍压扁，近长圆形至长圆状倒卵形，基部稍狭，先端斜向截平，上角有外弯或上翘的硬喙，不开裂，红棕色，有光泽，有种子3或4粒。种子长圆形，稍扁，浅褐色。花期5～10月，果期7月至翌年3月。

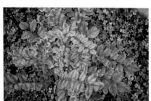

分布于广东、云南、贵州、四川、广西、福建和台湾；印度、缅甸、越南、马来半岛及斯里兰卡。生于园边、地边、村前村后。

心材入药，为清血剂，有祛痰、止痛、活血、散风之功效。

春云实 云实属
Caesalpinia vernalis Champ. ex Benth.

有刺藤本，各部被锈色绒毛。二回羽状复叶；叶轴长25～35cm，有刺，被柔毛；羽片8～16对，长5～8cm；小叶6～10对，对生，革质，卵状披针形、卵形或椭圆形，长12～25mm，宽6～12mm，先端急尖，基部圆形，上面无毛，深绿色，有光泽，下面粉绿色，疏被锈色绒毛；小叶柄长1.5～2mm。圆锥花序生于上部叶腋或顶生，多花，花梗长7～9mm；萼片倒卵状长圆形，被纤毛，下面一片较其他的大；花瓣黄色，上面一片较小，外卷，有红色斑纹；雄蕊先端下倾，花丝下部被柔毛。荚果斜长圆形，长4～6cm，宽2.5～3.5cm，木质，黑紫色，无网脉，有皱纹，先端具喙，有种子2粒。种子斧形，一端截形稍凹，有光泽，长约1.7cm，宽约2cm，种脐在阔截形一端。花期4月，果期12月。

分布于广东、福建和浙江。生于山沟湿润的沙土上或岩石旁。

花色艳丽，可供观赏。

山扁豆（含羞草决明） 山扁豆属
Chamaecrista mimosoides Standl.

一年或多年生亚灌木状草本，高30～60cm。茎多分枝，枝条纤细，被微柔毛。叶长4～8cm，在叶柄的上端、最下一对小叶的下方有圆盘状腺体1枚；小叶20～50对，线状镰形，长3～4mm，宽约1mm，顶端短急尖，两侧不对称，中脉靠近叶的上缘，干时呈红褐色；托叶线状锥形，长4～7mm，有明显肋条，宿存。花序腋生，1或数朵聚生不等，总花梗顶端有2枚小苞片，长约3mm；萼长6～8mm，顶端急尖，外被疏柔毛；花瓣黄色，不等大，具短柄，略长于萼片；雄蕊10枚，5长5短相间而生。荚果镰形，扁平，长2.5～5cm，宽约4mm；果柄长1.5～2cm，有种子10～16粒。花果期通常8～10月。

分布于我国东南部、南部至西

南部各省份；世界热带和亚热带地区。生于坡地或空旷地的灌木丛或草丛中。

本种常生长于荒地上，耐旱又耐瘠，是良好的覆盖植物和改土植物，同时又是良好的绿肥；其幼嫩茎叶可以代茶；根治痢疾。

格木 格木属
Erythrophleum fordii Oliv.

乔木，通常高约10m，有时可达30m。嫩枝和幼芽被铁锈色短柔毛。叶互生，二回羽状复叶，无毛；羽片通常3对，对生或近对生，长20～30cm，每羽片有小叶8～12片；小叶互生，卵形或卵状椭圆形，长5～8cm，宽2.5～4cm，先端渐尖，基部圆形，两侧不对称，边全缘；小叶柄长2.5～3mm。由穗状花序所排成的圆锥花序长15～20cm；总花梗上被铁锈色柔毛；萼钟状，外面被疏柔毛，裂片长圆形，边缘密被柔毛；花瓣5，淡黄绿色，长于萼裂片，倒披针形，内面和边缘密被柔毛；雄蕊10枚，无毛，长为花瓣的2倍。荚果长圆形，扁平，长10～18cm，宽3.5～4cm，厚革质，有网脉。种子长圆形，稍扁平，种皮黑褐色。花期5～6月，果期8～10月。

分布于广东、广西、福建、台湾和浙江等省份；越南。生于山地密林或疏林中。

木材暗褐色，质硬而亮，纹理致密，为国产著名硬木之一。可作造船的龙骨、首柱及尾柱，飞机机座的垫板及房屋建筑的柱材等。

华南皂荚 皂荚属
Gleditsia fera (Lour.) Merr.

小乔木至乔木，高达42m。枝灰褐色；刺分枝，长达13cm。叶为一回羽状复叶，长11～18cm；小叶5～9对，斜椭圆形或菱状长圆形，长2～12cm，先端圆钝而微凹，基部斜楔形或圆钝而偏斜，具圆齿，两面无毛，中脉在基部偏斜，上面网脉细密，清晰，明显凸起。花杂性，绿白色，数朵成小聚伞花序，组成腋生或顶生、长7～16cm的总状花序；雄花直径6～7mm；萼片5，外面密被短柔毛，花瓣5，长圆形，两面均被短柔毛，雄蕊10枚，退化雌蕊被长柔毛；两性花直径0.8～1cm，花萼、花瓣与雄花的相似，花萼里面基部被一圈长柔毛，雄蕊5～6枚。荚果嫩时密被棕黄色短柔毛，扁平，劲直或稍弯，稍扭转，种子着生部位不膨起，果瓣革质，老时毛渐脱落。种子多数。花期4～5月，果期6～12月。

分布于广东、江西、湖南、福建、台湾和广西；越南。生于山地缓坡、山谷林中或村旁路边阳处。

果实含皂素，煎汁可代皂用于洗涤，又可作杀虫剂。

望江南 决明属
Senna occidentalis (Linnaeus) Link

直立、少分枝的亚灌木或灌木，无毛，高0.8～1.5m。枝带草质，有棱；根黑色。羽状复叶长约20cm；叶柄上方基部有一大而带褐色、圆锥形的腺体；小叶4～5对，卵形或卵状披针形，长4～9cm，先端渐尖，有小缘毛；小叶柄长1～1.5mm；托叶卵状披针形，早落。花数朵组成伞房状总状花序，腋生和顶生，长约5cm；苞片线状披针形或长卵形，长渐尖，早脱；花长约2cm；萼片不等大，外生的近圆形，内生的卵形；花瓣黄色，外生的卵形，顶端圆形，均有短狭的瓣柄；雄蕊7枚发育，3枚不育，无花药。荚果带状镰形，褐色，压扁，长10~13cm，宽8~9mm，稍弯曲，边较淡色，加厚，有尖头；果柄长1~1.5cm；有种子30~40粒，种子间有薄隔膜。花期4~8月，果期6~10月。

分布于我国东南部、南部及西南各省份；世界热带和亚热带地区。生于河边滩地、旷野或丘陵的灌木林或疏林中，也是村边荒地习见植物。

花黄色，可作地被植物；种子药用，用于肝热目赤、慢性便秘等症。

决明　决明属
Senna tora (Linnaeus) Roxburgh

一年生亚灌木状草本，高1~2m。叶长4~8cm；叶柄上无腺体；叶轴上每对小叶间有棒状的腺体1枚；小叶3对，膜质，倒卵形或倒卵状长椭圆形，长2~6cm，宽1.5~2.5cm，顶端圆钝而有小尖头，基部渐狭，偏斜，上面被稀疏柔毛，下面被柔毛；小叶柄长1.5~2mm；托叶线状，被柔毛，早落。花腋生，通常2朵聚生；总花梗长6~10mm；花梗长1~1.5cm，丝状；萼片稍不等大，卵形或卵状长圆形，膜质，外面被柔毛，长约8mm；花瓣黄色，下面2片略长，长12~15mm，宽5~7mm；能育雄蕊7枚，花药四方形，顶孔开裂，长约4mm，花丝短于花药。荚果纤细，近四棱形，两端渐尖，长达15cm，宽3~4mm，膜质，种子约25粒。种子菱形，光亮。花果期8~11月。

分布于我国长江以南各省份；世界热带、亚热带地区。生于山坡、旷野及河滩沙地上。

种子药用，治高血压头痛、急性结膜炎、角膜溃疡、青光眼、大便秘结、痈疖疮病。

![蝶形花科 Papilionaceae]

毛相思子　相思子属
Abrus pulchellus subsp. *mollis* (Hance) Verdc.

藤本。茎疏被黄色长柔毛。羽状复叶；叶柄和叶轴被黄色长柔毛；托叶钻形；小叶10~16对，膜质，长圆形，最上部2枚常为倒卵形，长1~2.5cm，宽0.5~1cm，先端截形，具细尖，基部圆形或截形，上面被疏柔毛，下面密被白色长柔毛。总状花序腋生；总花梗长2~4cm，被黄色长柔毛，花长3~9mm，4~6朵聚生于花序轴的节上；花萼钟状，密被灰色长柔毛；花冠粉红色或淡紫色。荚果长圆形，扁平，长3~6cm，宽0.8~1cm，密被白色长柔毛，顶端具喙，有种子4~9粒。种子黑色或暗褐色，卵形，扁平，稍有光泽，种阜小，环状，种脐有孔。花期8月，果期9月。

分布于广东、福建和广西；中南半岛。生于山谷、路旁疏林、灌丛中。

全株药用，用于急慢性肝炎、肝硬化腹水、小便刺痛、蛇咬伤等。

合萌　合萌属
Aeschynomene indica L.

一年生草本或亚灌木状。茎直立，高0.3~1m，多分枝，圆柱

形，无毛，具小凸点而稍粗糙。羽状复叶具21~41小叶或更多；托叶卵形或披针形，长约1cm，基部下延，边缘有缺刻；叶柄长约3mm；小叶线状长圆形，长0.5~1cm，上面密生腺点，下面被白粉，先端钝或微凹，具细尖，基部歪斜，全缘。总状花序短于叶，腋生，长1.5~2cm；花序梗长0.8~1.2cm；小苞片宿存；花萼钟状，无毛，二唇形，上唇2裂，下唇3裂；花冠黄色，具紫色条纹，早落，旗瓣近圆形，几无瓣柄，翼瓣短于旗瓣，龙骨瓣长于翼瓣，呈半月形；雄蕊二体。荚果线状长圆形，直或弯曲，长3~4cm，腹缝直，背缝呈波状，荚节4~10，无毛，不开裂，成熟时逐节脱落。种子黑棕色，肾形。花期7~8月，果期8~10月。

分布于全国各省份；非洲、大洋洲、亚洲热带地区及朝鲜、日本。生于草原、荒漠外的林区及其边缘。

为优质绿肥植物；全草入药，能利尿解毒。种子有毒，不可食用。

密花鱼藤　双束鱼藤属
Aganope thyrsiflora (Benth.) Polhill

攀缘状灌木或披散灌木。小枝无毛或有极稀疏柔毛。羽状复叶长30~45cm；小叶2~4对，近革质，长椭圆形或长椭圆状披针形，长10~15cm，宽3.5~7cm，先端短渐尖，有时钝，基部圆形，两面无毛，侧脉5~7对。圆锥花序紧密，侧生或顶生，长12~35cm，疏被褐色或红色柔毛，分枝多，上指或开展；花梗极短，紧凑，但非簇生；花萼钟状，顶端截平或有极不明显三角形裂齿，薄被极稀疏柔毛；花冠白色或紫红色，旗瓣圆形，先端凹缺，基部心形，翼瓣有耳；雄蕊二体。荚果薄，长椭圆形，长5~10cm，宽2.5~4cm，表面有明显网纹，无毛，腹背两缝均有翅，翅近相等，中部翅宽3~8mm，有种子1~3粒。种子长椭圆状肾形。花期5~6月，果期8~11月。

分布于广东、海南和广西；印度、越南、菲律宾、印度尼西亚。生于低海拔山地溪边的灌丛中。

链荚豆　链荚豆属
Alysicarpus vaginalis (L.) DC.

多年生草本。茎平卧或上部直立，高30~90cm，无毛或稍被短柔毛。叶仅有单小叶；叶柄长0.5~1.4cm，无毛；茎上部小叶通常为卵状长圆形、长圆状披针形或线状披针形，长3~6.5cm，下部小叶为心形、近圆形或卵形，长1~3cm，上面无毛，下面稍被短柔毛，侧脉4~5对。总状花序腋生或顶生，长1.5~7cm，有花6~12条，成对排列于节上；苞片膜质，卵状披针形；花梗长3~4mm；花萼长5~6mm，比荚果的第一个荚节稍长；花冠紫蓝色，旗瓣倒卵形。荚果扁圆柱形，长1.5~2.5cm，被短柔毛，荚节4~7，节间不收缩，但分界处有稍隆起的线环。花期9月，果期9~11月。

分布于广东、福建、海南、广西、云南和台湾等省份；东半球热带地区。生于空旷草坡、旱田边、路旁或海边沙地。

良好绿肥；全草药用，治刀伤和骨折。

藤槐（单叶豆） 藤槐属
Bowringia callicarpa Champ. ex Benth.

攀缘灌木。单叶，近革质，长圆形或卵状长圆形，长6～13cm，宽2～6cm，先端渐尖或短渐尖，基部圆形，两面几无毛，叶脉两面明显隆起，侧脉5～6对，于叶缘前汇合，细脉明显；叶柄两端稍膨大，长1～3cm；托叶小，卵状三角形，具脉纹。总状花序或排列成伞房状，长2～5cm，花疏生，与花梗近等长；苞片小，早落；花萼杯状，萼齿极小，锐尖，先端近截平；花冠白色；旗瓣近圆形或长圆形，先端微凹或呈倒心形，翼瓣较旗瓣稍长，镰状长圆形，龙骨瓣最短，长圆形；雄蕊10枚，不等长，分离。荚果卵形或卵球形，长2.5～3cm，径约15mm，先端具喙，沿缝线开裂，表面具明显凸起的网纹，具种子1或2粒。种子椭圆形，稍扁，深褐色至黑色。花期4～6月，果期7～9月。

分布于广东、福建、广西和海南。生于低海拔山谷林缘或河溪旁，常攀缘于其他植物上。

茎皮可制藤。

网络鸡血藤（昆明鸡血藤） 鸡血藤属
Callerya reticulata (Bentham) Schot

藤本。小枝具细棱，初被黄褐色细柔毛，旋秃净，老枝褐色。羽状复叶；叶柄无毛，有狭沟；托叶锥刺形，基部向下凸起成一对短而硬的距；叶腋常有多数宿存钻形芽鳞；小叶3～4对，硬纸质，卵状长椭圆形或长圆形，长3～8cm，宽1.5～4cm，先端钝，渐尖或微凹，基部圆，两面无毛或有稀疏柔毛，侧脉6～7对，两面均隆起。圆锥花序顶生或着生枝梢叶腋，常下垂，基部分枝，花序轴被黄褐色柔毛；花密集，单生于分枝上，小苞片卵形，贴萼生；花梗被毛；花萼阔钟状至杯状，无毛，萼齿短钝，边缘有黄色绢毛；花冠紫红色，旗瓣卵状长圆形，无毛，无胼胝体，翼瓣和龙骨瓣稍长于旗瓣。荚果线形，狭长，扁平，瓣裂，果瓣薄而硬，近木质，有种子3～6粒。种子长圆形。花期5～11月。

分布于华南、华东及西南各省份；越南。生于灌丛中或山野间。

茎皮纤维可作人造棉、造纸和编织的原料；藤药用，有行气活血的作用，根入药有舒筋活血等功能，也有杀虫的作用；藤与根含酚性成分、氨基酸、糖类、树脂。

喙果鸡血藤 鸡血藤属
Callerya tsui (F. P. Metcalf) Z. Wei et Pedley

藤本，长3～10m。茎皮黑褐色，小枝劲直，初时密被褐色绒毛，后渐秃净。羽状复叶长12～28cm；叶柄与叶轴均被细绒毛或无毛；托叶宽三角形，宿存；小叶3（～5）枚，革质，宽椭圆形或椭圆形，长6～18cm，先端骤尖，基部钝圆或宽楔形，两面无毛，有光泽，侧脉6～7对，网脉两面隆起，无小托叶。圆锥花序顶生，长15～30cm，分枝长而伸展，密被褐色绒毛；花密集，单生；苞片卵形，小苞片离萼生；花萼宽钟形，萼齿短于萼筒；花冠淡黄色，带淡红色或淡紫

色晕斑，旗瓣背面被绢毛，基部无胼胝体。荚果肿胀，单粒种子时为椭圆形，具2～4粒种子时为线状长圆形，密被褐色细绒毛，渐脱落，顶端有坚硬的钩状喙，基部渐狭，种子间缢缩。种子近球形或稍扁。花期7～9月，果期10～12月。

分布于广东、湖南、海南、广西、贵州和云南。生于山地杂木林中。

根、茎入药，广西瑶山称"血皮藤"，能行血补气，治风湿关节痛；茎皮纤细坚韧；种子煨熟可食。

美丽鸡血藤（牛大力藤） 鸡血藤属
Callerya speciosa (Champion ex Bentham) Schot

藤本，树皮褐色。小枝圆柱形，初被褐色绒毛，后渐脱落。羽状复叶长15～25cm；托叶披针形，宿存；小叶7～15枚，硬纸质，长圆状披针形至椭圆状披针形，长4～8cm，先端钝圆，短尖状，基部钝圆，上面无毛，干后粉绿色，光亮，下面被锈色柔毛或无毛，干后红褐色，侧脉5～6对，小托叶针刺状，宿存。圆锥花序腋生，聚集枝梢呈大型圆锥花序状；花1～2朵并生或单生，密集于花序轴上部，有香气；花序梗及花序轴密被黄色绒毛；苞片披针形，脱落，小苞片离萼生；花梗与花萼同被褐色绒毛；花萼钟形，萼齿钝圆；花冠白色、淡黄色或淡红色，无毛，旗瓣圆形，近基部有2枚胼胝体。荚果线状，伸长，扁平，顶端狭尖，具喙，基部具短颈，密被褐色绒毛，果瓣木质，开裂，有种子4～6粒。种子卵形。花期7～10月，果期翌年2月。

分布于广东、福建、湖南、海南、广西、贵州和云南；越南。生于灌丛、疏林和旷野。

根含淀粉甚丰富，可酿酒，又可入药，有通经活络、补虚润肺和健脾的功能。

香花鸡血藤（山鸡血藤） 鸡血藤属
Callerya dielsiana (Harms) P. K. Loc ex Z. Wei et Pedley

攀缘状藤本，长2～5m。茎皮灰褐色，剥裂；枝条无毛或微毛。奇数羽状复叶，互生；托叶线形；叶柄与叶轴均疏被柔毛；小叶5枚，纸质，披针形、长圆形或窄长圆形，长5～15cm，先端急尖至渐尖，偶有钝圆，基部钝，偶有近心形，上面具光泽，几无毛，下面疏被平伏柔毛或几无毛，侧脉6～9对，中脉在上面微凹，下面甚隆起。圆锥花序顶生，宽大，长达40cm，分枝伸展，盛花时成扇状开展并下垂，花序梗与花序轴多少被黄褐色绒毛；苞片宿存；小苞片贴萼生，早落；花单生；花萼宽钟形，被细柔毛；花冠紫红色，旗瓣密被绢毛，基部无胼胝体。荚果长圆形，长7～12cm，扁平，密被灰色绒毛，果瓣木质，具3～5粒种子。种子长圆状、凸镜状。花期5～9月，果期6～11月。

分布于我国长江以南及西北部分省份；越南和老挝。生于石隙、岩边林缘、灌丛以及丘陵山地。

根药用，有舒筋活血的作用。

蔓草虫豆 木豆属
Cajanus scarabaeoides (L.) Thouars

蔓生或缠绕状草质藤本。茎纤弱，长可达2m，具细纵棱，多少被红褐色或灰褐色短绒毛。羽状复叶具3小叶；叶柄长1～3cm；顶生

小叶椭圆形或倒卵状椭圆形，长1.5～4cm，先端钝或圆，基部近圆形，基出脉3，侧生小叶稍小，偏斜；基出脉3，在下面脉明显凸起。总状花序腋生，长约2cm，有1～5花；花序梗长2～5mm；花萼钟状，萼齿5，线状披针形，上方2齿完全或不完全合生；花冠黄色，长约1cm，旗瓣倒卵形，有暗紫色条纹，瓣片基部两侧各具1耳，翼瓣短于旗瓣，龙骨瓣略长于翼瓣，均具瓣柄及耳。荚果长圆形，密被长毛，果瓣革质，于种子间有横缢线，有种子3～7粒。种子椭圆状，种皮黑褐色。花期9～10月，果期11～12月。

分布于广东、云南、四川、贵州、广西、海南、福建和台湾；东自太平洋上一些岛屿、日本，经越南、泰国、缅甸、不丹、尼泊尔、孟加拉国、印度、斯里兰卡、巴基斯坦，直至马来西亚、印度尼西亚、大洋洲乃至非洲。生于旷野、路旁或山坡草丛中。

叶入药，有健胃、利尿的作用。

蝙蝠草　蝙蝠草属
Christia vespertilionis (L.f.) Bakh.f.

多年生直立草本，高60～120cm，常基部分枝。叶通常为单小叶，稀有3小叶；叶柄疏被短柔毛；小叶近革质，顶生小叶菱状、长菱形或元宝形，长0.8～1.5cm，宽5～9cm，先端宽而截平，近中央处稍凹，基部略心形，侧生小叶倒心形或倒三角形，两侧常不对称，长0.8～1.5cm，宽1.5～2cm，先端截平，基部楔形或近圆，上面无毛，下面稍被短柔毛，侧脉3～4对。总状花序顶生或腋生，有时组成圆锥花序，长5～15cm，被短柔毛；花梗被灰色短柔毛，较略短；花萼半透明，被柔毛，花后增大，网脉明显，5裂，裂片三角形，约与萼筒等长，上部2裂片稍生；花冠黄白色，不伸出萼外。荚果有荚节4～5，椭圆形，荚节成熟后黑褐色，有网纹，无毛，完全藏于萼内。花期3～5月，果期10～12月。

分布于广东、海南和广西；世界热带地区。生于旷野草地、灌丛中、路旁及海边地区。

响铃豆　猪屎豆属
Crotalaria albida Heyne

多年生直立草本，基部常木质，高30～80cm。茎上部分枝，被紧贴的短柔毛。托叶刚毛状，早落；单叶，叶片倒卵形、长圆状椭圆形或倒披针形，长1～2.5cm，宽0.5～1.2cm，先端钝或圆，具细小的短尖头，基部楔形，上面绿色，近无毛，下面暗灰色，略被短柔毛；叶柄近无。总状花序顶生或腋生，有花20～30朵，花序长达20cm，苞片丝状，小苞片与苞片同形，生萼筒基部；花萼二唇形，深裂，上面2萼齿宽大，先端稍钝圆，下面3萼齿披针形，先端渐尖；花冠淡黄色，旗瓣椭圆形，先端具束状柔毛，基部胼胝体可见，翼瓣长圆形，约与旗瓣等长，龙骨瓣弯曲，几达90°，中部以上变狭形成长喙。荚果短圆柱形，长约10mm，无毛，稍伸出花萼之外，有种子6～12粒。花果期5～12月。

分布于华南、华东、华中及西南部分省份；中南半岛、南亚及太

平洋诸岛。生于荒地路旁及山坡疏林下。

本种可供药用，可清热解毒、消肿止痛，治跌打损伤、关节肿痛等症。

假地蓝　猪屎豆属
Crotalaria ferruginea (Grah.) Benth.

草本，基部常木质，高60～120cm。茎直立或铺地蔓延，多分枝，被棕黄色伸展长柔毛。托叶披针形或三角状披针形，长5～8mm；单叶，叶片椭圆形，长2～6cm，宽1～3cm，两面被毛，尤以叶下面叶脉上的毛更密，先端钝或渐尖，基部略楔形，侧脉隐见。总状花序顶生或腋生，有花2～6朵；苞片披针形，长2～4mm，小苞片与苞片同型，生萼筒基部；花梗长3～5mm；花萼二唇形，长10～12mm，密被粗糙的长柔毛，深裂，几达基部，萼齿披针形；花冠黄色，旗瓣长椭圆形，长8～10mm，翼瓣长圆形，长约8mm，龙骨瓣与翼瓣等长，中部以上变狭形成长喙，包被萼内或与之等长；子房无柄。荚果长圆形，无毛，长2～3cm，有种子20～30粒。花果期6～12月。

分布于华南、华东、华中及西南部分省份；印度、尼泊尔、斯里兰卡、缅甸、泰国、老挝、越南、马来西亚等地区。生于山坡疏林及荒山草地。

本种可供药用，民间用其全草入药，可补肾、消炎、平喘、止咳，临床用于治疗目眩耳鸣、遗精、慢性肾炎、膀胱炎、慢性支气管炎等症；其鲜叶捣烂可外敷治疗疮、痈肿；其根茎可以灭蛆。为绿肥、牧草及水土保持植物。

猪屎豆　猪屎豆属
Crotalaria pallida Ait.

多年生草本，或呈灌木状。茎枝圆柱形，具小沟纹，密被紧贴的短柔毛。托叶极细小，刚毛状，早落；叶三出，柄长2～4cm；小叶长圆形或椭圆形，长3～6cm，上面无毛，下面稍被丝光质短柔毛，两面叶脉清晰，小叶柄长1～2mm。总状花序顶生，长达25cm，有花10～40朵；苞片线形，早落，小苞片的形状与苞片相似，生萼筒中部或基部；花梗长3～5mm；花萼近钟形，5裂，萼齿三角形，约与萼筒等长，密被短柔毛；花冠黄色，伸出萼外，旗瓣圆形或椭圆形，基部具胼胝体二枚，翼瓣长圆形，下部边缘具柔毛，龙骨瓣最长，弯曲，几达90°，具长喙，基部边缘具柔毛。荚果长圆形，长3～4cm，径5～8mm，幼时被毛，成熟后脱落，果瓣开裂后扭转，有种子20～30粒。花果期9～12月。

分布于华南、华东、西南及华中部分省份；美洲、非洲、亚洲热带、亚热带地区。生于荒山草地及沙质土壤之中。

全草可供药用，有散热解毒之功效；近年来试用于鳞状皮癌和基底细胞癌的治疗。枝叶为良好绿肥，亦可作粗饲料。

秧青（南岭黄檀）　黄檀属
Dalbergia assamica Benth.

乔木，高6～15m。树皮灰黑色，粗糙，有纵裂纹。羽状复叶长10～15cm；托叶披针形；小叶6～7对，长圆形或倒卵状长圆形，长1.8～4.5cm，先端圆截形，基部宽楔形或圆形，下面有微柔毛；叶轴及叶柄被短柔毛。圆锥花序腋生，疏散，长5～10cm，中部以上具短分枝；花序梗、分枝和花序轴疏被锈色短柔毛或近无毛；苞片卵状披针形，小苞片披针形，均早落；花梗与花萼同被黄褐色短柔毛；花萼钟状，萼齿5，三角形，最下1枚较长，其余三角形，上方2枚近合生；花冠白色，花瓣具瓣柄，旗瓣圆形，翼瓣倒卵形，龙骨瓣近半月形，雄蕊10枚，二体（5+5）。荚果舌状或长圆形，两端渐狭，通常有种子1粒，稀2～3粒，果瓣对种子部分有明显网纹。花期6月。

分布于广东、浙江、福建、海南、广西、四川和贵州；越南北部。生于山地杂木林中或灌丛中。

我国南部城市常植为蔽荫树或风景树，又为紫胶虫寄主植物。

两广黄檀　黄檀属
Dalbergia benthamii Prain

藤本，有时为灌木。羽状复叶长12～17cm；叶轴、叶柄均略被伏贴微柔毛；小叶2～3对，近革质，卵形或椭圆形，长3.5～6cm，宽1.5～3cm，先端钝，微缺，基部楔形，上面无毛，下面干时粉白色，略被伏贴微柔毛。圆锥花序腋生，长约4cm；总花梗与花梗同被锈色绒毛；花芳香；基生小苞片长圆形，脱落，副萼状小苞片披针形，先端钝，宿存；花萼钟状，外面被锈色绒毛，萼齿近相等，卵状三角形，先端钝；花冠白色，各瓣具长柄，旗瓣椭圆形，先端微缺，外反，与瓣柄成直角，基部两侧具短耳，翼瓣倒卵状长圆形，一侧具内弯的耳，龙骨瓣近半月形，内侧具耳，瓣柄与花萼等长；雄蕊9枚，单体。荚果薄革质，舌状长圆形，有种子1或2粒。种子肾形，扁平。花期2～4月。

分布于广东、海南和广西；越南。生于疏林或灌丛中，常攀缘于树上。

茎药用，能通经活血，用以治疗气滞血瘀所致的月经不调。

藤黄檀　黄檀属
Dalbergia hancei Benth.

藤本。枝纤细，幼枝略被柔毛，小枝有时变钩状或旋扭。羽状复叶长5～8cm；托叶膜质，披针形，早落；小叶3～6对，较小狭长圆或倒卵状长圆形，长10～20mm，宽5～10mm，先端钝，微缺，基部楔形或圆形，下面疏被伏贴柔毛。总状花序远较复叶短，数个总状花序常再集成腋生短圆锥花序；花梗、花萼和小苞片同被褐色短绒毛；苞片卵形，小苞片披针形；花萼宽钟状，萼齿短，近等长，宽三角形，先端钝；花冠绿白色，花瓣具长瓣柄，旗瓣椭圆形，不反折，翼瓣与龙骨瓣长圆形；雄蕊9枚，单体。荚果扁平，长圆形或带状，无毛，长3～7cm，宽8～14mm，基部收缩为一细果颈，通常有1粒种子，稀2～4粒。种子肾形，极扁平。花期4～5月。

分布于华南、华东及西南大部分省份。生于山坡灌丛中或山谷溪旁。

茎皮含单宁；纤维供编织；根、茎入药，能舒筋活络，用于治风湿痛，有理气止痛、破积功效。

香港黄檀　黄檀属
Dalbergia millettii Benth.

藤本。枝无毛，干时黑色，有时短枝钩状。羽状复叶长4～5cm；叶柄无毛；托叶狭披针形，脱落；小叶12～17对，紧密，线形或狭长圆形，长4～15mm，宽2～5mm，先端截形，基部圆或钝，两侧略不等，顶小叶常为倒卵形或倒卵状长圆形，基部楔形，两面无毛；小叶柄无毛。圆锥花序腋生，长1～1.5cm；总花梗、花序轴和分枝被极稀疏的短柔毛；基生和副萼状小苞片卵形，宿存，具缘毛；花萼钟状，最下1枚萼齿三角形，侧方2枚卵形，上方2枚合生，圆形；花冠白色，花瓣具瓣柄，旗瓣圆形，翼瓣卵状长圆形，龙骨瓣长圆形；雄蕊9枚，单体。荚果长圆形至带状，扁平，无毛，长4～6cm，宽1.2～1.6cm，具网纹，尤以种子部分网纹较明显，具1（2）粒种子。种子肾形，扁平。花期5月。

分布于广东、广西和浙江。生于山谷疏林或密林中。

中南鱼藤　鱼藤属
Derris fordii Oliv.

攀缘状灌木。一回奇数羽状复叶，长15～28cm；小叶2～3对，厚纸质或薄革质，卵状椭圆形、卵状长椭圆形或椭圆形，长4～13cm，宽2～6cm，先端渐尖，略钝，基部圆形，两面无毛，侧脉6～7对。圆锥花序腋生，稍短于复叶；花序轴和花梗有极稀少的黄褐色短硬毛；花数朵生于短小枝上；小苞片2，生于花萼的基部，外被微柔毛；花萼钟状，长2～3mm，萼齿短，圆形或三角形；花冠白色，长约10mm，旗瓣阔倒卵状椭圆形，有短柄，翼瓣一侧有耳，龙骨瓣基部具尖耳；雄蕊单体；子房无柄，被白色长柔毛。荚果薄革质，长椭圆形至舌状长椭圆形，长4～10cm，宽1.5～2.3cm，扁平，腹缝翅宽2～3mm，背缝翅宽不及1mm，有种子1～4粒。种子褐红色，长肾形。花期4～5月，果期10～11月。

分布于广东、浙江、江西、福建、湖北、湖南、广西、贵州、云南。生于山地路旁或山谷的灌木林或疏林中。

假地豆（异果山绿豆）　山蚂蝗属
Desmodium heterocarpon (L.) DC.

小灌木或亚灌木。茎直立或平卧，高30～150cm，基部多分枝，多少被糙伏毛。叶为羽状三出复叶，3小叶；叶柄长1～2cm；顶生小叶椭圆形、长椭圆形或宽倒卵形，长2.5～6cm，侧生小叶较小，先端圆或钝，微凹，具短尖，基部钝，上面无毛，下面被贴伏白色短柔毛，侧脉5～10对。总状花序长2.5～7cm，花序梗密被淡黄色开展钩状毛；花极密，2朵生于每节上；花梗长3～4mm；花萼长1.5～2mm，裂片较萼筒稍短，上部裂片先端微2裂；花冠紫色或白色，长约5mm，旗瓣倒卵状长圆形，基部具短瓣柄，翼瓣倒卵形，具耳和瓣柄，龙骨瓣极弯曲。荚果密集，狭长圆形，长12～20mm，宽2.5～3mm，腹缝线浅波状，腹背两缝线被钩状毛，有荚节4～7，荚节近方形。花期7～10月，果期10～11月。

分布于我国长江以南各省份；印度、斯里兰卡、缅甸、泰国和大洋洲。生于灌木丛、草地或溪边。

全株药用，治蛇伤、跌打。

三点金 山蚂蝗属
Desmodium triflorum (L.) DC.

多年生草本平卧，高10～50cm。茎纤细，多分枝，被开展柔毛；根状茎木质。叶为羽状三出复叶；叶柄长约5mm，被柔毛；顶生小叶倒心形、倒三角形或倒卵形，长和宽0.25～1cm，先端截平，基部楔形，上面无毛，下面被白色柔毛，叶脉4～5对。花单生或2～3簇生叶腋；花梗长3～8mm，结果时长达1.3cm；花萼长约3mm，密被白色长柔毛，5深裂；花冠紫红色，与萼近相等，旗瓣倒心形，具长瓣柄，翼瓣披针形，具短瓣柄，龙骨瓣呈镰刀形，具长瓣柄。荚果扁平，狭长圆形，略呈镰刀状，腹缝线直，背缝线波状，有荚节3～5，荚节近方形，被钩状短毛，具网脉。花果期6～10月。

分布于广东、浙江、福建、江西、海南、广西、云南和台湾等省份；印度、斯里兰卡、尼泊尔、缅甸、泰国、越南、马来西亚、太平洋群岛、大洋洲和美洲热带地区。生于旷野草地、路旁或河边沙土上。

全草入药，有解表、消食功效。

圆叶野扁豆 野扁豆属
Dunbaria rotundifolia (Lour.) Merr.

多年生缠绕藤本。茎纤细，柔弱，微被短柔毛；羽状复叶具3小叶；叶柄长0.8～2.5cm；顶生小叶菱状圆形，长1.5～2.7cm，宽稍大于长，先端钝或圆，基部圆，两面疏被短柔毛或近无毛，被黑褐色腺点，尤以下面较密；侧生小叶稍小，偏斜，边缘微波状。花1～2朵生于叶腋；花萼钟状，长2～5mm，萼齿5，卵状披针形，密被红褐色腺点和短柔毛；花冠黄色，长1～1.5cm，旗瓣倒卵圆形，瓣片基部两侧各具1耳，翼瓣倒卵形，微弯，龙骨瓣镰形，先端略钝喙状；子房疏被短柔毛，无柄。荚果线状长椭圆形，扁平，略弯，长3～5cm，宽约8mm，被极短柔毛或近无毛，先端具针状喙，无果颈，有种子6～8粒。种子近圆形，黑褐色。果期9～10月。

分布于广东、四川、贵州、广西、海南、江西、福建、台湾和江苏；印度、印度尼西亚、菲律宾。生于山坡灌丛中和旷野草地上。

根及叶能消肿解毒。

大叶千斤拔 千斤拔属
Flemingia macrophylla (Willd.) O. Ktze.

直立灌木，高0.8～2.5m。幼枝有明显纵棱，密被紧贴丝质柔毛。叶具掌状3小叶；托叶披针形，早落；叶柄长3～6cm，具窄翅，被丝质柔毛；顶生小叶宽披针形至椭圆形，长8～15cm，宽4～7cm，先端渐尖，基部楔形，两面除沿脉被灰褐色丝质柔毛外，其余无毛，下面被黑褐色腺点；侧生小叶略小，偏斜。总状花序常数枚簇生于叶腋，长3～8cm；花序梗不明显，花序轴密被灰褐色柔毛；苞片三角状卵

形，先端渐尖；花多而密；花萼钟状，密被丝质短柔毛，裂片5，线状披针形，最下方的1枚最长；花冠紫红色，旗瓣长椭圆形，瓣片基部具短瓣柄，两侧各具1耳，翼瓣窄椭圆形，龙骨瓣稍长于翼瓣；子房被丝质毛。荚果椭圆形，有种子1或2粒。种子球形，黑色。花期6～9月，果期10～12月。

分布于广东、云南、贵州、四川、江西、福建、台湾、海南和广西。生于旷野草地上或灌丛中，山谷路旁和疏林阳处。

根供药用，能祛风活血、强腰壮骨，治风湿骨痛。

硬毛木蓝 木蓝属
Indigofera hirsuta L.

平卧或直立亚灌木，高30～100cm。茎圆柱形，枝、叶柄和花序均被开展长硬毛。羽状复叶长2.5～10cm；叶柄长约1cm，被开展毛；小叶4～5对，对生，倒卵形或长圆形，长3～3.5cm，先端圆钝，基部宽楔形，两面有平贴丁字毛。总状花序长10～25cm，密被锈色和白色混生的硬毛，花小，密集；总花梗较叶柄长；苞片线形；花梗长约1mm；花萼外面有红褐色开展长硬毛，萼齿线形；花冠红色，长4～5mm，外面有柔毛，旗瓣倒卵状椭圆形，有瓣柄，翼瓣与龙骨瓣等长，有瓣柄，距短小；花药卵球形，顶端有红色尖头。荚果线状圆柱形，长1.5～2cm，径2.5～8mm，有开展长硬毛，紧挤，有种子6～8粒，内果皮有黑色斑点；果梗下弯。花期7～9月。果期10～12月。

分布于广东、浙江、福建、台湾、湖南、广西和云南；热带非洲、亚洲、美洲及大洋洲。生于低海拔的山坡旷野、路旁、河边草地及海滨沙地上。

木蓝 木蓝属
Indigofera tinctoria L.

直立亚灌木，高0.5～1m。幼枝有棱，扭曲，被白色丁字毛。羽状复叶长2.5～11cm；叶柄长1.3～2.5cm，被丁字毛；托叶钻形，长约2mm；小叶4～6对，倒卵状长圆形或倒卵形，长1.5～3cm，先端钝或微凹，基部宽楔形或近圆，两面被丁字毛或上面近无毛，侧脉不明显。总状花序长2.5～9cm；花疏生，近无花序梗；花梗长4～5mm；花萼钟状，长约1.5mm，萼齿三角形，与萼筒近等长，外被丁字毛；花冠红色，旗瓣宽倒卵形，长4～5mm，外面被毛，翼瓣长4mm，龙骨瓣与旗瓣等长。荚果线形，长2.5～3cm，近无毛；种子间缢缩，外形似串珠状，有毛或几无毛，具5～10粒种子；果柄下弯。种子近方形。花期几乎全年，果期10月。

分布于广东、安徽、台湾和海南；亚洲、非洲热带地区、热带美洲。生于山坡草丛中。

叶供提取蓝靛染料；可入药，能凉血解毒、泻火散郁；根及茎叶外敷，可治肿毒。

鸡眼草 鸡眼草属
Kummerowia striata (Thunb.) Schindl.

一年生草本，披散或平卧，多分枝，高5～45cm。茎和枝上被倒生的白色细毛。叶为三出羽状复叶；托叶大，膜质，卵状长圆形，具条纹，有缘毛；叶柄极短；小叶纸质，倒卵形、长倒卵形或长圆形，

较小，长6～22mm，宽3～8mm，先端圆形，稀微缺，基部近圆形或宽楔形，全缘；两面沿中脉及边缘有白色粗毛，但上面毛较稀少，侧脉多而密。花小，单生或2～3朵簇生于叶腋；花萼钟状，带紫色，5裂，花冠粉红色或紫色，较萼约长1倍，旗瓣椭圆形，具耳，龙骨瓣比旗瓣稍长或近等长，翼瓣比龙骨瓣稍短。荚果圆形或倒卵形，稍侧扁，长3.5～5mm，较萼稍长或长达1倍，先端短尖，被小柔毛。花期7～9月，果期8～10月。

分布于华南、东北、华北、华东、中南及西南等省份；朝鲜、日本、俄罗斯。生于路旁、田边、溪旁、砂质地或缓山坡草地。

全草药用，有利尿通淋的作用；也可作饲料和绿肥。

胡枝子 胡枝子属
Lespedeza bicolor Turcz.

直立灌木，高1～3m，多分枝，小枝黄色或暗褐色，有条棱，被疏短毛；芽卵形，长2～3mm，具数枚黄褐色鳞片。羽状复叶具3小叶；托叶2枚，线状披针形；叶柄长2～9cm；小叶质薄，卵形、倒卵形或卵状长圆形，长1.5～6cm，宽1～3.5cm，先端钝圆或微凹，稀稍尖，具短刺尖，基部近圆或宽楔形，全缘，上面无毛，下面被疏柔毛。总状花序比叶长，常构成大型、较疏散的圆锥花序；花序梗长4～10cm；花梗长约2mm，密被毛；花萼5浅裂，裂片常短于萼筒；花冠红紫色，旗瓣倒卵形，翼瓣近长圆形，具耳和瓣柄，龙骨瓣与旗瓣近等长，基部具长瓣柄。荚果斜倒卵形，稍扁，长约10mm，宽约5mm，表面具网纹，密被短柔毛。花期7～9月，果期9～10月。

分布于华南、东北、华中、华北及华东大部分省份；朝鲜、日本、俄罗斯。生于山坡、林缘、路旁、灌丛及杂木林间。

种子油可供食用或作机器润滑油；叶可代茶；枝可编筐。性耐旱，是防风、固沙及水土保持植物，为营造防护林及混交林的伴生树种。

截叶铁扫帚 胡枝子属
Lespedeza cuneata (Dum. Cours.) G. don.

小灌木，高达1m。茎直立或斜升，被毛，上部分枝，分枝斜上举。叶具3小叶，密集；叶柄短；小叶楔形或线状楔形，长1～3cm，宽2～7mm，先端截平或近截平，具小刺尖，基部楔形，上面近无毛，下面密被贴毛。总状花序腋生，具2～4条花；总花梗极短；小苞片卵形或狭卵形，先端渐尖，背面被白色伏毛，边具缘毛；花萼狭钟形，密被伏毛，5深裂，裂片披针形；花冠淡黄色或白色，旗瓣基部有紫斑，有时龙骨瓣先端带紫色；翼瓣与旗瓣近等长，龙骨瓣稍长；闭锁花簇生于叶腋。荚果宽卵形或近球形，被伏毛，长2.5～3.5mm，宽约2.5mm。花期7～8月，果期9～10月。

分布于华南、西北、华东、华中及西南大部分省份；朝鲜、日本、印度、巴基斯坦、阿富汗及澳大利亚。生于山坡路旁。

美丽胡枝子 胡枝子属
Lespedeza thunbergii subsp. *formosa* (Vogel) H. Ohashi

直立灌木，高1～2m。多分枝，枝伸展，被疏柔毛。托叶披针形至线状披针形，褐色，被疏柔毛；叶柄被短柔毛；小叶椭圆形、长圆状椭圆形或卵形，稀倒卵形，两端稍尖或稍钝，长2.5～6cm，宽1～3cm，上面绿色，稍被短柔毛，下面淡绿色，贴生短柔毛。总状花序单一，腋生或构成顶生的圆锥花序；总花梗被短柔毛；苞片卵状渐尖，密被绒毛；花梗短，被毛；花萼钟状，5深裂，裂片长圆状披针形，外面密被短柔毛；花冠红紫色，旗瓣近圆形或稍长，先端圆，基部具明显的耳和瓣柄，翼瓣倒卵状长圆形，短于旗瓣和龙骨瓣，基部有耳和细长瓣柄，龙骨瓣比旗瓣稍长，基部有耳和细长瓣柄。荚果倒卵形或倒卵状长圆形，表面具网纹且被疏柔毛。花期7～9月，果期9～10月。

分布于华南、华中、西北、华东、华北及西南大部分省份；朝鲜、日本、印度。生于山坡、路旁及林缘灌丛中。

厚果崖豆藤 崖豆藤属
Millettia pachycarpa Benth.

巨大藤本，长达15m。茎中空，嫩枝褐色，密被黄色绒毛，后渐秃净；老枝黑色，无毛，散生褐色皮孔。羽状复叶，托叶宽卵形，贴生鳞芽两侧，宿存；小叶13～17对，对生，长椭圆形或长圆状披针形，纸质，长10～18cm，先端锐尖，基部楔形或钝圆，侧脉12～15对，上面无毛，下面被绢毛，沿中脉密被褐色绒毛，无小托叶。总状圆锥花序，2～6个生于新枝下部；花2～5朵着生节上；苞片和小苞片小；花萼宽钟形，密被褐色绒毛；花冠淡紫色，旗瓣卵形，无毛，基部无胼胝体，翼瓣与龙骨瓣稍短于旗瓣。荚果深褐黄色，肿胀，长圆形，单粒种子时卵形，秃净，密布浅黄色疣状斑点，果瓣木质，甚厚，迟裂，有种子1～5粒。种子黑褐色，肾形，或挤压呈棋子形。花期4～6月，果期6～11月。

分布于华南、华东、华中及西南大部分省份；缅甸、泰国、越南、老挝、孟加拉国、印度、尼泊尔、不丹。生于山坡常绿阔叶林内。

种子和根含鱼藤酮，磨粉可作杀虫药，能防治多种粮棉害虫；茎皮纤维可供利用。

印度崖豆藤 崖豆藤属
Millettia pulchra (Benth.) Kurz.

灌木或小乔木，高3～8m。树皮粗糙，散布小皮孔。羽状复叶长8～20cm；叶轴上面具沟；托叶披针形，密被柔毛；小叶6～9对，纸质，披针形或披针状椭圆形，长2～6cm，宽7～15mm，先端急尖，基部渐狭或钝，上面暗绿色，下面浅绿色，中脉隆起，侧脉4～6对。总状圆锥花序腋生，密被灰黄色柔毛；花3～4朵着生节上；苞片小，披针形，小苞片小，贴生；花萼钟状，密被柔毛，萼齿短，三角形，上方2齿全合生；花冠淡红色至紫红色，旗瓣长圆形，先端微凹，被线状细柔毛，基部截形，瓣柄短，翼瓣长圆形，具1耳，龙骨瓣长圆状镰形，与翼瓣均具瓣柄；

雄蕊单体。荚果线形，扁平，瓣裂，果瓣薄木质，有种子1~4粒。种子褐色，椭圆形。花期4~8月，果期6~10月。

分布于广东、海南、广西、贵州和云南；印度、缅甸、老挝。生于山地、旷野或杂木林缘。

白花油麻藤　黧豆属
Mucuna birdwoodiana Tutch.

常绿、大型木质藤本。茎断面先流出白色汁液，2~3min后汁液变为血红色，无毛。羽状复叶具3小叶，长17~30cm；小叶近革质，顶生小叶椭圆形、卵形或近倒卵形，长9~16cm，宽2~6cm，先端尾状渐尖，基部圆形或近楔形，两面无毛或疏生短毛，侧生小叶偏斜。总状花序生于老茎上或腋生，长20~38cm，有多花，花成束生于节上；花萼杯状，萼筒内面与外面均密被黄褐色伏毛，外面兼有粗刺毛；花冠白色或绿白色，旗瓣基片基部具耳，翼瓣与龙骨瓣、子房均密被淡褐色短毛，龙骨瓣被褐色短毛。荚果带形，木质，长30~45cm，幼时被红褐色脱落性刚毛，成熟后被红褐色绒毛，种子间缢缩，沿背腹缝线各具木质翅，有种子5~13粒。种子深紫黑色，近肾形。花期4~6月，果期6~11月。

分布于广东、江西、福建、广西、贵州和四川等省份。生于山地阳处、路旁、溪边，常攀缘在乔、灌木上。

蔓茎粗壮，叶繁荫浓，花序悬挂于盘曲老茎，奇丽美观，是南方地区优良蔽荫、观花藤本。适用于大型棚架、绿廊、墙垣等攀缘绿化；也可用于山岩、叠石、林间配置。

小槐花　小槐花属
Ohwia caudata (Thunberg) H. Ohashi

直立灌木或亚灌木，高1~2m。树皮灰褐色，分枝多。羽状三出复叶，小叶3枚；托叶披针状线形，具条纹；叶柄扁平，上面具深沟，两侧具极窄的翅；小叶近革质或纸质，顶生小叶披针形或长圆形，长5~9cm，宽1.5~2.5cm，侧生小叶较小，先端渐尖，基部楔形，全缘，上面疏被极短柔毛，老时渐无毛，下面疏被贴伏短柔毛，侧脉10~12对。总状花序顶生或腋生，花序轴密被柔毛并混生小钩状毛，每节生2花；苞片钻形；花梗密被贴伏柔毛；花萼窄钟形，裂片披针形；花冠绿白色或黄白色，有明显脉纹，长约5mm，旗瓣椭圆形，翼瓣窄长圆形，龙骨瓣长圆形，均具瓣柄。荚果线形，扁平，稍弯曲，被伸展的钩状毛，腹背缝线浅缢缩，有荚节4~8，长椭圆形。花期7~9月，果期9~11月。

分布于我国长江以南各省份；印度、斯里兰卡、不丹、缅甸、马来西亚、日本、朝鲜。生于山坡、路旁草地、沟边、林缘或林下。

根或全草药用；叶可杀酱油等物中之蛆虫。

软荚红豆　红豆属
Ormosia semicastrata Hance

常绿乔木，高达12m。树皮褐色，皮孔凸起并有不规则的裂纹，小枝具黄色柔毛。奇数羽状复叶，长18.5~24.5cm；小叶3~5枚，卵状长椭圆形或椭圆形，长4~14.2cm，先端渐尖、急尖、钝尖或微凹，基部圆或宽楔形，革质，两面无毛或有时下面有白粉，沿中脉有柔

毛，侧脉10~11对，不明显。圆锥花序顶生，花序梗及花梗均密被黄褐色柔毛；花萼钟状，萼齿近等长，外面被锈色绒毛，内面疏被褐色柔毛；花冠白色，旗瓣近圆形，翼瓣与旗瓣近等长，龙骨瓣略长于翼瓣，雄蕊10枚，5枚发育，5枚退化，交互着生于花盘边缘，花盘与萼筒贴生。荚果小，近圆形，稍肿胀，革质，光亮，干时黑褐色，长1.5~2cm，顶端具短喙，有种子1粒。种子扁圆形，鲜红色。花期4~5月。

分布于广东、江西、福建、海南和广西。生于山地、路旁、山谷杂木林中。

韧皮纤维可作人造棉和编绳原料。

荔枝叶红豆　红豆属
Ormosia semicastrata f. *litchifolia* How

常绿乔木，高达15m，胸径约40cm。叶互生，奇数羽状复叶，连柄长12~16cm，叶轴较柔弱，小叶通常5~9枚，革质、椭圆形、长椭圆形或披针形。圆锥形花序生于上部叶腋内，约与叶等长，被黄色柔毛；萼钟形，裂齿5枚，被赤色柔毛，花瓣白色，长为花萼的3倍。荚果小，近圆形，稍肿胀，果瓣革质，光亮。干时黑褐色，顶端有角质小尖刺。种子单生，鲜红而有光泽，扁圆形，长、宽约9mm。

分布于广东和海南。生于山坡、山谷杂木林中。

材质坚重，致密，易加工，但边材易罹病虫害，不耐腐，心材优良，供家具、室内装修等用。为海南三类用材。

木荚红豆　红豆属
Ormosia xylocarpa Chun ex L. Chen

常绿乔木，高12~20m，胸径40~150cm。树皮灰色或棕褐色，平滑。枝密被紧贴的褐黄色短柔毛。奇数羽状复叶，叶长8~24.5cm，叶柄长3~5cm；小叶3~7对，长椭圆形或长椭圆状倒披针形，长3~14cm，先端钝圆或急尖，基部楔形或宽楔形，厚革质，边缘微反卷，上面无毛，下面贴生极短的褐黄色毛。圆锥花序顶生，长8~14cm；花序梗及序轴被短柔毛；花大，长2~2.5cm，有芳香，花冠白色或粉红色，花瓣近等长。荚果倒卵形至长椭圆形或菱形，长5~7cm，宽2~4cm，厚约1.5cm，压扁，着生种子处微隆起，果瓣厚木质，腹缝边缘向外反卷，外面密被黄褐色短绢毛，内壁有横隔膜，有种子1~5粒。种子横椭圆形或近圆形，微扁，种皮红色，光亮。花期6~7月，果期10~11月。

分布于广东、江西、福建、湖南、海南、广西和贵州。生于山坡、山谷、路旁、溪边疏林或密林内。

心材紫红色，纹理直，结构细匀。

毛排钱树　排钱树属
Phyllodium elegans (Lour.) Desv.

灌木，高0.5～1.5m。茎、枝和叶柄均密被黄色绒毛。托叶宽三角形，外面被绒毛；小叶革质，顶生小叶卵形、椭圆形至倒卵形，长7～10cm，宽3～5cm，侧生小叶斜卵形，两端钝，两面均密被绒毛，侧脉每边9～10条，直达叶缘，边缘呈浅波状。花通常4～9朵组成伞形花序生于叶状苞片内，叶状苞片排列成总状圆锥花序状，顶生或侧生，苞片与总轴均密被黄色绒毛；苞片宽椭圆形，先端凹入，基部偏斜；花梗密被软毛；花萼钟状，被灰白色短柔毛，花冠白色或淡绿色，旗瓣基部渐狭，具不明显的瓣柄，翼瓣基部具耳和瓣柄，龙骨瓣较翼瓣大，基部多少有耳；雌蕊被毛。荚果密被银灰色绒毛，腹缝线直或浅波状，背缝线波状，通常有荚节3～4。种子椭圆形。花期7～8月，果期10～11月。

分布于广东、福建、海南、广西和云南等省份；泰国、柬埔寨、老挝、越南、印度尼西亚。生于平原、丘陵荒地或山坡草地、疏林或灌丛中。

根、叶药用，治风热感冒、风湿骨痛、跌打等。

排钱树　排钱树属
Phyllodium pulchellum (L.) Desv.

灌木，高0.5～2m。小枝被白色或灰色短柔毛。叶具3小叶；叶柄长5～7mm，密被灰黄色柔毛；小叶革质，顶生小叶卵形、椭圆形或倒卵形，长6～10cm，先端钝或急尖，基部圆或钝，侧生小叶较顶生小叶短1倍，基部偏斜，上面近无毛，下面疏被短柔毛，侧脉6～10对。伞形花序有花5～6朵，藏于叶状苞片内，叶状苞片排列成总状圆锥花序状，长8～30cm或更长；叶状苞片圆形，两面略被短柔毛及缘毛，具羽状脉；花梗和花萼被短柔毛；花冠白色或淡黄色；旗瓣基部渐狭，具短宽的瓣柄，翼瓣基部具耳，具瓣柄，龙骨瓣基部无耳，但具瓣柄。荚果腹、背两缝线均稍缢缩，通常有荚节2，成熟时无毛或有疏短柔毛及缘毛。种子宽椭圆形或近圆形。花期7～9月，果期10～11月。

分布于广东、福建、江西、海南、广西、云南和台湾；印度、斯里兰卡、缅甸、泰国、越南、老挝、柬埔寨、马来西亚、澳大利亚北部。生于丘陵荒地、路旁或山坡疏林中。

根、叶药用，能祛风解表、活血散瘀。

葛（葛麻姆）　葛属
Pueraria montana (Loureiro) Merrill

粗壮藤本，长可达8m，全体被黄色长硬毛。茎基部木质，有粗厚的块状根。羽状复叶具3小叶；托叶背着，卵状长圆形，具线条；小叶3裂，稀全缘，顶生小叶宽卵形或斜卵形，长7～19cm，先端长渐尖，侧生小叶斜卵形，较小，上面被淡黄色疏柔毛，下面较密；小叶柄被黄褐色绒毛。总状花序，中部以上有颇密集的花；苞片线形

至披针形；小苞片卵形；花2～3朵聚生于花序轴的节上；花萼钟形，被黄褐色柔毛，裂片披针形；花冠紫色，旗瓣倒卵形，基部有2耳及一黄色硬痂状附属体，具短瓣柄，翼瓣镰状，较龙骨瓣为狭，基部有线形、向下的耳，龙骨瓣镰状长圆形，基部有极小、急尖的耳。荚果长椭圆形，扁平，被褐色长硬毛。花期9～10月，果期11～12月。

分布于除新疆、青海以外的全国各省份；东南亚至澳大利亚。生于山地疏或密林中。

茎纤维可编织；根可食用；花药用，治感冒发热、急性胃肠炎、疹出不透、痢疾、小儿腹泻。

三裂叶野葛　葛属
Pueraria phaseoloides (Roxb.) Benth.

草质藤本。茎纤细，长2～4m，被褐黄色、开展的长硬毛。羽状复叶具3小叶；托叶基着，卵状披针形；小叶宽卵形、菱形或卵状菱形，顶生小叶长6～10cm，侧生的较小，基部偏斜，全缘或3裂，上面被紧贴的长硬毛，下面灰绿色，密被白色长硬毛。总状花序单生，中部以上有花；苞片和小苞片线状披针形，被长硬毛；花聚生于稍疏离的节上；萼钟状，被紧贴的长硬毛；花冠浅蓝色或淡紫色，旗瓣近圆形，基部有小片状、直立的附属体及2枚内弯的耳，翼瓣倒卵状长椭圆形，稍较龙骨瓣为长，基部一侧有宽而圆的耳，具纤细而长的瓣柄，龙骨瓣镰刀状，顶端具短喙，基部截形，具瓣柄。荚果近圆柱状，仅幼时被紧贴的长硬毛。种子长椭圆形，两端截平。花期8～9月，果期10～11月。

分布于广东、云南、海南、广西和浙江；印度及中南半岛。生于山地、丘陵的灌丛中。

根含淀粉；茎皮纤维可代麻，全株药用，有解热、驱虫的作用；可作保土防沙的覆盖植物。

密子豆　密子豆属
Pycnospora lutescens (Poir.) Schindl.

亚灌木状草本，高15～60cm。茎直立或平卧。托叶狭三角形；叶柄被灰色短柔毛；小叶近革质，倒卵形或倒卵状长圆形，顶生小叶长1.2～3.5cm，宽1～2.5cm，先端圆形或微凹，基部楔形或微心形，侧生小叶常较小或有时缺，两面密被贴伏柔毛，侧脉4～7条，在下面隆起，网脉明显；小托叶针状；小叶柄被灰色短柔毛。总状花序，花每2朵排列于疏离的节上，总花梗被灰色柔毛；苞片早落，干膜质；花梗被灰色短柔毛；花萼深裂，裂片窄三角形，被柔毛；花冠淡紫蓝色；子房有柔毛。荚果长圆形，膨胀，有横脉纹，稍被毛，成熟时黑色，沿腹缝线开裂，背缝线明显凸起，被开展柔毛，有种子8～10粒。种子肾状椭圆形。花果期8～9月。

分布于广东、江西、海南、广西、贵州、云南和台湾；印度、缅甸、越南、菲律宾、印度尼西亚、新几内亚、澳大利亚东部。生于山野草坡及平原。

为保土和绿肥植物。

田菁　田菁属
Sesbania cannabina（Retz.）Pers.

一年生草本，高3～3.5m。茎绿色，有时带褐红色，微被白粉，小枝疏生白色绢毛。偶数羽状复叶，小叶20～40对，小叶线状长圆

形，长0.8～4cm，宽2.5～7mm，先端钝或截平，基部圆，两侧不对称，两面被紫褐色小腺点；小托叶钻形，宿存。总状花序，具2～6朵花；苞片线状披针形，小苞片2枚，均早落；花萼斜钟状，萼齿短三角形，各齿间常有1～3腺状附属物；花冠黄色，旗瓣横椭圆形至近圆形，外面散生紫黑色点和线，胼胝体小，梨形；翼瓣倒卵状长圆形，基部具短耳，中部具较深色的斑块；龙骨瓣较翼瓣短，三角状阔卵形，长宽近相等。荚果细长圆柱形，外面具黑褐色斑纹，具喙，种子间具横隔，有种子20～35粒。种子绿褐色。花果期7～12月。

分布于广东、海南、江苏、浙江、江西、福建、广西和云南；伊拉克、印度、中南半岛、巴布亚新几内亚、新喀里多尼亚、澳大利亚、加纳、毛里塔尼亚。生于水田、水沟等潮湿低地。

茎、叶可作绿肥及牲畜饲料。

葫芦茶　葫芦茶属
Tadehagi triquetrum (L.) Ohashi

灌木或亚灌木，茎直立，高1～2m。幼枝三棱形，棱上被疏短硬毛。仅具单小叶；叶柄长1～3cm，两侧有宽翅，翅宽4～8mm；小叶窄披针形或卵状披针形，长5.8～13cm，先端急尖，基部圆形或浅心形，上面无毛，下面中脉或侧脉疏被短柔毛，侧脉8～14对，不达叶缘。总状花序顶生和腋生，长15～30cm，被贴伏丝状毛和小钩状毛；花2～3朵簇生于每节上；花萼长约3mm，上部裂片先端微2裂或有时全缘；花冠淡紫色或蓝紫色，长5～6mm，旗瓣近圆形，翼瓣倒卵形，基部具耳，龙骨瓣镰刀形，弯曲，瓣柄与瓣片近等长。荚果长2～5cm，宽约5mm，全部密被黄色或白色糙伏毛，腹缝线直，背缝线稍缢缩，有近方形荚节5～8。种子宽椭圆形或椭圆形。花期6～10月，果期10～12月。

分布于广东、福建、江西、海南、广西、贵州和云南；印度、斯里兰卡、缅甸、泰国、越南、老挝、柬埔寨、马来西亚、太平洋群岛、新喀里多尼亚和澳大利亚北部。生于荒地或山地林缘、路旁。

全株药用，治感冒发热、咽喉肿痛、肠炎、痢疾。

猫尾草　狸尾豆属
Uraria crinita (L.) Desv. ex DC.

亚灌木。茎直立，高1～1.5m，分枝少，被灰色短毛。叶为奇数羽状复叶，茎下部小叶通常为3枚，上部多为5枚；托叶长三角形，先端细长而尖，边缘有灰白色缘毛；叶柄被灰白色短柔毛；小叶近革质，长椭圆形、卵状披针形或卵形，顶端小叶长6～15cm，宽3～8cm，侧生小叶略小，先端急尖、钝或圆形，基部圆形至微心形，侧脉每边6～9条，在两面均凸起，下面网脉明显；小托叶狭三角形，有稀疏缘毛；小叶柄密被柔毛。总状花序顶生，粗壮，密被灰白色长硬毛；苞片卵形或披针形，具条纹，被白色并展缘毛；花梗弯曲，被短钩状毛和白色长毛；花萼浅杯状，被白色长硬毛，5裂，上部2裂，下部3裂；花冠紫色。荚果略被短柔毛，荚节2～4，椭圆

形，具网脉。花果期4～9月。

分布于广东、福建、江西、海南、广西、云南和台湾等省份；印度、斯里兰卡、中南半岛、澳大利亚北部。生于干燥旷野坡地、路旁或灌丛中。

全草药用，有消肿、驱虫的作用。

🌱 金缕梅科　Hamamelidaceae

蕈树（阿丁枫）　蕈树属
Altingia chinensis (Champ.) Oliv. ex Hance

常绿乔木，高约20m，胸径达60cm。树皮灰色，稍粗糙；当年枝无毛，干后暗褐色；芽体卵形，有短柔毛，有多数鳞状苞片。叶革质或厚革质，二年生，倒卵状矩圆形，长9～13cm，宽3～4.5cm，先端骤短尖或稍钝，基部楔形，上面深绿色，下面浅绿色，无毛；侧脉6～7对，在上下两面均凸起，具锯齿；叶柄稍微粗壮，无毛；托叶细小，早落。雄花短穗状花序长约1cm，常多个排成圆锥花序，花序柄有短柔毛；雄蕊多数，近于无柄。雌花头状花序单生或数个排成圆锥花序，有花15～26朵，苞片4～5片，卵形或披针形；花序柄长2～4cm；萼筒与子房连合，萼齿乳突状。头状果序近于球形，基底截平，宽1.7～2.8cm，不具宿存花柱。种子多数，褐色，有光泽。

分布于广东、广西、贵州、云南、湖南、福建、江西和浙江；越南。生于亚热带常绿林。

木材可做家具；树干可培育香菇；根可治风湿、跌打、瘫痪。

细柄蕈树（细柄阿丁枫）　蕈树属
Altingia gracilipes Hemsl.

常绿乔木，高20m。嫩枝略有短柔毛，干后灰褐色，老枝灰色，有皮孔；芽体卵圆形，有多数鳞状苞片，外侧略有微毛。叶革质，卵状披针形，长4～7cm，宽1.5～2.5cm，先端尾状渐尖，尾部长1.5～2cm，基部钝或窄圆形；上面深绿色，下面无毛；侧脉5～6对，在下面略凸起，网脉不显著；全缘；叶柄纤细，无毛；托叶不存在。雄花头状花序圆球形，常多个排成圆锥花序，生枝顶叶腋内；苞片4～5片，卵状披针形，有褐色柔毛，膜质；雄蕊多数，近于无柄，红色。雌花头状花序生于当年枝的叶腋里，单独或数个排成总状式，有花5～6朵；花序柄长2～3cm，有柔毛；萼齿鳞片状。头状果序倒圆锥形，宽1.5～2cm，有蒴果5～6个；蒴果不具宿存花柱。种子多数，细小，多角形，褐色。

分布于广东、浙江和福建。生于向阳山坡、山麓、道路边等。

杨梅叶蚊母树　蚊母树属
Distylium myricoides Hemsl.

常绿灌木或小乔木。嫩枝有鳞垢，老枝无毛，有皮孔，干后灰褐色；芽体无鳞状苞片，外面有鳞垢。叶革质，矩圆形或倒披针形，长5～11cm，宽2～4cm，先端锐尖，基部楔形，上面绿色，干后暗晦无光泽，下面秃净无毛；侧脉约6对，干后在上面下陷，在下面凸起，网脉在上面不明显、在下面能见；边缘上半部有数个小齿突；叶柄

长5~8mm，有鳞垢；托叶早落。总状花序腋生，长1~3cm，雄花与两性花同在1个花序上，两性花位于花序顶端，花序轴有鳞垢，苞片披针形，长2~3mm；萼筒极短，萼齿3~5个，披针形，有鳞垢；雄蕊3~8枚，红色。雄花的萼筒很短，雄蕊长短不一。蒴果卵圆形，长1~1.2cm，有黄褐色星毛，先端尖，裂为4片，基部无宿存花萼筒。种子褐色，有光泽。

分布于广东、四川、安徽、浙江、福建、江西、广西、湖南和贵州。生于亚热带常绿林中。

蚊母树　蚊母树属
Distylium racemosum Sieb. et Zucc.

常绿灌木或中乔木。嫩枝有鳞垢，老枝秃净，干后暗褐色；芽体裸露无鳞状苞片，被鳞垢。叶革质，椭圆形或倒卵状椭圆形，长3~7cm，宽1.5~3.5cm，先端钝尖或稍尖，基部宽楔形，上面深绿色，发亮，下面初时有鳞垢，以后变秃净；侧脉5~6对，网脉不明显；叶柄长0.5~1cm，早落。总状花序长约2cm，花序轴无毛，总苞2~3片，卵形，有鳞垢；苞片披针形，花雌雄同在一个花序上，雌花位于花序的顶端；萼筒短，萼齿大小不相等，被鳞垢；雄蕊5~6枚，红色。蒴果卵圆形，长1~1.3cm，先端尖，外面有褐色星状绒毛，上半部两片裂开，每片2浅裂，不具宿存花萼筒，果梗短，长不及2mm。种子卵圆形，长4~5mm，深褐色、发亮，种脐白色。

分布于广东、福建、浙江和台湾；朝鲜及日本。

秀柱花　秀柱花属
Eustigma oblongifolium Gardn. et Champ.

常绿灌木或小乔木。嫩枝初时有鳞毛，不久变秃净；老枝有皮孔，干后灰褐色。叶革质，矩圆形或矩圆披针形，长7~17cm，宽2.5~5.5cm，先端渐尖，基部钝或楔形，上面绿色，略有光泽，下面无毛，侧脉6~8对，在上面能见，在下面凸起，网脉不大明显，边缘仅在靠近先端有少数齿突，通常全缘；叶柄长5~10mm，初时有鳞毛；托叶线形，早落。总状花序长2~2.5cm，花序柄有鳞毛；总苞片卵形，苞片及小苞片均为卵形，与花梗等长，有星状绒毛；萼筒有星毛，萼齿卵圆形，花后脱落；花瓣倒卵形，先端2浅裂，比萼齿略短；雄蕊插生于萼齿基部，彼此对生；花柱红色。蒴果长约2cm，无毛，萼筒长为蒴果的3/4，完全与蒴果合生，无毛，干后稍发亮。种子长圆形，黑色，有光泽。

分布于广东、福建、台湾、江西、广西和贵州。生于林下。

大果马蹄荷　马蹄荷属
Exbucklandia tonkinensis (Lec.) Steenis

常绿乔木，高达30m。嫩枝有褐色柔毛，老枝变秃净，节膨大，有环状托叶痕。叶革质，阔卵形，长8~13cm，宽5~9cm，先端渐尖，基部阔楔形，全缘或幼叶为掌状3浅裂，上面深绿色，发亮，下

面无毛，常有细小瘤状凸起，掌状脉3~5条，在上面很显著，在下面隆起；叶柄长3~5cm，初时有柔毛，以后变秃净；托叶狭矩圆形，稍弯曲，长2~4cm，宽8~13mm，被柔毛，早落。头状花序单生，或数个排成总状花序，有花7~9朵，花序柄长1~1.5cm，被褐色绒毛。花两性，稀单性，萼齿鳞片状；无花瓣；雄蕊约13枚；花柱长4~5mm。

头状果序宽3~4cm，有蒴果7~9个；蒴果卵圆形，长1~1.5cm，宽8~10mm，表面有小瘤状凸起，有种子6粒，下部2粒有翅。

分布于我国南部及西南各省份；越南。生于山地常绿林。

枫香树　枫香属
Liquidambar formosana Hance

落叶乔木，高达30m，胸径最大可达1m。树皮灰褐色，方块状剥落；小枝干后灰色，被柔毛，略有皮孔。叶薄革质，阔卵形，掌状3裂，中央裂片较长，先端尾状渐尖；两侧裂片平展；基部心形；上面绿色，干后灰绿色，不发亮；下面有短柔毛，或变秃净仅在脉腋间有毛；掌状脉3~5条，在上下两面均显著，网脉明显可见；边缘有锯齿，齿尖有腺状突；叶柄常有短柔毛；托叶线形，游离，或略与叶柄连生，红褐色，被毛，早落。短穗状雄花序多个组成总状，雄蕊多数；头状雌花序具花24~43；萼齿4~7，针形；花柱卷曲。头状果序圆球形，木质，直径3~4cm；蒴果下半部藏于花序轴内，有宿存花柱及针刺状萼齿。种子多数，褐色，多角形或有窄翅。花期3~4月，果期10月。

分布于我国秦岭—淮河以南各省份及华中、华东、西南部分省份；越南、老挝及朝鲜。生于平地、村落附近及低山的次生林。

树姿优雅，叶色有明显季相变化，冬季落叶前叶变红，为良好的庭园风景树和绿荫树。

檵木　檵木属
Loropetalum chinense Oliv.

灌木，有时为小乔木。多分枝，小枝有星毛。叶革质，卵形，长2~5cm，宽1.5~2.5cm，先端尖锐，基部钝，不等侧，上面略有粗毛或秃净，干后暗绿色，无光泽，下面被星毛，稍带灰白色，侧脉约5对，在上面明显，在下面凸起，全缘；叶柄有星毛；托叶膜质，三角状披针形，早落。花3~8朵簇生，有短花梗，白色，比新叶先开放，或与嫩叶同时开放，花序柄被毛；苞片线形；萼筒杯状，被星毛，萼齿卵形，长约2mm，花后脱落；花瓣4片，带状，先端圆或钝；雄蕊4枚，花丝极短，药隔突出成角状；退化雄蕊4个，鳞片状，与雄蕊互生。蒴果卵圆形，长7~8mm，宽6~7mm，先端圆，被褐色星状绒毛，萼筒长为蒴果的2/3。种子卵圆形，黑色，发亮。花期3~4月。

分布于我国中部、南部及西南各省份；日本及印度。生于向阳的丘陵及山地，亦常出现在马尾松林及杉林下。

根、叶、花药用，有解毒止痛、通经活络等功效；枝、叶可作栲胶原料。

黄杨科 Buxaceae

细叶黄杨（雀舌黄杨）　黄杨属
Buxus bodinieri Levl.

灌木，高3~4m。枝圆柱形；小枝四棱形，被短柔毛，后变无毛。叶薄革质，通常匙形，亦有狭卵形或倒卵形，大多数中部以上最宽，长2~4cm，宽8~18mm，先端圆或钝，往往有浅凹口或小尖凸头，基部狭长楔形，有时急尖，叶面绿色，光亮，叶背苍灰色，中脉两面凸出，侧脉极多，在两面或仅叶面显著，与中脉成50°~60°角，叶面中脉下半段大多数被微细毛。花序腋生，头状，花密集，花序轴长约2.5mm；苞片卵形，背面无毛，或有短柔毛；雄花约10朵，萼片卵状圆形，不育雌蕊有柱状柄，末端膨大，和萼片近等长；雌花外萼片长约2mm，内萼片长约2.5mm。蒴果卵形。花期2月，果期5~8月。

分布于华南、西南、华东、华中及西北部分省份。生于平地或山坡林下。

大花黄杨　黄杨属
Buxus henryi Mayr.

灌木，高约3m。枝圆柱形；小枝四棱形，无毛。叶薄革质或革质，披针形、长圆状披针形或卵状长圆形，长4~10cm，先端钝至微尖，基部楔形或窄楔形，中脉在叶面凸起，侧脉不明显；叶柄长1~2mm。花序腋生，长1~1.5cm；花密集，基部苞片卵形，长3~4mm；花梗长2~4mm，无毛；雄花约8朵，萼片长圆形或倒卵状长圆形，干膜质，无毛，雄蕊连花药长约11mm，不育雌蕊具细瘦柱状柄，末端稍膨大；雌花外萼片长圆形，长约6mm，内萼片圆形，干膜质，无毛。蒴果近球形，长约6mm，宿存花柱基部直立，上部斜向挺出成弧形；果柄长约3mm，残留苞片多片。花期4月，果期7月。

分布于广东、湖北、四川、贵州和广西等省份。生于山坡林下。

大叶黄杨　黄杨属
Buxus megistophylla Lévl.

灌木或小乔木，高0.6~2m，胸径约5cm。小枝四棱形，光滑、无毛。叶革质，窄卵形、卵状椭圆形或披针形，长4~9cm，宽1.5~3.5cm，先端渐尖，有时稍钝，基部楔形或宽楔形，上面中脉凸起，被微毛或无毛，侧脉多而密；叶柄长2~3mm，被微毛。花序腋生，花序轴长5~7mm，有短柔毛或近无毛；苞片阔卵形，先端急尖，背面基部被毛，边缘狭干膜质；雄花8~10朵，花梗长约0.8mm，外萼片阔卵形，内萼片圆形，背面均无毛，雄蕊连花药长约6mm，不育雌蕊高约1mm，雌花萼片卵状椭圆形，长约3mm，无毛；花柱直立，先端微弯曲，柱头倒心形，下延达花柱的1/3处。蒴果近球形，长

6~7mm，宿存花柱长约5mm，斜向挺出。花期3~4月，果期6~7月。

分布于广东、贵州、广西、湖南和江西。生于山地、山谷、河岸或山坡林下。

全株可栽作盆景。

杨梅科 Myricaceae

毛杨梅　杨梅属
Myrica esculenta Ham. ex D. Don

常绿乔木或小乔木，高4~10m。树皮灰色。小枝及芽密被毡毛，皮孔常密生而显明。叶革质，长椭圆状倒卵形、披针状倒卵形或楔状倒卵形，长5~18cm，宽1.5~4cm，先端钝圆或尖，全缘或中上部具不明显圆齿，基部楔形下延为长0.3~2cm叶柄，近叶基部中脉及叶柄密生毡毛，余无毛，下面疏被金黄色腺鳞。雌雄异株。雄花序由多数小柔荑花序组成锥状花序，长6~8cm，花序轴密被短柔毛及稀疏金黄色腺鳞；雄花无小苞片，具3~7枚雄蕊，花药椭圆形，红色；雌花具2小苞片。核果椭圆状，成熟时红色，外表面具乳头状凸起，长1~2cm，外果皮肉质，多汁液及树脂；核与果实同形，具厚而硬的木质内果皮。花期9~10月，果期翌年3~4月。

分布于广东、四川、贵州、广西和云南；中南半岛。生于稀疏杂木林内或干燥的山坡上。

杨梅　杨梅属
Myrica rubra (Lour.) Sieb. et Zucc.

常绿乔木，高可达15m以上，胸径达60cm。树皮灰色，老时纵向浅裂；树冠圆球形。小枝及芽无毛，皮孔通常少而不显著，幼嫩时仅被圆形而盾状着生的腺体。叶革质，楔状倒卵形或长椭圆状倒卵形，长6~16cm，先端圆钝或短尖，基部楔形，全缘，稀中上部疏生锐齿，下面疏被金黄色腺鳞；叶柄长0.2~1cm。花雌雄异株。雄花序单生或数序簇生叶腋，圆柱状，长1~3cm；雄花具2~4卵形小苞片，雄蕊4~6枚，花药暗红色，无毛；雌花序单生叶腋，长0.5~1.5cm；雌花具4卵形小苞片。核果球形，具乳头状凸起，径1~1.5cm（栽培品种可达3cm），果皮肉质，多汁液及树脂，味酸甜，熟时深红色或紫红色；核宽椭圆形或卵圆形，稍扁，内果皮硬木质。花期4月，果期6~7月。

分布于广东、江苏、浙江、台湾、福建、江西、湖南、贵州、四川、云南和广西；日本、朝鲜和菲律宾。生于山坡或山谷林中，喜酸性土壤。

果味酸甜，可食。茎、根、皮、果药用；叶可提芳香油；木材质坚，供细木工用。

壳斗科 Fagaceae

米槠（小红栲）　锥属
Castanopsis carlesii (Hemsl.) Hayata

乔木，高达20m，胸径约60cm。叶披针形或卵状披针形，长

6～12cm，宽1.5～3cm，先端渐尖或稍尾尖，全缘或中部以上具浅齿，幼叶下面被红褐色或褐黄色蜡鳞层，老叶稍灰白色；侧脉8～13对，在叶面微凹，近叶缘连接；叶柄长不及1cm；雄圆锥花序近顶生，花序轴无毛或近无毛，雌花的花柱3或2枚。果序轴无毛；壳斗近球形或宽卵圆形，径1～1.5cm，疏被细疣状凸起或顶部具长1～2mm尖刺，被平伏微柔毛及蜡鳞，基部有时具短柄，不整齐开裂；果近球形或宽圆锥形，顶端疏被伏毛。花期4～6月，果期翌年9～11月。

分布于我国长江以南各省份。生于疏林、风水林中。

优良用材树种；种子可炒食。

甜槠 锥属
Castanopsis eyrei Tutch.

乔木，高达20m，胸径约50cm。大树的树皮纵深裂，厚达1cm，块状剥落，小枝皮孔甚多，枝、叶均无毛。叶革质，卵形、披针形或长椭圆形，长5～13cm，先端短渐尖或尾尖，基部歪斜，楔形或稍圆，全缘或近顶部疏生浅齿，下面淡绿色或被灰白色蜡鳞层；侧脉8～11对；叶柄长0.7～1.5cm。雄花序穗状或圆锥花序，花序轴无毛，花被片内面被疏柔毛；雌花的花柱3或2枚。果序轴横切面径2～5mm；壳斗有1坚果，阔卵形，连刺径长20～30mm，2～4瓣开裂，刺长6～10mm，顶部的刺密集而较短，刺及壳壁被灰白色或灰黄色微柔毛，若壳斗近圆球形，则刺较疏少，近轴面无刺；坚果阔圆锥形，顶部锥尖，宽10～14mm，无毛，果脐位于坚果的底部。花期4～5月，果期翌年9～11月。

分布于我国长江以南各省份。生于丘陵或山地疏或密林中。

木材淡棕黄色或黄白色，环孔材，年轮近圆形，仅有细木射线。

罗浮锥（白锥） 锥属
Castanopsis faberi Hance

乔木，高达20m，胸径约45cm。枝条无毛，芽大，侧扁。叶卵状披针形或窄长椭圆形，长8～22cm，宽2.5～5cm，先端长尖或稍尾尖，基部近圆形或宽楔形，稍偏斜，中部以上疏生细齿或全缘，幼叶下面被红褐色或褐黄色蜡鳞，中脉两侧疏被长伏毛，老叶下面稍灰白色；侧脉9～15对；叶柄长不及1.5cm。壳斗球形或宽卵圆形，连刺径2～3cm，不整齐开裂，刺长0.5～1cm，上部鹿角状分叉，壳斗壁及刺被灰褐色或褐黄色短毛；每壳斗具（1～）3坚果；果无毛，果脐大于果底部。花期4～5月，果期翌年9～11月。

分布于我国长江以南大部分省份；越南和老挝。生于潮湿的山谷密林中或阳坡疏林中。

木材供建筑、家具、农具等用；种子可食。

川鄂栲（红背锥） 锥属
Castanopsis fargesii Franch.

高大乔木，高达30m。芽鳞、幼枝顶部及叶下面均被易脱落红褐色或灰褐色蜡鳞层，枝、叶无毛。叶长椭圆形、卵状长椭圆形，稀卵

形，长7～15cm，先端短尖或渐尖，基部圆或宽楔形，全缘或近顶部疏生浅齿；上面中脉凹下，下面被红褐色或黄褐色粉状蜡鳞，侧脉11～15对；叶柄长1～2cm。壳斗球形或宽卵圆形，不规则开裂，刺疏生；果圆锥形。花期4～6月，也有8～10月开花，果翌年同期成熟。

分布于我国长江以南各省份。生于坡地或山脊杂木林中，有时成小片纯林。

木材淡黄色至棕黄色，是良好的建筑、家具用材；种实味甜，含淀粉45%左右，是中国重要的木本粮食树种，可生食，也可酿酒或做其他副食产品；树皮和壳斗含鞣质，可提取栲胶。

黧蒴锥 锥属
Castanopsis fissa (Champ. ex Benth.) Rehd. et Wils.

乔木，高达20m。芽鳞、幼枝及幼枝下面均被易脱落红褐色粉状蜡鳞层及褐黄色微柔毛。叶长椭圆形或倒卵状长椭圆形，长17～25cm，先端钝尖，基部楔形，具波状钝齿；侧脉16～20对；叶柄长1.5～2.5cm。雄花多为圆锥花序，花序轴无毛。果序长8～18cm；壳斗被暗红褐色粉末状蜡鳞，小苞片鳞片状，三角形或四边形，幼嫩时覆瓦状排列，成熟时多退化并横向连接成脊肋状圆环，成熟壳斗圆球形或宽椭圆形，顶部稍狭尖，通常全包坚果，壳壁厚0.5～1mm，不规则的2～4瓣裂，裂瓣常卷曲；坚果圆球形或椭圆形，高13～18mm，横径11～16mm，顶部四周有棕红色细伏毛，果脐位于坚果底部，宽4～7mm。花期4～6月，果期9～11月。

分布于广东、福建、江西、湖南、贵州、海南、香港、广西和云南；越南。生于山地疏林中，阳坡较常见，为森林砍伐后萌生林的先锋树种之一。

木材灰黄色，材质稍软，不耐朽，易加工，适作家具等一般用材，或作薪炭材；壳斗含单宁10%～30%，树皮含单宁5%～8%；枯木可培养食用菌。

毛锥（毛槠） 锥属
Castanopsis fordii Hance

乔木，高达30m，胸径约1m。树皮纵深裂且甚厚，芽鳞、一年生枝、叶柄、叶背及花序轴均密被棕色或红褐色稍粗糙的长绒毛。托叶宽卵形，有多数的纵细脉；叶革质，长圆形或长椭圆形，长9～18cm，先端短尖，稀圆钝，基部稍心形或浅耳状，全缘，偶近顶部具1～3浅齿；上面中脉凹下，侧脉14～18对，下面红褐色至灰白色。雄穗状花序常多穗排成圆锥花序，花密集，花被裂片内面被短柔毛，雄蕊12枚，雌花的花被裂片密被毛，花柱3枚。果序轴与其着生的枝约等粗，横切面径达12mm；壳斗密聚于果序轴上，每壳斗有坚果1个，球形，连刺径5～6cm，4瓣裂，刺长1～2cm，壳斗壁厚3～4mm；果扁圆锥形，径1.5～2cm，密被伏毛，果脐占果面1/3。花期3～4月，果期翌年9～10月。

分布于广东、浙江、江西、福建、湖南和广西。生于山地灌木或乔木林中，在河溪两岸有时

成小面积纯林，是萌生林的先锋树种之一。

心边材分明，心材红棕色，年轮分明，木质部仅有细木射线。材质坚重，有弹性，结构略粗，纹理直，为南方较常见的用材树种。

红锥 锥属
Castanopsis hystrix A. DC.

乔木，高达25m，胸径1.5m。幼枝、叶柄及花序均被微柔毛及细片状蜡鳞。叶卵状披针形、卵形或卵状椭圆形，长4~9cm，先端渐尖或尾尖，基部宽楔形或稍圆，全缘或近顶部具少数浅齿；上面中脉凹下，侧脉9~15对，下面被黄褐色至红褐色蜡鳞层；叶柄长不及1cm。雄花序为圆锥花序或穗状花序；雌穗状花序单穗位于雄花序之上部叶腋间，花柱3或2枚，斜展，疏生微柔毛，柱头位于花柱的顶端，增宽而平展。果序长达15cm；壳斗有坚果1个，连刺径25~40mm，整齐的4瓣开裂，刺长6~10mm，将壳壁完全遮蔽，被稀疏微柔毛；坚果宽圆锥形，高10~15mm，横径8~13mm，无毛，果脐位于坚果底部。花期4~6月，果期翌年8~10月。

分布于广东、福建、湖南、海南、广西、贵州、云南和西藏；越南、老挝、柬埔寨、缅甸、印度等。生于缓坡及山地常绿阔叶林中，稍干燥及湿润地方。

吊皮锥 锥属
Castanopsis kawakamii Hayata

乔木，高15~28m，胸径30~80cm。树皮纵向带浅裂，老树皮脱落前为长条，新生小枝暗红褐色，散生皮孔，枝、叶均无毛。嫩叶与新生小枝近于同色，成长叶革质，卵状披针形或长椭圆形，长6~12cm，宽2~5cm，先端长渐尖，基部宽楔形或近圆，全缘，稀近顶部具1~3浅齿，两面近同色；叶柄长1~2.5cm。雄花序多为圆锥花序，花序轴被疏短毛，雄蕊10~12枚；雌花序无毛，长5~10cm，花柱3或2枚。果序短；壳斗有坚果1个，壳斗球形，连刺径6~7cm，刺长2~3cm，4瓣裂，壳斗内壁被长绒毛；果扁球形，径1.7~2cm，密被褐色伏毛，果脐占果面1/2~1/3。花期3~4月，果期翌年8~10月。

分布于广东、台湾、福建、江西和广西。生于山地疏或密林中。

密致，纹理粗犷，自然干燥不收缩，少爆裂，易加工，是优质的家具及建筑材，属红锥类，是重要用材树种。

鹿角锥（狗牙锥） 锥属
Castanopsis lamontii Hance

乔木，高8~15m，少有达25m，胸径达1m。树皮粗糙，网状交互纵裂，枝、叶、花序轴均无毛。叶厚纸质或近革质，叶椭圆形或卵状长椭圆形，长12~30cm，宽4~10cm，先端短尖或长渐尖，基部宽楔形稍圆，常一侧稍偏斜，全缘或近顶部疏生浅齿，幼叶两面近同色，老叶下面稍苍灰色；侧脉8~15对；叶柄长1.5~3cm。雄穗状花序生于近枝顶叶腋，与新叶同时抽出，雄花具12枚雄蕊；雌花序常

生于雄花序之上的叶腋。壳斗通常有坚果2~3个，圆球形或近圆球形，连刺径40~60mm，壳斗外壁明显可见；坚果阔圆锥形，高15~25mm，密被短伏毛，果脐占坚果面积约2/5至一半。花期3~5月，果期翌年9~11月。

分布于广东、福建、江西、湖南、贵州、广西和云南；越南。生于山地疏或密林中。

环孔材，木质部仅有细木射线。木材灰黄色至淡棕黄色，坚硬度中等，干时少爆裂，颇耐腐。

栎子青冈 青冈属
Cyclobalanopsis blakei Sken.

常绿乔木，高达35m。树皮灰黑色，平滑；小枝无毛，二年生枝密生皮孔；冬芽小，近球形，芽鳞近无毛。叶片薄革质，叶倒卵状椭圆形或倒卵状披针形，长（7~）12~19cm，宽1.5~5cm，先端渐尖，基部楔形，具锯齿，幼叶两面被长绒毛，老叶近无毛；上面中脉凸起，侧脉8~14对；叶柄长1.5~3cm。雄花序长约7mm，花序轴被疏毛；雌花序长1~2cm，着生花1~2朵，花柱3~5，长1~1.5mm。壳斗单生或两个对生，盘形或浅碗形，包着坚果基部，直径2~3cm，高5~10mm，外壁被暗褐色短绒毛，内壁被红棕色长伏毛，小苞片合生成6~7条同心环带，环带全缘或有裂齿；坚果椭圆形或卵形，直径1.5~3cm，高2.5~3.5cm，基部被稀疏黄色柔毛，后渐脱落；果脐扁平或微凹陷。花期3月，果期10~12月。

分布于广东、海南、香港、广西和贵州等省份；老挝。生于山谷密林中。

岭南青冈 青冈属
Cyclobalanopsis championii (Bentham) Oersted

常绿乔木，高达20m，胸径达1m。树皮暗灰色，薄片状开裂；小枝有沟槽，密被灰褐色星状绒毛。叶片厚革质，聚生于近枝顶端，叶倒卵形或长椭圆形，长3.5~13cm，先端短钝尖或微凹，基部楔形，全缘，稀近顶部具波状浅齿，叶缘反卷，下面密被黄色或灰白色星状绒毛；上面中脉、侧脉凹下，侧脉6~10对；叶柄密被褐色星状绒毛。雄花序长4~8cm，全体被褐色绒毛；雌花序长达4cm，有花3~10朵，被褐色短绒毛。壳斗碗形，包着坚果1/3~1/4，直径1~2cm，高0.4~1cm，内壁密被苍黄色绒毛，外壁被褐色或灰褐色短绒毛；小苞片合生成4~7条同心环带，多为全缘；坚果宽卵形或扁球形，直径1~1.8cm，高1.5~2cm，两端钝圆，幼时有毛，老时无毛，果脐平。花期12月至翌年3月，果期11~12月。

分布于广东、福建、台湾、海南、广西和云南等省份。生于森林中。

福建青冈　青冈属

Cyclobalanopsis chungii (Metc.) Y. C. Hsu et H. W. Jen ex Q. F. Zhang

常绿乔木，高达15m。小枝密被褐色短绒毛，后渐脱落。叶片薄革质，叶椭圆形，稀倒卵状椭圆形，长6~10cm，先端短尾状，基部宽楔形或近圆，近顶部具波状浅齿，稀全缘，下面密被褐色或灰褐色星状绒毛；上面中脉、侧脉平，侧脉10~13对；叶柄长0.5~2cm，被灰褐色绒毛。雌花序长1.5~2cm，有花2~6朵，花序轴及苞片均密被褐色绒毛。果序长1.5~3cm；壳斗盘形，包着坚果基部，直径1.5~2.3cm，高5~8mm，被灰褐色绒毛；小苞片合生成6~7条同心环带，除下部2具裂齿外均全缘；坚果扁球形，直径1.4~1.7cm，高约1.5cm，顶端平圆，微有细绒毛，果脐平坦或微凹陷，直径约1cm。

分布于广东、江西、福建、湖南和广西等省份。生于背阴山坡、山谷疏或密林中。

木材红褐色，心边材区别不明显，材质坚实、硬重、耐腐，供造船、建筑、桥梁、枕木、车辆等用材。

饭甑青冈（猪仔笠）　青冈属

Cyclobalanopsis fleuryi (Hick. et A. Camus) Chun

常绿乔木，高达25m。树皮灰白色，平滑，幼枝被褐色长绒毛，后渐脱落，密生皮孔；芽大，卵形，具6棱，芽鳞被绒毛。叶片革质，长椭圆形或卵状长圆形，长14~27cm，宽4~9cm，先端短尖或短渐尖，基部楔形，全缘或近顶部具波状浅齿，幼叶密被黄褐色绒毛，老叶近无毛；上面中脉微凸起，侧脉10~15对；叶柄长2~6cm。雄花序长10~15cm，全体被褐色绒毛；雌花序长2.5~3.5cm，生于小枝上部叶腋，着生花4~5朵，花序轴粗壮，密被黄色绒毛。果序轴短；壳斗筒状钟形，包着坚果约2/3，高3~4cm，径2.5~4cm，内外壁均密被绒毛，小苞片连成10~13条环带，环带近全缘；坚果柱状长椭圆形，直径2~3cm，高3~4.5cm，密被黄棕色绒毛，柱座长5~8mm；果脐凸起。花期3~4月，果期10~12月。

分布于广东、江西、福建、海南、广西、贵州和云南等省份；越南。生于山地密林中。

青冈　青冈属

Cyclobalanopsis glauca (Thunb.) Oerst.

常绿乔木，高达20m，胸径可达1m。小枝无毛。叶片革质，倒卵状椭圆形或长椭圆形，长6~13cm，宽2~5.5cm，顶端渐尖或短尾状，基部圆形或宽楔形，叶缘中部以上有疏锯齿；侧脉每边9~13条，叶背支脉明显，叶面无毛，叶背有整齐平伏白色单毛，老时渐脱落，常有白色鳞秕；叶柄长1~3cm。雄花序长5~6cm，花序轴被苍色绒毛。果序长1.5~3cm，着生果2~3个；壳斗碗形，包着坚果1/3~1/2，直径0.9~1.4cm，高0.6~0.8cm，被薄毛；小苞片合生成5~6条同心环带，环带全缘或有细缺刻，排列紧密；坚果卵形、长卵形或椭圆形，直径0.9~1.4cm，高1~1.6cm，无毛或被薄毛，果脐平坦或微凸起。花期4~5月，果期10月。

分布于华南、西北、华东、华中及西南大部分省份；朝鲜、日本、印度。生于山坡或沟谷。

木材坚韧，可供桩柱、车船、工具柄等用材。

胡氏青冈（雷公青冈）　青冈属

Cyclobalanopsis hui (Chun) Chun

常绿乔木，高10~15m，有时可达20m。幼时密被黄色卷曲绒毛，后渐无毛，有细小皮孔。叶片薄革质，长椭圆形、倒披针形或椭圆状披针形，长7~13cm，宽1.5~4cm，顶端圆钝稀渐尖，基部楔形，略偏斜，全缘或顶端有数对不明显浅锯齿，叶缘反曲；中脉、侧脉在叶面平坦，在叶背凸起，侧脉每边6~10条，叶初被黄色绒毛，后渐脱落；叶柄长1~1.4cm，幼时被卷毛。雄花序2~4个簇生，长5~9cm，全体被黄棕色绒毛；雌花序长1~2cm，有花2~5朵，聚生于花序轴顶端，花柱5~6。果序长约1cm，有果1~2个；壳斗浅碗状，高0.4~1cm，径1.5~3cm，密被黄褐色绒毛，具4~6条环带；果扁球形，长1.5~2cm，径1.5~2.5cm，幼时密被黄褐色绒毛，后渐脱落。花期4~5月，果期10~12月。

分布于广东、湖南和广西等省份。生于山地杂木林或湿润密林中。

木姜叶青冈　青冈属

Cyclobalanopsis litseoides (Dunn) Y. C. Hsu et H. W. Jen

常绿乔木，高达10m。小枝纤细，幼时被绒毛，后渐脱落。叶片倒卵状披针形或窄椭圆形，长2.5~7cm，宽0.8~3cm，顶端圆钝，基部楔形，全缘，侧脉每边6~9条，叶面深绿色，叶背浅绿色，无毛，叶柄不显著。雄花序长3~5cm，花序轴及花被被棕色绒毛；雌花序长约1cm，顶端着生花2朵。壳斗碗形，包着坚果约1/3，直径约1cm，高5~6mm；小苞片合生成5~7条同心环带，环带边缘有细齿或全缘，被灰褐色薄绒毛；坚果椭圆形，直径约1cm，高1.5~1.8cm，顶端有微毛，柱座明显，果脐平坦。

分布于广东和广西。生于山地疏林中。

多脉青冈（密脉青冈）　青冈属

Cyclobalanopsis multinervis W.C.Cheng et T.Hong

常绿乔木，高约12m。树皮黑褐色；芽有毛。叶片长椭圆形或椭圆状披针形，长7.5~15.5cm，宽2.5~5.5cm，顶端突尖或渐尖，基部楔形或近圆形，叶缘1/3以上有尖锯齿；侧脉每边10~15条，叶背被伏贴单毛及易脱落的蜡粉层，脱落后带灰绿色；叶柄长1~2.7cm。果序长1~2cm，着生2~6个果；壳斗杯形，包着坚果1/2以下，直径1~1.5cm，高约8mm；小苞片合生成6~7条同心环带，环带近全缘；坚果长卵形，直径约1cm，高约1.8cm，无毛，果脐平坦，直径3~5mm。果期翌年10~11月。

分布于广东、安徽、江西、福建、湖北、湖南、广西和四川。生于混交林。

小叶青冈（杨梅叶青冈）　青冈属
Cyclobalanopsis myrsinifolia (Blume) Oersted

常绿乔木，高约20m，胸径达1m。小枝无毛，被凸起淡褐色长圆形皮孔。叶卵状披针形或椭圆状披针形，长6~11cm，宽1.8~4cm，顶端长渐尖或短尾状，基部楔形或近圆形，叶缘中部以上有细锯齿；侧脉每边9~14条，常不达叶缘，叶背支脉不明显，叶面绿色，叶背粉白色，干后为暗灰色，无毛；叶柄长1~2.5cm，无毛。雄花序长4~6cm；雌花序长1.5~3cm。壳斗杯形，包着坚果1/3~1/2，直径1~1.8cm，高5~8mm，壁薄而脆，内壁无毛，外壁被灰白色细柔毛；小苞片合生成6~9条同心环带，环带全缘；坚果卵形或椭圆形，直径1~1.5cm，高1.4~2.5cm，无毛，顶端圆，柱座明显，有5~6条环纹；果脐平坦，直径约6mm。花期6月，果期10月。

分布于广东、香港、台湾、福建、广西、四川、贵州和云南等省份。生于山谷林中。越南、老挝和日本。

木材坚硬，不易开裂，为枕木、车辆、家具、榨油设备等用材；果治痢疾。

杏叶柯　柯属
Lithocarpus amygdalifolius (Skan) Hayata

乔木，高达30m，胸径达2m。幼枝及幼叶下面密被黄褐色卷柔毛，后脱落无毛。叶厚革质，披针形或披针状长椭圆形，长8~25cm，宽2.5~4cm，萌枝叶长达20cm，先端长渐尖，基部楔形，全缘，稀近顶部浅波状，幼叶干后常有油润光泽，老叶下面被蜡鳞层；侧脉10~14对；叶柄长1~2cm。雄穗状花序单穗腋生或多穗排成圆锥花序，花序轴被密柔毛；雌花每3朵一簇，有时兼有单朵散生。壳斗3个成簇或单生；壳斗球形，径2~2.5cm，中部以上被三角形或不规则四边形鳞片，壳斗壁厚1.5~2mm；果顶端被黄灰色平伏细毛；果脐凸起。花期3~9月，果期翌年8~12月。

分布于广东、台湾、福建和海南。生于常绿阔叶林或针叶、阔叶混交林中，常为上层树种。

美叶柯　柯属
Lithocarpus calophyllus Chun

乔木，高达28m，胸径约1m。新生枝的上段被早脱落的疏微柔毛，二年生枝褐黑色，有皮孔。叶硬革质，宽椭圆形、卵形或长椭圆形，长8~15cm，宽4~9cm，顶部渐尖或短突尖，尾状，基部近于圆或浅耳垂状，有时一侧略短或偏斜；侧脉每边7~11条，在叶面凹陷，在叶缘附近急向上弯而隐没，支脉甚纤细，彼此近于平行，叶背无毛，但有甚厚的棕黄色至红褐色、可抹落的、甚短的毡毛状、粉末状鳞秕层，二年生叶的叶背灰白色或稍带苍灰色，蜡鳞层紧实；叶柄长2.5~5cm。花和花序与星毛柯的相同。壳斗厚木质，高5~10mm，宽15~25mm；坚果长15~20mm，宽18~26mm，顶部平坦，中央微凹陷或甚短尖，

常有淡薄的灰白色粉霜，果脐口径10~14mm，深2~4mm。花期6~7月，果期翌年8~9月。

分布于广东、江西、福建、湖南、广西和贵州。生于山地常绿阔叶林中。

烟斗柯（烟斗石栎）　柯属
Lithocarpus corneus (Lour.) Rehd.

乔木，高达15m，胸径15~40cm。小枝无毛或被短柔毛，散生皮孔。托叶披针形或线形，较迟脱落；叶常聚生于枝顶部，纸质或革质，椭圆形、倒卵状长椭圆形或卵形，长4~20cm，先端短渐尖，基部楔形，基部以上具锯齿或浅波状，稀近全缘，两面同色，下面被半透明腺鳞；侧脉9~20对；叶柄长0.5~4cm。雌花通常着生于雄花序轴的下段，若全为雌花则花序长不超过10cm；每3朵一簇，也常有单朵散生，花柱斜展，长约2mm。壳斗每3个成簇或单生；壳斗碗状或半球形，高2.2~4.5cm，径2.5~5.5cm，被三角形或四菱形鳞片，连成网纹；果陀螺状或半球形，顶端圆、平或中央稍凹下，被微柔毛，果脐凸起，占果面1/2以上。花期4~7月，果期翌年9~11月。

分布于华南和西南各省份；越南。生于山谷林中。

种子可食；木材供建筑、枕木、车辆之用。

椆　柯属
Lithocarpus glaber (Thunb.) Nakai

乔木，高约15m，胸径约40cm。一年生枝、嫩叶叶柄、叶背及花序轴均密被灰黄色短绒毛，二年生枝的毛较疏且短，常变为污黑色。叶革质或坚纸质，倒卵形、倒卵状椭圆形或长椭圆形，长6~14cm，宽2.5~5.5cm，先端短尾尖，基部楔形，全缘或近顶端具2~4个浅齿，老叶下面无毛或几无毛，被蜡鳞层；侧脉8~10对；叶柄长1~2cm。雄穗状花序多排成圆锥花序或单穗腋生，长达15cm；雌花序常着生少数雄花，雌花每3朵、很少5朵一簇，花柱1~1.5mm。果序轴通常被短柔毛；壳斗3（~5）成簇，碟状或浅碗状，无柄，高0.5~1cm，径1~1.5cm，鳞片三角形，被灰色微柔毛；果椭圆形，长1.2~2.5cm，径0.8~1.5cm，被白霜，果脐凹下。花期9~10月，果期翌年9~10月。

分布于除海南和云南以外的我国秦岭南坡以南各省份。生于杂木林中。

树皮褐黑色，不开裂，内皮红棕色，木材的心、边材近于同色，干后淡茶褐色，材质颇坚重，结构略粗，纹理直行，不甚耐腐，适作家具、农具等材。

硬壳椆　柯属
Lithocarpus hancei (Benth.) Rehd.

乔木，高很少超过15m。除花序轴及壳斗被灰色短柔毛外，各部均无毛。小枝淡黄灰色或灰色，有透明蜡层。叶薄纸质至硬革质，叶卵形或倒卵形，稀椭圆形或披针形，先端钝圆、骤短尖或长渐尖，基部楔形下延，全缘，或叶缘稍背卷，两面同色，侧脉、细脉不明显；叶柄长0.5~5cm。雄穗状花序常多穗组成圆锥状，有时下部生有雌花；雌花序2至多穗聚生枝顶，花柱（2）3（4），长不及1mm。壳斗

2～5成簇，浅碗状或碟状，无柄，高3～7mm，径1～2cm，鳞片三角形，覆瓦状排列，或连成环状；果近球形、扁球形或宽圆锥形，长0.8～2cm，径1～2.4cm，无毛，果脐凹下。花期4～6月，果期翌年9～12月。

分布于我国秦岭南坡以南各省份。生于林中。

木材供建筑、家具等用。

犁耙柯　柯属
Lithocarpus silvicolarum (Hance) Chun

乔木，高达20m，胸径约40cm。新生枝及嫩叶背面沿中脉两侧被灰棕色长柔毛，小枝褐黑色，散生细小的皮孔。叶纸质，椭圆形或倒卵状椭圆形，长10～20cm，宽3.5～6cm，先端尾尖，基部楔形下延，全缘或上部波状，下面被蜡鳞层；侧脉9～14对；叶柄长1～1.5cm。雄穗状花序多穗排成圆锥花序式，少有单穗腋生；雌花序长8～20cm，很少较短；雌花每3或5朵一簇。果序轴通常较其着生的小枝粗壮；壳斗3～5成簇，浅碗状，高0.8～1.5cm，径2～3.5cm，鳞片宽二角形；果扁球形，长1.2～1.6cm，径2～2.3cm，暗栗褐色，无毛，果脐凹下。花期3～5月，果期翌年7～9月。

分布于广东、广西、海南和云南。生于山地常绿阔叶林中。

木材淡紫褐色，纵切面灰棕带红色，年轮不明显，木材纹理通直，结构密致，材质稍软，纵切面平滑而有光泽，材色一致，加工较易，但干燥时易爆裂并稍变形，适作家具材。

紫玉盘柯　柯属
Lithocarpus uvariifolius (Hance) Rehd.

乔木，高达15m，胸径15～40cm。当年生枝、叶柄、叶背中脉、侧脉及花序轴均被粗糙长毛。托叶较迟脱落，背面密被伏贴棕色长柔毛；叶倒卵形或倒卵状椭圆形，长9～22cm，先端骤尖或短尾尖，基部近圆或宽楔形，中部以上或近顶部具细齿或浅齿，有时波状，稀全缘，下面偶见星状毛，稀近无毛；侧脉25～35对；叶柄长1～3.5cm。花序轴粗壮；雄花序穗状，单或多穗聚生于枝顶部；雌花常生于雄花序轴的基部，每3朵一簇，有时单朵散生。果序有成熟壳斗1～4个；壳斗3个成簇或单生，深碗状或半球形，高2～3.5cm，径3.5～5cm，包果1/2以上，壳斗壁被肋状或菱形鳞片；果半球形，顶部圆或稍平，稀微凹，密被细伏毛，果脐凸起，占果面1/2以上。花期5～7月，果期翌年10～12月。

分布于广东、福建和广西。生于山地常绿阔叶林中，或与马尾松混生，或与锥属和青冈属植物混生。

嫩叶经制作后带甜味，民间用以代茶叶，作清凉解热剂。

榆科　Ulmaceae

糙叶树　糙叶树属
Aphananthe aspera (Thunb.) Planch

落叶乔木，高达25m，胸径达50cm。树皮纵裂，粗糙；当年生枝黄绿色，疏生细伏毛，一年生枝红褐色，毛脱落，老枝灰褐色，皮孔明显，圆形。叶纸质，卵形或卵状椭圆形，长5～10cm，先端渐尖或长渐尖，基部宽楔形或浅心形；基出脉3，侧生的1对伸达中部边缘，侧脉6～10对，伸达齿尖，锯齿锐尖，上面被平伏刚毛，下面疏被平伏细毛；叶柄长0.5～1.5cm，被平伏细毛；托叶膜质，条形。雄聚伞花序生于新枝的下部叶腋，雄花被裂片倒卵状圆形，内凹陷呈盔状，中央有一簇毛；雌花单生于新枝的上部叶腋，花被裂片条状披针形。核果近球形、椭圆形或卵状球形，长0.8～1.3cm，被平伏细毛，具宿存花被及柱头；果柄长0.5～1cm。花期3～5月，果期8～10月。

分布于华南、华北、华东、华中及西南大部分省份。生于村边、河边、林中、路边、丘陵、山谷、山坡、石地、林中或林缘。

枝皮纤维供制人造棉、绳索用；木材坚硬细密，不易折裂，可供制家具、农具和建筑用；叶可作马饲料，干叶面粗糙，供铜、锡和牙角器等摩擦用。

朴树　朴属
Celtis sinensis Pers.

高大落叶乔木，高达20m。树皮平滑，灰色。一年生枝密被柔毛；芽鳞无毛。叶厚纸质至近革质，叶卵形或卵状椭圆形，长3～10cm，宽1.5～4cm，先端尖或渐尖，基部近对称或稍偏斜，近全缘或中上部具圆齿，三出脉，上面无毛，下面沿脉及脉腋疏被毛。花杂性（两性花和单性花同株），1～3朵生于当年枝的叶腋；花片4，被毛；雄蕊4枚，柱头2个。核果近球形，红褐色，果单生叶腋，稀2～3集生，近球形，成熟时黄色或橙黄色，具果柄；果柄与叶柄近等长；果核近球形。花期3～4月，果期9～10月。

分布于华南、华北、华中、华东及西南大部分省份。生于路旁、山坡、林缘。

抗烟尘及有毒气体，可作为厂矿绿化树种；木材坚硬，可用于制家具。

假玉桂（华南朴、樟叶朴）　朴属
Celtis timorensis Span.

常绿乔木，高达20m。树皮灰白色、灰色或灰褐色，木材有恶臭；当年生小枝幼时有金褐色短毛，老时近脱净，褐色，有散生短条形皮孔；冬芽外部鳞片近无毛，内部鳞片被毛。幼叶疏被黄褐色毛，主脉较多，老时脱净，卵状

椭圆形或卵状长圆形，长5～13cm，先端渐尖或尾尖，基部宽楔形或近圆，基部1对侧脉延伸达3/4以上，但不达先端，近全缘或中上部具浅钝齿；叶柄长0.3～1.2cm。小聚伞圆锥花序约具10朵花，雄花生于小枝下部，杂性花生于小枝上部，两性花多生于花序分枝末端。果序常具3～6果，果宽卵圆形，顶端残留短喙状花柱基，长8～9mm，熟时黄色、橙红色或红色；核椭圆状球形，长约6mm，乳白色，具4肋及网孔状凹陷。花期2～5月，果期6～11月。

分布于广东、西藏、云南、四川、贵州、广西、海南和福建；印度北部、斯里兰卡、缅甸、越南、马来西亚、印度尼西亚。生于路旁、山坡、灌丛至林中。

木材可作家具、器具等用；茎皮纤维可供造人造棉；种子油供工业用；叶可作牛马饲料。

白颜树　白颜树属
Gironniera subaequalis Planch.

乔木，高达30m，胸径25～50cm，稀达1m。树皮灰色或深灰色，较平滑；小枝疏被黄褐色长粗毛。叶革质，椭圆形或椭圆状长圆形，长10～25cm，先端短尾尖，基部圆形或宽楔形，近全缘，近顶部疏生浅钝锯齿，上面平滑无毛，下面中脉及侧脉疏被长糙伏毛，细脉疏被细糙毛，侧脉8～12对；叶柄疏被长糙伏毛；托叶披针形，被长糙伏毛。雌雄异株，聚伞花序成对腋生，花序梗上疏生长糙伏毛，雄的多分枝，雌的分枝较少，成总状。核果具短梗，阔卵状或阔椭圆状，直径4～5mm，侧向压扁，被贴生的细糙毛，内果皮骨质，两侧具2钝棱，熟时橘红色，具宿存的花柱及花被。花期2～4月，果期7～11月。

分布于广东、海南、广西和云南；印度、斯里兰卡、中南半岛及印度尼西亚。生于山谷、溪边的湿润林中。

木材供制一般家具，也作木鼓等乐器；枝皮纤维可制人造棉；叶药用治寒湿。

光叶山黄麻　山黄麻属
Trema cannabina Lour.

灌木或小乔木。小枝纤细，黄绿色，被贴生的短柔毛，后渐脱落。叶近膜质，卵形或卵状长圆形，稀披针形，长4～9cm，先端尾尖或渐尖，基部圆形或浅心形，稀宽楔形，具圆齿状锯齿，上面疏生糙毛，下面脉上疏被柔毛，余无毛，基出脉3，侧生的1对达中上部，侧脉2（3）对；叶柄长4～8mm，被平伏柔毛。花单性，雌雄同株，雌花序常生于花枝的上部叶腋，雄花序常生于花枝的下部叶腋，或雌雄同序，聚伞花序一般长不过叶柄；雄花具梗，花被片5，倒卵形，外面无毛或疏生微柔毛。核果近球形或宽卵圆形，微扁，径2～3mm，橘红色；花被宿存。花期3～6月，果期9～10月。

分布于广东、福建、台湾、广西、浙江和江西等省份；越南、泰国、马来西亚及大洋洲。生于路旁、灌丛或疏林中。

茎皮纤维代纤维用；种子榨油供制肥皂和润滑油用。

山黄麻　山黄麻属
Trema tomentosa (Roxb.) Hara

小乔木或灌木，高达10m。树皮灰褐色，平滑或细龟裂；小枝灰褐色至棕褐色，密被短绒毛。叶纸质或薄革质，宽卵形或卵状矩圆形，长7～20cm，先端渐尖至尾状渐尖，基部心形，明显偏斜，边缘有细锯齿，两面近于同色，叶面极粗糙，有硬毛，叶背有绒毛；基出脉3，侧脉4～5对；叶柄有短绒毛；托叶条状披针形。雄花无梗，花被片5，卵状矩圆形，外面被微毛，边缘有缘毛，雄蕊5枚，退化雌蕊倒卵状矩圆形；雌花具短梗，花被片4～5，三角状卵形；小苞片卵形，具缘毛，在背面中肋上有细毛。核果阔卵状，压扁，表面无毛，成熟时具不规则的蜂窝状皱纹，褐黑色或紫黑色，具宿存的花被。种子阔卵状，压扁，两侧有棱。花期3～6月，果期9～11月，在热带地区，几乎四季开花。

分布于广东、福建、台湾、海南、广西、四川、贵州、云南和西藏；非洲东部、不丹、尼泊尔、印度、斯里兰卡、孟加拉国、中南半岛、印度尼西亚、日本和南太平洋诸岛。生于河谷和山坡混交林中，或空旷的山坡。

茎皮纤维可造纸；树皮可提取栲胶；种子油可作润滑油或制皂。

桑科　Moraceae

白桂木　桂木属
Artocarpus hypargyreus Hance

大乔木，高达25m，胸径约40cm。树皮深紫色，片状剥落；幼枝被白色紧贴柔毛。叶互生，革质，椭圆形或倒卵形，长8～15cm，先端稍尾尖，基部宽楔形或稍圆，全缘，幼树之叶常羽状浅裂，上面中脉被微柔毛，下面被粉状柔毛；侧脉6～7对，网脉明显；叶柄长1.5～2cm，被毛，托叶线形，早落。花序单生叶腋，雄花序椭圆形或倒卵形，长1.5～2cm，径1～1.5cm；总梗长2～4.5cm，被柔毛；雄花花被4裂，裂片匙形，密被微柔毛，雄蕊1枚。聚花果近球形，径3～4cm，淡黄色至橙黄色，被柔毛，微具乳头状凸起，总柄长3～5cm，被柔毛。花期春夏季。

分布于广东、海南、福建、江西、湖南和云南。生于常绿阔叶林中。

果生食或作调味料；木材坚硬，纹理通直，可供建筑、家具等用。珍稀濒危植物（渐危种）。

二色波罗蜜（小叶胭脂）　桂木属
Artocarpus styracifolius Pierre

乔木，高达20m。树皮暗灰色，粗糙；小枝幼时密被白色短柔毛。叶互生，2列，长圆形、倒卵状披针形或椭圆形，长4～8cm，先端尾尖，基部楔形，全缘，幼树之叶常羽状浅裂，上面疏被毛，下面被苍白色粉状毛；侧脉4～7对，表面平，背面不凸起，网脉明显；叶柄长0.8～1.4cm，被毛；托叶钻形。花雌雄同株，花序单生叶腋，雄花序椭圆形，密被灰白色柔毛，花序轴长约1.5cm，被毛，头状腺毛细胞1~6，苞片盾形或圆形；雌花花被被毛，2~3裂。聚花果球形，黄色，干时红褐色，被毛，具多数长而弯曲、圆柱形的凸体，总柄长1.8~2.5cm；核果球形。花期秋初，果期秋末冬初。

分布于广东、海南、广西和云南；中南半岛。生于森林中。

果味酸甜可食；木材供建筑和家具用。

楮（小构树） 构属
Broussonetia kazinoki Sieb. et Zucc.

灌木，高2~4m。小枝斜上，幼时被毛，成长脱落。叶卵形至斜卵形，长3~7cm，宽3~4.5cm，先端渐尖至尾尖，基部近圆形或斜圆形，边缘具三角形锯齿，不裂或3裂，表面粗糙，背面近无毛；叶柄长约1cm；托叶小，线状披针形，渐尖，长3~5mm，宽0.5~1mm。花雌雄同株；雄花序球形头状，直径8~10mm，雄花花被4~3裂，裂片三角形，外面被毛，雄蕊3~4枚，花药椭圆形；雌花序球形，被柔毛，花被管状，顶端齿裂，或近全缘，花柱单生，仅在近中部有小凸起。聚花果球形，直径8~10mm；瘦果扁球形，外果皮壳质，表面具瘤体。花期4~5月，果期5~6月。

分布于华南、华中、西南各省份及台湾；日本、朝鲜。生于低山地区山坡林缘、沟边、住宅近旁。

葡蟠 构属
Broussonetia kaempferi Sieb.

蔓生藤状灌木。树皮黑褐色；小枝显著伸长，幼时被浅褐色柔毛，成长脱落。叶互生，螺旋状排列，近对称的卵状椭圆形，长3.5~8cm，宽2~3cm，先端渐尖至尾尖，基部心形或截形，边缘锯齿细，齿尖具腺体，不裂，稀为2~3裂，表面无毛，稍粗糙；叶柄长8~10mm，被毛。花雌雄异株，雄花序短穗状，长1.5~2.5cm，花序轴约1cm；雄花花被片3~4，裂片外面被毛，雄蕊3~4枚，花药黄色，椭球形，退化雌蕊小；雌花集生为球形头状花序。聚花果直径约1cm，花柱线形，延长。花期4~6月，果期5~7月。

分布于我国长江以南各省份；日本和朝鲜。生于山坡及灌丛中。

茎皮纤维供制人造棉、绝缘纸原料；根、叶药用，有清凉解毒、滑肠去痧等作用。

构树 构属
Broussonetia papyrifera (L.) L'Hert. ex Vent.

乔木，高10~20m。树皮暗灰色；小枝密生柔毛。叶螺旋状排列，广卵形至长椭圆状卵形，长6~18cm，宽5~9cm，先端渐尖，基部心形，两侧常不相等，边缘具粗锯齿，不分裂或3~5裂，小树之叶常有明显分裂，表面粗糙，疏生糙毛，背面密被绒毛；基出脉3，侧

脉6~7对；叶柄长2.5~8cm，密被糙毛；托叶大，卵形，狭渐尖。花雌雄异株；雄花序为柔荑花序，长3~8cm，苞片披针形，花被4裂，裂片三角状卵形，雄蕊4枚，花药近球形，退化雌蕊小；雌花序球形头状，苞片棍棒状，花被管状，顶端与花柱紧贴。聚花果直径1.5~3cm，成熟时橙红色，肉质；瘦果具柄，表面有小瘤，龙骨双层，外果皮壳质。花期4~5月，果期6~7月。

分布于全国各省份；印度（锡金）、缅甸、泰国、越南、马来西亚、日本、朝鲜。生于水边，多生于石灰岩山地。

抗污染能力强，可植于厂矿附近；果可食；果、根药用，治虚劳、目昏、目翳和水气浮肿；叶可作为猪饲料；种子油供工业用。

构棘（葨芝） 柘属
Maclura cochinchinensis (Loureiro) Corner

直立或攀缘状灌木。枝无毛，具粗壮弯曲无叶的腋生刺，刺长约1cm。叶革质，椭圆状披针形或长圆形，长3~8cm，宽2~2.5cm，全缘，先端钝或短渐尖，基部楔形，两面无毛；侧脉7~10对；叶柄长约1cm。花雌雄异株，雌雄花序均为具苞片的球形头状花序，每花具2~4个苞片，苞片锥形，内面具2个黄色腺体，苞片常附着于花被片上；雄花序直径6~10mm，花被片4，不相等，雄蕊4枚，花药短，在芽时直立，退化雌蕊锥形或盾形；雌花序微被毛，花被片顶部厚，基有2黄色腺体。聚合果肉质，直径2~5cm，表面微被毛，成熟时橙红色，核果卵圆形，成熟时褐色，光滑。花期4~5月，果期6~7月。

分布于我国东南部至西南部的亚热带地区；斯里兰卡、印度、尼泊尔、不丹、中南半岛各国、菲律宾至日本及澳大利亚、新喀里多尼亚。生于村庄附近或荒野。

根药用，用于肺结核、湿热黄疸、跌打瘀痛、风湿痹痛；果熟可食或酿酒；木材可提取黄色染料。

石榕 榕属
Ficus abelii Miq.

灌木，高1~2.5m。树皮深灰色，小枝，叶柄密生灰白色粗短毛。叶纸质，窄椭圆形至倒披针形，长4~9cm，宽1~2cm，先端短渐尖至急尖，基部楔形，全缘，表面散生短柔毛，成长脱落，背面密生黄色或灰白色短硬毛和柔毛；基生侧脉对生，侧脉7~9对，在表面下陷，网脉在背面明显；叶柄被毛；托叶披针形，微被柔毛。榕果单生叶腋，近梨形，直径1.5~2cm，成熟时紫黑色或褐红色，密生白色短硬毛，顶部脐状凸起，基部收缩为短柄，基生苞片3，三角状卵形，被毛，总梗被短粗毛；雄花散生于榕果内壁，近无柄，花被片3，短于雄蕊，雄蕊2或3枚，瘿花同生于一榕果内，花被合生，先端有3~4齿裂；雌花无花被。瘦果肾形，外有一层泡状黏膜包裹。花期5~7月。

分布于广东、江西、福建、广西、云南、贵州、四川和湖南；尼泊尔、印度、孟加拉国、缅甸、越南。生于山谷林中树上或溪边石上。

天仙果　榕属
Ficus erecta Thunb.var. *beecheyana* (Hook. et Arn.) King

落叶小乔木或灌木，高2～7m。树皮灰褐色，小枝密生硬毛。叶厚纸质，倒卵状椭圆形，长7～20cm，宽3～9cm，先端短渐尖，基部圆形至浅心形，全缘或上部偶有疏齿，表面较粗糙，疏生柔毛，背面被柔毛；侧脉5～7对；叶柄长1～4cm，纤细，密被灰白色短硬毛；托叶三角状披针形，膜质，早落。榕果单生叶腋，具总梗，球形或梨形，直径1.2～2cm，幼时被柔毛和短粗毛，顶生苞片脐状，基生苞片3，卵状三角形，成熟时黄红色至紫黑色；雄花和瘿花生于同一榕果内壁，雌花生于另一植株的榕果中；雄花有柄或近无柄，花被片3或2～4，椭圆形至卵状披针形，雄蕊2～3枚；瘿花近无柄或有短柄，花被片3～5，披针形，长于子房，被毛；雌花花被片4～6，宽匙形。花果期5～6月。

分布于广东、广西、贵州、湖北、湖南、江西、福建、浙江和台湾；日本、越南。生于山坡林下或溪边。

根药用，治劳伤、肾亏、月经不调等；茎皮纤维制绳索或人造棉。

黄毛榕　榕属
Ficus esquiroliana Levl.

小乔木或灌木，高4～10m。树皮灰褐色，具纵棱；幼枝中空，被褐黄色硬长毛。叶互生，纸质，广卵形，长17～27cm，宽12～20cm，急渐尖，具尖尾，基部浅心形，表面疏生糙伏状长毛，背面被长褐黄色波状长毛，以中脉和侧脉稠密，余均密被黄色和灰白色绵毛；基生侧脉每边3条，侧脉每边5～6条，分裂或不分裂，边缘有细锯齿，齿端被长毛；叶柄长5～11cm，细长，疏生长硬毛；托叶披针形，早落。榕果腋生，圆锥状椭圆形，直径20～25mm，表面疏生或密生浅褐色长毛，顶部脐状凸起，基生苞片卵状披针形，雄花生榕果内壁口部，具柄，花被片4，顶端全缘，雄蕊2枚。瘿花花被与雄花同，雌花花被4。瘦果斜卵圆形，表面有瘤体。花期5～7月，果期7月。

分布于华南及西南各省份；越南、老挝、泰国北部。生于林中。

茎纤维可制绳索；叶可作猪饲料；根药用，有消肿行血、行气止咳的作用。

水同木　榕属
Ficus fistulosa Reinw. ex Bl.

常绿小乔木。树皮黑褐色；枝粗糙。叶互生，纸质，倒卵形至长圆形，长10～20cm，宽4～7cm，先端具短尖，基部斜楔形或圆形，全缘或微波状，表面无毛，背面微被柔毛或黄色小突体；基生侧脉短，侧脉6～9对；叶柄长1.5～4cm；托叶卵状披针形，长约1.7cm。榕果簇生于老干发出的瘤状枝上，近球形，直径1.5～2cm，光滑，成熟橘红色，不开裂，总梗长8～24mm，雄花和瘿花生于同一榕果内壁；雄花，生于其近口部，少数，具短柄，花被片3～4，雄蕊1枚，花丝短；瘿花，具柄，花被片极短或不存，子房光滑，倒卵形，花柱近侧生，纤细，柱头膨大；雌花，生于另一植株榕果内，花被管状，围绕果柄下部。瘦果近斜方形，表面有小瘤体，花柱长，棒状。花期5～7月。

分布于广东、香港、广西和云南等省份；印度东北部、孟加拉国、缅甸、泰国、越南、马来西亚西部、印度尼西亚、菲律宾、加里曼丹。生于溪边岩石上或森林中。

根、皮、叶药用，治五劳七伤、跌打、小便不利。

台湾榕　榕属
Ficus formosana Maxim.

灌木，高1.5～3m。小枝、叶柄、叶脉幼时疏被短柔毛；枝纤细，节短。叶膜质，倒披针形，长4～11cm，宽1.5～3.5cm，全缘或在中部以上有疏钝齿裂，顶端渐尖，中部以下渐窄，至基部成狭楔形，干后表面墨绿色，背面淡绿色，中脉不明显。榕果单生叶腋，卵状球形，直径6～9mm，成熟时绿带红色，顶部脐状凸起，基部收缩为纤细短柄，基生苞片3，边缘齿状，总梗长2～3mm，纤细；雄花散生榕果内壁，有或无柄，花被片3～4，卵形，雄蕊2枚，稀为3枚，花药长过花丝；瘿花，花被片4～5，舟状，子房球形，有柄，花柱短，侧生；雌花，有柄或无柄，花被片4，花柱长，柱头漏斗形。瘦果球形，光滑。花期4～7月。

分布于广东、海南、广西、福建、台湾、湖南和云南等省份；越南。生于溪边灌丛中。

韧皮纤维可织麻袋。

青藤公（尖尾榕）　榕属
Ficus harmandii Gagnep.

乔木，高6～15m。树皮红褐色或灰黄色，小枝细，黄褐色，被锈色糠屑状毛。叶互生，纸质，椭圆状披针形至椭圆形，长7～19cm，宽2～6cm，顶端尾状渐尖，基部阔楔形，全缘，两面无毛，叶背红褐色；叶基三出脉，基出侧脉达叶的1/3～1/2处，侧脉2～4对，背面凸起，网脉在叶背稍明显；叶柄长1～4cm，无毛或疏被柔毛；托叶披针形，长7～10mm。榕果成对或单生于叶腋，球形，径5～12mm，被锈色糠屑状毛，顶端具脐状凸起，基生苞片3，阔卵形，总梗较细，长5～15mm，被锈色糠屑状毛，雄花具柄，花被片3～4，卵形，雄蕊1～2枚，花丝短；雌花花被片4，倒卵形，暗红色，花柱侧生。

分布于广东、福建、广西和云南；越南、菲律宾。生于湿润的雨林中。

尖尾榕叶清香，入药，治疗背痛、体虚怕冷、下颌肿瘤、受寒咳嗽、胃脘冷痛、腰痛、肠绞痧、促进伤口愈合等。

藤榕　榕属
Ficus hederacea Roxb.

藤状灌木，茎、枝节上生根。小枝幼时被柔毛。叶2列，厚革质，椭圆形或卵状椭圆形，长6～11cm，宽3.5～5cm，先端钝，基部宽楔形，幼时被毛，两面具钟乳体，全缘；侧脉3～5对，在上面凹下；叶柄长1～2cm，托叶卵形，早落。榕果单生或成对腋生或生于已落叶枝的叶腋，球形，直径7～14mm，顶部脐状，微凸起，幼时被短粗毛，成熟时黄绿色至红色，基生苞片下半部合生，上部3裂；总梗长

10～12mm；花间无刚毛；雄花少数，散生榕果内壁，无柄，花被片3～4，雄蕊2枚，花药无尖头；花丝分离，瘿花具柄，花被片4，披针形；雌花生于另一榕果内，有或无柄，花被片4，线形。瘦果椭圆形，背面有龙骨，花柱延长。花期5～7月。

分布于广东、海南、广西、云南和贵州；尼泊尔、不丹、印度北部和锡金、缅甸、老挝、泰国等。生于沟边、丘陵、山谷密林下、山坡林中。

异叶榕　榕属
Ficus heteromorpha Hemsl.

落叶灌木或小乔木，高2～5m。树皮灰褐色；小枝红褐色，节短。叶多形，琴形、椭圆形、椭圆状披针形，长10～18cm，宽2～7cm，先端渐尖或为尾状，基部圆形或浅心形，表面略粗糙，背面有细小钟乳体，全缘或微波状；基生侧脉较短，侧脉6～15对，红色；叶柄长1.5～6cm，红色；托叶披针形，长约1cm。榕果成对生短枝叶腋，稀单生，无总梗，球形或圆锥状球形，光滑，直径6～10mm，成熟时紫黑色，顶生苞片脐状，基生苞片3枚，卵圆形，雄花和瘿花同生于一榕果中；雄花散生内壁，花被片4～5，匙形，雄蕊2～3枚；瘿花花被片5～6，子房光滑，花柱短；雌花花被片4～5，包围子房，花柱侧生，柱头画笔状，被柔毛。瘦果光滑。花期4～5月，果期5～7月。

分布于我国长江流域中下游及华南、西北、华中各省份。生于山谷、坡地及林中。

茎皮纤维供造纸；榕果成熟可食或作果酱；叶可作猪饲料。

粗叶榕（五指毛桃）　榕属
Ficus hirta Vahl

灌木或小乔木。小枝、叶和榕果均被金黄色长硬毛。叶互生，纸质，长椭圆状披针形或广卵形，长10～25cm，边缘具细锯齿，有时全缘或3～5深裂，先端急尖或渐尖，基部圆形、浅心形或宽楔形，两面均有毛；基生脉3～5条，侧脉每边4～7条；托叶卵状披针形，膜质，红色，被柔毛。榕果成对腋生或生于已落叶枝上，球形或椭圆球形，近无梗，基生苞片卵状披针形，膜质，红色，被柔毛；雌花果形，雄花及瘿花果卵球形，近无柄，基生苞片早落，卵状披针形，先端急尖，外面被贴伏柔毛；雄花生于榕果内壁近口部，有柄，花被片4，披针形，红色，雄蕊2～3枚；瘿花花被片与雌花同数；雌花生雌株榕果内，有梗或无梗，花被片4。瘦果椭圆球形，表面光滑。

分布于我国东南部至西南部；亚洲南部和东南部。生于疏林或灌木丛中。

根药用，有健脾化湿、行气祛风等功效，也作保健汤料。

榕树（小叶榕）　榕属
Ficus microcarpa L. f.

大乔木，高达15～25m。胸径达50cm，冠幅广展；老树常有锈褐色气根；树皮深灰色。叶薄革质，窄椭圆形，长4～8cm，先端钝尖，基部楔形，全缘；细脉不明显，侧脉3～10对，成钝角展开；叶柄长

0.5～1cm，无毛；托叶披针形，长约8mm。榕果成对腋生或生于已落叶枝叶腋，成熟时黄色或微红色，扁球形，直径6～8mm，无总梗，基生苞片3，广卵形，宿存；雄花、雌花、瘿花同生于一榕果内，花间有少许刚毛；雄花无柄或具柄，散生内壁，花丝与花药等长；雌花与瘿花相似，花被片3，广卵形，花柱近侧生，柱头短，棒形。瘦果卵圆形。花期5～6月。

分布于广东、台湾、浙江、福建、广西、湖北、贵州和云南；斯里兰卡、印度、缅甸、泰国、越南、马来西亚、菲律宾、日本、巴布亚新几内亚、澳大利亚、加罗林群岛。生于密林中或村寨附近。

冠大荫浓，常作观赏植物；气根和叶有活血散瘀、清热解毒等作用。

九丁榕（凸脉榕）　榕属
Ficus nervosa Heyne ex Roth

乔木。幼时被微柔毛，成长脱落，小枝干后具槽纹。叶薄革质，椭圆形至长椭圆状披针形或倒卵状披针形，长6～15cm或更长，宽2.5～5cm，先端短渐尖，有钝头，基部圆形至楔形，全缘，微反卷，表面深绿色，干后茶褐色，有光泽，背面颜色深，散生细小乳突状瘤点；基生侧脉短，脉腋有腺体，侧脉7～11对，在背面凸起；叶柄长1～2cm。榕果单生或成对腋生，球形或近球形，幼时表面有瘤体，直径1～1.2cm，基部缢缩成柄，无总梗，基生苞片3，卵圆形，被柔毛；雄花、瘿花和雌花同生于一榕果内；雄花具梗，生于内壁近口部，花被片2，匙形，长短不一，雄蕊1枚；瘿花有梗或无梗，花被片3，延长，顶端渐尖，花柱侧生，较瘦果长2倍，柱头棒状。花期1～8月。

分布于广东、广西、福建和台湾等省份；越南、缅甸、马来西亚和斯里兰卡等。生于林中。

木材纹细而坚硬，可用于建筑和家具等。

琴叶榕　榕属
Ficus pandurata Hance

小灌木，高1～2m。小枝、嫩叶幼时被白色柔毛。叶纸质，提琴形或倒卵形，长4～8cm，先端急尖或短尖，基部圆形至宽楔形，中部缢缩，表面无毛，背面叶脉有疏毛和小瘤点；基生侧脉2，侧脉3～5对；叶柄疏被糙毛，长3～5mm；托叶披针形，迟落。榕果单生叶腋，鲜红色，椭圆形或球形，直径6～10mm，顶部脐状凸起，基生苞片3，卵形，总梗长4～5mm，纤细，雄花有柄，生榕果内壁口部，花被片4，线形，雄蕊3枚，稀为2枚，长短不一；瘿花有柄或无柄，花被片3～4，倒披针形至线形，子房近球形，花柱侧生，很短；雌花花被片3～4，椭圆形，花柱侧生，细长，柱头漏斗形。花期6～8月。

分布于我国东南至西南部；越南。生于路边及灌丛中。

根、叶药用，有清热解毒、祛风利湿等功效；茎皮纤维代麻制绳、造纸等；叶形如小提琴，可盆栽观赏。

薜荔　榕属
Ficus pumila L.

攀缘或匍匐灌木。叶两型，营养枝节上生不定根，叶薄革质，卵状心形，长约2.5cm，先端渐尖，基部稍不对称，叶柄很短；果枝上无不定根，叶革质，卵状椭圆形，长5～10cm，先端尖或钝，基部圆形或浅心形，全缘，上面无毛，下面被黄褐色柔毛，侧脉3～4对，在上面凹下，下面网脉蜂窝状；托叶披针形，被黄褐色丝毛。榕果单生叶腋，瘿花果梨形，雌花果近球形，顶部截平，略具短钝头或为脐状凸起，基部收窄成一短柄，基生苞片三角状卵形，密被长柔毛，榕果成熟黄绿色或微红，雄花生于榕果内壁口部，多数，排为几行，有柄，花被片2～3，线形，雄蕊2枚；瘿花具柄，花被片3～4，线形；雌花生另一植株榕果内壁，花柄长，花被片4～5。瘦果近球形，有黏液。花果期5～8月。

分布于华南、华东、华中及西南大部分省份；日本、越南。生于旷野、石上或树上。

攀附能力强，覆盖性能好，果形奇特，是营造绿墙的优良材料，也可用于屋面、崖壁、假山、石隙、树干的攀附；果可食用；种子为制凉粉原料。

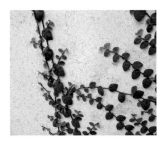

舶梨榕（梨果榕）　榕属
Ficus pyriformis Hook. et Arn.

灌木，高1～2m。小枝被糙毛。叶纸质，倒披针形至倒卵状披针形，长4～14cm，宽2～4cm，先端渐尖或锐尖而为尾状，基部楔形至近圆形，全缘稍背卷，表面光绿色，背面微被柔毛和细小疣点；侧脉5～9对，很不明显，基生脉短；叶柄被毛，长1～1.5cm；托叶披针形，红色，无毛，长约1cm。榕果单生叶腋，梨形，直径2～3cm，无毛，有白斑；雄花生内壁口部，花被片3～4，披针形，雄蕊2枚，花药卵圆形；瘿花花被片4，线形，子房球形，花柱侧生；雌花生于另一植株榕果内壁，花被片3～4，子房肾形，花柱侧生，细长。瘦果表面有瘤体。花期12月至翌年6月。

分布于广东、广西、福建、台湾和云南；越南。生于山谷沟边。

茎药用，治肾炎、膀胱炎、尿道炎、肾性水肿、心性水肿和胃痛；茎皮纤维供制人造棉。

珍珠莲　榕属
Ficus sarmentosa var. *henryi* (King et Oliv.) Corner

木质攀缘匍匐藤状灌木。幼枝密被褐色长柔毛。叶革质，卵状椭圆形，长8～10cm，宽3～4cm，先端渐尖，基部圆形至楔形，表面无毛，背面密被褐色柔毛或长柔毛；基生侧脉延长，侧脉5～7对，小脉网结成蜂窝状；叶柄长5～10mm，被毛。榕果成对腋生，圆锥形，直径1～1.5cm，表面密被褐色长柔毛，成长后脱落，顶生苞片直立，长约3mm，基生苞片卵状披针形，长3～6mm；榕果无总梗或具短梗。

分布于华南、华东、华中、西北及西南大部分省份。生于阔叶林下或灌木丛中。

瘦果水洗可制作冰凉粉。

竹叶榕　榕属
Ficus stenophylla Hemsl.

小灌木，高1～3m。小枝散生灰白色硬毛，节间短。叶纸质，干后灰绿色，线状披针形，长5～13cm，先端渐尖，基部楔形至近圆形，表面无毛，背面有小瘤体，全缘背卷；侧脉7～17对；托叶披针形，红色，无毛，长约8mm；叶柄长3～7mm。榕果椭圆状球形，表面稍被柔毛，直径7～8mm，成熟时深红色，顶端脐状凸起，基生苞片三角形，宿存，总梗长20～40mm；雄花和瘿花同生于雄株榕果中；雄花生内壁口部，有短柄，花被片3～4，卵状披针形，红色，雄蕊2～3枚，花丝短；瘿花具柄，花被片3～4，倒披针形，内弯，子房球形，花柱短，侧生；雌花生于另一植株榕果中，近无柄，花被片4，线形，先端钝，花柱侧生，纤细。瘦果透镜状，顶部具棱骨，一侧微凹入。花果期5～7月。

分布于广东、福建、台湾、浙江、湖南、湖北、海南、广西和贵州；越南北部和泰国北部。生于沟旁堤岸边。

根、叶药用，有行气活血、止咳祛痰等作用。

斜叶榕　榕属
Ficus tinctoria subsp. *gibbosa* (Bl.) Corner

乔木或附生。叶革质，变异很大，卵状椭圆形或近菱形，两侧极不相等，在同一树上有全缘的，也有具角棱和角齿的，大小幅度相差很大，大树叶一般长不到13cm，宽不到5cm，而附生的叶长超过13cm，宽5～6cm，质薄；侧脉5～7对，干后黄绿色。榕果径6～8mm；总梗极短；雄花生榕果内壁近口部，花被片4～6，白色，线形，雄蕊1枚，基部有退化的子房；瘿花与雄花花被相似，子房斜卵形，花柱侧生；雌花生另一植株榕果内，花被片4，线形，质薄，透明。花果期6～7月。

分布于广东、台湾、海南、广西、贵州、云南、西藏和福建；泰国、缅甸、马来西亚西部、印度尼西亚。生于山谷湿润林中或岩石上。

黄果榕　榕属
Ficus vasculosa Wall. ex Miq.

中型乔木。老枝粗糙，幼枝纤细，黄褐色至红紫色，疏被粗毛。叶长圆形至长圆状卵形，长9～13cm，宽4～6cm，先端急尖而具短尖头，基部斜楔形或圆形或心形，全缘或微波状，表面无毛；中脉和小脉清晰，背面中脉及小脉凸起，沿脉被粗硬毛，基生侧脉较长，侧脉5～7对；叶柄圆柱形，长0.7～1.5cm，散生黄褐色粗毛；托叶卵状披针形，早落。榕果腋生或簇生于无叶瘤状短枝上，近球形，成熟黄色，光滑，或具瘤状凸体；基生苞片基部合生，三角形，全缘或有锯齿或睫毛；总梗长约1cm；雌花，具短柄，无毛，花被管状或钟状，膜质，透明，花柱顶端具粗毛。瘦果倒卵形，微歪斜，基部具短柄。花果期为春夏季。

分布于广东和台湾；日本、菲律宾。生于阔叶林中。

杂色榕（青果榕）　榕属
Ficus variegata Bl.

　　乔木，高达10m。树皮灰褐色，平滑，胸径10～17cm；幼枝绿色，微被柔毛。叶互生，厚纸质，广卵形至卵状椭圆形，长10～17cm，顶端渐尖或钝，基部圆形至浅心形，边缘波状或具浅疏锯齿；基生叶脉5条，侧脉4～6对；叶柄长2.5～6cm，托叶卵状披针形，无毛。榕果簇生于老茎发出的瘤状短枝上，球形，直径2.5～3cm，顶部微压扁，顶生苞片卵圆形，脐状微凸起，基生苞片3，早落，残存环状疤痕，成熟榕果红色，有绿色条纹和斑点；雄花生榕果内壁口部，花被片3～4，宽卵形，雄蕊2枚，花丝基部合生成一柄；瘿花生内壁近口部，花被合生，管状，顶端4～5齿裂；雌花生于雌植株榕果内壁，花被片3～4，条状披针形，薄膜质，基部合生。瘦果倒卵形，薄被瘤体。花期冬季。

　　分布于华南和西南部分省份。生于自然林中。

　　观赏。花序熟时味甜可食。茎皮纤维可代麻。

变叶榕　榕属
Ficus variolosa Lindl. ex Benth.

　　灌木或小乔木，光滑，高3～10m。树皮灰褐色；小枝节间短。叶薄革质，狭椭圆形至椭圆状披针形，长5～12cm，宽1.5～4cm，先端钝或锐尖，基部楔形，全缘；侧脉7～15对，与中脉略成直角展出；叶柄长6～10mm；托叶长三角形，长约8mm。榕果成对或单生叶腋，球形，直径10～12mm，表面有瘤体，顶部苞片脐状凸起，基生苞片3，卵状三角形，基部微合生，总梗长8～12mm；瘿花子房球形，花柱短，侧生；雌花生另一植株榕果内壁，花被片3～4，子房肾形，花柱侧生，细长。瘦果表面有瘤体。花期12月至翌年6月。

　　分布于广东、浙江、江西、福建、广西、湖南、贵州和云南；越南、老挝。生于溪边林下潮湿处。

　　根药用，可祛风除湿、活血止痛；也可作绿篱观赏。

笔管榕　榕属
Ficus subpisocarpa Gagnepain

　　落叶乔木，有时有气根。树皮黑褐色；小枝淡红色，无毛。叶互生或簇生，近纸质，无毛，椭圆形至长圆形，长10～15cm，宽4～6cm，先端短渐尖，基部圆形，边全缘或微波状；侧脉7～9对；叶柄长3～7cm，近无毛；托叶膜质，微被柔毛，披针形，长约2cm，早落。榕果单生或成对或簇生于叶腋或生无叶枝上，扁球形，直径5～8mm，成熟时紫黑色，顶部微下陷，基生苞片3，宽卵形，革质；总梗长3～4mm；雄花、瘿花、雌花生于同一榕果内；雄花很少，生内壁近口部，无梗，花被片3，宽卵形，雄蕊1枚，花药卵圆形，花丝短；雌花无柄或有柄，花被片3，披针形，花柱短，侧生，柱头圆形；瘿花多数，与雌花相似，仅子房有粗长的柄，柱头线形。花期4～6月。

　　分布于广东、台湾、福建、浙江、海南和云南；缅甸、泰国、老挝、越南、柬埔寨、马来西亚至日本。生于平原或村庄。

　　树冠广展，为良好的蔽荫树；木材纹理细致、美观，可供雕刻。

牛筋藤　牛筋藤属
Malaisia scandens (Lour.) Planch.

　　攀缘灌木。幼枝被灰色短毛，小枝圆柱形，褐色，皮孔圆形，白色。叶互生，纸质，长椭圆形或椭圆状倒卵形，长5～12cm，宽2～4.5cm，先端急尖，具短尖，基部圆形至浅心形，两侧不对称，表面光滑，背面微粗糙，全缘或疏生浅锯齿；侧脉7～12对；叶柄极短，长约3mm；托叶早落。雄花序长3～6cm，总花梗长2～4cm，苞片短，被毛，基部连合，上部分离；雄花无梗；花被3～4裂，裂片三角形，被柔毛，雄蕊与裂片同数而对生，花药近球形，花丝长为裂片2倍，退化雌蕊小；雌花序近球形，密被柔毛，直径约6mm，总花梗长约10mm，被毛；雌花花被壶形，子房内藏，花柱分枝为2，丝状，长10～13mm，浅红色至深红色。核果卵圆形，长6～8mm，红色，无柄。花期春夏季。

　　分布于广东、台湾、海南、广西和云南；越南、马来西亚、菲律宾、澳大利亚。生于丘陵地区灌木丛中。

荨麻科　Urticaceae

苎麻　苎麻属
Boehmeria nivea (L.) Gaudich.

　　亚灌木或灌木，高达1.5m。茎上部与叶柄均密被开展长硬毛和糙毛。叶互生，草质，圆卵形或宽卵形，少数卵形，长6～15cm，宽4～11cm，顶端骤尖，基部近截形或宽楔形，边缘在基部之上有牙齿，上面稍粗糙，疏被短伏毛，下面密被雪白色毡毛，侧脉约3对；托叶分生，钻状披针形，背面被毛。圆锥花序腋生，或植株上部的为雌性、下部的为雄性，或同一植株的全为雌性；雄团伞花序有少数雄花；雌团伞花序有多数密集的雌花；雄花花被片4，狭椭圆形，合生至中部，顶端急尖，外面有疏柔毛；雄蕊4枚，退化雌蕊狭倒卵球形，顶端有短柱头；雌花花被椭圆形，顶端有2～3小齿，外面有短柔毛，果期菱状倒披针形，柱头丝形。瘦果近球形，光滑，基部突缩成细柄。花期8～10月。

　　分布于广东、香港、广西、福建、台湾、贵州和云南等省份；越南和老挝。生于荒地、山坡、路旁。

　　茎皮纤维可纺织；根、叶药用，有清热利尿、安胎止血、解毒等功效。

楼梯草　楼梯草属
Elatostema involucratum Franch. et Sav.

　　多年生草本。茎肉质，高达60cm，不分枝或有1分枝，无毛，稀上部有疏柔毛。叶无柄或近无柄，斜倒披针状长圆形或斜长圆形，先端骤尖，基部不等，窄侧楔形，宽侧圆形或浅心形，具齿；叶脉羽状，侧脉每侧5～8条；托叶狭条形或狭三角形，无毛。花序雌雄同株或异株；雄花序有梗，直径3～9mm；花序梗长4～32mm，无

毛或稀有短毛；花序托不明显，稀明显；苞片少数，狭卵形或卵形，长约2mm；小苞片条形；雄花有梗，花被片5，椭圆形，下部合生，顶端之下有不明显凸起，雄蕊5枚；雌花序具极短梗，花序托通常很小，周围有卵形苞片，小苞片条形，长约0.8mm，有睫毛。瘦果卵球形，长约0.8mm，有少数不明显纵肋。花期5～10月。

分布于华南、西南、华中、华东及西北大部分省份；日本。生于山谷沟边石上、林中或灌丛中。

全草药用，有活血祛瘀、利尿、消肿之功效。

石生楼梯草　楼梯草属
Elatostema rupestre (Ham.) Wedd.

多年生草本。茎高46～60cm，基部稍木质，不分枝，有数条纵棱，上部密被短糙毛，下部毛稀疏。叶具短柄，最上部者无柄；叶片草质，斜长椭圆形或倒卵状长椭圆形，长11～16cm，宽3.8～5.2cm，顶端渐尖，基部斜楔形，或在宽侧钝，边缘在基之上至顶端有牙齿，上面散生少数短硬毛，下面沿脉有开展的毛，钟乳体明显，密集，长约0.2mm；半离基三出脉，侧脉在狭侧约4条，在宽侧约5条；叶柄长1.5～5.5mm，有毛；托片披针形，长约1.5mm，疏被短柔毛。花序雌雄异株；雌花序具极短梗，花序托近长方形或椭圆形，长5～9mm；苞片三角形或宽三角形，长约1mm；小苞片多数，密集，匙形或狭条形，上部有短毛。瘦果卵球形，长约0.4mm，约有8条纵肋。花期5月。

分布于广东和云南；尼泊尔、印度。生于山谷林中。

糯米团　糯米团属
Gonostegia hirta (Bl.) Miq.

多年生草本，有时茎基部变木质。茎蔓生、铺地或渐升，上部四棱形。叶对生；叶片草质或纸质，宽披针形至狭披针形、狭卵形、稀卵形或椭圆形，长1.2～10cm，宽0.7～2.8cm，顶端长渐尖至短渐尖，基部浅心形或圆形，边全缘，上面稍粗糙，有稀疏短伏毛或近无毛，下面沿脉有疏毛或近无毛；基出脉3～5；托叶钻形。团伞花序腋生，通常两性，有时单性，雌雄异株；苞片三角形；雄花花梗长1～4mm；花蕾在内折线上有稀疏长柔毛；花被片5，分生，倒披针形，顶端短骤尖；雄蕊5枚，花丝条形；退化雌蕊极小，圆锥状；雌花花被菱状狭卵形，顶端有2小齿，有疏毛，果期呈卵形，有10条纵肋；柱头有密毛。瘦果卵球形，白色或黑色，有光泽。花期5～9月。

分布于华南、西南、华中及西北部分省份；亚洲热带和亚热带地区及澳大利亚。生于丘陵或低山林中、灌丛中、沟边草地。

全草药用，治疗疮、痈肿、瘰疬、痢疾、妇女白带和外伤出血等。

紫麻　紫麻属
Oreocnide frutescens (Thunb.) Miq.

灌木或小乔木，高1～3m。小枝褐紫色或淡褐色，上部常有粗毛或柔毛，稀被灰白色毡毛，后渐脱落。叶常生于枝上部，草质，卵形或窄卵形，稀倒卵形，长3～15cm，先端渐尖或尾尖，基部圆，稀宽楔形，有锯齿，下面常被灰白色毡毛，后渐脱落；基出脉3，侧脉2～3对；叶柄长1～7cm，被粗毛，托叶线状披针形，长约1cm，先

端尾尖，背面中肋疏生粗毛。花序生于去年生枝和老枝，几无梗，呈簇生状；团伞花簇径3～5mm；雄花花被片3，在下部合生，长圆状卵形。瘦果卵球状，两侧稍压扁；宿存花被变深褐色，外面疏生微毛，内果皮稍骨质，表面有多数细注点；肉质花托浅盘状，围在果的基部，熟时则常增大呈壳斗状，包围着果的大部分。花期3～5月，果期6～10月。

分布于华南、华东、华中、西北及西南大部分省份；中南半岛和日本。生于山谷和林缘半荫湿处或石缝。

茎皮纤维细长坚韧，可供制绳索、麻袋和人造棉；茎皮还可提取单宁；根、茎、叶入药行气活血。

短叶赤车（小赤车）　赤车属
Pellionia brevifolia Benth.

小草本。叶具短柄；叶片纸质，斜宽椭圆形、宽倒卵形或近圆形，稀椭圆形或卵形，长0.4～1.5（～2）cm，宽0.4～1.4cm，顶端钝或圆形，稀微尖，基部在狭侧楔形或宽楔形，在宽侧明显耳形，边缘有浅钝齿或浅波状，上面无毛，下面沿基出脉有小毛或近无毛，半离基三出脉；叶柄密被小毛；托叶钻形。花序雌雄异株；雄花序生茎顶叶腋，有1～3花苞片长圆状披针形，带紫色，无毛；雄花花被片5，船状椭圆形，不等大，外面3个较大，外面顶部之下有角状凸起，内面2个较小；雄蕊5枚；雌花序无梗，苞片披针状条形或条形；雌花花被片5，其中3～4个船状狭长圆形，外面顶端之下有长角状凸起，其他的披针状条形。瘦果椭圆状球形，有小瘤状凸起。花期5月。

分布于广东、广西、江西、福建和安徽；日本。生于山谷溪边或林中石上。

华南赤车　赤车属
Pellionia grijsii Hance

多年生草本。茎高达70cm，不分枝，稀少分枝，被反曲或近开展的长0.5～2mm糙毛。叶斜长椭圆形或斜长圆状倒披针形，长6～14（～18）cm，宽2.4～5（～6）cm，先端长渐尖或渐尖，有时尾状，基部窄侧楔形或钝，宽侧耳形，具浅钝齿，上面无毛或疏被伏毛，下面脉上被糙毛，无钟乳体，或有点状，长不及0.1mm钟乳体；叶脉近羽状；叶柄长1～4mm，被糙毛，托叶钻形，长约4mm。花雌雄同株或异株；雄花5基数，花被片长约2mm，具角状凸起；雌花花被片5，3枚较大，顶端具角状凸起。瘦果椭圆状球形，长约0.8mm，具小瘤状凸起。花期冬季至翌年春季。

分布于广东、云南、广西、福建和江西。生于山谷林下、石上或沟边。

赤车　赤车属
Pellionia radicans (Sieb. et Zucc.) Wedd.

多年生草本。茎下部卧地，节处生根，上部渐升，长达60cm，常分枝。叶具极短柄或无柄；叶片草质，斜狭菱状卵形或披针形，长1.2～8cm，先端渐尖，基部窄偏钝，宽侧耳形，上部具小齿，两面无毛或近无毛，密或稀疏；半离基三出脉；托叶钻形。花雌雄异株。雄花序为稀疏的聚伞花序；花序梗与分枝无毛或有小毛；苞片狭条形或钻形；雄花花被片5，椭圆形，外面无毛或有短毛，顶部有角状凸起；雄蕊5枚；退化雌蕊狭圆锥形；雌花序通常有短梗，有多数密集的花，花序梗有少数极短的毛，苞片条状披针形；雌花花被片5，3个较大，船形长圆形，外面顶部有角状凸起，2个较小，狭长圆形，无凸起。瘦果近椭圆球形，有小瘤状凸起。花期5～10月。

分布于华南、西南、华东及华中大部分省份。生于山地山谷林下、灌丛中荫湿处或溪边。

全草药用，有消肿、祛瘀、止血之功效。

蔓赤车　赤车属
Pellionia scabra Benth.

亚灌木。茎高达1m，常分枝，上部被开展糙毛。叶具短柄或近无柄；叶片草质，斜长圆形，长3.2～10cm，宽0.7～4cm，先端渐尖、长渐尖或尾状，基部窄侧微钝，宽侧宽楔形、圆形或耳形，上部疏生小齿，上面疏被糙毛，下面中脉被毛，叶脉半离基3出；托叶钻形。花雌雄异株；雄花为稀疏的聚伞花序；花序梗与花序分枝有密或疏的短毛；苞片条状披针形；雄花花被片5，椭圆形，基部合生，3个较大，顶部有角状凸起，2个较小，无凸起，雄蕊5枚；雌花序近无梗或有梗，有多数密集的花，花序梗被短毛，苞片条形，有疏毛；雌花花被片4～5，狭长圆形，2～3个较大，船形，外面顶部有角状凸起，其余较小，平，无凸起。瘦果近椭圆球形，有小瘤状凸起。花期春季至夏季。

分布于华南、西南、华东及华中大部分省份；越南、日本。生于山谷溪边或林中。

全草药用，治急性结膜炎、毒疮、外伤出血。

小叶冷水花（透明草）　冷水花属
Pilea microphylla (L.) Liebm.

纤细小草本，无毛，铺散或直立。茎肉质，多分枝，高达17cm，干时常变蓝绿色，密布条形钟乳体。叶很小，同对的不等大，倒卵形或匙形，长3～7mm，先端钝，基部楔形或渐窄，全缘，下面干时细蜂巢状，上面钟乳体线形；叶脉羽状，中脉稍明显，侧脉不明显；叶柄长1～4mm，托叶三角形。雌雄同株，有时同序，聚伞花序密集成近头状，具梗，稀近无梗，长1.5～6mm；雄花具梗；花被片4，卵形，外面近先端有短角状凸起；雄蕊4枚；退化雌蕊不明显；雌花更小，花被片3，稍不等长，果时中间的1枚长圆形，稍增厚，与果近长，侧生2枚卵形，先端锐尖，薄膜质，退化雄蕊不明显。瘦果卵形，长约0.4mm，熟时变褐色，光滑。花期夏秋季，果期秋季。

分布于广东、广西、福建、江西、浙江和台湾；南美洲热带、亚

洲、非洲热带地区。生于路边石缝和墙上荫湿处。

叶小而密，晶莹可爱，常用于花境，也可盆栽观赏。

雾水葛　雾水葛属
Pouzolzia zeylanica (L.) Benn.

多年生草本。茎直立或渐升，高达40cm，常下部分枝，被伏毛或兼有开展柔毛。叶对生，卵形或宽卵形，长1.2～3.8cm，宽0.8～2.6cm，先端短渐尖，基部圆，全缘，两面疏被伏毛；侧脉1对；叶柄长0.3～1.6cm。花两性；团伞花序径1～2.5mm，苞片三角形，顶端骤尖，背面有毛；雄花4基数，花被片长约1.5mm，狭长圆形或长圆状倒披针形，基部合生，外面有疏毛；雌花花被椭圆形或近菱形，长0.8mm，顶端具2小齿，密被柔毛。瘦果卵球形，长约1.2mm，淡黄白色，上部褐色或全部黑色，有光泽。花期秋季。

分布于广东、香港、广西、海南、福建和湖南等省份；亚洲热带地区。生于草地、田边或灌丛中。

全草药用，有拔毒排脓、清热利湿等功效。

冬青科　Aquifoliaceae

秤星树（梅叶冬青、岗梅）　冬青属
Ilex asprella (Hook. et Arn.) Champ. ex Benth.

落叶灌木，高达3m。具长枝及短枝，具淡色皮孔，无毛。叶卵形或卵状椭圆形，长4～6cm，先端尾尖，基部钝或圆，具锯齿，叶面绿色，被微柔毛，背面淡绿色，无毛，主脉在叶面下凹，在背面隆起，侧脉5～6对，在叶面平坦，在背面凸起，网状脉两面可见；叶柄无毛；托叶小，三角形，宿存。雄花序具2～3花，呈束状或单生叶腋，花梗长4～9mm，花4～5基数，花萼4～5裂，花瓣白色，近圆形，基部合生，雄蕊4～5枚，败育子房柱枕状，具短喙；雌花单生叶腋或鳞片腋内，花梗长1～2cm，无毛，花4～6基数，花萼4～6深裂，花瓣近圆形，基部合生，败育花药箭头状。果球形，径5～7mm，熟时黑色；分核4～6，倒卵状椭圆形，具3脊和2沟，内果皮石质。

分布于我国东部和南部；菲律宾。生于灌丛中或疏林中。

根药用，有清热解毒、生津、利咽、散瘀止痛的作用。

短梗冬青　冬青属
Ilex buergeri Miq.

常绿乔木，高达15m，小枝密被柔毛。叶革质，卵形、长圆形或卵状披针形，长4～8cm，先端渐尖，疏生浅齿，仅沿中脉被微柔毛，余无毛，侧脉7～8对；叶柄长4～8mm，被柔毛。花序簇生于去年生枝的叶腋内，每束具4～10花；花梗短，被短柔毛，近基部具2枚卵状披针形、具缘毛的小苞片；雄花花萼盘状，4裂，裂片三角形，被短柔毛或近无毛，具缘毛，花冠淡黄绿色，花瓣4，长圆状倒卵形，先端具缘毛，基部稍合生，雄蕊4枚；雌花花萼似雄花，花瓣分离。

果柄长约1mm；果球形或近球形，径4.5～6mm，熟时红色；分核4，近圆形，径约3mm，背部具4～5条掌状细棱及宽而浅槽，侧面具皱纹及槽，内果皮石质。花期4～6月，果期10～11月。

分布于广东、安徽、浙江、江西、福建、湖北、湖南和广西；日本。生于山坡、沟边常绿阔叶林中或林缘。

凹叶冬青　冬青属
Ilex championii Loes.

常绿灌木或乔木，高达15m。树皮灰白色或灰褐色。叶片厚革质，叶椭圆形或倒卵形，稀倒卵状椭圆形，长2～4cm，先端圆微凹或凹缺，或具骤短尖，基部钝，全缘，上面无毛，下面具深色腺点，侧脉8～10对；叶柄上面具纵槽，疏被微小柔毛。雄花序簇生二年生枝叶腋，每分枝为具1～3花的聚伞花序；花序梗与花梗均被微柔毛；花4基数，白色；花萼被柔毛，4深裂，裂片圆形；花瓣长圆状卵形，基部稍合生。果序簇生于当年生枝的叶腋内，单个分枝具1～3果，果梗被微柔毛，小苞片2枚，着生于果梗的近基部或中部；果扁球形，成熟后红色，宿存花萼平展，近四角形，4裂，裂片卵圆形；分核4，椭圆状倒卵形，背部具3条条纹，平滑，内果皮革质。花期6月，果期8～11月。

分布于广东、江西、福建、湖南、香港、广西和贵州等省份。生于山谷密林中。

沙坝冬青　冬青属
Ilex chapaensis Merr.

落叶乔木，高达12m。小枝栗褐色，具明显凸起的皮孔及细纵棱，缩短枝不发达，具鳞片和凸起的叶痕。叶在长枝上互生，短枝上簇生枝顶端，叶片纸质或薄革质，叶卵状椭圆形或椭圆形，长5～11cm，先端短渐尖或钝，基部钝，具浅圆齿，无毛，侧脉8～10对；叶柄长1.2～3cm，网状脉在背面明显；托叶小，三角形，宿存。花白色；雄花序假簇生，每分枝具1～5花；花序梗长1～2mm，花梗长2～4mm，均被微柔毛；花白色，6～8基数；花萼6～8裂，裂片圆形，具缘毛；花瓣倒卵状长圆形，基部合生，具缘毛；雄蕊与花瓣等长。果球形，径1.5～2cm，熟时黑色；分核6～7，长圆形，背部具3棱2沟，侧面具1～2棱沟，内果皮骨质。花期4月，果期10～11月。

分布于广东、广西、海南、贵州和云南等省份；越南。生于山地疏林或混交林中。

黄毛冬青　冬青属
Ilex dasyphylla Merr.

常绿灌木或乔木，高达9m。小枝、叶柄、叶片、花梗及花萼均有毛。叶片革质，卵形、长圆状椭圆形或卵状披针形，长2～11cm，叶面绿色，背面淡绿色，先端渐尖，基部钝或圆形，全缘或中部以

上具稀疏小齿；侧脉7～9对。聚伞花序单生于当年生枝的叶腋内；花红色，花4或5基数；雄花序具3～5花，假伞状，总花梗纤细，苞片正三角形，密被短硬毛，花梗具基生的小苞片，小苞片密被锈黄色短柔毛，花萼盘状，裂片圆形或正三角形，密被锈黄色短硬毛及缘毛，花冠辐状，花瓣卵长圆形，基部稍合生；雌花序聚伞状，具1～3花，总花梗具小苞片，花萼与花瓣同雄花。果球形，成熟时红色，平滑；花萼五角形，5浅裂；分核4或5，长圆状椭圆形。花期5月，果期8～12月。

分布于广东、江西、福建和广西。生于山地疏林或灌木丛中、路旁。

显脉冬青（凸脉冬青）　冬青属
Ilex editicostata Hue et Tang

常绿灌木至小乔木，高约6m。当年生幼枝褐黑色，具棱，二年生枝棕灰色至黑色；皮孔稀疏。叶仅生于当年生至二年生枝上，叶片厚革质，披针形或长圆形，长10～17cm，先端渐尖，基部楔形，全缘，反卷，叶面绿色，背面淡绿色，两面无毛，主脉在叶面明显隆起，侧脉10～12对；叶柄粗壮。聚伞花序或二歧聚伞花序单生于当年生枝的叶腋内；花白色，4或5基数；雄花序的总花梗和花梗无毛，基部具卵状三角形小苞片1～2枚或早落，花萼浅杯状，4或5浅裂，裂片阔三角形，花冠辐状，花瓣阔卵形，基部稍合生；雌花序未见。果近球形或长球形，成熟时红色，宿存花萼平展，浅裂片阔三角形；宿存柱头薄盘状，5浅裂；分核4～6，具1浅沟，内果皮近木质。花期5～6月，果期8～11月。

分布于广东、浙江、江西、湖北、广西、四川和贵州等省份。生于山坡常绿阔叶林中和林缘。

榕叶冬青　冬青属
Ilex ficoidea Hemsl.

常绿乔木，高8～12m。幼枝无毛，平滑，无皮孔，具半圆形叶痕。叶生于1～2年生枝上，革质，椭圆形、长圆形、卵形或倒卵状椭圆形，长4.5～10cm，先端尾尖，基部楔形或近圆形，具锯齿，无毛；侧脉8～10对；叶柄无毛。聚伞花序或单花簇生于当年生枝的叶腋内，花4基数，白色或淡黄绿色，芳香；雄花序的聚伞花序具1～3花，苞片卵形，背面中央具龙骨凸起，花梗基部具2枚小苞片，花萼盘状，裂片三角形，花瓣卵状长圆形，基部稍合生，雄蕊伸出花冠外；雌花单花簇生，花梗基生小苞片2枚，花萼被微柔毛，裂片常龙骨状，花瓣卵形，分离。果球形或近球形，成熟后红色；分核4，卵形或近圆形，背部具掌状条纹，具1纵槽，两侧面具皱条纹及注点。花期3～4月，果期8～11月。

分布于华南、华东、华中及西南大部分省份；日本。生于山地常绿阔叶林、杂木林和疏林内或林缘。

台湾冬青 冬青属
Ilex formosana Maxim.

常绿灌木或乔木，高达15m。树皮灰褐色，平滑。叶椭圆形或长圆状披针形，稀倒披针形，长6~10cm，先端渐尖或尾状，基部楔形，疏生细锯齿，稀波状，无毛，叶面深绿色，稍有光泽，背面淡绿色，两面无毛；侧脉6~8对，背面显著；叶柄长5~9mm，无毛。花白色，4基数；雄聚伞花序具3花，组成圆锥状花序，腋生，花序轴被微柔毛，花梗被微柔毛，花萼被柔毛，4浅裂，花瓣长圆形，具缘毛，雄蕊与花瓣几等长；雌花组成假总状花序，花序轴长4~6mm，花梗密被微柔毛，花萼同雄花，花瓣卵形，离生，具缘毛。果近球形，熟时红色，宿存柱头头状；分核4，卵状长圆形，背部具掌状纵棱及槽，中央稍凹入，两侧面具纵棱及深槽，内果皮石质。花期3~5月，果期7~11月。

分布于广东、广西、四川、贵州和云南。生于山地常绿阔叶林中、林缘、灌木丛中或溪旁。

细花冬青（纤花冬青） 冬青属
Ilex graciliflora Champ.

常绿乔木，高可达9m。叶生于1~3年生枝上，厚革质，倒卵状椭圆形或长圆状椭圆形，长2~7.5cm，先端微凹，基部钝或急尖，边缘有细锯齿或全缘，叶面绿色，背面淡绿色，两面无毛；侧脉每边5~7条；叶柄上具狭槽，近无毛；托叶不明显。花序簇生于当年生枝的叶腋内；苞片卵状三角形，急尖或骤尖；花白色，4基数；雄花单个分枝（聚伞花序）具3花，花梗基部或近基部具1或2枚小苞片，花萼小，盘状，4裂，裂片三角形，花瓣4，长圆形反折，基部合生，具缘毛；雌花每束的单个分枝具单花，苞片小，卵形，花梗基部具2小苞片，花萼似雄花，花瓣长圆状倒卵形，离生。果球形，成熟时红色；分核4，近圆形，具皱纹和条状沟。花期4月，果期6月至翌年2月。

分布于广东和香港。生于中低海拔的丛林中。

青茶香（青茶冬青） 冬青属
Ilex hanceana Maxim.

常绿灌木或小乔木，高2~10m。小枝纤细，被微柔毛，栗褐色。叶生于1~3年生枝上，叶片厚革质，倒卵形或倒卵状长圆形，长2.5~3.5cm，先端短渐钝尖，有时微凹，基部楔形，全缘，上面沿中脉被微柔毛，余无毛，下面无腺点，侧脉7~8对；叶柄长2~5mm，被微柔毛。花序簇生于二年生枝叶腋，被微柔毛；雄花序分枝为2~3花的聚伞花序，花序梗长1~2mm；花白色，4基数，花萼被柔毛，花瓣卵形；雌花序分枝具单花，花梗被微柔毛，花萼与花瓣同雄花，退化雄蕊长为花瓣3/4。果球形，成熟后红色，果梗被毛；宿存花萼平展，四角形，4裂，裂片三角形；宿存柱头薄盘状，4或5浅裂；分核4，阔椭圆形或卵状椭圆形，背部具隆起的分枝纵条纹，侧面平滑。花期5~6月，果期7~12月。

分布于广东、福建、香港和海南。生于山坡灌木中。

大果冬青 冬青属
Ilex macrocarpa Oliv.

落叶乔木，高达17m。小枝栗褐色或灰褐色，具长枝和短枝，长枝皮孔圆形，明显，无毛。叶在长枝上互生，在短枝上为1~4片簇生，叶片纸质至坚纸质，叶卵形或卵状椭圆形，稀长圆状椭圆形，长4~15cm，先端渐尖，基部圆或钝，具浅锯齿，无毛或幼时疏被微柔毛，侧脉8~10对；叶柄疏被微柔毛。雄花单花或为具2~5花的聚伞花序，单生或簇生叶腋，花序梗和花梗均无毛，花5~6基数，白色，花萼裂片卵状三角形，花瓣基部稍合生，雄蕊与花瓣近等长；雌花单生叶腋或鳞片腋内，花7~9基数，花瓣基部稍合生，退化雄蕊长为花瓣2/3，花柱明显，柱头柱状。果球形，径1~1.4cm，熟时黑色；分核7~9，长圆形，背部具3棱2沟，侧面具网状棱沟，内果皮石质。花期4~5月，果期10~11月。

分布于华南、西北、华东、华中及西南大部分省份。生于山地林中。

谷木叶冬青 冬青属
Ilex memecylifolia Champ.

常绿乔木，高达20m。幼枝被微柔毛。叶卵状长圆形或倒卵形，长4~8.5cm，先端渐尖或钝，基部楔形，全缘，两面无毛，侧脉5~6对；叶柄长5~7mm，叶面深绿色，具光泽或无光泽，两面无毛，主脉在叶面凹陷，被微柔毛，背面隆起，托叶三角形，宿存。花序簇生二年生枝叶腋；花白色，4~6基数；雄花序分枝为具1~3花的聚伞花序，花序梗长1~3mm，花梗长3~6mm，均被微柔毛，花萼裂片三角形，啮蚀状；花瓣长圆形，基部合生；雄蕊与花瓣等长；雌花序分枝具单花，花梗被微柔毛，花萼与花瓣同雄花，退化雄蕊被微柔毛，花柱明显，柱头头状。果球形，熟时红色，宿存柱头柱状；分核4~5，椭圆状长圆形，具网状条纹，粗糙，具微柔毛。花期3~4月，果期7~12月。

分布于广东、江西、福建、香港、广西和贵州等省份；越南。生于山坡密林、疏林、杂木林中或灌丛中、路边。

小果冬青 冬青属
Ilex micrococca Maxim

落叶乔木，高达20m。小枝粗壮，无毛，具白色并生的皮孔。叶片膜质或纸质，叶卵形或卵状椭圆形，长7~13cm，先端长渐尖，基部圆形或宽楔形，近全缘或具芒状锯齿，无毛，侧脉5~8对；叶柄长1.5~3.2cm，无毛。聚伞花序二至三回三歧分枝，单生叶腋，无毛，花序梗长0.9~1.2cm，二级分枝长2~3mm；花梗长2~3mm，无毛；花白色；雄花5~6基数，花萼5~6浅裂，花瓣长圆形，基部合生，雄蕊与花瓣近等长，败育子房近球形，具喙；雌花6~8基数，花萼6深裂，外面无毛，花瓣长约

1mm，退化雄蕊长为花瓣1/2，柱头盘状。果球形，径约3mm，熟时红色，宿存柱头厚盘状凸起；分核6～8，椭圆形，背面粗糙，具纵向单沟，侧面平滑，内果皮革质。花期5～6月，果期9～10月。

分布于广东、广西、海南、四川、贵州、云南等省份。生于山地常绿阔叶林内。

毛冬青　冬青属
Ilex pubescens Hook. et Arn.

常绿灌木或小乔木，小枝密被长硬毛。叶椭圆形或长卵形，长2～6cm，宽1～3cm，先端骤尖或短渐尖，基部钝，疏生细尖齿或近全缘，两面被长硬毛，侧脉4～5对；叶柄长2.5～5mm，密被长硬毛。花序簇生一至二年生枝叶腋，密被长硬毛；雄花序分枝为具1或3花的聚伞花序，花梗长1～2mm，花4～5基数，粉红色，花萼被长柔毛及缘毛，花瓣卵状长圆形或倒卵形，退化雌蕊垫状，具短喙；雌花序分枝具1（3）花，花梗长2～3mm，花6～8基数，花瓣长圆形，花柱明显。果球形，径约4mm，熟时红色，宿存花柱明显，柱头头状或厚盘状；分核6，稀5或7枚，椭圆形，背面具纵宽沟及3条纹，内果皮革质或近木质。花期5～7月，果期7～8月。

分布于广东、香港、海南、广西、福建和江西等省份。生于山野坡地，丘陵灌木丛中。

根药用，有清热解毒、活血通脉等功效；叶及茎可作造纸材料。

铁冬青　冬青属
Ilex rotunda Thunb.

常绿灌木或乔木，高可达20m。树皮灰色至灰黑色。叶仅见于当年生枝上，叶片薄革质或纸质，卵形、倒卵形或椭圆形，长4～9cm，先端短渐尖，基部楔形或钝，全缘，两面无毛，侧脉6～9对，明显；叶柄无毛，托叶钻状线形。聚伞花序或伞形状花序具2～6～13花，单生于当年生枝的叶腋内；雄花序总花梗与花梗无毛，小苞片1～2枚或无，花白色，4基数，花萼盘状，4浅裂，花冠辐状，花瓣长圆形，基部稍合生；雌花序具3～7花，总花梗与花梗无毛或被微柔毛，花白色，5（～7）基数，花萼浅杯状，无毛，5浅裂，花冠辐状，花瓣倒卵状长圆形，基部稍合生。果近球形或稀椭圆形，成熟时红色；分核5～7，椭圆形，背面具3纵棱及2沟，侧面平滑。花期4月，果期8～12月。

分布于华南、华东、华中及西南大部分省份；朝鲜、日本和越南。生于山坡常绿阔叶林中和林缘。

铁冬青也叫救必应，为著名中药，是洁银牙膏、腹可安等产品的主要有效成分。

三花冬青　冬青属
Ilex triflora Bl.

常绿灌木或乔木，高2～10m。叶生于一至三年生枝上，叶片近革质，椭圆形、长圆形或卵状椭圆形，长2.5～10cm，先端急尖至渐尖，基部圆形或钝，边缘具齿，叶面深绿色，背面具腺点；侧脉7～10；叶柄密被短柔毛。雄花1～3朵排成聚伞花序，1～5聚伞花序簇生于当年生或二三年生枝的叶腋内，花序梗与花梗均被短柔毛，基

部或近中部具小苞片1～2枚，花4基数，白色或淡红色；花萼盘状，被微柔毛，4深裂，花瓣阔卵形，基部稍合生；雌花1～5朵簇生于当年生或二年生枝的叶腋内，总花梗几无，花梗被微柔毛，中部或近中部具2枚卵形小苞片，花萼同雄花，花瓣阔卵形至近圆形，基部稍合生。果球形，成熟后黑色；分核4，卵状椭圆形，平滑，背部具3条纹，无沟。花期5～7月，果期8～11月。

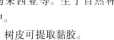

分布于华东、华南及西南大部分省份；印度、孟加拉国、越南和马来西亚等。生于自然林或疏林中。

树皮可提取黏胶。

厚叶冬青　冬青属
Ilex elmerrilliana S. Y. Hu

常绿灌木或小乔木，高2～7m。树皮灰褐色。叶生于一至三年生枝上，叶片厚革质，椭圆形或长圆状椭圆形，长5～9cm，先端渐尖，基部楔形，全缘，叶面深绿色，背面淡绿色，两面无毛；侧脉及网脉不明显；叶柄上面具狭槽，无毛，托叶三角形。花序簇生二年生枝叶腋或当年生枝的鳞片腋内，苞片卵形，无毛；雄花序的分枝具1～3花，花梗无毛，近基部具小苞片2枚，花5～8基数，白色，花萼盘状，裂片三角形，无缘毛，花冠辐状，花瓣长圆形，无缘毛，基部合生；雌花单花簇生，花梗无毛或被微柔毛，近基部具小苞片，花萼同雄花，花冠直立，花瓣长圆形，基部分离。果球形，成熟后红色。分核6或7，长圆形，平滑，背部具1脊，内果皮革质。花期4～5月，果期7～11月。

分布于华南、华东、华中及西南大部分省份。生于山地常绿阔叶林中、灌丛中或林缘。

绿冬青（亮叶冬青）　冬青属
Ilex viridis Champ.

常绿灌木或小乔木，高达5m。叶生于一至二年生枝上，革质，倒卵形、倒卵状椭圆形或阔椭圆形，长2.5～7cm，先端钝，急尖或短渐尖，基部楔形，具锯齿，叶面绿色，光亮，背面淡绿色；侧脉5～8对，明显；叶柄上面具纵沟。雄花1～5朵排成聚伞花序，单生于当年生枝的鳞片腋内或下部叶腋内，或簇生于二年生枝的叶腋内，花梗基部或近中部具1～2枚小钻形苞片，花白色，4基数，花萼盘状，裂片阔三角形，花冠辐状，花瓣倒卵形或圆形，基部稍合生；雌花单花生于当年生枝的叶腋内，花梗中部生2枚钻形小苞片，花萼4裂，花瓣4，卵形，基部稍合生。果球形或略扁球形，成熟时黑色；分核4，椭圆形，背部具皱纹，侧面平滑。花期5月，果期10～11月。

分布于广东、安徽、浙江、江西、福建、湖北、广西、海南和贵州等省份。生于常绿阔叶林下、疏林及灌木丛中。

卫矛科 Celastraceae

大芽南蛇藤（哥兰叶） 南蛇藤属
Celastrus gemmatus Loes.

藤状灌木，小枝具多数皮孔。叶长圆形、卵状椭圆形或椭圆形，长6～12cm，先端渐尖，基部圆，具浅锯齿；侧脉5～7对，网脉密网状，两面均凸起，下面或脉上具棕色短毛；叶柄长1～2.3cm。聚伞花序顶生及腋生，顶生聚伞花序长约3cm，侧生花序短而少花；花序梗长0.5～1cm；花梗长2.5～5mm，关节在中下部；花萼裂片卵圆形，长约1.5mm，边缘啮蚀状；花瓣长圆状倒卵形；花盘浅杯状；雄蕊与花冠等长，在雌花中退化；退化雌蕊长1～2mm；雌花中花柱长1.5mm，具长约1.5mm的退化雄蕊。蒴果球状，直径10～13mm，小果梗具明显凸起皮孔。种子阔椭圆状到长方椭圆状，两端钝，红棕色，有光泽。花期4～9月，果期8～10月。

分布于华南、华中、西北、华东及西南大部分省份。生于密林中或灌丛中。

青江藤 南蛇藤属
Celastrus hindsii Benth.

常绿藤本。小枝紫色，皮孔较稀少。叶纸质或革质，叶长圆状窄椭圆形或椭圆状倒披针形，长7～14cm，先端渐尖或骤尖，基部楔形或圆形，边缘具疏锯齿；侧脉5～7对，小脉密平行成横格状；叶柄长0.6～1cm。顶生聚伞圆锥花序长5～14cm，腋生花序具1～3花，稀成短小聚伞圆锥状；花淡绿色，花梗长4～5mm，关节在中部偏上；雄花萼片近半圆形，长约1mm；花瓣长圆形，长约2.5mm，边缘具细短毛；花盘杯状，厚膜质，浅裂，雄蕊着生其边缘；退化雌蕊细小；雌花中子房近球形，具退化雄蕊。蒴果近球形，长7～9mm，直径6.5～8.5mm，幼果顶端具明显宿存花柱，长达1.5mm，裂瓣略皱缩。种子1粒，阔椭圆状到近球状，假种皮橙红色。花期5～7月，果期7～10月。

分布于华南、华东、华中及西南部分省份；越南、缅甸、印度、马来西亚。生于灌丛或山地林中。

圆叶南蛇藤 南蛇藤属
Celastrus kusanoi Hayata

落叶藤状小灌木。小枝开展，皮孔稀疏较小，阔椭圆形到近圆形。叶纸质，幼时近膜质，果期厚纸质，叶宽椭圆形或圆形，长6～10cm，先端圆，具短小尖，基部宽楔形或圆形，稀近心形，边缘基部以上具稀疏浅锯齿，基部近全缘，侧脉3～4对，上面无毛，下面叶脉基部被棕白色短毛；叶柄长1.5～3.5cm。花序腋生和侧生，雄花序偶生顶生，小聚伞有花3～7朵；花序梗被棕色极短硬毛；小花梗长2～5mm，关节位于基部，亦被极短硬毛；萼片长方三角形，先端平钝；花瓣长方窄倒卵形，边缘稍啮蚀状；花盘薄而平，无明显裂片；

雄蕊长约3mm。蒴果近球状，其下宿萼常窄缩或近截平，果皮具横皱纹；果序梗及果梗被极短硬毛。种子圆球状或稍弯近新月状，成熟后黑褐色。花期2～4月。

分布于广东、台湾和海南。生于山地林缘。

卫矛 卫矛属
Euonymus alatus (Thunb.) Sieb.

灌木，高达3m。小枝常具2～4列宽阔木栓翅；冬芽圆形，长2mm左右，芽鳞边缘具不整齐细坚齿。叶对生，纸质，卵状椭圆形或窄长椭圆形，稀倒卵形，长2～8cm，宽1～3cm，具细锯齿，先端尖，基部楔形或钝圆，两面无毛；侧脉7～8对；叶柄长1～3mm。聚伞花序有1～3花；花序梗长约1cm；花4基数，白绿色，径约8mm；花萼裂片半圆形；花瓣近圆形；花盘近方形，雄蕊生于边缘，花丝极短；子房埋藏花盘熟时红棕色或灰黑色，每分果假种皮橙色。蒴果1～4深裂，裂瓣椭圆形，瓣长7～8mm，具1或2粒种子。种子红棕色，椭圆形或宽椭圆形，褐色或浅棕红色，全包种子。花期5～6月，果期7～10月。

分布于除东北、新疆、青海、西藏及海南以外的全国各省份；日本、朝鲜。生于山坡、沟地边沿。

带栓翅的枝条入中药，称鬼箭羽。

百齿卫矛 卫矛属
Euonymus centidens Levl.

灌木，高达6m。小枝方棱状，常有窄翅棱。叶纸质或近革质，窄长椭圆形或近长倒卵形，长3～10cm，宽1.5～4cm，先端长渐尖，叶缘具密而深的尖锯齿，齿端常具黑色腺点，有时齿较浅而钝；近无柄或有短柄。聚伞花序1～3花，稀较多；花序梗4棱状，长达1cm；小花梗常稍短；花4基数，直径约6mm，淡黄色；萼片齿端常具黑色腺点；花瓣长圆形，长约3mm，宽约2mm；花盘近方形；雄蕊无花丝，花药顶裂；子房四棱方锥状，无花柱，柱头细小头状。蒴果4深裂，成熟裂瓣1～4，每裂内常只有1粒种子。种子长圆状，长约5mm，直径约4mm，假种皮黄红色，覆盖于种子向轴面的一半，末端窄缩成脊状。花期6月，果期9～10月。

分布于广东、云南、四川、安徽、江西、广西和湖南。生于山坡或密林中。

扶芳藤 卫矛属
Euonymus fortunei (Turcz.) Hand.-Mazz

常绿藤本灌木，高达1m。叶薄革质，椭圆形、长方椭圆形或长倒卵形，宽窄变异较大，可窄至近披针形，长3.5～8cm，宽1.5～4cm，先端钝或急尖，基部楔形，边缘齿浅不明显；侧脉细微，小脉全不明显；叶柄长3～6mm。聚伞花序3～4次分枝；花序梗长1.5～3cm，第一次分枝长5～10mm，第二次分枝长5mm以下，最终小聚伞花密集，有花4～7朵，分枝中央有单花，小花梗长约5mm；花白绿色，4基数，直径约6mm；花盘方形，直径约2.5mm；花丝细长，花药圆心形。蒴果粉红

色，果皮光滑，近球状，直径6～12mm；果序梗长2～3.5cm；小果梗长5～8mm。种子长方椭圆状，棕褐色，假种皮鲜红色，全包种子。花期6月，果期10月。

分布于广东、江苏、浙江、安徽、江西、湖北、湖南、四川和陕西等省份。生于山坡丛林中。

常春卫矛　卫矛属
Euonymus hederaceus Champ. ex. Benth.

藤本灌木，高1～2m。小枝常有随生根。叶革质或薄革质，卵形、阔卵形或窄卵形，有时为椭圆形，长3～7cm，宽2～4.5cm，先端钝或极短渐尖，基部近圆形或阔楔形；侧脉4～5对，细而明显，小脉通常不显；叶柄多细长，长6～12mm。聚伞花序通常少花而较短，1～2次分枝，花序梗长1～2cm，细圆；小花梗长约5mm；苞片及小苞片脱落；花淡白带绿色，直径8～10mm；花盘近方形，雄蕊着生花盘边缘，花丝长约2mm；子房稍扁。蒴果熟时紫红色，圆球状，直径8～10mm；果序梗细，长1～2cm；小果梗长达10mm。种子具红色全包假种皮。

分布于广东、福建、香港、广西及海南。生于山坡丛林及林边。

疏花卫矛　卫矛属
Euonymus laxiflorus Champ. ex Benth.

灌木，高达4m。叶纸质或近革质，卵状椭圆形、长方椭圆形或窄椭圆形，长5～12cm，宽2～6cm，先端钝渐尖，基部阔楔形或稍圆，全缘或具不明显的锯齿；侧脉多不明显；叶柄长3～5mm。聚伞花序分枝疏松，5～9花；花序梗长约1cm；花紫色，5基数，直径约8mm；萼片边缘常具紫色短睫毛；花瓣长圆形，基部窄，花盘5浅裂，裂片钝；雄蕊无花丝，花药顶裂；子房无花柱，柱头圆。蒴果紫红色，倒圆锥状，长7～9mm，直径约9mm，先端稍截平。种子长圆状，直径3～5mm，种皮枣红色，假种皮橙红色，成浅杯状包围种子基部。花期3～6月，果期7～11月。

分布于广东、台湾、福建、江西、湖南、香港、广西、贵州和云南；越南。生于山上、山腰及路旁密林中。

皮部药用，称土杜仲。

中华卫矛　卫矛属
Euonymus nitidus Benth.

常绿灌木或小乔木，高1～5m。叶革质，质地坚实，常略有光泽，倒卵形、长方椭圆形或长方阔披针形，长4～13cm，宽2～5.5cm，先端有长8mm渐尖头，近全缘；叶柄较粗壮，长6～10mm，偶有更长者。聚伞花序1～3次分枝，3～15花，花序梗及分枝均较细长，小花梗长8～10mm；花白色或黄绿色，4基数，直径5～8mm；花瓣基部窄缩成短爪；花盘较小，4浅裂；雄蕊无花丝。蒴果三角卵圆状，4裂较浅成圆阔4棱，长8～14mm，直径8～17mm；果序梗长1～3cm；小果梗长约1cm。种子阔椭圆状，长6～8mm，棕红色，假种皮橙黄色，全包种子，上部两侧开裂。花期3～5月，果期6～10月。

分布于广东、福建和江西。生于林中。

福建假卫矛　卫矛属
Microtropis fokienensis Dunn

小乔木或灌木，高1.5～4m。小枝略四棱状。叶厚纸质或近革质，窄倒卵形、阔倒披针形、倒卵状椭圆形或菱状椭圆形，长4～9cm，宽1.5～3.5cm，先端窄急尖或近渐尖，稀短渐尖，基部渐窄或窄楔形；侧脉4～6对；叶柄长2～8mm。花序短小腋生或侧生，稀顶生，小花3～9朵；花序梗短，长1.5～5mm，通常无明显分枝；小花梗极短或无；花部4～5基数，萼片半圆形，覆瓦排列；花瓣阔椭圆形或椭圆形，长约2mm；花盘环状，裂片扁阔半圆形；雄蕊短于花冠；子房卵球状，花柱较明显，柱头四浅裂。蒴果椭圆状或倒卵椭圆状，长1～1.4cm，直径5～7mm。

分布于广东、安徽、浙江、台湾、福建和江西。生于山坡或沟谷林中。

密花假卫矛　卫矛属
Microtropis gracilipes Merr. et Metc.

灌木，高2～5m。小枝略具棱角。叶近革质，阔倒披针形、长方形、长方倒披针形或长椭圆形，长5～11cm，宽1.5～3.5cm，先端渐尖或窄渐尖，基部楔形，边缘干后棕白色，稍反卷；主脉细，两面凸起，有时在背面脉上具稀疏短毛，侧脉7～11对，直而不弯曲，或末端稍上升；叶柄长3～9mm。密伞花序或团伞花序腋生或侧生；花序梗长1～2.5cm，顶端无分枝或有短分枝，分枝长1～3mm；小花无梗，密集近头状；花5基数；萼片近肾形；花瓣略肉质，长方阔椭圆形或上部稍宽，长约4mm；花盘环形；雄蕊长约1.5mm，花丝显著；子房近圆球状或阔卵圆状，花柱长而粗壮，柱头四浅裂或微凹。蒴果阔椭圆状，长10～18mm，宿存花萼稍增大，有时略被白粉。种子椭圆状，种皮暗红色。

分布于广东、湖南、贵州、福建和广西。生于山谷林中湿地或近河旁。

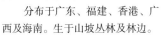
翅子藤科　**Hippocrateaceae**

五层龙　五层龙属
Salacia chinensis Linnaeus

攀缘灌木，长达4m。小枝具棱角。叶革质，椭圆形或窄卵圆形或倒卵状椭圆形，长3～11cm，宽1.5～5cm，顶端钝或短渐尖，边缘具浅钝齿。叶面光亮，干时表面橄榄绿色，背面褐绿色；侧脉6～7对；叶柄长0.8～1cm。花小，3～6朵簇生于叶腋内的瘤状凸起体上；花柄长6～10mm；萼片5，三角形，长约0.5mm，宽达1mm，边缘具纤毛；花瓣5，阔卵形，长约3mm，广展或外弯，顶端圆形；花盘杯状，高约1mm；雄蕊3枚，花丝短，扁平，着生于花盘边缘，药室叉开；子房藏于花盘内，3室，胚珠每室2颗；花柱极短，圆锥形。浆果球形或卵形，直径

仅1cm，成熟时红色，有1粒种子；果柄长约6.5mm。花期12月，果期翌年1～2月。

　　分布于广东；印度、斯里兰卡、缅甸、老挝、越南、柬埔寨、马来西亚、印度尼西亚以及菲律宾等地。生于丛林中。

　　根供药用，有祛风除湿，通经活络之功效。

茶茱萸科　Icacinaceae

定心藤（甜果藤）　定心藤属
Mappianthus iodoides Hand.-Mazz.

　　木质藤本。小枝具皮孔；卷须粗壮，与叶轮生。叶长椭圆形或长圆形，稀披针形，长8～17cm，先端渐尖或尾状，基部圆形或楔形；侧脉（3～）5（～6）对；叶柄长0.6～1.4cm，圆柱形，上面具窄槽，疏被或密被黄褐色糙伏毛。雄花序交替腋生，长1～2.5cm；雄花花梗长1～2mm；花萼杯状；花冠5裂；雄蕊花丝向上逐渐加宽，花药卵圆形；雌蕊不发育，子房圆锥形，花柱先端截平；雌花序交替腋生，长1～1.5cm；雌花花梗长0.2～1cm，花萼浅杯状，裂片钝三角形，花瓣长圆形，先端内弯，退化雄蕊5枚。核果椭圆形，长2～3.7cm，宽1～1.7cm，疏被淡黄色硬伏毛，由淡绿色、黄绿色转橙黄色至橙红色，甜，果肉薄，干时具下陷网纹及纵槽，基部具宿存，略增大的萼片，有种子1粒。花期4～8月，雌花较晚，果期6～12月。

　　分布于广东、湖南、福建、广西、贵州和云南。生于疏林、灌丛及沟谷林内。

　　果肉质，味甜，故名"甜果藤"；根药用，有祛风活络、消肿、解毒的作用，用于风湿性腰腿痛、手足麻痹、跌打损伤等症。

铁青树科　Olacaceae

华南青皮木　青皮木属
Schoepfia chinensis Gardn. et Champ.

　　落叶小乔木，高2～6m。树皮暗灰褐色；分枝多，疏散，小枝干后黑褐色，有白色皮孔，老枝干时灰褐色。叶纸质，长椭圆形或卵状披针形，长5～9cm，先端渐尖或钝尖，基部楔形，叶脉红色，侧脉3～5对；叶柄红色。花无梗，2～4朵，排成短穗状或近似头状花序式的螺旋状聚伞花序，花序长2～3.5cm，有时花单生，总花梗长0.5～1cm；花萼筒与子房合生，上端有4～5枚小萼齿，无副萼；花冠管状，黄白色或淡红色，具4～5枚小裂齿，裂齿卵状三角形，略外卷；雄蕊着生在花冠管上，花冠内着生雄蕊处的下部各有一束短毛。果椭圆状或长圆状，长0.7～1.2cm，成熟时几全为增大的萼筒所包围，萼筒红色或紫红色，基部为膨大的"基座"所托。花叶同放。花期2～4月，果期4～6月。

　　分布于广东、四川、云南、广西、湖南、江西、福建和台湾。生于山谷、溪边的密林或疏林中。

桑寄生科　Loranthaceae

鞘花　鞘花属
Macrosolen cochinchinensis (Lour.) G. Don

　　灌木，高0.5～1.3m，全株无毛。小枝灰色，具皮孔。叶革质，阔椭圆形至披针形，有时卵形，长5～10cm，宽2.5～6cm，顶端急尖或渐尖，基部楔形或阔楔形；中脉在上面扁平，在下面凸起，侧脉4～5对，在下面明显或两面均不明显；叶柄长0.5～1cm。总状花序，1～3个腋生或生于小枝已落叶腋部，花序梗长1.5～2cm，具花4～8朵；花梗长4～6mm，苞片阔卵形，小苞片2枚，三角形，基部彼此合生，花托椭圆状；副萼环状；花冠橙色，冠管膨胀，具六棱，裂片6枚，披针形，反折；花丝长约2mm；花柱线状，柱头头状。果近球形，橙色，果皮平滑。花期2～6月，果期5～8月。

　　分布于广东、西藏、云南、四川、贵州、广西和福建；尼泊尔、印度东北部、孟加拉国和亚洲东南部各国。生于平原或山地常绿阔叶林中，寄生于壳斗科、山茶科、桑科植物或枫香、油桐、杉树等多种植物上。

　　全株药用，广东、广西民间以寄生于杉树上的为佳品，称"杉寄生"，有清热、止咳等功效。

三色鞘花　鞘花属
Macrosolen tricolor (Lecomte) Danser

　　灌木，高约0.5m，全株无毛。小枝灰色，具皮孔。叶革质，倒卵形至狭倒卵形，长3.5～5.5cm，宽1.3～2cm，顶端圆钝，基部楔形，稍下延；基出脉3～5；叶柄长2～3mm。伞形花序，1～2个腋生，稀生于小枝已落叶腋部，总花梗长约1mm，具花2朵；花梗长约1mm；苞片半圆形，长约1mm；小苞片2枚，合生，呈近半圆形，长约1mm；花托椭圆状，长2.5～3mm；副萼环状，长约1mm；花冠2.5～3.5cm，冠管红色，稍弯，喉部具六棱，裂片6枚，青色，披针形，长6～9mm，反折；花丝长3～4mm，花药长2～3mm；花柱线状，柱头头状。果球形，紫黑色，长约7mm，果皮平滑。花果期8月至翌年3月。

　　分布于广东和广西；越南、老挝。生于海滨平原或低海拔山地灌木林中，寄生于香叶树、橘树、银柴等植物上。

红花寄生　梨果寄生属
Scurrula parasitica L.

　　灌木，高0.5～1m。嫩枝、叶密被锈色星状毛，稍后毛全脱落，枝和叶变无毛，小枝灰褐色，具皮孔。叶对生或近对生，厚纸质，卵形至长卵形，长5～8cm，宽2～4cm，顶端钝，基部阔楔形；侧脉5～6对，两面均明显；叶柄长5～6mm。总状花序，1～3个腋生或生于小枝已落叶腋部，各部分均被褐色毛，花序梗和花序轴共长2～3mm，具花3～6朵，花红色，密集；花梗长2～3mm；苞片三角形；花托陀螺状，长2～2.5mm；副萼环状，全缘；花冠花蕾时管状，长2～2.5cm，稍弯，下半部膨胀，顶

部椭圆状，开花时顶部4裂，裂片披针形，反折；花丝长2～3mm；花柱线状，柱头头状。果梨形，长约10mm，直径约3mm，下半部骤狭呈长柄状，红黄色，果皮平滑。花果期10月至翌年1月。

分布于广东、云南、四川、贵州、广西、湖南、江西、福建和台湾；泰国、越南、马来西亚、印度尼西亚、菲律宾等。寄生于山茶科、大戟科、夹竹桃科、榆科、无患子科等植物上。

全株入药，治风湿性关节炎、胃痛等，民间以寄生于柚树、黄皮或桃树上的疗效较佳。

广寄生 钝果寄生属
Taxillus chinensis (DC.) Danser

灌木，高0.5～1m。嫩枝、叶密被锈色星状毛，有时具疏生、叠生星状毛，稍后绒毛呈粉状脱落，枝、叶变无毛；小枝灰褐色，具细小皮孔。叶对生或近对生，厚纸质，卵形或长卵形，长2.5～6cm，先端圆钝，基部楔形或宽楔形；侧脉3～4对；叶柄长0.8～1cm。伞形花序，1～2个腋生或生于小枝已落叶腋部，具花1～4朵，通常2朵，花序和花被星状毛，总花梗长2～4mm；花梗长6～7mm；苞片鳞片状；花褐色，花托椭圆状或卵球形；副萼环状；花冠花蕾时管状，稍弯，下半部膨胀，顶部卵球形，裂片4枚，匙形，反折；花盘环状；花柱线状，柱头头状。果椭圆状或近球形，果皮密生小瘤体，具疏毛，成熟果浅黄色，长8～10mm，直径5～6mm，果皮变平滑。花果期4月至翌年1月。

分布于广东、广西和福建；越南、老挝、柬埔寨、泰国、马来西亚、印度尼西亚、菲律宾。生于平原或低山常绿阔叶林中，寄生于桑树、桃树、李树、龙眼、荔枝、阳桃、油茶、油桐、橡胶树、榕树、木棉、马尾松、水松等多种植物上。

全株药用，有祛风湿、补肝肾、强筋骨、安胎催乳等功效。

柄果槲寄生 槲寄生属
Viscum multinerve Hayata

灌木，高0.5～0.7m。茎圆柱状，枝交叉对生或二歧分枝，小枝披散或悬垂，节间长4～6cm，粗约1mm。叶对生，薄革质，披针形或镰刀形，稀长卵形，长4.5～8cm，宽1～2.5cm，顶端渐尖或近急尖，下半部渐狭；基出脉5～7；叶柄短。扇形聚伞花序，1～3个腋生或顶生，总花梗长2～5mm；总苞舟形，长约2mm，具花3～5朵；花排列成一行，中央1～3朵为雌花，侧生的为雄花；雄花花蕾时卵球形，萼片4枚，三角形，花药圆形，贴生于萼片下半部；雌花花蕾时椭圆状，花托长约2mm，下半部渐狭，萼片4枚，三角形，柱头乳头状。果黄绿色，长7～8mm，上半部倒卵球形或近球形，直径约4mm，下半部骤狭呈柄状，长2～4mm，果皮平滑。花果期4～12月。

分布于广东、云南、贵州、广西、江西、福建和台湾；泰国、越南。生于山地常绿阔叶林中，寄生于锥栗属、柯属或樟树等植物上。

檀香科 **Santalaceae**

寄生藤 寄生藤属
Dendrotrophe varians (Blume) Miquel

木质藤本，常呈灌木状。枝长2～8m，深灰黑色，嫩时黄绿色，

三棱形，扭曲。叶厚，多少软革质，倒卵形至阔椭圆形，长3～7cm，宽2～4.5cm，顶端圆钝，有短尖，基部收狭而下延成叶柄；基出脉3，侧脉大致沿边缘内侧分出，干后明显；叶柄长0.5～1cm，扁平。花通常单性，雌雄异株；雄花球形，5～6朵集成聚伞状花序；小苞片近距离生，偶呈总苞状；花梗长约1.5mm；花被5裂，裂片三角形，在雄蕊背后有疏毛一撮，花药室圆形；花盘5裂；雌花或两性花，通常单生；雌花短圆柱状，花柱短小，柱头不分裂，锥尖形；两性花卵形。核果卵状或卵圆形，带红色，长1～1.2cm，顶端有内拱形宿存花被，成熟时棕黄色至红褐色。花期1～3月，果期6～8月。

分布于广东、广西、福建和云南等省份；越南。生于山地灌丛中，常攀缘于树上。

可用于散血、消肿、止痛，治刀伤、跌打。

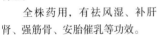
蛇菰科 **Balanophoraceae**

红冬蛇菰 蛇菰属
Balanophora harlandii Hook. f.

草本，高2.5～9cm。根茎苍褐色，扁球形或近球形，干时脆壳质，直径5～25cm，分枝或不分枝，表面粗糙，密被小斑点，呈脑状皱褶。花茎长2～5.5cm，淡红色；鳞苞片5～10枚，多少肉质，红色或淡红色，长圆状卵形，长1.3～2.5cm，宽约8mm，聚生于花茎基部，呈总苞状；花雌雄异株；花序近球形或卵圆状椭圆形；雄花序轴有凹陷的蜂窠状洼穴；雄花3基数；花被裂片3，阔三角形；聚药雄蕊有3枚花药；花梗初时很短，后渐伸长达5mm，自洼穴伸出；花柱丝状；雌花的子房黄色，卵圆形，通常无子房柄，生于附属体基部或花序轴上，花柱丝状；附属体暗褐色，倒圆锥形或倒卵形，顶端截形或中部凸起，无柄或有极短的柄，长约0.8mm，宽约0.6mm。花期9～11月。

分布于广东、广西和云南等省份。生于荫蔽林中较湿润的腐殖质土壤处。

鼠李科 **Rhamnaceae**

越南勾儿茶 勾儿茶属
Berchemia annamensis Pitard

攀缘灌木。幼枝浅灰色或灰褐色，无毛。叶纸质，卵圆形或卵状椭圆形，长6.5～10cm，宽3.5～6cm，顶端渐尖或具长达5mm的尖状，基部圆形或心形，上面绿色，下面浅绿色，两面无毛，或下面沿脉被疏柔毛，后脱落；侧脉每边8～12条，叶脉两面稍凸起；叶柄长1～1.5cm，上面具沟，无毛。花芽球形，顶端急渐尖；花黄绿色，无毛，通常数个簇生排成具短总梗的顶生宽聚伞圆锥花序，花序长5～10cm，被短柔毛；花梗长1～2mm，无毛。核果倒卵形或倒卵状椭圆形，长5～7mm，上端直径4～5mm，顶端具小尖头，基部有宿存的花盘；花盘盘状；果梗长2～3mm，无毛。花期7～8月，果期翌年4～5月。

分布于广东和广西；越南。生于中海拔的山地灌丛或林中，常攀缘于树上。

多花勾儿茶　勾儿茶属
Berchemia floribunda Brongn.

藤状或直立灌木。幼枝黄绿色，光滑无毛。叶纸质，上部叶较小，卵形或卵状椭圆形至卵状披针形，长4～9cm，宽2～5cm，顶端锐尖，下部叶较大，椭圆形至矩圆形，长达11cm，宽达6.5cm，顶端钝或圆形，稀圆渐尖，基部圆形，稀心形，上面绿色，无毛，下面干时栗色，无毛，或仅沿脉基部被疏短柔毛；侧脉每边9～12条；叶柄无毛；托叶狭披针形，宿存。花多数，通常数个簇生排成顶生宽聚伞圆锥花序，或下部兼腋生聚伞总状花序，花序轴无毛或被疏微毛；花芽卵球形，顶端急狭成锐尖或渐尖；花萼三角形，顶端尖；花瓣倒卵形，雄蕊与花瓣等长。核果圆柱状椭圆形，基部有盘状的宿存花盘；果梗无毛。花期7～10月，果期翌年4～7月。

分布于广东、安徽、江苏、浙江、江西、福建、广西和湖南。生于山坡、沟谷、林缘、林下或灌丛中。

根可入药，有祛风除湿、散瘀消肿、止痛之功效；农民常用枝作牛鼻圈；嫩叶可代茶。

铁包金　勾儿茶属
Berchemia lineata (L.) DC.

藤状或矮灌木，高达2m。小枝圆柱状，黄绿色，被密短柔毛。叶纸质，矩圆形或椭圆形，长5～20cm，宽4～12cm，顶端圆形或钝，具小尖头，基部圆形，上面绿色，下面浅绿色，两面无毛；侧脉每边4～5，稀6条；叶柄短，被短柔毛；托叶披针形，稍长于叶柄，宿存。花白色，无毛，花梗无毛，通常数个至10余个密集成顶生聚伞总状花序，或有时1～5个簇生于花序下部叶腋，近无总花梗；花芽卵圆形，长过于宽，顶端钝；萼片条形或狭披针状条形，顶端尖，萼筒短，盘状；花瓣匙形，顶端钝。核果圆柱形，顶端钝，成熟时黑色或紫黑色，基部有宿存的花盘和萼筒；果梗被短柔毛。花期7～10月，果期11月。

分布于广东、广西、福建和台湾。生于低海拔的山野、路旁或开旷地上。

秋后采根，鲜用或切片晒干入药，具有消肿解毒、止血镇痛、祛风除湿等功效。

枳椇　枳属
Hovenia acerba Lindl.

高大乔木，高10～25m。小枝褐色或黑紫色，被棕褐色短柔毛或无毛，有明显白色的皮孔。叶互生，厚纸质至纸质，宽卵形、椭圆状卵形或心形，长8～17cm，宽6～12cm，顶端长渐尖或短渐尖，基部截形或心形，稀近圆形或宽楔形，边缘常具整齐浅而钝的细锯齿，上部或近顶端的叶有不明显的齿，稀近全缘，上面无毛，下面沿脉或脉腋常被短柔毛或无毛；叶柄无毛。二歧式聚伞圆锥花序，顶生和腋生，被棕色短柔毛；花两性；萼片具网状脉或纵条纹，无毛；花瓣椭圆状匙形，具短爪；花盘被柔毛；花柱半裂，稀浅裂或深裂，无毛。浆果状核果近球形，无毛，成熟时黄褐色或棕褐色；果序轴明显膨大。种

子暗褐色或黑紫色。花期5～7月，果期8～10月。

分布于广东、甘肃、陕西、河南、安徽、江苏、浙江、江西、福建、广西、湖南、湖北、四川、云南和贵州；印度、尼泊尔、不丹和缅甸北部。生于开旷地、山坡林缘或疏林中；庭院宅旁常有栽培。

木材细致坚硬，为建筑和制细木工用具的良好用材。果序轴肥厚，含丰富的糖，可生食、酿酒、熬糖，民间常用以浸制"拐枣酒"，能治风湿。种子为清凉利尿药，能解酒毒，适用于热病消渴、酒醉、烦渴、呕吐、发热等症。

马甲子　马甲子属
Paliurus ramosissimus (Lour.) Poir.

灌木，高达6m。小枝褐色或深褐色，被短柔毛，稀近无毛。叶互生，纸质，卵状椭圆形或近圆形，长3～5.5（7）cm，宽2.2～5cm，顶端钝或圆形，基部宽楔形、楔形或近圆形，稍偏斜，边缘具钝细锯齿或细锯齿，稀上部近全缘，上面沿脉被棕褐色短柔毛，幼叶下面密生棕褐色细柔毛，后渐脱落，仅沿脉被短柔毛或无毛；基生三出脉；叶柄被毛，基部有2个紫红色斜向直立的针刺。腋生聚伞花序，被黄色绒毛；萼片宽卵形；花瓣匙形，短于萼片；雄蕊与花瓣等长或略长于花瓣；花盘圆形，边缘5或10齿裂。核果杯状，被黄褐色或棕褐色绒毛，周围具木栓质3浅裂的窄翅；果梗被棕褐色绒毛。种子紫红色或红褐色，扁圆形。花期5～8月，果期9～10月。

分布于广东、江苏、浙江、安徽、江西、湖南、湖北、福建、台湾、广西、云南、贵州和四川；朝鲜、日本和越南。生于山地和平原，野生或栽培。

木材坚硬，可作农具柄；分枝密且具针刺，常栽培作绿篱；根、枝、叶、花、果均供药用，有解毒消肿、止痛活血之功效，治痈肿溃脓等症，根可治喉痛；种子榨油可制烛。

黄药　鼠李属
Rhamnus crenata Sieb. et Zucc.

落叶灌木或小乔木，高达7m。幼枝带红色，被毛，小枝被疏柔毛；叶纸质，倒卵状椭圆形、椭圆形或倒卵形，长4～14cm，宽2～5cm，顶端渐尖、尾状长渐尖或骤缩成短尖，基部楔形或钝，边缘具圆齿状齿或细锯齿；花数个或10余个密集成腋生聚伞花序，花瓣近圆形，顶端2裂；雄蕊与花瓣等长而短于萼片；子房球形，无毛，花柱不分裂，柱头不明显；核果球形或倒卵状球形，绿色或红色，成熟时黑色或紫黑色，具3分核，各有种子1粒。花期5～8月，果期8～10月。

分布于广东、安徽、江苏、浙江、江西、福建、台湾、广西、湖南、湖北、四川、贵州和云南。生于山地林下或灌丛中。

民间常用根、皮煎水或醋浸洗治顽癣或疥疮；根和果实含黄色染料。

长柄鼠李　鼠李属
Rhamnus longipes Marr. et Chun

直立灌木或小乔木，高达8m，无刺。幼枝和小枝紫褐色，无毛或被疏毛。叶近革质，椭圆形或长圆状披针形，长6～11cm，宽2～4cm，顶端渐尖，基部楔形或近圆形，边缘稍背卷，具疏细钝齿，两面无毛，

稀下面沿脉被疏硬毛，有光泽，干时黄绿色，中脉粗壮，上面下陷，下面凸起；侧脉每边7～10条；叶柄被毛，后脱毛；托叶线状披针形，早落。花两性，2至数个聚生于总花梗上，排成腋生聚伞花序，无毛或被疏柔毛；花梗被微柔毛，萼片三角形，约与萼管等长，稍锐尖，花瓣倒心形，顶端圆形；雄蕊长于花瓣。核果球形或倒卵状球形，成熟时红紫色或黑色，果梗被疏柔毛。种子2粒，稀3粒，背面无沟。花期6～8月。

分布于广东、广西和云南等省份。

种子油供制肥皂、润滑油和油墨等。

纤细雀梅藤　雀梅藤属
Sageretia gracilis F. R. Drum. et Spragus

直立或藤状灌木，具刺。叶纸质或近革质，互生或近对生，卵形、卵状椭圆形或披针形，长4～11cm，宽1.5～4cm，顶端渐尖或锐尖，稀钝，常有小尖头，基部近圆形或楔形，边缘具细锯齿；侧脉每边5～7条；叶柄无毛或被疏短柔毛；托叶钻状。花无梗，黄绿色，无毛，顶生或兼腋生的穗状圆锥花序；花瓣白色，匙形；花序轴无毛或被疏短柔毛；萼片三角形或三角状卵形。核果倒卵状球形，成熟时红色。种子斜倒心形。花期7～10月，果期翌年2～5月。

分布于广东、云南和广西。生于山地和山谷灌丛或林中。

根可用于治疗皮肤癌、乳房瘤、淋巴囊肿、水肿。

钩刺雀梅藤　雀梅藤属
Sageretia hamosa (Wall.) Brongn.

常绿藤状灌木。小枝常具钩状下弯的粗刺，灰褐色或暗褐色，无毛或仅基部被短柔毛。叶革质，互生或近对生，矩圆形或长椭圆形，稀卵状椭圆形，小枝常具钩状下弯的粗刺，边缘具细锯齿；叶柄长8～15（17）mm，无毛。花无梗，无毛，通常2～3个簇生疏散排列成顶生或腋生圆锥花序。核果近球形，近无梗，成熟时深红色或紫黑色，有2分核，常被白粉。种子2粒，扁平，棕色，两端凹入，不对称。花期7～8月，果期8～10月。

分布于广东、浙江、江西、福建、湖南、湖北、广西、贵州、云南、四川和西藏。生于山坡灌丛或林中。

雀梅藤　雀梅藤属
Sageretia thea (Osbeck) Johnst.

藤状或直立灌木。小枝具刺，互生或近对生，褐色，被短柔毛。叶纸质，近对生或互生，通常椭圆形、矩圆形或卵状椭圆形，稀卵形或近圆形，边缘具细锯齿；侧脉每边3～4（5）条，上面不明显，下面明显凸起；叶柄被短柔毛。花无梗，黄色，有芳香，通常2至数个簇生排成顶生或腋生疏散穗状或圆锥状穗状花序；花瓣匙形，顶端2浅裂，常内卷，短于萼片。核果近圆球形，成熟时黑色或紫黑色。种子扁平，两端微凹。花期7～11月，

果期翌年3～5月。

分布于广东、安徽、江苏、浙江、江西、福建、台湾、广西、湖南、湖北、四川和云南。常生于丘陵、山地。

叶可代茶，也可供药用，治疮疡肿毒；根可治咳嗽，降气化痰；果酸味可食；本种在南方常栽培作绿篱。

翼核果　翼核果属
Ventilago leiocarpa Benth.

藤状灌木。幼枝被短柔毛，小枝褐色，有条纹，无毛。叶薄革质，卵状矩圆形或卵状椭圆形，长4～8cm，宽1.5～3.2cm，顶端渐尖或短渐尖，稀锐尖，基部圆形或近圆形，边缘近全缘，仅有不明显的疏细锯齿；侧脉每边4～6（7）条。花小，两性，5基数，单生或2至数个簇生于叶腋，少有排成顶生聚伞总状或聚伞圆锥花序，萼片三角形；花瓣倒卵形，顶端微凹，雄蕊略短于花瓣；花盘厚，五边形。核果，1室，具1粒种子。花期3～5月，果期4～7月。

分布于广东、台湾、福建、广西、湖南和云南。生于疏林下或灌丛中。

根入药，有补气血、舒筋活络的功效。

🌿 **胡颓子科 Elaeagnaceae**

蔓胡颓子　胡颓子属
Elaeagnus glabra Thunb.

常绿蔓生或攀缘灌木，无刺，稀具刺。幼枝密被锈色鳞片，老枝鳞片脱落，灰棕色。叶革质或薄革质，卵形或卵状椭圆形，稀长椭圆形，长4～12cm，宽2.5～5cm，顶端渐尖或长渐尖，基部圆形，稀阔楔形，边全缘，微反卷，叶柄棕褐色；侧脉6～8对，上面明显或微凹下，下面凸起。花淡白色，下垂，常3～7花密生于叶腋短小枝上成伞形总状花序；萼筒漏斗形，质较厚。果实矩圆形，稍有汁，长14～19mm，被锈色鳞片，成熟时红色。花期9～11月，果期翌年4～5月。

分布于广东、福建、台湾、安徽、江西、湖北、湖南、四川、贵州和广西等。生于向阳林中或林缘。

果可食或酿酒；茎皮可代麻、造纸和人造纤维板。

角花胡颓子　胡颓子属
Elaeagnus gonyanthes Benth.

常绿攀缘灌木，长达4m以上，无刺。幼枝纤细伸长，密被棕红色或灰褐色鳞片，老枝鳞片脱落，灰褐色或黑色，具光泽。叶革质，椭圆形或矩圆状椭圆形，长5～9cm，稀达13cm，宽1.2～5cm，顶端钝形或钝尖，基部圆形或近圆形，稀窄狭，边缘微反卷。花白色，单生于新枝基部叶腋；萼筒四角形（角柱状）或短钟形。果实阔椭圆形或倒卵状阔椭圆形，成熟时黄红色，顶端常有干枯的萼筒宿存；果梗长12～25mm，直立或稍弯曲。花期10～11月，果期翌年2～3月。

分布于广东、湖南、广西和云南；中南半岛。生于林中。

果实可食，生津止渴。全株均可入药，治痢疾、跌打、瘀积等。

葡萄科　Vitaceae

粤蛇葡萄　蛇葡萄属
Ampelopsis cantoniensis (Hook. et Arn.) Planch.

木质藤本。小枝圆柱形，有纵棱纹。卷须二叉分枝，相隔2节间断与叶对生；叶为二回羽状复叶或小枝上部着生有一回羽状复叶，二回羽状复叶者基部一对小叶常为3小叶，侧生小叶和顶生小叶大多形状各异，侧生小叶大小和叶型变化较大，通常卵形、卵椭圆形或长椭圆形。花序为伞房状多歧聚伞花序，顶生或与叶对生，花瓣5，卵椭圆形，雄蕊5枚，花药卵椭圆形，子房下部与花盘合生，花柱明显。果实近球形，花期4～7月，果期8～11月。

分布于广东、安徽、浙江、福建、台湾、湖北、湖南、广西、海南、贵州、云南和西藏等省份。生于山谷林中或山坡灌丛。

全株可入药，称为无莿根。性寒，有利肠通便的功效，主治便秘。

显齿蛇葡萄　蛇葡萄属
Ampelopsis grossedentata (Hand.-Mazz.) W. T. Wang

木质藤本。小枝圆柱形，有显著纵棱纹，无毛。卷须二叉分枝，相隔2节间断与叶对生；叶为一至二回羽状复叶，二回羽状复叶者基部一对为3小叶，小叶阔卵形、卵椭圆形或长椭圆形，长2～5cm，宽1～2.5cm，顶端急尖或渐尖，基部阔楔形或近圆形，边缘每侧有2～5个锯齿，上面绿色，下面浅绿色，两面均无毛；侧脉3～5对；叶柄无毛；托叶早落。花序为伞房状多歧聚伞花序，与叶对生；花序梗长1.5～3.5cm，无毛；花梗无毛；花蕾卵圆形，顶端圆形，无毛；萼碟形，边缘波状浅裂，无毛；花瓣5，卵椭圆形，无毛，雄蕊5枚，花药卵圆形，花盘发达，波状浅裂。果近球形，有种子2～4粒。种子倒卵圆形，顶端圆形，基部有短喙，腹面两侧洼穴向上达种子近中部。花期5～8月，果期8～12月。

分布于广东、江西、福建、湖北、湖南、广西、贵州和云南。生于沟谷林中或山坡灌丛。

角花乌蔹莓　乌蔹莓属
Cayratia corniculata (Benth.) Gagnep.

草质藤本。小枝圆柱形，有纵棱纹，无毛。卷须二叉分枝，相隔2节间断与叶对生；叶为鸟足状5小叶，中央小叶长椭圆状披针形，顶端渐尖，基部楔形，边缘每侧有5～7个锯齿或细牙齿，侧生小叶卵状椭圆形，顶端急尖或钝，基部楔形或圆形，边缘外侧有5～6个锯齿或细牙齿；侧脉5～7对，网脉不明显，无毛。花序为复二歧聚伞花序，腋生，花瓣4，三角状卵圆形；雄蕊4枚，子房下部与花盘合生。果实近球形。种子倒卵椭圆

形，顶端微凹。花期4～5月，果期7～9月。

分布于广东和福建。生于山谷溪边疏林或山坡灌丛。

块茎入药，有清热解毒、祛风化痰的作用。

乌蔹莓　乌蔹莓属
Cayratia japonica (Thunb.) Gagnep.

草质藤本。小枝圆柱形，有纵棱纹，无毛或微被疏柔毛。卷须二至三叉分枝，相隔2节间断与叶对生；叶为鸟足状5小叶，中央小叶长椭圆形或椭圆状披针形，侧生小叶椭圆形或长椭圆形，边缘每侧有6～15个锯齿，侧脉5～9对，网脉不明显；托叶早落；花序腋生，复二歧聚伞花序；萼碟形，边全缘或波状浅裂，花瓣4，三角状卵圆形；雄蕊4枚，花盘发达，4浅裂，子房下部与花盘合生。果实近球形，有种子2～4粒。种子三角状倒卵形，顶端微凹。花期3～8月，果期8～11月。

分布于华南、西北、华中、华北、华东及西南大部分省份。生于山谷林中或山坡灌丛。

全草入药，有凉血解毒、利尿消肿之功效。

苦郎藤（毛叶白粉藤）　白粉藤属
Cissus assamica (Laws.) Craib

木质藤本。小枝圆柱形，有纵棱纹，伏生稀疏丁字着毛或近无毛。卷须二叉分枝，相隔2节间断与叶对生；叶阔心形或心状卵圆形，顶端短尾尖或急尖，基部心形，基缺呈圆形或张开成钝角，边缘每侧有20～44个尖锐锯齿，基出脉5，中脉有侧脉4～6对，托叶草质，卵圆形；花序与叶对生，二级分枝集生成伞形，萼碟形，边全缘或呈波状，花瓣4，雄蕊4枚，花药卵圆形，长宽近相等；花盘明显，4裂。果实倒卵圆形，成熟时紫黑色，长0.7～1cm，宽0.6～0.7cm。花期5～6月，果期7～10月。

分布于广东、江西、福建、湖南、广西、四川、贵州、云南和西藏。生于山谷溪边林中、林缘或山坡灌丛。

白粉藤　白粉藤属
Cissus repens (W. et A) Lam.

草质藤本。小枝圆柱形，有纵棱纹，常被白粉，无毛。卷须二叉分枝，相隔2节间断与叶对生；叶心状卵圆形，长5～13cm，宽4～9cm，边缘每侧有9～12个细锐锯齿，两面均无毛；基出脉3～5，中脉有侧脉3～4对，网脉不明显；托叶褐色，膜质，肾形，长5～6cm，宽2～3cm，无毛。花序顶生或与叶对生，二级分枝4～5集生成伞形；花瓣4，卵状三角形，雄蕊4枚，子房下部与花盘合生。果实倒卵圆形，长0.8～1.2cm，宽0.4～0.8cm，有种子1粒。种子倒卵圆形，顶端圆形。花期7～10月，果期11月至翌年5月。

分布于广东、广西、贵州和云南。生于山坡灌丛。

东南爬山虎　地锦属
Parthenocissus austro-orientalis Metcalf

木质藤本。小枝圆柱形，褐色或灰褐色，多皮孔，无毛。卷须二叉分枝，与叶对生；叶为掌状5小叶，叶片较厚，亚革质，倒卵状披针形或倒卵状椭圆形，边缘上部每侧有2~5个锯齿，稀齿不明显，上面绿色，无毛，下面淡绿色，常有白粉。花序为复二歧聚伞花序，被白粉，无毛，与叶对生，花序梗长1.5~2cm，花梗长3~6mm；花蕾长椭圆形；萼杯状，花瓣5，高约3mm，花蕾时黏合，以后展开脱落；花药黄色；雌蕊长2~2.5mm，花柱渐狭，柱头不明显扩大。果实圆球形，紫红色，味酸甜。种子梨形，胚乳在横切面呈"M"形。花期5~7月，果期10~12月。

分布于广东、江西、福建、广西。生于山坡沟谷林中或林缘灌木丛，攀缘树上或铺散在岩边或山坡野地。

本种在土层厚的向阳坡地中，果实直径达2.5cm，果肉层厚，粤北地区当地居民上山摘食，果实酸甜，但果肉含黏液，多食会刺激咽喉。

异叶爬山虎　地锦属
Parthenocissus heterophylla (Bl.) Merr.

落叶藤本。植株全无毛。营养枝上的叶为单叶，心卵形，宽2~4cm，缘有粗齿；花果枝上的叶为具长柄的三出复叶，中间小叶倒长卵形，长5~10cm，侧生小叶斜卵形，基部极偏斜，叶缘有不明显的小齿或近全缘。聚伞花序常生于短枝端叶腋。果熟时紫黑色。

分布于广东、山东、江苏、安徽、浙江、江西、福建、湖北、湖南、海南、广西、重庆、四川、贵州和云南；越南和印度尼西亚等。生于灌丛中、密林阴地，攀缘于石上、树上、山坡林中石上。

常作垂直绿化植物。

地锦（爬山虎）　地锦属
Parthenocissus tricuspidata (Sieb. et Zucc.) Pl.

木质落叶大藤本。小枝无毛或嫩时被极稀疏柔毛，老枝无木栓翅。单叶，倒卵圆形，通常3裂，幼苗或下部枝上叶较小，长4.5~20cm，基部心形，有粗锯齿，两面无毛或下面脉上有短柔毛；叶柄长4~20cm，无毛或疏生短柔毛。花序生短枝上，基部分枝，形成多歧聚伞花序，花序轴不明显，花序梗长1~3.5cm；花萼碟形，边全缘或呈波状，无毛；花瓣长椭圆形。果球形，成熟时蓝色，径1~1.5cm，有种子1~3粒。花期5~8月，果期9~10月。

分布于广东、吉林、辽宁、河北、河南、山东、安徽、江苏、浙江、福建和台湾；朝鲜和日本。生于山坡崖石壁或灌丛。

红枝崖爬藤　崖爬藤属
Tetrastigma erubescens Planch.

木质藤本。小枝圆柱形，有纵棱纹，无毛。卷须不分枝；叶为3小叶，中央小叶长椭圆形或长椭圆披针形，长8~16cm，宽5~5.5cm，顶端短尾尖，基部宽楔形，边缘每侧有7~8个疏齿，齿细小，侧小叶椭圆形或卵状长椭圆形，顶端短尾尖或急尖，基部圆形，微不对称，边缘外侧有5~7个细齿；侧脉4~7对。花序腋生，下部有2~3节，节上有苞片，集生成伞形；花瓣4，卵圆形。果长椭圆形，有种子2粒。种子椭圆形，两端近圆形。花期4~5月，果期翌年4~5月。

分布于广东、海南、广西及云南；越南和柬埔寨。生于山林中或山坡岩石缝中。

可用于挡土墙、棚架绿化。

三叶崖爬藤　崖爬藤属
Tetrastigma hemsleyanum Diels et Gilg

草质藤本。小枝纤细，有纵棱纹，无毛或被疏柔毛。卷须不分枝，相隔2节间断与叶对生；叶为3小叶，小叶披针形、长椭圆状披针形或卵状披针形，长3~10cm，宽1.5~3cm，侧生小叶基部不对称，边缘每侧有4~6个锯齿；侧脉5~6对，网脉两面不明显，无毛。花序腋生，下部有节，节上有苞片，集生成伞形，花二歧状着生在分枝末端；花瓣4，卵圆形，花药黄色；花盘明显，4浅裂。果实近球形或倒卵球形，有种子1粒。种子倒卵椭圆形。花期4~6月，果期8~11月。

分布于华南、华东、华中及西南大部分省份。生于山坡灌丛、山谷、溪边林下岩石缝中。

全株供药用，有活血散瘀、解毒、化痰的作用，临床上用于治疗病毒性脑膜炎、乙型脑炎、病毒性肺炎、黄疸性肝炎等。

扁担藤　崖爬藤属
Tetrastigma planicaule (Hook.) Gagnep.

木质大藤本。茎扁压，深褐色。小枝圆柱形或微扁，有纵棱纹，无毛。卷须不分枝，相隔2节间断与叶对生；叶为掌状5小叶，小叶长圆状披针形、披针形、卵状披针形，长（6）9~16cm，宽（2.5）3~6（7）cm，基部楔形，边缘每侧有5~9个锯齿，锯齿不明显或细小，网脉突出。花序腋生，二级和三级分枝，集生成伞形；萼浅碟形，齿不明显；花瓣4，卵状三角形，花药黄色；雌花内雄蕊显著短，花柱不明显；果实近球形。有种子1或2（3）粒；种子长椭圆形，顶端圆形，基部急尖。花期4~6月，果期8~12月。

分布于广东、福建、广西、贵州、云南和西藏。生于山谷林中或山坡岩石缝中。

藤茎供药用，有祛风湿之功效。

葛藟葡萄（多曲葡萄） 葡萄属
Vitis flexuosa Thunb.

木质藤本。小枝圆柱形，有纵棱纹，嫩枝疏被蛛丝状绒毛，以后脱落无毛。卷须二叉分枝，每隔2节间断与叶对生；叶卵形、三角状卵形、卵圆形或卵状椭圆形，长2.5~12cm，宽2.3~10cm，边缘每侧有微不整齐5~12个锯齿；基出脉5，中脉有侧脉4~5对。圆锥花序疏散，与叶对生；花瓣5，呈帽状黏合脱落；雄蕊5枚，花丝丝状，花药黄色，卵圆形。果实球形，直径0.8~1cm；种子倒卵状椭圆形，顶端近圆形，基部有短喙。花期3~5月，果期7~11月。

分布于华南、西北、华东、华中及西北大部分省份。生于山坡或沟谷田边、草地、灌丛或林中。

根、茎和果实供药用，可治关节酸痛；种子可榨油。

毛葡萄 葡萄属
Vitis heyneana Roem. et Schult

木质藤本。小枝圆柱形，有纵棱纹，被灰色或褐色蛛丝状绒毛。卷须二叉分枝，密被绒毛，每隔2节间断与叶对生；叶卵圆形、长卵状椭圆形或卵状五角形，长4~12cm，宽3~8cm，边缘每侧有9~19个尖锐锯齿；基出脉3~5，中脉有侧脉4~6对，叶柄密被蛛丝状绒毛，托叶膜质，褐色，卵披针形。圆锥花序疏散，与叶对生；花瓣5，呈帽状黏合脱落；雄蕊5枚，花丝丝状，花药黄色，椭圆形或阔椭圆形。果实圆球形，成熟时紫黑色。花期4~6月，果期6~10月。

分布于广东、安徽、江西、浙江、福建、广西、湖北、湖南、四川、贵州和云南。生于山坡、沟谷灌丛、林缘或林中。

芸香科 Rutaceae

山油柑 山油柑属
Acronychia pedunculata (L.) Miq.

常绿乔木，高达15m。树皮灰白色至灰黄色，平滑，内皮淡黄白色，剥离时具柑橘叶香气；小枝中空。单叶，椭圆形至长圆形，长7~18cm，全缘；叶柄长1~2cm，基部稍粗。花两性，黄白色，径1.2~1.6cm；花瓣窄长椭圆形。果序下垂，果淡黄色，半透明，近球形而稍具棱角，熟时黄色，顶端短喙尖，具4条浅沟纹，富含水分，味甜。种子倒卵形。花期4~8月，果期8~12月。

分布于广东、香港、澳门、广西和云南等省份；印度、越南和菲律宾等。生于低海拔的山坡或平地杂木林中，为次生林中常见树种。

根、叶、果入药，治胃痛、跌

打损伤、咯血等；木材供制家具、器具；树皮可提制栲胶；枝叶含芳香油；果可食。

酒饼簕 酒饼簕属
Atalantia buxifolia (Poir.) Oliv.

灌木，高达2.5m。分枝多，下部枝条披垂，小枝绿色，老枝灰褐色，节间稍扁平，刺多，劲直，长达4cm，顶端红褐色，很少近于无刺。叶硬革质，有柑橘叶香气，叶面暗绿色，叶背浅绿色，卵形、倒卵形、椭圆形或近圆形，长2~6cm，宽1~5cm，顶端圆或钝，微或明显凹入，中脉在叶面稍凸起，侧脉多，彼此近于平行，叶缘有弧形边脉，油点多；叶柄粗壮。花多朵簇生，稀单朵腋生，几无花梗；萼片及花瓣均5片；花瓣白色，有油点；雄蕊10枚，花丝白色，分离，有时有少数在基部合生。果圆球形，略扁圆形或近椭圆形，果皮平滑，有稍凸起油点，透熟时蓝黑色，果萼宿存于果梗上，有种子1或2粒。花期5~12月，果期9~12月，常在同一植株上花、果并茂。

分布于广东、台湾、福建、广西四省份南部及海南。生于离海岸不远的平地、缓坡及低丘陵的灌木丛中。

臭辣树 吴茱萸属
Evodia fargesii Dode

乔木，高达17m。树皮平滑，暗灰色。奇数羽状复叶；小叶5~9（11）；斜卵形或斜披针形，长8~16cm，先端长渐尖，稀短尖，基部圆形或楔形，叶缘波状或具细钝齿，上面无毛，下面灰绿色，干后带苍灰色，沿中脉两侧被灰白色卷曲长毛，或脉腋具卷曲簇生毛，油腺点不显或细小且稀少，叶轴及小叶柄均无毛；小叶柄长不及1cm。聚伞圆锥花序顶生，多花；萼片5，卵形，长不及1mm；花瓣5。果紫红色，每分果瓣有1粒种子。花期6~8月，果期8~10月。

分布于广东、安徽、浙江、湖北、湖南、江西、福建、广西、贵州、四川和云南。生于山地山谷较湿润地方。

鲜叶和树皮都有特殊臭气味，湖北民间用其果作吴茱萸代品。

三叉苦 吴茱萸属
Evodia lepta (Spreng.) Merr.

乔木。树皮灰白色或灰绿色，光滑，纵向浅裂，嫩枝的节部常呈压扁状，小枝的髓部大，枝叶无毛。3小叶，有时偶有2小叶或单小叶同时存在，叶柄基部稍增粗，小叶长椭圆形，两端尖，有时倒卵状椭圆形，长6~20cm，宽2~8cm，全缘，油点多；小叶柄甚短。花序腋生，很少同时有顶生，花甚多；萼片及花瓣均4片；萼片细小；花瓣淡黄色或白色，常有透明油点，干后油点变暗褐色至褐黑色；雄花的退化雌蕊细垫状凸起，密被白色短毛；雌花的不育雄蕊有花药而无花粉，花柱与子房等长或略短，柱头头状。分果瓣淡黄色或茶褐色，散生肉眼可见的透明油点，每分果瓣有1粒种子。种子蓝黑色，有光泽。花期4~6月，果期7~10月。

分布于广东、福建、广西、海南和云南等省份。常见于较荫蔽的山谷湿润地方。

根、叶、果都用作草药。

棟叶吴茱萸（棟叶吴萸） 吴茱萸属
Evodia glabrifolia (Champ. ex Benth.) Huang

树高达20m。树皮灰白色，不开裂，密生圆形或扁圆形、略凸起的皮孔。叶有小叶7～11片，很少5片或更多，小叶斜卵状披针形，通常长6～10cm，宽2.5～4cm，少有更大的，两侧明显不对称，油点不显或甚稀少且细小，在放大镜下隐约可见，叶背灰绿色，干后略呈苍灰色，叶缘有细钝齿或全缘，无毛。花序顶生，花甚多；萼片及花瓣均5片；花瓣白色；雄花的退化雌蕊短棒状，顶部5～4浅裂，花丝中部以下被长柔毛；雌花的退化雄蕊鳞片状或仅具痕迹。分果瓣淡紫红色，干后暗灰色带紫色，油点疏少但较明显，外果皮的两侧面被短伏毛，内果皮肉质，白色，干后暗蜡黄色，壳质，有成熟种子1粒。种子褐黑色。花期7～9月，果期10～12月。

分布于广东、台湾、福建、海南、广西及云南。生于常绿阔叶林中。

根及果用作草药，有健胃、祛风、镇痛、消肿之功效。

吴茱萸 吴茱萸属
Evodia rutaecarpa (Juss.) Benth.

小乔木或灌木。嫩枝暗紫红色，被灰黄色或红锈色绒毛；叶有小叶5～11片，奇数羽状复叶，小叶薄至厚纸质，卵形、椭圆形或披针形，边全缘或浅波浪状，油点大且多，叶背仅叶脉被疏柔毛；聚伞圆锥花序顶生，雌花簇生，萼片及花瓣均5片；雌花序上的花彼此疏离，花瓣长约4mm，内面被疏毛或几无毛。果梗纤细且延长；果序宽3～12cm；果密集或疏离，暗紫红色，有大油点，果瓣无皱纹，每果瓣有1粒种子。花期4～6月，果期8～11月。

分布于我国秦岭以南各省份，但海南未见有自然分布。生于山地疏林或灌木丛中。

为苦味健胃剂和镇痛剂，又作驱蛔虫药。

山桔（橘） 金橘属
Fortunella hindsii (Champ.) Swingle

灌木，树高3m以内。多枝，刺短小。单小叶或有时兼有少数单叶，叶翼线状或明显，小叶片椭圆形或倒卵状椭圆形，长4～6cm，宽1.5～3cm，顶端圆，稀浅尖或钝，基部圆或宽楔形，近顶部的叶缘有细裂齿，稀全缘，质地稍厚；叶柄长6～9mm。花单生及少数簇生于叶腋，花梗甚短；花萼5或4浅裂；花瓣5片；雄蕊约20枚，花丝合生成4或5束，比花瓣短。果圆球形或稍呈扁圆形，果皮橙黄色或朱红色，平滑，有麻辣感且微有苦味，果肉味酸。种子3或4粒，阔卵形，饱满，顶端短尖，平滑无脊棱，子叶绿色，多胚。花期4～5月，果期10～12月。

分布于广东、安徽、江西、福建、湖南和广西。生于低海拔疏林中。

用作草药。味辛，苦，性温，行气、宽中、化痰、下气、治风寒咳嗽、胃气痛等症。

小花山小橘（山小橘） 山小橘属
Glycosmis parviflora (Sims) Kurz

灌木或小乔木，高1～3m。叶有小叶2～4片，稀5片或兼有单小叶，小叶柄长1～5mm；小叶片椭圆形、长圆形或披针形，有时倒卵状椭圆形，长5～19cm，宽2.5～8cm，顶部短尖或渐尖，有时钝，基部楔尖，无毛，全缘，干后不规则浅波浪状起伏，且暗淡无光泽，中脉在叶面平坦或微凸起，或下半段微凹陷，侧脉颇明显。圆锥花序腋生及顶生；花序轴、花梗及萼片常被早脱落的褐锈色微柔毛；萼裂片卵形，端钝；花瓣白色，长椭圆形，较迟脱落，干后变淡褐色，边缘淡黄色；雄蕊10枚。果圆球形或椭圆形，淡黄白色转淡红色或暗朱红色，半透明油点明显，有种子2或3粒，稀1粒。花期3～5月，果期7～9月。

分布于广东、台湾、福建、广西、贵州、云南和海南；越南东北部。生于山地。

果略甜。轻度麻舌；根及叶作草药，味苦，微辛，气香，性平。

茵芋 茵芋属
Skimmia reevesiana Fort.

灌木，高1～2m。小枝常中空，皮淡灰绿色，光滑，干后常有浅纵皱纹。叶有柑橘叶的香气，革质，集生于枝上部，叶片椭圆形、披针形、卵形或倒披针形，顶部短尖或钝，基部阔楔形，长5～12cm，宽1.5～4cm，叶面中脉稍凸起，干后较显著，有细毛。花序轴及花梗均被短细毛，花芳香，淡黄白色，顶生圆锥花序，花密集，花梗甚短；萼片及花瓣均5片；萼片半圆形，边缘被短毛；花瓣黄白色；雄蕊与花瓣同数而等长或较长。果圆或椭圆形或倒卵形，红色，有种子2～4粒。种子扁卵形，顶部尖，基部圆，有极细小的窝点。花期3～5月，果期9～11月。

分布于我国南方各省份。生于林下，湿度大、云雾多的地方。

用作草药，治风湿。

飞龙掌血 飞龙掌血属
Toddalia asiatica (L.) Lam.

木质藤本。老茎干有较厚的木栓层及黄灰色、纵向细裂且凸起的皮孔，三、四年生枝上的皮孔圆形而细小，茎枝及叶轴有甚多向下弯钩的锐刺，当年生嫩枝的顶部有褐色或红锈色甚短的细毛，或密被灰白色短毛。小叶无柄，对光透视可见密生的透明油点，揉之有类似柑橘叶的香气，卵形、倒卵形、椭圆形或倒卵状椭圆形，长5～9cm，宽2～4cm，顶部尾状长尖或急尖而钝头，叶缘有细裂齿，侧脉多而纤细。花梗基部有极小的鳞片状苞片，花淡黄白色；雄花序为伞房状圆锥花序；雌花序呈聚伞圆锥花序。果橙红色或朱红色，有4～8条纵向浅沟纹，干后甚明显。种子种皮褐黑色，有极细小的窝点。花期全年，果期秋冬季。

分布于我国秦岭南坡以南各地。生于灌木、小乔木的次生林中，攀缘于它树上，石灰岩山地也常见。

全株用作草药，多用其根；味苦，麻，性温，有小毒，活血散瘀、祛风除湿。

簕党　花椒属
Zanthoxylum avicennae (Lam.) DC.

落叶乔木，高稀达15m。树干有鸡爪状刺，刺基部扁圆而增厚，并有环纹，幼苗的小叶甚小，但多达31片，幼龄树的枝及叶密生刺，各部无毛。叶有小叶11～21片；小叶通常对生或偶有不整齐对生，斜卵形、斜长方形或呈镰刀状，有时倒卵形，长2.5～7cm，宽1～3cm，顶部短尖或钝，两侧甚不对称，全缘，或中部以上有疏裂齿，鲜叶的油点肉眼可见，也有油点不显的，叶轴腹面有狭窄、绿色的叶质边缘，常呈狭翼状。花序顶生，花多；花序轴及花梗有时紫红色；雄花萼片及花瓣均5片；萼片宽卵形，绿色；花瓣黄白色；雄花的雄蕊5枚。分果瓣淡紫红色，顶端无芒尖，油点大且多，微凸起。花期6～8月，果期10～12月。

分布于广东、台湾、福建、海南、广西和云南。生于低海拔平地、坡地或谷地。

民间用作草药。

大叶臭（花）椒　花椒属
Zanthoxylum myriacanthum Wall. ex Hook. F.

落叶乔木，高稀达15m，胸径约25cm。茎干有鼓钉状锐刺，花序轴及小枝顶部有较多劲直锐刺，嫩枝的髓部大而中空，叶轴及小叶无刺。叶有小叶7～17片；小叶对生，宽卵形、卵状椭圆形或长圆形，位于叶轴基部的有时近圆形，长10～20cm，宽4～10cm，基部圆形或宽楔形，两侧对称或一侧稍短且楔尖，两面无毛，油点多且大，干后微凸起，变红色或黑褐色，叶缘有浅而明显的圆裂齿，齿缝有一大油点，中脉在叶面凹陷，侧脉明显。花序顶生，多花，花枝被短柔毛；萼片及花瓣均5片；花瓣白色。分果瓣红褐色，顶端无芒尖，油点多。种子径约4mm。花期6～8月，果期9～11月。

分布于广东、福建、广西、海南、贵州和云南等省份。生于坡地疏或密林中。

两面针　花椒属
Zanthoxylum nitidum (Roxb.) DC.

幼龄植株为直立的灌木，成龄植株为攀缘于它树上的木质藤本。老茎有翼状蜿蜒而上的木栓层，茎枝及叶轴均有弯钩锐刺。叶有小叶（3）5～11片；小叶对生，成长时硬革质，阔卵形、近圆形或狭长椭圆形，长3～12cm，宽1.5～6cm，顶部长或短尾状，顶端有明显凹口，凹口处有油点，边缘有疏浅裂齿，齿缝处有油点，有时全缘；侧脉及支脉在两面干后均明显且常微凸起，中脉在叶面稍凸起或平坦。花序腋生。花4基数；萼片上部紫绿色；花瓣淡黄绿色，卵状椭圆形或长圆形。果皮红褐色，单个分果瓣径5.5～7mm，顶端有短芒尖。种子圆珠状，腹面稍平坦。花期3～5月，果期9～11月。

分布于广东、台湾、福建、海南、广西、贵州和云南。生于温热地方。

根、茎、叶、果皮均用作草药，有活血、散瘀、镇痛、消肿等功效。

花椒簕　花椒属
Zanthoxylum scandens Bl.

幼龄植株呈直立灌木状，成龄植株攀缘于它树上。枝干有短钩刺，叶轴上的刺较多；叶有小叶5～25片，小叶互生或位于叶轴上部的对生，卵形、卵状椭圆形或斜长圆形，全缘或叶缘的上半段有细裂齿。花序腋生或兼有顶生；萼片及花瓣均4片；萼片淡紫绿色，宽卵形；花瓣淡黄绿色；雄花的雄蕊4枚，药隔顶部有1油点；退化雌蕊半圆形垫状凸起，花柱2～4裂；雌花有心皮4或3个；退化雄蕊鳞片状。分果瓣紫红色，干后灰褐色或乌黑色，顶端有短芒尖，油点通常不甚明显，平或稍凸起，有时凹陷。种子近圆球形，两端微尖。花期3～5月，果期7～8月。

分布于我国长江以南各省份。生于山坡灌木丛或疏林下。

苦木科　Simaroubaceae

岭南臭椿　臭椿属
Ailanthus triphysa (Dennst.) Alston

常绿乔木，一般高15～20m。羽状复叶长30～65cm，有小叶6～17（～30）对；小叶片薄革质，卵状披针形或长圆状披针形，长15～20cm，宽2.5～5.5cm，先端渐尖，基部阔楔形或稍带圆形，偏斜，全缘，叶面无毛，背面多少被短柔毛或无毛；小叶柄被柔毛，长5～7mm。圆锥花序腋生，多少被短柔毛，长25～50cm，苞片小，卵圆形或三角形，早脱；花梗长约2mm；花萼外被短柔毛，5浅裂，裂片三角状，约与萼管等长；花瓣5，无毛或近无毛，镊合状排列；雄蕊10枚。翅果，两端稍钝。种子扁平，包藏于翅的中间。花期10～11月，果期1～3月。

分布于广东、福建、广西和云南等省份；印度、斯里兰卡、缅甸、泰国、越南、马来西亚。生于山地路旁疏林或密林中。

鸦胆子　鸦胆子属
Brucea javanica (L.) Merr.

灌木或小乔木。叶长20～40cm，有小叶3～15；小叶卵形或卵状披针形，长5～10（～13）cm，宽2.5～5（～6.5）cm，先端渐尖，基部宽楔形至近圆形，通常略偏斜，边缘有粗齿，两面均被柔毛，背面较密。花组成圆锥花序，雄花序长15～25（～40）cm，雌花序长约为雄花序的一半；花细小，暗紫色；雄花的花梗细弱，萼片被微柔毛，花瓣有稀疏的微柔毛或近于无毛；雌花的花梗萼片与雄花同，雄蕊退化或仅有痕迹。核果1～4，分离，长卵形，成熟时灰黑色，干后有不规则多角形网纹，外壳硬骨质而脆，种仁黄白色，卵形，有薄膜，含油丰富，味极苦。花期夏季，果

期8～10月。

分布于广东和广西。生于草地、灌丛及路旁向阳处。

有小毒。药用，味苦，性寒，有清热解毒、止痢疾等功效。

楝科 Meliaceae

麻楝 麻楝属
Chukrasia tabularis A. Juss.

乔木。老茎树皮纵裂，幼枝赤褐色，无毛，具苍白色的皮孔。叶通常为偶数羽状复叶，长30～50cm，无毛，小叶10～16枚；纸质，卵形至长圆状披针形，两面均无毛或近无毛；侧脉每边10～15条，背面侧脉稍明显凸起。圆锥花序顶生，苞片线形，早落；花有香味，萼浅杯状；花瓣黄色或略带紫色，长圆形。蒴果灰黄色或褐色，近球形或椭圆形，顶端有小凸尖，表面粗糙而有淡褐色的小疣点。种子扁平，椭圆形。花期4～5月，果期7月至翌年1月。

分布于广东、广西、云南和西藏。生于山地杂木林或疏林中。

木材黄褐色或赤褐色，芳香，坚硬，有光泽，易加工，耐腐，为建筑、造船、家具等良好用材。

楝（苦楝） 楝属
Melia azedarach L.

落叶乔木，高达30m，胸径约1m。树皮纵裂；小枝有叶痕。二至三回奇数羽状复叶，长20～40cm；小叶卵形、椭圆形或披针形，长3～7cm，宽2～3cm，先端渐尖，基部楔形或圆形，具钝齿，幼时被星状毛，后脱落，侧脉12～16对。圆锥花序约与叶等长，花芳香；花萼5深裂，裂片卵形或长圆状卵形；花瓣淡紫色，倒卵状匙形，长约1cm，两面均被毛；花丝筒紫色，具10窄裂片，每裂片2～3齿裂。核果球形至椭圆形。花期4～5月，果期10～12月。

分布于我国黄河以南各省份；亚洲热带和亚热带地区。生于低海拔旷野、路旁或疏林中。

良好造林树种，是家具、建筑、农具、舟车、乐器等良好用材；用鲜叶可灭钉螺和作农药；果核仁油可供制油漆、润滑油和肥皂。

红椿（红楝子） 香椿属
Toona ciliata Roem.

大乔木，高可达20余米。有稀疏的苍白色皮孔。叶为偶数或奇数羽状复叶，长25～40cm，通常有小叶7～8对，小叶对生或近对生，纸质，长圆状卵形或披针形，先端尾状渐尖，基部一侧圆形，另一侧楔形，不等边，边全缘，两面均无毛或仅于背面脉腋内有毛；圆锥花序顶生，被短硬毛或近无毛，花长约5mm，具短花梗，花瓣5，白色。蒴果长椭圆形，木质，干后紫褐色，有苍白色皮孔。花期4～6月，果期10～12月。

分布于广东、福建、湖南、广西、四川和云南等省份；印度、中南半岛、印度尼西亚等。生于低海拔沟谷林中或山坡疏林中。

木材赤褐色，纹理通直，质软，耐腐，适宜建筑、车舟、茶箱、家具、雕刻等用材；树皮含单宁，可提制栲胶。

小果香椿 香椿属
Toona sureni Roem.

乔木。树皮灰黑色或褐色，纵裂，具明显的苍白色皮孔。偶数羽状复叶，长30～50cm，无毛，小叶6～9（～12）对，纸质，长圆形或长圆状卵形，长8～15cm，宽3.5～6cm，先端渐尖或尾尖，基部圆形或宽楔形，偏斜，全缘，两面无毛或下面叶脉及脉腋被毛，侧脉12～15对；小叶柄被柔毛。圆锥花序被硬毛；花梗长1～3mm；萼片圆形，被硬毛；花瓣白色，椭圆状倒卵形；雄蕊5枚。蒴果椭圆形，无毛，长1.8～2cm，果瓣薄。种子椭圆形，两端具膜质翅。花期3～5月，果期8～10月。

分布于广东、福建、广西、四川和云南等省份。生于常绿阔叶林或山坡疏林中。

无患子科 Sapindaceae

倒地铃 倒地铃属
Cardiospermum halicacabum L.

一年生攀缘状草本。茎、枝绿色，有5或6棱，棱上被皱曲柔毛。二回三出复叶，叶柄长3～4cm；小叶近无柄，薄纸质，顶生的斜披针形或近菱形，长3～8cm，宽1.5～2.5cm，先端渐尖，侧生的稍小，卵形或长椭圆形，疏生锯齿或羽状分裂，下面中脉和侧脉被疏柔毛。圆锥花序少花，总花梗长4～8cm，卷须螺旋状；萼片4，被缘毛，外面2片圆卵形，内面2片长椭圆形，比外面2片约长1倍；花瓣乳白色，倒卵形。蒴果梨形、陀螺状倒三角形或有时近长球形。种子黑色，有光泽。花期5～8月，果期8～12月。

分布于我国长江以南各省份。生于灌丛中。

蔓茎纤细，叶色嫩绿淡雅，叶形秀丽，球状蒴果奇特如灯笼，为优美的中小型攀缘绿化材料；全草药用，用于黄疸、淋病、疔疮、水泡疮、毒蛇咬伤。

无患子 无患子属
Sapindus saponaria L.

落叶大乔木，高可达20m以上。树皮灰褐色或黑褐色。叶连柄长25～45cm或更长，叶轴稍扁，上面两侧有直槽，无毛或被微柔毛；小叶5～8对，通常近对生，叶片薄纸质，长椭圆状披针形或稍呈镰形，长7～15cm或更长，宽2～5cm，顶端短尖或短渐尖，基部楔形，稍不对称，腹面有光泽，两面无毛或背面被微柔毛；侧脉纤细而密，约15～17对，近平行。花序顶生，圆锥形；花小，辐射对称，花梗常很短；萼片卵形或长圆状卵形，外面基部被疏柔毛；花瓣5，披针形，有长爪；花盘碟状，无毛；雄蕊8枚，伸出。果发育的分果片近球形，橙黄色，干时变黑。花期春季，果期夏秋。

分布于广东和广西。生于山坡林中。

木材质脆，多作木梳用；果皮捣烂可作肥皂代用品；种子可炒食，核仁提取油脂可作润滑油；根、果入药，能清热解毒、化痰止咳。

槭树科 Aceraceae

革叶槭（樟叶槭） 槭属
Acer coriaceifolium Lévl.

常绿乔木，高约10m。树皮粗糙，深褐色或深灰色。当年生嫩枝淡紫色，有淡黄色绒毛。叶革质，长圆状披针形或披针形，稀长圆状卵形，全缘；上面绿色，无毛，下面被淡黄褐色绒毛，常有白粉；侧脉4～6对；叶柄淡紫色，嫩时有绒毛。花序伞房状，有黄绿色绒毛。花杂性，雄花与两性花同株；萼片5，淡绿色，长圆形；花瓣5，淡黄色，倒卵形，与萼片近于等长；雄蕊8枚，长于花瓣。小坚果浅褐色，凸起，卵圆形。花期3月，果期8月。

分布于广东、四川、湖北、贵州和广西。生于疏林中。

青榨槭 槭属
Acer davidii Franch.

落叶乔木，高可达15m。树皮暗褐色或灰褐色，纵裂成蛇皮状。幼枝紫绿色，无毛，老枝黄褐色。叶纸质，外貌长圆卵形或近于长圆形，长6～14cm，宽4～9cm，先端锐尖或渐尖，常有尖尾，基部近于心脏形或圆形，边缘具不整齐的钝圆齿；上面深绿色，无毛；下面淡绿色，嫩时沿叶脉被紫褐色的短柔毛，渐老成无毛状；主脉在上面显著，在下面凸起，侧脉11～12对，成羽状，在上面微现，在下面显著；叶柄细瘦，嫩时被红褐色短柔毛，渐老则脱落。花黄绿色，杂性总状花序顶生，下垂；雄花与两性花同株；雄花序长4～7cm，具9～12花；雌花序具15～30花；萼片椭圆形；花瓣倒卵形。翅果嫩时淡绿色，成熟后黄褐色，两翅成钝角或近水平。花期4月，果期9月。

分布于广东及华北、华东、中南、西南各省份。生于疏林中。

罗浮槭 槭属
Acer fabri Hance

常绿乔木，常高10m。树皮灰褐色或灰黑色，小枝圆柱形，无毛，当年生枝紫绿色或绿色，多年生枝绿色或绿褐色。叶革质，披针形、长圆状披针形或长圆状倒披针形，长7～11cm，宽2～3cm，全缘，基部楔形或钝形，先端锐尖或短锐尖；上面深绿色，无毛，下面淡绿色，无毛或脉腋稀被丛毛；主脉在上面显著，在下面凸起，侧脉4～5对；叶柄细瘦，无毛。花杂性，雄花与两性花同株，常成无毛或嫩时被绒毛的紫色伞房花序；萼片5，紫色，微被短柔毛，长圆形；花瓣5，白色，倒卵形，略短于萼片；雄蕊8枚，无毛。翅果嫩时紫色，成熟时黄褐色或淡褐色；小坚果凸起；翅与小坚果张开成钝角；果梗细瘦，无毛。花期3～4月，果期9月。

分布于广东、广西、江西、湖北、湖南和四川。生于疏林中。

岭南槭 槭属
Acer tutcheri Duthie

落叶乔木，高5～10m。小枝细瘦，无毛，当年生枝绿色或紫绿色，多年生枝灰褐色或黄褐色。叶纸质，基部圆形或近于截形，外貌阔卵形，常3裂，稀5裂；裂片三角状卵形，稀卵状长圆形，先端锐尖，稀尾状锐尖，边缘具稀疏而紧贴的锐尖锯齿，稀近基部全缘，仅近先端具少数锯齿，裂片间的凹缺锐尖，深达叶片全长的1/3处；花杂性，雄花与两性花同株，短圆锥花序，顶生于着叶的小枝上。翅果嫩时淡红色，成熟时淡黄色；小坚果凸起，脉纹显著。花期4月，果期9月。

分布于广东、浙江、江西、湖南、福建和广西。生于疏林中。

清风藤科 Sabiaceae

罗浮泡花树 泡花树属
Meliosma fordii Hemsl.

乔木，高可达10m。树皮灰色，小枝、叶柄、叶背及花序被褐色平伏柔毛。单叶，叶近革质，倒披针形或披针形，长9～18（～25）cm，宽2.5～5（～8）cm，先端渐尖，稀钝，基部狭楔形，下延，全缘或近顶部有数锯齿，叶面有光泽，中脉及侧脉在叶面微凸起或平，被短伏毛，侧脉每边11～20条，无髯毛。圆锥花序宽广，顶生或近顶生，3及4（5）回分枝，总轴细而有圆棱；萼片4（5），宽卵形，背面疏被柔毛，有缘毛；外面3片花瓣近圆形，无毛，内面2片花瓣2裂达中部，裂片线形。果近球形或扁球形，核具明显网纹凸起，中肋隆起。花期5～7月，果期8～10月。

分布于广东、云南、贵州、广西、湖南、江西和福建。生于热带常绿林中。

树皮及叶药用，有滑肠功效，治便秘。

樟叶泡花树（绿樟） 泡花树属
Meliosma squamulata Hance

小乔木，高可达15m。幼枝及芽被褐色短柔毛，老枝无毛。单叶，叶片薄革质，椭圆形或卵形，长5～12cm，宽1.5～5cm，先端尾状渐尖或狭条状渐尖，尖头钝，基部楔形，稍下延，全缘，叶面无毛，有光泽，叶背粉绿色，密被黄褐色、极微小的鱼鳞片；侧脉每边3～5条。圆锥花序顶生或腋生，单生或2～8个聚生，总轴、分枝、花梗、苞片均密被褐色柔毛；花白色；萼片5，卵形，有缘毛；外面3片花瓣近圆形，内面2片花瓣约与花丝等长，2裂至中部以下，裂片狭尖，广叉开。核果球形；核近球形，顶基扁，稍偏斜，具明显凸起的不规则细网纹，中肋稍钝隆起。花期夏季，果期9～10月。

分布于广东、贵州、湖南、广西、江西、福建和台湾。生于常绿阔叶林中。

木材供建筑等用。

灰背清风藤　清风藤属
Sabia discolor Dunn.

　　常绿攀缘木质藤本。嫩枝具纵条纹，无毛，老枝深褐色，具白蜡层。芽鳞阔卵形。叶纸质，卵形、椭圆状卵形或椭圆形，长4～7cm，宽2～4cm，先端尖或钝，基部圆形或阔楔形，两面均无毛，叶面绿色，干后黑色，叶背苍白色；侧脉每边3～5条；叶柄长7～1.5cm。聚伞花序呈伞状，有花4～5朵，无毛；萼片5，三角状卵形，具缘毛；花瓣5片，卵形或椭圆状卵形，有脉纹；雄蕊5枚，花药外向开裂；花盘杯状。分果爿红色，倒卵状圆形或倒卵形；核中肋显著凸起，呈翅状，两侧面有不规则的块状凹穴，腹部凸出。花期3～4月，果期5～8月。

　　分布于广东、浙江、福建、江西和广西等省份。生于山地灌木林间。

毛萼清风藤　清风藤属
Sabia limoniacea Wall.

　　常绿攀缘木质藤本。嫩枝绿色，老枝褐色，具白蜡层。叶革质，椭圆形、长圆状椭圆形或卵状椭圆形，长7～15cm，宽4～6cm，先端短渐尖或急尖，基部阔楔形或圆形，两面均无毛；侧脉每边6～7条，网脉稀疏，在叶面不明显，在叶背明显凸起。聚伞花序有花2～4朵，再排成狭长的圆锥花序；花淡绿色、黄绿色或淡红色；萼片5，卵形或长圆状卵形，先端尖或钝，背面无毛，有缘毛；花瓣5片，倒卵形或椭圆状卵形，顶端圆，有5～7条脉纹；雄蕊5枚；花盘杯状，有5浅裂。分果爿近圆形或近肾形，红色；核中肋不明显，两边各有4～5行蜂窝状凹穴，两侧面平凹，腹部稍尖。花期8～11月，果期翌年1～5月。

　　分布于广东、云南、广西、香港和海南等。生于密林中。

🌿 省沽油科　**Staphyleaceae**

野鸦椿　野鸦椿属
Euscaphis japonica (Thunb.) Kanitz

　　落叶小乔木或灌木，高达8m。树皮灰褐色，具纵条纹，小枝及芽红紫色，枝叶揉碎后发出恶臭气味。叶对生，奇数羽状复叶，长（8～）12～32cm，叶轴淡绿色，小叶5～9，稀3～11，厚纸质，长卵形或椭圆形，稀为圆形，长4～6（～9）cm，宽2～3（～4）cm，先端渐尖，基部钝圆，边缘具疏短锯齿，齿尖有腺体，两面除背面沿脉有白色小柔毛外余无毛，主脉在上面明显，在背面突出，侧脉8～11，在两面可见；小托叶线形。圆锥花序顶生，花多，较密集，黄白色，萼片与花瓣均5，椭圆形，萼片宿存，花盘盘状。蓇葖果，每一花发育为1～3个蓇葖果，果皮软革质，紫红色，有纵脉纹。种子近圆形，假种皮肉质，黑色，有光泽。花期5～6月，果期8～9月。

　　分布于除西北地区外的全国各省份；日本、朝鲜。生于山脚和山谷，常与小灌木混生。

　　木材可为器具用材，种子油可制皂，树皮可提取栲胶，根及干果入药，用于祛风除湿。也栽培作观赏植物。

山香圆　山香圆属
Turpinia arguta Seem.

　　小乔木。枝和小枝圆柱形，灰白绿色。叶对生，羽状复叶，叶轴长约15cm，纤细，绿色，叶5枚，对生，纸质，长圆形至长圆状椭圆形，长（4～）5～6cm，宽2～4cm，先端尾状渐尖，尖尾长5～7mm，基部宽楔形，边缘具疏圆齿或锯齿，两面无毛，上面绿色，背面较淡，侧脉多，在上面微可见，在背面明显，网脉在两面几不可见，侧生小叶柄长2～3mm，中间小叶柄长可达15mm，纤细，绿色。圆锥花序顶生，花较多，疏松，花小，花萼5，无毛，宽椭圆形；花瓣5，椭圆形至圆形，具绒毛或无毛，花丝无毛。果球形，紫红色，外果皮薄，2～3室，每室1粒种子。

　　分布于我国南部和西南部；中南半岛、印度尼西亚的爪哇和苏门答腊。生于阴坡或半阴坡阔叶树林。

光山香圆　山香圆属
Turpinia glaberrima Merr.

　　小乔木。枝和小枝圆柱形，灰白绿色。叶对生，羽状复叶，对生，纸质，长圆形至长圆状椭圆形，长（4～）5～6cm，宽2～4cm，先端尾状渐尖，边缘具疏圆齿或锯齿，叶稍大，稍厚；两面无毛，上面绿色，背面较淡，侧脉多。圆锥花序顶生，花序密集，较叶短。花小。果球形，紫红色，径4～7mm，外果皮薄，厚约0.2mm，2～3室，每室1粒种子。

　　分布于广东、广西、云南和贵州；越南。生于山坡密林荫湿地。

🌿 漆树科　**Anacardiaceae**

南酸枣　南酸枣属
Choerospondias axillaris (Roxb.) Burtt et Hill

　　落叶乔木。树皮灰褐色，片状剥落，小枝粗壮，暗紫褐色，无毛，具皮孔。奇数羽状复叶，长25～40cm，有小叶3～6对，叶轴无毛，叶柄纤细，基部略膨大；小叶膜质至纸质，卵形或卵状披针形或卵状长圆形，全缘或幼株叶边缘具粗锯齿；侧脉8～10对，两面凸起，网脉细，不显。雄花序长4～10cm，被微柔毛或近无毛；花瓣长圆形，开花时花瓣外卷，雌花单生于上部叶腋，较大。核果椭圆形或倒卵状椭圆形，成熟时黄色。花期4月，果期8～10月。

　　分布于广东、广西、湖南、湖北、江西、福建、浙江和安徽。生于山坡、丘陵或沟谷林中。

　　较好的速生造林树种。树皮和叶可提取栲胶。果可生食或酿酒。

盐肤木　盐肤木属
Rhus chinensis Mill.

落叶灌木或小乔木，高5~10m。小枝、叶柄及花序都密生褐色柔毛。奇数羽状复叶互生，叶轴及叶柄常有翅；小叶7~13枚，卵形或椭圆状卵形或长圆形，纸质，边有粗锯齿，下面密生灰褐色柔毛；侧脉和细脉在叶面凹陷，在叶背凸起。圆锥花序顶生；被锈色柔毛，雄花序较雌花序长；花白色，苞片披针形，花萼被微柔毛，裂片长卵形，花瓣倒卵状长圆形，外卷；雌花退化雄蕊极短。核果近扁圆形，成熟时红色，有灰白色短柔毛。

分布于我国中部、西南和南部，东至台湾；亚洲南部至东部。生于向阳山坡及沟谷、溪边的疏林、灌木丛或荒地埂边。

药用，根用于感冒发热、支气管炎、咳嗽、肠炎、痢疾、痔疮出血，叶外用治跌打损伤、毒蛇咬伤、漆疮等。

滨盐肤木　盐肤木属
Rhus chinensis Mill var. *roxburghii* (DC.) Rehd.

落叶小乔木或灌木。奇数羽状复叶有小叶2~6对，叶轴无翅，小叶自下而上逐渐增大，叶轴和叶柄密被锈色柔毛，小叶多形，卵形或椭圆状卵形或长圆形，顶生小叶基部楔形，边缘具粗锯齿或圆齿；圆锥花序宽大，多分枝，雄花序长30~40cm，雌花序较短，花白色；核果球形，略压扁，径4~5mm，被具节柔毛和腺毛，成熟时红色。花期8~9月，果期10月。

分布于我国除东北、内蒙古和新疆外的其余省份。生于向阳山坡、沟谷。

可供鞣革、医药、塑料和墨水等工业用。

岭南酸枣　槟榔青属
Spondias lakonensis Pierre

乔木，高达15m。叶互生，奇数羽状复叶具11~23小叶，叶轴疏被微柔毛，后脱落，被微柔毛；小叶长圆状披针形，长6~10cm，宽1.5~3cm，先端渐尖，基部宽楔形或圆形，幼叶上面脉被毛，侧脉8~10对。圆锥花序顶生；苞片小，钻形或卵形，花小，白色，密集于花枝顶端；花瓣长圆形或卵状长圆形。核果肉质，倒卵状或卵状正方形，成熟时红色。种子长圆形，种皮膜质。花期夏季，果期秋末。

分布于广东、广西、海南、福建；越南、老挝、泰国。生于疏林中。

果酸甜可食，有酒香，种子榨油可做肥皂。木材软而轻，但不耐腐，适用于家具、箱板等。

野漆树　漆属
Toxicodendron succedaneum (L.) O. Kuntze

落叶小乔木，高达10m。小枝粗壮，无毛，顶芽大，紫褐色，外面近无毛。一回单数羽状复叶，互生，常集生小枝顶端，无毛，长25~35cm，具9~15小叶，无毛，叶轴及叶柄圆，叶柄长6~9cm；小叶长圆状椭圆形或宽披针形，长5~16cm，宽2~5.5cm，先端渐尖，基部圆形或宽楔形，下面常被白粉，侧脉15~22对。圆锥花序腋生，花小，杂性，黄绿色；花萼裂片宽卵形；花瓣长圆形。核果扁平，斜卵形，淡黄色，无毛。

分布于华南、华东、西南等；亚洲东南部至东部。生于向阳林中。

树干可割取漆；种子油可制皂；果皮含蜡质，为膏药、蜡纸、蜡烛等原料；根、叶、果及树脂药用，有清热解毒、利尿通淋、通经杀虫之功效。

🌿 牛栓藤科　Connaraceae

红叶藤　红叶藤属
Rourea microphylla (Hook. et Arn.) Planch.

攀缘灌木。枝圆柱形，深褐色，无毛或幼枝被疏短柔毛。奇数羽状复叶，连叶柄长4~23cm，具3（~7）小叶；小叶纸质，近圆形、卵圆形、披针形或长椭圆形，顶端小叶稍大，长3~12cm，宽2~5cm，先端急尖或短渐尖，基部宽楔形或圆形，两侧对称稍偏斜，全缘，两面无毛，下面中脉突出，侧脉5~10对，网脉明显。圆锥花序，丛生于叶腋内，花芳香，花瓣白色、淡黄色或淡红色，有纵脉纹。蓇葖果椭圆形或斜椭形，成熟时红色，沿腹缝线开裂，基部有宿存花萼片。种子橙黄色，为膜质假种皮所包裹；花期3~9月，果期5月至翌年3月。

分布于广东、福建、广西、云南等省份。生于山坡或疏林中。

茎皮含单宁，可提取栲胶；又可作外敷药用。

大叶红叶藤　红叶藤属
Rourea santaloides Wight. et Arn.

藤本或攀缘灌木。奇数羽状复叶，小叶3~7片，通常3片，纸质，近圆形、卵圆形或披针形，顶端叶片稍大，网脉明显，未达边缘即前网结。圆锥花序腋生，成簇，花芳香，花瓣白色或黄色。果实弯月形或椭圆形而稍弯曲，顶端急尖，沿腹缝线开裂；深绿色，干时黑色，有纵条纹，具宿存花萼。花期4~10月，果期5月至翌年3月。

分布于广东、台湾和云南。生于丘陵、灌丛、竹林或密林中。

胡桃科　Juglandaceae

少叶黄杞（白皮黄杞）　黄杞属
Engelhardia fenzlii Merr.

乔木，高3～10m，有时达18m，胸径达30cm，全体无毛。枝条灰白色，被锈褐色或橙黄色的圆形腺体。偶数羽状复叶长8～16cm，小叶1～2对，对生或近对生或者明显互生，叶片椭圆形至长椭圆形，全缘，侧脉5～7对，稍成弧状弯曲。雌雄同株或稀异株。雌雄花序常生于枝顶端而成圆锥状或伞形状花序束。果实球形，密被橙黄色腺体；苞片托于果实，背面有稀疏腺体裂片长矩圆形，顶端钝。花期7月，果期9～10月。

分布于广东、福建、浙江、江西、湖南和广西。生于丘陵山地。

可制人造棉，亦含鞣质可提栲胶；叶有毒，制成溶剂能防治农作物病虫害。

黄杞　黄杞属
Engelhardia roxburghiana Wall.

半常绿乔木，高达10余米，全体无毛，被橙黄色盾状着生的圆形腺体。偶数羽状复叶长12～25cm，叶柄长3～8cm，小叶3～5对，稀同一枝条上亦有少数2对。雌雄同株或稀异株。雌花序1条及雄花序数条长而俯垂，生疏散的花，常形成一顶生的圆锥状花序束，顶端为雌花序，下方为雄花序，或雌雄花序分开则雌花序单独顶生。果实坚果状，球形，直径约4mm，外果皮膜质，内果皮骨质，顶端钝圆。花期5～6月，果期8～9月。

分布于广东、台湾、广西、湖南、贵州、四川和云南。生于林中。

枫杨　枫杨属
Pterocarya stenoptera C. DC.

大乔木，高达30m。幼树树皮平滑，浅灰色，老时则深纵裂；小枝灰色至暗褐色，具灰黄色皮孔；芽具柄，密被锈褐色盾状着生的腺体。叶多为偶数或稀奇数羽状复叶，叶轴具翅至翅不甚发达，对生或稀近对生，长椭圆形至长椭圆状披针形，边缘有向内弯的细锯齿，上面被有细小的浅疣状凸起；雄性柔荑花序，单独生于去年生枝条上叶痕腋内。果序长20～45cm，果序轴常被有宿存的毛；果实长椭圆形，长6～7mm，基部常有宿存的星芒状毛；果翅狭，条形或阔条形。花期4～5月，果熟期8～9月。

分布于广东、江苏、浙江、江西、福建、台湾、广西、湖南、湖北、四川、贵州和云南。生于沿溪涧河滩、荫湿山坡地的林中。

山茱萸科　Cornaceae

桃叶珊瑚　桃叶珊瑚属
Aucuba chinensis Benth.

常绿小乔木或灌木。叶痕大，显著；冬芽球状，鳞片4对，交互对生。叶革质，长椭圆形或椭圆形，长10～20cm，先端钝尖，基部楔形或宽楔形，边缘微反卷，1/3以上具5～8对锯齿或腺状齿，稀粗锯齿；叶柄粗壮。圆锥花序顶生，花序梗被柔毛；雄花序长于雌花序，长5cm以上，雄花4基数，绿色或紫红色，花萼先端齿裂；花瓣长3～4mm，雄蕊长3mm，生于花盘外侧；花盘肉质。幼果绿色，成熟为鲜红色，圆柱状或卵状。核果。花期1～2月，果熟期为翌年2月，常与一二年生果同存于枝上。

分布于广东、福建、台湾、海南和广西等省份。常生于常绿阔叶林中。

尖叶四照花　四照花属
Dendrobenthamia angustata (Chun) Fang

常绿灌木或小乔木。幼枝纤细，被白色伏生短柔毛，老枝灰褐色，近无毛。叶薄革质或革质，椭圆形或长椭圆形，长5～9（12）cm，先端渐尖或尾状渐尖，基部宽楔形或楔形，幼时上面被伏生白色短柔毛，后变无毛，下面密被伏生白色短柔毛，脉腋具簇生白色细柔毛，侧脉3～4对。顶生球形头形花序常由56～80（90）朵花组成；总苞片椭圆形或倒卵形，两面被白色伏生毛；花萼管状，两面密被毛，4浅裂；花瓣宽椭圆形。果序球形，成熟时红色，被白色细伏毛。花期6～7月，果期10～11月。

分布于广东、陕西、甘肃、浙江、安徽、江西、福建、广西和云南等省份。生于山坡林中。

果可食。

香港四照花　四照花属
Dendrobenthamia hongkongensis (Hemsl.) Hutch.

常绿乔木或灌木。树皮深灰色或黑褐色，平滑；幼枝绿色，疏被褐色贴生短柔毛，老枝浅灰色或褐色，无毛，有多数皮孔；冬芽小，圆锥形，被褐色细毛。叶对生，薄革质至厚革质，椭圆形至长椭圆形，长6.2～13cm，宽3～6.3cm；中脉在上面明显，下面凸出，侧脉（3～）4对。头状花序球形，花小，有香味，花萼管状，绿色；花瓣4，长圆状椭圆形，淡黄色。果序球形，成熟时黄色或红色；总果梗绿色。花期5～6月；果期11～12月。

分布于广东、浙江、江西、福建、湖南、广西、四川、贵州和云南等。生于湿润山谷的密林或混交林中。

本种的木材为建筑材料；果作食用，又可作为酿酒原料。

八角枫科　Alangiaceae

八角枫　八角枫属
Alangium chinense (Lour.) Harms

落叶乔木或灌木，小枝略呈"之"字形。叶近圆形，先端渐尖或急尖，基部两侧常不对称；不定芽长出的叶常5裂，基部心形；基出脉3～5（～7），成掌状，侧脉3～5对。聚伞花序腋生，具7～30（～50）朵花；花序梗及花序分枝均无毛；花萼具齿状萼片6～8；花瓣与萼齿同数，线形，长1～1.5cm，白色或黄色；雄蕊与瓣同数而近等长；花盘近球形。核果卵圆形，幼时绿色，成熟后黑色，顶端有宿存的萼齿和花盘，种子1粒。花期5～7月和9～10月，果期7～11月。

分布于广东、福建、台湾、江西、湖北、湖南、四川、贵州、云南、广西和西藏。生于山地或疏林中。

本种药用，治风湿、跌打损伤、外伤止血等。树皮纤维可编绳索。

毛八角枫　八角枫属
Alangium kurzii Craib

落叶小乔木。树皮深褐色，平滑；小枝近圆柱形；当年生枝紫绿色，有淡黄色绒毛和短柔毛，多年生枝深褐色，无毛，具稀疏的淡白色圆形皮孔。叶互生，纸质，近圆形或阔卵形，顶端长渐尖，基部心脏形或近心脏形，全缘；侧脉6～7对，上面微现，下面显著。聚伞花序有5～7朵花，花瓣6～8，线形，基部黏合，上部开花时反卷，初白色，后变淡黄色。核果椭圆形或矩圆状椭圆形，幼时紫褐色，成熟后黑色，顶端有宿存的萼齿。花期5～6月，果期9月。

分布于广东、湖南、贵州和广西等。生于疏林中。

本种种子可榨油，供工业用。

蓝果树科　Nyssaceae

喜树　喜树属
Camptotheca acuminata Decne.

落叶乔木，高达20m。树皮灰色或浅灰色，纵裂成浅沟状。当年生枝紫绿色，有灰色微柔毛，多年生枝淡褐色或浅灰色，无毛，有很稀疏的圆形或卵形皮孔。单叶互生，纸质，矩圆状卵形或矩圆状椭圆形，长12～28cm，宽6～12cm，顶端短锐尖，基部近圆形或阔楔形，全缘，侧脉11～15对；叶柄长1.5～3cm。头状花序近球形，直径1.5～2cm，常由2～9个头状花序组成圆锥花序，顶生或腋生，通常上部为雌花序，下部为雄花序，总花梗长4～6cm。花杂性，同株；苞片3枚；花萼杯状，5浅裂，裂片齿状；花瓣5枚，淡绿色，矩圆形或矩圆状卵形；雄蕊10枚，外轮5枚较长，常长于花

瓣，内轮5枚较短。翅果矩圆形，长2～2.5cm，顶端具宿存的花盘，两侧具窄翅，着生成近球形的头状果序。花期5～7月，果期9月。

分布于广东、江苏、浙江、福建、江西、湖北、湖南、四川、贵州、广西和云南等省份。常生于林边或溪边。

五加科　Araliaceae

楤木　楤木属
Aralia chinensis L.

灌木或乔木。树皮灰色，疏生粗壮直刺；小枝通常淡灰棕色，有黄棕色绒毛，疏生细刺。叶为二至三回羽状复叶；叶柄粗壮；托叶与叶柄基部合生，纸质，耳廓形，叶轴无刺或有细刺；羽片有小叶5～11枚，稀13枚，基部有小叶1对；小叶片纸质至薄革质，卵形、阔卵形或长卵形，长5～12cm，稀长达19cm，宽3～8cm，先端渐尖或短渐尖，基部圆形，上面粗糙，疏生糙毛，下面有淡黄色或灰色短柔毛，脉上更密，边缘有锯齿；侧脉7～10对。伞房状圆锥花序；总花梗密生短柔毛；苞片锥形，膜质，外面有毛；花白色，芳香；萼无毛，边缘有5个三角形小齿；花瓣5，卵状三角形；雄蕊5枚。果实球形，黑色，有5棱。花期7～9月，果期9～12月。

分布于广东、山西、河北、云南和福建。生于林中。

本种为常用的中草药，有镇痛消炎、祛风行气、祛湿活血之功效，根皮治胃炎、肾炎及风湿疼痛，亦可外敷治刀伤。

台湾毛楤木（黄毛楤木）　楤木属
Aralia decaisneana Hance

有刺灌木。枝密被毛。叶为二回羽状复叶；叶柄粗壮，疏生细刺和黄棕色绒毛；托叶和叶柄基部合生，先端离生部分锥形，外面密生锈色绒毛；叶轴和羽片轴密生黄棕色绒毛；羽片有小叶7～13枚，基部有小叶1对；小叶片革质，卵形至长圆状卵形，长7～14cm，宽4～10cm，先端渐尖或尾尖，基部圆形，稀近心形，上面密生黄棕色绒毛，下面毛更密，边缘有细尖锯齿，侧脉6～8对，两面明显，网脉不明显。圆锥花序大，密生黄棕色绒毛，疏生细刺；花淡绿白色；萼无毛，边缘有5小齿；花瓣卵状三角形。果实球形，黑色，有5棱。花期10月至翌年1月，果期12月至翌年2月。

分布于我国南方各省份。生于向阳山坡、山谷水旁。

根药用，有祛风除湿、清热解毒、消肿止痛之功效，治跌打、肝炎、肾炎、痢疾、白带、疮疖。

棘茎楤木　楤木属
Aralia echinocaulis Hand.-Mazz.

小乔木，高达7m。小枝密生细长直刺。叶为二回羽状复叶，长35～50cm或更长；叶柄疏生短刺；托叶和叶柄基部合生，栗色；羽片有小叶5～9枚，基部有小叶1对；小叶片膜质至薄纸质，长圆状卵形至披针形，长4～11.5cm，宽2.5～5cm，先端长渐尖，基部圆形至阔楔形，歪斜，两面均无毛，下面灰白色，边缘疏生细锯齿，侧脉6～9对；小叶无柄或几无柄。圆锥花序大，顶生；主轴和分枝有糠屑状毛，后毛脱

落；伞形花序，有花12～20朵，稀30朵；总花梗长1～5cm；苞片卵状披针形；花梗长8～30mm；小苞片披针形；花白色；萼无毛，边缘有5个卵状三角形小齿；花瓣5，卵状三角形；雄蕊5枚。果实球形，有5棱；宿存花柱基部合生。花期6～8月，果期9～11月。

分布于广东、四川、云南、贵州、广西、福建、江西、湖北、湖南、安徽和浙江。生于森林中。

树参　树参属
Dendropanax dentiger (Harms) Merr.

乔木或灌木。叶片厚纸质或革质，密生粗大半透明红棕色腺点，叶形变异很大，不分裂叶片通常为椭圆形，稀长圆状椭圆形、椭圆状披针形、披针形或线状披针形，分裂叶片倒三角形，掌状2～3深裂或浅裂，基出脉3，网脉两面显著且隆起；叶柄无毛。伞形花序顶生，单生或2～5个聚生成复伞形花序，有花20朵以上；花瓣5，三角形或卵状三角形。果实长圆状球形，有5棱，每棱又各有纵脊3条。花期8～10月，果期10～12月。

分布于广东、浙江、安徽、湖南、贵州、云南、广西、江西、福建和台湾。生于常绿阔叶林或灌丛中。

本种为民间草药，根、茎、叶治偏头痛、风湿痹痛等症。

变叶树参　树参属
Dendropanax proteus (Champ.) Benth.

直立灌木。叶椭圆形、卵状椭圆形、椭圆状披针形或条状披针形，长2.5～12cm，先端渐尖或长渐尖，稀骤尖，基部楔形，分裂叶倒三角形，2～3（5）裂，近先端具2～3细齿，或中部以上具细齿，稀全缘，两面无毛，基出脉3，侧脉5～9对，叶脉不甚明显，无边脉，无透明腺点；叶柄无毛。伞形花序单生或2～3个簇生，花多数，花序梗粗，长0.5～2cm；花梗长0.5～1.5cm；萼筒具4～5小齿；花瓣4～5，卵状三角形。果实球形，平滑。花期8～9月，果期9～10月。

分布于广东、福建、江西、湖南、广西及云南。生于荫湿的常绿阔叶林中或山坡灌丛中。

本种为民间草药，根、茎有祛除风湿、活血通络之功效。

五加　五加属
Eleutherococcus gracilistylus (W. W. Smith) S. Y. Hu

灌木，枝灰棕色，节上通常疏生反曲扁刺。叶有小叶5枚，稀3～4枚，在长枝上互生，在短枝上簇生；叶柄长3～8cm，无毛，常有细刺；小叶片膜质至纸质，倒卵形至倒披针形，长3～8cm，宽1～3.5cm，先端尖至短渐尖，基部楔形，两面无毛或沿脉疏生刚毛，边缘有细钝齿，侧脉4～5对，两面均明显。伞形花序单个，稀2个腋生，或顶生在短枝上，花黄绿色；花瓣5，长圆状卵形，先端尖。果实扁球形，黑色；宿存花柱长约

2mm，反曲。花期4～8月，果期6～10月。

分布于西自四川、云南，东至海滨，北自山西、陕西，南至云南。生于灌木丛林、林缘、山坡路旁和村落中。

根皮供药用，中药称"五加皮"，作祛风化湿药，又作强壮药。

刚毛白勒　五加属
Eleutherococcus setosus (Li) Y. R. Ling

灌木。新枝黄棕色，疏生下向刺；叶有小叶5枚，小叶片纸质，稀膜质，椭圆状卵形至椭圆状长圆形，小叶片通常较长，先端长渐尖，边缘有细锯齿或钝齿，锯齿有长刚毛；上面脉上刚毛较多，边缘的锯齿有长刚毛。伞形花序3～10个，稀多至20个组成顶生复伞形花序或圆锥花序，花瓣5，开花时反曲。果实扁球形，直径约5mm，黑色。花期8～11月，果期9～12月。

分布于广东、云南、贵州、广西、湖南、江西和台湾。生于林荫下或林缘湿润地。

白簕花　五加属
Eleutherococcus trifoliatus (L.) S. Y. Hu

灌木。枝软弱铺散，常依持他物上升，老枝灰白色，新枝黄棕色，疏生下向刺；刺基部扁平，先端钩曲。小叶3（4～5）枚，卵形、椭圆状卵形或长圆形，长4～10cm，先端尖或渐尖，基部楔形，具锯齿，无毛，或上面疏被刚毛，侧脉5～6对；叶柄长2～6cm，有时疏被细刺，小叶柄长2～8mm。伞形花序3～10个，稀多至20个组成顶生复伞形花序或圆锥花序，花瓣5，开花时反曲。果球形，侧扁，径约5mm，黑色。花期8～11月，果期9～12月。

分布于我国中部和南部各省份。生于村落、山坡路旁、林缘和灌丛中。

本种为民间常用草药，根有祛风除湿、舒筋活血、消肿解毒之功效，治感冒、咳嗽、风湿、坐骨神经痛等症。

常春藤　常春藤属
Hedera nepalensis K. Koch var. *sinensis* (Tobl.) Rehd.

常绿攀缘灌木，有气生根。叶片革质，在不育枝上通常为三角状卵形或三角状长圆形，边全缘或3裂，花枝上的叶片通常为椭圆状卵形至椭圆状披针形，全缘或有1～3浅裂。伞形花序单个顶生或数个总状排列或伞房状排列成圆锥花序，花淡黄白色或淡绿白色，芳香，花瓣5，三角状卵形，雄蕊5枚，花药紫色，子房5室，花盘隆起，黄色；花柱全部合生成柱状。果实球形，红色或黄色，花柱宿存。花期9～11月，果期翌年3～5月。

分布于南至广东、江西、福建，西至西藏波密，东至江苏、浙江。生于林中、沟边石上。

全株供药用，有舒筋散风之功效，茎叶捣碎治衄血，也可治痈疽或其他初起肿毒。枝叶供观赏用。茎叶含鞣质，可提制栲胶。

短梗幌伞枫　幌伞枫属
Heteropanax brevipedicellatus Li

常绿灌木或小乔木，高3～7m。树皮灰棕色，有细密纵裂纹，新枝密生暗锈色绒毛。叶大，四至五回羽状复叶；叶轴密生暗锈色绒毛；小叶片纸质，椭圆形至狭椭圆形，长2～8.5cm，宽0.8～3.5cm，先端渐尖，基部阔楔形，上面深绿色，下面灰绿色，两面均无毛，边缘稍反卷，全缘，侧脉5～6对。圆锥花序顶生，主轴和分枝密生暗锈色星状厚绒毛；伞形花序头状，有花多数；苞片卵形，小苞片线形，外面均密生绒毛；花梗密生绒毛；花淡黄白色；花瓣5，三角状卵形，外面疏生星状绒毛；雄蕊5枚。果实扁球形，黑色。花期11～12月，果期翌年1～2月。

分布于广东、广西、江西和福建。生于低丘陵森林中和林缘路旁的荫蔽处。

根和树皮为民间草药，治跌打损伤、烫火伤及疮毒。

穗序鹅掌柴　南鹅掌柴属
Schefflera delavayi (Franch.) Harms ex Diels

乔木或灌木，高3～8m。小枝粗壮，幼时密生黄棕色星状绒毛，不久毛即脱净；髓白色，薄片状。小叶4～7枚，卵状长椭圆形或卵状披针形，长8～24cm，基部钝圆，全缘或疏生不规则缺齿，幼树之叶常羽状分裂，下面密被灰白色或黄褐色星状毛，侧脉8～12（～15）对；叶柄长12～25cm，小叶柄长1～10cm。花无梗，密集成穗状花序，再组成长40cm以上的大圆锥花序；主轴和分枝幼时均密生星状绒毛，后毛渐脱稀；苞片及小苞片三角形，均密生星状绒毛；花白色；萼长1.5～2mm，疏生星状短柔毛，有5齿；花瓣5，三角状卵形，无毛。果实球形，紫黑色，几无毛。花期10～11月，果期翌年1月。

分布于广东、云南、贵州、四川、湖北、湖南、广西、江西及福建。生于山谷溪边的常绿阔叶林中，荫湿的林缘或疏林。

本种为民间常用草药，根皮治跌打损伤，叶有发表功效。

鹅掌柴（鸭脚木）　南鹅掌柴属
Schefflera heptaphylla (L.) Frodin

乔木或灌木。掌状复叶，小叶6～9枚，最多至11枚，小叶片纸质至革质，中央的较大，两侧的较小，椭圆形、长圆状椭圆形或倒卵状椭圆形，先端急尖或短渐尖，边全缘；两面均无毛。圆锥花序顶生，主轴几无毛，长30cm以上；分枝疏散，在下部的长约18cm，上部的逐渐缩短；伞形花序总状排列在分枝上，有花10～20朵；总花梗长1～2cm，通常在中部有苞片2个，几无毛；苞片卵形，外面有短柔毛；小苞片小，卵形，外面有短柔毛；花淡红黄色，干时棕红色；萼倒圆锥形，无毛，边缘近全缘；花瓣5，长三角形。果实球形，黑色。花期11～12月，果期12月。

分布于广东、西藏、云南、广

西、浙江、福建和台湾。生于林中。

是南方冬季的蜜源植物；木材质软，为火柴杆及制作蒸笼原料；叶及根皮民间供药用，治疗流感、跌打损伤等症。

伞形科　Umbelliferae

紫花前胡　当归属
Angelica decursiva (Miquel) Franchet et Savatier

多年生草本。根圆锥状，有少数分枝，径1～2cm，外表棕黄色至棕褐色，有强烈气味。茎高1～2m，直立，中空，光滑，常为紫色，无毛，有纵沟纹。根生叶和茎生叶有长柄，柄长13～36cm，基部膨大成圆形的紫色叶鞘，抱茎，外面无毛；叶片三角形至卵圆形，坚纸质，长10～25cm，一回三全裂或一至二回羽状分裂。复伞形花序顶生和侧生，花瓣倒卵形或椭圆状披针形，花药暗紫色。果实长圆形至卵状圆形。花期8～9月，果期9～11月。

分布于广东、辽宁、河北、陕西、河南、四川、湖北、江苏、浙江、江西、广西和台湾等省份；日本、朝鲜和俄罗斯远东地区。生于山坡林缘、溪沟边或杂木林灌丛中。

根药用，为解热、镇咳、祛痰药，用于感冒、发热、头痛、气管炎、咳嗽、胸闷等症。果实可提制芳香油，具辛辣香气。幼苗可作春季野菜。

崩大碗　积雪草属
Centella asiatica (L.) Urb.

多年生草本。茎匍匐，节上生根。叶片膜质至草质，圆形、肾形或马蹄形，长1～2.8cm，宽1.5～5cm，边缘有钝锯齿，基部阔心形，两面无毛或在背面脉上疏生柔毛；掌状脉5～7，两面隆起，脉上部分叉；基部叶鞘透明，膜质。伞形花序梗2～4个，聚生于叶腋；每一伞形花序有花3～4朵，聚集呈头状，花瓣紫红色或乳白色，膜质。果实两侧扁压，圆球形，基部心形至截平形，每侧有纵棱数条，棱间有明显的小横脉，网状，表面有毛或平滑。花果期4～10月。

分布于广东、江西、湖南、湖北、福建、台湾、广西、四川和云南等省份。生于荫湿的草地或水沟边。

全草入药，清热利湿、消肿解毒。

蛇床　蛇床属
Cnidium monnieri (L.) Casson

一年生草本。根圆锥状。茎直中空，表面具深条棱。下部叶具短柄，叶鞘短宽，边缘膜质，上部叶柄全部鞘状；叶片轮廓卵形至三状卵形，二至三回三出式羽状全裂，羽片轮廓卵形至卵状披针形，先端常略呈尾状，末回裂片线形至线状披针形。复伞形花序；总苞片线形至线状披针形，小总苞片多数，线形；小伞形花序具花15～20朵，萼齿无；花瓣白色。分生果长圆状；横剖面近五角形，主棱5。花期4～7月，果期6～10月。

分布于华南、华东、中南、西南、西北、华北和东北。生于田边、路旁、草地及河边湿地。

刺芫荽　刺芹属
Eryngium foetidum L.

二年生或多年生草本。基生叶披针形或倒披针形不分裂，草质，顶端钝，基部渐窄有膜质叶鞘，边缘有骨质尖锐锯齿，齿尖刺状，顶端不分裂或3～5深裂；茎生叶着生在每一叉状分枝的基部，对生，无柄，边缘有深锯齿，齿尖刺状，顶端不分裂或3～5深裂。头状花序生于茎的分叉处及上部枝条的短枝上，萼齿卵状披针形至卵状三角形；花瓣倒披针形至倒卵形，白色、淡黄色或草绿色。果卵圆形或球形，表面有瘤状凸起。花果期4～12月。

分布于广东、广西、贵州和云南等省份。生于丘陵、山地林下、路旁、沟边等湿润处。

用于利尿、治水肿病及蛇咬伤有良效，又可作食用香料，气味同芫荽。

红马蹄草　天胡荽属
Hydrocotyle nepalensis Hook.

多年生草本，高5～45cm。茎匍匐，有斜上分枝，节上生根。叶片膜质至硬膜质，圆形或肾形，长2～5cm，宽3.5～9cm，边缘通常5～7浅裂，裂片有钝锯齿，基部心形，掌状脉7～9，疏生短硬毛；叶柄长4～27cm，上部密被柔毛，下部无毛或有毛；托叶膜质，顶端钝圆或有浅裂。伞形花序数个簇生于茎端叶腋，花序梗短于叶柄，有柔毛；小伞形花序有花20～60朵，常密集成球形的头状花序；花柄极短，很少无柄或超过2mm，花柄基部有膜质、卵形或倒卵形的小总苞片；无萼齿；花瓣卵形，白色或乳白色，有时有紫红色斑点。果长1～1.2mm，宽1.5～1.8mm，基部心形，两侧扁压，光滑或有紫色斑点，成熟后常呈黄褐色或紫黑色，中棱和背棱显著。花果期5～11月。

分布于广东、陕西、安徽、浙江、江西、湖南、湖北、广西、四川、贵州、云南和西藏等省份；印度、马来西亚、印度尼西亚。生于山坡、路旁、荫湿地、水沟和溪边草丛中。

全草入药，治跌打损伤、感冒、咳嗽痰血。

天胡荽　天胡荽属
Hydrocotyle sibthorpioides Lam.

多年生草本，有气味。茎细长而匍匐，成片平铺地上，节上生根。叶片膜质至草质，圆形或肾圆形，不分裂或5～7裂，裂片阔倒卵形，边缘有钝齿，托叶薄膜质，全缘或稍有浅裂。伞形花序与叶对生，单生于节上，小总苞片有黄色透明腺点，背部有1条不明显的脉；小伞形花序有花5～18朵，花无柄或有极短的柄，花瓣卵形，绿白色，有腺点。果实略呈心形，两侧扁压，中棱在果熟时极为隆起，幼时表面草黄色，成熟时有紫色斑点。花果期4～9月。

分布于广东、浙江、江西、福建、湖南、湖北、广西、台湾、四川、贵州和云南等省份。生于沟边。

全草入药，有清热、利尿、消肿、解毒之功效，治黄疸、赤白痢疾。

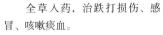

水芹　水芹属
Oenanthe javanica (Bl.) DC.

多年生草本。茎高15～80cm，直立，或基部匍匐。基生叶有柄，基部有叶鞘；叶片轮廓三角形，一至二回羽状分裂，末回裂片卵形至菱状披针形，长2～5cm，宽1～2cm，边缘有牙齿或圆齿状锯齿；茎上部叶无柄，裂片和基生叶的裂片相似，较小。复伞形花序顶生，花序梗长2～16cm；无总苞；伞辐6～16，不等长，直立和展开；小总苞片2～8，线形，长2～4mm；小伞形花序有花20余朵，花柄长2～4mm；萼齿线状披针形，长与花柱基相等；花瓣白色，倒卵形，有一长而内折的小舌片。果实近于四角状椭圆形或筒状长圆形，侧棱较背棱和中棱隆起，木栓质。花期6～7月，果期8～9月。

分布于全国各省份；东亚、印度、俄罗斯等。多生于浅水沟旁或低洼地方。

全草药用，有清热凉血、利尿消肿、止痛止血等功效；茎叶供食用。

异叶茴芹　茴芹属
Pimpinella diversifolia DC.

多年生草本。通常为须根，稀为圆锥状根。茎直立，有条纹，被柔毛，中上部分枝。叶异形，基生叶有长柄；叶片三出分裂，裂片卵圆形，两侧的裂片基部偏斜，顶端裂片基部心形或楔形，长1.5～4cm，宽1～3cm，稀不分裂或羽状分裂，纸质；茎中、下部叶三出分裂或羽状分裂；茎上部叶较小，叶片羽状分裂或3裂，边缘有锯齿。通常无总苞片，稀1～5，披针形；伞辐6～15（～30），长1～4cm；小总苞片1～8，短于花柄；小伞形花序有花6～20朵，花柄不等长；无萼齿；花瓣倒卵形，白色，基部楔形，顶端凹陷，小舌片内折，背面有毛。幼果卵形，有毛，成熟的果实卵球形，基部心形，近于无毛，果棱线形。花果期5～10月。

分布于广东、安徽、江苏、浙江、江西、湖南、湖北、福建、广西和台湾；越南、巴基斯坦、印度、日本等。生于山坡草丛中、沟边或林下。

山柳科　Clethraceae

云南桤叶树　桤叶树属
Clethra delavayi Franch.

落叶灌木或小乔木，高4～5m。小枝栗褐色。叶硬纸质，倒卵状长圆形或长椭圆形，稀倒卵形，长7～23cm，先端渐尖或短尖，基部楔形，稀宽楔形，上面初密被硬毛，后毛稀疏或近无毛，下面淡绿色，具锐尖锯齿，中脉及侧脉在上面微凹下或平，侧脉20～21对；叶柄上面稍成浅沟状，密被星状硬毛及长伏毛。总状花序单生枝端，花序轴和花梗均密被锈色星状毛及成簇微硬毛，有时杂有单硬毛；苞片线状披针形，早落；萼5深裂，裂片卵状披针形，短尖头，尖头有腺体；花瓣5，长圆状倒卵形，顶端中部微凹，两面无毛；雄蕊10枚，短于花瓣。蒴果近球形，下弯，疏

被长硬毛。种子黄褐色，卵圆形或椭圆形，具3棱，有时略扁平，种皮上有蜂窝状深凹槽。花期7~8月，果期9~10月。

分布于广东和云南；印度、缅甸、不丹、越南。生于山地林缘或林中。

杜鹃花科　Ericaceae

广东金叶子　假木荷属
Craibiodendron scleranthum (Dop) W. S. Judd var. *kwangtungense* (S. Y. Hu) Judd

常绿乔木，高10~12m。小枝无毛，皮孔不明显。叶互生，革质，椭圆形或披针形，长6~8cm，宽1.8~3cm，先端锐尖，稀短渐尖，基部渐狭成楔形，全缘，榄绿色，表面有光泽，背面色较淡，中脉在表面凹陷，在背面隆起，侧脉18~20对，在表面明显，在背面隆起，至叶边缘网结，网脉明显；叶柄长8~10mm。总状花序腋生；花序轴长4~5cm，被短柔毛；花萼杯状，疏被柔毛，裂片近圆形，具睫毛；花冠短钟形，被毛；雄蕊10枚。蒴果扁球形，顶部凹陷，外果皮木质化；每室有种子12~14粒。种子近卵圆形，压扁，具纵条纹。花期5~6月，果期7~8月。

分布于广东和广西。生于山地。

吊钟花　吊钟花属
Enkianthus quinqueflorus Lour.

落叶灌木或小乔木。树皮灰黄色；多分枝，枝圆柱状，无毛。叶常密集于枝顶，互生，革质，长圆形或倒卵状长圆形，长（3~）5~10cm，宽（1~）2~4cm，先端渐尖且具钝头或小突尖，基部渐狭而成短柄，边缘反卷，全缘或稀于顶部疏生细齿。伞形花序具3~8朵花；花梗长1~2cm，无毛，下弯；花萼裂片卵状披针形或三角状披针形；花冠淡红色、红色或白色，宽钟状，裂片三角状卵形。蒴果椭圆形，淡黄色，5棱。花期3~5月，果期5~7月。

分布于广东、江西、福建、湖北、湖南、广西、四川、贵州和云南。生于山坡灌丛中。

为美丽的观赏花卉。

腺萼马银花　杜鹃属
Rhododendron bachii Levl.

常绿灌木。小枝灰褐色，被短柔毛和稀疏的腺头刚毛。叶互生，薄革质，宽卵形或卵状椭圆形，长3~6cm，先端锐尖，有突尖头，基部宽楔形，边缘浅波状，除上面中脉被短柔毛外，两面均无毛；叶柄长约5mm，被短柔毛和腺体。花1朵侧生于上部枝条叶腋；花萼5深裂，裂片卵形或倒卵形，具条纹；花冠淡紫色、淡紫红色或淡紫白色，辐状，5深裂，裂片阔倒卵形；雄蕊5枚，不等长。蒴果卵球形，长约7mm，直径约6mm，密被短柄腺毛。花期4~5月，果期6~10月。

分布于广东、安徽、浙江、江西、湖北、湖南、广西、四川和贵州。生于疏林中。

多花杜鹃　杜鹃属
Rhododendron cavaleriei Levl.

常绿灌木，高达8m。小枝纤细，淡灰色，无毛。叶革质，披针形或倒披针形，长7~10（~15）cm，宽达5.4cm，先端渐尖，具短尖头，基部楔形或狭楔形，边缘微反卷，上面深绿色，具光泽，下面淡绿色，中脉在上面下凹，下面显著凸起，侧脉和细脉于两面不明显，无毛；叶柄无毛。花芽圆锥状，鳞片倒卵形或长圆状倒卵形，被淡黄色微柔毛。伞形花序生枝顶叶腋，有花10~15（~17）朵；花梗密被灰色短柔毛；花萼裂片不明显，稀为线状，无毛；花冠白色至蔷薇色，狭漏斗形，5深裂，裂片长圆状披针形，具条纹，花冠管狭圆筒状；雄蕊10枚。蒴果圆柱形，先端渐尖，密被褐色短柔毛。花期4~5月，果期6~11月。

分布于广东、江西、湖南、广西和贵州。生于疏林或密林中。

刺毛杜鹃　杜鹃属
Rhododendron championae Hook.

常绿灌木。枝褐色，被开展的腺头刚毛和短柔毛。叶厚纸质，长圆状披针形，长达17.5cm，宽2~5cm，先端渐尖，基部楔形，稀近于圆形，边缘密被长刚毛和疏腺头毛，上面深绿色，疏被短刚毛，下面苍白色，密被刚毛和短柔毛，尤中脉和侧脉上的刚毛更密；叶柄密被腺头刚毛和短柔毛。花芽长圆状锥形，外面及边缘被短柔毛。伞形花序生枝顶叶腋，有花2~7朵；花萼裂片形状多变，5深裂，裂片常呈三角状长圆形，边缘具腺头刚毛；花冠白色或淡红色，狭漏斗状，5深裂，裂片长圆形或长圆状披针形；雄蕊10枚，不等长。蒴果圆柱形，微弯曲，具6条纵沟；果柄被腺头刚毛和短柔毛。花期4~5月，果期5~11月。

分布于广东、浙江、江西、福建、湖南和广西。生于山谷疏林内。

金萼杜鹃　杜鹃属
Rhododendron chrysocalyx Levl. et Van.

落叶灌木。分枝多，小枝密被棕褐色糙伏毛。叶厚纸质，密集于枝端，披针形至倒披针形，长1.5~4（~6）cm，宽0.5~1.3cm，先端渐尖，具短尖头，基部狭楔形，边缘反卷，具细圆齿，初初时被毛，上面深绿色，具光泽，中脉和侧脉明显凹陷。伞形花序顶生，有花4~7朵，花冠狭漏斗形，白色、苍白粉红色或紫色，花冠管狭圆筒形，上端扩大，5裂，裂片长圆状卵形，开展，先端微凸；雄蕊5枚。蒴果长卵球形，密被淡黄棕色长糙伏毛。花期3~5月，果期6~10月。

分布于广东、湖北、广西和贵州。生于灌丛中。

丁香杜鹃　杜鹃属
Rhododendron farrerae Tate

落叶灌木。小枝初被锈色长柔毛，后无毛，枝短而硬。叶近革质，常3叶集生枝顶，卵形，长2～3cm，先端钝尖，基部圆，叶缘有睫毛，两面中脉近基部有时被柔毛，侧脉不显；叶柄长约2mm，被锈色柔毛。花1～2朵顶生，先花后叶；花梗长约6mm，被锈色柔毛；花萼不明显，被锈色柔毛；花冠漏斗状，紫丁香色，长3.8～5cm，花冠筒短而窄，上部5裂，边缘多波状，有紫红色斑点；雄蕊8～10枚。蒴果长圆柱形；果柄微弯，被红棕色长柔毛。花期5～6月，果期7～8月。

分布于广东、江西、福建、湖南和广西。生于山地密林中。

岭南杜鹃　杜鹃属
Rhododendron mariae Hance

落叶灌木。叶革质，二型：春叶较大，椭圆状披针形，长3.2～8.2cm，先端渐尖，有短尖头，基部楔形，上面绿色，无毛，下面疏被糙伏毛；夏叶较小，椭圆形或倒卵形，先端钝，有尖头；叶柄被糙伏毛。顶生伞形花序有7～16朵花；花梗长0.5～1.2cm，被红棕色糙伏毛；花萼极小，被毛；花冠漏斗状，长1.5～2.2cm，丁香紫色，冠筒细长，长约1cm，无毛，裂片5，长圆状披针形，先端钝尖；雄蕊5枚。蒴果卵圆形，被糙伏毛。花期3～6月，果期7～11月。

分布于广东、安徽、江西、福建、湖南、广西和贵州。生于山丘灌丛中。

满山红　杜鹃属
Rhododendron mariesii Hemsl. et Wils.

落叶灌木。枝轮生，幼时被淡黄棕色柔毛，成长时无毛。叶厚纸质或近于革质，常2～3集生枝顶，椭圆形、卵状披针形或三角状卵形，先端锐尖，具短尖头，边缘微反卷，初时具细钝齿，后不明显，叶脉在上面凹陷，下面凸出，细脉与中脉或侧脉间的夹角近于90°；花通常2朵顶生，先花后叶，花萼环状，5浅裂，花冠漏斗形，淡紫红色或紫红色，花冠管深裂，上方裂片具紫红色斑点。蒴果椭圆状卵球形。花期4～5月，果期6～11月。

分布于广东、安徽、浙江、江西、福建、台湾、河南、湖北、湖南、广西、四川和贵州。生于山地稀疏灌丛。

毛棉杜鹃　杜鹃属
Rhododendron moulmainense Hook. F.

灌木或小乔木。幼枝粗壮，淡紫褐色，无毛，老枝褐色或灰褐色。叶厚革质，集生枝端，近于轮生，长圆状披针形或椭圆状披针形，先端渐尖至短渐尖，边缘反卷，上面深绿色，叶脉凹陷，下面淡黄白色

或苍白色，中脉凸出，侧脉于叶缘不联结。数伞形花序生枝顶叶腋；花较小，裂片5，波状浅裂；花冠淡紫色、粉红色或淡红白色，狭漏斗形，5深裂；雄蕊10枚，不等长。蒴果圆柱状，先端渐尖，花柱宿存。花期4～5月，果期7～12月。

分布于广东、江西、福建、湖南、广西、四川、贵州和云南。生于灌丛或疏林中。

马银花　杜鹃属
Rhododendron ovatum Planch

常绿灌木。小枝灰褐色，疏被具柄腺体和短柔毛。叶革质，卵形或椭圆状卵形，先端急尖或钝，具短尖头，基部圆形，稀宽楔形，上面深绿色，有光泽，中脉和细脉凸出，沿中脉被短柔毛，下面仅中脉凸出，侧脉和细脉不明显，无毛。花单生枝顶叶腋，花冠淡紫色、紫色或粉红色，辐状，5深裂，裂片长圆状倒卵形或阔倒卵形。蒴果阔卵球形，密被灰褐色短柔毛和疏腺体，且为增大而宿存的花萼所包围。花期4～5月，果期7～10月。

分布于广东、江苏、安徽、浙江、江西、福建、台湾、湖北、湖南、广西、四川和贵州。生于灌丛中。

本种在广西作药用。

猴头杜鹃　杜鹃属
Rhododendron simiarum Hance

常绿灌木。叶常密生于枝顶，5～7枚，厚革质，倒卵状披针形至椭圆状披针形，长5.5～10cm，宽2～4.5cm，先端钝尖或钝圆，基部楔形，微下延于叶柄，上面深绿色，无毛，下面被淡棕色或淡灰色的薄层毛被；中脉在上面下陷呈浅沟纹，在下面显著隆起，侧脉10～12对。顶生总状伞形花序，有5～9朵花，花冠钟状，乳白色至粉红色，喉部有紫红色斑点，5裂，裂片半圆形；雄蕊10～12枚。蒴果长椭圆形，被锈色毛，后变无毛。花期4～5月，果期7～9月。

分布于广东、浙江、江西、福建、湖南及广西。生于山坡林中。

映山红　杜鹃属
Rhododendron simsii Pl

落叶灌木，高2～5m。分枝多而纤细，密被亮棕褐色扁平糙伏毛。叶革质，常集生枝端，卵形、椭圆状卵形或倒卵形或倒卵形至倒披针形，边缘微反卷，具细齿，上面深绿色，下面淡白色；叶柄密被亮棕褐色扁平糙伏毛。花2～3（～6）朵簇生枝顶，花萼5深裂，裂片三角状长卵形，边缘具睫毛，花冠阔漏斗形，玫瑰色、鲜红色或暗红色，裂片5，倒卵形，雄蕊10枚。蒴果卵球形，密被糙伏毛；花萼宿存。花期4～5月，果期6～8月。

分布于广东、江苏、安徽、江西、福建、台湾、湖北、湖南、广西、四川、贵州和云南。生于山地疏灌丛或松林下。

全株供药用，因花冠鲜红色，为著名的花卉植物，具有较高的观赏价值。

越橘科　Vacciniaceae

乌饭树　越橘属
Vaccinium bracteatum Thunb.

常绿灌木或小乔木。分枝多，幼枝被短柔毛或无毛，老枝紫褐色，无毛。叶椭圆形、菱状椭圆形、披针状椭圆形或披针形，长4～9cm，宽2～4cm，薄革质，先端尖、渐尖、长渐尖，基部楔形、宽楔形，稀钝圆，有细齿，两面无毛，侧脉5～7对，斜伸至边缘以内网结；叶柄长2～8mm，无毛或被微毛。总状花序顶生和腋生，多花，花序轴密被柔毛；苞片叶状，披针形，花冠白色，筒状，有时略呈坛状。浆果熟时紫黑色，外面通常被短柔毛。花期6～7月，果期8～10月。

分布于华南、华东、华中、西南及台湾。生于丘陵地带或山地。

果实成熟后酸甜，可食。

短尾越橘　越橘属
Vaccinium carlesii Dunn

常绿灌木或乔木。分枝多，枝条细。叶密生，散生枝上，叶片革质，卵状披针形或长卵状披针形，长2～7cm，宽1～2.5cm，顶端渐尖或长尾状渐尖，基部圆形或宽楔形，稀楔形，边缘有疏浅锯齿；侧脉和网脉纤细。总状花序腋生和顶生；苞片披针形，早落或不落以至结果时仍存在，小苞片着生花梗基部，披针形或线形；萼齿三角形，花冠白色，宽钟状，5裂几达中部，裂片卵状三角形，顶端反折。浆果球形，熟时紫黑色，外面无毛，常被白粉。花期5～6月，果期8～10月。

分布于广东、安徽、浙江、江西、福建、湖南、广西和贵州等省份。生于林中。

水晶兰科　Monotropaceae

水晶兰　水晶兰属
Monotropa uniflora L.

多年生，草本，腐生。茎直立，单一，不分枝。全株无叶绿素，白色，肉质，干后变黑褐色。根细而分枝密，交结成鸟巢状。叶鳞片状，直立，互生，长圆形、窄长圆形或宽披针形，长1.4～1.5cm，宽4～4.5mm，先端钝，无毛或上部叶稍有毛，近全缘。花单一，顶生，苞片鳞片状，与叶同形；花冠筒状钟形；萼片鳞片状，早落；花瓣5～6，离生，楔形或倒卵状长圆形；雄蕊10～12枚；花药黄色；花盘10齿裂。蒴果椭圆状球形，直立，向上。花期8～9月，果期9～11月。

分布于广东、浙江、安徽、台湾、湖北、江西、云南、四川、贵州和西藏等省份。生于山地林下。

柿树科　Ebenaceae

乌材　柿属
Diospyros eriantha Champ. ex Benth.

常绿乔木或灌木。枝灰褐色，疏生纵裂的近圆形小皮孔。叶纸质，长圆状披针形，先端短渐尖，边缘微背卷，有时有睫毛，干时上面灰褐色或灰黑色，下面带红色或浅棕色；中脉在上面微凸起，侧脉4～6对。花序腋生，聚伞花序式，基部有苞片数片，苞片覆瓦状排列，雄花1～3朵簇生，花冠白色。果卵形或长圆形，先端有小尖头，嫩时绿色，熟时黑紫色，初时有粗伏毛，成熟时除顶端外，余处近无毛。花期7～8月，果期10月至翌年1～2月。

分布于广东、广西和台湾。生于山地疏林、密林或灌丛中。

未成熟果实可提取柿漆供涂雨具、渔网等用。木材材质硬重，耐腐，不变形，可作建筑、车辕、农具和家具等用材。

罗浮柿　柿属
Diospyros morrisiana Hance

乔木或小乔木。树皮呈片状剥落。叶薄革质，长椭圆形或卵形，长5～10cm，先端短渐尖或钝，基部楔形，边缘微背卷，上面有光泽，深绿色，下面绿色，中脉在上面平，侧脉4～6对；叶柄长约1cm，上端有窄翅。雄花序短小，腋生，下弯，聚伞花序式，雄花带白色，花萼钟状，有绒毛，4裂，裂片三角形，花冠在芽时为卵状圆锥形，开放时近壶形；雌花腋生，单生，花萼浅杯状，外面有伏柔毛，内面密生棕色绢毛，4裂，裂片三角形，花冠近壶形。果球形；果柄长约2mm。种子近长圆形，栗色，侧扁。花期5～6月，果期11月。

分布于广东、广西、福建、台湾、浙江、江西、湖南、贵州、云南和四川。生于林中。

未成熟果实可提取柿漆，木材可制家具。茎皮、叶、果入药，有解毒消炎之功效。

油杯子（怀德柿）　柿属
Diospyros tsangii Merr.

灌木或小乔木。小枝有近圆形或椭圆形的纵裂皮孔；叶纸质，长圆形或长圆状椭圆形，长4～9cm，宽1.5～3cm，先端短渐尖，钝头，基部楔形，上面绿色，下面淡绿色，嫩叶有睫毛，下面有伏柔毛，除老叶下面中脉上疏生长伏毛外，余处无毛；侧脉每边3～4条，纤细。聚伞花序短小，生当年生枝下部，有花1朵；雄花裂片披针形，花萼4深裂，裂片披针形，花冠白色，4裂；雌花单生叶腋，比雄花大，花萼4裂，萼管近钟形。果扁球形，嫩时绿色，成熟时黄色。花期2～5月，果期8月。

分布于广东、福建和江西等地。生于灌木丛中或阔叶混交林中。

岭南柿　柿属

Diospyros tutcheri Dunn

　　小乔木，疏生纵裂的长椭圆形皮孔。叶薄革质，椭圆形，长8～12cm，先端渐尖，基部钝或近圆，微背卷，上面深绿色，有光泽，下面淡绿色，两面叶脉明显，中脉在上面凹陷，侧脉5～6对。雄聚伞花序由3花组成，生当年生枝下部，花萼4深裂，裂片三角形，花冠壶状；雌花生在当年生枝下部新叶叶腋，单生，花萼4深裂，裂片卵形，花冠宽壶状，口部收窄，4裂。果球形，初时密被粗伏毛，后变无毛，宿存花萼增大，裂片卵形或卵状披针形。花期4～5月，果期8～10月。

　　分布于广东、广西及湖南。生于山谷水边或山坡密林中或疏荫湿润处。

🌿 山榄科　**Sapotaceae**

铁榄　铁榄属

Sinosideroxylon wightianum (Hook. et Arn.) Aubr.

　　乔木，稀灌木。叶互生，密聚小枝先端，革质，卵形或卵状披针形，长（5）7～9（15）cm，宽3～4cm，先端渐尖，基部楔形，两面无毛，上面具光泽，下面色较淡，中脉在上面明显，稍凸起，下面凸起，侧脉8～12对，成50°～70°上升，弧曲，两面均明显，网脉细。花浅黄色，1～3朵簇生于腋生的花序梗上，组成总状花序；花萼基部联合成钟形，裂片5，覆瓦状排列，三角形或近卵形；花冠（4）5裂，裂片卵状长圆形。果绿色，转深紫色，椭圆形，无毛；种子1粒。种子椭圆形。

　　分布于广东、广西、贵州南部及云南东南部。生于灌丛及混交林中。

🌿 肉实科　**Sarcospermataceae**

水石梓　肉实树属

Sarcosperma laurinum (Benth.) Hook. f.

　　乔木，板根显著。叶互生、对生或在枝顶成轮生状，革质，倒卵形或倒披针形，稀窄椭圆形，长7～19cm，先端骤尖，有时钝或渐钝尖，基部楔形；侧脉6～9对；托叶早落。总状花序或为圆锥花序腋生，花芳香，单生或2～3簇生花序轴上；每花具小苞片1～3，被毛；花萼裂片宽卵形或近圆形，背面有毛；花冠绿色转淡黄色，花冠裂片宽卵形或近圆形。核果长圆形或椭圆形，由绿色至红色至紫红色转黑色，基部具外反的宿萼。种子1粒。花期8～9月，果期12月至翌年1月。

　　分布于广东、浙江、福建、海南和广西。生于山谷或溪边林中。

　　木材作农具、家具及建筑用材。

🌿 紫金牛科　**Myrsinaceae**

朱砂根　紫金牛属

Ardisia crenata Sims.

　　灌木。叶片革质或坚纸质，椭圆形、椭圆状披针形至倒披针形，顶端急尖或渐尖，基部楔形，长7～15cm，宽2～4cm，边缘具皱波状或波状齿，具明显的边缘腺点，两面无毛；侧脉12～18对，构成不规则的边缘脉。伞形花序或聚伞花序，着生于侧生特殊花枝顶端；花萼仅基部合生，萼片长圆状卵形，顶端圆形或钝；花瓣白色，稀略带粉红色，盛开时反卷，顶端急尖，具腺点。果球形，鲜红色，具腺点。花期5～6月，果期10～12月，有时2～4月。

　　分布于广东、西藏至台湾、湖北至海南岛等省份。生于疏、密林下荫湿的灌木丛中。

　　为民间常用的中草药之一，根、叶可祛风除湿、散瘀止痛、通经活络；果可食，亦可榨油，亦为观赏植物。

郎伞木　紫金牛属

Ardisia hanceana Mez.

　　灌木。叶片坚纸质，略厚，椭圆状披针形、倒披针形或稀狭卵形，顶端急尖或渐尖，基部楔形，长9～12（～15）cm，宽2.5～4cm，边缘通常具明显的圆齿，齿间具边缘腺点，或呈皱波状，或近全缘，两面无毛，无腺点；侧脉12～15对。复伞房状伞形花序，着生于顶端下弯的侧生特殊花枝尾端，花萼仅基部连合，萼片卵形或长圆状卵形，顶端急尖或钝；花瓣白色或带紫色，仅基部连合，顶端急尖，具腺点。果球形，深红色。花期5～6月，果期11～12月。

　　分布于广东、浙江、安徽、江西、福建、湖南和广西。生于山谷、山坡林下。

　　供药用，治腰骨疼痛、跌打等症；叶用于拔疮毒。

虎舌红　紫金牛属

Ardisia mamillata Hance

　　矮小灌木。具匍匐的木质根茎，直立茎高不超过15cm。叶片坚纸质，互生或簇生于茎的顶端，幼时长满了暗红色的长柔毛，倒卵形至长圆状倒披针形，顶端尖或钝，边缘有不明显的疏圆齿及藏于毛中的腺点，两面暗红色；侧脉6～8对，不明显；叶柄被毛。伞形花序有花7～15朵，着生于叶腋下；花萼基部连合，萼片披针形或狭长圆状披针形；花瓣粉红色，稀近白色。果球形，鲜红色，多少具腺点。花期6～7月，果期11月至翌年6月。

　　分布于我国长江以南；越南。生于山谷密林下荫湿的地方。

　　全草药用，有清热利湿、活血止痛、去腐生肌等功效，治风湿跌打、外出血、小儿疳积、产后虚弱、月经不调、肺结核咳血、肝炎、痢疾等症；叶外敷可用于拔刺拔针。

莲座紫金牛　紫金牛属
Ardisia primulaefolia Cardn. et Champ

　　矮小灌木或近草本。茎短或几无，常被锈色长柔毛。叶互生或基生呈莲座状，叶片坚纸质或几膜质，椭圆形或长圆状倒卵形，顶端钝或突然急尖，边缘具不明显的疏浅圆齿，具边缘腺点，两面有时紫红色，被卷曲的锈色长柔毛，具长缘毛；侧脉约6对，明显，不连成边脉。聚伞花序或亚伞形花序，从莲座叶腋中抽出1~2个，花瓣粉红色，顶端急尖，具腺点。果球形，肉质，鲜红色，具疏腺点。花期6~7月，果期11~12月，有时延至翌年4~5月。

　　分布于广东、云南、广西、江西和福建。生于山坡密林下、荫湿的地方。

　　全草供药用，可补血、治痨伤咳嗽、风湿、跌打等。

山血丹（斑叶紫金牛）　紫金牛属
Ardisia punctata D. Dietr

　　灌木或小灌木。幼茎被微柔毛。叶革质或近坚纸质，长圆形或椭圆状披针形，基部楔形，长10~15cm，宽2~3.5cm，近全缘或具微波状齿，齿间具边缘腺点，边缘反卷，上面无毛，下面被微柔毛，除边缘外，余无腺点或腺点极疏；侧脉8~12对；叶柄长1~1.5cm。亚伞形花序，单生或稀为复伞形花序，着生于侧生特殊花枝顶端，花萼仅基部连合，花瓣白色，椭圆状卵形，具明显的腺点。果球形，深红色，微肉质，具疏腺点。花期5~7月，果期10~12月。

　　分布于广东、浙江、江西、福建、湖南和广西。生于山谷、山坡密林下。

　　根可调经、通经、活血、祛风、止痛。

罗伞树　紫金牛属
Ardisia quinquegona Bl.

　　灌木或灌木状小乔木。小枝细，无毛，有纵纹，被锈色鳞片。叶片坚纸质，长圆状披针形、椭圆状披针形至倒披针形，顶端渐尖，基部楔形，长8~16cm，宽2~4cm，全缘；中脉明显，侧脉极多，不明显。聚伞花序或亚伞形花序，腋生，稀着生于侧生花枝顶端，长3~5cm；花梗长5~8mm，稍被鳞片；萼片三角状卵形，具稀疏缘毛及腺点；花瓣白色，宽椭圆状卵形，内面近基部被细柔毛。果扁球形，具钝5棱，无腺点。花期5~6月，果期12月至翌年2~4月。

　　分布于广东、云南、广西、福建和台湾。生于山坡疏、密林中，或林中溪边荫湿处。

　　全株入药，有消肿、清热解毒的作用，亦作兽用药；也是常用的炭火材料。

纽子果　紫金牛属
Ardisia virens Kurz

　　灌木。茎粗壮，除侧生特殊花枝外，无分枝，无毛。叶片坚纸质或厚，椭圆状或长圆状披针形，或狭倒卵形，顶端渐尖，长9~17cm，

宽3~5cm，边缘具皱波状或细圆齿，齿间具边缘腺点，背面通常具蜜腺点；背面中脉明显，隆起，侧脉15~30对。复伞房花序或伞形花序，着生于侧生特殊花枝顶端；花萼仅基部连合，萼片长圆状卵形至几圆形；花瓣初时白色或淡黄色，以后变粉红色，顶端急尖，具腺点。果球形，红色，具蜜腺点。花期6~7月，果期10~12月或至翌年1月。

　　分布于广东、云南、广西、海南岛和台湾。生于密林下荫湿而土壤肥厚的地方。

酸藤子　酸藤子属
Embelia laeta (L.) Mez

　　攀缘灌木或藤本。幼枝无毛，老枝具皮孔。叶片坚纸质，倒卵形或长圆状倒卵形，顶端圆形、钝或微凹，基部楔形，长3~4cm，宽1~1.5cm，全缘，两面无毛，无腺点，背面常被薄白粉；中脉隆起，侧脉不明显。总状花序，腋生或侧生，生于前年无叶枝上；花萼基部连合达萼长的1/2或1/3，萼片卵形或三角形；花瓣白色或带黄色，分离，具缘毛，外面无毛，里面密被乳头状凸起，具腺点，开花时强烈展开。果球形，腺点不明显。花期12月至翌年3月，果期4~6月。

　　分布于广东、云南、广西、江西、福建和台湾。生于山坡疏、密林下。

　　根、叶可散瘀止痛、收敛止泻，果亦可食，有强壮补血的功效。

当归藤　酸藤子属
Embelia parviflora Wall.

　　攀缘灌木或藤本。老枝具皮孔，但不明显，小枝通常二列，密被锈色长柔毛，略具腺点或星状毛。叶二列，叶片坚纸质，卵形，顶端钝或圆形，全缘，近顶端具疏腺点；背面中脉隆起，侧脉不明显。亚伞形花序或聚伞花序，腋生，通常下弯藏于叶下，被锈色长柔毛，基部苞片不明显或无；花5基数，花萼基部微微连合，萼片卵形或近三角形；花瓣白色或粉红色，分离，近顶端具腺点。果球形，暗红色，无毛，宿存花萼反卷。花期12月至翌年5月，果期5~7月。

　　分布于广东、云南、广西、浙江和福建。生于林中。

　　根与老藤供药用，用于腰腿酸痛、接骨、散瘀活血。

白花酸藤子　酸藤子属
Embelia ribes Burm. F.

　　攀缘灌木或藤本。枝无毛，老枝皮孔明显。叶倒卵状圆形或椭圆形，先端渐钝尖，基部楔形或圆形，长5~8（~10）cm，下面有时被白粉，腺点不明显，侧脉不明显。圆锥花序顶生，呈辐射展开与主轴垂直，被疏乳头状凸起或密被微柔毛；花5基数，花萼基部连合达萼长的1/2，萼片三角形；花

瓣淡绿色或白色分离，椭圆形或长圆形。果球形或卵形，红色或深紫色，无毛，干时具皱纹或隆起的腺点。花期1~7月，果期5~12月。

分布于广东、贵州、云南、广西和福建。生于林内、林缘灌木丛中。

根可药用，治急性肠胃炎、赤白痢、腹泻、刀枪伤、外伤出血等；果可食；嫩尖可生吃。

网脉酸藤子 酸藤子属
Embelia rudis Hand.-Mazz.

攀缘灌木。叶片坚纸质，稀革质，长圆状椭圆形或卵形，稀宽披针形，顶端急尖或渐尖，基部圆或钝，稀楔形，长5~10cm，宽2~4cm，边缘具细或粗锯齿，有时具重锯齿或几全缘，两面无毛，叶面中脉下凹，背面隆起，侧脉多数，直达齿尖，细状网状，明显隆起。总状花序，腋生；花梗被乳头状凸起；花5基数，花萼基部连合，萼片卵形；花瓣分离，淡绿色或白色，卵形或长圆形或椭圆形，花丝基部具乳头状凸起。果球形，蓝黑色或带红色，具腺点，宿存花萼紧贴果。花期10~12月，果期翌年4~7月。

分布于广东、浙江、江西、福建、台湾、湖南和广西。生于山坡灌木丛中或疏、密林中。

根、茎可供药用，有清凉解毒、滋阴补肾的作用。

多脉酸藤子 酸藤子属
Embelia vestita Roxb.

攀缘灌木或藤本。小枝无毛或嫩枝被极细的微柔毛，具皮孔。单叶，互生，叶片坚纸质，卵形至卵状长圆形，稀椭圆状披针形，顶端急尖、渐尖或钝，基部楔形或圆形，长5~11cm，宽2~3.5cm，边缘具细锯齿，稀成重锯齿，两面无毛，叶面中脉下凹，侧脉多数，明显。总状花序腋生，被锈色微柔毛，花梗通常与总轴成直角；花5基数，花萼基部连合，萼片卵形；花瓣白色或粉红色，分离，狭长圆形或椭圆形。果球形，红色，多少具腺点，宿存花萼反卷。花期10月至翌年2月，果期11月至翌年3月。

分布于广东、广西、贵州、云南和香港等。生于山坡灌丛中。

果有驱虫、祛风、止泻的功效，可驱蛔虫、绦虫。

杜茎山 杜茎山属
Maesa japonica (Thumb.) Moritzi.

灌木，直立。小枝无毛，具细条纹，疏生皮孔。叶片革质，有时较薄，椭圆形至披针状椭圆形，或倒卵形至长圆状倒卵形，或披针形，几全缘或中部以上具疏锯齿，或除基部外均具疏细齿；两面无毛，叶面中、侧脉及细脉微隆起，背面中脉明显，隆起，侧脉5~8对，不甚明显。总状花序或圆锥花序，1~3个腋生，花冠白色，长钟形，具明显的脉状腺条纹。果球形，肉质，具脉状腺条纹，宿存花萼包果顶端，常冠以宿存花柱。花期1~3月，果期10月至翌年5月。

分布于我国西南至台湾以南各省份。生于山坡或石灰山杂木林下阴处。

果可食，微甜；全株供药用，有祛风寒、消肿之功效；茎、叶外敷治跌打损伤、止血。

鲫鱼胆 杜茎山属
Maesa perlarius (Lour.) Merr.

灌木。分枝多，小枝被长硬毛或短柔毛，有时无毛。叶片纸质或近坚纸质，广椭圆状卵形至椭圆形，顶端急尖或突然渐尖，基部楔形，长7~11cm，宽3~5cm，边缘从中下部以上具粗锯齿，下部常全缘；背面被长硬毛，中脉隆起，侧脉7~9对，尾端直达齿尖。总状花序或圆锥花序，腋生，花冠白色，钟形，具脉状腺条纹，花柱短且厚，柱头4裂。果球形，具脉状腺条纹，宿存花萼片达果中部略上，常冠以宿存花柱。花期3~4月，果期12月至翌年5月。

分布于广东、四川、贵州至台湾以南各省份。生于山坡、路边的疏林或灌丛中湿润的地方。

全株供药用，有消肿去腐、生肌接骨的功效。

软弱杜茎山 杜茎山属
Maesa tenera Mez

灌木，高1~2m。小枝圆柱形，无毛。叶片膜质或纸质，广椭圆形至菱状椭圆形，顶端通常突然渐尖或短渐尖，基部楔形或广楔形，长7.5~11cm，宽3.5~5.5cm，边缘除近基部外，其余具钝锯齿，两面无毛，叶面脉平整，背面脉明显，隆起，侧脉约7对，具不甚明显的脉状腺条纹；叶柄无毛。总状花序至圆锥花序，腋生，长3~6（~11）cm，无毛，疏松；苞片披针形至钻形；花梗无毛；小苞片卵形至披针形，紧贴花萼基部，具缘毛；萼片广卵形，顶端急尖或钝，无毛，有时具疏缘毛；花冠白色，钟形；裂片与花冠管等长，广卵形，顶端圆形，边缘微波状，具脉状腺条纹。果球形或近圆形，具纵行肋纹，宿存花萼包果的中部略上，具宿存花柱。花期约2月，果期8~9月。

分布于广东。生于林缘开旷的地方。

密花树 密花树属
Rapanea neriifolia (Sieb. et Zucc.) Mez.

大灌木或小乔木。小枝无毛，具皱纹，有时有皮孔。叶片革质，长圆状倒披针形至倒披针形，顶端急尖或钝，长7~17cm，宽1.3~6cm，全缘；两面无毛，叶面中脉下凹，侧脉不甚明显，背面中脉隆起，侧脉很多，不明显。伞形花序或花簇生，着生于具覆瓦状排列的苞片的小短枝上；花萼仅基部连合，萼片卵形；花瓣白色或淡绿色，有时为紫红色，花时反卷。果球形或近卵形，灰绿色或紫黑色，有时具纵行腺条纹或纵肋，冠以宿存花柱基部。花期4~5月，果期10~12月。

分布于我国西南各省份及台湾。生于林中。

用根煎水服，可治膀胱结石；木材坚硬，可作车杆、车轴，又是较好的薪炭柴。

安息香科 Styracaceae

赤杨叶 赤杨叶属
Alniphyllum fortunei (Hemsl.) Makino

落叶乔木，高达15m。树干通直，树皮灰褐色，有不规则细纵皱纹。叶互生，纸质，椭圆形或倒卵状椭圆形，长8～20cm，宽4～11cm，先端尖或渐尖，基部楔形，具锯齿，两面疏被星状柔毛，稀被星状绒毛，有时无毛，具白粉；叶柄长1～2cm。总状花序或圆锥花序，顶生或腋生，长8～15（～20）cm，有10～20花；花长1.5～2cm；花萼长4～5mm，萼齿卵状披针形，较萼筒长；花冠裂片长椭圆形。蒴果长椭圆形，似萝卜，熟时黑色，开裂。种子多数，有翅。花期4～7月，果期8～10月。

分布于我国中部、南部和西南部各省份。生于林中。

生长快速，栽培容易，适于造林、庭园或公园配置。木材柔软，可制火柴杆等。

白花龙 安息香属
Styrax faberi Perk.

灌木。叶互生，纸质，倒卵形、椭圆状菱形或椭圆形，长2～5（～7）cm，有时侧枝基部叶近对生，椭圆形、倒卵形或长圆状披针形，长4～11cm，宽3～3.5cm，先端尖，基部宽楔形，具细锯齿，当年生小枝幼叶两面密被褐色或灰色星状柔毛至无毛，老叶两面无毛。总状花序顶生，有3～5朵花，下部常单花腋生；花萼杯状；花白色，花冠裂片膜质，披针形或长圆形。果实倒卵形或近球形，外面密被灰色星状短柔毛，果皮平滑。花期4～6月，果期8～10月。

分布于广东、安徽、湖北、江苏、浙江、湖南、江西、福建、台湾、广西、贵州和四川等省份。生于低山和丘陵地灌丛中。

野茉莉 安息香属
Styrax japonicus Sieb. et Zucc.

灌木或小乔木。树皮暗褐色或灰褐色，平滑。叶互生，纸质或近革质，椭圆形或长圆状椭圆形至卵状椭圆形，顶端急尖或钝渐尖，常稍弯，近全缘或仅于上半部具疏离锯齿，上面除叶脉疏被星状毛外，其余无毛而稍粗糙；侧脉每边5～7条。总状花序顶生，有5～8朵花，花白色，花萼漏斗状，膜质，萼齿短，花冠裂片卵形、倒卵形或椭圆形，覆瓦状排列；花丝扁平。果卵形，顶端具短尖头。种子褐色，有深皱纹。花期4～7月，果期9～11月。

分布于北自秦岭和黄河以南各省，东起山东、福建，西至云南和四川，南至广东和广西。生于林中。

木材为散孔材，可作器具、雕刻等细工用材；种子油可作肥皂或机器润滑油，油粕可作肥料；花美丽、芳香，可作庭园观赏植物。

芬芳安息香 安息香属
Styrax odoratissimus Champ. ex Benth.

小乔木。树皮灰褐色。单叶，互生，薄革质至纸质，卵形或卵状椭圆形，长4～15cm，宽2～8cm，顶端渐尖或急尖，基部宽楔形至圆形，边全缘或上部有疏锯齿；侧脉每边6～9条；叶柄被毛。总状花序顶生或腋生，花序梗、花梗和小苞片密被黄色星状绒毛；花白色；花萼膜质，杯状；花冠裂片膜质，椭圆形或倒卵状椭圆形。果近球形，顶端聚缩而有喙，密被毛。种子卵形，密被褐色鳞片状毛和瘤状凸起，稍具皱纹。花期3～4月，果期6～9月。

分布于我国长江以南各省份。生于林中。

可作建筑用材。

栓叶安息香 安息香属
Styrax suberifolius Hook. et Arn.

乔木。树皮红褐色或灰褐色，粗糙。叶互生，革质，椭圆形、长椭圆形或椭圆状披针形，顶端渐尖，尖头有时稍弯，边近全缘，下面密被黄褐色至灰褐色星状绒毛；侧脉每边5～12条，中脉在上面凹陷，下面隆起；叶柄上面具深槽或近四棱形。总状花序或圆锥花序，顶生或腋生，花白色，花萼杯状，萼齿三角形或波状；花冠4（～5）裂，裂片披针形或长圆形，花蕾时作镊合状排列。果实卵状球形，密被灰色至褐色星状绒毛，成熟时从顶端向下3瓣开裂。种子褐色，无毛，宿存，花萼包围果实的基部至一半。花期3～5月，果期9～11月。

分布于我国长江以南各省份。生于山地、丘陵地常绿阔叶林中。

本种木材坚硬，可供家具和器具用材；种子可制肥皂或油漆；根和叶可作药用。

越南安息香 安息香属
Styrax tonkinensis (Pierre) Craib. ex Hartw.

落叶乔木，高达30m。树皮暗灰色或灰褐色，有不规则纵裂纹。叶互生，纸质至薄革质，椭圆形、椭圆状卵形至卵形，长5～18cm，宽4～10cm，顶端短渐尖，基部圆形或楔形，边近全缘，嫩叶有时具2～3个齿裂；侧脉每边5～6条。圆锥花序或渐缩小成总状花序，花序柄密被黄褐色星毛；花萼杯状，顶端截形或有5齿，萼齿三角形；花白色，花冠裂片膜质，卵状披针形或长圆状椭圆形。果近球形，外面密被灰色星状绒毛。种子卵形，栗褐色。花期4～6月，果期8～10月。

分布于华南和华中；越南。生于林中。

木材可用于建筑。根、叶、果治哮喘、咳嗽、感冒、中暑、胃痛、产后血晕、遗精、中风昏厥等。

山矾科　Smyplocaceae

腺柄山矾　山矾属
Symplocos adenopus Hance

灌木或小乔木。小枝稍具棱，芽、嫩枝、嫩叶背面、叶脉、叶柄均被褐色柔毛。叶纸质，干后褐色，椭圆状卵形或卵形，长8～16cm，宽2～6cm，先端急尖或急渐尖，基部圆形或阔楔形，边缘及叶柄两侧有大小相间、半透明的腺锯齿；中脉及侧脉在叶面明显凹下，侧脉每边6～10条。团伞花序腋生；花萼5裂，裂片半圆形，膜质，有褐色条纹；花冠白色，5深裂几达基部；雄蕊20～30枚。核果圆柱形，顶端宿萼裂片直立。花期11～12月，果期翌年7～8月。

分布于广东、福建、广西、湖南、贵州和云南。生于山地、路旁、山谷或疏林中。

华山矾　山矾属
Symplocos chinensis (Lour.) Druce

灌木。嫩枝、叶柄、叶背均被黄褐色皱曲柔毛。叶纸质，椭圆形或倒卵形，先端急尖或短尖，边缘有细尖锯齿，叶面有短柔毛；中脉在叶面凹下，侧脉每边4～7条。圆锥花序顶生或腋生，花序轴、苞片、萼外面均密被灰黄色皱曲柔毛；苞片早落；花冠白色，芳香，5深裂几达基部；雄蕊50～60枚，花丝基部合生成五体雄蕊；花盘具5凸起的腺点，无毛。核果卵状圆球形，歪斜，被紧贴的柔毛，熟时蓝色，顶端宿萼裂片向内伏。花期4～5月，果期8～9月。

分布于广东、浙江、福建、台湾、安徽、江西、湖南、广西、云南、贵州和四川等省份。生于丘陵、山坡、杂林中。

根药用，治疟疾、急性肾炎；种子油制肥皂。

密花山矾　山矾属
Symplocos congesta Benth.

常绿乔木或灌木。幼枝、芽、叶均被褐色皱曲的柔毛。叶片纸质，两面均无毛，椭圆形或倒卵形，长8～10（17）cm，宽2～6cm，先端渐尖或急尖，基部楔形或阔楔形，通常全缘或很少疏生细尖锯齿；中脉和侧脉在叶面均凹下，侧脉每边5～10条。团伞花序腋生于近枝端的叶腋，花萼有时红褐色，有纵条纹，裂片卵形或阔卵形，覆瓦状排列；花冠白色，5深裂几达基部；雄蕊约50枚，花丝基部稍联合。核果熟时紫蓝色，圆柱形，顶端宿萼裂片直立，核约有10条纵棱。花期8～11月，果期翌年1～2月。

分布于广东、云南、广西、湖南、江西、福建和台湾。生于密林中。

根药用，治跌打。

羊舌树　山矾属
Symplocos glauca (Thunb.) Koidz.

乔木。芽、嫩枝、花序均密被褐色短绒毛。叶常簇生于小枝上端，叶片狭椭圆形或倒披针形，长6～15cm，宽2～4cm，先端急尖或短渐尖，基部楔形，全缘，叶背通常苍白色，干后变褐色；中脉在叶面凹下，侧脉和网脉在叶面凸起，侧脉每边5～12条。穗状花序基部通常分枝，花萼裂片卵形，被褐色短绒毛；花冠5深裂几达基部，裂片椭圆形，顶端圆；雄蕊30～40枚。核果狭卵形，近顶端狭，宿萼裂片直立，核具浅纵棱。花期4～8月，果期8～10月。

分布于广东、浙江、福建、台湾、广西和云南。生于林间。

木材供建筑、家具、文具及板料用；树皮药用，治感冒。

毛山矾　山矾属
Symplocos groffii Merr.

小乔木或乔木。嫩枝、叶柄、叶面中脉、叶背脉上和叶缘均被展开的灰褐色长硬毛。叶纸质，椭圆形、卵形或倒卵状椭圆形，长5～8（12）cm，宽2～3（5）cm，先端渐尖，基部阔楔形或圆形，两面被短柔毛，全缘或具疏离的尖锯齿；中脉和侧脉在叶面均凸起，侧脉每边7～9条。穗状花序长约1cm或有时花序缩短呈团伞状，花萼被硬毛，5裂，裂片半圆形；花冠深5裂几达基部，裂片长圆状椭圆形。核果长圆状椭圆形，被柔毛，顶端宿萼裂片直立；核有7～9条纵棱。花期4月，果期6～7月。

分布于广东、湖南、江西和广西。生于山坡、坑边的湿润土地或密林中。

光叶山矾（光叶灰木）　山矾属
Symplocos lancifolia Sieb. et Zucc.

小乔木。芽、嫩枝、嫩叶背面脉上、花序均被黄褐色柔毛。叶纸质或近膜质，干后有时呈红褐色，卵形至阔披针形，长3～6（9）cm，宽1.5～2.5（3.5）cm，先端尾状渐尖，基部阔楔形或稍圆，边缘具稀疏的浅钝锯齿；中脉在叶面平坦，侧脉纤细，每边6～9条。穗状花序；花萼5裂，裂片卵形；花冠淡黄色，5深裂几达基部；雄蕊约25枚，花丝基部稍合生。核果近球形，顶端宿萼裂片直立。花期3～11月，果期6～12月，边开花边结果。

分布于广东、浙江、台湾、福建、广西、江西、湖南、湖北、四川、贵州和云南。生于林中。

叶可作茶；根药用，治跌打。

黄牛奶树　山矾属
Symplocos laurina (Retz.) Wall.

乔木。小枝无毛，芽被褐色柔毛；叶革质，倒卵状椭圆形或狭椭圆形，长7～14cm，宽2～5cm，先端急尖或渐尖，基部楔形或宽楔形，边缘有细小的锯齿，中脉在叶面凹下，侧脉很细，每边5～7条。

穗状花序，花序轴通常被柔毛，在结果时毛渐脱落；苞片和小苞片外面均被柔毛，边缘有腺点；花萼无毛，裂片半圆形，短于萼筒；花冠白色，5深裂几达基部；雄蕊约30枚，花丝基部稍合生。核果球形，顶端宿萼裂片直立。花期8~12月，果期翌年3~6月。

分布于广东、湖南、广西、福建、台湾、江苏和浙江等省份。生于林中。

木材作板料、木尺；种子油作滑润油或制肥皂；树皮药用，治感冒。

光亮山矾　山矾属
Symplocos lucida (Thunb.) Sieb. et Zucc.

常绿小乔木或乔木。芽、枝、叶均无毛，小枝粗壮有角棱。叶革质至厚革质，卵状椭圆形、椭圆形或狭椭圆形，长6.5~10cm，宽2.5~4cm，先端渐尖，基部楔形，全缘或有疏锯齿；中脉在叶面凸起，侧脉每边6~10条，纤细。总状花序长1~2cm，被柔毛，上部的花近无柄；花萼长约3mm，5裂，裂片圆形或阔卵形；花冠白色，5深裂几达基部，花丝基部合生成五体雄蕊。核果长圆状卵形或倒卵形，顶端有直立稍向内弯的宿萼裂片，核骨质。花期6~11月，果期12月至翌年5月。

分布于广东、广西、海南和香港。生于阔叶林中。

铁山矾　山矾属
Symplocos pseudobarberina Gontsch.

乔木，全株无毛。叶纸质，卵形或卵状椭圆形，长5~8（10）cm，宽2~4cm，先端渐尖或尾状渐尖，基部楔形或椭圆，边缘有稀疏的浅波状齿或全缘；中脉在叶面凹下，侧脉每边3~5条。总状花序基部常分枝，花梗粗而长；苞片与小苞片背面均无毛，有缘毛；苞片长卵形，小苞片三角状卵形，背面有中肋；花萼裂片圆形，短于萼筒；花冠白色，5深裂几达基部，雄蕊30~40枚；花盘5裂，无毛。核果绿色或黄色，长圆状卵形，顶端宿萼裂片向内倾斜或直立。

分布于广东、云南、广西、湖南和福建。生于密林中。

老鼠矢　山矾属
Symplocos stellaris Brand

常绿乔木。小枝髓心中空，芽、嫩枝、嫩叶柄、苞片和小苞片均被红褐色绒毛。叶厚革质，叶面有光泽，叶背粉褐色，披针状椭圆形或狭长圆状椭圆形，长6~20cm，宽2~5cm，先端急尖或短渐尖，基部阔楔形或圆形，通常全缘，很少有细齿；中脉在叶面凹下，在叶背明显凸起，侧脉每边9~15条，侧脉和网脉在叶面均凹下，在叶背不明显。团伞花序着生于二年生枝的叶痕之上；花萼裂片半圆形；花冠白色，5深裂几达基部，顶端有缘毛。

核果狭卵状圆柱形，顶端宿萼裂片直立。花期4~5月，果期6月。

分布于我国长江以南及台湾各省份。生于山地、路旁、疏林中。

马钱科　Loganiaceae

驳骨丹　醉鱼草属
Buddleja asiatica Lour.

直立灌木或小乔木。幼枝、叶下面、叶柄和花序均密被灰色或淡黄色星状短绒毛。叶对生，叶片膜质至纸质，狭椭圆形、披针形或长披针形，全缘或有小锯齿，上面绿色，干后黑褐色，下面淡绿色，干后灰黄色；侧脉每边10~14条。总状花序窄而长，由多个小聚伞花序组成，单生或者3至数个聚生于枝顶或上部叶腋内，再排列成圆锥花序；花萼裂片三角形；花冠芳香，白色，有时淡绿色。蒴果椭圆状。种子灰褐色，椭圆形。花期1~10月，果期3~12月。

分布于广东、福建、台湾、湖北、湖南、海南、广西、四川、贵州和云南等省份。生于向阳山坡灌木丛中或疏林缘。

根和叶供药用，有祛风化湿、行气活络之功效。花芳香，可提取芳香油。

醉鱼草　醉鱼草属
Buddleja lindleyana Fort.

落叶灌木。小枝四棱形或稍有翅，嫩枝、嫩叶背面、花序等均有棕色星状毛。叶对生，萌芽枝条上的叶为互生或近轮生，叶片膜质，卵形、椭圆形至长圆状披针形，长3~11cm，宽1~5cm，顶端渐尖，基部宽楔形至圆形，边全缘或具有波状齿，上面深绿色，幼时被星状短柔毛，后变无毛，下面灰黄绿色；侧脉每边6~8条。穗状聚伞花序顶生，花紫色，芳香；花萼钟状，花萼裂片宽三角形；花冠紫色，裂片阔卵形或近圆形。蒴果长圆形。种子淡褐色，小，无翅。花期4~10月，果期8月至翌年4月。

分布于我国长江以南各省份；日本。生于山地路旁、河边或灌丛中。

全株药用，有祛风除湿的作用；花色艳丽，供观赏，由于有毒，不能种植在人群能够触摸到的地方。

柳叶蓬莱葛　蓬莱葛属
Gardneria lanceolata Rehd. et Wils.

攀缘灌木。枝条圆柱形，棕褐色，有明显叶痕；除花冠裂片内面被柔毛外，全株均无毛。叶片坚纸质至近革质，披针形至长圆状披针形，长5~15cm，宽1~4cm，顶端渐尖，基部圆形或楔形，上面深绿色，下面苍绿色；侧脉每边5~9条，网脉不明显。花5基数，白色，单生于叶腋内；花萼杯状，裂片圆形；花冠裂片披针形；花丝极短，花药合生。浆果圆球状，成熟后橘红色，顶端常宿存有花柱。花期6~8月，果期9~12月。

分布于广东、江苏、安徽、浙江、江西、湖北、湖南、广西、四川、贵州和云南等省份。生于山坡灌木丛中或山地疏林下。

大茶药　钩吻属
Gelsemium elegans (Gardn. et Champ.) Benth.

常绿木质藤本。小枝圆柱形，幼时具纵棱；除苞片边缘和花梗幼时被毛外，全株均无毛。叶片膜质，卵形、卵状长圆形或卵状披针形，长5~12cm，宽2~6cm，顶端渐尖，基部阔楔形至近圆形；侧脉每边5~7条，上面扁平，下面凸起。花密集，组成顶生和腋生的三歧聚伞花序，花萼裂片卵状披针形；花冠黄色，漏斗状，内面有淡红色斑点。蒴果卵形或椭圆形，未开裂时明显地具有2条纵槽，成熟时通常黑色，干后室间开裂为2个2裂果瓣，基部有宿存的花萼，果皮薄革质。花期5~11月，果期7月至翌年3月。

分布于广东、江西、福建、台湾、湖南、海南、广西、贵州和云南等省份。生于山地路旁灌木丛中或潮湿肥沃的丘陵山坡疏林下。

全株有大毒，供药用，有消肿止痛、拔毒杀虫之功效；华南地区常用作中医、兽医草药，对猪、牛、羊有驱虫功效。

水田白（小姬苗）　尖帽草属
Mitrasacme pygmaea R. Br.

一年生草本。茎圆柱形，直立，纤细，不分枝或从基部分枝，被长硬毛，老渐无毛或近无毛。叶对生，疏离，在茎基部呈莲座式轮生，叶片草质，卵形、长圆形或线状披针形，顶端钝、急尖至渐尖，基部阔楔形，上面近无毛，下面、边缘及叶脉被白色长硬毛，老时毛被渐稀疏或近无毛；中脉在叶下面明显，侧脉每边约3条，不明显。花数朵组成稀疏的顶生和腋生的复伞形花序，苞片具缘毛；花冠白色或浅黄色，钟状。蒴果近球形。种子极微小，椭圆形。花期6~7月，果期8月。

分布于广东、福建、浙江和台湾等省份；澳大利亚、印度、朝鲜和日本等地。生于旷野草地。

全株药用，可治咳嗽。

牛眼马钱　马钱属
Strychnos angustiflora Benth.

木质藤本。除花序和花冠以外，全株无毛。小枝变态成为螺旋状曲钩，钩长2~5cm，上部粗厚，老枝有时变成枝刺。叶片革质，卵形、椭圆形或近圆形，长3~8cm，宽2~4cm，顶端急尖至钝，基部钝至圆，有时浅心形；基出脉3~5。三歧聚伞花序顶生，花萼裂片卵状三角形；花冠白色，花冠裂片长披针形。浆果圆球状，光滑，成熟时红色或橙黄色，内有种子1~6粒。种子扁圆形。花期4~6月，果期7~12月。

分布于广东、福建、海南、广西和云南。生于山地疏林下或灌木丛中。越南、泰国和菲律宾等。

茎皮、嫩叶、种子均有毒，可供药用，能消肿止痛；也可作兽药，治跌打损伤。

华马钱　马钱属
Strychnos cathayensis Merr.

木质藤本。幼枝被短柔毛，老枝被毛脱落；小枝常变态成为成对的螺旋状曲钩。叶片近革质，长椭圆形至窄长圆形，长6~10cm，宽2~4cm，顶端急尖至短渐尖，基部钝至圆，上面有光泽，无毛，下面通常无光泽而被疏柔毛；叶柄长2~4mm，被疏柔毛至无毛。聚伞花序顶生或腋生，着花稠密；花5基数；花萼裂片卵形；花冠白色，花冠裂片长圆形。浆果圆球状，果皮薄，脆壳质，内有种子2~7粒。种子圆盘状。花期4~6月，果期6~12月。

分布于广东、台湾、海南、广西和云南。生于山地疏林下或山坡灌丛中。

供药用，有解热止血的功效；果实可作农药，毒杀鼠类等。

木犀科　Oleaceae

白蜡树　梣属
Fraxinus chinensis Roxb.

落叶乔木。树皮灰褐色，纵裂。羽状复叶长15~25cm；叶柄长4~6cm，基部不增厚；叶轴挺直，上面具浅沟，初时疏被柔毛，旋即秃净；小叶5~7枚，硬纸质，卵形、倒卵状长圆形至披针形，长3~10cm，宽2~4cm，顶生小叶与侧生小叶近等大或稍大，先端锐尖至渐尖，基部钝圆或楔形，叶缘具整齐锯齿；中脉在上面平坦，侧脉8~10对。圆锥花序顶生或腋生枝梢，花雌雄异株；雄花密集，花萼小，钟状；雌花疏离，花萼大，桶状。坚果圆柱形，宿存花萼紧贴于坚果基部，常在一侧开口深裂。花期4~5月，果期7~9月。

分布于我国南北各省份。多为栽培，也见于山地杂木林中。

扭肚藤　素馨属
Jasminum elongatum (Burgius.) Willd.

攀缘灌木。小枝圆柱形，疏被短柔毛至密被黄褐色绒毛。单叶对生，纸质，卵形或卵状披针形，长3~11cm，先端短尖或锐尖，基部圆、截平或微心形，两面被柔毛，下面脉上被毛，其余近无毛；叶柄长2~5mm。聚伞花序密集，顶生或腋生，通常着生于侧枝顶端，花微香；花萼密被柔毛或近无毛，内面近边缘处有长柔毛，裂片6~8；花冠白色，高脚碟状，裂片6~9枚，披针形。果长圆形或卵圆形，呈黑色。花期4~12月，果期8月至翌年3月。

分布于广东、海南、广西和云南。生于灌木丛、混交林及沙地。

叶在民间用来治疗外伤出血、骨折。

清香藤　素馨属
Jasminum lanceolarium Roxb.

大型攀缘灌木。小枝圆柱形，稀具棱，节处稍压扁，光滑无毛或被短柔毛。叶对生或近对生，三出复叶，有时花序基部侧生小叶退化成线状而成单叶，具凹陷的小斑点；叶柄具沟；小叶片椭圆形、长圆形、卵圆形、卵形或披针形，顶生小叶柄稍长或等长于侧生小叶柄。复聚伞花序常排列成圆锥状，顶生或腋生，有花多朵，密集；花芳香；花萼筒状，光滑或被短柔毛，果时增大，萼齿三角形；花冠白色，高脚碟状。果球形或椭圆形。花期4～10月，果期6月至翌年3月。

分布于我国长江以南各省份及台湾、陕西、甘肃。生于山坡、灌丛、山谷密林中。

岭南茉莉　素馨属
Jasminum laurifolium Roxb.

常绿缠绕藤本。小枝圆柱形，全株无毛。叶对生，单叶，叶片革质，线形、披针形、狭椭圆形或长卵形，长4～12.5cm，宽0.7～3.3cm，先端渐尖至尾尖，稀钝或锐尖，基部楔形或圆形，叶缘反卷，基出脉3，常不明显，细脉在两面不明显。聚伞花序顶生或腋生，有花1～8朵，通常花单生；花芳香；萼管裂片4～12枚，线形；花冠白色，高脚碟状，裂片8～12枚，披针形或长剑形。果卵状长圆形，呈黑色，光亮。花期5月，果期8～12月。

分布于广东、海南、广西、云南和西藏。生于山谷、丛林或岩石坡灌丛中。

植株药用，可治刀伤、蛇伤、痈疮肿毒等。

厚叶素馨　素馨属
Jasminum pentaneurum Hand. –Mazz.

攀缘灌木。小枝黄褐色，圆柱形或扁平而呈钝角形，节处稍压扁，枝中空。叶对生，单叶，叶片革质，干时常黄褐色或褐色，宽卵形、卵形或椭圆形，有时几近圆形，稀披针形，长4～10cm，宽1.5～6.5cm，先端渐尖或尾状渐尖，基部圆形或宽楔形，稀心形，叶缘反卷，两面无毛，具网状乳突，常具褐色腺点，基出脉5。聚伞花序密集似头状，顶生或腋生，有花多朵；花萼无毛或被短柔毛，裂片6～7枚，线形；花冠白色，花柱异长。果球形、椭圆形或肾形，呈黑色。花期8月至翌年2月，果期2～5月。

分布于广东、海南和广西。生于山谷、灌丛或混交林。

植株药用，可治口腔炎。

女贞　女贞属
Ligustrum lucidum Ait.

灌木或乔木。树皮灰褐色；枝黄褐色、灰色或紫红色，圆柱形，疏生圆形或长圆形皮孔。叶片常绿，革质，卵形、长卵形或椭圆形至宽椭圆形，叶缘平坦，两面无毛，中脉在上面凹入，下面凸起，侧脉4～9对。

圆锥花序顶生，花序基部苞片常与叶同型，小苞片披针形或线形；花序轴及分枝轴无毛，紫色或黄棕色，果时具棱；花萼无毛，齿不明显或近截形。果肾形或近肾形，深蓝黑色，成熟时呈红黑色，被白粉。花期5～7月，果期7月至翌年5月。

分布于我国长江以南各省份及华南、西南和西北部分省份。生于疏、密林中。

山指甲　女贞属
Ligustrum sinense Lour.

落叶灌木或小乔木。小枝圆柱形，幼时被淡黄色短柔毛或柔毛，老时近无毛。叶片纸质或薄革质，卵形、椭圆状卵形、长圆形、长圆状椭圆形至披针形，或近圆形，长2～7（～9）cm，宽1～3（～3.5）cm，先端锐尖、短渐尖至渐尖，或钝而微凹，基部宽楔形至近圆形，或为楔形，上面深绿色，疏被短柔毛或无毛，或仅沿中脉被短柔毛，下面淡绿色，疏被短柔毛或无毛，常沿中脉被短柔毛，侧脉4～8对。圆锥花序顶生或腋生，塔形，花序轴被较密淡黄色短柔毛或柔毛以至近无毛。果近球形。花期3～6月，果期9～12月。

分布于广东、江苏、浙江、安徽、江西、福建、台湾、湖北、湖南、广西、贵州、四川和云南。生于山坡、山谷、溪边、河旁、路边的密林、疏林或混交林中。

果实可酿酒；种子榨油供制肥皂；树皮和叶入药。

枝花李榄　李榄属
Linociera ramiflora (Roxb.) Wall.

灌木或乔木。树皮灰黑色或灰褐色。小枝灰白色或褐色、紫红色，圆柱形，节间常压扁，具粗糙皮孔。叶片厚纸质或薄革质，椭圆形、长圆状椭圆形或卵状椭圆形，稀披针形，长（5～）8～20（～30）cm，宽（2.5～）4～7（～12）cm，先端渐尖、锐尖或钝，基部楔形或渐狭，上面深绿色，下面淡绿色，干时常为铁锈色，两面常密生乳突状小点，无毛，侧脉7～15对。花序腋生；花萼无毛或被微柔毛，裂片卵形；花冠白色、淡黄色或黄色，干时变黑色或褐色。果卵状椭圆形或椭圆形，呈蓝黑色，被白粉，果梗明显具棱。花期12月至翌年6月，果期5月至翌年3月。

分布于广东、台湾、海南、广西、贵州和云南。生于灌丛、山坡、谷地。

异株木犀榄　木犀榄属
Olea dioica Roxb.

灌木或小乔木。树皮灰色，小枝具圆形皮孔，被微柔毛或变无毛，节处压扁。叶片革质，披针形、倒披针形或长椭圆状披针形，长5～10cm，宽1.5～3.7cm，先端渐尖或钝，稀圆形，基部楔形，全缘或具不规则疏锯齿，叶缘稍反卷，上面深绿色，下面浅绿色，除中脉上面有时被微柔毛外，其余无

毛，侧脉4～9对。聚伞花序圆锥状，有时成总状或伞状，腋生，花杂性异株。雄花序长2～10cm，花梗纤细，两性花序较短，花梗较粗，花白色或浅黄色。果椭圆形或卵形，先端短尖，成熟时黑色或紫黑色。花期3～7月，果期5～12月。

分布于广东、广西、贵州和云南。生于山谷、林中等。

牛矢果　木犀属
Osmanthus matsumuranus Hayata

常绿灌木或乔木。树皮淡灰色，粗糙。小枝扁平，黄褐色或紫红褐色，无毛。叶片薄革质或厚纸质，倒披针形，稀为倒卵形或狭椭圆形，全缘或上半部有锯齿，具针尖状凸起腺点，腺点干时呈灰白色或淡黄色；侧脉纤细，在上面略凹入，下面凸起；叶柄上面有浅沟。聚伞花序组成短小圆锥花序，着生于叶腋，花芳香，花冠淡绿白色或淡黄绿色。果椭圆形，绿色，成熟时紫红色至黑色。花期5～6月，果期11～12月。

分布于广东、安徽、浙江、江西、台湾、广西、贵州和云南等省份。生于山坡密林、山谷林中和灌丛中。

夹竹桃科　Apocynaceae

链珠藤（念珠藤）　链珠藤属
Alyxia sinensis Champ. ex Benth

藤状灌木，具乳汁。除花梗、苞片及萼片外，其余无毛。叶革质，对生或3枚轮生，通常圆形或卵圆形、倒卵形，顶端圆或微凹，长1.5～3.5cm，宽8～20mm，边缘反卷，侧脉不明显。聚伞花序腋生或近顶生，花小；小苞片与萼片均有微毛；花萼裂片卵圆形，近钝头，内面无腺体；花冠先淡红色后退变白色，花冠筒内面无毛，近花冠喉部紧缩，喉部无鳞片，花冠裂片卵圆形。核果卵形，2～3颗组成链珠状。花期4～9月，果期5～11月。

分布于广东、浙江、江西、福建、湖南、广西、贵州等省份。常野生于矮林或灌木丛中。

根有小毒，具有解热镇痛、消痈解毒的作用；全株可作发酵药。

鳝藤　鳝藤属
Anodendron affine Druce

攀缘灌木，有乳汁。枝土灰色。叶长圆状披针形，长3～10cm，宽1.2～2.5cm，端部渐尖，基部楔形；中脉在叶面略为陷入，在叶背略凸起，侧脉约有10对，远距，干时呈皱纹；叶柄长达1cm。聚伞花序总状式，顶生，小苞片甚多；花萼裂片经常不等长；花冠白色或黄绿色，裂片镰刀状披针形，内面有疏柔毛，花冠喉部有疏柔毛；雄蕊短，着生于花冠筒的基部；花盘环状。蓇葖果为椭圆形，基部膨大，向上渐尖。种子棕黑色，有喙。花期11月至翌年4月，果期翌年6～8月。

分布于广东、广西、云南和台湾等地。生于林下。

尖山橙　山橙属
Melodinus fusiformis Champ. ex Benth.

粗壮木质藤本，具乳汁。茎皮灰褐色。叶近革质，椭圆形或长椭圆形，稀椭圆状披针形，长4.5～12cm，宽1～5.3cm，端部渐尖，基部楔形至圆形；中脉在叶面扁平，在叶背略为凸起，侧脉约15对。聚伞花序生于侧枝的顶端，着花6～12朵；花序梗、花梗、苞片、小苞片、花萼和花冠均疏被短柔毛；花萼裂片卵圆形，边缘薄膜质，端部急尖；花冠白色，花冠裂片长卵圆形或倒披针形，偏斜不正；副花冠呈鳞片状在花喉中稍伸出，鳞片顶端2～3裂；雄蕊着生于花冠筒的近基部。浆果橙红色，椭圆形，顶端短尖。种子压扁，近圆形或长圆形，边缘不规则波状。花期4～9月，果期6月至翌年3月。

分布于广东、广西和贵州等省份。生于山地疏林中或山坡路旁、山谷水沟旁。

山橙　山橙属
Melodinus suaveolens Champ. ex Benth.

攀缘木质藤本，具乳汁。小枝褐色。叶近革质，椭圆形或卵圆形，长5～9.5cm，宽1.8～4.5cm，顶端短渐尖，基部渐尖或圆形，叶面深绿色而有光泽。聚伞花序顶生和腋生，花白色；花冠筒外披微毛，裂片约为花冠筒的1/2或与之等长，上部向一边扩大而成镰刀状或成斧形，具双齿；副花冠钟状或筒状，顶端具5裂片。浆果球形，顶端具钝头，成熟时橙黄色或橙红色。种子多数，犬齿状或两侧扁平。花期5～11月，果期8月至翌年1月。

分布于广东和广西等省份。生于丘陵、山谷，攀缘树木或石壁上。

果实可药用，有治疝气、腹痛、小儿疳积的功效；藤皮纤维可编制麻绳、麻袋。

帘子藤　帘子藤属
Pottsia laxiflora (Bl.) O. Ktze

常绿攀缘灌木。枝条柔弱，平滑，无毛，具乳汁。叶薄纸质，卵圆形、椭圆状卵圆形或卵状长圆形，长6～12cm，宽3～7cm，顶端急尖具尾状，基部圆形或浅心形，两面无毛；叶面中脉凹入，侧脉扁平，叶背中脉和侧脉略凸起，侧脉每边4～6条。总状式聚伞花序腋生和顶生，具长总花梗，多花；花冠紫红色或粉红色，花冠筒圆筒形，花冠裂片向上展开，卵圆形。蓇葖果双生，线状长圆形，细而长，下垂，绿色。种子线状长圆形。花期4～8月，果期8～10月。

分布于广东、贵州、云南、广西、湖南、江西和福建等省份。生于山地疏林中。

乳汁浸酒可治风湿病。

羊角拗　羊角拗属
Strophanthus divaricatus (Lour.) Hook. et Arn.

灌木。小枝棕褐色或暗紫色，密被灰白色圆形皮孔。叶薄纸质，椭圆状长圆形或椭圆形，长3～10cm，宽1.5～5cm，顶端短渐尖或急尖，基部楔形，边全缘或有时略带微波状，叶面深绿色，叶背浅绿色，两面无毛；中脉在叶面扁平或凹陷，在叶背略凸起，侧脉通常每边6条。聚伞花序顶生，花黄色，萼片披针形，绿色或黄绿色，内面基部有腺体，花冠漏斗状，花冠筒淡黄色。蓇葖果广叉开，木质，椭圆状长圆形，顶端渐尖，基部膨大，外果皮绿色，干时黑色，具纵条纹。种子纺锤形、扁平。花期3～7月，果期6月至翌年2月。

分布于广东、贵州、云南、广西和福建等省份。野生于丘陵山地、路旁疏林中或山坡灌木丛中。

全株植物含毒，尤以种子为甚，误食可致死，药用作强心剂，治血管硬化、跌打等；农业上用作杀虫剂及毒杀雀鼠；羊角拗制剂可作浸苗和拌种用。

紫花络石　络石属
Trachelospermum axillare Hook. f.

粗壮木质藤本。茎具多数皮孔。叶厚纸质，倒披针形或倒卵形或长椭圆形，长8～15cm，宽3～4.5cm，先端尖尾状，顶端渐尖或锐尖，基部楔形或锐尖，稀圆形；侧脉多至15对。聚伞花序近伞形，腋生或有时近顶生，花紫色；花冠高脚碟状，花冠裂片倒卵状长圆形。蓇葖果圆柱状长圆形，平行，粘生，略似镰刀状，通常端部合生，老则略展开，外果皮无毛，具细纵纹。种子暗紫色，倒卵状长圆形或宽卵圆形。花期5～7月，果期8～10月。

分布于广东、浙江、江西、福建、湖北、湖南、广西、云南、贵州、四川和西藏等省份。生于山谷及疏林中或水沟边。

植株可提取树脂及橡胶；茎皮纤维拉力强，可代麻制绳和织麻袋。种毛可作填充料。

络石　络石属
Trachelospermum jasminoides (Lindl.) Lem.

常绿木质藤本，具乳汁。茎赤褐色，圆柱形，有皮孔；小枝被黄色柔毛，老时渐无毛。叶革质或近革质，椭圆形至卵状椭圆形或宽倒卵形，长2～10cm，宽1～4.5cm，顶端锐尖至渐尖或钝，有时微凹或有小凸尖，基部渐狭至钝，叶面无毛，叶背被疏短柔毛，老渐无毛，叶面中脉微凹，侧脉扁平，叶背中脉凸起，侧脉每边6～12条。二歧聚伞花序腋生或顶生，花多朵组成圆锥状，与叶等长或较长；花白色，芳香；花冠筒圆筒形，中部膨大。蓇葖果双生，叉开，线状披针形，

向先端渐尖。种子多数，褐色，线形。花期3～7月，果期7～12月。

分布于华南、华东、华中、西南大部分省份及港澳台地区。生于山野、溪边、路旁、林缘或杂木林中，常缠绕于树上或攀缘于墙壁上、岩石上。

根、茎、叶、果实供药用，有祛风活络、利关节之功效；乳汁有毒，对心脏有毒害作用。茎皮可制绳索、造纸及人造棉。花芳香，可提取"络石浸膏"。

酸叶胶藤　水壶藤属
Urceola rosea (Hooker et Arnott) D. J. Middleton

攀缘木质大藤本，具乳汁。茎皮深褐色，无明显皮孔，枝条上部淡绿色，下部灰褐色。叶纸质，阔椭圆形，长3～7cm，宽1～4cm，顶端急尖，基部楔形，两面无毛，叶背被白粉；侧脉每边4～6条，疏距。聚伞花序圆锥状，宽松展开，多歧，顶生，花小，粉红色；花萼5深裂，内面具有5枚小腺体；花冠近坛状，花冠筒喉部无副花冠，裂片卵圆形，向右覆盖。蓇葖果2枚，叉开成近一直线，圆筒状披针形，外果皮有明显斑点。种子长圆形，顶端具白色绢质种毛。花期4～12月，果期7月至翌年1月。

分布于我国长江以南各省份至台湾；越南、印度尼西亚。生于山地杂木林山谷中、水沟旁较湿润的地方。

全株供药用，民间用于治跌打瘀肿、风湿骨痛、疔疮等。

杠柳科　Periplocaceae

白叶藤　白叶藤属
Cryptolepis sinensis (Lour.) Merr.

柔弱木质藤本，具乳汁。小枝通常红褐色，无毛。叶长圆形，长1.5～6cm，宽0.8～2.5cm，两端圆形，顶端具小尖头，无毛，叶面深绿色，叶背苍白色；侧脉纤细，每边5～9条。聚伞花序顶生或腋生，比叶为长；花蕾长圆形，顶端尾状渐尖；花萼裂片卵圆形，花萼内面基部有10个腺体；花冠淡黄色，花冠筒圆筒状，花冠裂片长圆状披针形或线形，比花冠筒长2倍，向右覆盖，顶端旋转；副花冠裂片圆形，生于花冠筒内面。蓇葖果长披针形或圆柱状。种子长圆形，棕色，顶端具白色绢质种毛。花期4～9月，果期6月至翌年2月。

分布于广东、贵州、云南、广西和台湾等省份；印度、越南、马来西亚和印度尼西亚等。生于丘陵山地灌木丛中。

叶、茎和乳汁有小毒，但可供药用，清凉败毒，治蛇伤、跌打刀伤、疮疥；茎皮纤维坚韧，可编绳索、犁缆。

萝藦科　Asclepiadaceae

眼树莲（瓜子金）　眼树莲属
Dischidia chinensis Champ. ex Benth.

藤本，常攀附于树上或石上，全株含有乳汁。茎肉质，节上生根，绿色，无毛。叶肉质，卵圆状椭圆形，长1.55～2.5cm，宽约1cm，顶端圆形，无短尖头，基部楔形，叶柄长约2mm。聚伞花序腋

生，近无柄，有瘤状凸起；花极小，花萼裂片卵圆形，长和宽约1mm，具缘毛；花冠黄白色，坛状，花冠喉部紧缩，加厚，被疏长柔毛，裂片三角状卵形，钝头；副花冠裂片锚状，具柄，顶端2裂，裂片线形，展开而下折，其中间有细小圆形的乳头状凸起。蓇葖果披针状圆柱形。种子顶端具白色绢质种毛。花期4～5月，果期5～6月。

分布于广东、广西等。攀附于林中树上或石上。

全草药用，治胃痛、小儿疳积、跌打肿痛、蛇伤等；也供观赏。

牛皮消　鹅绒藤属
Cynanchum auriculatum Royle ex Wight

蔓性半灌木。宿根肥厚，呈块状；茎圆形，被微柔毛。叶对生，膜质，被微毛，宽卵形至卵状长圆形，长4～12cm，宽4～10cm，顶端短渐尖，基部心形。聚伞花序伞房状，着花30朵；花萼裂片卵状长圆形；花冠白色，辐状，裂片反折，内面具疏柔毛；副花冠浅杯状，裂片椭圆形，肉质，钝头，在每裂片内面的中部有1个三角形的舌状鳞片。蓇葖果双生，披针形。种子卵状椭圆形；种毛白色绢质。花期6～9月，果期7～11月。

分布于广东、安徽、江苏、浙江、福建、台湾、江西、湖南、湖北、广西、贵州、四川和云南等。生于山坡林缘及路旁灌木丛中或河流、水沟边潮湿地。

药用块根，养阴清热，润肺止咳，可治神经衰弱、胃及十二指肠溃疡、肾炎、水肿等。

刺瓜　鹅绒藤属
Cynanchum corymbosum Wight

多年生草质藤本。块根粗壮，茎的幼嫩部分被两列柔毛。叶薄纸质，除脉上被毛外无毛，卵形或卵状长圆形，长4.5～8cm，宽3.5～6cm，顶端短尖，基部心形，叶面深绿色，叶背苍白色；侧脉约5对。伞房状或总状聚伞花序腋外生，着花约20朵；花萼被柔毛，5深裂；花冠绿白色，近辐状；副花冠大形，杯状或高钟形，顶端具10齿，5个圆形齿和5个锐尖的齿互生。蓇葖果大形，纺锤状，具弯刺，向端部渐尖，中部膨胀，长9～12cm，中部直径2～3cm。种子卵形，种毛白色绢质。花期5～10月，果期8月至翌年1月。

分布于广东、福建、广西、四川和云南等省份。生于山地溪边、河边灌木丛中。

全株可催乳解毒，民间用来治神经衰弱、慢性肾炎、睾丸炎等。

朱砂藤　鹅绒藤属
Cynanchum officinale (Hemsl.) Tsiang et Zhang

藤状灌木。主根圆柱状，单生或自顶部起二分叉，干后暗褐色；嫩茎具单列毛。叶对生，薄纸质，无毛或背面具微毛，卵形或卵状长圆形，长5～12cm，基部宽3～7.5cm，向端部渐尖，基部耳形。聚伞花序腋生，着花约10朵；花萼裂片外面具微毛，花萼内面基部具腺体5枚；花冠淡绿色或白色；副花冠肉质，深5裂，裂片卵形，内面中部具1个圆形的舌状鳞片。蓇葖果通常仅1枚发育，向端部渐尖，基部狭楔形。种子长圆状卵形，顶端略呈截形；种毛白色绢质。花期5～8月，果期7～10月。

分布于广东、安徽、江西、湖南、湖北、广西、贵州、四川和云南等省份。生于山坡、路边或水边或灌木丛中。

药用根，民间用于补虚镇痛、治痫病、狂犬病和毒蛇咬伤。

青羊参　鹅绒藤属
Cynanchum otophyllum Schneid.

多年生草质藤本。根圆柱状，灰黑色；茎被两列毛。叶对生，膜质，卵状披针形，长7～10cm，基部宽4～8cm，顶端长渐尖，基部深耳心状心形，叶耳圆形，下垂，两面均被柔毛。伞形聚伞花序腋生，着花20余朵；花萼外面被微毛，基部内面有腺体5个；花冠白色，裂片长圆形，内被微毛；副花冠杯状，比合蕊冠略长，裂片中间有1小齿，或有褶皱或缺。蓇葖果双生或仅1枚发育，短披针形，向端部渐尖，基部较狭，外果皮有直条纹。种子卵形，种毛白色绢质。花期6～10月，果期8～11月。

分布于广东、湖南、广西、贵州、云南、四川和西藏等省份。生于山地、溪谷疏林中或山坡路边。

枝、叶有毒，制成粉剂可防治农业害虫。根毒性猛烈。

纤冠藤　纤冠藤属
Gongronema nepalense (Wall.) Decne.

木质藤本，具乳汁。叶坚纸质，椭圆形或卵形，基部圆形或浅心形，侧脉在叶背凸起，叶柄顶端具丛生腺体。伞形聚伞花序腋生，二至三歧，比叶为长，花小，黄白色。蓇葖果双生，披针状圆柱形，具白色绢质种毛。花期6～9月，果期8月至翌年1月。

分布于广东、广西、云南、贵州和西藏。生于山地林中或山坡水沟边灌木丛中。

全株供药用，有补精、通奶、祛风、消肿、祛湿毒的作用；茎皮可作麻织品和造纸原料。

匙羹藤　匙羹藤属

Gymnema sylvestre (Retz.) Schulf.

　　木质藤本，具乳汁。茎皮灰褐色，具皮孔。叶倒卵形或卵状长圆形，长3～8cm，宽1.5～4cm，仅叶脉上被微毛；侧脉每边4～5条；叶柄被短柔毛，顶端具丛生腺体。聚伞花序伞形状，腋生，比叶为短；花梗纤细，被短柔毛；花小，绿白色；花萼裂片卵圆形，钝头，被缘毛，花萼内面基部有5个腺体；花冠绿白色，钟状，裂片卵圆形，钝头，略向右覆盖；副花冠着生于花冠裂片弯缺下，厚而成硬条带；雄蕊着生于花冠筒的基部。蓇葖果卵状披针形，基部膨大，顶部渐尖，外果皮硬，无毛。种子卵圆形，薄而凹陷，顶端截形或钝，基部圆形，有薄边，顶端轮生的种毛白色绢质。花期5～9月，果期10月至翌年1月。

　　分布于广东、云南、广西、福建、浙江和台湾等省份；印度、越南、印度尼西亚、澳大利亚和热带非洲。生于山坡林中或灌木丛中。

　　全株可药用，民间用来治风湿痹痛、脉管炎、毒蛇咬伤；外用治痔疮、消肿；植株有小毒，孕妇慎用。

催乳藤　醉魂藤属

Heterostemma oblongifolium Cost.

　　柔弱缠绕藤本，具乳汁，全株无毛。叶长圆形，稀卵圆状长圆形，长7.5～11cm，宽3.5～4.5cm，顶端锐尖，基部圆形；侧脉每边5～7条，弧形上升。伞形聚伞花序腋生，着花4～5朵；花萼5深裂，内面基部有腺体约10个，裂片长圆形；花冠外面淡绿色，内面黄色，辐状；副花冠五角星芒状，平面射出；花粉块方圆形，直立，内角顶端具有透明膜边；柱头顶端略为凸起。蓇葖果线状披针形，直径约1cm，向顶部渐尖。种子线状长圆形，顶端具有白色绢质种毛。花期8～10月，果期9～12月。

　　分布于广东、广西和云南等省份；老挝和越南。生于山地疏散的杂树林中及灌木丛中。

　　全株可作药用，华南地区民间有用其作催奶药。

铰剪藤　铰剪藤属

Holostemma annulare (Roxb.) K. Schum.

　　藤状灌木，具乳汁。茎被微毛。叶卵状心脏形，长5～7cm，宽3.5～5cm，两面均被微毛；叶柄长2～5cm，顶端具有几个丛生小腺体。聚伞花序伞状或不规则总状，腋生；花序梗长2.5～5cm；花梗与花序梗等长；花萼裂片卵圆形，顶端钝，被缘毛；花冠辐状，开放后直径达2cm，黄白色，内面带紫红色，裂片卵状长圆形，宽6mm，顶端钝，向右覆盖；副花冠环状，10裂，肉质，着生于合蕊冠基部。蓇葖果单生或双生，披针形，无毛。种子卵圆形，扁平，边缘膜质呈翅状，顶端具白色绢质种毛。花期4～9月，果期冬季。

　　分布于广东、云南、贵州和广西等省份；印度。生于丘陵棘丛荒坡上。

　　全株可药用，治产后虚弱、催奶等。

蓝叶藤　牛奶菜属

Marsdenia tinctoria R. Br.

　　攀缘灌木，长达5m。叶长圆形或卵状长圆形，长5～12cm，宽2～5cm，先端渐尖，基部近心形，鲜时蓝色，干后亦呈蓝色，老时无毛。聚伞圆锥花序近腋生，长3～7cm；花黄白色，干时呈蓝黑色，花冠圆筒状钟形，花冠喉部里面有刷毛；副花冠由5枚长圆形的裂片组成；花粉块狭长圆形，每室1个，直立。蓇葖果具绒毛，圆筒状披针形，长达10cm，直径约1cm；种毛长约1cm，黄色绢质。花期3～5月，果期8～12月。

　　分布于广东、西藏、四川、贵州、云南、广西、湖南和台湾等省份；斯里兰卡、印度、缅甸、越南等地。生于潮湿杂木林中。

石萝藦　石萝藦属

Pentasachme caudatum Wall.

　　多年生直立草本，高30～80cm。通常不分枝，节间短，长1.5～3cm，无毛。叶膜质，狭披针形，长4～16cm，宽0.5～1.5cm，顶端长尖，基部急尖；中脉两面凸起，侧脉不明显；叶柄极短。伞形聚伞花序腋生，比叶为短，着花4～8朵；花序梗极短或近无梗；花梗纤细；花萼裂片狭披针形；花白色，裂片狭披针形，远比花冠筒长，基部略宽；副花冠形成5鳞片，顶端具细齿，着生于花冠弯缺处，与花冠裂片互生。蓇葖果双生，圆柱状披针形，无毛。种子小，顶端具白色绢质种毛。花期4～10月，果期7月至翌年4月。

　　分布于广东、湖南、广西和云南等省份；越南。生于丘陵山地疏林下或溪边、石缝、林谷中。

　　全株有清热解毒的作用；广西民间用作治肝炎、风火眼痛。

夜来香　夜来香属

Telosma cordata (Burm. F.) Merr.

　　柔弱藤状灌木。小枝被柔毛，黄绿色，老枝灰褐色，渐无毛，略具有皮孔。叶膜质，卵状长圆形至宽卵形，长6.5～9.5cm，宽4～8cm，顶端短渐尖，基部心形；叶脉上被微毛；基出脉3～5，侧脉每边约6条，小脉网状；叶柄长1.5～5cm，被微毛或脱落，顶端具丛生3～5个小腺体。伞形聚伞花序腋生，着花多达30朵；花序梗5～15mm，被微毛，花梗被微毛；花芳香，夜间更盛；花萼裂片长圆状披针形，外面被微毛，花萼内面基部具有5个小腺体；花冠黄绿色，高脚碟状，花冠筒圆筒形，喉部被长柔毛，裂片长圆形，具缘毛，干时不折皱，向右覆盖；副花冠5片，膜质。蓇葖果披针形，渐尖，外果皮厚，无毛。种子宽卵形，顶端具白色绢质种毛。花期5～8月，极少结果。

　　分布于华南各省份；亚洲热带和亚热带及欧洲、美洲。生于山坡灌木丛中，现南方各省份均有栽培。

弓果藤　弓果藤属
Toxocarpus wightianus Hook. et Arn.

柔弱攀缘灌木。小枝被毛。叶对生，除叶柄有黄锈色绒毛外，其余无毛，近革质，椭圆形或椭圆状长圆形，长2.5～5cm，宽1.5～3cm，顶端具锐尖头，基部微耳形；侧脉5～8对，在叶背略为隆起；叶柄长约1cm。二歧聚伞花序腋生，具短花序梗，较叶为短；花萼外面有锈色绒毛，裂片内面的腺体或有或无；花冠淡黄色，无毛，裂片狭披针形。蓇葖果叉开呈180°或更大，狭披针形，向顶部渐狭，基部膨大，外果皮被锈色绒毛。种子有边缘，种毛白色绢质。花期6～8月，果期10月至翌年1月。

分布于广东、贵州、广西及沿海各岛屿；印度、越南。生于低丘陵山地、平原灌木丛中。

药用全株，华南地区民间作兽医药，有化气祛风的作用，治牛食欲不振。

娃儿藤　娃儿藤属
Tylophora ovata (Lindl.) Hook. ex Steud.

攀缘灌木。茎、叶柄、叶的两面、花序梗、花梗及花萼外面均被锈黄色柔毛。须根丛生。叶卵形，长2.5～6cm，宽2～5.5cm，顶端急尖，具细尖头，基部浅心形；侧脉明显，每边约4条。聚伞花序伞房状，丛生于叶腋，通常不规则两歧，着花多朵；花小，淡黄色或黄绿色；花萼裂片卵形，有缘毛，内面基部无腺体；花辐状，裂片长圆状披针形，两面被微毛；副花冠裂片卵形，贴生于合蕊冠上。蓇葖果双生，圆柱状披针形。种子顶端截形，具白色绢质种毛。花期4～8月，果期8～12月。

分布于广东、云南、广西、湖南和台湾。生于山地灌木丛中及山谷或向阳疏密杂树林中。

根及全株可药用，能祛风、止咳、化痰、催吐、散瘀。

茜草科　**Rubiaceae**

水团花　水团花属
Adina pilulifera (Lam.) Franch.ex Drake

常绿灌木至小乔木。叶对生，厚纸质，椭圆形至椭圆状披针形，或有时倒卵状长圆形至倒卵状披针形，长4～12cm，宽1.5～3cm，顶端短尖至渐尖而钝头，基部钝或楔形，有时渐狭窄，上面无毛，下面无毛或有时被稀疏短柔毛；侧脉6～12对，脉腋窝陷有稀疏的毛；叶柄无毛或被短柔毛；托叶2裂，早落。头状花序明显腋生，极稀顶生，花序轴单生，不分枝；小苞片线形至线状棒形，无毛；总花梗中部以下有轮生小苞片5枚；花萼管基部有毛，上部有疏散的毛，萼裂片线状长圆形或匙形；花冠白色，窄漏斗状，花冠管被微毛，花冠裂片卵状长圆形；雄蕊5枚。小蒴果楔

形。种子长圆形，两端有狭翅。花期6～7月。

分布于我国长江以南各省份。生于山谷疏林下或旷野路旁、溪边水畔。

全株可治家畜瘰疬热症。木材供雕刻用。根系发达，是很好的固堤植物。

香楠　茜树属
Aidia canthioides (Champ. ex Benth.) Masamune.

无刺灌木或乔木。枝无毛。叶纸质或薄革质，对生，长圆状椭圆形、长圆状披针形或披针形，长4.5～18.5cm，宽2～8cm，顶端渐尖至尾状渐尖，有时短尖，基部阔楔形或有时稍圆，亦有时稍不等侧，两面无毛，下面脉腋内常有小窝孔；侧脉3～7对，在下面明显。聚伞花序腋生，总花梗极短或近无，花冠高脚碟形，白色或黄白色，花冠管圆筒形。浆果球形，有紧贴的锈色疏毛或无毛，顶端有环状的萼檐残迹。花期4～6月，果期5月至翌年2月。

分布于广东、福建、台湾、香港、广西、海南和云南；日本和越南。生于山坡、山谷溪边、丘陵灌丛中或林中。

茜树　茜树属
Aidia cochinchinensis Lour.

乔木，高5～15m，有时灌木状。枝无毛。叶革质或纸质，对生，椭圆状长圆形、长圆状披针形或狭椭圆形，长6～21.5cm，宽1.5～8cm，顶端渐尖至尾状渐尖，有时短尖，基部楔形，两面无毛，上面稍光亮，下面脉腋内的小窝孔中常簇生短柔毛；侧脉5～10对，在下面凸起。聚伞花序与叶对生或生于无叶的节上，有花多朵；花黄白色；花萼无毛，萼管杯形，檐部扩大，顶端4裂；花冠裂片4，稀5，长圆形。浆果近球状，直径5～6mm，紫黑色。种子多数。花期3～6月，果期5月至翌年2月。

分布于华南、西南和东部各省份；亚洲热带至大洋洲。生于林中。

木材用于建筑、小木工等。

阔叶丰花草　丰花草属
Borreria latifolia (Aubl.) K. Schum.

披散，粗壮草本。茎和枝均为明显的四棱柱形，棱上具狭翅。叶椭圆形或卵状长圆形，长度变化大，长2～7.5cm，宽1～4cm，顶端锐尖或钝，基部阔楔形而下延，边缘波浪形，鲜时黄绿色，叶面平滑；侧脉每边5～6条，略明显；叶柄扁平；托叶膜质，被粗毛。花数朵丛生于托叶鞘内，无花梗；萼管圆筒形，被粗毛，檐4裂；花冠漏斗状，淡紫色，顶端4裂。蒴果椭圆形，被毛。种子近椭圆形，干后浅褐色或黑褐色。花果期5～7月。

分布于广东、海南、香港、台湾和福建。多见于废墟和荒地上。

鱼骨木　鱼骨木属
Canthium dicoccum (Gaertn.) Merr.

灌木或乔木，高达15m。全部近无毛；小枝初时呈压扁形或四棱柱形，后变圆柱形，黑褐色。叶对生，革质，长4～10cm，宽1.5～4cm，卵形、椭圆形或卵状披针形，先端渐尖、钝或短尖，基部楔形，干时两面光亮，叶面深绿色，背面浅褐色，边缘微波状或全缘，微背卷；侧脉每边3～5条，两面略明显。腋生聚伞花序，花冠绿白色或淡黄色，冠管短，圆筒形，顶部5裂。核果倒卵形，近孪生；小核具皱纹。种子各式，种皮膜质，有肉质的胚乳。花果期5～12月。

分布于华南和西南；印度、斯里兰卡、柬埔寨、马来西亚等。生于自然林中。

木材质重而硬，纹理密致，供工业、雕刻以及农具等用。

猪肚木　鱼骨木属
Canthium horridum Bl.

灌木，高2～3m，具刺。小枝纤细，圆柱形，被紧贴土黄色柔毛；刺对生，劲直，锐尖。叶纸质，卵形、椭圆形或长卵形，长2～3（～5）cm，宽1～2cm，顶端钝、急尖或近渐尖，基部圆形或阔楔形，无毛或沿中脉略被柔毛；侧脉每边2～3条，纤细；叶柄短，略被柔毛；托叶被毛。花小，具短梗或无花梗，单生或数朵簇生于叶腋内；小苞片杯形，生于花梗顶部；萼管倒圆锥形，萼檐顶部有不明显波状小齿；花冠白色，近瓮形，冠管短，外面无毛，喉部有倒生髯毛，顶部5裂，裂片长圆形。核果卵形，单生或孪生，顶部有微小宿存花萼檐，内有小核1～2个；小核具不明显小瘤状体。花期4～6月。

分布于广东、广西、云南、海南和香港；印度、菲律宾及中南半岛等地。生于低海拔灌丛。

木材适于雕刻，果实可食，根作利尿药用。

山石榴　山石榴属
Catunaregam spinosa (Thunb.) Tirveng

有刺灌木或小乔木。多分枝，枝粗壮，嫩枝有时有疏毛；刺腋生，对生，粗壮，长1～5cm。叶纸质或近革质，对生或簇生于抑发的侧生短枝上，倒卵形或长圆状倒卵形，少为卵形至匙形，长1.8～11.5cm，宽1～5.7cm，顶端钝或短尖，基部楔形或下延，两面无毛或有糙伏毛，或沿中脉和侧脉有疏硬毛，下面脉腋内常有短束毛，边缘常有短缘毛；侧脉纤细，4～7对。花单生或2～3朵簇生于短枝顶部，花冠初时白色，后变为淡黄色，钟状，外面密被绢毛，冠管较阔，裂片5，卵形或卵状长圆形。浆果球形，顶端有宿存的萼裂片。花期3～6月；果期5月至翌年1月。

分布于华南、云南及台湾；非洲和亚洲热带地区。生于林中、灌丛或路旁。

木材可作农具、手杖或雕刻等用；根治跌打，叶止血。

风箱树　风箱树属
Cephalanthus tetrandrus (Roxb.) Ridsd. et Bakh. F.

落叶灌木或小乔木。嫩枝近四棱柱形，被短柔毛，老枝圆柱形，褐色，无毛。叶对生或轮生，近革质，卵形至卵状披针形，长10～15cm，宽3～5cm，顶端短尖，基部圆形至近心形，上面无毛至疏被短柔毛，下面无毛或密被柔毛；侧脉8～12对，脉腋常有毛窝，托叶阔卵形，顶部骤尖，常有一黑色腺体。头状花序顶生或腋生，萼裂片4，边缘裂口处常有黑色腺体1枚，花冠白色，裂片长圆形，裂口处通常有1枚黑色腺体。坚果长，顶部有宿存花萼檐。种子具翅状苍白色假种皮。花期春末夏初。

分布于广东、海南、广西、湖南、福建、江西、浙江和台湾；印度、孟加拉国、缅甸、泰国、老挝和越南。生于略荫蔽的水沟旁或溪畔。

木材做担杆和农具。根和花序药用，有清热利湿、收敛止泻、祛痰止咳之功效。

流苏子　流苏子属
Coptosapelta diffusa (Champ. ex Benth.) Van Steenis

藤本或攀缘灌木。枝多数，圆柱形，节明显，被柔毛或无毛，幼嫩时密被黄褐色倒伏的硬毛。叶坚纸质至革质，卵形、卵状长圆形至披针形，长2～9.5cm，宽0.8～3.5cm，顶端短尖、渐尖至尾状渐尖，基部圆形，干时黄绿色，上面稍光亮，两面无毛或稀被长硬毛，中脉在两面均有疏长硬毛，边缘无毛或有疏睫毛；侧脉3～4对，纤细；托叶披针形，脱落。花单生于叶腋，常对生，花冠白色或黄色，高脚碟状，外面被绢毛。蒴果稍扁球形，中间有1浅沟，淡黄色，果皮硬，木质，顶有宿存花萼裂片。花期5～7月，果期5～12月。

分布于广东、安徽、浙江、江西、福建、台湾、湖北、湖南、香港、广西、四川、贵州和云南；日本。生于林中或灌丛中。

根辛辣，可治皮炎。

狗骨柴　狗骨柴属
Diplospora dubia (Lindl.) Masamune

灌木至乔木，无毛。单叶，对生，羽状脉，叶革质，少为厚纸质，卵状长圆形、长圆形、椭圆形或披针形，长4～19.5cm，宽1.5～8cm，顶端短渐尖、骤然渐尖或短尖，尖端常钝，基部楔形或短尖，全缘而常稍背卷，有时两侧稍偏斜，两面无毛，干时常呈黄绿色而稍有光泽；侧脉纤细，5～11对。花为稠密的聚伞花序，腋生，花小，花冠黄白色，4深裂，开时反卷；雄蕊与花冠裂片同数互生。浆果球形，暗红色。花期4～8月，果期5月至翌年2月。

分布于我国东南部；越南。生于自然林中。

木材作器具及雕刻用材。

黄栀子　栀子属
Gardenia jasminoides Ellis

　　灌木。叶对生，革质，稀为纸质，少为3枚轮生，叶形多样，通常为长圆状披针形、倒卵状长圆形、倒卵形或椭圆形，长3～25cm，宽1.5～8cm，顶端渐尖、骤然长渐尖或短尖而钝，基部楔形或短尖，两面常无毛，上面亮绿色，下面色较暗；侧脉8～15对，在下面凸起，在上面平；托叶膜质。花芳香，通常单朵生于枝顶，花冠白色或乳黄色，高脚碟状。果卵形、近球形、椭圆形或长圆形，黄色或橙红色，有翅状纵棱5～9条，顶部的宿存花萼片长达4cm。花期3～7月，果期5月至翌年2月。

　　分布于华南、华东、华中及西南大部分省份；日本、朝鲜、越南、老挝、柬埔寨等。生于旷野、丘陵、山谷中。

　　花大而美丽、芳香，广植于庭园供观赏。干燥成熟果实是常用中药。

爱地草　爱地草属
Geophila repens (Linnaeus) I. M. Johnston

　　多年生、纤弱、匍匐草本，长可达40cm或过之。茎下部的节上常生不定根。叶膜质，心状圆形至近圆形，直径1～3cm，顶端圆，基部心形，干时黄绿色，两面近无毛；叶脉掌状，5～8条；叶柄被伸展柔毛；托叶阔卵形。花单生或2～3朵排成通常顶生的伞形花序，总花梗无毛或被短柔毛；苞片线形或线状钻形；萼管檐部4裂，裂片线状披针形，长2～2.5mm，被缘毛；花冠管狭圆筒状，长约8mm或稍过之，外面被短柔毛，里面被疏柔毛，冠檐裂片4，卵形或披针状卵形，短尖，开放时伸展。核果球形，光滑，红色，有宿萼裂片；分核平凸，腹面平滑，背面有横皱纹或小横肋。花期7～9月，果期9～12月。

　　分布于广东、台湾、香港、海南、广西和云南；世界的热带地区。生于林缘、路旁、溪边等较潮湿地方。

金草　耳草属
Hedyotis acutangula Champ.

　　直立，无毛，通常亚灌木状草本。茎方柱形，有4棱或具翅。叶对生，无柄或近无柄，革质，卵状披针形或披针形，长5～12cm，宽1.5～2.5cm，顶端短尖或短渐尖，基部圆形或楔形；中脉明显，侧脉和网脉均不明显；托叶卵形或三角形。聚伞花序复作圆锥花序式或伞房花序式排列，顶生，花白色，无梗；花冠裂片卵状披针形。蒴果倒卵形，顶部平或微凸，成熟时开裂为2个果爿，果爿腹部直裂。种子近圆形，具棱，干后黑色。花期5～8月。

　　分布于广东、海南和香港等省份；越南。生于山坡或旷地上。

　　全株入药，有清热解毒、利水之功效。

耳草　耳草属
Hedyotis auricularia L.

　　多年生、近直立或平卧的粗壮草本。小枝被短硬毛，罕无毛，幼时近方柱形，老时呈圆柱形，通常节上生根。叶对生，近革质，披针形或椭圆形，长3～8cm，宽1～2.5cm，顶端短尖或渐尖，基部楔形或微下延，上面平滑或粗糙，下面常被粉末状短毛；侧脉每边4～6条；托叶膜质，被毛，合生成一短鞘，顶部5～7裂。聚伞花序腋生，密集成头状，花冠白色，花冠裂片4。果球形，成熟时不开裂，宿存花萼檐裂片长0.5～1mm，种皮干后黑色，有小窝孔。花期3～8月。

　　分布于我国南部和西南部各省份；印度、斯里兰卡、尼泊尔、越南、缅甸、泰国等地。生于林缘和灌丛中，有时亦见于草地上。

剑叶耳草　耳草属
Hedyotis caudatifolia Merr. et Metcalf

　　直立灌木，全株无毛。叶对生，革质，通常披针形，上面绿色，下面灰白色，长6～13cm，宽1.5～3cm，顶部尾状渐尖，基部楔形或下延；叶柄长10～15mm；侧脉每边4条，纤细，不明显；托叶阔卵形，短尖，全缘或具腺齿。聚伞花序排成疏散的圆锥花序式，花4基数，具短梗；花冠白色或粉红色，冠管管形，喉部略扩大，裂片披针形。蒴果长圆形或椭圆形，成熟时开裂为2果爿，果爿腹部直裂。种子近三角形，干后黑色。花期5～6月。

　　分布于广东、广西、福建、江西、浙江和湖南等省份。生于丛林下比较干旱的砂质土壤上或见于悬崖石壁上，有时亦见于黏质土壤的草地上。

伞房花耳草　耳草属
Hedyotis corymbosa (Linn.) Lam.

　　一年生，多分枝披散草本。茎和枝方柱形，无毛或棱上疏被短柔毛，分枝多，直立或蔓生。叶对生，近无柄，膜质，线形，罕有狭披针形，长1～2cm，宽1～3mm，顶端短尖，基部楔形，干时边缘背卷，两面略粗糙或上面的中脉上有极稀疏短柔毛；中脉在上面下陷，在下面平坦或微凸；托叶合生，顶端有短芒刺数条。花序腋生，伞房花序式排列，有花2～4朵；萼管球形，被极稀疏柔毛，基部稍狭，花冠白色或粉红色，管形。蒴果膜质，球形。花果期几乎全年。

　　分布于我国长江以南各省份；亚洲热带地区、非洲和大洋洲。生于田埂或湿润旷地上。

　　全株入药，治蛇伤、跌打，对癌症有一定疗效。

白花蛇舌草　耳草属

Hedyotis diffusa Willd.

　　一年生无毛纤细披散草本。茎稍扁，从基部开始分枝。叶对生，无柄，膜质，线形，长1～3cm，宽1～3mm，顶端短尖，边缘干后常背卷，上面光滑，下面有时粗糙；中脉在上面下陷，侧脉不明显；托叶基部合生，顶部芒尖。花4基数，单生或双生于叶腋；花梗略粗壮；萼管球形，萼檐裂片长圆状披针形，顶部渐尖，具缘毛；花冠白色，管形，冠管喉部无毛，花冠裂片卵状长圆形，顶端钝；雄蕊生于冠管喉部。蒴果膜质，扁球形，宿存花萼檐裂片，成熟时顶部室背开裂。种子每室约10粒，具棱，干后深褐色，有深而粗的窝孔。花期春季。

　　分布于广东、香港、广西、海南、安徽和云南等省份；热带亚洲，西至尼泊尔、日本。多见于水田、田埂和湿润的旷地。

　　全草药用，有清热解毒、消炎止痛、利尿消肿的作用，用于肺热喘咳、扁桃腺炎、咽喉炎、阑尾炎、痢疾、盆腔炎、肝炎、肠炎、小便赤痛。现多用于治疗各种癌症，外用治毒蛇咬伤。

牛白藤　耳草属

Hedyotis hedyotidea (DC.) Merr.

　　藤状灌木，长3～5m。嫩枝方柱形，被粉末状柔毛，老时圆柱形。叶对生，膜质，长卵形或卵形，长4～10cm，宽2.5～4cm，顶端短尖或短渐尖，基部楔形或钝，上面粗糙，下面被柔毛；侧脉每边4～5条；叶柄上面有槽；托叶顶部截平，有4～6条刺状毛。花序腋生和顶生，由10～20朵花集聚而成一伞形花序；花4基数；花萼被微柔毛，萼管陀螺形，萼檐裂片线状披针形，短尖，外反；花冠白色，管形，裂片披针形，外反，外面无毛，里面被疏长毛；雄蕊二型。蒴果近球形，宿存花萼檐裂片外反，成熟时室间开裂为2果爿，果爿腹部直裂，顶部高出萼檐裂片。种子数粒，微小，具棱。花期4～7月。

　　分布于广东、广西、云南、贵州、福建和台湾等地区；越南。生于沟谷灌丛或丘陵坡地。

　　全株药用，有清热解毒的作用。

疏花耳草（两广耳草）　耳草属

Hedyotis matthewii Dunn

　　直立分枝草本。全株均无毛，基部微带木质。叶对生，具短梗，纸质，通常长7cm，宽1～3cm，顶端长渐尖，基部短尖或楔形；侧脉每边3条；托叶卵状三角形，边缘具小腺齿或深裂，顶端通常3裂。花序顶生和腋生，为二歧分枝的聚伞花序，略松散，有花数朵；小苞片线状披针形；花4基数，白色带紫色；萼管陀螺形或倒卵形，萼檐裂片披针形；花冠圆筒形。蒴果近椭圆形，脆壳质，成熟时开裂为2果爿，每个果爿腹部直裂，种子干后黑色。花期7～11月。

　　分布于广东。生于山地密林下或灌丛中。

纤花耳草　耳草属

Hedyotis tenelliflosa Bl.

　　柔弱披散多分枝草本。全株无毛。枝的上部方柱形，有4锐棱，下部圆柱形。叶对生，无柄，薄革质，线形或线状披针形，长2～5cm，宽2～4mm，顶端短尖或渐尖，基部楔形，微下延，边缘干后反卷，上面变黑色，密被圆形、透明的小鳞片，下面光滑，颜色较淡；中脉在上面压入，侧脉不明显；托叶基部合生，略被毛，顶部撕裂。花无梗，1～3朵簇生于叶腋内；萼管倒卵状，萼檐裂片4；花冠白色，漏斗形。蒴果卵形或近球形，宿存花萼檐裂片仅长1mm，成熟时仅顶部开裂；花期4～11月。

　　分布于广东、广西、海南、江西、浙江和云南等省份；印度、越南、马来西亚和菲律宾。生于山谷两旁坡地或田埂上。

长节耳草　耳草属

Hedyotis uncinella Hook. et Arn.

　　直立多年生草本。除花冠喉部和萼檐裂片外，全部无毛；茎通常单生，粗壮，四棱柱形；节间距离长。叶对生，纸质，具柄或近无柄，卵状长圆形或长圆状披针形，长3.5～7.5cm，宽1～3cm，顶端渐尖，基部渐狭或下延；侧脉每边4～5条，纤细；托叶三角形，基部合生，边缘有疏离长齿或深裂。花序顶生和腋生，密集成头状，无总花梗；花4基数，无花梗或具极短的梗；萼管近球形，萼檐裂片长圆状披针形，顶端钝，无毛或具小缘毛；花冠白色或紫色，花冠裂片长圆状披针形。蒴果阔卵形，顶部平，宿存花萼檐裂片，成熟时开裂为2个果爿，果爿腹部直裂。种子数粒，具棱，浅褐色。花期4～6月。

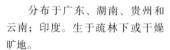

　　分布于广东、湖南、贵州和云南；印度。生于疏林下或干燥旷地。

龙船花　龙船花属

Ixora chinensis Lam.

　　灌木，高0.5～2m。叶对生，有时由于节间距离极短几成4枚轮生，披针形、长圆状披针形至长圆状倒披针形，长6～13cm，宽3～4cm，顶端钝或圆形，基部短尖或圆形；中脉在上面扁平成略凹入，在下面凸起，侧脉每边7～8条，纤细，明显；叶柄极短而粗或无。顶生伞房状聚伞花序，多花，花序分枝红色，花冠红色或橙红色，高脚碟状，筒细长，裂片4，先端圆。浆果近球形，双生，中间有1沟，成熟时红黑色。种子长。花期长，几乎全年有花。

　　分布于华南各省份；越南、菲律宾、印度尼西亚等。生于山地灌丛中和疏林下，有时村落附近的山坡和旷野路旁亦有生长。

　　用于庭园观赏；全株药用。

粗叶木　粗叶木属
Lasianthus chinensis (Champ.) Benth.

灌木。枝和小枝均粗壮，被褐色短柔毛。叶薄革质或厚纸质，通常为长圆形或长圆状披针形，长12～25cm，宽2.5～6cm或稍过之，顶端常骤尖或有时近短尖，基部阔楔形或钝，上面无毛或近无毛，干时变黑色或黑褐色，微有光泽，下面中脉、侧脉和小脉上均被较短的黄色短柔毛；中脉粗大，上面近平坦，下面凸起，侧脉每边9～14条；托叶三角形，被黄色绒毛。花无梗，常3～5朵簇生叶腋，萼管卵圆形或近阔钟形，密被绒毛，萼檐通常4裂；花冠通常白色，有时带紫色，近管状。核果近卵球形，成熟时蓝色或蓝黑色，通常有6个分核。花期5月，果期9～10月。

分布于广东、福建、台湾、香港、广西和云南；越南及马来半岛。生于林缘，亦见于林下。

日本粗叶木　粗叶木属
Lasianthus japonicus Miq.

灌木。枝和小枝无毛或嫩部被柔毛。叶近革质或纸质，长圆形或披针状长圆形，长9～15cm，宽2～3.5cm，顶端骤尖或骤然渐尖，基部短尖，上面无毛或近无毛，下面脉上被贴伏的硬毛；侧脉每边5～6条，小脉网状，罕近平行；叶柄长7～10mm，被柔毛或近无毛；托叶小，被硬毛。花无梗，常2～3朵簇生在一腋生、很短的总梗上，有时无总梗；苞片小；萼钟状，长2～3mm，被柔毛，萼齿三角形，短于萼管；花冠白色，管状漏斗形，长8～10mm，外面无毛，里面被长柔毛，裂片5，近卵形。核果球形，径约5mm，内含5个分核。

分布于广东、安徽、浙江、江西、福建、台湾、湖北、湖南、广西、四川和贵州；日本。生于林下。

榄绿粗叶木　粗叶木属
Lasianthus japonicus Miq. var. *lancilimbus* (Merr.) Lo

灌木。叶近革质或纸质，叶片披针形，顶端骤尖或骤然渐尖，叶下面中脉上无毛，托叶小，被硬毛。花无梗，常2～3朵簇生在一腋生、很短的总梗上；花冠白色，管状漏斗形。核果球形。花期5～8月，果期9～10月。

分布于广东、安徽、浙江、江西、福建、台湾、湖北、湖南、广西、四川和贵州。生于林下。

钟萼粗叶木　粗叶木属
Lasianthus trichophlebus Hamsl.

灌木，高1～2m。枝近圆柱状，干时红褐色，被糙伏毛，节间的毛稀疏，节上很密。叶纸质，长圆形，有时长圆状倒披针形，长8～14cm，宽2.5～4cm或稍过之，顶端骤尖或短渐尖，基部楔形或稍钝，有时两侧稍不对称，边全缘或微浅波状，干时通常灰色或褐灰

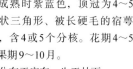

色，上面无毛，下面中脉和侧脉上密被伸展的长硬毛，横行小脉上被稀疏硬毛；中脉在上面微压入，下面凸起，侧脉每边7～9条；叶柄被糙伏毛；托叶披针状三角形，密被长硬毛；无苞片。核果无梗，2至多个簇生叶腋，卵圆形，被伸展硬毛，成熟时紫蓝色，顶冠为4～5片卵状三角形、被长硬毛的宿萼裂片，含4或5个分核。花期4～5月，果期9～10月。

分布于广东。生于林下。

斜基粗叶木　粗叶木属
Lasianthus wallichii (Wight et Arn.) Wight

灌木。叶片纸质或近革质，通常椭圆状卵形或长圆状卵形，较少披针形或长圆状披针形，通常长5～10cm，宽2～4cm或稍过之，顶端骤然渐尖，基部心形，两侧明显不对称或稍不对称，全缘，通常上面略有光泽；中脉在下面凸起，侧脉每边6～8条，纤细。花无梗，数朵簇生于叶腋；苞片和小苞片多数，钻状披针形或线形，基部稍阔，向上锐尖；萼管近杯状，裂片5，三角状披针形，与萼管近等长或稍长；花冠白色，近漏斗形，外面疏被多细胞长柔毛，管里面被长柔毛，裂片5，近卵形，里面被密毛；雄蕊5枚。核果近球形，成熟时蓝色，被硬毛，含4（～5）个分核。花期秋季。

分布于广东、福建、台湾、香港、广西和云南；印度、孟加拉国、尼泊尔、菲律宾、日本及中南半岛。生于密林中或林缘。

巴戟天　巴戟天属
Morinda officinalis How

多年生藤本植物。小枝近圆柱形，初时密被短硬毛。叶对生，薄或稍厚，纸质，干后棕色，长圆形、卵状长圆形或倒卵状长圆形，长6～13cm，宽3～6cm，顶端急尖或具小短尖，基部钝、圆或楔形，边全缘，有时具稀疏短缘毛，上面初时被稀疏、紧贴长粗毛，后变无毛，中脉线状隆起，多少被刺状硬毛或弯毛，下面无毛或中脉处被疏短粗毛，侧脉每边5条。头状花序具花4～10朵；花（2～）3（～4）基数，无花梗；花萼倒圆锥状；花冠白色，近钟状，稍肉质。聚花果近球形，红色。花期5～7月，果期10～11月。

分布于广东、福建、海南和广西等省份，现华南各地有种植；越南。生于山地和丘陵地的林下或灌丛中。

根药用，有健脾补肾、壮阳、强健筋骨等作用，用于腰膝无力、阳痿遗精、小腹冷痛、子宫寒冷不孕等。

鸡眼藤　巴戟天属
Morinda parvifolia Bartl. ex DC.

常绿藤状灌木。根粗、皮厚，灰褐色。茎黑褐色，小枝顶端被短粗毛。叶对生，纸质，倒卵状椭圆形，稀椭圆状矩圆形，先端钝，具

小凸尖或锐尖，基部楔形，除下面脉腋内有短束毛外，通常两面均无毛；侧脉在上面不明显，下面明显，每边3～4（～6）条；托叶膜质，鞘状，草黄色。花序由2～6个小头状花序组成伞形花序，有花4～8朵，通常顶生枝端。花冠白色。聚花核果近球形，熟时橙红色至橘红色；核果具分核2～4；分核三棱形，外侧弯拱，具种子1粒。花期4～6月，果期7～8月。

分布于广东、广西、福建、台湾、海南等；菲律宾和越南。生于林中、灌丛中。

药用，有清热利湿、化痰止咳、散瘀止痛的功效。

羊角藤　巴戟天属
Morinda umbellata L. subsp. *obovata* Y. Z. Ruan

藤本、攀缘或缠绕。嫩枝无毛，绿色，老枝具细棱，蓝黑色，多少木质化。叶纸质或革质，倒卵形、倒卵状披针形或倒卵状长圆形，长6～9cm，宽2～3.5cm，顶端渐尖或具小短尖，基部渐狭或楔形，全缘，上面常具蜡质，光亮，干时淡棕色至棕黑色，无毛，下面淡棕黄色或禾秆色；中脉通常两面无毛，罕被粒状细毛，侧脉每边4～5条；叶柄常被不明显粒状疏毛；托叶筒状，顶截平。花序3～11伞状排列于枝顶；具花6～12朵；花4～5基数，无花梗；花冠白色，稍呈钟状。聚花核果成熟时红色，近球形或扁球形。种子角质，棕色。花期6～7月，果期10～11月。

分布于广东、江苏、安徽、浙江、江西、福建、台湾、湖南、香港、海南和广西等省份。攀缘于山地林下、溪旁、路旁等疏荫或密荫的灌木上。

楠藤　玉叶金花属
Mussaenda erosa Champ.

攀缘灌木，高3m。小枝无毛。叶对生，纸质，长圆形、卵形至长圆状椭圆形，长6～12cm，宽3.5～5cm，顶端短尖至长渐尖，基部楔形；侧脉4～6对；托叶长三角形，无毛或有短硬毛，深2裂。伞房状多歧聚伞花序顶生，花序梗较长，花疏生；苞片线状披针形，几无毛；花梗短；花萼管椭圆形，无毛，萼裂片线状披针形，基部被稀疏的短硬毛；花叶阔椭圆形，长4～6cm，宽3～4cm，有纵脉5～7条，顶端圆或短尖，基部骤窄，柄长0.9～1cm，无毛；花冠橙黄色，花冠管外面有柔毛，喉部内面密被棒状毛，花冠裂片卵形，宽与长近相等，顶端锐尖，内面有黄色小疣突。浆果近球形或阔椭圆形，长无毛，顶部有萼檐脱落后的环状疤痕。花期4～7月，果期9～12月。

分布于广东、香港、广西、云南、四川、贵州、福建、海南和台湾；中南半岛和日本。攀缘于疏林乔木树冠上。

黐花　玉叶金花属
Mussaenda esquirolii Lévl.

直立或攀缘灌木。叶对生，薄纸质，广卵形或广椭圆形，长10～20cm，宽5～10cm，顶端骤渐尖或短尖，基部楔形或圆形，上面淡绿色，下面浅灰色，脉上毛较稠密，老时两面均无毛；侧脉9对，向上拱曲；叶柄有毛；托叶卵状披针形，常2深裂或浅裂，短尖。聚伞花序顶生，有花序梗，花疏散；苞片托叶状，较小，小苞片线状披针形，渐尖；花萼管陀螺形，被贴伏的短柔毛，萼裂片近叶状，白色，披针形；花叶倒卵形，短渐尖，长3～4cm；花冠黄色，花冠管上部略膨大，外面密被贴伏短柔毛，膨大部内面密被棒状毛，花冠裂片卵形，有短尖头，外面有短柔毛，内面密被黄色小疣突。浆果近球形。花期5～7月，果期7～10月。

分布于我国长江以南各省份。生于林下。

玉叶金花　玉叶金花属
Mussaenda pubescens Ait.f.

攀缘灌木。叶对生或轮生，膜质或薄纸质，卵状长圆形或卵状披针形，长5～8cm，宽2～2.5cm，顶端渐尖，基部楔形，上面近无毛或疏被毛，下面密被短柔毛；叶柄被柔毛；托叶三角形深2裂，裂片钻形。聚伞花序顶生，密花；苞片线形，有硬毛，长约4mm；花梗极短或无梗；花萼管陀螺形，被柔毛，萼裂片线形；花叶阔椭圆形，长2.5～5cm，宽2～3.5cm，有纵脉5～7条，顶端钝或短尖，基部狭窄，两面被柔毛；花冠黄色，花冠裂片长圆状披针形，渐尖，内面密生金黄色小疣突；花柱短，内藏。浆果近球形，疏被柔毛，顶部有萼檐脱落后的环状疤痕，干时黑色。花期6～7月。

分布于广东、香港、海南、广西、福建、湖南、江西、浙江和台湾。生于灌丛、溪谷、山坡或村旁。

茎叶味甘、性凉，有清凉消暑、清热疏风的功效，供药用或晒干代茶叶饮用。

华腺萼木　腺萼木属
Mycetia sinensis (Hemsl.) Craib

灌木或亚灌木。叶近膜质，长圆状披针形或长圆形，有时近卵形或椭圆形，同一节上的叶多少不等大，长8～20cm，宽3～5cm，顶端渐尖，基部楔尖或稍下延，通常干时苍白色、淡灰绿色，上面无毛或散生短柔毛，下面脉上通常疏被柔毛；中脉在上面压扁，侧脉每边多达20条；叶柄被柔毛；托叶长圆形或倒卵形，顶端钝或圆，有脉纹。聚伞花序顶生，单生或2或3个簇生，有花多朵；苞片似托叶，基部穿茎，边缘常条裂，基部有黄色、具柄的腺体；小苞片除较小外，余与苞片同；萼管半球状，裂片草质，披针状三角形，伸展，通常每边有1～3个有柄腺体；花冠白色，狭管状，檐部5裂，裂片近卵形。果近球形，成熟时白色。花期7～8月，果期9～11月。

我国特有，分布于广东、湖南、江西、福建、云南、广西和海南。生于密林下的沟溪边或林中路旁。

广州蛇根草 蛇根草属
Ophiorrhiza cantoniensis Hance

草本或亚灌木。茎基部匍地，节上生根。叶片纸质，通常长圆状椭圆形，有时卵状长圆形或长圆状披针形，长12～16cm，有时较小，顶端渐尖或骤然渐尖，基部楔形或渐狭，很少近圆钝，全缘，干时上面灰褐色或灰绿色，下面淡绿色或黄褐色，有时两面或下面变红色或淡红褐色，通常两面无毛或上面散生稀疏短糙毛，有时上面或两面被很密的糙硬毛；中脉上面压入呈沟状，下面压扁，侧脉每边9～12条。花序顶生，圆锥状或伞房状，花二型，花柱异长；花萼5裂；花冠白色或微红，干时变黄色或有时变淡红色。蒴果僧帽状。种子多数，细小而有棱角。花期冬春季，果期春夏季。

我国特有，分布于广东、海南、广西、云南、贵州和四川。生于密林下沟谷边。

日本蛇根草 蛇根草属
Ophiorrhiza japonica Bl.

草本。茎下部匍地生根，有二列柔毛。叶片纸质，卵形、椭圆状卵形或披针形，有时狭披针形，通常长4～8cm，有时可达10cm或稍过之，宽1～3cm，顶端渐尖或短渐尖，基部楔形或近圆钝，干时上面淡绿色，下面变红色，有时两面变红色，亦有两面变绿黄色，通常两面光滑无毛；中脉在上面近平坦，下面压扁，侧脉每边6～8条，纤细。花序顶生，有花多朵，花二型，花柱异长；长柱花花冠白色或粉红色，近漏斗形，喉部扩大，里面被短柔毛。蒴果近僧帽状，近无毛。花期冬春季，果期春夏季。

分布于华南、华东、华中、西北及西南大部分省份；日本。生于常绿阔叶林下的沟谷沃土上。

短小蛇根草 蛇根草属
Ophiorrhiza pumila Champ. ex Benth.

矮小草本。茎和分枝均肉质。叶纸质，卵形、披针形、椭圆形或长圆形，通常长2～5.5cm，很少达9cm，宽1～2.5cm，顶端钝或圆钝，基部楔尖，常多少下延，干时上面灰绿色或深灰褐色，近无毛或散生糙伏毛，下面苍白，被极密的糙硬毛状柔毛，或仅上面被；中脉在下面阔而扁，侧脉每边5～8条，纤细。花序顶生，多花，花一型，花柱同长，花冠白色，近管状，冠管基部稍膨胀，里面喉部有一环白色长毛。蒴果僧帽状或略呈倒心状，干时褐黄色，被短硬毛。花期早春。

分布于广东、广西、香港、江西、福建和台湾；越南。生于林下沟溪边或湿地上的荫蔽处。

鸡矢藤 鸡矢藤属
Paederia scandens (Lour.) Merr.

藤本。叶对生，纸质或近革质，形状变化很大，卵形、卵状长圆形至披针形，长5～9（15）cm，宽1～4（6）cm，顶端急尖或渐尖，基部楔形或近圆或截平，有时浅心形，两面无毛或近无毛；侧脉每边4～6条，纤细；托叶无毛。圆锥花序式的聚伞花序腋生和顶生，扩展，分枝对生，末次分枝上着生的花常呈蝎尾状排列；小苞片披针形；花具短梗或无；萼管陀螺形，萼檐裂片5，裂片三角形；花冠浅紫色，顶部5裂，顶端急尖而直。果球形，成熟时近黄色，有光泽，平滑，顶冠以宿存的萼檐裂片和花盘；小坚果无翅，浅黑色。花期5～7月。

分布于广东、湖南、香港、海南、广西、四川、贵州和云南等省份；朝鲜、日本、印度、缅甸、泰国、越南、老挝、柬埔寨。生于山坡、林中、林缘、沟谷边灌丛中或缠绕于灌木上。

主治风湿筋骨痛、跌打损伤、外伤性疼痛、肝胆及胃肠绞痛、黄疸型肝炎、放射反应引起的白细胞减少症、农药中毒；外用治皮炎、湿疹、疮疡肿毒。

毛鸡矢藤 鸡矢藤属
Paederia scandens (Lour.) Merr. var. *tomentosa* (Bl.) Hand.-Mazz.

本变种与原变种（鸡矢藤）的区别：小枝被柔毛或绒毛。叶上面被柔毛和绒毛，下边被柔毛或近无毛。花序常被小柔毛，花冠外面常有海绵状白毛。

分布于华南和西南。生于低山草坡或灌丛中。

全草入药，为我国民间常用草药，也常用来做保健点心。

香港大沙叶 大沙叶属
Pavetta hongkongensis Bremek.

灌木或小乔木。叶对生，膜质，长圆形至椭圆状倒卵形，长8～15cm，宽3～6.5cm，顶端渐尖，基部楔形，上面无毛，下面近无毛或沿中脉上和脉腋内被短柔毛；侧脉每边约7条，在叶片上面平坦，在下面凸起；叶柄长1～2cm；托叶阔卵状三角形，长约3mm，外面无毛，里面有白色长毛，顶端急尖。花序生于侧枝顶部，多花，长7～9cm，直径7～15cm；花具梗，梗长3～6mm；萼管钟形，长约1mm，萼檐扩大，在顶部不明显4裂，裂片三角形；花冠白色，外面无毛，里面基部被疏柔毛。果球形。花期3～4月。

分布于广东、香港、海南、广西和云南等省份；越南。生于灌木丛中。

全株入药，有清热解毒、活血去瘀之功效。

九节　九节属
Psychotria rubra Lour.

灌木或小乔木。叶对生，纸质或革质，长圆形、椭圆状长圆形或倒披针状长圆形，稀长圆状倒卵形，有时稍歪斜，长5～23.5cm，宽2～9cm，顶端渐尖、急尖渐尖或短尖而尖头常钝，基部楔形，全缘，鲜时稍光亮，干时常暗红色或在下面褐红色而上面淡绿色，中脉和侧脉在上面凹下，在下面凸起，脉腋内常有束毛，侧脉5～15对；托叶膜质，脱落。聚伞花序通常顶生，多花；萼管杯状，花冠白色。核果球形或宽椭圆形，有纵棱，红色。花果期全年。

分布于广东、浙江、福建、台湾、湖南、香港、海南、广西、贵州和云南；日本、越南、老挝、柬埔寨、马来西亚、印度等地。生于平地、丘陵、山坡、山谷溪边的灌丛或林中。

嫩枝、叶、根可作药用，能清热解毒、消肿拔毒、祛风除湿。

黄脉九节　九节属
Psychotria straminea Hutch.

灌木。叶对生，纸质或膜质，椭圆状披针形、长圆形、倒卵状长圆形，少为椭圆形或披针形，长5.5～29cm，宽0.8～10.5cm，顶端渐尖或短尖，基部楔形或稍圆，有时不等侧，全缘，干时黄绿色，稍光亮，在上面较暗淡，中脉在下面凸起，黄色；侧脉5～10对，黄色，网脉在下面亦常明显，黄色。聚伞花序顶生，少花，花冠白色或淡绿色，喉部被白色长柔毛。浆果状核果近球形或椭圆形，成熟时黑色，小核背面凸，腹面凹陷。花期1～7月，果期6月至翌年1月。

分布于广东、海南、广西和云南；越南。生于山坡或山谷溪边林中。

蔓九节　九节属
Psychotria serpens L.

多分枝、攀缘或匍匐藤本。常以气根攀附于树干或岩石上，攀附枝有一列短而密的气根。叶对生，纸质或革质，叶形变化很大，年幼植株的叶多呈卵形或倒卵形，年老植株的叶多呈椭圆形、披针形、倒披针形或倒卵状长圆形，长0.7～9cm，宽0.5～3.8cm，顶端短尖、钝或锐渐尖，基部楔形或稍圆，边全缘而有时稍反卷，干时苍绿色或暗红褐色，下面色较淡，侧脉4～10对，纤细。聚伞花序顶生，常三歧分枝，圆锥状或伞房状，花冠白色。浆果状核果球形或椭圆形，具纵棱，常呈白色。花期4～6月，果期全年。

分布于广东、福建、香港、海南和广西。生于平地、丘陵、山地、山谷水旁的灌丛或林中。

全株药用，有舒筋活络、壮筋骨、祛风止痛、凉血消肿之功效。

金剑草　茜草属
Rubia alata Roxb.

多年生草质攀缘藤本，长1～4m或更长。茎四棱或四翅。叶4片轮生，薄革质，线形、披针状线形或狭披针形，偶有披针形，长3.5～9cm或稍过之，宽0.4～2cm，顶端渐尖，基部圆至浅心形，边缘反卷，常有短小皮刺，两面均粗糙；基出脉3或5，在上面凹入，在下面凸起，均有倒生小皮刺或侧生的1或2对不明显皮刺。花序腋生或顶生，通常比叶长，多回分枝的圆锥花序式，花序轴和分枝均有明显的4棱，通常有小皮刺；花冠白色或淡黄色。浆果，球形或双球形，熟时黑色。花期夏初至秋初，果期秋冬。

我国特有，分布于我国长江流域及其以南各省份，东至台湾，西至四川，北至河南和陕西。生于山坡林缘、路旁灌丛中。

东南茜草　茜草属
Rubia argyi Hara

多年生草质藤本。茎4棱或4狭翅，棱上有倒生钩状皮刺。叶4片轮生，茎生的偶有6片轮生，通常一对较大，另一对较小。叶片纸质，心形至阔卵状心形，有时近圆心形，长0.1～5cm或过之，宽1～4.5cm或过之，顶端短尖或骤尖，基部心形，极少近浑圆，边缘和叶背面的基出脉上通常有短皮刺，两面粗糙，或兼有柔毛；基出脉通常5～7。聚伞花序分枝成圆锥花序式，顶生和小枝上部腋生，有时结成顶生、带叶的大型圆锥花序，花序梗和总轴均有4直棱，棱上通常有小皮刺；花冠白色。浆果近球形，熟时黑色。

分布于华南、华中、华东和华北；日本和朝鲜。生于林缘、灌丛或村边园篱等处。

密毛乌口树　乌口树属
Tarenna mollissima (Hook. et Ann.) Rob.

灌木或小乔木，高1～6m。全株密被灰色或褐色柔毛或短绒毛，但老枝毛渐脱落。叶纸质，披针形、长圆状披针形或卵状椭圆形，长4.5～25cm，宽1～10cm，顶端渐尖或长渐尖，基部楔尖、短尖或钝圆，干后变黑褐色；侧脉8～12对。伞房状的聚伞花序顶生，多花；萼管近钟形，裂片5，三角形；花冠白色，喉部密被长柔毛，裂片4或5；雄蕊4或5枚。果近球形，被柔毛，黑色，有种子7～30粒。花期5～7月，果期5月至翌年2月。

分布于广东、浙江、江西、福建、湖南、香港、广西、海南、贵州和云南；越南。生于山地、丘陵、沟边的林中或灌丛中。

根和叶入药，有清热解毒、消肿止痛之功效。

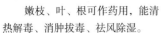

毛钩藤　钩藤属
Uncaria hirsuta Havil.

藤本。叶革质，卵形或椭圆形，长8～12cm，宽5～7cm，顶端渐尖，基部钝，上面稍粗糙，被稀疏硬毛，下面被稀疏或稠密糙伏毛。侧脉7～10对，下面具糙伏毛，脉腋窝陷有黏液毛；叶柄有毛；托叶阔卵形，深2裂至少达2/3，外面被疏散长毛，内面无毛，基部有黏液毛，裂片卵形，有时具长渐尖的顶部。头状花序，单生叶腋，总花梗具一节，总花梗腋生；小苞片线形至匙形；花近无梗，花萼管外面密被短柔毛，萼裂片线状长圆形，密被毛；花冠淡黄色或淡红色，外面有短柔毛，花冠裂片长圆形，外面有密毛。小蒴果纺锤形，有短柔毛。花果期全年。

我国特有，分布于广东、广西、贵州、福建和台湾。生于山谷林下溪畔或灌丛中。

钩藤　钩藤属
Uncaria rhynchophylla (Miq.) Miq.ex Havil

藤本。叶纸质，椭圆形或椭圆状长圆形，长5～12cm，宽3～7cm，两面均无毛，干时褐色或红褐色，下面有时有白粉，顶端短尖或骤尖，基部楔形至截形，有时稍下延；侧脉4～8对，脉腋窝陷有黏液毛；叶柄无毛；托叶狭三角形。头状花序，单生叶腋，总花梗具一节，苞片微小，或成单聚伞状排列，总花梗腋生；小苞片线形或线状匙形；花近无梗；花萼管疏被毛，萼裂片近三角形，疏被短柔毛，顶端锐尖；花冠管外面无毛，或具疏散的毛，花冠裂片卵圆形，外面无毛或略被粉状短柔毛。小蒴果被短柔毛，宿存花萼裂片近三角形，星状辐射。花果期5～12月。

分布于广东、广西、云南、贵州、福建、湖南、湖北及江西；日本。生于山谷溪边的疏林或灌丛中。

具有清血平肝、息风定惊之功效，用于风热头痛、感冒夹惊、惊痛抽搐等症，所含钩藤碱有降血压的作用。

水锦树　水锦树属
Wendlandia uvariifolia Hance

灌木或小乔木，高5～12m。树皮褐色，薄而平滑；小枝、叶柄及叶背均有锈色粗毛。叶纸质，宽椭圆形、长圆形、卵形或长圆状披针形，长7～26cm，宽4～14cm，顶端短渐尖或骤然渐尖，基部楔形或短尖，上面散生短硬毛，稍粗糙，在脉上有锈色短柔毛，下面密被灰褐色柔毛；侧脉8～12对；托叶圆形或肾形，具短柄，常反折，两面均被粗毛。花白色，有香气，排成大而密的圆锥花序；花小，无花梗，常数朵簇生；花冠漏斗状，白色。蒴果小，球形。花期1～5月，果期4～10月。

分布于广东、广西、云南、贵州、海南和台湾；越南。生于疏林<u>灌丛</u>或山谷水旁。

根药用，治风湿跌打。

忍冬科　Caprifoliaceae

脱毛忍冬　忍冬属
Lonicera calvescens (Chun et How.) Hsu et H.J. Wang

藤本。除小枝和叶柄常疏生开展的淡黄褐色长糙毛外，全株无明显的毛被。叶薄革质，卵状矩圆形或卵状披针形，稀卵形，长7～10.5cm，顶端渐尖、急尖或具小尖突，基部圆形、截形或宽楔形，边缘微背卷，具缘毛或无毛，两面无毛或下面中脉疏生少数糙毛，下面脉凸起；叶柄长7～15mm，基部相连而在小枝节上呈线状凸起。双花生于小枝上部叶腋或集合成短总状花序，味香；萼筒矩圆形，萼齿三角状披针形；花冠白色，后变淡黄色，唇形，外面无毛或有时具极少糙毛。果实白色，椭圆形。

分布于广东和海南。生于山谷密林或水边沙地的灌丛中。

山银花（华南忍冬）　忍冬属
Lonicera confusa (Sweet) DC.

半常绿藤本。幼枝、叶柄、总花梗、苞片、小苞片和萼筒均密被灰黄色卷曲短柔毛，并疏生微腺毛；小枝淡红褐色或近褐色。叶纸质，卵形至卵状矩圆形，长3～6（～7）cm，顶端尖或稍钝而具小短尖头，基部圆形、截形或带心形，幼时两面有短糙毛，老时上面变无毛。花有香味，双花腋生或于小枝或侧生短枝顶集合成具2～4节的短总状花序，有明显的总苞叶；苞片披针形；小苞片圆卵形或卵形，顶端钝，有缘毛；萼筒被短糙毛；萼齿披针形或卵状三角形，外密被短柔毛；花冠白色，后变黄色，唇形，筒直或有时稍弯曲。果实黑色，椭圆形或近圆形。花期4～5月，有时9～10月开第二次花，果期10月。

分布于广东、海南和广西；越南北部和尼泊尔。生于丘陵地的山坡、杂木林和灌丛中及平原旷野路旁或河边。

本种花供药用，为华南地区"金银花"中药材的主要品种，有清热解毒之功效。

菰腺忍冬（红腺忍冬）　忍冬属
Lonicera hypoglauca Miq.

落叶藤本。幼枝、叶柄、叶下面和上面中脉及总花梗均密被上端弯曲的淡黄褐色短柔毛；叶纸质，卵形至卵状矩圆形，顶端渐尖或尖，基部近圆形或带心形，有无柄或具极短柄的黄色至橘红色蘑菇形腺。双花单生至多朵集生于侧生短枝上，或于小枝顶集合成总状，花冠白色，有时有淡红晕，后变黄色。果实熟时黑色，近圆形，有时具白粉，直径7～8mm。种子淡黑褐色，椭圆形，中部有凹槽及脊状凸起。花期4～5（～6）月，果期10～11月。

分布于广东、安徽、浙江、江西、福建、台湾、广西、云南、四川和贵州；日本。生于<u>灌丛</u>或疏林中。

花蕾供药用。

忍冬（金银花）　忍冬属
Lonicera japonica Thunb.

半常绿藤本。幼枝橘红褐色，密被黄褐色、开展的硬直糙毛、腺毛和短柔毛，下部常无毛。叶纸质，卵形至矩圆状卵形，有时卵状披针形，稀圆卵形或倒卵形，极少有1至数个钝缺刻，长3～5（～9.5）cm，顶端尖或渐尖，少有钝、圆或微凹缺，基部圆形或近心形，有糙缘毛，上面深绿色，下面淡绿色，小枝上部叶通常两面均密被短糙毛，下部叶常平滑无毛而下面多少带青灰色。总花梗通常单生于小枝上部叶腋，密被短柔毛，花冠白色，有时基部向阳面呈微红色，后变黄色。果实圆形，熟时蓝黑色。种子卵圆形或椭圆形，褐色。花期4～6月（秋季亦常开花），果期10～11月。

分布于除黑龙江、内蒙古、宁夏、青海、新疆、海南和西藏之外的全国各省；日本和朝鲜。生于山坡灌丛或疏林中、乱石堆、山足路旁及村庄篱笆边。

大花忍冬　忍冬属
Lonicera macrantha (D. Don) Spreng.

半常绿藤本。幼枝、叶柄和总花梗均被开展的黄白色或金黄色长糙毛及稠密的短糙毛，并散生короткие腺毛；小枝红褐色或紫红褐色，老枝赭红色。叶近革质或厚纸质，卵形至卵状矩圆形或长圆状披针形至披针形，长5～10（～14）cm，顶端长渐尖、渐尖或锐尖，基部圆形或微心形，边缘有长糙睫毛，上面中脉和下面脉上有长、短两种糙毛，并夹杂极少橘红色或淡黄色短腺毛，下面网脉隆起。花微香，双花腋生，伞房状花序；萼筒无毛或有时被短糙毛，萼齿长三角状披针形至三角形；花冠白色，后变黄色，唇形。果实黑色，圆形或椭圆形。花期4～5月，果期7～8月。

分布于广东、浙江、江西、福建、台湾、湖南、广西、四川和贵州；尼泊尔、不丹、印度至缅甸和越南。生于山谷和山坡林中或灌丛中。

皱叶忍冬　忍冬属
Lonicera rhytidophylla Hand. -Mizz.

常绿藤本。幼枝、叶柄和花序均被由短糙毛组成的黄褐色毡毛。叶革质，宽椭圆形、卵形、卵状矩圆形至矩圆形，长3～10cm，顶端近圆形或钝而具短凸尖，基部圆形至宽楔形，少有截形，边缘背卷，上面叶脉显著凹陷而呈皱纹状，除中脉外几无毛，下面有由短柔毛组成的白色毡毛，干后变黄白色。双花成腋生小伞房花序，或在枝端组成圆锥状花序；萼筒卵圆形，无毛或有时多少有短糙毛，粉蓝色；花冠白色，后变黄色。果实蓝黑色，椭圆形。花期6～7月，果期10～11月。

分布于广东、江西、福建、湖南及广西。生于山地灌丛或林中。

花供药用。

接骨草　接骨木属
Sambucus chinensis Lindl.

高大草本或半灌木，高1～2m。茎有棱条，髓部白色。羽状复叶的托叶叶状或有时退化成蓝色的腺体；小叶2～3对，互生或对生，狭卵形，长6～13cm，宽2～3cm，先端长渐尖，基部钝圆，两侧不等，边缘具细锯齿，近基部或中部以下边缘常有1或数枚腺齿；顶生小叶卵形或倒卵形，基部楔形，有时与第一对小叶相连，小叶无托叶，基部一对小叶有时有短柄。复伞形花序顶生，大而疏散，总花梗基部托以叶状总苞片，分枝3～5出，纤细，被黄色疏柔毛；杯形不孕性花不脱落，可孕性花小；萼筒杯状，萼齿三角形；花冠白色，仅基部联合。果实红色，近圆形；核2～3粒，卵形，表面有小疣状凸起。花期4～5月，果期8～9月。

分布于华南、华东、华中及西南大部分省份；日本。生于山坡、林下、沟边和草丛中，亦有栽种。

为药用植物，可治跌打损伤，有祛风湿、通经活血、解毒消炎之功效。

荚蒾　荚蒾属
Viburnum dilatatum Thunb.

落叶灌木。叶纸质，宽倒卵形、倒卵形或宽卵形，长3～10（～13）cm，顶端急尖，基部圆形至钝形或微凹心形，有时楔形，边缘有牙齿状锯齿，齿端突尖，上面被叉状或简单伏毛，下面被带黄色叉状或簇状毛，脉上毛尤密，脉腋集聚簇状毛，有带黄色或近无色的透亮腺点，虽脱落仍留有痕迹，近基部两侧有少数腺体，侧脉6～8对，直达齿端，上面凹陷，下面明显凸起。复伞形聚伞花序稠密，生于具1对叶的短枝之顶；花生于第三至第四级辐射枝上，萼和花冠外面均有簇状糙毛；萼筒狭筒状；花冠白色，辐状。果实红色，椭圆状卵圆形。花期5～6月，果期9～11月。

分布于广东、浙江、江西、福建、台湾、河南、湖北、湖南、广西、四川、贵州及云南；日本和朝鲜。生于山坡或山谷疏林下，林缘及山脚灌丛中。

南方荚蒾　荚蒾属
Viburnum fordiae Hance

灌木或小乔木，幼枝、芽、叶柄、花序、萼和花冠外面均被由暗黄色或黄褐色簇状毛组成的绒毛。叶纸质至厚纸质，宽卵形或菱状卵形，长4～7（～9）cm，顶端钝或短尖至短渐尖，基部圆形至截形或宽楔形，稀楔形，除边缘基部外常有小尖齿，上面（尤其沿脉）有时散生具柄的红褐色微小腺体，后仅脉上有毛，稍光亮，下面毛较密，无腺点，侧脉5～7（～9）对，直达齿端，上面略凹陷，下面凸起。复伞形聚伞花序顶生或生于具1对叶的侧生小枝之顶；花生于第三至第四级辐射枝上；萼筒倒圆锥形，萼齿钝三角形；花冠白色，辐状。果实红色，卵圆形，有2条腹沟和1条背沟。花期4～5月，果期10～11月。

分布于广东、安徽、浙江、江西、福建、湖南、广西和贵州。生于山谷溪涧旁疏林、山坡灌丛中或平原旷野。

蝶花荚蒾　荚蒾属
Viburnum hanceanum Maxim.

落叶灌木，高达2m。植物体各部被黄褐色或铁锈色簇生绒毛。叶纸质，圆卵形、近圆形或椭圆形，有时倒卵形，长4~8cm，顶端圆形而微凸头，基部圆形至宽楔形，边缘基部除外具整齐而稍带波状的锯齿，齿端具微凸尖，有时牙齿状，两面被黄褐色簇状短伏毛，脉上毛较密，下面毛被有时绒毛，侧脉5~7（~9）对，弧形，直达齿端。聚伞花序排成伞形花序，外围有白色的大型不孕花2~5朵；不孕花白色，不整齐4~5裂，裂片倒卵形；可孕花花冠黄白色，辐状，裂片卵形。果卵球形，熟时红色。花期4~5月，果期6~11月。

分布于广东、广西、江西、湖南和福建。生于山谷、溪边、路旁的疏林下或灌丛中。

淡黄荚蒾　荚蒾属
Viburnum lutescens Blume

常绿灌木，芽鳞被褐色簇状短毛。叶亚革质，宽椭圆形至矩圆形或矩圆状倒卵形，长7~15cm，顶端常短渐尖，基部狭窄而多少下延，边缘基部除外有粗大钝锯齿，齿端微凸，嫩时下面被极稀疏状短毛，后变无毛，侧脉5~6对，弧形，连同中脉下面凸起。聚伞花序复伞形式，或有时因居中的一辐射枝较余者略伸长和粗壮，故花序外观带圆锥式；花芳香；花冠白色，辐状。果实先红色后变黑色，宽椭圆形。花期2~4月，果期10~12月。

分布于广东和广西；中南半岛、印度尼西亚（爪哇）、苏门答腊和加里曼丹。生于山谷林中和灌丛中或河边冲积沙地上。

珊瑚树　荚蒾属
Viburnum odoratissimum Ker.Gawl

灌木或小乔木。枝有凸起的小瘤状皮孔。叶革质，椭圆形至矩圆形或矩圆状倒卵形至倒卵形，有时近圆形，边缘上部有不规则浅波状锯齿或近全缘，下面有时散生暗红色微腺点；侧脉5~6对，弧形，近缘前互相网结。圆锥花序顶生或生于侧生短枝上，宽尖塔形；花芳香，通常生于花序轴的第二至第三级分枝上，无梗或有短梗；萼筒筒状钟形；花冠白色，后变黄白色，有时微红，辐状。果实先红色后变黑色，卵圆形或卵状椭圆形。花期4~5月，果期7~9月。

分布于广东、福建、湖南、海南和广西；印度、缅甸、泰国和越南。生于林中。

常绿荚蒾（坚荚蒾）　荚蒾属
Viburnum sempervirens K.Koch

常绿灌木。叶革质，干后上面变黑色至黑褐色或灰黑色，椭圆形至椭圆状卵形，较少宽卵形，有时矩圆形或倒披针形，长4~12

（~16）cm，顶端尖或短渐尖，基部渐狭至钝形，有时近圆形，全缘或上部至近顶部具少数浅齿，上面有光泽，下面全面有微细褐色腺点，中脉及侧脉常有疏伏毛，侧脉3~4（~5）对，近缘前互相网结或至齿端；叶柄带红紫色。复伞形聚伞花序顶生；萼筒筒状倒圆锥形；花冠白色，辐状。果实红色，卵圆形。花期5月，果期10~12月。

分布于广东、广西、江西、云南和香港等省份。生于林中、灌丛。

茎、叶药用；果可食。常见作庭园绿篱。

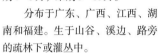
败酱科　Valerianaceae

黄花败酱　败酱属
Patrinia scabiosifolia Link

多年生草本。根状茎横卧或斜生，节处生多数细根。基生叶丛生，卵形、椭圆形或椭圆状披针形，不分裂或羽状分裂或全裂，边缘具粗锯齿，两面被糙伏毛或几无毛，具缘毛；茎生叶对生，宽卵形至披针形，常羽状深裂或全裂，具2~3（~5）对侧裂片，两面密被或疏被白色糙毛。花序为聚伞花序组成的大型伞房花序，顶生；总苞线形，甚小；苞片小；花小，萼齿不明显；花冠钟形，黄色，内具白色长柔毛，花冠裂片卵形。瘦果长圆形，具3棱。花期7~9月。

分布于除宁夏、青海、新疆、西藏和海南岛外的全国各省份；俄罗斯、蒙古、朝鲜和日本。生于山坡林下、林缘和灌丛中以及路边、田埂边的草丛中。

全草和根药用、有清热、消肿、排脓和利尿的作用；嫩时可作野菜。

攀倒甑（白花败酱）　败酱属
Patrinia villosa (Thunb.) Juss.

多年生草本。地下根状茎长而横走，茎密被白色倒生粗毛或仅沿二叶柄相连的侧面具纵列倒生短毛伏毛；基生叶丛生，叶片卵形、宽卵形或卵状披针形至长圆状披针形；边缘具粗钝齿，不分裂或大头羽状深裂，常有1~2（有3~4）对生裂片，茎生叶对生，边缘具粗齿，上面均鲜绿色或浓绿色，背面苍白色，两面被糙伏毛或近无毛。由聚伞花序组成顶生圆锥花序或伞房花序，分枝达5~6级；花萼小，萼齿5，浅波状或浅钝裂状；花冠钟形，白色，5深裂，裂片不等形，卵形、卵状长圆形或卵状椭圆形。瘦果倒卵形，与宿存增大苞片贴生。花期8~10月，果期9~11月。

分布于除海南外的全国各省份。生于林缘、草地、灌丛中。

嫩叶可作野菜；全株药用，有清热解毒、祛瘀排脓等功效。

菊科 Compositae

金钮扣　金钮扣属
Acmella paniculata (Wallich ex Candolle) R. K. Jansen

一年生草本。茎直立或斜升，高15～80cm，多分枝，带紫红色，有明显的纵条纹，被短柔毛或近无毛。节间长1～6cm；叶具波状钝齿，两面无毛或近无毛，叶卵形、宽卵圆形或椭圆形，长3～5cm，基部宽楔形或圆形，全缘、波状，柄长0.3～1.5cm，被短毛或近无毛。头状花序单生，或圆锥状排列，卵圆形，花序梗长2.5～6cm；总苞片约8个，2层，绿色，卵形或卵状长圆形，无毛；花托锥形，托片膜质，倒卵形；花黄色，雌花舌状，舌片宽卵形或近圆形，顶端3浅裂；两性花花冠管状，有4～5个裂片。瘦果长圆形，稍扁压，长1.5～2mm，暗褐色，基部缩小，有白色的软骨质边缘，上端稍厚，有疣状腺体及疏微毛，边缘（有时一侧）有缘毛，顶端有1～2个不等长的细芒。花果期4～11月。

分布于广东、云南、广西和台湾；印度、尼泊尔、缅甸、泰国、越南、老挝、柬埔寨、印度尼西亚、马来西亚、日本。生于田边、沟边、溪旁潮湿地、荒地、路旁及林缘。

全草药用，有解毒、消炎、消肿、祛风除湿、止痛、止咳定喘等功效。有小毒，用时应注意。

下田菊　下田菊属
Adenostemma lavenia (L.) O. Kuntze

一年生草本，高30～100cm。茎直立，单生，有白色短柔毛或无毛。基部的叶在花期生存或凋萎；中部的茎叶较大，长椭圆状披针形，长4～12cm，宽2～5cm，顶端急尖或钝，基部宽或狭楔形，叶柄有狭翼，边缘有圆锯齿，叶两面有稀疏的短柔毛或脱毛，通常沿脉有较密的毛；上部和下部的叶渐小，有短叶柄。头状花序小，在枝端排列成伞房或伞房圆锥花序，总苞半球形，近等长，狭长椭圆形；苞片绿色；花筒状，白色。瘦果倒披针形。花果期8～10月。

分布于广东、江苏、浙江、安徽、福建、台湾、广西、江西、湖南、贵州、四川和云南等省份；世界温、热带地区。生于林下及潮湿处。

全草药用，治肺炎、感冒高热、风湿骨痛、牙痛等。

藿香蓟（胜红蓟）　藿香蓟属
Ageratum conyzoides L.

一年生草本，无明显主根。全部茎枝淡红色，或上部绿色，被白色尘状短柔毛，或上部被稠密开展的长绒毛。叶对生，有时上部互生，常有腋生的、不发育的叶芽，全部叶基部钝或宽楔形，顶端急尖，边缘圆锯齿，叶柄两面被白色稀疏的短柔毛且有黄色腺点。头状花序通常4～18个在茎顶排成紧密的伞房状花序，花冠淡紫色。瘦果黑褐色，5棱，有白色稀疏细柔毛。

冠毛膜片5或6个，长圆形，顶端急狭或渐狭成长或短芒状。花果期全年。

分布于广东、广西、云南、贵州、四川、江西和福建等省份。生于山谷、山坡林下或林缘、河边或山坡草地、田边或荒地上。

全草药用，有清热解毒和消炎止血的作用。

杏香兔儿风　兔儿风属
Ainsliaea fragrans Champ.

多年生草本。根茎被褐色绒毛，具簇生细长须根。叶聚生于茎的基部，莲座状或呈假轮生；叶片厚纸质，卵形、狭卵形或卵状长圆形，顶端钝或中脉延伸具一小的凸尖头，边全缘或具疏离的胼胝体状小齿，有向上弯拱的缘毛，上面绿色、无毛或被疏毛，下面淡绿色或有时多少带紫红色，被较密的长柔毛。头状花序通常有小花3朵；瘦果棒状圆柱形或近纺锤形，栗褐色，被8条显著的纵棱，被较密的长柔毛。花期11～12月。

分布于广东、台湾、福建、浙江、四川、湖南和广西等省份。生于山坡灌木林下或路旁、沟边草丛中。

全草药用，有清热、解毒、利尿、散结等功效，治肺病吐血、跌打损伤等。

山黄菊　山黄菊属
Anisopappus chinensis (L.) Hook. et Arn.

一年生草本，高40～100cm。基部及下部茎叶花后脱落；中部茎叶卵状披针形或狭长圆形，长3～6cm，宽1～2cm，纸质，两面被微柔毛，沿脉的毛较密，基部截形或宽楔形，边缘有钝锯齿，顶端钝圆形；三出脉或离基三出脉，在叶下面凸起，网脉明显；上部叶渐小。头状花序单生或少数排成顶生伞房状，雌花舌状，黄色，顶端3齿裂；两性花筒状，顶端5齿裂。瘦果圆柱形，冠毛膜片状，4～5个，顶端伸长成细芒状。花期10～12月。

分布于广东、广西、福建和云南。生于山坡、沙地、瘠土、荒地及林缘。

花（有小毒）药用，治头目晕眩、喘咳和水肿等。

黄花蒿　蒿属
Artemisia annua L.

一年生草本。植株有浓烈的挥发性香气。根单生，垂直，狭纺锤形；茎多分枝。基部及下部叶在花期枯萎，中部叶卵形，三次羽状深裂，裂片及小裂片矩圆形或倒卵形，开展，顶端尖，基部裂片常抱茎，下面色较浅，两面被短微毛；上部叶小，常一次羽状细裂。头状花序极多数，头状花序球形，多数，有短梗，基部有线形小苞叶，在分枝上排成总状或复总状花序，在茎上组成开展的尖塔形圆锥花序；总苞片背面无毛；雌花10～18

朵；两性花10～30朵。瘦果椭圆状卵圆形，稍扁。花果期8～11月。

分布于我国各省份；亚洲、欧洲东部及北美洲。生于山坡、林缘及荒地。

全草药用，茎叶利尿、健胃，种子下气、止盗汗；全株可作酒曲原料和绿肥。

奇蒿 蒿属
Artemisia anomala S.Moore

多年生草本，侧根多数。叶厚纸质或纸质，上面绿色或淡绿色，背面黄绿色，下部叶卵形或长卵形，不分裂或先端有数枚浅裂齿，中部叶卵形、长卵形或卵状披针形，边缘具细锯齿；上部叶与苞片叶小，无柄。头状花序长圆形或卵形，在分枝上端或分枝的小枝上排成密穗状花序，并在茎上端组成狭窄或稍开展的圆锥花序；雌花4～6朵，花冠狭管状，檐部具2裂齿；两性花6～8朵，花冠管状。瘦果倒卵形或长圆状倒卵形。花果期6～11月。

分布于华南、华中、华东及西南大部分省份；越南。生于低海拔地区林缘、路旁、沟边、河岸、灌丛及荒坡等地。

全草入药，有活血、通经、清热、解毒、消炎、止痛、消食之功效。

艾蒿 蒿属
Artemisia argyi Lévl. et Vant

多年生草本或略成半灌木状。植株有浓烈香气。茎直立，被白色细软毛，上部分枝。叶互生，厚纸质，并有白色腺点与小凹点；基生叶具长柄，花期萎谢；茎下部叶近圆形或宽卵形，羽状深裂；中部叶卵形、三角状卵形或近菱形，一（至二）回羽状深裂至半裂；上部叶与苞片叶羽状半裂、浅裂或3深裂或3浅裂或不分裂，为椭圆形、长椭圆状披针形、披针形或线状披针形。头状花序钟形；雌花6～10朵，花冠狭管状，檐部具2裂齿，紫色；两性花8～12朵，花冠管状或高脚杯状，外面有腺点，檐部紫色。瘦果椭圆形，无毛。花期7～10月。

分布于华南、东北、华北、华东和西南各省份；蒙古、朝鲜、俄罗斯。生于荒地、林缘。

花药用，散寒止痛、温经止血，用于小腹冷痛、经寒不调、宫冷不孕、吐血、衄血、崩漏经多、妊娠下血、血肤瘙痒。

牡蒿 蒿属
Artemisia japonica Thunb.

多年生草本。植株有香气。根状茎粗壮。茎直立，常丛生，高50～150cm，上部有开展或直立的分枝，被微柔毛或近无毛。下部叶在花期萎谢，匙形，下部渐狭，有条形假托叶，上部有齿或浅裂；中

部叶楔形，顶端有齿或近掌状分裂，近无毛或有微柔毛；上部叶近条形，三裂或不裂；苞片叶长椭圆形、椭圆形、披针形或线状披针形，先端不分裂或偶有浅裂。头状花序极多数，排列成复总状；雌花3～8朵，花冠狭圆锥状，檐部具2～3裂齿；两性花5～10朵，不孕育，花冠管状。瘦果小，倒卵形，无毛。花期8～10月。

分布于华南、华东、华中、西南、西北和华北大部分省份；东亚和东南亚各地。生于路旁或荒地。

全草药用，用于感冒发热、中暑、疟疾、肺结核潮热、高血压病、外伤出血、疔疮肿毒等。

白苞蒿 蒿属
Artemisia lactiflora Wall. ex DC.

多年生草本。主根明显，侧根细而长；叶薄纸质或纸质，基生叶与茎下部叶宽卵形或长卵形，二回或一至二回羽状全裂，中部叶卵圆形或长卵形，边缘常有细裂齿或锯齿或近全缘，中轴微有狭翅，叶柄两侧有时有小裂齿，基部具细小的假托叶。头状花序长圆形，雌花3～6朵，花冠狭管状，檐部具2裂齿；瘦果倒卵形或倒卵状长圆形；两性花4～10朵，花冠管状。瘦果倒卵形或倒卵状长圆形。花果期8～11月。

分布于广东、安徽、浙江、江西、福建、台湾、广西、四川、贵州和云南等省份；越南、老挝、柬埔寨、新加坡等。生于林下、林缘、灌丛边缘、山谷等湿润或略为干燥地区。

全草入药，有清热、解毒、止咳、消炎、活血、散瘀、通经等作用，用于治肝、肾疾病，近年也用于治血丝虫病。

三褶脉紫菀 紫菀属
Aster ageratoides Turcz.

多年生草本，根状茎粗壮。叶片宽卵圆形，急狭成长柄，中部叶椭圆形或长圆状披针形，中部以上急狭成楔形具宽翅的柄，边缘有3～7对浅或深锯齿，上部叶渐小，有浅齿或全缘，全部叶纸质，上面被短糙毛，下面浅色被短柔毛，常有腺点，有离基三出脉；侧脉3～4对，网脉常显明。头状花序排列成伞房或圆锥伞房状；总苞片3层，覆瓦状排列；舌状花紫色、浅红色或白色，管状花黄色。瘦果倒卵状长圆形，灰褐色，有边肋。花果期7～12月。

分布于我国东北部、北部、东部、南部至西部、西南部及西藏南部；喜马拉雅南部及亚洲东北部。生于林下、林缘、灌丛及山谷湿地。

白舌紫菀　紫菀属
Aster baccharoides (Benth.) Steetz.

木质草本或亚灌木，有粗壮扭曲的根。茎和枝基部有密集的枯叶残片，下部叶匙状长圆形，上部有疏齿，中部叶长圆形或长圆状披针形，基部渐狭或急狭，全缘或上部有小尖头状疏锯齿，全部叶上面被短糙毛，下面被短毛或有腺点；中脉在下面凸起，侧脉3～4对。头状花序在枝端排列成圆锥伞房状，或在短枝上单生；苞叶极小，在梗端密集且渐转变为总苞片。总苞倒锥状；舌状花白色；管状花有微毛。瘦果狭长圆形，有时两面有肋，被密短毛。花期7～10月，果期8～11月。

分布于广东、福建、江西、湖南和浙江等省份。生于山坡路旁、草地和沙地。

钻形紫菀　紫菀属
Aster subulatus (Michaux) G. L. Nesom

一年生草本。茎基部略带红色，上部有分枝。叶互生，无柄；基生叶倒披针形，花后凋落；中部叶线状披针形，长6～10cm，宽0.5～1cm，先端尖或钝，全缘，上部叶渐狭线形。头状花序顶生，排成圆锥花序；总苞钟状；总苞片3～4层，外层较短，内层较长，线状钻形，无毛，背面绿色，先端略带红色；舌状花细狭、小，红色；管状花多数，短于冠毛。瘦果略有毛。花期9～11月。

分布于广东、河南、安徽、广西和福建等省份；现广布于世界温暖地区。生于潮湿含盐的土壤等地。

常沿河岸、沟边、洼地、路边、海岸蔓延，侵入农田危害棉花、大豆、甘薯、水稻等作物，还常侵入浅水湿地，影响湿地生态系统及其景观。

金盏银盘　鬼针草属
Bidens biternata (Lour.) Merr. et Sherff.

一年生草本。叶为一回羽状复叶，顶生小叶卵形至长圆状卵形或卵状披针形，先端渐尖，基部楔形，边缘具稍密且近于均匀的锯齿，有时一侧深裂为一小裂片，两面均被柔毛，侧生小叶1～2对，卵形或卵状长圆形，近顶部的一对稍小，通常不分裂，基部下延，无柄或具短柄，下部的一对约与顶生小叶相等，具明显的柄，三出复叶状分裂或仅一侧具一裂片，裂片椭圆形，边缘有锯齿。头状花序；舌状花3～5朵，舌片黄色；盘花筒状，冠檐5齿裂。瘦果条形，具4棱，被糙伏毛，顶端具3～4枚芒状冠毛。花果期6～10月。

分布于我国南部；亚洲、非洲、大洋洲。生于山坡林下、沟边、路边、村旁及荒地。

全草药用，有清热解毒、活血散瘀、利尿止泻的作用。

鬼针草　鬼针草属
Bidens bipinnata L.

一年生草本。叶对生，具柄，背面微凸或扁平，腹面沟槽，槽内及边缘具疏柔毛，叶片长5～14cm，二回羽状分裂，第一次分裂深达中肋，裂片再次羽状分裂，小裂片三角状或菱状披针形，具1～2对缺刻或深裂，顶生裂片狭，先端渐尖，边缘有稀疏不规整的粗齿，两面均被疏柔毛。头状花序；舌状花通常1～3朵，舌片黄色；盘花筒状，黄色，冠檐5齿裂。瘦果条形，具3～4棱，具瘤状凸起及小刚毛，顶端芒刺3～4枚，具倒刺毛。

分布于我国南北各省份；美洲、亚洲、欧洲及非洲。生于路边荒地、山坡及田间。

全草入药，有清热解毒、散瘀活血的功效。

三叶鬼针草　鬼针草属
Bidens pilosa L.

多年生草本，茎直立。茎下部叶较小，3裂或不分裂，通常在开花前枯萎；中部叶具无翅的柄，三出，小叶3枚，两侧小叶椭圆形或卵状椭圆形，先端锐尖，基部近圆形或阔楔形，有时偏斜，不对称，具短柄，边缘有锯齿；顶生小叶较大，长椭圆形或卵状长圆形，先端渐尖，基部渐狭或近圆形，具柄，边缘有锯齿；上部叶小，3裂或不分裂，条状披针形。头状花序，无舌状花。瘦果黑色，条形，具棱，上部具稀疏瘤状凸起及刚毛，顶端芒刺3～4枚，具倒刺毛。

分布于华南、华东、华中和西南各省份；亚洲和美洲的热带及亚热带地区。生于村旁、路边及荒地中。

为我国民间常用草药，有清热解毒、散瘀活血的功效。

狼把草　鬼针草属
Bidens tripartita L.

一年生草本，高30～150cm。叶对生，下部的较小，不分裂，边缘具锯齿，通常于花期枯萎；中部叶具柄，有狭翅；叶片无毛或下面有极稀疏的小硬毛，长椭圆状披针形，不分裂（极少）或近基部浅裂成一对小裂片，通常3～5深裂，裂深几达中肋，两侧裂片披针形至狭披针形；顶生裂片较大，披针形或长椭圆状披针形，两端渐狭，与侧生裂片边缘均具疏锯齿，上部叶较小，披针形，3裂或不分裂。头状花序顶生或腋生；总苞片多数，外层倒披针形，叶状，有睫毛；花黄色，全为两性筒状花。瘦果扁平，两侧边缘各有1列倒钩刺；冠毛芒状，2枚，少有3～4枚，具倒钩刺。

分布于我国各省份；亚洲、欧洲、非洲北部及大洋洲。生于水边或湿地。

全草药用，治感冒、百日咳等症。

馥芳艾纳香　艾纳香属
Blumea aromatica DC.

粗壮草本或亚灌木状。茎基部有时木质，密生黄褐色腺毛和长节毛。下部叶近无柄，倒卵形、倒披针形或椭圆形，边缘有不规则粗细相间的锯齿，在两粗齿间有3～5个细齿，两面有毛，杂有多数腺体，侧脉10～16对，有明显的网脉；中部叶倒卵状长圆形或长椭圆形，基部渐狭，下延，有时多少抱茎；上部叶较小，披针形或卵状披针形。头状花序多数，排成顶生或腋生疏圆锥状，密生腺毛和长节毛；花黄色，两性花花冠筒状。瘦果圆柱形，有12条棱。

分布于广东、广西、江西、湖南和云南；亚洲南部。生于山坡路旁、林缘。

毛毡草　艾纳香属
Blumea hieraciifolia (Sprengel) Candolle

草本。茎被开展的密绢毛状长柔毛，杂有头状具柄腺毛。叶主要茎生，下部和中部叶椭圆形或长椭圆形，稀倒卵形，基部渐狭，下延，近无柄，顶端短尖或小凸尖，边缘有硬尖齿，两面有毛，中脉和5～6对侧脉在下面多少明显；上部叶较小，无柄，长圆形至长圆状披针形，两面被白色密绒毛或丝光毛，顶端短尖，边缘有尖齿。头状花序多数，排列成穗状圆锥花序，花黄色；雌花多数。瘦果圆柱形，具10条棱，被毛；冠毛白色。花期12月至翌年4月。

分布于广东、云南、贵州、广西、福建及台湾；印度、巴基斯坦、中南半岛、菲律宾、印度尼西亚和巴布亚新几内亚。生于田边、路旁、草地或低山灌丛中。

东风草（大头艾纳香）　艾纳香属
Blumea megacephala (Randeria) Chang et Tseng

攀缘状草质藤本或基部木质。叶片卵形、卵状长圆形或长椭圆形，长7～10cm，宽2.5～4cm，基部圆形，顶端短尖，边缘有疏细齿或点状齿，上面被疏毛或后脱毛，有光泽，干时常变淡黑色，下面无毛或多少被疏毛，中脉在上面明显，在下面凸起，侧脉5～7对，弧形上升，网状脉极明显；小枝上部的叶较小，椭圆形或卵状长圆形，具短柄，边缘有细齿。头状花序疏散；花黄色，雌花多数，两性花花冠管状。瘦果圆柱形，有10条棱，被疏毛，冠毛白色。花期8～12月。

分布于广东、云南、四川、贵州、广西、湖南、江西、福建及台湾等省份；越南。生于林缘或灌丛中，或山坡、丘陵阳处。

石胡荽　石胡荽属
Centipeda minima (Linn.) A. Br. et. Ascher.

一年生小草本。茎多分枝，高5～20cm，匍匐状，微被蛛丝状毛或无毛。叶互生，楔形倒披针形，顶端钝，基部楔形，边缘有少数锯齿，无毛或背面微被蛛丝状毛。头状花序小，扁球形，单生于叶腋，无花序梗或极短；总苞半球形；总苞片2层，椭圆状披针形，绿色，边缘透明膜质，外层较大；边缘花雌性，多层，花冠细管状，淡绿黄色，顶端2～3微裂；盘花两性，花冠管状，顶端4深裂，淡紫红色，下部有明显的狭管。瘦果椭圆形，具4棱，棱上有长毛，无冠状冠毛。花果期6～10月。

分布于全国各省份；朝鲜、日本、马来西亚等。生于路边、田埂、荒野潮湿地中。

全草药用，用于感冒、寒哮、喉痹、百日咳、小儿慢惊风、痧气腹痛、疟疾、目翳涩痒。

蓟　蓟属
Cirsium japonicum Fisch. ex DC.

多年生草本。茎直立，被灰黄色长毛。基生叶较大，卵形、长倒卵形、椭圆形或长椭圆形，羽状深裂或几全裂；侧裂片6～12对，全部侧裂片排列稀疏或紧密，边缘有稀疏大小不等小锯齿；顶裂片披针形或长三角形。自基部向上的叶渐小，与基生叶同形并等样分裂，但无柄，基部扩大半抱茎。全部茎叶两面同色，绿色，两面沿脉有稀疏的多细胞长及短节毛或几无毛。头状花序直立，少有下垂的，少数生茎端而花序极短，不呈明显的花序式排列；花紫红色。瘦果压扁，偏斜楔状倒披针状。花期6～8月。

分布于广东、湖南、山东、浙江、江西、福建、湖北、四川和陕西；朝鲜、日本。生于旷野草丛、路旁。

根、叶药用，治热性出血，叶治腹脏瘀血，外用治恶疮、疥疮。

香丝草　白酒草属
Conyza bonariensis (L.) Cronq.

一年或二年生草本。根纺锤状，常斜升，具纤维状根，植株高30～50cm。叶密集，基部叶花期常枯萎，下部叶倒披针形或长圆状披针形，长3～5cm，宽0.3～1cm，顶端尖或稍钝，基部渐狭成长柄，通常具粗齿或羽状浅裂，中部和上部叶具短柄或无柄，狭披针形或线形，长3～7cm，宽0.3～0.5cm，中部具齿，上部叶全缘，两面均密被贴糙毛。头状花序，在茎顶排成总状或圆锥花序；雌花白色，两性花淡黄色。瘦果线状披针形，冠毛淡红褐色。花期4～10月。

分布于我国中部、东部、南部至西南部各省份；热带及亚热带地区。生于开旷荒地或屋旁。

全草药用，治风湿；也可作绿肥和猪的饲料；还可熏蚊。

小蓬草（加拿大飞蓬） 白酒草属
Conyza canadensis (L.) Cronq.

一年生草本。茎直立，圆柱状，有条纹，被疏长硬毛。叶密集，基生叶花期常枯萎，下部叶倒披针形，边缘具疏锯齿或全缘，中部和上部叶较小，线状披针形或线形，全缘或少有具1～2个齿。头状花序多数，排列成顶生多分枝的大圆锥花序；总苞近圆柱状；总苞片2～3层，淡绿色，线状披针形或线形，边缘干膜质；雌花多数，舌状，白色；两性花淡黄色，花冠管状，上端具4或5个齿裂。瘦果线状披针形，稍扁压，被贴微毛。花期5～9月。

分布于我国南北各省份。生长于旷野、荒地、田边和路旁，为一种常见的杂草。

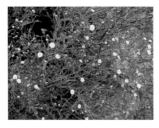

嫩茎、叶可作猪饲料；全草入药，消炎止血、祛风湿、治血尿、水肿、肝炎、胆囊炎、小儿头疮等症。据国外文献记载，北美洲用于治痢疾、腹泻、创伤以及驱蠕虫；欧洲中部常用新鲜的植株作止血药，但其液汁和捣碎的叶有刺激皮肤的作用。

白酒草 白酒草属
Conyza japonica (Thunb.) Less.

一年或二年生草本。茎直立，高达30cm，少分枝，全株被长柔毛或粗毛。叶通常密集于茎较下部，呈莲座状，基部叶倒卵形或匙形，顶端圆形，基部长渐狭，较下部叶有长柄，叶片长圆形或椭圆状长圆形，或倒披针形，顶端圆形，基部楔形，常下延成具宽翅的柄，边缘有圆齿或粗锯齿，有4～5对侧脉，在下面明显，两面被白色长柔毛；中部叶疏生，倒披针状长圆形或长圆状披针形，无柄，顶端钝，基部宽而半抱茎，边缘有小尖齿；上部叶渐小，披针形或线状披针形，两面被长贴毛。头状花序数个密集成伞房状，稀单生，雌花有小舌片或丝状，带紫色；两性花筒状，黄色。瘦果小，扁，有2～5棱；冠毛1层，绵毛状。花期5～9月。

分布于广东、广西、云南、四川、福建和台湾；越南、印度、日本。生于山坡、林缘或河边等。

芫荽菊 山芫荽属
Cotula anthemoides Linn.

一年生小草本。茎具多数铺散的分枝，多少被淡褐色长柔毛。叶互生，二回羽状分裂，两面疏生长柔毛或几无毛；基生叶倒披针状长圆形，有稍膜质扩大的短柄，一回裂片约5对，下部的渐小而直展；中部茎生叶长圆形或椭圆形，基部半抱茎；全部末次裂片多为浅裂的三角状短尖齿，或为半裂的三角状披针形小裂片，顶端短尖头。头状花序单生枝端，或叶腋或与叶成对生，花序梗纤细，被长柔毛或近无毛；总苞盘状；总苞片2层，矩圆形，绿色，具1红色中脉，边缘膜质。边缘花雌性，多数，无花冠；盘花两性，少数，花冠管状，黄色，4裂。瘦果倒卵状矩圆形，

扁平，边缘有粗厚的宽翅，被腺点。花果期9月至翌年3月。

分布于广东、云南和福建等省份；中南半岛、印度、尼泊尔。生于河边湿地、田间。

野茼蒿（革命菜） 野茼蒿属
Crassocephalum crepidioides (Benth.) S. Moore

直立草本。茎有纵条棱，无毛叶膜质，椭圆形或长圆状椭圆形，顶端渐尖，基部楔形，边缘有不规则锯齿或重锯齿，或有时基部羽状裂，两面无或近无毛。头状花序数个在茎端排成伞房状，总苞钟状，基部截形，有数枚不等长的线形小苞片；总苞片1层，线状披针形；小花全部管状，两性，花冠红褐色或橙红色，檐部5齿裂。瘦果狭圆柱形，赤红色，有肋，被毛；冠毛极多数，白色，绢毛状，易脱落。花期7～12月。

分布于广东、江西、福建、湖南、湖北、广西、贵州、云南、四川和西藏；东南亚和非洲。生于山坡路旁、水边、灌丛中。

全草入药，有健脾、消肿之功效，治消化不良、脾虚浮肿等症。嫩叶是一种味美的野菜。

野菊 菊属
Dendranthema indicum (L.) Des Moul.

多年生草本。茎直立或铺散，分枝或仅在茎顶有伞房状花序分枝。茎枝被稀疏的毛。基生叶和下部叶花期脱落。中部茎叶卵形、长卵形或椭圆状卵形，羽状半裂、浅裂或分裂不明显而边缘有浅锯齿。头状花序，多数在茎枝顶端排成疏松的伞房圆锥花序或少数在茎顶排成伞房花序。总苞片约5层。全部苞片边缘白色或褐色宽膜质，顶端钝或圆。舌状花黄色，舌片顶端全缘或2～3齿。瘦果长1.5～1.8mm。花期6～11月。

分布于华南、东北、华北、华中及西南各省份。生于山坡草地、灌丛、河边水湿地、田边及路旁。

叶、花及全草入药。味苦、辛、凉，清热解毒，疏风散热，散瘀，明目，降血压。可用来防治流行性脑脊髓膜炎，预防流行性感冒、感冒，治疗高血压、肝炎、痢疾、痈疖疔疮有明显效果。野菊花的浸液对杀灭孑孓及蝇蛆也非常有效。

鱼眼菊 鱼眼菊属
Dichrocephala integrifolia (Linn. f.) Kuntze

一年生草本，直立或铺散，高15～50cm。茎无毛或被长、短柔毛。叶卵形、椭圆形或披针形；中部茎叶大头羽裂，顶裂片宽大侧裂片1～2对，通常对生而少有偏斜的，基部渐狭成具翅的长或短柄。自中部向上或向下的渐小同形；基部叶通常不裂，常卵形。全部叶边缘重粗锯齿或缺刻状，两面被稀疏的短柔毛。中下部叶的叶腋通常有不发育的叶簇或小枝；叶簇或小枝被较密的绒毛。头状花序极小，球形，生于叉状分枝顶端；外围雌花多层，紫色，花冠极细，线形，顶端通常2齿；中央两性花黄绿色，少数。瘦果扁，有加厚边缘，无冠毛。花期3～5月。

分布于我国长江以南各省份；亚洲与非洲的热带和亚热带地区。生于河边、路边、田埂、旱地。

全草药用，可治肝炎、小儿感冒高热、肺炎、夜盲症。

旱莲草（鳢肠）　鳢肠属
Eclipta prostrata (L.) L.

一年生草本。茎直立，斜升或平卧，通常自基部分枝，被贴生糙毛。叶长圆状披针形或披针形，无柄或有极短的柄，边缘有细锯齿或有时仅波状，两面被密被糙毛。头状花序；总苞球状钟形，总苞片绿色，草质，5～6个排成2层，背面及边缘被白色短伏毛；外围的雌花2层，舌状，舌片短，顶端2浅裂或全缘，中央的两性花多数，花冠管状，白色，顶端4齿裂；瘦果暗褐色，雌花的瘦果三棱形，两性花的瘦果扁四棱形，顶端截形，具1～3个细齿，基部稍缩小，边缘具白色的肋，表面有小瘤状凸起。花期6～9月。

分布于全国各省份。生于河边、田边或路旁。

全草入药，有凉血、止血、消肿、强壮之功效。

地胆头　地胆草属
Elephantopus scaber L.

多年生草本。茎直立，稍粗糙，密被白色贴生长硬毛；基部叶花期生存，莲座状，匙形或倒披针状匙形，边缘具圆齿状锯齿；茎叶少数而小，倒披针形或长圆状披针形，向上渐小，全部叶上面被疏长糙毛，下面密被长硬毛和腺点。头状花序多数，在茎或枝端束生团球状的复头状花序；苞片绿色，具明显凸起的脉，被长糙毛和腺点；总苞片绿色或上端紫红色，长圆状披针形，被短糙毛和腺点；花4个，淡紫色或粉红色。瘦果长圆状线形，具棱，被短柔毛。花期7～11月。

分布于广东、台湾、湖南、广西、贵州及云南等省份。常生于开旷山坡、路旁或山谷林缘。

全草入药，有清热解毒、消肿利尿之功效，治感冒、菌痢、胃肠炎、扁桃体炎、咽喉炎、肾炎水肿、结膜炎、疖肿等症。

白花地胆草　地胆草属
Elephantopus tomentosus L.

多年生草本。茎多分枝，被白色开展长柔毛，具腺点。叶散生茎上，基生叶花期常凋萎，下部叶长圆状倒披针形，长8～20cm，先端尖，基部渐窄成具翅柄，上部叶椭圆形或长圆状倒卵形，长7～8cm，近无柄，最上部叶极小，叶均有小尖锯齿，稀近全缘，上面被柔毛，下面被密长柔毛和腺点。头状花序10～20个在茎枝顶端密集成团球状复头状花序，花冠白色，漏斗状。瘦果长圆状球形，具10条肋，被短柔毛。花期8月至翌年5月。

分布于广东、香港、海南、台湾和福建。生于旷野、路旁。各热带地区。

全草药用，治痛经、喉痛。

一点红　一点红属
Emilia sonchifolia (L.) DC.

一年生草本。叶质较厚，下部叶密集，大头羽状分裂，顶生裂片大，宽卵状三角形，具不规则的齿，侧生裂片通常1对，具波状齿，上面深绿色，下面常变紫色，两面被短卷毛；中部茎叶较小，基部箭状抱茎，全缘或有不规则细齿；上部叶少数，线形。头状花序在开花前下垂，花后直立，在枝端排列成疏伞房状；总苞片1层。小花粉红色或紫色，管部细长，檐部渐扩大，具5深裂。瘦果圆柱形，具5棱，肋间被微毛。花果期7～10月。

分布于华南、西南、华中、华东大部分省份；世界热带地区。常生于山坡荒地、田埂、路旁。

全草药用，消炎、止痢，主治腮腺炎、乳腺炎、小儿疳积、皮肤湿疹等症。

菊芹　菊芹属
Erechtites valerianaefolia (Wolf.) DC.

一年生草本。茎直立，具纵条纹。叶长圆形或椭圆形，基部斜楔形，边缘有重锯齿或羽状深裂，裂片6～8对，披针形，叶脉羽状，两面无毛；叶柄基下延窄翅；上部叶与中部叶相似，渐小。头状花序排成较密集伞房状圆锥花序，其线形小苞片；总苞圆柱状钟形，总苞片12～14线形，具4～5脉；小花多数，淡黄紫色；外围小花1～2层，花冠丝状。瘦果圆柱形，具淡褐色细肋，无毛或被微柔毛；冠毛多层，细，淡红色，约与小花等长。花期4～8月。

分布于广东、香港、海南、广西和云南；印度尼西亚、马来西亚和越南。生于山谷、田野、荒地中。

假臭草　泽兰属
Eupatorium catarium Veldkamp.

一年生草本。全株被长柔毛，茎直立，多分枝。叶对生，叶长2.5～6cm，宽1～4cm，卵圆形至菱形，具腺点，先端急尖，基部圆楔形，具三脉，边缘明显齿状，每边5～8齿。叶柄长0.3～2cm，揉搓叶片可闻到类似猫尿的刺激性味道。头状花序生于茎、枝端，总苞钟形，总苞片4～5层，小花25～30朵，藏蓝色或淡紫色。瘦果长2～3mm，黑色，条状，具白色冠毛。种子长2～3mm，宽约0.6mm，顶端具一圈白色冠毛，30～34根，冠毛长约4mm。花期全年。

分布于东半球热带地区。生于荒野、路旁。

其所到之处排斥其他低矮的草类，并极大地消耗土壤养分，对土壤的可耕性破坏严重，同时能分泌一种有毒的恶臭味，影响家畜觅食。

华泽兰　泽兰属
Eupatorium chinense L.

多年生草本，或小灌木或半小灌木状。全株多分枝，茎上部分枝伞房状；全部茎枝被污白色短柔毛。叶对生，中部茎生叶卵形或宽卵形，稀卵状披针形、长卵形或披针状椭圆形，长4.5～10cm，基部圆，羽状脉，叶两面被白色柔毛及黄色腺点，茎生叶有圆锯齿。头状花序在茎顶及枝端排成大型疏散复伞房花序；总苞钟状，总苞片3层：外层苞片卵形或披针状卵形，外被柔毛及稀疏腺点；中层及内层苞片椭圆形或椭圆状披针形，上部及边缘白色，膜质，背面无毛，有黄色腺点；花白色、粉色或红色：疏被黄色腺点。瘦果淡黑褐色，椭圆状，散布黄色腺点。花期期6～11月。

分布于我国东南及西南部。生于山谷、山坡林缘、林下、灌丛或山坡草地。

全草有毒，以叶为甚，但可外敷治痈肿疮疖、毒蛇咬伤，具消肿止痛的功能。

泽兰　泽兰属
Eupatorium japonicum Thunb.

多年生草本。茎直立，下部或中部或全部淡紫红色，常不分枝，全部茎枝被白色皱波状短柔毛。叶对生，有叶柄，质地稍厚；中部叶椭圆形或长椭圆形或卵状长椭圆形或披针形；全部茎叶两面粗涩，被稠波状长或短柔毛及黄色腺点，边缘有粗或重粗锯齿。头状花序在茎顶或枝端排成紧密的伞房花序。总苞钟状；总苞片覆瓦状排列，3层；全部苞片绿色或带紫红色。花白色或带红紫色或粉红色，花冠外面有较稠密的黄色腺点。瘦果淡黑褐色，椭圆状，5棱，被多数黄色腺点；花果期6～11月。

分布于广东、山西、陕西、湖北、湖南、安徽、江西、四川、云南、贵州等省份。生于山坡草地、密疏林下、灌丛中、水湿地及河岸水旁。

本种全草药用，性凉，清热消炎。

牛膝菊　牛膝菊属
Galinsoga parviflora Cav.

一年生草本，高10～80cm。茎散生贴伏的短柔毛和腺状短柔毛。叶对生，卵形或长椭圆状卵形，长2.5～5.5cm，叶柄长1～2cm；向上及花序下部的叶披针形；茎叶两面疏被白色贴伏柔毛，沿脉和叶柄毛较密，具浅或钝锯齿或波状浅锯齿，花序下部的叶有时全缘或近全缘。头状花序半球形，排成疏散伞房状，总苞半球形或宽钟状，总苞片1～2层，约5个，外层短，内层卵形或卵圆形，白色，膜质；舌状花4～5，舌片白色，先端3齿裂，筒部细管状，密被白色柔毛；管状花黄色，下部密被白色柔毛；舌状花冠冠毛状，脱落；管状花冠毛膜片状，白色，披针形，边缘流苏状。瘦果黑色或黑褐色。花果期7～10月。

分布于除西北以外的全国各地。生于山坡草地、河谷、疏林下、旷野、河岸、溪边、田间、路旁、果园或宅旁。

是一种难以去除的杂草，适应能力强，发生量大，对农田作物、蔬菜、果树等都有严重影响。易随带土苗木传播。

鼠麹草　鼠麹草属
Gnaphalium affine D. Don

一年生草本。茎有沟纹，被白色厚绵毛。叶无柄，匙状倒披针形或倒卵状匙形，长5～7cm，宽11～14mm，上部叶长15～20mm，宽2～5mm，基部渐狭，稍下延，顶端圆，具刺尖头，两面被白色绵毛，上面常较薄，叶脉1条，在下面不明显。头状花序较多或较少数，在枝顶密集成伞房花序，花黄色至淡黄色；总苞钟形；总苞片2～3层，金黄色或柠檬黄色，膜质，有光泽。瘦果倒卵形或倒卵状圆柱形，有乳头状凸起。花期1～4月，果期8～11月。

分布于华南、华东、华中、华北、西北、西南各省份。生于低海拔干地或湿润草地上。

茎叶入药，为镇咳、祛痰常用药，治疗气喘、支气管炎及非传染性溃疡、创伤，内服还有降血压疗效。

秋鼠麹草　鼠麹草属
Gnaphalium hypoleucum DC.

草本。茎直立，基部通常木质，上部有斜升的分枝，有沟纹。下部叶线形，无柄，长约8cm，宽约3mm，基部略狭，稍抱茎，顶端渐尖，上面有腺毛，或有时沿中脉被蛛丝状毛，下面厚，被白色绵毛，叶脉1条，上面明显，在下面不明显；中部和上部叶较小。头状花序多数，在枝端密集成伞房花序，花黄色，总苞球形，总苞片4层，全部金黄色或黄色；雌花多数，花冠丝状，顶端3齿裂，无毛；两性花较少数，花冠管状，檐部5浅裂，裂片卵状渐尖，无毛。瘦果卵形或卵状圆柱形，顶端截平。花期8～12月。

分布于华南、华东、华中、西北及西南各省份；日本、朝鲜、菲律宾等地。生于空旷沙地或山地路旁及山坡上。

紫背三七（两色三七草）　三七草属
Gynura bicolor (Roxb. ex Willd.) DC.

多年生草本。叶片倒卵形或倒披针形，稀长圆状披针形，长5～10cm，宽2.5～4cm，顶端尖或渐尖，基部楔状渐狭成具翅的叶柄，或近无柄而多少扩大，但不形成叶耳。边缘有不规则的波状齿或小尖齿，稀近基部羽状浅裂，侧脉7～9对，弧状上弯，上面绿色，下面干时变紫色，两面无毛；上部和分枝上的叶小，披针形至线状披针形，具短柄或近无柄。头状花序在茎顶呈伞房状疏散排列，小花橙黄色至红色，花冠明显伸出总苞。瘦果矩圆形，淡褐色，被微毛，冠毛白色，绢毛状。花期10～12月。

分布于华南和西南；印度、尼泊尔、不丹、缅甸、日本等。生于山谷林中。

全株可作野菜；全草或茎、叶药用。

白子菜　菊三七属
Gynura divaricata (Linn.) DC.

多年生直立草本。高30~50cm。叶质厚，通常集中于下部，具柄或近无柄；叶片卵形、椭圆形或倒披针形，长2~15cm，宽1.5~5cm，顶端钝或急尖，基部楔状狭或下延成叶柄，近截形或微心形，边缘具粗齿，有时提琴状裂，稀全缘，上面绿色，下面带紫色，侧脉3~5对，细脉常联结成近平行的长圆形细网，干时呈清晰的黑线，两面被短柔毛；叶柄有短柔毛，基部有卵形或半月形具齿的耳。头状花序排列成疏散的伞房花序，全为管状花，总苞有苞片1列，基部有数片较小的苞片；小花橙黄色，有香气。瘦果熟时深褐色，被短毛，多白色冠毛。花期春末到冬初。

分布于广东、香港、海南、云南和澳门；印度、中南半岛。生于山野疏林下。

全草药用；也可作野菜。

羊耳菊　旋覆花属羊耳菊亚属
Inula cappa (Buch.-Ham.) DC.

亚灌木。茎直立，全部被污白色或浅褐色绢状或绵状密绒毛；下部叶在花期脱落后留有被白色或污白色绵毛的腋芽。全部叶基部圆形或近楔形，边缘有小尖头状细齿或浅齿，上面被基部疣状的密糙毛，下面被白色或污白色绢状厚绒毛。头状花序倒卵圆形，多数密集于茎和枝端成聚伞圆锥花序；被绢状密绒毛。有线形的苞叶。总苞近钟形；总苞片约5层，线状披针形，外面被污白色或带褐色绢状绒毛。边缘的小花舌片短小，有3~4裂片，或无舌片而有4个退化雄蕊；中央的小花管状，上部有三角卵圆形裂片；冠毛污白色，具20余个糙毛。瘦果长圆柱形，被白色长绢毛。

分布于广东、四川、云南、贵州、广西、江西、福建和浙江等省份。生于湿润或干燥丘陵地、荒地、灌丛或草地，在酸性土、砂土和黏土上都常见。

马兰　马兰属
Kalimeris indica (L.) Sch.-Bip.

茎直立，上部有短毛。基部叶在花期枯萎；茎部叶倒披针形或倒卵状矩圆形，边缘从中部以上具有小尖头的钝或尖齿或有羽状裂片，上部叶小，全缘，全部叶稍薄质，边缘及下面沿脉有短粗毛。头状花序单生于枝端并排列成疏伞房状。总苞半球形；总苞片2~3层，覆瓦状排列。舌状花1层，15~20个；舌片浅紫色；管状花被短密毛。瘦果倒卵状矩圆形，极扁，褐色，边缘浅色而有厚肋，上部被腺及短柔毛。花期5~9月，果期8~10月。

分布于亚洲南部及东部。生于林缘、草丛、溪岸、路旁。

全草药用，有清热解毒、消食积、利小便、散瘀止血之功效，幼叶通常作蔬菜食用，俗称"马兰头"。

六棱菊　六棱菊属
Laggera alata (D. Don) Sch.-Bip. ex Hochst.

多年生草本。茎有4~6棱，棱上具有绿色翅状附属物。叶长圆形或匙状长圆形，长1.8~8cm，边缘有疏细齿，基部沿茎下延成茎翅，两面密被贴生、扭曲或头状腺毛，侧脉8~10对，无柄；上部叶窄长圆形或线形，长1.6~3.5cm，宽3~7mm，疏生细齿或不显著。头状花序多数，在茎枝顶端排成大型圆锥花序；总苞近钟形，总苞片约6层，外层叶质，绿色或上部绿色，长圆形或卵状长圆形，背面密被疣状腺体，兼有扭曲腺状柔毛，内层干膜质，先端通常紫红色，线形，背面疏被腺点和柔毛；花冠淡紫色。瘦果圆柱形，被疏白色柔毛。花期10月至翌年2月。

分布于我国东部、东南部和西南部；非洲东部及亚洲的菲律宾、中南半岛、印度等。生于旷野、路旁、山坡向阳处。

稻槎菜　稻槎菜属
Lapsana apogonoides Maxim.

一年生矮小草本。茎细，自基部发出多数或少数的簇生分枝及莲座状叶丛，基生叶椭圆形、椭圆状匙形或长匙形，长3~7cm，大头羽状全裂或几全裂，顶裂片卵形、菱形或椭圆形，边缘有极稀疏小尖头，或长椭圆形有大锯齿，齿顶有小尖头，侧裂片2~3对，椭圆形，全缘或有极稀疏小尖头；茎生叶与基生叶同形并等样分裂，向上茎叶不裂；叶两面绿色，或下面淡绿色，几无毛。头状花序小，排列成疏松的伞房状圆锥花序；舌状花黄色。瘦果淡黄色，长椭圆形。花果期1~6月。

分布于广东、陕西、江苏、安徽和广西等省份。生于田野、荒地及路边。

可作猪饲料。

千里光　千里光属
Senecio scandens Buch.-Ham. ex D. Don

一年或二年生草本，高40~80cm。叶卵状披针形或长三角形，长2.5~12cm，基部宽楔形、截平、戟形，稀心形，边缘常具齿，稀全缘，有时具细裂或羽状浅裂，近基部具1~3对较小侧裂片，两面被柔毛至无毛，侧脉7~9对，叶柄被柔毛或近无毛，无耳或基部有小耳；上部叶变小，披针形或线状披针形。头状花序有舌状花，排成复聚伞圆锥花序；舌状花1层，舌片黄色，条形；管状花多数，黄色。瘦果倒卵状圆柱形，被柔毛。花期3月，果期4月。

分布于华南、西北和西南各省份；印度、不丹、尼泊尔、日本、中南半岛。生于河滩、林边、灌木丛、沟边。

花色艳丽，供观赏；全株及花药用，用于呼吸道感染、扁桃体炎、咽喉炎、肺炎、阑尾炎、急性淋巴管炎、丹毒、疖肿、湿疹、过敏性皮炎、痔疮。

闽粤千里光　千里光属
Senecio stauntonii DC.

多年生根状茎草本。茎单生，常弯曲，分枝，具棱，无毛。茎叶多数，无柄，卵状披针形至狭长圆状披针形，顶端渐尖或狭，基具圆耳，半抱茎，边缘内卷，革质，上面有贴生短毛。头状花序有舌状花，排列成顶生疏伞房花序；有基生苞片及数个线状钻形小苞片。总苞钟状，具外层苞片；苞片6～8，线状钻形，有短柔毛；总苞片约13，线状披针形，上端和上部边缘有缘毛，草质，边缘狭干膜质，具3脉。舌片黄色，长圆形，有3细齿，具4脉；管状花多数，花冠黄色，檐部漏斗状；裂片卵状披针形，尖，上端有乳头状毛。瘦果圆柱形，被柔毛。

分布于广东、香港、澳门、湖南和广西。生于灌丛、疏林中、石灰岩、干旱山坡或河谷。

豨莶　豨莶属
Siegesbeckia orientalis L.

一年生草本。茎直立，高30～100cm，分枝斜升，上部的分枝常呈复二歧状；全部分枝被灰白色短柔毛。基部叶花期枯萎；茎中部叶三角状卵圆形或卵状披针形，长4～10cm，基部下延成具翼的柄，边缘有不规则浅裂或粗齿，下面淡绿色，具腺点，两面被毛，基出脉3；上部叶卵状长圆形，边缘浅波状或全缘，近无柄。头状花序，多数聚生枝端，排成具叶圆锥花序，花序梗密被柔毛；总苞宽钟状，总苞片2层，叶质，背面被紫褐色腺毛，外层5～6，线状匙形或匙形，内层苞片卵状长圆形或卵圆形。瘦果倒卵圆形，有4棱，顶端有灰褐色环状凸起。花期4～9月，果期6～11月。

分布于全国大部分省份；越南、朝鲜、印度、澳大利亚、欧洲和北美洲等。生于山坡旱地、公路边、房屋前后。

全草药用，用于风湿关节痛、腰膝无力、四肢麻木、半身不遂、高血压病、神经衰弱、急性黄疸型肝炎、疟疾等。

一枝黄花　一枝黄花属
Solidago decurrens Lour.

多年生草本。茎直立，通常细弱，单生或少数簇生。中部茎叶椭圆形、长椭圆形、卵形或宽披针形，下部楔形渐窄，有具翅的柄；向上叶渐小；下部叶与中部茎叶同形，有翅柄。全部叶质地较厚，叶两面、沿脉及叶缘有短柔毛或下面无毛。头状花序较小，多数在茎上部排列成紧密或疏松的总状花序或伞房圆锥花序，少有排列成复头状花序的。总苞片4～6层，披针形或狭披针形，顶端急尖或渐尖。舌状花舌片椭圆形。瘦果无毛。

分布于广东、江苏、浙江、安徽、江西、四川、贵州、湖南、湖北、广西、云南和台湾等省份。生于阔叶林缘、林下、灌丛中及山坡草地上。

全草入药，性味辛、苦，微

温，可疏风解毒、退热行血、消肿止痛，主治毒蛇咬伤、痈、疖等。全草含皂苷，家畜误食中毒引起麻痹及运动障碍。

苣荬菜　苦苣菜属
Sonchus wightianus DC.

多年生草本。茎直立，高30～150cm，上部或顶部有伞房状花序分枝，花序分枝与花序梗被稠密的头状具柄腺毛。基生叶多数，与中下部茎叶全为倒披针形或长椭圆形；上部茎叶及接花序分枝下部的叶披针形或线钻形，小或极小；全部叶基部渐窄成长或短翼柄，但中部以上茎叶无柄，基部圆耳状扩大半抱茎，顶端急尖、短渐尖或钝，两面光滑无毛。头状花序在茎枝顶端排成伞房状花序。瘦果长椭圆形，两面各有5条细纵肋，肋间有横皱纹；冠毛白色，柔软。花果期1～9月。

分布几遍全球。生于山坡草地、林间草地、潮湿地或近水旁、村边或河边砾石滩。

嫩部可作野菜或饲料。

金腰箭　金腰箭属
Synedrella nodiflora (L.) Gaertn.

一年生草本。茎二歧分枝，被贴生粗毛或后脱毛。下部和上部叶具柄，阔卵形至卵状披针形，连叶柄长7～12cm，基部下延成翅状宽柄，顶端短渐尖或钝，两面被贴生糙毛，近基三出主脉。头状花序常2～6簇生叶腋，或在顶端成扁球状，稀单生；小花黄色；总苞卵形或长圆形，苞片的外层总苞片绿色，叶状，卵状长圆形或披针形，内层总苞片鳞片状，长圆形至线形。托片线形。舌状花的舌片椭圆形，顶端2浅裂；管状花向上渐扩大，檐部4浅裂。雌花瘦果倒卵状长圆形，扁平，深黑色，边缘有增厚、污白色宽翅，翅缘各有6～8个长硬尖刺；冠毛2，挺直，刚刺状；两性花瘦果倒锥形或倒卵状圆柱形，黑色，有纵棱，腹面压扁，两面有疣状凸起；冠毛2～5，叉开，刚刺状。花期6～10月。

分布于我国东南至西南部各省份；世界热带和亚热带地区。生于旷野、耕地、路旁及宅旁。

全草药用，治疮疖。

肿柄菊　肿柄菊属
Tithonia diversifolia A. Gray

一年生草本，高2～5m。茎直立，有粗壮的分枝，被稠密的短柔毛或通常下部脱毛。叶卵形或卵状三角形或近圆形，长7～20cm，3～5深裂，有长叶柄，上部的叶有时不分裂，裂片卵形或披针形，边缘有细锯齿，下面被尖状短柔毛，沿脉的毛较密，基出脉3。头状花序大，宽5～15cm，顶生于假轴分枝的长花序梗上。总苞片4层，外层椭圆形或椭圆状披针形，基部革质；内层苞片长披针形，上部叶质或膜质，顶端钝。舌状花1层，黄色，舌片长卵形，顶端有不明显的3齿；管状花黄色。瘦果长椭圆形，长约4mm，扁平，被短柔毛。花果期9～11月。

分布于广东和云南；墨西哥。生于大小河流两侧、公路旁、荒野山坡、村寨附近、农田周围、丢荒地、向阳林窗。

花如小型向日葵，供观赏；叶有清热解毒、消肿止痛等作用。应注意，长期不当服用易导致肝癌。

毒根斑鸠菊　斑鸠菊属
Vernonia cumingiana Benth.

攀缘灌木或藤本，长3～12m。枝圆柱形，具条纹，被锈色或灰褐色密绒毛。叶厚纸质，卵形长圆形、长圆状椭圆形或长圆状披针形，长7～21cm，全缘，稀具疏浅齿，侧脉5～7对，上面中脉和侧脉被毛，余近无毛，下面被锈色柔毛，两面有树脂状腺；叶柄密被锈色绒毛。头状花序径，具18～21花，在枝端或上部叶腋排疏圆锥花序，花序梗常具1～2线形小苞片，密被锈色或灰褐色绒毛和腺；总苞卵状球形或钟状，总苞片5层，卵形或长圆形，背面被锈色或黄褐色绒毛，外层短，内层长圆形；花淡红色或淡红紫色，花冠管状，具腺，裂片线状披针形。瘦果近圆柱形，长4～4.5mm，具10条肋，被短柔毛；冠毛红色或红褐色，外层少数或无，易脱落，内层糙毛状。花期10月至翌年4月。

分布于广东、云南、四川、贵州、广西、福建和台湾；泰国、越南、老挝、柬埔寨。生于河边、溪边、山谷阴处灌丛或疏林中。

干根或茎藤可治风湿痛、腰肌劳损、四肢麻痹等症；亦治感冒发热、疟疾、牙痛、结膜炎，但根、茎有毒，误服会引起腹痛、腹泻、头晕、眼花、说胡话乃至精神失常，用时应注意。

夜香牛　斑鸠菊属
Vernonia cinerea (L.) Less.

一年或多年生草本，高达1m。根垂直，具纤维状根。茎上部分枝，被灰色贴生柔毛，具腺。下部和中部叶具柄，菱状卵形、菱状长圆形或卵形，长3～6.5cm，基部窄楔状成具翅柄，疏生小尖头锯齿或波状，侧脉3～4对，上面被疏毛，下面沿脉被灰白色或淡黄色柔毛，两面均有腺点；叶柄长1～2cm；上部叶窄长圆状披针形或线形，近无柄。头状花序径6～8mm，具19～23花，多数在枝端成伞房状圆锥花序；花序梗细长，具线形小苞片或无苞片，被密柔毛；总苞钟状；总苞片4层，绿色或近紫色，背面被柔毛和腺，外层线形，中层线形，内层线状披针形，先端刺尖；花淡红紫色。瘦果圆柱形，被密短毛和腺点；冠毛白色，2层，外层多数而短，内层近等长。花期全年。

分布于华南、华东、华中及西南大部省份；印度至中南半岛、日本、印度尼西亚、非洲。生于山坡旷野、荒地、田边、路旁。

全草入药，有疏风散热、拔毒消肿、安神镇静、消积化滞之功效，治感冒发热、神经衰弱、失眠、痢疾、跌打扭伤、蛇伤、乳腺炎、疮疖肿毒等症。

咸虾花　斑鸠菊属
Vernonia patula (Dryand.) Merr.

一年生粗壮草本，高达90cm。根垂直，具多数纤维状根。茎多分枝，枝圆柱形，具明显条纹，被灰色短柔毛，具腺。中部叶具柄，卵形、卵状椭圆形，长2～9cm，顶端钝或稍尖，基部宽楔状成叶柄，边缘具浅齿、波状或近全缘；侧脉4～5对；上面绿色，下面具腺点。头状花序通常2～3个生于枝顶端，或排列成分枝、宽圆锥状或伞房状；具75～100个花；花序梗密被绢状长柔毛，无苞片；总苞扁

球状；总苞片4～5层，绿色，披针形，向外渐短，最外层近刺状渐尖，近革质，被柔毛，中层和内层狭长圆状披针形，顶端具短刺尖；花托具窝孔；花淡红紫色，花冠管状，裂片线状披针形，外面被疏微毛和腺。瘦果近圆柱状，具4～5棱，无毛，具腺点；冠毛白色，1层。花期7月至翌年5月。

分布于广东、福建、台湾、广西、贵州和云南等省份；印度、中南半岛、菲律宾、印度尼西亚。生于荒坡旷野、田边、路旁。

全草药用。

茄叶斑鸠菊　斑鸠菊属
Vernonia solanifolia Benth.

直立灌木或小乔木，高达12m。枝开展或有时攀缘，被黄褐色或淡黄色密绒毛。叶具柄，卵形或卵状长圆形，长6～16cm，宽4～9cm，顶端钝或短尖，基部圆形、近心形或截形，不等侧，全缘、浅波状或具齿，侧脉7～9对，上面粗糙，有腺点，下面被密绒毛；叶柄被密绒毛。头状花序小，多数，在茎枝顶端排列成复伞房花序，花序梗密被绒毛；总苞半球形，总苞片4～5层，卵形、椭圆形或长圆形，顶端极钝，背面被淡黄色短绒毛；花托平，具小窝孔；花约10个，有香气，花冠管状，粉红色或淡紫色，管部细，檐部狭钟状，具5个线状披针形裂片，外面有腺，顶端常有白色短微毛。瘦果4～5棱，稍扁压，无毛；冠毛淡黄色，2层，外层极短，内层糙毛状。花期11月至翌年4月。

分布于广东、广西、福建和云南；印度、缅甸、越南、老挝、柬埔寨。生于山谷疏林中，或攀缘于乔木上。

全草入药，治腹痛、肠炎、疝气等症。

蟛蜞菊　蟛蜞菊属
Wedelia chinensis (Osb.) Merr.

多年生草本。茎匍匐，上部近直立，疏被贴生糙毛或下部脱毛。叶无柄，椭圆形、长圆形或线形，长3～7cm，宽7～13mm，基部狭，顶端短尖或钝，全缘或有1～3对粗齿，两面疏被贴生的短糙毛；侧脉1～2对，无网状脉。头状花序少数，单生枝顶或叶腋；花序梗被贴生短粗毛；总苞钟形；总苞2层，外层绿色，椭圆形，顶端钝或浑圆，背面疏被贴生短糙毛，内层长圆形，顶端尖，上半部有缘毛；托片折叠成线形，无毛，有时具3浅裂。舌状花1层，黄色，舌片卵状长圆形，顶端2～3深裂，管部细短；管状花较多，黄色，花冠近钟形，檐部5裂，裂片卵形。瘦果倒卵形，多疣状凸起，顶端稍收缩，舌状花的瘦果具3边，边缘增厚。无冠毛，有具细齿的冠毛环。花期3～9月。

分布于我国东北部、东部和南部各省份；印度、中南半岛、印度尼西亚、菲律宾至日本。生于路旁、田边、沟边或湿润草地上。

观赏；药用，有清热解毒、泻火养阴的功效，用于急性咽喉炎、扁桃体炎。

苍耳　苍耳属
Xanthium strumarium L.

一年生草本。茎直立，下部圆柱形，上部有纵沟，被灰白色糙伏毛。叶三角状卵形或心形，长4～9cm，近全缘，或有3～5不明显浅裂，基部稍心形或截形，与叶柄连接处成相等的楔形，边缘有粗锯齿；基出脉3，脉上密被糙伏毛，上面绿色，下面苍白色，被糙伏毛。雄头状花序球形，径4～6mm，总苞片长圆状披针形，被柔毛，雄花多数，花冠钟形；雌头状花序椭圆形，总苞片外层披针形，长约3mm，被柔毛，内层囊状，宽卵形或椭圆形，绿色、淡黄绿色或带红褐色，具瘦果的成熟总苞卵形或椭圆形，连喙长1.2～1.5cm，背面疏生细钩刺，粗刺长1～1.5mm，基部不增粗，常有腺点，喙锥形，上端稍弯。瘦果2，倒卵圆形。花期7～8月，果期9～10月。

分布于华南、东北、华北、华东、西北及西南各省份；俄罗斯、伊朗、印度、朝鲜和日本。生于平原、丘陵、低山、荒野路边、田边。

种子可榨油，可掺和桐油制油漆，也可作油墨、肥皂、油毡的原料；又可制硬化油及润滑油；果实供药用。

黄鹌菜　黄鹌菜属
Youngia japonica (L.) DC.

一年生草本，高达1m。根垂直直伸，生多数须根。茎直立，单生或少数茎成簇生，下部被柔毛。基生叶全形倒披针形、椭圆形、长椭圆形或宽线形，长2.5～13cm，宽1～4.5cm，大头羽状深裂或全裂，叶柄长1～7cm，有翼或无翼，顶裂片卵形、倒卵形或卵状披针形，有锯齿或几全缘，侧裂片3～7对，椭圆形，最下方侧裂片耳状，侧裂片均有锯齿或细锯齿或有小尖头，稀全缘，叶及叶柄被柔毛；无茎生叶或极少有茎生叶。头状花序排成伞房花序；总苞圆柱状，总苞片4层，背面无毛，外层宽卵形或宽形，披针形，边缘白色宽膜质，内面有糙毛。瘦果纺锤形，压扁，褐色或红褐色，向顶端有收缢，顶端无喙，有11～13条粗细不等的纵肋，肋上有小刺毛。冠毛糙毛状。花果期4～10月。

分布于华南、西北、华东、华北、华中及西南大部分省份；日本、中南半岛、印度、菲律宾、朝鲜。生于山坡、山谷及山沟林缘、林下、林间草地及潮湿地、河边沼泽地、田间与荒地上。

龙胆科　Gentianaceae

罗星草　穿心草属
Canscora andrographioides Griffith ex C. B. Clarke

一年生草本，高达40cm。全株光滑无毛。茎直立，绿色，四棱形，多分枝。叶无柄，卵状披针形，长1～5cm，宽0.5～2.5cm，愈向茎上部叶愈小，先端急尖，基部圆形或楔形，叶脉细，3～5条，在下面凸起。复聚伞花序呈假二叉分枝或聚伞花序顶生和腋生；花多数；花萼筒形，浅裂，萼筒膜质，裂片直立，狭三角形，先端急尖，脉3

条，在背面凸起，先端汇合，基部向萼筒下延成8条脉纹，弯缺楔形；花冠白色，冠筒筒状，裂片平展，"十"字形，稍不整齐，椭圆形或矩圆状匙形，先端钝圆，全缘；雄蕊着生于冠筒上部，不整齐，1枚发育，3枚不发育；花柱丝状，柱头2裂，裂片矩圆形。蒴果内藏，无柄，膜质，矩圆形。种子小，扁压，黄褐色，近圆形。花果期9～10月。

分布于广东、云南和广西。生于山谷、田地中、林下。

五岭龙胆　龙胆属
Gentiana davidii Franch.

多年生草本，高5～15cm。须根略肉质。主茎粗壮，发达，有多数较长分枝。花枝多数，丛生，斜升，紫色或黄绿色，中空，近圆形，下部光滑，上部多少具乳突。叶线状披针形或椭圆状披针形，边缘微外卷，被乳突；莲座丛叶长3～9cm，叶柄长0.5～1.1cm；茎生叶长1.3～5.5cm，叶柄长4～7mm。花多数，簇生枝顶呈头状；花无梗，花萼窄倒锥形，萼筒膜质，裂片2大、3小，线状披针形或披针形，边缘被乳突；花冠蓝色，窄漏斗形，长2.5～4cm，裂片卵状三角形，先端尾尖，褶偏斜，截平或三角形，全缘或具微波状齿。蒴果内藏或外露，狭椭圆形或卵状椭圆形，长1.5～1.7cm，两端渐狭。种子淡黄色，有光泽，近圆球形，表面具蜂窝状网隙。花果期（6）8～11月。

分布于广东、湖南、江西、安徽、浙江、福建和广西等省份。生于山坡草丛、山坡路旁、林缘、林下。

香港双蝴蝶　双蝴蝶属
Tripterospermum nienkui (Marq.) C. J. Wu

多年生缠绕草本，具紫褐色短根茎。根纤细、线形。茎暗紫色或绿色，近圆形，具细条棱，螺旋状扭转，节间长5～16cm。基生叶丛生，卵形，长3～6cm，宽1.5～3cm，先端急尖，基部宽楔形，下面有时呈紫色；茎生叶卵形或卵状披针形，长5～9cm，宽2～4cm，先端渐尖，有时呈短尾状，基部近心形或圆形，边缘微波状，叶脉3～5条，在下面明显凸起，叶柄扁平，长1～1.5cm，基部抱茎。花单生叶腋，或2～3朵呈聚伞花序；花梗短；花萼钟形；花冠紫色、蓝色或绿色带紫斑，狭钟形；雄蕊着生于冠筒下半部，不整齐。浆果紫红色，内藏，近圆形至短椭圆形，稍扁，两端圆形或截平。种子紫黑色，椭圆形或卵形，扁三棱状，边缘具棱，无翅，表面具网纹。花果期9月至翌年1月。

分布于广东、福建、浙江和广西。生于山谷密林中或山坡路旁疏林中。

报春花科　Primulaceae

临时救　珍珠菜属
Lysimachia congestiflora Hemsl.

多年生草本。茎下部匍匐，上部及分枝上升，长6～50cm，密被卷曲柔毛。叶对生，茎端的2对密聚，叶柄长约为叶片的1/3～1/2；叶卵形、宽卵形或近圆形，长0.7～4.5cm，先端锐尖或钝，基部近圆或截平，两面多少被糙伏毛，近边缘常有暗红色或深褐色腺点。总状花序生茎端和枝端，缩短成头状，具2～4花；花梗长0.5～2mm；花萼裂片披针形，长5～8.5mm，背面被疏毛；花冠黄色，内面基部紫红色，长0.9～1.1cm，筒部长2～3mm，裂片卵状椭圆形或长圆形，先端散生红色或深褐色腺点；花丝长5～7mm，下部合生成高约2.5mm的筒，花药长圆形，背着，纵裂。蒴果球形。花期5～6月，果期7～10月。

分布于我国长江以南各省份及西北部分省份；印度（锡金）、不丹、缅甸和越南。生于水沟边、田塍上、山坡林缘、草地等湿润处。

全草药用，有清热解毒的作用；可作地被观赏植物。

星宿菜　珍珠菜属
Lysimachia fortunei Maxim.

多年生草本，全株无毛。根状茎横走，紫红色。茎直立，有黑色腺点，基部紫红色，嫩梢和花序轴具褐色腺体。叶互生，近于无柄，叶片长圆状披针形至狭椭圆形，长4～11cm，宽1～2.5cm，先端渐尖或短渐尖，基部渐狭，两面均有黑色腺点，干后成粒状凸起。总状花序顶生，细瘦，长10～20cm；苞片披针形，长2～3mm；花梗与苞片近等长或稍短；花萼长约1.5mm，分裂近达基部，裂片卵状椭圆形，先端钝，周边膜质，有腺状缘毛，背面有黑色腺点；花冠白色，长约3mm，基部合生部分长约1.5mm，裂片椭圆形或卵状椭圆形，先端圆钝，有黑色腺点；雄蕊比花冠短，花丝贴生于花冠裂片的下部，分离部分长约1mm。蒴果球形。花期6～8月，果期8～11月。

分布于华南、中南及华东各省份。生于沟边、田边等低湿处。

民间常用草药。功能为清热利湿、活血调经。主治感冒、咳嗽咯血、肠炎、痢疾、肝炎、风湿性关节炎、痛经、白带、乳腺炎、毒蛇咬伤、跌打损伤等。

车前科　Plantaginaceae

大车前　车前属
Plantago major L.

二年或多年生草本。须根多数；根茎粗短。叶基生呈莲座状；叶片草质、薄纸质或纸质，宽卵形至宽椭圆形，长3～30cm，先端钝尖或急尖，边缘波状，具齿或全缘，两面疏生短柔毛或近无毛；脉3～7条；叶柄基部鞘状，被毛。穗状花序细圆柱状；花序梗直立或弓曲上升，有纵条纹，被柔毛；苞片宽卵状三角形，近无毛，龙骨突宽厚。花无梗；萼片先端圆形，近无毛，龙骨突不达顶端，前对萼片椭圆形至宽椭圆形，后对萼片宽椭圆形至

近圆形。花冠白色，无毛，裂片披针形至狭卵形，花后反折。雄蕊着生于冠筒内面近基部，外伸。蒴果近球形、卵球形或宽椭圆球形，于中部或稍低处周裂。种子8～34粒，卵形、椭圆形或菱形，腹面隆起或近平坦，黄褐色。花期6～8月，果期7～9月。

分布于华南、东北、华北、西北、华东及西南大部分省份；欧亚大陆温带及寒温带。生于草地、草甸、河滩、沟边、沼泽地、山坡路旁、田边或荒地。

桔梗科　Campanulaceae

金钱豹（土党参）　金钱豹属
Campanumoea javanica Bl.

草质缠绕藤本，具乳汁，具胡萝卜状根。茎无毛，多分枝。叶对生，极少互生，具长柄，叶片心形或心状卵形，边缘有浅锯齿，极少全缘，长3～11cm，宽2～9cm，无毛或有时背面疏生长毛。花单朵生叶腋，各部无毛，花萼与子房分离，5裂至近基部，裂片卵状披针形或披针形，长1～1.8cm；花冠上位，白色或黄绿色，内面紫色，钟状，裂至中部；雄蕊5枚；柱头4～5裂，子房和蒴果5室。浆果黑紫色、紫红色，球状。种子不规则，常为短柱状，表面有网状纹饰。花期（5）8～9（11）月。

分布于广东、云南、贵州和广西。生于灌丛中及疏林中。

果实味甜，可食。根入药，有清热、镇静之功效，治神经衰弱等症；也可作蔬菜食用。

轮钟花（长叶轮钟草）　轮钟草属
Cyclocodon lancifolius (Roxburgh) Kurz

直立或蔓性草本，有乳汁，全株无毛。茎高可达3m，中空，分枝多而长，平展或下垂。叶对生，偶有3枚轮生的，具短柄，叶片卵形、卵状披针形至披针形，长6～15cm，宽1～5cm，顶端渐尖，边缘具齿。花通常单生或3朵组成聚伞花序；花萼贴生至子房下部，相互间远离，丝状或条形，边缘有分枝状细长齿；花冠白色或淡红色，管状钟形，裂片卵形至卵状三角形；雄蕊5～6枚，花丝基部宽而成片状。浆果球状，4～6室，熟时紫黑色。种子极多数，呈多角体。花期7～10月。

分布于广东、云南、四川、贵州、湖北、湖南、广西、福建和台湾；印度尼西亚、菲律宾、越南、柬埔寨、缅甸、印度（锡金）。生于林中、灌丛中以及草地上。

根药用，无毒，甘而微苦，有益气补虚，祛瘀止痛之功效。

羊乳　党参属
Codonopsis lanceolata (Sieb. et Zucc.) Trautv.

植株全体光滑无毛或茎叶疏生柔毛。根常肥大呈纺锤状，表面灰黄色，近上部有稀疏环纹，而下部则疏生横长皮孔；茎缠绕，长约1m，常有多数短细分枝，黄绿色而微带紫色。叶在主茎上互生，披针形或菱状窄卵形，长0.8～1.4cm；在小枝顶端通常2～4叶簇生，近对生或轮生状，菱状卵形、窄卵形或椭圆形，长3～10cm，先端尖或钝，基部渐窄，通常全缘或有疏波状锯齿，叶柄长1～5mm。花单生或对生

于小枝顶端；花梗长1~9cm；花萼贴生至子房中部，筒部半球状，裂片卵状三角形，全缘；花冠阔钟状，浅裂，裂片三角状，反卷，黄绿色或乳白色内有紫色斑；花盘肉质，深绿色。蒴果下部半球状，上部有喙。种子多数，卵形，有翼，细小，棕色。花果期7~8月。

分布于华南、东北、华北、华东和中南各省份；俄罗斯远东地区、朝鲜、日本。生于山地灌木林下沟边荫湿地区或阔叶林内。

半边莲科 Lobeliaceae

短柄半边莲（棱茎半边莲） 半边莲属
Lobelia alsinoides Lam.

一年生草本，高20~30cm。茎肥厚多汁，平卧至斜升，分枝少而较强壮，无毛，有棱角。叶螺旋状排列，稀疏，近圆形或宽卵形，长1~1.8cm，两面粗糙，具浅圆锯齿，先端圆钝或急尖，基部浅心形；叶柄长1~3mm，无毛。花单生于叶状苞片腋间，呈稀疏的总状花序式；花梗纤细，无毛，基部有披针形小苞片2枚。花萼筒杯状钟形，无毛，裂片条状披针形，花期稍长于筒，果期相对变短，全缘，无毛；花冠淡蓝色，二唇形，上唇裂片矩圆状倒披针形，直立，下唇裂片矩圆状椭圆形，伸展；雄蕊自花丝中部以上连合，花丝筒部无毛，花药管长约1mm，背部无毛，顶端全部生髯毛。蒴果矩圆状，长约5mm，宽3~4mm。种子多数，三棱状，暗棕色。花果期全年。

分布于广东、云南、台湾和西藏；印度半岛、斯里兰卡、中南半岛至印度尼西亚、菲律宾。生于水田、水沟边或林间潮湿草地。

半边莲 半边莲属
Lobelia chinensis Lour.

多年生草本。茎细弱，匍匐，节上生根，分枝直立，无毛。叶互生，近无柄，椭圆状披针形至条形，长8~25cm，宽2~6cm，先端急尖，基部圆形至阔楔形，全缘或顶部有明显的锯齿，无毛。花通常1朵，生分枝的上部叶腋；花梗细，基部有小苞片2枚、1枚或者没有，小苞片无毛；花萼筒倒长锥状，基部渐细而与花梗无明显区分，无毛，裂片披针形，约与萼筒等长，全缘或下部有1对小齿；花冠粉红色或白色，背面裂至基部，喉部以下生白色柔毛，裂片全部平展于下方，呈一个平面，两侧裂片披针形，较长，中间3枚裂片椭圆状披针形，较短，雄蕊长约8mm，花丝中部以上连合，花丝筒无毛。蒴果倒锥状，长约6mm。种子椭圆状，稍扁压，近肉色。花果期5~10月。

分布于我国长江中下游及以南各省份；印度以东的亚洲各国。生于水田边、沟边及潮湿草地上。

全草可供药用，有清热解毒、利尿消肿之功效，治毒蛇咬伤、肝硬化腹水、晚期血吸虫病腹水、阑尾炎等。

线萼山梗菜 半边莲属
Lobelia melliana E. Wimm.

多年生草本，高达1.5m。主根粗，侧根纤维状。茎禾秆色，无毛，分枝或不分枝。叶螺旋状排列，多少镰状卵形或镰状披针形，长6~15cm，无毛，先端长尾状渐尖，基部宽楔形，边缘具睫毛状小齿；有短柄或近无柄。总状花序生主茎和分枝顶端，花稀疏，下部花的苞片与叶同形，向上变狭至条形，长于花，具齿；花梗背腹压扁，中部附近生钻状小苞片2枚；花萼筒半椭圆状，无毛，裂片窄条形全缘，果期外展；花冠淡红色，檐部近二唇形，上唇裂片条状披针形，上升，内面生长柔毛，下唇裂片披针状椭圆形，内面亦密生长柔毛，外展；雄蕊基部密生柔毛，在基部以上连合成筒，花丝筒无毛。蒴果近球形，上举，无毛。种子矩圆状，稍压扁，表面有蜂窝状纹饰。花果期8~10月。

分布于广东、福建、江西、湖南和浙江。生于沟谷、道路旁、水沟边或林中潮湿地。

根、叶或带花全草入药。

铜锤玉带草 半边莲属
Lobelia nummularia Lam.

多年生草本，有白色乳汁。茎平卧，被开展的柔毛，不分枝或在基部有长或短的分枝，节上生根。叶互生，叶片圆卵形、心形或卵形，长0.8~1.6cm，宽0.6~1.8cm，先端钝圆或急尖，基部斜心形，边缘有牙齿，两面疏生短柔毛，叶脉掌状至掌状羽脉；叶柄生开展短柔毛。花单生叶腋；花梗无毛；花萼筒坛状，无毛，裂片条状披针形，伸直，每边生2或3枚小齿；花冠紫红色、淡紫色、绿色或黄白色，花冠筒外面无毛，内面生柔毛，檐部二唇形，裂片5，上唇2裂片条状披针形，下唇裂片披针形；雄蕊在花丝中部以上连合，花丝筒无毛，花药管背部生柔毛。果为浆果，紫红色，椭圆状球形，长1~1.3cm。种子多数，近圆球状，稍压扁，表面有小疣突。在热带地区花果期全年。

分布于华南、西南、华东及华中大部分省份；印度、尼泊尔、缅甸至巴布亚新几内亚。生于田边、路旁以及丘陵、低山草坡或疏林中的潮湿地。

全草供药用，治风湿、跌打损伤等。

紫草科 Boraginaceae

柔弱斑种草 斑种草属
Bothriospermum zeylanicum (J. Jacquin) Druce

一年生草本，高15~30cm。茎细弱，丛生，直立或平卧，多分枝，被向上贴伏的糙伏毛。叶椭圆形或狭椭圆形，长1~2.5cm，宽0.5~1cm，先端钝，具小尖，基部宽楔形，上下两面被向上贴伏的糙伏毛或短硬毛。花序柔弱，细长，长10~20cm；苞片椭圆形或狭卵形，被伏毛或硬毛；花梗短，果期不增长或稍增长；花萼长

1~1.5mm，果期增大，外面密生向上的伏毛，内面无毛或中部以上散生伏毛，裂片披针形或卵状披针形，裂至近基部；花冠蓝色或淡蓝色，檐部直径2.5~3mm，裂片圆形，喉部有5个梯形的附属物；花柱圆柱形，极短，约为花萼长的1/3或不及。小坚果肾形，长1~1.2mm，腹面具纵椭圆形的环状凹陷。花果期2~10月。

分布于东北、华东、华南、西南各省份及陕西、河南、台湾；朝鲜、日本、越南、印度、巴基斯坦及俄罗斯中亚地区。生于山坡路边、田间草丛、山坡草地及溪边荫湿处。

长花厚壳树 厚壳树属
Ehretia longiflora Champ. ex Benth.

乔木，高5~10m，胸高直径10~15cm。树皮深灰色至暗褐色，片状剥落；枝褐色，小枝紫褐色，均无毛。叶椭圆形、长圆形或长圆状倒披针形，长8~12cm，宽3.5~5cm，先端急尖，基部楔形，稀圆形，全缘，无毛，侧脉4~7对，小脉不明显；叶柄长1~2cm，无毛。聚伞花序生侧枝顶端，呈伞房状，宽3~6cm，无毛或疏生短柔毛；花无梗或具短梗；花萼长1.5~2mm，无毛，裂片卵形，有不明显的缘毛；花冠白色，筒状钟形，长10~11mm，基部直径1.5mm，喉部直径4~5mm，裂片卵形或椭圆状卵形，伸展或稍弯，明显比筒部短；花丝着生花冠筒基部以上3.5~5mm处。核果淡黄色或红色，直径8~15mm，核具棱，分裂成4个具单粒种子的分核。花期4月，果期6~7月。

分布于广东、广西、福建和台湾；越南。生于山地路边、山坡疏林及湿润的山谷密林。

嫩叶可代茶用。

茄科 Solanaceae

红丝线 红丝线属
Lycianthes biflora (Lour.) Bitter

灌木或亚灌木。小枝、叶下面、叶柄、花梗及萼的外面密被淡黄色的单毛。上部叶常双生，大小不等，全缘，上面疏被短柔毛；大叶椭圆状卵形，长9~15cm，先端渐尖，基部楔形下延至叶柄成窄翅，叶柄长2~4cm；小叶宽卵形，长2.5~4cm，先端短渐尖，基部宽圆骤窄下延至叶柄成窄翅，叶柄长0.5~1cm。花2~3（4~5）簇生叶腋，花梗长5~8mm；花萼杯状，长5~6mm，萼齿10，钻状线形，长约2mm；花冠淡紫色或白色，被分枝绒毛，长0.8~1.2cm，裂片卵状披针形，长6mm；花丝长1mm，花药3mm，被微柔毛。浆果球形，成熟果绯红色。种子多数，淡黄色，近卵形至近三角形，水平压扁，外面具凸起的网纹。花期5~8月，果期7~11月。

分布于广东、云南、四川、广西、江西、福建和台湾。生于荒野荫湿地、林下、路旁、水边及山谷中。

烟草 烟草属
Nicotiana tabacum L.

一年生或有限多年生草本，全体被腺毛。根粗壮；茎高0.7~2m，基部稍木质化。叶矩圆状披针形、披针形、矩圆形或卵形，顶端渐尖，基部渐狭至茎成耳状而半抱茎，长10~70cm，宽8~30cm，柄不明显或成翅状柄。花序顶生，圆锥状，多花；花梗长5~20mm。花萼筒状或筒状钟形，长20~25mm，裂片三角状披针形，长短不等；花冠漏斗状，淡红色，筒部色更淡，稍弓曲，长3.5~5cm，檐部宽1~1.5cm，裂片急尖；雄蕊中1枚显著较其余4枚短，不伸出花冠喉部，花丝基部有毛。蒴果卵状或矩圆状，长约等于宿存花萼。种子圆形或宽矩圆形，径约0.5mm，褐色。夏秋季开花结果。

分布于全国各省份；南美洲。在保护区内有栽培。

作烟草工业的原料；全株也可作农药；亦可药用，用于麻醉、发汗、镇静和催吐。

苦蘵 酸浆属
Physalis angulata L.

一年生草本，被疏短柔毛或近无毛，高常30~50cm。茎多分枝，分枝纤细。叶柄长1~5cm，叶片卵形至卵状椭圆形，顶端渐尖或急尖，基部阔楔形或楔形，全缘或有不等大的牙齿，两面近无毛，长3~6cm，宽2~4cm。花梗长5~12mm，纤细，和花萼一样生短柔毛，长4~5mm，5中裂，裂片披针形，生缘毛；花冠淡黄色，喉部常有紫色斑纹，长4~6mm，直径6~8mm；花药蓝紫色或有时黄色，长约1.5mm。果萼卵球形，直径1.5~2.5cm，薄纸质，浆果直径约1.2cm。种子圆盘状，长约2mm。花果期5~12月。

分布于华东、华中、华南及西南各省份；日本、印度、越南和澳大利亚等。生于山谷林下、荒地及村边路旁。

全株药用，有清热解毒、去湿利尿等作用，治感冒、睾丸炎、腮腺炎、咽喉炎、扁桃体炎、颈淋巴结结核、肺痈、尿道炎、天疱疮、疔疮等。

少花龙葵 茄属
Solanum americanum Mille

纤弱草本。茎无毛或近于无毛，高约1m。叶薄，卵形至卵状长圆形，长4~8cm，宽2~4cm，先端渐尖，基部楔形下延至叶柄而成翅，叶缘近全缘，波状或有不规则的粗齿，两面均疏柔毛，有时下面近于无毛；叶柄纤细，具疏柔毛。花序近伞形，腋外生，纤细，具微柔毛，着生1~6朵花，花小；萼绿色，5裂达中部，裂片卵形，先端钝，长约1mm，具缘毛；花冠白色，筒部隐于萼内；花丝极短，花药黄色。浆果球状，幼时绿色，成熟后黑色。种子近卵形，两侧压扁。花果期全年。

分布于广东、云南、江西、湖南、广西和台湾等省份；马来群岛。生于溪边、密林荫湿处或林边荒地。

叶可供蔬食，有清凉散热之功效，并可兼治喉痛。

假烟叶树 茄属
Solanum erianthum D. Don

小乔木，高1.5～10m。小枝密被白色具柄头状簇绒毛。叶卵状长圆形，长10～29cm，先端短渐尖，基部宽楔形或楔形，下面毛被较厚，全缘或稍波状，侧脉5～9对；叶柄长1.5～5.5cm。圆锥花序近顶生，花序梗长3～10cm；花白色，径约1.5cm，花梗长3～5mm；花萼钟形，径约1cm，5中裂，萼齿卵形，长约3mm，中脉明显；冠檐5深裂，裂片长圆形，长6～7mm，中肋明显；花药长约为花丝2倍，顶孔稍向内。浆果球状，具宿存花萼，直径约1.2cm，黄褐色，初被星状簇绒毛，后渐脱落。种子扁平，直径1～2mm。花果期全年。

分布于广东、四川、贵州、云南、广西、福建和台湾；热带亚洲、大洋洲、南美洲。生于荒山荒地灌丛中。

根、叶有消肿、解毒、收敛、抗癌、消炎等作用。

白英 茄属
Solanum lyratum Thunb.

草质藤本，长0.5～1m。茎及小枝均密被具节长柔毛。叶互生，多数为琴形，长3.5～5.5cm，宽2.5～4.8cm，基部心形或戟形，全缘或3～5深裂，裂片全缘，中裂片常卵形，先端渐尖，两面被白色长柔毛，侧脉5～7对；叶柄长1～3cm，被长毛。聚伞花序顶生或腋外生，疏花，总花梗长2～2.5cm，被具节的长柔毛，花梗长0.8～1.5cm，无毛，顶端稍膨大，基部具关节；萼环状，萼齿5枚；花冠蓝紫色或白色，花冠筒隐于萼内，冠檐长约6.5mm，5深裂。浆果球状，成熟时红黑色，直径约8mm。种子近盘状，扁平。花期夏秋季，果期秋末。

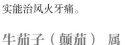

分布于华南、西北、华东、华中及西南大部分省份；日本、朝鲜、中南半岛。生于山谷草地或路旁、田边。

全草入药，可治小儿惊风。果实能治风火牙痛。

牛茄子（颠茄）属
Solanum surattense Burm.f.

草本或亚灌木状，高可达1m。除茎、枝外各部均被长3～5mm纤毛，茎及小枝被细刺，常无毛或疏被纤毛。叶宽卵形，长5～13cm，先端短尖或渐尖，基部心形，5～7浅裂或半裂，裂片三角形或卵形，边缘浅波状，无毛或纤毛在脉上分布稀疏，缘毛较密，侧脉被细刺；叶柄长2～7cm，微被纤毛及细刺。花序总状腋外生，长不及

2cm，花少；花梗被细刺及纤毛，长0.5～1.5cm；花萼杯状，被细刺及纤毛，裂片卵形；花冠白色，长约2.5mm；花丝长约2.5mm，花药长约6mm，顶端延长；花柱长7～8mm。浆果扁球状，径3.5～6cm，橘红色；果柄长2～2.5cm，被细刺。种子边缘翅状，径4～6mm。

分布于华南、西南、华中、华东及东北部分省份；热带地区。生于路旁荒地、疏林或灌木丛中。

根药用，外用治跌打。全株有毒，不可内服。

水茄 茄属
Solanum torvum Sw.

灌木，高达3m。小枝，叶下面，叶柄及花序柄均具长柄；小枝疏具基部扁的皮刺，尖端稍弯。叶单生或双生，卵形或椭圆形，长6～19cm，先端尖，基部心形或楔形，两侧不等，半裂或波状，裂片常5～7，下面中脉少刺或无刺，侧脉3～5对，有刺或无刺；叶柄长2～4cm，具1～2刺或无刺。伞房花序腋外生，2～3歧，毛被厚，总花梗长1～1.5cm，具1细直刺或无，花梗被腺毛及星状毛；花白色；萼杯状，外面被星状毛及腺毛，端5裂，裂片卵状长圆形，先端骤尖；花冠辐形，筒部隐于萼内，冠檐5裂，裂片卵状披针形，先端渐尖，外面被星状毛。浆果黄色，无毛，圆球形，直径1～1.5cm，宿萼外面被稀疏的星状毛；果柄长约1.5cm，上部膨大。种子盘状。花期全年。

分布于广东、云南、广西和台湾；印度、缅甸、泰国、菲律宾、马来西亚、热带美洲。生于热带地区的路旁、荒地、灌木丛中、沟谷及村庄附近等潮湿地方。

根药用，治牙痛、咳血、无名肿毒。

旋花科 Convolvulaceae

菟丝子 菟丝子属
Cuscuta chinensis Lam.

一年生寄生草本。茎缠绕，黄色，纤细，直径约1mm，无叶。花序侧生，少花或多花簇生成小伞形或小团伞花序，近于无总花序梗；苞片及小苞片小，鳞片状；花梗稍粗壮，长约1mm；花萼杯状，中部以下连合，裂片三角状，长约1.5mm，顶端钝；花冠白色，壶形，长约3mm，裂片三角状卵形，顶端锐尖或钝，向外反折，宿存；雄蕊着生花冠裂片弯缺微下处；鳞片长圆形，边缘长流苏状；子房近球形，花柱2，等长或不等长，柱头球形。蒴果球形，直径约3mm，几乎全为宿存的花冠所包围，成熟时整齐地周裂；种子2～49。种子淡褐色，卵形，长约1mm，表面粗糙。

分布于华南、东北、华北、西北、华东及西南大部分省份；伊朗、阿富汗、日本、朝鲜、斯里兰卡、马达加斯加、澳大利亚。生于田边、山坡阳处、路边灌丛或海边沙丘，寄生于豆科、菊科、蒺藜科等多种植物上。

种子药用，用于阳痿遗精、尿有余沥、遗尿尿频、腰膝酸软、目昏耳鸣、肾虚胎漏、胎动不安、脾肾虚泻；外用治白癜风。

金灯藤（日本菟丝子）　菟丝子属
Cuscuta japonica Choisy

一年生寄生缠绕草本。茎较粗壮，肉质，直径1～2mm，黄色，常带紫红色瘤状斑点，无毛，多分枝，无叶。花无柄或几无柄，形成穗状花序，长达3cm，基部常多分枝；苞片及小苞片鳞片状，卵圆形，顶端尖，全缘，沿背部增厚；花萼碗状，肉质，5裂几达基部，裂片卵圆形或近圆形，相等或不相等，顶端尖，背面常有紫红色瘤状凸起；花冠钟状，淡红色或绿白色，顶端5浅裂，裂片卵状三角形，钝，直立或稍反折，短于花冠筒2～2.5倍；雄蕊5枚，着生于花冠喉部裂片之间；鳞片5，长圆形，边缘流苏状，着生于花冠筒基部，伸长至冠筒中部或中部以上。蒴果卵圆形，长约5mm，近基部周裂。种子1或2粒，光滑，褐色。花期8月，果期9月。

分布于全国各省份；越南、朝鲜和日本。寄生于草本或灌木上。

种子药用，功效同菟丝子。

丁公藤　丁公藤属
Erycibe obtusifolia Benth.

高大木质藤本，长约12m。小枝干后黄褐色，明显有棱，不被毛。叶革质，椭圆形或倒长卵形，长6.5～9cm，宽2.5～4cm，顶端钝或钝圆，基部渐狭成楔形，两面无毛，侧脉4～5对，在叶面不明显，在背面微凸起，至边缘以内网结上举；叶柄长0.8～1.2cm，无毛。聚伞花序腋生和顶生，腋生的花少至多数，顶生的排列成总状，长度均不超过叶长的一半，花序轴、花序梗被淡褐色柔毛；花梗长4～6mm；花萼球形，萼片近圆形，外面被淡褐色柔毛和缘毛，毛不分叉；花冠白色，小裂片长圆形，全缘或浅波状，无齿；雄蕊不等长。浆果卵状椭圆形，长约1.4cm。

分布于广东中部及沿海岛屿。生于山谷湿润密林中或路旁灌丛。

广东用茎切片做风湿病药酒（冯了性药酒）的原料，治风湿有特效。

五爪金龙　番薯属
Ipomoea cairica (L.) Sweet

多年生缠绕草本，全体无毛，老时根上具块根。茎细长，有细棱。叶掌状5深裂或全裂，裂片卵状披针形、卵形或椭圆形，中裂片较大，长4～5cm，宽2～2.5cm，两侧裂片稍小，顶端渐尖或稍钝，具小短尖头，基部楔形渐狭，全缘或不规则微波状；叶柄基部具小的掌状5裂的假托叶。聚伞花序腋生，花序梗具1～3花，或3朵以上；苞片及小苞片均小，鳞片状，早落；花梗有时具小疣状凸起；萼片外2片较短，卵形，外面有时有小疣状凸起，内萼片稍宽，萼片顶端钝圆或具不明显的小短尖头；花冠紫红色、紫色或淡红色，偶有白色，漏斗状；雄蕊不等长，花丝基部下延贴生于花冠管基部以上，被毛。蒴果近球形，2室，4瓣裂。种子黑色，边缘被褐色柔毛。

分布于广东、台湾、福建和云南；全球热带地区。生于平地或山地路边灌丛、向阳处。

块根供药用，外敷治热毒疮疖，有清热解毒之功效。

篱栏网（鱼黄草）　鱼黄草属
Merremia hederacea (Burm. f.) Hall. f.

缠绕或匍匐草本，匍匐时下部茎上生须根。茎细长，有细棱，无毛或疏生长硬毛。叶心状卵形，长1.5～7.5cm，宽1～5cm，顶端钝，渐尖或长渐尖，具小短尖头，基部心形或深凹，全缘或通常具不规则的粗齿或锐裂齿，有时为深或浅3裂，两面近于无毛或疏生微柔毛；叶柄细长，长1～5cm，无毛或被短柔毛，具小疣状凸起。聚伞花序腋生，具3～5花或更多，稀单花，花序梗长达5cm；花梗与花序梗均被小疣；小苞片早落；萼片倒卵状匙形或近长方形，外萼片较短，内萼片长，无毛，先端截平，具外倾小尖；花冠黄色，钟状；雄蕊与花冠近等长，花丝疏被长柔毛。蒴果扁球形或宽圆锥形，4瓣裂，果瓣有皱纹，内含种子4粒，三棱状球形，表面被锈色短柔毛，种脐处毛簇生。

分布于广东、台湾、广西、江西和云南；非洲、马斯克林群岛、印度、斯里兰卡、缅甸、泰国、越南、马来西亚、澳大利亚和圣诞岛。生于灌丛或路旁草丛。

全草及种子有消炎的作用。

玄参科　Scrophulariaceae

毛麝香　毛麝香属
Adenosma glutinosum (L.) Druce

直立草本，密被长柔毛和腺毛，高达1m。茎圆柱形，中空，常有分枝。叶对生，上部的多少互生，披针状卵形或宽卵形，长2～10cm，先端锐尖，基部楔形、截平或近心形，边缘具不整齐的齿，有时为重齿，上面被长柔毛，中肋密生短毛；下面被长柔毛，并有稠密的黄色腺点，腺点脱落后留下褐色凹窝。花单生叶腋或在枝顶集成总状花序；苞片叶状，小，在花序顶端的几为线形而全缘；小苞片线形，贴生萼筒基部；花萼5深裂，萼齿全缘，与花梗、小苞片同被长柔毛及腺毛，并有腺点；花冠紫红色或蓝紫色，上唇卵圆形，下唇3裂，侧裂片大于中裂，先端钝圆或微凹；雄蕊前方1对较长。蒴果卵形，先端具喙，有2纵沟。种子矩圆形，褐色至棕色，有网纹。花果期7～10月。

分布于广东、江西、福建、广西和云南等省份；南亚、东南亚及大洋洲。生于荒山坡、疏林下湿润处。

全株可供观赏；枝叶提取芳香油；全草药用，有消肿止痛、散瘀止血、杀虫止痒、祛风等作用。

假马齿苋　假马齿苋属
Bacopa monnieri (L.) Wettst.

匍匐草本。节上生根，多少肉质，无毛，体态极像马齿苋。叶无柄，矩圆状倒披针形，长8～20mm，宽3～6mm，顶端圆钝，极少有齿。花单生叶腋；花梗长0.5～3.5cm；花萼片有1对线形小苞片，萼片前后2枚卵状披针

形，其余3枚披针形或线形，长约5mm；花冠蓝色、紫色或白色，长0.8～1cm，不明显二唇形，上唇2裂；雄蕊4枚；柱头头状。蒴果长卵状，顶端急尖，包在宿存的花萼内，4片裂。种子椭圆状，一端截平，黄棕色，表面具纵条棱。花期5～10月。

分布于广东、台湾、福建和云南；全球热带。生于水边、湿地及沙滩。

有一定的药用价值，有消肿之功效。

长蒴母草　母草属

Lindernia anagallis (Burm.f.) Pennell

一年生草本，长10～40cm，根须状。茎始简单，不久即分枝，下部匍匐长蔓，节上生根，并有根状茎，有条纹，无毛。叶仅下部者有短柄；叶片三角状卵形、卵形或矩圆形，长4～20mm，宽7～12mm，顶端圆钝或急尖，基部截形或近心形，边缘有不明显的浅圆齿，侧脉3～4对，约以45°角伸展，上、下两面均无毛。花单生叶腋；花梗长0.6～1cm，果时长达2cm，无毛；花萼长约5mm，基部联合，萼齿5，窄披针形，无毛；花冠白色或淡紫色，长0.8～1.2cm，上唇直立，2浅裂，下唇开展，3裂，裂片近相等，比上唇稍长；雄蕊4枚，全育，前面2枚的花丝在茎部有短棒状附属物；柱头2裂。蒴果条状披针形，比萼长约2倍，室间2裂。种子卵圆形，有疣状凸起。花期4～9月，果期6～11月。

分布于广东、四川、云南、贵州、广西、湖南、江西、福建和台湾等省份；亚洲东南部。生于林边、溪旁及田野的较湿润处。

全草药用，有清热利湿、解毒消肿之功效，主治风热目痛、白带、淋病、痢疾、小儿腹泻、痈疽肿毒等。

刺齿泥花草　母草属

Lindernia ciliata (Colsm.) Pennell

一年生草本。直立或在多枝的个体中铺散，高达20cm，大植株占地直径可达30cm以上，枝倾卧，最下部的一个节上有时稍有不定根。叶无柄或几无柄或有极短而抱茎的叶柄；叶片矩圆形至披针状矩圆形，长7～45mm，宽3～12mm，顶端急尖或钝，边缘有紧密而带芒刺的锯齿，齿缘略角质化而稍变厚，两面均近于无毛。花序总状，生于茎枝之顶；苞片披针形，约等于花梗的半长；花梗有条纹，无毛；萼仅基部联合，齿狭披针形，有刺尖头，边缘略带膜质；花冠小，浅紫色或白色，管细，上唇卵形，下唇约与上唇等长，常作不等的3裂，中裂片很大，向前凸出，圆头。蒴果长荚状圆柱形，顶端有短尖头，长约为宿萼的3倍。种子多数，不整齐的三棱形。花果期夏季至冬季。

分布于广东、西藏、云南、广西、海南、福建和台湾；越南、缅甸、印度至澳大利亚北部的热带和亚热带地区。生于稻田、草地、荒地和路旁等低湿处。

全草可药用。

母草　母草属

Lindernia crustacea (L.) F. Muell.

草本，根须状。高10～20cm，常铺散成密丛，多分枝，枝弯曲上升，微方形，有深沟纹，无毛。叶柄长1～8mm；叶片三角状卵形或宽卵形，长10～20mm，宽5～11mm，顶端钝或短尖，基部宽楔形或近圆形，边缘有浅钝锯齿，上面近于无毛，下面沿叶脉有稀疏柔毛或近于无毛。花单生于叶腋或在茎枝之顶成极短的总状花序，花梗细弱，有沟纹，近于无毛；花萼坛状，而侧、背均开裂较浅的5齿，齿三角状卵形，中肋明显，外面有稀疏粗毛；花冠紫色，管略长于萼，上唇直立，卵形，钝头，有时2浅裂，下唇3裂，中间裂片较大，仅稍长于上唇；雄蕊4枚，全育，2强。蒴果椭圆形，与宿萼近等长。种子近球形，浅黄褐色，有明显的蜂窝状瘤突。花果期全年。

分布于华南、华东、西南及华中大部分省份；热带和亚热带。生于田边、草地、路边等低湿处。

药用，有清热解毒、利尿消肿等功效。

旱田草　母草属

Lindernia ruellioides (Colsm.) Pennell

一年生草本，高10～15cm。少主茎直立，更常分枝而长蔓，节上生根，近无毛。叶柄基部多少抱茎；叶片矩圆形、椭圆形、卵状矩圆形或圆形，长1～4cm，宽0.6～2cm，顶端圆钝或急尖，基部宽楔形，边缘除基部外密生整齐而急尖的细锯齿，但无芒刺，两面有粗涩的短毛或近于无毛。花为顶生的总状花序，有花2～10朵；苞片披针状条形，花梗短，无毛；花萼长约6mm，果期达1cm，基部联合，萼齿线状披针形，无毛；花冠紫红色，冠筒上唇直立，2裂，下唇开展，3裂，裂片几相等，或中间稍大；前方2枚雄蕊不育，后方2枚能育，但无附属物；花柱有宽而扁的柱头。蒴果圆柱形，向顶端渐尖。种子椭圆形，褐色。花期6～9月，果期7～11月。

分布于华南、华东、华中及西南大部分省份；印度至印度尼西亚、菲律宾。生于草地、平原、山谷及林下。

全草可药用。

通泉草　通泉草属

Mazus pumilus (N.L.Burm.) Steenis

一年生草本，高3～30cm，无毛或疏生短柔毛。主根伸长，垂直向下或短缩，须根纤细，多数，散生或簇生；茎直立，上升或倾卧上升。基生叶少到多数，有时成莲座状或早落，倒卵状匙形至卵状倒披针形，膜质至薄纸质，顶端全缘或有不明显的疏齿，基部楔形，下延成带翅的叶柄，边缘具不规则的粗齿或基部有浅羽裂；茎生叶对生或互生，少数，与基生叶相似。总状花序生于茎、枝顶端，常在近基部即生花，伸长或上部成束状，通常3～20朵，花稀疏；花萼钟状，萼片与萼筒近等长，卵形，端急

尖、脉不明显；花冠白色、紫色或蓝色，上唇裂片卵状三角形，下唇中裂片较小，稍突出，倒卵状圆形。蒴果球形。种子小而多数，黄色，种皮上有不规则的网纹。花果期4～10月。

分布于全国各省份；印度、中南半岛、日本、朝鲜、俄罗斯。生于山地和平地田边、路边和草地。

野甘草　野甘草属

Scoparia dulcis L.

直立草本或为半灌木状，高可达100cm。茎多分枝，枝有棱角及狭翅，无毛。叶对生或轮生，菱状卵形至菱状披针形，长者达35mm，宽者达15mm，枝上部叶较小而多，顶端钝，基部长渐狭，全缘而成短柄，前半部有齿，齿有时颇深，有时近全缘，两面无毛。花单朵或更多成对生于叶腋；花梗长0.5～1cm，无毛；无小苞片；花萼分生，萼齿4，卵状长圆形，具睫毛；花冠小，白色，有极短的管，喉部生有密毛，瓣片4枚，上方1枚稍较大，钝头，边缘有啮痕状细齿，长2～3mm；雄蕊4枚，近等长。蒴果卵圆形至球形，直径2～3mm，室间、室背均开裂。

分布于广东、广西、云南和福建；全球热带。生于荒地、路旁，亦偶见于山坡。

全草药用，治小便不利、湿疹等。

黄花蝴蝶草　蝴蝶草属

Torenia flava Buch.-Ham. ex Benth.

直立草本，高25～40cm。全体疏被柔毛，通常自基部起向上逐节分枝；枝对生，其节上常又再分枝。叶片卵形或椭圆形，长3～5cm，宽1～2cm，先端钝，基部楔形，渐狭成长0.5～0.8cm之柄，边缘具带短尖的圆齿，上面疏被柔毛，下面除叶脉外几无毛。总状花序顶生；花梗果期增粗；苞片长卵形，先端渐尖，被柔毛及缘毛，多少包裹花梗；萼狭筒状，伸直或稍弯曲，具5枚凸起的棱，被柔毛，棱上被缘毛；萼齿5枚，狭披针形，果期几与萼筒等长；花冠筒上端红紫色，下端暗黄色；花冠裂片4，黄色，后方1枚稍大，全缘或微凹，其余3枚多少圆形，彼此近于相等。蒴果狭长椭圆形。果期6～11月。

分布于广东、广西和台湾等省份；印度、缅甸、越南、老挝、柬埔寨、马来西亚及印度尼西亚。生于空旷干燥处及林下溪旁湿处。

苦苣苔科　Gesneriaceae

唇柱苣苔（长蒴苣苔）　唇柱苣苔属

Chirita sinensis Lindl.

多年生草本，具粗根状茎。叶均基生；叶片草质或纸质，椭圆状卵形或近椭圆形，长5～10cm，宽3.5～4.8cm，顶端钝、圆形或急尖，基部稍斜，宽楔形、近圆形或楔形，边缘波状或有浅钝齿，两面被伏柔毛，下面沿脉毛较密；侧脉约

4对；叶柄与花序梗均被柔毛。花序1～2条，每花序有1～3花；苞片对生，卵形或狭卵形；花序梗长约14cm；长1～3cm，宽0.4～1.6cm，顶端钝，全缘，外面被长柔毛，内面近无毛；花梗长1～1.5cm，被密柔毛及腺毛；花萼5裂达基部。花冠白色或带淡紫色，下唇内有2黄色纵条，上唇带暗紫色，外面有疏柔毛，内面只在上唇紫色斑处被短毛。蒴果长约4cm，被柔毛。

分布于广东和香港。生于潮湿溪边岩石缝处。

长瓣马铃苣苔　马铃苣苔属

Oreocharis auricula (Moore) C. B. Clarke

多年生草本。叶全部基生，具柄；叶片长圆状椭圆形，长2～8.5cm，宽1～5cm，顶端微尖或钝，基部圆形或稍心形或近楔形，边缘具钝齿至近全缘，上面被贴伏短柔毛，下面被淡褐色绢状绵毛至近无毛，侧脉每边7～9条，在下面隆起，密被褐色绢状绵毛；叶柄密被褐色绢状绵毛。聚伞花序2次分枝，2～5条，每花序具4～11花；花序梗长6～12cm，苞片长圆状披针形；花梗长约1cm；花萼裂片长圆状披针形；花冠细筒状，蓝紫色，外面被短柔毛，筒部与檐部等长或稍长，喉部缢缩，近基部稍膨大；檐部二唇形，上唇裂至中下部，5裂片近相等，近窄长圆形，长0.7～1cm；上雄蕊长于下雄蕊，花丝无毛；花盘近全缘。蒴果长约4.5cm。花期6～7月，果期8月。

分布于广东、广西、湖南、贵州和四川。生于山谷、沟边及林下潮湿岩石上。

大叶石上莲　马铃苣苔属

Oreocharis benthamii Clarke

多年生草本。根状茎长2～7cm，直径5～13mm。叶丛生，具长柄；叶椭圆形或卵状椭圆形，长6～12cm，边缘具小锯齿或全缘，上面密被短柔毛，下面均密被褐色绵毛，侧脉每边6～8；叶柄长2～8cm。聚伞花序2～3次分枝，2～4条，每花序具8～11朵花；花序梗长10～22cm，与苞片、花萼、花梗均被褐色绵毛；苞片长6～8mm；花梗长0.9～1.5cm；花萼线状披针形，长3～4mm；花冠细筒状，长0.8～1cm，径约5mm，淡紫色，外面被短柔毛；筒部长5.5～6mm，喉部不缢缩，檐部稍二唇形，上唇裂片近圆形或圆形，长1～2mm；雄蕊与花冠等长或2枚伸出花冠；花盘全缘；花柱长约1.7mm，柱头1，盘状。蒴果线形或线状长圆形，长2.2～3.5cm，顶端具短尖，外面无毛。花期8月，果期10月。

分布于广东、广西、江西和湖南。生于岩石上。

全草供药用，可治跌打损伤等症。

椭圆线柱苣苔（线柱苣苔）　线柱苣苔属

Rhynchotechum ellipticum (Wallich ex D. Dietrich) A. de Candolle

小灌木。茎高达2m，顶部与幼叶、叶柄、花序梗及分枝、苞片及花梗均密被紧贴的锈色柔毛。叶对生，具柄；叶片厚纸质，椭圆形或长椭圆形，长9.5～20cm，宽3～9.5cm，顶端急尖或短渐尖，基部宽楔形，边缘有小牙齿，两面初密被绢状柔毛，以后上面变无毛，下

面沿脉被柔毛，侧脉每侧10～17条，平行，中部以下的与中脉成钝角展出；叶柄粗壮，长0.8～2cm。花梗长2～9mm；花萼裂片线状披针形，长2.2～5mm，外面密被淡褐色柔毛；花冠白色或带粉红色，无毛，筒部长1.5～2mm；上唇长1.6～1.8mm，下唇长2.2～4mm，

裂片卵形，花丝长约0.3mm；雌蕊长约5.5mm，无毛，子房长约1mm，花柱伸出。浆果白色，宽卵圆形，长5～6mm，无毛。

分布于广东、云南、四川、贵州、广西和福建。生于山谷林中或溪边荫湿处。

爵床科 Acanthaceae

假杜鹃 假杜鹃属
Barleria cristata L.

小灌木，高达2m。茎圆柱状，被柔毛，有分枝。长枝叶椭圆形、长椭圆形或卵形，长3～10cm，宽1.3～4cm，两面被长柔毛，脉上较密，全缘，侧脉4～7对，叶柄早落；腋生短枝的叶小，叶椭圆形或卵形，长2～4cm。叶腋常生2花，短枝有分枝，花在短枝上密集；苞片叶形，无柄；小苞片披针形或线形；外2萼片卵形或披针形，内2萼片线形或披针形，有缘毛；花冠蓝紫色或白色，二唇形，花冠筒圆筒状，喉部渐大，冠檐裂片长圆形，能育雄蕊2长2短，着生喉基部，长雄蕊花药2室并生，短雄蕊花药顶端相连，下面叉开，不育雄蕊1枚，花丝疏被柔毛；花盘杯状，包被子房下部，花柱无毛，柱头稍膨大。蒴果长圆形，长1.2～1.8cm，两端急尖，无毛。花期11～12月。

分布于广东、台湾、福建、海南、广西、四川、贵州、云南和西藏等省份；中南半岛、印度和印度洋。生于山坡、路旁或疏林下荫处，也可生于干燥草坡或岩石中。

全株药用，有清肺化痰、止血截疟之功效，主治蛇伤、关节痛等。

钟花草 钟花草属
Codonacanthus pauciflorus Nees

纤细草本。茎直立或基部卧地，通常多分枝，被短柔毛。叶薄纸质，椭圆状卵形或狭披针形，长6～9cm或过之，宽2～4.5cm，顶端急尖或渐尖，基常急尖，边全缘或有时呈不明显的浅波状，两面被微柔毛；侧脉纤细，每边5～7条；叶柄长5～10mm。花序疏花；花在花序上互生，相对的一侧常为无花的苞片；花梗长1～3mm；花冠管短于花檐裂片，下部偏斜，花冠白色或淡紫色，无毛，长7～8mm，冠檐裂片5，卵形或长圆形，后裂片稍小。雄蕊2枚，花丝很短，内藏，退化雄蕊2枚。蒴果长约1.5cm。下部实心似柄状。花期10月。

分布于广东、香港、广西、海南、台湾、福建、贵州和云南；孟加拉国（吉大港）、印度东北部、越南西南部。生于密林下或潮湿的山谷。

狗肝菜 狗肝菜属
Dicliptera chinensis (L.) Juss.

草本，高30～80cm。茎外倾或上升，具6条钝棱和浅沟，节常膨大膝曲状，近无毛或节处被疏柔毛。叶卵状椭圆形，顶端短渐尖，基部阔楔形或稍下延，长2～7cm，宽1.5～3.5cm，纸质，深绿色，两面近无毛或背面脉上被疏柔毛；叶柄长5～25mm。花序腋生或顶生，由3～4个聚伞花序组成，每个聚伞花序有1至少数花，具长3～5mm的总花梗，下面有2枚总苞状苞片，总苞片阔倒卵形或近圆形，稀披针形，大小不等，顶端有小凸尖，具脉纹，被柔毛；小苞片线状披针形；花萼裂片5，钻形；花冠淡紫红色，外面被柔毛，2唇形，上唇阔卵状近圆形，全缘，有紫红色斑点，下唇长圆形，3浅裂；雄蕊2枚。蒴果长约6mm，被柔毛，开裂时由蒴底弹起，具种子4粒。

分布于广东、福建、台湾、海南、广西、香港、澳门、云南、贵州和四川；孟加拉国、印度东北部、中南半岛。生于疏林下、溪边、路旁。

可药用，具清热解毒、生津利尿之功效。

圆苞杜根藤 杜根藤属
Justicia championii T. Anderson

草本，茎直立或披散状，高达50cm。叶椭圆形至矩圆状披针形，长2～12cm，宽1～3cm，顶端略钝至渐尖。紧缩的聚伞花序具1至少数花，生于上部叶腋，似簇生；苞片圆形、倒卵状匙形，有短柄，长6～8mm，叶状，有羽脉；小苞片无或小，钻形、三角形，被黄色微毛；花萼裂片5，条状披针形，长约7mm，生微毛或小糙毛；花冠白色，外被微毛，长8～12mm，二唇形，下唇具3浅裂；雄蕊2枚，药室不等高，下方1枚具白色小距。蒴果长约8mm，上部具4粒种子，下部实心。种子有疣状凸起。

分布于华南、华东、华中及西南大部分省份。生于山坡丛林下。

黑叶小驳骨（大驳骨） 爵床属
Justicia ventricosa Wall.

多年生、直立、粗壮草本或亚灌木。高约1m，除花序外全株无毛。叶纸质，椭圆形或倒卵形，长10～17cm，宽3～6cm，顶端短渐尖或急尖，基部渐狭，干时草黄色或绿黄色，常有颗粒状隆起；中脉粗大，腹面稍凸，背面呈半柱状凸起，侧脉每边6～7条，两面近同等凸起，在背面半透明；叶柄长0.5～1.5cm。穗状花序顶生，密生；苞片大，覆瓦状重叠，阔卵形或近圆形，长1～1.5cm，宽约1cm，被微柔毛，萼裂片披针状线形，长约3mm；花冠白色或粉红色，长1.5～1.6cm，上唇长圆状卵形，下唇浅3裂。蒴果长约8mm，被柔毛。花期冬季。

分布于我国南部和西南部；越南至泰国、缅甸。生于近村的疏林下或灌丛中。

全株药用。有续筋接骨、祛风湿之功效，可治骨折、跌打扭伤、关节炎、慢性腰腿痛等。

九头狮子草　山蓝属
Peristrophe japonica (Thunb.) Bremek.

草本，高达50cm。叶卵状矩圆形，长5～12cm，宽2.5～4cm，顶端渐尖或尾尖，基部钝或急尖。花序顶生或腋生于上部叶腋，由2～8（10）聚伞花序组成，每个聚伞花序下托以2枚总苞状苞片，一大一小，卵形，几倒卵形，长1.5～2.5cm，宽5～12mm，顶端急尖，基部宽楔形或截平，全缘，近无毛，羽脉明显，内有1至少数花；花萼裂片5，钻形，长约3mm；花冠粉红色至微紫色，长2.5～3cm，外疏生短柔毛，二唇形，下唇3裂；雄蕊2枚，花丝细长，伸出，花药被长硬毛，2室叠生，一上一下，线形纵裂。蒴果长1～1.2cm，疏生短柔毛，开裂时胎座不弹起，上部具4粒种子，下部实心。种子有小疣状凸起。

分布于华南、华中、华东及西南大部分省份；日本。生于路边、草地或林下。

药用能治风热咳嗽、小儿惊风、喉痛、疔毒、乳痈。

爵床　爵床属
Rostellularia procumbens (L.) Nees

草本。茎基部匍匐，通常有短硬毛，高20～50cm。叶椭圆形至椭圆状长圆形，长1.5～3.5cm，宽1.3～2cm，先端锐尖或钝，基部宽楔形或近圆形，两面常被短硬毛；叶柄短，长3～5mm，被短硬毛。穗状花序顶生或生上部叶腋，长1～3cm，宽6～12mm；苞片1，小苞片2，均披针形，长4～5mm，有缘毛；花萼裂片4，线形，约与苞片等长，有膜质边缘和缘毛；花冠粉红色，长7mm，二唇形，下唇3浅裂；雄蕊2枚，药室不等高，下方1室有距，蒴果长约5mm，上部具4粒种子，下部实心似柄状。种子表面有瘤状皱纹。

分布于我国秦岭以南各省份。生于山坡林间草丛中，为习见野草。

全草入药，治腰背痛、创伤等。

四子马蓝（黄猄草）　黄猄草属
Strobilanthes tetrasperma (Champ. ex Benth.) Druce

直立或匍匐草本。茎细瘦，近无毛。叶纸质，卵形或近椭圆形，顶端钝，基部渐狭或稍收缩，边缘具圆齿，长2～7cm，宽1～2.5cm；侧脉每边3～4条；叶柄长5～25mm。穗状花序短而紧密，通常仅有花数朵；苞片叶状，倒卵形或匙形，具羽状脉，长约15mm，2枚线形，长5～6mm的小苞片及萼裂片均被扩展、流苏状缘毛；花萼5裂，裂片长6～7mm，稍钝头；花冠淡红色或淡紫色，长约2cm，外面被短柔毛，内有长柔毛，冠檐裂片几相等，直径约3mm，被缘毛。雄蕊4枚，2强，花丝基部有膜相连，有1枚退化雄蕊残迹，花粉粒圆球形，具种阜形纹饰。蒴果长约10mm，顶部被柔毛。花期秋季。

分布于华南、西南、华中及华东大部分省份；越南。生于密林中。

华紫珠　紫珠属
Callicarpa cathayana H. T. Chang

灌木，高1.5～3m。小枝纤细，幼嫩时期稍有星状毛，老后脱落。叶片椭圆形或卵形，长4～8cm，宽1.5～3cm，顶端渐尖，基部楔形，两面近于无毛，而有显著的红色腺点，侧脉5～7对，在两面均稍隆起，细脉和网脉下陷，边缘密生细锯齿；叶柄长4～8mm。聚伞花序细弱，宽约1.5cm，3～4次分歧，略有星状毛，花序梗长4～7mm，苞片细小；花萼杯状，具星状毛和红色腺点，萼齿不明显或钝三角形；花冠紫色，疏生星状毛，有红色腺点，花丝等于或稍长于花冠，花药长圆形，长约1.2mm，药室孔裂；子房无毛，花柱略长于雄蕊。果实球形，紫色，径约2mm。花期5～7月，果期8～11月。

分布于广东、河南、江苏、湖北、安徽、浙江、江西、福建、广西和云南。生于山坡、谷地的丛林中。

白棠子树　紫珠属
Callicarpa dichotoma (Lour.) K. Koch

多分枝的小灌木，高1～3m。小枝纤细，幼嫩部分有星状毛。叶倒卵形或披针形，长2～6cm，宽1～3cm，顶端急尖或尾状尖，基部楔形，边缘仅上半部具数个粗锯齿，表面稍粗糙，背面无毛，密生细小黄色腺点；侧脉5～6对；叶柄长不超过5mm。聚伞花序在叶腋的上方着生，细弱，宽1～2.5cm，2～3次分歧，花序梗长约1cm，略有星状毛，至结果时无毛；苞片线形；花萼杯状，无毛，顶端有不明显的4齿或近截头状；花冠紫色，无毛；花丝长约为花冠的2倍，花药卵形，细小，药室纵裂；子房无毛，具黄色腺点。果实球形，紫色，径约2mm。花期5～6月，果期7～11月。

分布于华南、华东、华北、华中及西南部分省份；日本、越南。生于低山丘陵灌丛中。

全株供药用，治感冒、跌打损伤、气血瘀滞、妇女闭经、外伤肿痛；叶可提取芳香油。

杜虹花　紫珠属
Callicarpa formosana Rolfe

灌木，高1～3m。小枝、叶柄和花序均密被灰黄色星状毛和分枝毛。叶片卵状椭圆形或椭圆形，长6～15cm，宽3～8cm，顶端通常渐尖，基部钝或浑圆，边缘有细锯齿，表面被短硬毛，稍粗糙，背面被灰黄色星状毛和细小黄色腺点，侧脉8～12对，主脉、侧脉和网脉在背面隆起；叶柄粗壮，长1～2.5cm。聚伞花序宽3～4cm，通常4～5次分歧，花序梗长1.5～2.5cm；苞片细小；花萼杯状，被灰黄色星状毛，萼齿钝三角形；花冠紫色或淡紫色，无毛，长约2.5mm，裂片钝圆，长约1mm；雄蕊长约5mm，花药椭圆形，药室纵裂；子房无毛。果实近球形，紫色，径约2mm。花期5～7月，果期8～11月。

分布于广东、江西、浙江、台湾、福建、广西和云南。生于山坡

和溪边的林中或灌丛中。

叶入药，有散瘀消肿、止血镇痛之功效，治咳血、吐血、鼻出血、创伤出血等；在福建还用根治风湿痛、扭挫伤、喉炎、结膜炎。

全缘叶紫珠　紫珠属
Callicarpa integerrima Champ.

藤本或蔓性灌木。小枝棕褐色，圆柱形，嫩枝、叶柄和花序密生黄褐色分枝绒毛。叶片宽卵形、卵形或椭圆形，长7~15cm，宽4~9cm，顶端尖或渐尖，通常钝头，基部宽楔形至浑圆，全缘，表面深绿色，幼时有黄褐色星状毛，老后脱落几无毛，背面密生灰黄色厚绒毛，侧脉7~9对；叶柄长约2cm。聚伞花序宽8~11cm，7~9次分歧；花序梗长3~5cm；花柄及萼筒密生星状毛，萼齿不明显或截头状；花冠紫色，长约2mm，无毛，雄蕊长过花冠约2倍，药室纵裂；子房有星状毛。果实近球形，紫色，初被星状毛，成熟后脱落，径约2mm。花期6~7月，果期8~11月。

分布于广东、浙江、江西、福建和广西。生于山坡或谷地林中。

枇杷叶紫珠　紫珠属
Callicarpa kochiana Makino

灌木，高1~4m。小枝、叶柄与花序密生黄褐色分枝绒毛。叶片长椭圆形、卵状椭圆形或长椭圆状披针形，长12~22cm，宽4~8cm，顶端渐尖或锐尖，基部楔形，边缘有锯齿，表面无毛或疏被毛，通常脉上较密，背面密生黄褐色星状毛和分枝绒毛，两面被不明显的黄色腺点，侧脉10~18对，在叶背隆起；叶柄长1~3cm。聚伞花序宽3~6cm，3~5次分歧；花序梗长1~2cm；花近无柄，密集于分枝的顶端；花萼管状，被绒毛，萼齿线形或为锐尖狭长三角形。齿长2~2.5mm；花冠淡红色或紫红色，裂片密被绒毛；雄蕊伸出花冠管外，花丝长约3.5mm，花药卵圆形；花柱长过雄蕊，柱头膨大。果实圆球形，径约1.5mm，几全部包藏于宿存的花萼内。花期7~8月，果期9~12月。

分布于广东、台湾、福建、浙江、江西、湖南和河南。生于山坡或谷地溪旁林中和灌丛中。

根治慢性风湿性关节炎及肌肉风湿症，叶可作外伤止血药并治风寒咳嗽、头痛，又可提取芳香油。

广东紫珠　紫珠属
Callicarpa kwangtungensis Chun

灌木，高约2m。幼枝略被星状毛，常带紫色，老枝黄灰色，无毛。叶片狭椭圆状披针形、披针形或线状披针形，长15~26cm，宽3~5cm，顶端渐尖，基部楔形，两面通常无毛，背面密生显著的细小黄色腺点，侧脉12~15对，边缘上半部有细齿；叶柄长5~8mm。聚伞花序宽2~3cm，3~4次分歧，具稀疏的星状毛，花序梗长5~8mm，花萼在花时稍有星状毛，结果时可无毛，萼齿钝三角形，花冠白色或带紫红色，长约4mm，可稍有星状毛；花丝约与花冠等长或稍短，花药长椭圆形，药室孔裂；

子房无毛，有黄色腺点。果实球形，径约3mm。花期6~7月，果期8~10月。

分布于广东、浙江、江西、湖南、湖北、贵州、福建、广西和云南。生于山坡林中或灌丛中。

大叶紫珠　紫珠属
Callicarpa macrophylla Vahl

灌木，稀小乔木，高3~5m。小枝近四方形，密生灰白色粗糠状分枝绒毛，稍有臭味。叶片长椭圆形、卵状椭圆形或长椭圆状披针形，长10~23cm，宽5~11cm，顶端短渐尖，基部钝圆或宽楔形，边缘具细锯齿，表面被短毛，脉上较密，背面密生灰白色分枝绒毛，腺点隐于毛中，侧脉8~14对，细脉在表面稍下陷；叶柄粗壮，长1~3cm，密生灰白色分枝的绒毛。聚伞花序宽4~8cm，5~7次分歧，被毛与小枝同，花序梗粗壮，长2~3cm；苞片线形；萼杯状，长约1mm，被灰白色星状毛和黄色腺点，萼齿不明显或钝三角形；花冠紫色，疏生星状毛；花丝长约5mm，花药卵形；花柱长约6mm。果实球形，径约1.5mm，有腺点和微毛。花期4~7月，果期7~12月。

分布于广东、广西、贵州和云南；尼泊尔、不丹、马斯克林群岛、留尼汪岛、印度、孟加拉国、缅甸、泰国、越南、马来西亚和印度尼西亚。生于疏林下和灌丛中。

叶或根可作内外伤止血药，治跌打肿痛、创伤出血、肠道出血、咳血、鼻衄。

裸花紫珠　紫珠属
Callicarpa nudiflora Hook. et Arn.

灌木至小乔木，高可达7m。老枝无毛而皮孔明显，小枝、叶柄与花序密生黄褐色分枝绒毛。叶片卵状长椭圆形至披针形，长12~22cm，宽4~7cm，顶端短尖或渐尖，基部钝或稍呈圆形，表面深绿色，干后变黑色，除主脉有星状毛外，余几无毛，背面密生灰褐色绒毛和分枝毛，侧脉14~18对，在背面隆起，边缘具疏齿或微呈波状；叶柄长1~2cm。聚伞花序开展，6~9次分歧，宽8~13cm，花序梗长3~8cm，花柄长约1mm；苞片线形或披针形；花萼杯状，通常无毛，顶端截平或有不明显的4齿；花冠紫色或粉红色，无毛，长约2mm；雄蕊长于花冠2~3倍，花药椭圆形，细小。果实近球形，径约2mm，红色，干后变黑色。花期6~8月，果期8~12月。

分布于广东和广西；印度、越南、马来西亚、新加坡。生于山坡、谷地、溪旁林中或灌丛中。

叶药用，有止血止痛、散瘀消肿之功效，治外伤出血、跌打肿痛、风湿肿痛、肺结核咯血、胃肠出血。

红紫珠　紫珠属
Callicarpa rubella Lindl.

灌木，高约2m。小枝被黄褐色星状毛并杂有多细胞的腺毛。叶片倒卵形或倒卵状椭圆形，长10~21cm，宽4~10cm，顶端尾尖或渐尖，基部心形，有时偏斜，边缘具细锯齿或不整齐的粗齿，表面稍被多细胞的单毛，背面被星状毛并杂有单毛和腺毛，有黄色腺点，侧脉6～10对，主脉、侧脉和细脉在两面稍隆起；叶柄极短或近于无柄。聚伞花序宽2～4cm，被毛与小枝同；花序梗长1.5～3cm，苞片细小；花萼被星状毛或腺毛，具黄色腺点，萼齿钝三角形或不明显；花冠紫红色、黄绿色或白色，长约3mm，外被细毛和黄色腺点；雄蕊长为花冠的2倍，药室纵裂；子房有毛。果实紫红色，径约2mm。花期5～7月，果期7～11月。

　　分布于广东、广西、四川、贵州和云南等。生于山坡、河谷的林中或灌丛中。

　　民间用根炖肉服，可通经和治妇女红、白带症；嫩芽可揉碎擦癣；叶可作止血、接骨药。

大青　大青属
Clerodendrum cyrtophyllum Turcz.

　　灌木或小乔木，高1～10m。幼枝被短柔毛，枝黄褐色，髓坚实；冬芽圆锥状，芽鳞褐色，被毛。叶片纸质，椭圆形、卵状椭圆形、长圆形或长圆状披针形，长6～20cm，宽3～9cm，顶端渐尖或急尖，基部圆形或宽楔形，通常全缘，两面无毛或沿脉疏生短柔毛，背面常有腺点，侧脉6～10对；叶柄长1～8cm。伞房状聚伞花序，生于枝顶或叶腋，长10～16cm，宽20～25cm；苞片线形；花小，有橘香味；萼杯状，外面被黄褐色短绒毛和不明显的腺点，顶端5裂，裂片三角状卵形；花冠白色，外面疏生细毛和腺点，花冠管细长，顶端5裂，裂片卵形；雄蕊4枚，花丝与花柱同伸出花冠外。果实球形或倒卵形，径5～10mm，绿色，成熟时蓝紫色，为红色的宿萼所托。花果期6月至翌年2月。

　　分布于华南、华东、中南和西南各省份。生于丘陵、山地林下或溪谷旁。

　　根、叶有清热、泻火、利尿、凉血、解毒之功效。

鬼灯笼（白花灯笼）　大青属
Clerodendrum fortunatum L.

　　灌木，高可达2.5m。嫩枝密被黄褐色短柔毛，小枝暗棕褐色，髓疏松，干后不中空。叶纸质，叶长椭圆形或倒卵状披针形，长5～17.5cm，先端渐尖，基部楔形，全缘或波状，下面密被黄色腺点，沿脉被柔毛；叶柄长0.5～4cm。聚伞花序腋生，较短密，1～3次分歧，具花3～9朵，花序梗长1～4cm，密被棕褐色短柔毛；苞片线形，密被棕褐色短柔毛；花萼红紫色，具5棱，膨大形似灯笼，外面被短柔毛，内面无毛，基部连合，顶端5深裂，裂片宽卵形，渐尖；花冠淡红色或白色稍带紫色，外面被毛，花冠管与花萼等长或稍长，顶端5裂，裂片长圆形；雄蕊4枚，与花柱同伸出花冠外。核果近球形，径约5mm，熟时深蓝绿色，藏于宿萼内。花果期6～11月。

　　分布于广东、江西、福建和广西。生于丘陵、山坡、路边、村旁和旷野。

　　根或全株入药，有清热降火、消炎解毒、止咳镇痛的功效；用鲜叶捣烂或干根研粉调剂外敷可散瘀、消肿、止痛。

赪桐　大青属
Clerodendrum japonicum (Thunb.) Sweet

　　灌木，高1～4m。小枝四棱形，干后有较深的沟槽，老枝近于无毛或被短柔毛，同对叶柄之间密被长柔毛，枝干后不中空。叶心形，长8～35cm，先端尖，基部心形，疏生尖齿，上面疏被柔毛，脉基被较密锈色柔毛，下面密被锈黄色盾状腺体；叶柄长0.5～27cm，密被黄褐色柔毛。圆锥状二歧聚伞花序，长15～34cm；苞片宽卵形或线状披针形，小苞片线形；花萼红色，疏被柔毛及盾状腺体，长1～1.5cm；花冠红色，稀白色，裂片长圆形，长1～1.5cm。核果，椭圆状球形，绿色或蓝黑色，径7～10mm，常分裂成2～4个分核，宿萼增大，初包被果实，后向外反折呈星状。花果期5～11月。

　　分布于华南、华东、华中及西南大部分省份；印度东北部、孟加拉国、不丹、中南半岛、日本。生于平原、山谷、溪边或疏林中或栽培于庭园。

　　全株药用，有祛风利湿、消肿散瘀的功效，治心慌心跳；根、叶可作皮肤止痒药；花可治外伤止血。

重瓣臭茉莉　大青属
Clerodendrum chinense (Osbeck) Mabberley

　　灌木，高50～120cm。小枝钝四棱形或近圆形，幼枝被柔毛。叶片宽卵形或近于心形，长9～22cm，宽8～21cm，顶端渐尖，基部截形、宽楔形或浅心形，边缘疏生粗齿，表面密被刚伏毛，背面密被柔毛，沿脉更密或有时两面毛较少，基出脉3，脉腋有数个盘状腺体，叶片揉之有臭味；叶柄长3～17cm，被短柔毛，有时密似绒毛。伞房状聚伞花序紧密，顶生，花序梗被绒毛；苞片披针形，长1.5～3cm，被短柔毛并有少数疣状和盘状腺体；花萼钟状，长1.5～1.7cm，被短柔毛和少数疣状或盘状腺体，萼裂片线状披针形，长0.7～1cm；花冠红色、淡红色或白色，有香味，花冠管短，裂片卵圆形，雄蕊常变成花瓣而使花成重瓣。

　　分布于广东、福建、台湾、广西和云南；亚洲热带、毛里求斯和夏威夷。生于林边、路边。

　　可作观赏植物栽培。根入药可治风湿。

臭茉莉　大青属
Clerodendrum chinense var. *simplex* (Moldenke) S. L. Chen

　　植物体被毛较ός，伞房状聚伞花序较密集，花较多，苞片较多，花单瓣，较大，花萼长1.3～2.5cm，萼裂片披针形，长1～1.6cm，花冠白色或淡红色，花冠管长2～3cm，裂片椭圆形，长约1cm。核果近球形，径8～10mm，成熟时蓝黑色。宿萼增大包果。花果期5～11月。

　　分布于广东、云南、广西和贵州。生于林中或溪边。

　　药用根、叶和花，有祛风活血、消肿降压之功效。

马缨丹 马缨丹属
Lantana camara L.

直立或蔓性的灌木，高1～2m，有时藤状，长达4m。茎枝均呈四方形，有短柔毛，通常有短而倒钩状刺。单叶对生，揉烂后有强烈的气味，叶片卵形至卵状长圆形，长3～8.5cm，宽1.5～5cm，顶端急尖或渐尖，基部心形或楔形，边缘有钝齿，表面有粗糙的皱纹和短柔毛，背面有小刚毛，侧脉约5对；叶柄长约1cm。花序直径1.5～2.5cm；花序梗粗壮，长于叶柄，苞片披针形，长为花萼的1～3倍，外部有粗毛；花萼管状，膜质，长约1.5mm，顶端有极短的齿；花冠黄色或橙黄色，开花后不久转为深红色，花冠管长约1cm，两面有细短毛，直径4～6mm；子房无毛。果圆球形，直径约4mm，成熟时紫黑色。花期全年。

分布于广东、台湾、福建和广西；世界热带地区。生于海边沙滩和空旷地区。

叶药用，治湿疹。

豆腐柴 豆腐柴属
Premna microphylla Turcz.

直立灌木。幼枝有柔毛，老枝变无毛。叶揉之有臭味，卵状披针形、椭圆形、卵形或倒卵形，长3～13cm，宽1.5～6cm，顶端急尖至长渐尖，基部渐狭窄下延至叶柄两侧，全缘至有不规则粗齿，无毛至有短柔毛；叶柄长0.5～2cm。聚伞花序组成顶生塔形的圆锥花序；花萼杯状，绿色，有时带紫色，密被毛至几无毛，但边缘常有睫毛，近整齐的5浅裂；花冠淡黄色，外有柔毛和腺点，花冠内部有柔毛，以喉部较密。核果紫色，球形至倒卵形。花果期5～10月。

分布于华南、华东、中南及西南大部分省份；日本。生于山坡林下或林缘。

叶可制豆腐；根、茎、叶入药，清热解毒、消肿止血，主治毒蛇咬伤、无名肿毒、创伤出血。

马鞭草 马鞭草属
Verbena officinalis L.

多年生草本，高30～120cm。茎四方形，近基部可为圆形，节和棱上有硬毛。叶片卵圆形至倒卵形或长圆状披针形，长2～8cm，宽1～5cm，基生叶的边缘通常有粗锯齿和缺刻，茎生叶多数3深裂，裂片边缘有不整齐锯齿，两面均有硬毛，背面脉上尤多。穗状花序顶生和腋生，细弱，结果时长达25cm。花小，无柄，最初密集，结果时疏离；苞片稍短于花萼，具硬毛；花萼长约2mm，有硬毛，有5脉，脉间凹穴处质薄而色淡；花冠淡紫色至蓝色，长4～8mm，外面有微毛，裂片5；雄蕊4枚，着生于花冠管

的中部，花丝短；子房无毛。果长圆形，长约2mm，外果皮薄，成熟时4瓣裂。花期6～8月，果期7～10月。

分布于广东、湖南、广西、四川、新疆和西藏等省份。生于路边、山坡、溪边或林旁。

全草供药用，性凉，味微苦，有凉血、散瘀、通经、清热、解毒、止痒、驱虫、消胀之功效。

黄荆 牡荆属
Vitex negundo L.

灌木或小乔木。小枝四棱形，密生灰白色绒毛。掌状复叶，小叶5枚，少有3枚；小叶片长圆状披针形至披针形，顶端渐尖，基部楔形，全缘或每边有少数粗锯齿，表面绿色，背面密生灰白色绒毛；中间小叶长4～13cm，宽1～4cm，两侧小叶依次递小，若具5小叶时，中间3片小叶有柄，最外侧的2片小叶无柄或近于无柄。聚伞花序排成圆锥花序式，顶生，长10～27cm，花序梗密生灰白色绒毛；花萼钟状，顶端有5裂齿，外有灰白色绒毛；花冠淡紫色，外有微柔毛，顶端5裂，二唇形；雄蕊伸出花冠管外；子房近无毛。核果近球形，径约2mm；宿萼接近果实的长度。花期4～6月，果期7～10月。

分布于我国长江以南各省份，北达秦岭—淮河。生于山坡路旁或灌木丛中。

茎皮可造纸及制人造棉；茎叶治久痢；种子为清凉性镇静、镇痛药；根可以驱蛲虫；花和枝叶可提取芳香油。

牡荆 牡荆属
Vitex negundo L. var. *cannabifolia* (Sieb. et Zucc.) Hand.-Mazz.

落叶灌木或小乔木；小枝四棱形。叶对生，掌状复叶，小叶5枚，少有3枚；小叶片披针形或椭圆状披针形，顶端渐尖，基部楔形，边缘有粗锯齿，表面绿色，背面淡绿色，通常被柔毛。圆锥花序顶生，长10～20cm；花冠淡紫色。果实近球形，黑色。花期6～7月，果期8～11月。

分布于华南、华北、华东及西南等省份；日本。生于山坡路边灌丛中。

茎皮纤维可制人造棉；花和枝叶可提取芳香油。

山牡荆 牡荆属
Vitex quinata (Lour.) Will.

常绿乔木，高4～12m。树皮灰褐色至深褐色；小枝四棱形，有微柔毛和腺点，老枝逐渐转为圆柱形。掌状复叶，对生，叶柄长2.5～6cm；小叶3～5枚，小叶倒卵形或倒卵状椭圆形，先端渐尖，基部楔形，全缘，下面被黄腺点。聚伞花序对生于主轴上，排成顶生圆锥花序式，长9～18cm，密被棕黄色微柔毛，苞片线形，早落；花萼钟状，顶端有5钝齿，外面密生细柔毛和腺点，内面上部稍有毛，花冠淡黄色，顶端5裂，二唇形，下唇中间裂片较大，外面有柔毛和腺点；雄蕊4枚，伸出花冠外。核果

球形或倒卵形，幼时绿色，成熟后呈黑色，宿萼呈圆盘状，顶端近截形。花期5～7月，果期8～9月。

分布于广东、浙江、江西、福建、台湾、湖南和广西；日本、印度、马来西亚、菲律宾。生于山坡林中。

木材适于做桁、桶、门、窗、天花板、文具、胶合板等。

唇形科 Labiatae

金疮小草　筋骨草属
Ajuga decumbens Thunb.

一年或二年生草本。具匍匐茎，茎长达20cm，被白色长柔毛。基生叶较多，匙形或倒卵状披针形，先端钝圆，基部渐窄下延成翅。轮伞花序多花，下部疏生，上部密集，组成长7～12cm的穗状花序；苞叶披针形；花萼漏斗形，三角形萼齿及边缘疏被柔毛，余无毛；花冠淡蓝色或淡红紫色，稀白色，筒状，疏被柔毛，内具毛环，上唇圆形，先端微缺，下唇中裂片窄扇形或倒心形，侧裂片长圆形或近椭圆形。小坚果倒卵状三棱形，背部具网状皱纹，腹部有果脐。花期3～7月，果期5～11月。

分布于我国长江以南各省份。生于溪边、路旁和湿润的草坡上。

全草入药，治痈疽疔疮、火眼、乳痈、鼻衄、咽喉炎、肠胃炎、急性结膜炎、烫伤、狗咬伤、毒蛇咬伤以及外伤出血等症。

紫背金盘　筋骨草属
Ajuga nipponensis Makino

草本。茎常直立，被长柔毛或疏柔毛，四棱形，基部常带紫色。基生叶无或少数；叶片纸质，阔椭圆形或卵状椭圆形，边缘具不整齐的波状圆齿，有时几呈圆齿，具缘毛，两面被疏糙伏毛或疏柔毛。轮伞花序多花，生于茎中部以上，向上渐密集组成顶生穗状花序。花萼钟形，外面仅上部及齿缘被长柔毛。花冠淡蓝色或蓝紫色，稀为白色或白绿色，具深色条纹，筒状，外面疏被短柔毛，近基部有毛环，冠檐二唇形。小坚果卵状三棱形，背部具网状皱纹，腹面有果脐。花期在我国东部为4～6月、西南部为12月至翌年3月，果期前者为5～7月，后者为1～5月。

分布于我国东部、南部及西南各省份。生于田边、矮草地湿润处、林内及向阳坡地。

全草入药，煎水内服治肺脓疡、肺炎、扁桃腺炎、咽喉炎、肝炎、痔疮肿痛、鼻衄、牙痛、目赤肿痛、黄疸病、便血、白尿、血瘀肿痛、产后瘀血、妇女血气痛等症。外用治金疮、刀伤、外伤出血、跌打扭伤、骨折、痈肿疮疖、狂犬咬伤等症。

广防风　广防风属
Anisomeles indica (L.) Kuntze

直立粗壮草本。茎直立，高达2m，具浅槽；密被白色平伏短柔毛。叶宽卵形，长4～9cm，先端尖或短渐尖，基部近截平宽楔形，具不规

则牙齿，上面被细糙伏毛，脉上毛密；叶柄长1～4.5cm。穗状花序径约2.5cm；苞叶具短柄或近无柄，苞片线形；花萼长约6mm，被疏硬毛、腺柔毛及黄色腺点，萼齿紫红色，三角状披针形，长约2.7mm，具缘毛；花冠淡紫色，长约1.3cm，无毛，冠筒漏斗形，口部径达3.5mm，上唇长圆形，长4.5～5mm，下唇近水平开展，长9mm，3裂，中裂片倒心形，边缘微波状，内面中部被髯毛，侧裂片卵形。小坚果黑色，具光泽，近圆球形，直径约1.5mm。花期8～9月，果期9～11月。

分布于华南、西南、华中、华东部分省份；印度、东南亚至菲律宾。生于林缘或路旁等荒地上。

全草入药，为民间常用药草，治风湿骨痛、感冒发热、呕吐腹痛、皮肤湿疹、瘙痒、乳痈、疮癣、癫疮以及毒虫咬伤等症。

细风轮菜（瘦风轮菜）　风轮菜属
Clinopodium gracile (Benth.) Matsum.

纤细草本。茎多数，具匍匐茎，四棱形。最下部的叶圆卵形，细小，先端钝，基部圆形，边缘具齿；较下部或全部叶均为卵形，较大，先端钝，基部圆形或楔形，边缘具齿，薄纸质，上面榄绿色，近无毛，下面较淡，侧脉2～3对，叶柄基部常染紫红色，密被短柔毛；上部叶及苞叶卵状披针形，先端锐尖，边缘具锯齿。轮伞花序分离，或密集于茎端成短总状花序，疏花；苞片针状；花梗被微柔毛。花萼管状，基部圆形，基部一边膨胀，13脉，外面沿脉上被短硬毛，内面喉部被柔毛，上唇3齿，短，三角形，下唇2齿，略长，先端钻状。花冠白色至紫红色，冠檐二唇形，上唇直伸，先端微缺，下唇3裂，中裂片较大；雄蕊4枚。小坚果卵球形，褐色，光滑。花期6～8月，果期8～10月。

分布于华南、华东、华中、西北及西南大部分省份；印度、缅甸、老挝、泰国、越南、马来西亚至印度尼西亚及日本。生于路旁、沟边、空旷草地、林缘、灌丛中。

全草药用，能消炎镇痛。

香薷　香薷属
Elsholtzia ciliata (Thunb.) Hyland.

直立草本。茎钝四棱形，具槽，常呈麦秆黄色，老时变紫褐色。叶卵形或椭圆状披针形，长3～9cm，先端渐尖，基部楔形下延，具锯齿，上面疏被细糙硬毛，下面疏被树脂腺点，沿脉疏被细糙硬毛；叶柄长0.5～3.5cm，具窄翅，疏被细糙硬毛。穗状花序，偏向一侧，由多花的轮伞花序组成。花萼钟形，外面被疏柔毛，疏生腺点，萼齿5，边缘具缘毛。花冠淡紫色，约为花萼长之3倍，外面被柔毛，上部夹生有稀疏腺点，喉部被疏柔毛，冠檐二唇形，上唇直立，先端微缺，下唇开展3裂。小坚果长圆形，棕黄色，光滑。花期7～10月，果期10月至翌年1月。

分布于除新疆、青海外的全国各省份。生于路旁、山坡、荒地、林内、河岸。

全草入药，治急性肠胃炎、腹痛吐泻、夏秋阳暑、头痛发热、恶寒无汗、霍乱、水肿、鼻衄、口臭等症。嫩叶可喂猪。

香茶菜　香茶菜属

Isodon amethystoides (Bentham) H. Hara

多年生草本。根茎肥大，疙瘩状，木质，向下密生纤维状须根。茎四棱形，具槽，密被柔毛，草质。叶卵圆形或披针形，长0.8～11cm，先端渐尖或钝，基部宽楔形渐窄，基部以上具圆齿，上面被短硬毛或近无毛，下面被柔毛或微绒毛，或近无毛，但均密被白色或黄色小腺点。花序为由聚伞花序组成的顶生圆锥花序，疏散，聚伞花序多花，分枝纤细而极叉开；苞叶与茎叶同型，通常卵形，较小，近无柄，向上变苞片状，苞片卵形或针形，小，但较显著。花萼钟形，疏被微硬毛或近无毛，密被白色或黄色腺点，萼齿三角形；花冠白蓝色、白色或淡紫色，上唇带紫蓝色，疏被微柔毛；雄蕊及花柱内藏。成熟小坚果卵形，黄栗色，被黄色及白色腺点。花期6～10月，果期9～11月。

分布于广东、广西、贵州、福建、台湾、江西、浙江、江苏、安徽和湖北。生于林下或草丛中的湿润处。

全草入药，治闭经、乳痈、跌打损伤。根治劳伤、筋骨酸痛、疮毒、蕲蛇咬伤等症，为治蛇伤要药。

线纹香茶菜　香茶菜属

Isodon lophanthoides (Buchanan-Hamilton ex D. Don) H. Hara

多年生柔弱草本，基部匍匐生根，并具小球形块根。多年生草本；高达1m。块根球状。茎被微柔毛或柔毛，下部具多数叶，基部匍匐。叶宽卵形、长圆状卵形或卵形，长1.5～8.8cm，先端钝，基部宽楔形或圆形，具圆齿，两面被长硬毛，下面疏被褐色腺点；叶柄长2～9cm。圆锥花序顶生及侧生，由聚伞花序组成，聚伞花序11～13花，分枝蝎尾状，具梗；苞叶卵形，下部的叶状，上部的苞片状，无柄，被毛，最下一对苞片卵形，其余的卵形至线形。花萼钟形，下部疏被长柔毛及红褐色腺点，萼齿卵状三角形，前2齿较大；花冠白色或粉红色，冠檐具紫色斑点，冠筒直伸，上唇反折，下唇较上唇稍长；雄蕊及花柱伸出。小坚果褐色，扁卵球形，长约1mm，无毛。花果期8～12月。

分布于广东、贵州、广西、福建、江西、湖南、湖北和浙江等省份。生于沼泽地上或林下潮湿处。

全草入药，治急性黄疸型肝炎、急性胆囊炎、咽喉炎、妇科病、瘤型麻风，可解草乌中毒。

中华锥花　锥花属

Gomphostemma chinense Oliv.

草本。根茎粗厚，木质。茎直立，上部钝四棱形，具槽，下部近木质，密被星状绒毛。叶椭圆形或卵状椭圆形，长4～13cm，先端钝，基部楔形或圆形，具不整齐粗齿或近全缘，上面密被星状柔毛及稀疏平伏短硬毛，下面密被灰白色星状绒毛；叶柄长2～6cm，密被星状绒毛。花序为由聚伞花序组成的圆锥花序或为单生的聚伞花序，对生，生于茎的基部；苞片椭圆形或披针形，中部以上具粗锯齿或全

缘，小苞片线形；花萼狭钟形，外面密被灰白色星状短绒毛。花冠浅黄色至白色，外面疏被微柔毛，冠檐二唇形，下唇3裂。小坚果4枚均成熟，倒卵状三棱形，褐色，具小凸起。花期7～8月，果期10～12月。

分布于广东、福建、江西和广西等省份。生于山谷湿地密林下。

凉粉草　凉粉草属

Mesona chinensis Benth.

草本，直立或匍匐。茎高15～100cm，分枝或少分枝，枝及茎被柔毛及细刚毛，后脱落无毛。叶窄卵形或近圆形，长2～5cm，先端尖或钝，基部宽楔形或稍圆，具锯齿，两面被细刚毛或长柔毛或脱落无毛，下面脉被毛；叶柄长0.2～1.5cm，被平展柔毛。轮伞花序组成顶生总状花序；苞片圆形、菱状卵形或近披针形，先端尾状骤尖，具色泽；花梗长3～5mm，被短毛；花萼长2～2.5mm，密被白色柔毛，上唇中裂片先端尖或钝，下唇偶微缺；花冠白色或淡红色，长约3mm，被微柔毛，喉部膨大，上唇4浅裂，两侧裂片较中央2裂片长，有时上唇近全缘；前对雄蕊较长，后对雄蕊花丝下部被硬毛。小坚果长圆形，黑色。花果期7～10月。

分布于广东、台湾、浙江、江西和广西。生于水沟边及干沙地草丛中。

植株晒干后可煎汁与米浆混合煮熟，冷却后即成黑色胶状物，质韧而软，以糖拌之可作暑天的解渴品，称为凉粉。

小鱼仙草　石荠苎属

Mosla dianthera Maxim.

一年生草本。茎高至1m，四棱形，具浅槽，近无毛，多分枝。叶卵状披针形或菱状披针形，长1.2～3.5cm，先端渐尖或尖，基部楔形，疏生尖齿，上面无毛或近无毛，下面无毛，疏被腺点；叶柄长0.3～1.8cm，上面被微柔毛。总状花序生于主茎及分枝的顶部，多数，花序轴近无毛；苞片针形或线状披针形，近无毛；花梗长约1mm，果时长达4mm；被微柔毛；花萼长约2mm，径2～2.6mm，脉被细糙硬毛，上唇反折，齿卵状三角形，中齿较短，下唇齿披针形；花冠淡紫色，长4～5mm，外面被微柔毛，内面具不明显的毛环或无毛环，冠檐二唇形，上唇微缺，下唇3裂，中裂片较大。小坚果灰褐色，近球形，直径1～1.6mm，具疏网纹。花果期5～11月。

分布于华南、华东、华中、西南及西北大部分省份；印度、巴基斯坦、尼泊尔、不丹、缅甸、越南、马来西亚、日本。生于山坡、路旁或水边。

全草入药，治感冒发热、中暑头痛、恶心、无汗、热痱、皮炎、湿疹、疮疥、痢疾、肺积水、肾炎水肿、多发性疖肿、外伤出血、鼻衄、痔瘘下血等症。此外还可灭蚊。

紫苏（野生紫苏）　紫苏属
Perilla frutescens (L.) Britt. var. *acuta* (Thumb) Kudo

一年生直立草本。茎绿色或紫色，钝四棱形，具四槽，被短疏柔毛。叶较小，卵形，长4.5～7.5cm，宽2.8～5cm，边缘在基部以上有粗锯齿，膜质或草质，两面绿色或紫色，或仅下面紫色，两面被疏柔毛。轮伞花序2花，组成密被长柔毛、偏向一侧的顶生及腋生总状花序；苞片宽卵圆形或近圆形，外被红褐色腺点。花萼钟形，下部被长柔毛，夹有黄色腺点，内面喉部有疏柔毛环，结果时增大，萼檐二唇形，上唇3齿，下唇2齿。花冠白色至紫红色，外面略被微柔毛，内面在下唇片基部略被微柔毛，冠筒短，喉部斜钟形，冠檐近二唇形，上唇微缺，下唇3裂。果萼小，下部被疏柔毛，具腺点。小坚果较小，近球形，土黄色，具网纹。

分布于华南、华东、华北、华中及西南大部分省份；日本。生于山地路旁、村边荒地，或栽培于舍旁。

可供药用及食用。

鼠尾草　鼠尾草属
Salvia japonica Thunb.

一年生草本。茎直立，钝四棱形，具沟。茎下部叶为二回羽状复叶，上部叶为一回羽状复叶，具短柄，顶生小叶披针形或菱形，长达10cm，先端渐尖或尾尖，边缘具钝锯齿，被疏柔毛或两面无毛，草质，侧生小叶卵圆状披针形，近无柄。轮伞花序2～6花，组成伸长的总状花序或分枝组成总状圆锥花序，顶生；花序轴密被具腺或无腺疏柔毛。花萼筒形，外面疏被具腺疏柔毛，内面在喉部有白色的长硬毛毛环，二唇形。花冠淡红色、淡紫色、淡蓝色至白色，外面密被长柔毛，内面有斜生的疏柔毛环，冠筒直伸，筒状，冠檐二唇形，上唇先端微缺，下唇3裂。小坚果椭圆形，褐色，光滑。

分布于广东、浙江、安徽、江苏、江西、湖北、福建、台湾和广西。生于山坡、路旁、荫蔽草丛、水边及林荫下。

韩信草　黄芩草属
Scutellaria indica L.

多年生草本。根茎短，向下生出多数簇生的纤维状根，向上生出1至多数茎。茎深紫色，被微柔毛，茎上部及沿棱毛密。叶草质至近坚纸质，心状卵圆形或圆状卵圆形至椭圆形，长1.5～3cm，宽1.2～2.3cm，先端钝或圆，边缘密生整齐圆齿，两面被微柔毛或糙伏毛；叶柄腹平背凸，密被微柔毛。花对生，总状花序，苞片卵圆形或椭圆形，具圆齿，花萼被长硬毛及微柔毛，花冠蓝紫色，冠筒基部膝曲，下唇中裂片圆卵形，具深紫色斑点，侧裂片卵形。成熟小坚果栗色或暗褐色，卵形，长约1mm，径不到1mm，具瘤，腹面近基部具一果脐。花果期2～6月。

分布于华南、华东、华中、西北及西南大部分省份；朝鲜、日

本、印度、中南半岛、印度尼西亚等地。生于山地或丘陵地、疏林下、路旁空地及荒地上。

植株雅致，可盆栽观赏；全草药用，用于胸肋闷痛、肺脓疡、痢疾、肠炎、白带、痈疮和毒蛇咬伤等。

铁轴草　香科科属
Teucrium quadrifarium Buch.-Ham.

半灌木。茎密被黄色、锈褐色或紫色长柔毛或糙状毛。叶柄长一般不超过1cm，向上渐近无柄，叶片卵圆形或长圆状卵圆形，长3～7.5cm，宽1.5～4cm，先端钝或急尖，边缘为细锯齿或圆齿，两面均被有毛，侧脉4～6对，与中脉在下面显著。假穗状花序由具2花的轮伞花序所组成，自腋生侧枝上及主茎顶端生出，在茎顶成圆锥花序，花序轴上被长柔毛；苞片极发达，菱状三角形或卵圆形；花萼钟形，萼齿5，呈二唇形，上唇3齿，倒卵状扁圆形，下唇2齿披针形，喉部具一上向的白色睫状毛环。花冠淡红色，外面散布淡黄色腺点，冠筒长为花冠长1/3，中裂片倒卵状近圆形，侧裂片卵状长圆形，后方一对向后弯折。小坚果倒卵状近圆形，暗栗棕色，背面具网纹。花期7～9月。

分布于广东、福建、湖南、贵州、江西、广西和云南；印度尼西亚、泰国、缅甸、印度至尼泊尔。生于山地阳坡、林下及灌丛中。

民间用全草治劳伤水肿，用根治肚胀、泻痢，用叶止血、治刀枪伤。

🌱 鸭跖草科　Commelinaceae

鸭跖草　鸭跖草属
Commelina communis L.

一年生披散草本。茎匍匐生根，多分枝，长可达1m，下部无毛，上部被短毛。叶披针形至卵状披针形，长3～9cm，宽1.5～2cm。总苞片佛焰苞状，有1.5～4cm的柄，与叶对生，折叠状，展开后为心形，顶端短急尖，基部心形，长1.2～2.5cm，边缘常有硬毛；聚伞花序，下面一枝仅有花1朵，具长8mm的梗，不孕；上面一枝花3～4朵，具短梗，几乎不伸出佛焰苞。花梗在花期长仅3mm，果期弯曲，长不过6mm；萼片膜质，长约5mm，内面2枚常靠近或合生；花瓣深蓝色；内面2枚具爪，长近1cm。蒴果椭圆形，有种子4粒。种子长2～3mm，棕黄色，一端截平，腹面平，有不规则窝孔。

分布于云南、四川、甘肃以东的南北各省份；越南、朝鲜、日本、俄罗斯远东地区以及北美。生于潮湿地方。

药用，为消肿利尿、清热解毒之良药，此外对麦粒肿、咽炎、扁桃腺炎、宫颈糜烂、腹蛇咬伤有良好疗效。

大苞鸭跖草　鸭跖草属
Commelina paludosa Bl.

多年生粗壮大草本。茎常直立，有时基部节上生根，高达1m，不分枝或有时上部分枝，无毛或疏生短毛。叶无柄；叶片披针形至卵状披针形，长7～20cm，宽2～7cm，顶端渐尖，两面无毛或有时具毛。叶鞘长1.8～3cm，通常口沿及一侧密生棕色长刚毛，有时几无毛，有的全面被细长硬毛。总苞片漏斗状，下缘合生，上缘急尖或短急尖；蝎尾状聚伞花序有花数朵，几不伸出，具长约1.2cm的花序梗。花梗短，折曲；萼片膜质，披针形；花瓣蓝色，匙形或倒卵状圆形，内面2枚具爪。蒴果卵球状三棱形，3室，3片裂，每室有1粒种子。种子椭圆状，黑褐色。花期8～10月，果期10月至翌年4月。

分布于华南、西南、华中及华东部分省份；尼泊尔、印度至印度尼西亚。生于林下及山谷溪边。

聚花草　聚花草属
Floscopa scandens Lour.

多年生草本。植株具极长的根状茎，根状茎节上密生须根。植株全体或仅叶鞘及花序各部分被多细胞腺毛，但有时叶鞘仅一侧被毛。茎高20～70cm，不分枝。叶无柄或有带翅的短柄；叶片椭圆形至披针形，长4～12cm，宽1～3cm，上面有鳞片状凸起。圆锥花序多个，顶生并兼有腋生，组成长达8cm、宽达4cm的扫帚状复圆锥花序，下部总苞片叶状，与叶同型，同大，上部的比叶小得多。花梗极短；苞片鳞片状；萼片长2～3mm，浅舟状；花瓣蓝色或紫色，少白色，倒卵形，略比萼片长；花丝长而无毛。蒴果卵圆状，长宽均约2mm，侧扁。种子半椭圆状，灰蓝色。花果期7～11月。

分布于广东、浙江、福建、江西、湖南、海南、广西、云南、四川、西藏和台湾；亚洲热带及大洋洲热带。生于水边、山沟边草地及林中。

全草药用，苦，凉，有清热解毒、利尿消肿之功效，可治疮疖肿毒、淋巴结肿大、急性肾炎。

裸花水竹叶　水竹叶属
Murdannia nudiflora (L.) Brenan

多年生草本。根须状，纤细，无毛或被长绒毛。茎多条生基部，披散，下部节生根，长10～50cm，无毛。叶几全基生，有时有1～2枚条形、长达1cm的基生叶，茎生叶叶鞘长不及1cm，被长刚毛，有时口部一侧密生长刚毛而余无毛；叶片禾叶状或披针形，两面无毛或疏生刚毛，长2.5～10cm，宽0.5～1cm。蝎尾状聚伞花序数个，排成顶生圆锥花序，或仅单个；总苞片下部叶状，但较小，上部的很小。聚伞花序有数朵密集排列的花，具纤细而长达4cm的总梗；苞片早落；花梗细而挺直；萼片草质，卵状椭圆形，浅舟状；花瓣紫色；能育雄蕊2枚，不育雄蕊2～4

枚。蒴果卵圆状三棱形，长3～4mm。种子黄棕色，有深窝孔，或兼有浅窝孔和辐射状白色瘤突。花果期（6）8～9（10）月。

分布于华南、西南、华中及华东大部分省份；老挝、印度、斯里兰卡、日本、印度尼西亚、巴布亚新几内亚、夏威夷等太平洋岛屿及印度洋岛屿。生于低海拔的水边潮湿处，少见于草丛中。

全草药用，有清肺水止咳、凉血止咯等作用。

芭蕉科　Musaceae

野蕉（野芭蕉）　芭蕉属
Musa balbisiana Colla

多年生草本。假茎丛生，高约6m，黄绿色，有大块黑斑，具匍匐茎。叶片卵状长圆形，长约2.9m，宽约90cm，基部耳形，两侧不对称，叶面绿色，微被蜡粉；叶柄长约75cm，叶翼张开约2cm，幼时闭合。花序长2.5m，雌花的苞片脱落，中性花及雄花的苞片宿存，苞片卵形至披针形，外面暗紫红色，被白粉，内面紫红色，开放后反卷；合生花被片具条纹，外面淡紫白色，内面淡紫色；离生花被片乳白色，透明，倒卵形，基部圆形，先端内凹，在凹陷处有一小尖头。果丛共8段，每段有果2列，15～16个。浆果倒卵形，长约13cm，直径约4cm，灰绿色，棱角明显，先端收缩成一具棱角、长约2cm的柱状体，基部渐狭成长约2.5cm的柄，果内具多粒种子。种子扁球形，褐色，具疣。

分布于广东、云南和广西；亚洲。生于沟谷坡地的湿润常绿林中。

叶鞘纤维可作麻类用品，茎可作猪饲料。本种是目前世界上栽培作水果的蕉类的亲本种之一。

姜科　Zingiberaceae

华山姜　山姜属
Alpinia oblongifolia Hayata

多年生草本，株高约1m。叶披针形或卵状披针形，长20～30cm，宽3～10cm，顶端渐尖或尾状渐尖，基部渐狭，两面均无毛；叶柄长约5mm；叶舌膜质，长4～10mm，2裂，具缘毛。花组成狭圆锥花序，长15～30cm，分枝短，长3～10mm，其上有花2～4朵；小苞片长1～3mm，花时脱落；花白色，萼管状，长约5mm，顶端具3齿；花冠管略超出，花冠裂片长圆形，长约6mm，后方的1枚稍大，兜状；唇瓣卵形，长6～7mm，顶端微凹，侧生退化雄蕊2枚，钻状，长约1mm；花丝长约5mm；子房无毛。果球形，直径5～8mm。花期5～7月，果期6～12月。

分布于我国东南部至西南部各省份；越南、老挝。生于林荫下。

叶鞘纤维可制人造棉；根茎可供药用；又可提取芳香油，作调香原料。

海南山姜（草豆蔻） 山姜属
Alpinia hainanensis K. Schum

多年生草本，株高达3m。叶片线状披针形，长50～65cm，宽6～9cm，顶端渐尖，并有一短尖头，基部渐狭，两边不对称，边缘被毛，两面均无毛或稀于叶背被极疏的粗毛；叶柄长1.5～2cm；叶舌长5～8mm，外被粗毛。总状花序顶生，直立，长达20cm，花序轴淡绿色，被粗毛，小花梗长约3mm；小苞片乳白色，阔椭圆形，长约3.5cm，基部被粗毛，向上逐渐减少至无毛；花萼钟状，长2～2.5cm，顶端不规则齿裂，复又一侧开裂，具缘毛或无，外被毛；花冠管长约8mm，花冠裂片边缘稍内卷，具缘毛；无侧生退化雄蕊；唇瓣三角状卵形，长3.5～4cm，顶端微2裂，具自中央向边缘放射的彩色条纹。果球形，直径约3cm，熟时金黄色。花期4～6月，果期5～8月。

分布于广东和广西。生于山地疏或密林中。

株形优美，花大色艳，供观赏；种子有暖胃散寒、化湿止呕等作用。治胃寒胀痛、吐酸、噎膈反胃、泄泻、酒毒和鱼肉毒等。

山姜 山姜属
Alpinia japonica (Thunb.) Miq.

多年生草本，株高35～70cm，具横生、分枝的根茎。叶片通常2～5片，披针形、倒披针形或狭长椭圆形，长25～40cm，宽4～7cm，两端渐尖，先端具小尖头，两面被柔毛；叶柄长0～2cm，叶舌2裂，长约2mm，被柔毛。总状花序顶生，长15～30cm，花序轴密生绒毛；总苞片披针形，开花时脱落；小苞片极小，早落；花通常2朵聚生，小花梗长约2mm；花萼棒状，被短柔毛，顶端3齿裂；花冠管被小疏柔毛，花冠裂片长圆形，外被绒毛，后方的1枚兜状；侧生退化雄蕊线形；唇瓣卵形，白色而具红色脉纹，顶端2裂，边缘具不整齐缺刻；雄蕊长1.2～1.4cm。果球形或椭圆形，直径1～1.5cm，被短柔毛，熟时橙红色，顶有宿存的萼筒。种子多角形，有樟脑味。花期4～8月，果期7～12月。

分布于我国东南部、南部至西南部各省份；日本。生于林下荫湿处。

果实供药用，为芳香性健胃药，治消化不良、腹痛、呕吐、噫气、慢性下痢。根茎性温，味辛，能理气止痛、祛湿、消肿、活血通络，治风湿性关节炎、胃气痛、跌打损伤。

密苞山姜（箭秆风） 山姜属
Alpinia stachyodes Hance

多年生草本，株高约1m。叶片披针形或线状披针形，长20～30cm，宽2～6cm，顶端具细长尖，基部渐狭，除顶部边缘具小刺毛外，余无毛；叶柄从近于无一直到长达4cm；叶舌长约2mm，2裂，具缘毛。穗状花序直立，长10～20cm，小花常每3朵一簇生于花序轴上，花序轴被绒毛，小苞片极小；花萼筒状，顶端3裂，外被短柔毛；花冠管约和萼管等长或稍长；花冠裂片长圆形，长8～10mm，

外被长柔毛；侧生退化雄蕊线形，长约2mm；唇瓣倒卵形，长7～13mm，皱波状，2裂；雄蕊较唇瓣为长，花药长约4mm；子房球形，被毛。蒴果球形，直径7～8mm，被短柔毛，顶冠以宿存的萼管。种子5或6粒。花期4～6月，果期6～11月。

分布于广东、广西、湖南、江西、四川、贵州和云南。生于林下荫湿处。

民间常用于治风湿痹痛。

艳山姜 山姜属
Alpinia zerumbet (Pers.) Burtt. et Smith

多年生草本，株高2～3m。叶片披针形，长30～60cm，宽5～10cm，顶端渐尖而有一旋卷的小尖头，基部渐狭，边缘具短柔毛，两面均无毛；叶柄长1～1.5cm；叶舌长5～10mm，外被毛。圆锥花序呈总状花序式，下垂，长达30cm，花序轴紫红色，被绒毛，分枝极短，在每一分枝上有花1～3朵；小苞片椭圆形，白色，顶端粉红色，蕾时包裹住花，无毛；小花梗极短；花萼近钟形，白色，顶粉红色，一侧开裂，顶端又齿裂；花冠管较花萼为短，裂片长圆形，后方的1枚较大，乳白色，顶端粉红色，侧生退化雄蕊钻状，唇瓣匙状宽卵形，顶端皱波状，黄色而有紫红色纹彩。蒴果卵圆形，直径约2cm，被稀疏的粗毛，具显露的条纹，顶端常冠以宿萼，熟时朱红色。种子有棱角。花期4～6月，果期7～10月。

分布于我国东南部至西南部各省份；热带亚洲。生于地边、路旁、田头及沟边草丛中。

本种花极美丽，常栽培于庭园供观赏。根茎和果实健脾暖胃、燥湿散寒，治消化不良、呕吐腹泻。叶鞘作纤维原料。

黄花大苞姜 大苞姜属
Caulokaempferia coenobialis (Hance) K. Larsen

丛生草本。茎高15～30cm，径约3mm。叶5～9片，叶片披针形，长5～14cm，宽1～2cm，顶端长尾状渐尖，基部急尖，质薄，无毛，最下部的一片叶较上部的明显小，无柄或具极短的柄；叶舌圆形，膜质，长不及2mm。花序顶生，苞片2～3，披针形，长3～5cm，顶端尾状渐尖，内有花1～2朵；花萼管状，长1～1.5cm；花冠黄色，管长约3cm，花冠裂片披针形，长约1cm；侧生退化雄蕊椭圆形，长约1.2cm；唇瓣黄色，宽卵形，长1.5～2cm；花丝短，花药长约3mm；药隔附属体长圆形，长约4mm。果卵状长圆形，长约1cm，顶端有宿萼。花期4～7月，果期8月。

分布于广东和广西。生于山地林下荫湿处。

全草可治蛇伤。

闭鞘姜　闭鞘姜属
Cheilocostus speciosus (J.Koenig) C.D.Specht

多年生草本，株高1～3m，基部近木质，顶端常分枝，旋卷。叶片长圆形或披针形，长15～20cm，宽6～10cm，顶端渐尖或尾状渐尖，基部近圆形，叶背密被绢毛。穗状花序顶生，椭圆形或卵形，长5～15cm；苞片卵形，革质，红色，长约2cm，被短柔毛，具增厚及稍锐利的短尖头；小苞片淡红色；花萼革质，红色，长1.8～2cm，3裂，嫩时被绒毛；花冠管短，长约1cm，裂片长圆状椭圆形，长约5cm，白色或顶部红色；唇瓣宽喇叭形，纯白色，顶端具裂齿及皱波状；雄蕊花瓣状，上面被短柔毛，白色，基部橙黄色。蒴果稍木质，红色。种子黑色，光亮。花期7～9月，果期9～11月。

分布于广东、台湾、广西和云南等省份；热带亚洲。生于疏林下、山谷荫湿地、路边草丛、荒坡、水沟边等处。

阳荷　姜属
Zingiber striolatum Diels

多年生草本，株高1～1.5m。根茎白色，微有芳香味。叶片披针形或椭圆状披针形，长25～35cm，宽3～6cm，顶端具尾尖，基部渐狭，叶背被极疏柔毛至无毛；叶柄长0.8～1.2cm；叶舌2裂，膜质，长4～7mm，具褐色条纹。总花梗长1.5～2cm，被2～3枚鳞片；花序近卵形，苞片红色，宽卵形或椭圆形，长3.5～5cm，被疏柔毛；花萼长5cm，膜质；花冠管白色，长4～6cm，裂片长圆状披针形，长3～3.5cm，白色或稍带黄色，有紫褐色条纹；唇瓣倒卵形，长3cm，宽2.6cm，浅紫色，侧裂片长约5mm；花丝极短，花药室披针形，长约1.5cm，药隔附属体喙状，长约1.5cm。蒴果长3.5cm，熟时开裂成3瓣，内果皮红色。种子黑色，被白色假种皮。花期7～9月，果期9～11月。

分布于广东、四川、贵州、广西、湖北、湖南和江西。生于林荫下、溪边。

根茎可提取芳香油，用于低级皂用香精中。

美人蕉科　Cannaceae

美人蕉　美人蕉属
Canna indica L.

多年生草本，植株全部绿色，高可达1.5m。叶片卵状长圆形，长10～30cm，宽达10cm。总状花序疏花；略超出于叶片之上；花红色，单生；苞片卵形，绿色，长约1.2cm；萼片3，披针形，长约1cm，绿色而有时染红；花冠管长不及1cm，花冠裂片披针形，长3～3.5cm，绿色或红色；外轮退化雄蕊2～3枚，鲜红色，其中2枚倒披针形，长3.5～4cm，宽5～7mm，另1枚如存在则特别小，长约1.5cm，宽仅1mm；唇瓣披针

形，长约3cm，弯曲；发育雄蕊长约2.5cm，花药室长约6mm；花柱扁平，长约3cm，一半和发育雄蕊的花丝连合。蒴果绿色，长卵形，有软刺，长1.2～1.8cm。花果期3～12月。

分布于全国各省份；印度。全国各地普遍栽植，亦有野生于湿润草地。

根茎清热利湿、舒筋活络，治黄疸肝炎、风湿麻木、外伤出血、跌打、子宫下垂、心气痛等。茎叶纤维可制人造棉、织麻袋、搓绳；其叶提取芳香油后的残渣还可作造纸原料。

百合科　Liliaceae

天门冬　天门冬属
Asparagus cochinchinensis (Lour.) Merr.

攀缘植物。根在中部或近末端成纺锤状膨大，膨大部分长3～5cm，粗1～2cm。茎平滑，常弯曲或扭曲，长可达1～2m，分枝具棱或狭翅。叶状枝通常每3枚成簇，扁平或由于中脉龙骨状而略呈锐三棱形，稍镰刀状，长0.5～8cm，宽1～2mm；茎上的鳞片状叶基部延伸为长2.5～3.5mm的硬刺，在分枝上的刺较短或不明显。花通常每2朵腋生，淡绿色；花梗长2～6mm，关节一般位于中部，有时位置有变化；雄花花被长2.5～3mm；花丝不贴生于花被片上；雌花大小和雄花相似。浆果直径6～7mm，熟时红色，有1粒种子。花期5～6月，果期8～10月。

分布于河北、山西、陕西、甘肃等省的南部及华东、中南、西南各省份；朝鲜、日本、老挝和越南。生于山坡、路旁、疏林下、山谷或荒地上。

天门冬的块根是常用的中药，有滋阴润燥、清火止咳之功效。

蜘蛛抱蛋　蜘蛛抱蛋属
Aspidistra elatior Blume

多年生草本。根状茎近圆柱形，直径5～10mm，具节和鳞片。叶单生，彼此相距1～3cm，矩圆状披针形、披针形至近椭圆形，长22～46cm，宽8～11cm，先端渐尖，基部楔形，边缘多少皱波状，两面绿色，有时稍具黄白色斑点或条纹；叶柄明显，粗壮。总花梗长0.5～2cm；苞片3～4枚，其中2枚位于花的基部，宽卵形，淡绿色，有时有紫色细点；花被钟状，外面带紫色或暗紫色，内面下部淡紫色或深紫色，上部（6～）8裂；花被筒裂片近三角形，向外扩展或外弯，先端钝，边缘和内侧的上部淡绿色，中间的2条细而长，两侧的2条粗而短，紫红色；雄蕊（6～）8枚，生于花被筒近基部；雌蕊柱头盾状膨大，圆形，紫红色，上面具（3～）4深裂。

分布于广东、广西、福建和云南等省份。生于阔叶林下。

小花蜘蛛抱蛋　蜘蛛抱蛋属
Aspidistra minutiflora Stapf

多年生草本，根状茎近圆柱状，直径5～6mm，密生节和鳞片。叶2～3枚簇生，带形或带状倒披针形，长26～65cm，宽1～2.5cm，先端渐尖，基部渐狭而成不很明显的柄，近先端的边缘有细锯齿。总

花梗纤细，长1~2.5cm；苞片2~4枚，宽卵形，长3.5~4.5mm，宽3.5~6mm，先端钝或微凹，有时带紫褐色；花小，花被坛状，长4.5~5mm，直径4~6mm，青带紫色，具紫色细点，上部具（4~）6裂；裂片小，三角状卵形，长1~2mm，基部宽1~1.5mm，不向外弯；雄蕊（4~）6枚，生于花被筒底部，低于柱头，花丝极短，花药近宽卵形，先端钝；雌蕊长2.5~3mm，花柱粗短，无关节，柱头稍膨大，圆形，直径1.5~2.5mm，边缘具（4~）6枚圆齿。花期7~10月。

分布于广东、贵州和广西。生于路旁或山腰石上或石壁上。

山菅兰 山菅兰属
Dianella ensifolia (L.) DC.

多年生草本，植株高可达1~2m。根状茎圆柱状，横走，粗5~8mm。叶狭条状披针形，长30~80cm，宽1~2.5cm，基部稍收狭成鞘状，套叠或抱茎，边缘和背面中脉具锯齿。顶端圆锥花序长10~40cm，分枝疏散；花常多朵生于侧枝上端；花梗长7~20mm，常稍弯曲，苞片小；花被片条状披针形，长6~7mm，绿白色、淡黄色至青紫色，5脉；花药条形，比花丝略长或近等长，花丝上部膨大。浆果近球形，深蓝色，直径约6mm，具5或6粒种子。花果期3~8月。

分布于广东、云南、四川、贵州、广西、江西、浙江、福建和台湾；亚洲热带地区至非洲的马达加斯加岛。生于林下、山坡或草丛中。

有毒植物。根状茎磨干粉，调醋外敷，可治痈疮脓肿、癣、淋巴结炎等。

竹根七 竹根七属
Disporopsis fuscopicta Hance

多年生草本，根状茎连珠状，粗1~1.5cm。茎高25~50cm。叶纸质，卵形、椭圆形或矩圆状披针形，长4~15cm，宽2.3~4.5cm，先端渐尖，基部钝、宽楔形或稍心形，具柄，两面无毛。花1~2朵生于叶腋，白色，内带紫色，稍俯垂；花梗长7~14mm；花被钟形，长15~22mm；花被筒长约为花被的2/5，口部不缢缩，裂片近矩圆形；副花冠裂片膜质，与花被裂片互生，卵状披针形，长约5mm，先端通常2~3齿或二浅裂；花药长约2mm，背部以极短花丝着生于副花冠两个裂片之间的凹缺处；雌蕊长8~9mm；花柱与子房近等长。浆果近球形，直径7~14mm，具2~8粒种子。花期4~5月，果期11月。

分布于广东、广西、福建、江西、湖南、四川、贵州和云南。生于林下或山谷中。

野百合 百合属
Lilium brownii F. E. Br ex Miell.

多年生草本，鳞茎球形，直径2~4.5cm；鳞片披针形，无节，白色。茎高0.7~2m，有的有紫色条纹，有的下部有小乳头状凸起。叶散生，通常自下向上渐小，披针形、窄披针形至条形，长7~15cm，宽0.6~2cm，先端急尖，基部渐狭，具5~7脉，全缘，两面无毛。花单生或几朵排成近伞形；花梗长3~10cm，稍弯；苞片披针形；花喇叭形，有香气，乳白色，外面稍带紫色，无斑点，向外张开或先端外弯而不卷；外轮花被片先端尖；内轮花被片蜜腺两边具小乳头状凸起；雄蕊向上弯，花丝长10~13cm，中部以下密被柔毛，少有具稀疏的毛或无毛；花药长椭圆形；花柱长8.5~11cm，柱头3裂。蒴果矩圆形，长4.5~6cm，宽约3.5cm，有棱，具多粒种子。花期5~6月，果期9~10月。

分布于华南、华中、华东、西北及西南大部分省份。生于山坡、灌木林下、路边、溪旁或石缝中。

鳞茎含丰富淀粉，可食，亦作药用。

阔叶山麦冬 山麦冬属
Liriope muscari (Decaisne) L. H. Bailey

多年生草本，根细长，分枝多，有时局部膨大成纺锤形的小块根，小块根长达3.5cm，宽7~8mm，肉质；根状茎短，木质。叶密集成丛，革质，长25~65cm，宽1~3.5cm，先端急尖或钝，基部渐狭，具9~11条脉，有明显的横脉，边缘几不粗糙。花葶通常长于叶，长45~100cm；总状花序具许多花；花3~8朵簇生于苞片腋内；苞片小，近刚毛状，长3~4mm，有时不明显；小苞片卵形，干膜质；花梗长4~5mm，关节位于中部或中部偏上；花被片矩圆状披针形或近矩圆形，长约3.5mm，先端钝，紫色或红紫色；花丝长约1.5mm；花药近矩圆状披针形，长1.5~2mm；子房近球形，花柱长约2mm，柱头3齿裂。种子球形，直径6~7mm，初期绿色，成熟时变黑紫色。花期7~8月，果期9~11月。

分布于华南、华东、华中及西南大部分省份；日本。生于山地、山谷的疏、密林下或潮湿处。

麦冬 沿阶草属
Ophiopogon japonicus (L. f.) Ker-Gawl.

多年生草本，根较粗，中间或近末端常膨大成椭圆形或纺锤形的小块根；小块根长1~1.5cm，或更长些，宽5~10mm，淡褐黄色；地下走茎细长，直径1~2mm，节上具膜质的鞘。茎很短，叶基生成丛，禾叶状，长10~50cm，少数更长些，宽1.5~3.5mm，具3~7条脉，边缘具细锯齿。花葶长6~27cm，通常比叶短得多，总状花序长2~5cm，或有时更长些，具几朵至十几朵花；花单生或成对着生于苞片腋内；苞片披针形，先端渐尖，最下面的长可达7~8mm；花梗长3~4mm，关节位于中部以上或近中部；花被片常稍下垂而不展开，披针形，白色或淡紫色；花药三角状披针形；花柱长约4mm，较粗，宽约1mm，基部宽阔，向上渐狭。种子球形。花期5～8月，果期8～9月。

分布于华南、华东、华中、西南及西北大部分省份；日本、越南、印度。生于山坡荫湿处、林下或溪旁。

本种小块根是中药麦冬，有生津解渴、润肺止咳之功效。

多花黄精　黄精属
Polygonatum cyrtonema Hua

多年生草本，根状茎肥厚，通常连珠状或结节成块，少有近圆柱形，直径1～2cm。茎高50～100cm，通常具10～15枚叶。叶互生，椭圆形、卵状披针形至矩圆状披针形，少有稍作镰状弯曲，长10～18cm，宽2～7cm，先端尖至渐尖。花序具（1～）2～7（～14）花，伞形，总花梗长1～4（～6）cm，花梗长0.5～1.5（～3）cm；苞片微小，位于花梗中部以下，或不存在；花被黄绿色，全长18～25mm，裂片长约3mm；花丝长3～4mm，两侧扁或稍扁，具乳头状凸起或短绵毛，顶端稍膨大乃至具囊状凸起，花药长3.5～4mm；子房长3～6mm，花柱长12～15mm。浆果黑色，直径约1cm，具3～9粒种子。花期5～6月，果期8～10月。

分布于华南、西南、华中及华东大部分省份。生于林下、灌丛或山坡阴处。

我国南方地区作黄精用。

黑紫藜芦　藜芦属
Veratrum japonicum (Baker) Loes. f.

多年生草本，植株高30～100cm。茎柔弱或稍粗壮，基部具带网眼的纤维网。叶多数，近基生，狭带状或狭长矩圆形，很少为宽椭圆形，长（15～）20～30（60）cm，宽（0.5～）2～4cm或更宽，先端锐尖，基部下延为柄，抱茎，两面无毛。圆锥花序短缩或扩展而伸长，花序轴和花梗密生白色绵状毛；雄性花和两性花同株或有时整个花序具两性花；花被片反折，黑紫色、深紫堇色或有时棕色，矩圆形或矩圆状披针形，通常长5～7mm，宽2～3mm，先端钝或稍尖，基部无柄，全缘，外花被片背面生白色短柔毛或几乎无毛；在侧生花序上的花梗长约7mm；小苞片短于或近等长于花梗，背面密生白色绵状毛；雄蕊纤细，长2～3mm，子房无毛。蒴果直立，长1～1.5cm，宽约1cm。花果期7～9月。

分布于广东、台湾、浙江、福建、江西、安徽、湖北、广西、云南和贵州。生于山坡林下或草地上。

延龄草科　Trilliaceae

七叶一枝花　重楼属
Paris polyphylla Smith

多年生草本，植株高35～100cm，无毛。根状茎粗厚，直径达1～2.5cm，外面棕褐色，密生多数环节和许多须根。茎通常带紫红色，

直径0.8～1.5cm，基部有灰白色干膜质的鞘1～3枚。叶5～10枚，矩圆形、椭圆形或倒卵状披针形，长7～15cm，宽2.5～5cm，先端短尖或渐尖，基部圆形或宽楔形；叶柄明显，长2～6cm，带紫红色。花梗长5～16（30）cm；外轮花被片绿色，3～6片，狭卵状披针形，长3～7cm；内轮花被片狭条形，通常比外轮长；雄蕊8～12枚，花药短，长5～8mm，与花丝近等长或稍长，药隔突出部分长0.5～2mm。蒴果紫色，直径1.5～2.5cm，3～6瓣裂开。种子多数，具鲜红色多浆汁的外种皮。花期4～7月，果期8～11月。

分布于广东、西藏、云南、四川和贵州；不丹、印度（锡金）、尼泊尔和越南。生于林下。

根状茎供药用。

雨久花科　Pontederiaceae

鸭舌草　雨久花属
Monochoria vaginalis (Burm. f.) Presl. Ex Kunth

水生草本。根状茎极短，具柔软须根。茎直立或斜上，高可达50cm，全株光滑无毛。叶基生和茎生；叶片形状和大小变化较大，心状宽卵形、长卵形至披针形，长2～7cm，宽0.8～5cm，顶端短突尖或渐尖，基部圆形或浅心形，全缘，具弧状脉；叶柄长10～20cm，基部扩大成开裂的鞘，鞘长2～4cm，顶端有舌状体。总状花序从叶柄中部抽出，该处叶柄扩大成鞘状；花序梗短，长1～1.5cm，基部有1披针形苞片；花序在花期直立，果期下弯；花通常3～5（稀10余朵），蓝色；花被片卵状披针形或长圆形，长1～1.5cm；花梗长不及1cm；雄蕊6枚，其中1枚较大，花药长圆形，其余5枚较小，花丝丝状。种子多数，椭圆形，长约1mm，灰褐色，具8～12纵条纹。花期8～9月，果期9～10月。

分布于全国各省份；日本、马来西亚、菲律宾、印度、尼泊尔、不丹。生于稻田、沟旁、浅水池塘等水湿处。

嫩茎和叶可作蔬食，也可作猪饲料。

菝葜科　Smilacaceae

短柱肖菝葜　肖菝葜属
Heterosmilax septemnervia F. T. Wang et T. Tang

攀缘灌木，无毛。小枝有明显的棱。叶纸质或近革质，卵形、卵状心形或卵状披针形，长6～16cm，宽4.5～15cm，先端三角状短渐尖，基部心形或近圆形，主脉5～7条，在下面隆起，支脉网状，在两面明显；叶柄长1.5～4cm，在1/3～1/7处有卷须和狭鞘。伞形花序具20～60朵花；总花梗长（0.5～）1.5～2.5cm；花序托球形；花梗长1.2～2.5cm。雄

花花被筒椭圆形，长5～9mm，宽3～4mm，顶端有3枚钝齿；雄蕊8～10枚，花丝长3～5mm，长于花药，基部多少合生成一短的柱状体；花药卵形，长约1.2mm；雌花花被筒卵圆形，长3～5mm，宽3～3.5mm，顶端有3枚钝齿，约具6枚退化雄蕊；子房卵形。果实近球形，长5～10mm，宽6～8mm，紫色。花期5～6月，果期9～11月。

分布于广东、湖北、四川、贵州、云南和广西。生于山坡密林中、河沟边或路边。

菝葜 菝葜属
Smilax china L.

攀缘灌木。根状茎粗厚，坚硬，为不规则的块状，粗2～3cm。茎长1～3m，少数可达5m，疏生刺。叶薄革质或坚纸质，干后通常红褐色或近古铜色，圆形、卵形或其他形状，长3～10cm，宽1.5～6（～10）cm，下面通常淡绿色，较少苍白色；叶柄长5～15mm，约占全长的1/2～2/3，具宽0.5～1mm（一侧）的鞘，几乎都有卷须，少有例外，脱落点位于靠近卷须处。伞形花序生于叶尚幼嫩的小枝上，具十几朵或更多的花，常呈球形；总花梗长1～2cm；花序托稍膨大，近球形，较少稍延长，具小苞片；花绿黄色，外花被片长3.5～4.5mm，宽1.5～2mm，内花被片稍狭；雄花中花药比花丝稍宽，常弯曲；雌花与雄花大小相似，有6枚退化雄蕊。浆果直径6～15mm，熟时红色，有粉霜。花期2～5月，果期9～11月。

分布于华南、华东、华中及西南大部分省份。生于林下、灌丛中、路旁、河谷或山坡上。

根状茎可以提取淀粉和栲胶，或用来酿酒。有些地区作土茯苓或与萆薢混用，有祛风活血的作用。

土茯苓 菝葜属
Smilax glabra Roxb.

攀缘灌木。根状茎块状，常由匍匐茎相连，径2～5cm；茎长达4m，无刺。叶薄革质，窄椭圆状披针形，长6～15cm，宽1～7cm，下面常绿色，有时带苍白色；叶柄长0.5～1.5cm，窄鞘长为叶柄的3/5～1/4，有卷须，脱落点位于近顶端。花绿白色，六棱状球形，径约3mm；雄花外花被片近扁圆形，宽约2mm，兜状，背面中央具槽，内花被片近圆形，宽约1mm，有不规则齿；雄蕊靠合，与内花被片近等长，花丝极短；雌花外形与雄花相似，内花被片全缘，具3枚退化雄蕊。花期7～11月，果期11月至翌年4月。浆果径0.7～1cm，成熟时紫黑色，具粉霜。花期7～11月，果期11月至翌年4月。

分布于甘肃及长江以南各地区；越南、泰国和印度。生于林中、灌丛下、河岸或山谷中，也见于林缘和疏林中。

本种粗厚的根状茎入药，性甘平，利湿解毒、健脾胃，且富含淀粉，可用来制糕点或酿酒。

马甲菝葜 菝葜属
Smilax lanceifolia Roxb.

攀缘灌木。茎长1～2m，枝条具细条纹，无刺或少有具疏刺。叶通常纸质，卵状矩圆形、狭椭圆形至披针形，长6～17cm，宽2～8cm，先端渐尖或骤凸，基部圆形或宽楔形，表面无光泽或稍有光泽，干后暗绿色，有时稍变淡黑色，除中脉在上面稍凹陷外，其余

主支脉浮凸；叶柄长1～2（～2.5）cm，约占全长的1/4～1/5，具狭鞘，一般有卷须，脱落点位于近中部。花黄绿色；雄花外花被片长4～5mm，宽约1mm，内花被片稍狭；雄蕊与花被片近等长或稍长，花药近矩圆形；雌花比雄花小一半，具6枚退化雄蕊。浆果直径6～7mm，有1或2粒种子。种子无沟或有时有1～3道纵沟。花期10月至翌年3月，果期10月。

分布于华南、西南和华中的部分省份；不丹、印度、缅甸、老挝、越南和泰国。生于林下、灌丛中或山坡阴处。

暗色菝葜 菝葜属
Smilax lanceifolia Roxb.var. *opaca* A. DC.

攀缘灌木。茎无刺。叶革质，卵状披针形，掌状脉5条，叶柄基部具卷须。伞形花序生于叶腋，总花梗一般长于叶柄，较少稍短于叶柄；花药近矩圆形。浆果球形，熟时黑色。花期9～11月，果期11月至翌年4月。

分布于广东、广西、福建、台湾、浙江、江西、湖南、贵州和云南等省份。生于山坡灌丛中。老挝、越南、柬埔寨至印度尼西亚等。

根、茎入药。

牛尾菜 菝葜属
Smilax riparia A. DC.

多年生草质藤本。茎长1～2m，中空，有少量髓，干后凹瘪并具槽。叶比上种厚，形状变化较大，长7～15cm，宽2.5～11cm，下面绿色，无毛；叶柄长7～20mm，通常在中部以下有卷须。伞形花序总花梗较纤细，长3～5（～10）cm；小苞片长1～2mm，在花期一般不落；雌花比雄花略小，不具或具钻形退化雄蕊。浆果直径7～9mm。花期6～7月，果期10月。

分布于除内蒙古、新疆、西藏、青海、宁夏、四川、云南高山地区外的全国各省份；朝鲜、日本和菲律宾。生于林下、灌丛、山沟或山坡草丛中。

根状茎有止咳祛痰的作用；嫩苗可供蔬食。

天南星科 **Araceae**

石菖蒲 菖蒲属
Acorus gramineus Soland.

多年生草本。根茎芳香，粗2～5mm，外部淡褐色，节间长3～5mm，根肉质，具多数须根，根茎上部分枝甚密，植株因而成丛生状，分枝常被纤维状宿存叶基。叶无柄，叶片薄，基部两侧膜质叶

鞘宽可达5mm，上延几达叶片中部，渐狭，脱落；叶片暗绿色，线形，长20～30（50）cm，基部对折，中部以上平展，宽7～13mm，先端渐狭，无中肋，平行脉多数，稍隆起。花序柄腋生，长4～15cm，三棱形。叶状佛焰苞长13～25cm，为肉穗花序长的2～5倍或更长，稀近等长；肉穗花序圆柱状，长（2.5）4～6.5（8.5）cm，粗4～7mm，上部渐尖，直立或稍弯。花白色。成熟果序长7～8cm，粗可达1cm。幼果绿色，成熟时黄绿色或黄白色。花果期2～6月。

分布于我国黄河以南各省份；印度东北部至泰国北部。生于密林下、湿地或溪旁石上。

味辛，苦，性温，能开窍化痰、辟秽杀虫，主治痰涎壅闭、神志不清、慢性气管炎、痢疾、肠炎、腹胀腹痛、食欲不振、风寒湿痹，外用敷疮疥。

尖尾芋　海芋属
Alocasia cucullata (Lour.) Schott

直立草本。地上茎圆柱形，径3～6cm，黑褐色，具环形叶痕，基部生芽条，发出新枝，丛生状。叶膜质或亚革质，宽卵状心形，先端骤凸尖，基部圆，前裂片最下2对侧脉基出，下倾，弧曲上升；叶柄绿色，长25～30（～80）cm，中部至基部成宽鞘。花序梗圆柱形，常单生，长20～30cm；佛焰苞近肉质，淡绿色至深绿色，管部长圆状卵形，长4～8cm，檐部窄舟形，长5～10cm，边缘内卷，先端具窄长凸尖；肉穗花序约长10cm；雌花序圆柱形，长1.5～2.5cm，基部斜截；不育雄花序长2～3cm；能育雄花序近纺锤形，长约3.5cm，黄色；附属器淡绿色，窄圆锥形。浆果近球形，径6～8mm，种子1粒。花期5月。

分布于华南、西南及华东的部分省份；孟加拉国、斯里兰卡、缅甸、泰国。生于溪谷湿地或田边，有些地方栽培于庭园或药圃。

药用，为治毒蛇咬伤要药。能清热解毒、消肿镇痛，可治流感、高烧、肺结核、急性胃炎、胃溃疡、慢性胃病、肠伤寒，外用治毒蛇咬伤、蜂窝组织炎、疮疖、风湿等。福建用全草治秃发病。本品有毒，内服久煎6小时以上方可避免中毒。

海芋　海芋属
Alocasia odora (Roxburgh) K. Koch

大型常绿草本植物。具匍匐根茎；有直立地上茎，茎高有的不及10cm，有的高3～5m，基部生不定芽条。叶多数；亚革质，草绿色，箭状卵形，长50～90cm，边缘波状，后裂片连合1/5～1/10，侧脉斜升；叶柄绿或污紫色，螺旋状排列，粗厚，长达1.5m。花序梗2～3丛生，圆柱形，长12～60cm，绿色，有时污紫色；佛焰苞管部绿色，卵形或短椭圆形，长3～5cm，檐部黄绿色舟状，长圆形，长10～30cm，略下弯，先端喙状；肉穗花序芳香；雌花序白色，长2～4cm，不育雄花序绿白色，长

（2.5～）5～6cm；能育雄花序淡黄色，长3～7cm。浆果红色，卵状，长0.8～1cm。种子1或2粒。花果期四季。

分布于华南、西南、华东、华中部分省份；孟加拉国、印度东北部至中南半岛、菲律宾、印度尼西亚。生于热带雨林林缘或河谷野芭蕉林下。

根茎供药用，对腹痛、霍乱、疝气等有良效。又可治肺结核、风湿关节炎、气管炎、流感、伤寒、风湿心脏病；外用治疗疮肿毒、蛇虫咬伤、烫火伤。调煤油外用治神经性皮炎。本品有毒，须久煎并换水2～3次后方能服用。

滇魔芋（滇磨芋）　魔芋属
Amorphophallus yunnanensis Engl.

多年生草本，块茎球形，顶部下凹，密生肉质须根。叶单生，直立，绿色，具绿白色斑块；叶片3全裂，裂片二歧羽状分裂，下部的小裂片椭圆形或披针形，顶生小裂片披针形。花序柄有绿白色斑块，基部的鳞叶卵形、披针形至线形，膜质，绿色，有斑纹。佛焰苞干时膜质至纸质，舟状，卵形或披针形，锐尖，微弯，基部席卷，边缘呈波状，绿色，具绿白色斑点。肉穗花序远短于佛焰苞，雌花序绿色；雄花序圆柱形或椭圆状，白色；附属器近圆柱形或三角状卵圆形，乳白色或幼时绿白色。雄蕊花丝分离，极短，倒卵状长圆形，顶部截平，肾形，室孔邻接。子房球形，柱头点状。

分布于广东、广西、贵州和云南。生于山坡密林下、河谷疏林及荒地。

一把伞南星　天南星属
Arisaema erubescens (Wall.) Schott.

多年生草本，块茎扁球形，直径可达6cm，表皮黄色，有时淡红紫色。鳞叶绿白色、粉红色，有紫褐色斑纹。叶1，极稀2，叶柄长40～80cm，中部以下具鞘，鞘部粉红色，上部绿色，有时具褐色斑块；叶片放射状分裂，裂片无定数；幼株则少则3～4枚，多年生植株有多至20枚的，常1枚上举，余放射状平展，披针形、长圆形至椭圆形，无柄，长渐尖，具线形长尾或否。花序柄比叶柄短，直立，果时下弯或否。佛焰苞绿色，背面有白色或淡紫色条纹；雄肉穗花序花密，雄花淡绿色至暗褐色，雄蕊2～4枚，附属器下部光滑；雌花序附属器棒状或圆柱形。果序柄下弯或直立，浆果红色。种子1或2粒，球形，淡褐色。花期5～7月，果9月成熟。

分布于我国除东北、北部沿海及新疆外的各省份；印度北部和东北部、尼泊尔、缅甸、泰国北部。生于林下、灌丛、草坡和荒地。

块茎可入药。

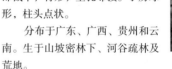

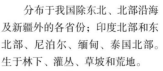

野芋 芋属
Colocasia antiquorum Schott

湿生草本。块茎球形，有多数须根；匍匐茎常从块茎基部外伸，长或短，具小球茎。叶柄肥厚，直立，长可达1.2m；叶片薄革质，表面略发亮，盾状卵形，基部心形，长达50cm以上；前裂片宽卵形，锐尖，长稍胜于宽，1级侧脉4～8对；后裂片卵形，钝，长约为前裂片的1/2、2/3～3/4甚至完全联合，基部弯缺为宽钝的三角形或圆形，基脉相交成30°～40°的锐角。花序柄比叶柄短许多。佛焰苞苍黄色，长15～25cm；管部淡绿色，长圆形，为檐部长的1/2～1/5；檐部为狭长的线状披针形，先端渐尖。肉穗花序短于佛焰苞：雌花序与不育雄花序等长，各长2～4cm；能育雄花序和附属器各长4～8cm。子房具极短的花柱。

分布于我国江南各省份。生于林下荫湿处。

块茎（有毒）供药用，外用治无名肿毒、疥疮、吊脚癀（大腿深部脓肿）、痈肿疮毒、虫蛇咬伤、急性颈淋巴腺炎。

刺芋 刺芋属
Lasia spinosa (L.) Thwait.

多年生有刺常绿草本，高可达1m。茎灰白色，圆柱形，横走，多少具皮刺；节间长2～5cm，生圆柱形肉质状，须根纤维状，多分枝；节环状，多少膨大。叶柄长于叶片。叶片形状多变：幼株上的戟形，长6～10cm，宽9～10cm，至成年植株过渡为鸟足-羽状深裂，长宽均20～60cm，表面绿色，背面淡绿色且脉上疏生皮刺；基部弯缺宽短，稀截平；侧裂片2～3，线状长圆形，或长圆状披针形，多少渐尖，向基部渐狭，最下部的裂片再3裂。佛焰苞长15～30cm，上部螺状旋转。肉穗花序圆柱形，钝，黄绿色。浆果倒卵圆状，顶部四角形，先端通常密生小疣状凸起。种子长约5mm，粗约3.5mm。花期9月，果翌年2月成熟。

分布于广东、云南、广西和台湾；孟加拉国、印度东北部、中南半岛至印度尼西亚。生于田边、沟旁、荫湿草丛、竹丛中。

石柑子 石柑属
Pothos chinensis (Raf.) Merr.

附生藤本，长0.4～6m。茎亚木质，淡褐色，近圆柱形，具纵纹，径约2cm，节间长1～4cm，节上常束生长1～3cm气生根；分枝，枝下部常具1鳞叶，鳞叶线形，长4～8cm，平行脉多数。叶片纸质，叶椭圆形、披针状卵形或披针状长圆形，长6～13cm，鲜时上面深绿色，中肋稍下凹，下面淡绿色，先端常有芒状尖头，侧脉4对，最下1对基出，弧形上升，细脉多数，近平行；叶柄倒卵状长圆形或楔形。花序腋生，基部具苞片4～6枚；苞片卵形，上部的渐大，纵脉多数；花序柄长0.8～2cm；佛焰苞卵状，绿色，长约8mm，展开宽10（～15）mm，锐尖；肉穗花序短，椭圆形至近圆球形，淡绿色、淡黄色，花序梗长3～8mm。浆果黄绿

色至红色，卵形或长圆形。花果期四季。

分布于华南、西南及华中的部分省份。生于荫湿密林中。

茎叶供药用。能祛风解暑、消食止咳、镇痛；治风湿麻木、跌打损伤、骨折、咳嗽、气痛、小儿疳积。

狮子尾 崖角藤属
Rhaphidophora hongkongensis Schott

附生藤本，匍匐于地面、石上或攀缘于树上。茎稍肉质，节间长1～4cm，分枝常披散。叶通常镰状椭圆形，有时长圆状披针形或倒披针形，长20～35cm，基部窄楔形，上面绿色，下面淡绿色，1、2级侧脉多数，细弱，斜伸，与中肋成45°角，近边缘向上弧曲；叶柄长5～10cm。花序顶生和腋生，花序梗圆柱形，长4～5cm；佛焰苞绿色或淡黄色，卵形，渐尖，长6～9cm，蕾时卷曲，花时脱落；肉穗花序圆柱形，长5～8cm，径1.5～3cm，粉绿色或淡黄色；子房顶part近六边形，柱头黑色，近头状。浆果黄绿色。花期4～8月，果翌年成熟。

分布于华南、西南及华中部分省份；缅甸、越南、老挝、泰国至加里曼丹岛。常攀附于热带沟谷雨林内的树干上或石崖上。

全株供药用，可治脾肿大、高烧、风湿腰痛；外用治跌打损伤、骨折、烫火伤。本种有毒，内服仅能用微量，一般以1/4个叶片为限。

犁头尖 犁头尖属
Typhonium blumei Nicols. et Sivadasan.

块茎近球形、头状或椭圆形，褐色，具环节，节间有黄色根迹。多年生植株有叶4～8；叶戟状三角形，前裂片卵形，长7～10cm，后裂片长卵形，外展，长6cm，基部弯缺，叶脉绿色，侧脉3～5对，集合脉2圈；叶柄长20～24cm，基部约4cm，鞘状、鸢尾式排列，上部圆柱形。花序梗单一，生于叶腋，长9～11cm，淡绿色，圆柱形，直立；佛焰苞管部绿色，卵形，檐部绿紫色，卷成长角状，花时展开，后仰，卵状长披针形，中部以上骤窄成下垂带状，先端旋曲，内面深绿色，外面绿紫色；肉穗花序无梗；雌花序圆锥形，中性花序线形，上升或下弯，淡绿色；雄花序长4～9mm，橙黄色；附属器深紫色，具强烈粪臭，长10～13cm，基部斜截，具细柄，向上成鼠尾状。花期5～7月。

分布于华南、华东、华中及西南部分省份；印度、缅甸、越南、泰国至印度尼西亚、帝汶岛，北至日本。生于地边、田头、草坡、石隙中。

药用，用于咳嗽痰多、支气管炎。

🌿 浮萍科 **Lemnaceae**

浮萍 浮萍属
Lemna minor L.

漂浮植物。叶状体对称，表面绿色，背面浅黄色或绿白色或常为紫色，近圆形，倒卵形或倒卵状椭圆形，全缘，长1.5～5mm，宽2～3mm，上面稍凸起或沿中线隆起，脉3，不明显，背面垂生丝状根1条，根白色，长3～4cm，根冠钝头，根鞘无翅。叶状体背面一侧具

囊，新叶状体于囊内形成浮出，以极短的细柄与母体相连，随后脱落。雌花具弯生胚珠1枚，果实无翅，近陀螺状。种子具凸出的胚乳，并具12～15条纵肋。

分布于全国各省份。生于水田、池沼或其他静水水域。

全草可作家畜和家禽的饲料。

鸢尾科　Iridaceae

射干　射干属
Belamcanda chinensis (L.) DC.

多年生草本。根状茎为不规则的块状，斜伸，黄色或黄褐色。茎高1～1.5m，实心。叶互生，剑形，无中脉，嵌迭状2列，长20～40cm，宽2～4cm。花序叉状分枝；花梗及花序的分枝处有膜质苞片；花橙红色，有紫褐色斑点，径4～5cm；花被裂片倒卵形或长椭圆形，长约2.5cm，宽约1cm，内轮较外轮裂片稍短窄；雄蕊花药线形外向开裂，长1.8～2cm；柱头有细短毛，子房倒卵形。蒴果倒卵圆形，长2.5～3cm，室背开裂果瓣外翻，中央有直立果轴。种子球形，黑紫色，有光泽。花期6～8月，果期8～9月。

分布于华南、西南、华中、华东、华北、东北及西北部分省份；朝鲜、日本、印度和越南。生于林缘或山坡草地。

根状茎药用，味苦，性寒，微毒。能清热解毒、散结消炎、消肿止痛、止咳化痰，用于治疗扁桃腺炎及腰痛等症。

小花鸢尾　鸢尾属
Iris speculatrix Hance

多年生草本，植株基部包有棕褐色老叶鞘纤维。根状茎二歧状分枝，斜伸。叶暗绿色，有光泽，剑形或线形，稍曲，有3～5纵脉，长15～30cm。花茎不分枝或偶有分枝，高20～25cm；苞片2～3，草质，绿色，窄披针形，包1～2花。花蓝紫色或淡蓝色，径5.6～6cm；花被筒短；外花被裂片匙形，长约3.5cm，有深紫色环形斑纹，中脉有黄色鸡冠状附属物，内花被裂片窄倒披针形，长约3.7cm；雄蕊花药白色；花柱分枝扁平，顶端裂片窄三角形，子房纺锤形。蒴果椭圆形，长5～5.5cm，直径约2cm，顶端有细长而尖的喙，果梗于花凋谢后弯曲成90°角，使果实呈水平状态。种子为多面体，棕褐色，旁附有小翅。花期5月，果期7～8月。

分布于华南、华东、华中及西北部分省份。生于山地、路旁、林缘或疏林下。

薯蓣科　Dioscoreaceae

大青薯　薯蓣属
Dioscorea benthamii Prain et Burk.

缠绕草质藤本。茎较细弱，无毛，右旋，无刺。叶片纸质，通常对生，卵状披针形至长圆形或倒卵状长圆形，长2～9cm，宽0.7～4cm，顶端凸尖至渐尖，基部圆形，全缘，两面无毛，表面绿色，背面粉绿色，基出脉3～7；叶柄长0.5～2cm。雌雄异株。雄花序为穗状花序，长2～3cm，2～3个簇生或单生于叶腋，有时排列呈圆锥状；花序轴明显呈"之"字状曲折；苞片三角状卵形，顶端长渐尖，与花被片均有紫褐色斑纹；雄花的外轮花被片为宽卵形或近圆形，内轮倒卵状椭圆形，较小；雄蕊6枚。雌花序为穗状花序，通常1～2个着生于叶腋；苞片卵形，渐尖；雌花的外轮花被片为宽卵形，较内轮大，有6枚退化雄蕊。蒴果不反折，三棱状扁圆形，无毛。花期5～6月，果期7～9月。

分布于广东、广西、福建和台湾。生于山地、山坡、山谷、水边、路旁的灌丛中。

黄独（零余薯）　薯蓣属
Dioscorea bulbifera L.

缠绕草质藤本。块茎卵圆形或梨形，近于地面，棕褐色，密生细长须根；茎左旋，淡绿色或稍带红紫色。叶腋有紫棕色、球形或卵圆形、具圆形斑点的珠芽；单叶互生，宽卵状心形或卵状心形，长15～26cm，先端尾尖，全缘或边缘微波状。雄花序穗状，下垂，常数序簇生叶腋，有时分枝呈圆锥状；雄花花被片披针形，鲜时紫色；基部有卵形苞片2；雌花序与雄花序相似，常2至数个簇生叶腋；退化雄蕊6枚，长约为花被片的1/4。蒴果反曲下垂，三棱状长圆形，长1.3～3cm，两端圆，成熟时草黄色，密被紫色小斑点，每室2粒种子，着生果轴顶部。花期7～10月，果期8～11月。

分布于华南、华中、华东、西南及西北部分省份；日本、朝鲜、印度、缅甸、大洋洲、非洲。生于河谷边、山谷阴沟或杂木林边缘、房前屋后或路旁的树荫下。

块茎入药，主治甲状腺肿大、淋巴结核、咽喉肿痛、吐血、咯血、百日咳；外用治疮疖。

薯莨　薯蓣属
Dioscorea cirrhosa Lour.

缠绕粗壮藤本。块茎圆锥形、长圆形或卵圆形，棕黑色，栓皮粗裂具凹纹，断面红色，干后铁锈色；茎右旋，有分枝，近基部有刺。叶革质或近革质，长椭圆状卵形、卵圆形、卵状披针形或窄披针形，长5～20cm，宽2～14cm，先端渐尖或骤尖，基部圆，有时具三角状缺刻，全缘，下面粉绿色，基出脉3～5；叶柄长2～6cm。雄花序为穗状花序，常组成圆锥花序，有时单生叶腋；雄花外轮花被片宽卵形，内轮倒卵形；雄蕊6枚，稍短于花被片；雌花序为穗状花序，单生叶

腋；雌花外轮花被片卵形，较内轮
大。蒴果不反折，近三棱状扁圆
形，长1.8~3.5cm，径2.5~5.5cm，
每室种子着生果轴中部。花期4~6
月，果期7月至翌年1月仍不脱落。

分布于华南、西南、华东及华
中部分省份；越南。生于山坡、路
旁、河谷边的杂木林中、阔叶林
中、灌丛中或林边。

块茎可提制栲胶，或用作染
丝绸、棉布、渔网；也可作酿酒原
料；入药能活血、补血、收敛固
涩，治跌打损伤、血瘀气滞、月经
不调、妇女血崩、咳嗽咳血、半身麻木及风湿等症。

山薯　薯蓣属
Dioscorea fordii Prain et Burk.

缠绕草质藤本。块茎长圆柱形，垂直生长，干后棕褐色，断面白
色；茎右旋，基部有刺。叶在茎下部互生，在中部常对生，纸质，宽
披针形、椭圆状卵形或卵形，长4~17cm，宽1.5~13cm，先端渐尖或
尾尖，基部心形或箭形，有时戟形或圆，两耳稍开展，有时重叠，全
缘，基出脉5~7。雄花序为穗状花序，2~4簇生或组成圆锥花序，稀
单序腋生；花序轴"之"字状曲折；雄花外轮花被宽卵形，内轮较
窄而厚，倒卵形；雄蕊6枚；雌花
序为穗状花序。果序长达25cm；
蒴果不反折，三棱状扁圆形，长
1.5~3cm，径2~4.5cm；每室种
子着生果轴中部。种子四周有膜质
翅。花期10月至翌年1月，果期12
月至翌年1月。

分布于华南、华东及华中部分
省份。生于山坡、山凹、溪沟边或
路旁的杂木林中。

薯蓣　薯蓣属
Dioscorea opposita Thunb.

缠绕草质藤本。块茎长圆柱形，垂直生长，长可达1m多，断面
干时白色。茎通常带紫红色，右旋，无毛。单叶，在茎下部的互生，
中部以上的对生；叶片变异大，卵状三角形至宽卵形或戟形，长3~9
（~16）cm，宽2~7（~14）cm，顶端渐尖，基部深心形、宽心形或
近截形，边缘常3浅裂至3深裂，中裂片卵状椭圆形至披针形，侧裂
片耳状，圆形、近方形至长圆形；雄花序为穗状花序，长2~8cm，近
直立，2~8个着生于叶腋，偶尔呈圆锥状排列；花序轴明显地呈"之"
字状曲折；苞片和花被片有紫褐色斑点；雄花的外轮花被片为宽卵
形，内轮卵形，较小；雄蕊6枚；雌花序为穗状花序，1~3个着生于
叶腋。蒴果不反折，三棱状扁圆形
或三棱状圆形，外面有白粉。花期
6~9月，果期7~11月。

分布于东北、华东及南方各
省份；朝鲜、日本。生于山坡、山
谷林下、溪边和路旁的灌丛中或杂
草中。

块茎为常用中药淮山药，有强
壮、祛痰的功效；又能食用。

五叶薯蓣　薯蓣属
Dioscorea pentaphylla L.

缠绕草质藤本。块茎形状不规则，长卵形，外皮有多数细长须根。
茎疏生短柔毛，后变无毛，有皮刺。掌状复叶有3~7小叶；小叶片常
为倒卵状椭圆形、长椭圆形或椭圆形，最外侧的小叶片通常为斜卵状椭
圆形，长6.5~24cm，宽2.5~9cm，顶端短渐尖或凸尖，全缘，表面近
无毛，背面疏生短柔毛。叶腋内有珠芽。雄花无梗或梗极短，穗状花序
排列成圆锥状，花序轴密生棕褐色短柔毛；小苞片2，近半圆形，稍有
短柔毛；发育雄蕊3枚。雌花序为穗状花序，单一或分枝；花序轴和子
房密生棕褐色短柔毛；小苞片和花被外面有短柔毛。蒴果三棱状长椭圆
形，薄革质，成熟时黑色，疏生短柔毛。种子通常两两着生于每室中轴
顶部，种翅向蒴果基部延伸。花期
8~10月，果期11月至翌年2月。

分布于广东、江西、福建、台
湾、湖南、广西、云南和西藏，
亚洲和非洲地区。生于林边或灌
丛中。

褐苞薯蓣　薯蓣属
Dioscorea persimilis Prain et Burk.

缠绕草质藤本。块茎长圆柱形或卵形，干后棕褐色，断面白色；
茎右旋，有4~8纵棱，绿色或带紫红色。叶在茎下部互生，上部对
生，纸质，绿色或下面沿叶脉带紫红色，长椭圆状卵形或卵圆形，长
6~16cm，宽4~14cm，先端渐尖或尾尖，基部心形、箭形或戟形，
全缘，基出脉7~9，常带红褐色，两面网脉明显；叶腋有珠芽。雌
花序为穗状花序，1~2个生于叶
腋；雌花外轮花被片较内轮大；退
化雄蕊小。蒴果三棱状扁圆形，长
1.5~2.5cm，径2.5~4cm；种子着
生于每室中轴中部，四周有膜质
翅。花期7月至翌年1月，果期9
月至翌年1月。

分布于华南、西南及华中部分
省份；越南。生于山坡、路旁、山
谷杂木林中或灌丛中。

🌿 棕榈科　**Palmae**

杖藤　省藤属
Dioscorea persimilis Prain et Burk.

攀缘藤本，丛生。叶羽状全裂；羽片整齐排列，线形，先端渐
尖，具明显3条纵脉，两面及边缘和先端均有刚毛状细刺；叶柄被黑褐
色鳞秕，具整齐成列的长黑刺。雄花序长鞭状，三回分枝，顶端有尾
状附属物；下部的一级佛焰苞长管
状，其成列或轮生的刺，二级佛焰
苞管状或管状漏斗形，三级佛焰苞
管状漏斗形，小佛焰苞为不对称漏
斗形，各级佛焰苞均具条纹脉；雌
花序二回分枝，顶端具纤鞭，有尾
状附属物；中性花小窠深凹，卵
形。果实椭圆形，顶端具喙状尖
头，草黄色，边缘具稍宽的黄褐色

流苏状鳞毛。种子宽椭圆形，表面有瘤突。

分布于广东、福建、海南、广西、贵州和云南等省份。生于林下及潮湿处。

藤茎质地中等，坚硬，适宜作藤器的骨架，也可作手杖。

露兜树科　Pandanaceae

露兜草　露兜树属
Pandanus austrosinensis T. L. Wu

多年生常绿草本。地下茎横卧，分枝，生有许多不定根，地上茎短，不分枝。叶近革质，带状，先端渐尖成三棱形，具细齿的鞭状尾尖，基部折叠，边缘具向上的钩状锐刺，背面中脉隆起，疏生弯刺，除下部少数刺尖向下外，其余刺尖多向上，沿中脉两侧各有1条明显的纵向凹陷。花单性，雌雄异株；雄花序由若干穗状花序所组成；雄花的雄蕊多为6枚。聚花果椭圆状圆柱形或近圆球形，由多达250余个核果组成，成熟核果的果皮变为纤维，核果倒圆锥状，具5~6棱，宿存柱头刺状，向上斜钩。

分布于广东、海南和广西等省份。生于林中、溪边或路旁。

仙茅科　Hypoxidaceae

仙茅　仙茅属
Curculigo orchioides Gaertn.

多年生草本，根状茎近圆柱状，粗厚，直生，直径约1cm，长可达10cm。叶线形、线状披针形或披针形，大小变化甚大，长10~45（~90）cm，宽5~25mm，顶端长渐尖，基部渐狭成短柄或近无柄，两面散生疏柔毛或无毛。花茎甚短，长6~7cm，大部分藏于鞘状叶柄基部之内，亦被毛；苞片披针形，长2.5~5cm，具缘毛；总状花序多少呈伞房状，通常具4~6朵花；花黄色；花梗长约2mm；花被裂片长圆状披针形，长8~12mm，宽2.5~3mm，外轮的背面有时散生长柔毛；雄蕊长约为花被裂片的1/2，花丝长1.5~2.5mm，花药长2~4mm；柱头3裂，分裂部分较花柱为长。浆果近纺锤状，长1.2~1.5cm，宽约6mm，顶端有长喙。种子表面具纵凸纹。花果期4~9月。

分布于华南、华东、华中及西南大部分省份；东南亚各国至日本。生于林中、草地或荒坡上。

本种以其叶似茅，根状茎久服益精补髓、增添精神，故有仙茅之称。通常用以治阳痿、遗精、腰膝冷痛或四肢麻木等症。

兰科　Orchidaceae

金线兰　开唇兰属
Anoectochilus roxburghii (Wall.) Lindl.

多年生草本，根状茎匍匐，肉质，具节，节上生根。叶片卵圆形或卵形，上面暗紫色或黑紫色，具金红色带有绢丝光泽网脉，背

面淡紫红色，基部近截形或圆形，骤狭成柄；叶柄基部扩大成抱茎的鞘。总状花序具2~6朵花；花序轴淡红色，和花序梗均被柔毛，花序梗具2~3枚鞘苞片；花苞片淡红色；子房常被柔毛；花白色或淡红色，不倒置（唇瓣位于上方）；萼片背面被柔毛，中萼片卵形，凹陷呈舟状，与花瓣黏合呈兜状；花瓣近镰刀状，与中萼片等长；唇瓣长呈"Y"形，基部具圆锥状距，前部扩大并2裂，其裂片近长圆形或近楔状长圆形，全缘，先端钝，中部收狭成长4~5mm的爪，其两侧各具6~8条流苏状细裂条；蕊柱短，前面两侧各具1枚宽的、片状的附属物；蕊喙直立，叉状2裂。

分布于广东、浙江、江西、福建、湖南、海南和广西等省份。生于常绿阔叶林下或沟谷荫湿处。

佛冈拟兰　拟兰属
Apostasia fogangica Y. Y. Yin, P. S. Zhong et Z. J. Liu

多年生草本，高15~40cm。叶互生，披针形、卵状披针形或线状披针形，先端渐尖或尾状渐尖，基部楔形，多少抱茎，全缘，弧形脉3~5，在叶面凹陷，小脉不明显。花序顶生，常弯垂，具1~3个侧枝，圆锥状，通常有10余朵花；花苞片卵形或卵状披针形；花淡黄色，直径约1cm；萼片狭长圆形，花瓣与萼片相似，但中脉较粗厚。蒴果圆筒形。花果期5~7月。

特产中国广东佛冈。生于林下。

竹叶兰　竹叶兰属
Arundina graminifolia (D. Don) Hochr.

多年生草本，高达80cm。根状茎在茎基部呈卵球形，似假鳞茎，径1~2cm；茎常数个丛生或成片生长，圆柱形，细竹竿状，常为叶鞘所包，具多枚叶。叶线状披针形，薄革质或坚纸质，长8~20cm，宽0.3~1.5cm，基部鞘状抱茎。花序长2~8cm，具2~10花，每次开1花；苞片基部包花序轴，长3~5mm；花梗和子房长1.5~3cm；花粉红色或略带紫色或白色；萼片窄椭圆形或窄椭圆状披针形，长2.5~4cm；花瓣椭圆形或卵状椭圆形，与萼片近等长，宽1.3~1.5cm；唇瓣长圆状卵形，长2.5~4cm，3裂，侧裂片内弯，中裂片近方形，长1~1.4cm，先端2浅裂或微凹，唇盘有3（~5）褶片；蕊柱长2~2.5cm。蒴果近长圆形，长约3cm。花果期主要为9~11月，但1~4月。

分布于华南、华东、西南及华中部分省份；尼泊尔、不丹、印度、斯里兰卡、缅甸、越南、老挝、柬埔寨、泰国、马来西亚、印度尼西亚、日本和塔希提岛。生于草坡、溪谷旁、灌丛下或林中。

广东石豆兰　石豆兰属
Bulbophyllum kwangtungense Schltr.

多年生草本，根状茎粗约2mm，当年生的常被筒状鞘，在每相隔2～7cm处生1个假鳞茎。根出自生有假鳞茎的根状茎节上。假鳞茎直立，圆柱状，顶生1枚叶，幼时被膜质鞘。叶革质，长圆形，通常长约2.5cm，最长达4.7cm，中部宽5～14mm，先端圆钝并且稍凹入，基部具长1～2mm的柄。花葶1个，从假鳞茎基部或靠近假鳞茎基部的根状茎节上发出，直立，纤细，总状花序缩短呈伞状，具2～7朵花；花淡黄色；萼片离生，狭披针形；花瓣狭卵状披针形，长4～5mm，中部宽约0.4mm，逐渐向先端变狭，先端长渐尖，具1条脉或不明显的3条脉，仅中肋到达先端，边全缘；唇瓣肉质，狭披针形，向外伸展。花期5～8月。

分布于广东、浙江、福建、江西、湖北、湖南、香港、广西、贵州和云南。生于山坡林下岩石上。

虾脊兰　虾脊兰属
Calanthe discolor Lindl.

多年生草本，根状茎不甚明显。假鳞茎聚生，近圆锥形，具3～4鞘和3叶。花期叶未放，倒卵状长圆形或椭圆形，长达25cm，宽4～9cm，下面被毛；叶柄长4～9cm。花葶高出叶外，密被毛，花序疏生10余朵花；苞片宿存，卵状披针形；花开展，萼片和花瓣褐紫色；中萼片稍斜椭圆形，背面中部以下被毛，侧萼片与中萼等大；花瓣近长圆形或倒披针形，宽约4mm，无毛；唇瓣白色，扇形，与蕊柱翅合生，与萼片近等长，3裂，侧裂片镰状倒卵形，先端稍向中裂片内弯，基部约1/2贴生蕊柱翅外缘，中裂片倒卵状楔形，先端深凹，前端边缘有时具细齿，唇盘有3条膜片状褶片，褶片平直全缘，延伸至中裂片中部，前端三角形隆起。花期4～5月。

分布于广东、浙江、江苏、福建、湖北和贵州；日本。生于常绿阔叶林下。

三褶虾脊兰　虾脊兰属
Calanthe triplicata (Willem) Ames

多年生草本，假鳞茎聚生，卵状圆柱形，长1～3cm，具2～3枚鞘和3～4枚花期全放的叶；假茎不明显。叶椭圆形或椭圆状披针形，长约30cm，宽达10cm，边缘常波状，两面无毛或下面疏被短毛，叶柄长达14cm。花葶出自叶丛，远高出叶外，密被毛，花序长5～10cm，密生多花；苞片宿存，卵状披针形，边缘稍波状；花白色或带淡紫红色，后橘黄色，萼片和花瓣常反折；中萼片近椭圆形，被短毛，侧萼片稍斜倒卵状披针形，被短毛；花瓣倒卵状披针形，近先端稍缢缩，先端具细尖，具爪，常被毛，唇瓣与蕊柱翅合生，基部具3～4列金黄色瘤状附属物，4裂，平伸，裂片卵状椭圆形或倒卵状椭

圆形；蕊柱白色，长约5mm，被毛，蕊喙2裂，裂片近长圆形，花药帽前端稍窄。花期4～5月。

分布于广东、福建、台湾、香港、海南、广西和云南；日本、菲律宾、越南、马来西亚、印度尼西亚、印度、澳大利亚、太平洋邻近一些岛屿以及非洲的马达加斯加。生于常绿阔叶林下。

黄兰　黄兰属
Cephalantheropsis gracilis (Lindl.) S. Y. Hu

多年生草本，高达1m。茎直立，圆柱形，长达60cm，具多数节，被筒状膜质鞘。叶5～8枚，互生于茎上部，纸质，长圆形或长圆状披针形。花葶2～3个，从茎的中部以下节上发出，直立，细圆柱形；花序柄疏生3～4枚长3～5cm的鞘，密布细毛；疏生多数花；花青绿色或黄绿色，伸展；萼片和花瓣反折；花瓣卵状椭圆形，长8～10mm，宽3.5～4mm，先端稍钝并具短尖凸，两面或仅背面被毛，具3条脉；唇瓣的轮廓近长圆形。蒴果圆柱形，长1.5～2cm，粗8～10mm，具棱。花期9～12月，果期11月至翌年3月。

分布于广东、福建、台湾、香港和海南；印度东北部、缅甸、老挝、越南、泰国、马来西亚、菲律宾和日本。生于密林下。

流苏贝母兰　贝母兰属
Coelogyne fimbriata Lindl.

多年生草本，根状茎粗1.5～2.5mm，节间长3～7mm，鞘长5～9mm。叶长圆形或长圆状披针形，纸质，长4～10cm；叶柄长1～1.5cm。花葶生于假鳞茎顶端，长5～10cm，基部有数枚圆筒形鞘，花序具1～2花，花序轴顶端为白色苞片所覆盖；花淡黄色或近白色，唇瓣有红色斑纹；萼片长圆状披针形，长1.6～2cm；花瓣丝状或窄线形，唇瓣卵形，3裂，长1.3～1.8cm，侧裂片顶端多少具流苏，中裂片近椭圆形，长5～7mm，具流苏，唇盘有2褶片，延至中裂片近顶端，有时中裂片外侧有2短褶片，唇盘基部有短褶片，褶片有波状圆齿；蕊柱长1～1.3cm。蒴果倒卵形，长1.8～2cm。花期8～10月，果期翌年4～8月。

分布于广东、江西、海南、广西、云南和西藏；越南、老挝、柬埔寨、泰国、马来西亚和印度东北部。生于溪旁岩石上或林中、林缘树干上。

建兰　兰属
Cymbidium ensifolium (L.) Sw.

多年生草本，地生植物。假鳞茎卵球形，包藏于叶基之内。叶带形，有光泽，长30～60cm，宽1～1.5（～2.5）cm，前部边缘有时有细齿，关节位于距基部2～4cm处。花葶从假鳞茎基部发出，直立，长20～35cm或更长，但一般短于叶；总状花序具3～9（～13）朵花；花苞片除最下面的1枚长可达1.5～2cm外，其余的长5～8mm，一般不及花梗和子房长度的1/3，至多不超过1/2；花梗和子房长2～2.5（～3）cm；花常有香气，色泽变化较大，通常为浅黄绿色而具紫斑；萼片近狭长圆形或狭椭圆形，长2.3～2.8cm，宽5～8mm；侧萼片常向下斜展；花瓣狭椭圆形或狭

卵状椭圆形，长1.5~2.4cm，宽5~8mm，近平展；唇瓣近卵形，长1.5~2.3cm，略3裂；侧裂片直立，多少围抱蕊柱。蒴果狭椭圆形，长5~6cm，宽约2cm。花期通常为6~10月。

分布于华南、华东、西南及华中部分省份；东南亚、南亚各国和日本。生于疏林下、灌丛中、山谷旁或草丛中。

多花兰　兰属
Cymbidium floribundum Lindl.

多年生草本，附生植物。假鳞茎近卵球形，长2.5~3.5cm，宽2~3cm，稍压扁，包藏于叶基之内。叶通常5~6枚，带形，坚纸质，长22~50cm，宽8~18mm，先端钝或急尖，中脉与侧脉在背面凸起，关节在距基部2~6cm处。花葶自假鳞茎基部穿鞘而出，近直立或外弯，长16~35cm；花序通常具10~40朵花；花苞片小；花较密集，无香气；萼片与花瓣红褐色或偶见绿黄色，极罕灰褐色，唇瓣白色而在侧裂片与中裂片上有紫红色斑，褶片黄色；萼片狭长圆形；花瓣狭椭圆形，萼片近等宽；唇瓣近卵形，3裂；侧裂片直立，具小乳突；中裂片稍外弯，亦具小乳突；唇盘上有2条纵褶片，褶片末端靠合；蕊柱长1.1~1.4cm，略向前弯曲；花粉团2个，三角形。蒴果近长圆形，长3~4cm，宽1.3~2cm。花期4~8月。

分布于华南、华中、西南及华东部分省份。生于林中或林缘树上，或溪谷旁透光的岩石上或岩壁上。

寒兰　兰属
Cymbidium kanran Makino

多年生草本，地生植物。假鳞茎狭卵球形。叶带形，薄革质，暗绿色，略有光泽，长40~70cm。花葶发自假鳞茎基部，长25~80cm；总状花序疏生5~12朵花；花苞片狭披针形；花常为淡黄绿色而具淡黄色唇瓣，也有其他色泽，常有浓烈香气；萼片近线形或线状狭披针形，先端渐尖；花瓣常为狭卵形或卵状披针形，长2~3cm，宽5~10mm；唇瓣近卵形，不明显的3裂；侧裂片直立，多少围抱蕊柱，有乳突状短柔毛；中裂片较大，外弯，上面亦有类似的乳突状短柔毛，边缘稍有缺刻；唇盘上2条纵褶片从基部延伸至中裂片基部，上部向内倾斜并靠合，形成短管；蕊柱稍向前弯曲，两侧有狭翅；花粉团4个，成2对，宽卵形。蒴果狭椭圆形，长约4.5cm，宽约1.8cm。花期8~12月。

分布于华南、华东、西南及华中部分省份；日本南部和朝鲜半岛南端。生于林下、溪谷旁或稍荫蔽、湿润、多石之土壤上。

兔耳兰　兰属
Cymbidium lancifolium Hook.

多年生草本，半附生植物。假鳞茎近扁圆柱形或狭梭形。顶端聚生2~4枚叶，叶倒披针状长圆形至狭椭圆形，长6~17cm或更长；叶

柄长3~18cm。花葶生于假鳞茎下部侧面节上，长8~20cm，花序具2~6花；苞片披针形，长1~1.5cm；花梗和子房长2~2.5cm；花常白色或淡绿色，花瓣中脉紫栗色，唇瓣有紫栗色斑；萼片倒披针状长圆形，长2.2~2.7cm；花瓣近长圆形，长1.5~2.3cm，唇瓣近卵状长圆形，长1.5~2cm，稍3裂，侧裂片直立，中裂片外弯，唇盘2褶片上端内倾靠合形成短管；蕊柱长约1.5cm。蒴果窄椭圆形，长约5cm。花期5~8月。

分布于华南、西南及华东部分省份；喜马拉雅南部地区至东南亚、日本南部和新几内亚岛。生于疏林下、竹林下、林缘、阔叶林下或溪谷旁的岩石上、树上或地上。

单叶厚唇兰　厚唇兰属
Epigeneium fargesii (Finet) Gagnep.

多年生草本，根状茎匍匐，密被栗色筒状鞘，在每相距约1cm处生1个假鳞茎。假鳞茎斜立，中部以下贴伏于根状茎，近卵形，顶生1枚叶，基部被膜质栗色鞘。叶厚革质，干后栗色，卵形或卵状椭圆形，长1~2.3cm，先端圆而凹缺。花序生于假鳞茎顶端，具单朵花；花序柄基部被2~3枚膜质鞘；花苞片膜质，卵形；萼片和花瓣淡粉红色；中萼片卵形，先端急尖，具5条脉；侧萼片斜卵状披针形，先端急尖，基部贴生在蕊柱足上而形成明显的萼囊；花瓣卵状披针形，比侧萼片小，先端急尖，具5条脉；唇瓣几乎白色，小提琴状，前后唇等宽；后唇两侧直立；前唇伸展，近肾形，先端深凹，边缘多少波状；唇盘具2条纵向的龙骨脊，其末端终止于前唇的基部并且增粗呈乳头状；蕊柱粗壮。花期4~5月。

分布于华南、华东、华中及西南部分省份；不丹、印度东北部、泰国。生于沟谷岩石上或山地林中树干上。

美冠兰　美冠兰属
Eulophia graminea Lindl.

假鳞茎圆锥形或近球形，多少露出地面。叶3~5枚，花后出叶，线形或线状披针形，长15~35cm，宽0.7~1cm；叶柄套叠成短的假茎。苞片草质，线状披针形；花橄榄绿色，唇瓣白色，具淡紫红色褶片；中萼片倒披针状线形，长1.1~1.3cm，侧萼片常略斜歪而稍大；花瓣近窄卵形，长0.9~1cm，唇瓣近倒卵形或长圆形，长0.9~1cm，3裂，中裂片近圆形，长4~5mm，唇盘有（3~）5褶片，从基部延伸至中裂片，中裂片褶片成流苏状，距圆筒状或略棒状，长3~3.5mm，略前弯；蕊柱长4~5mm，无蕊柱足。蒴果下垂，椭圆形，长2.5~3cm。花期4~5月，果期5~6月。

分布于华南、西南及华东部分省份；尼泊尔、印度、斯里兰卡、越南、老挝、缅甸、泰国、马来西亚、新加坡、印度尼西亚、日本。生于疏林中草地上、山坡阳处、海边沙滩林中。

高斑叶兰　斑叶兰属
Goodyera procera (Kor-Gawl.) Hook.

多年生草本，高22～80cm。根状茎短而粗，具节。茎直立，无毛，具6～8枚叶。叶片长圆形或狭椭圆形，长7～15cm，宽2～5.5cm，上面绿色，背面淡绿色，先端渐尖，基部渐狭，具柄；叶柄长3～7cm。苞片卵状披针形，无毛，长5～7mm；子房圆柱形，扭转，被毛，连花梗长3～5mm；花白色或带淡绿色，芳香，不偏向一侧；萼片先端尖，无毛，中萼片卵形或椭圆形，长3～3.5mm，与花粘贴呈兜状，侧萼片斜卵形，长2.5～3.2mm；花瓣白色，匙形，长3～3.3mm，上部宽1～1.2mm，无毛，唇瓣宽卵形，厚，长2.2～2.5mm，基部囊状，内面有多数腺毛，前部反卷，唇盘上具2枚胼胝体；花药卵状三角形；花粉团长约1.3mm；蕊喙直立，2裂；柱头1个，横椭圆形。花期4～5月。

分布于华南、华东和西南各省份；尼泊尔、印度、斯里兰卡、缅甸、越南、老挝、泰国、柬埔寨、印度尼西亚、菲律宾、日本。生于林下。

本种全草民间作药用。

橙黄玉凤花　玉凤花属
Habenaria rhodocheila Hance

多年生草本，高达35cm。块茎长圆形。茎下部具4～6叶，其上具1～3小叶。叶线状披针形或近长圆形，长10～15cm，基部抱茎，花序疏生2～10余花，花茎无毛。苞片卵状披针形，长1.5～1.7cm；子房无毛，连花梗长2～3cm；萼片和花瓣绿色，唇瓣红、橙红或橙黄色；中萼片近圆形，凹入，长约9mm，侧萼片长圆形，反折，花瓣直立，匙状线形，长约8mm，宽约2mm，与中萼片靠合呈兜状；唇瓣前伸，卵形，长1.8～2cm，最宽处约1.5cm，4裂，具短爪，侧裂片长圆形，长约7mm，开展，中裂片2裂，裂片近半卵形，长约4mm，先端斜截平；距细圆筒状，下垂，长2～3cm，径约1mm，末端常上弯。花期7～8月，果期10～11月。

分布于广东、江西、福建、湖南、香港、海南、广西和贵州；越南、老挝、柬埔寨、泰国、马来西亚、菲律宾。生于山坡或沟谷林下荫处地上或岩石上覆土中。

坡参　玉凤花属
Habenaria linguella Lindl.

多年生草本，高达75cm。块茎肉质。茎无毛，疏生3～4叶，其上具3～9披针形小叶。叶窄长圆形或窄长圆状披针形，长5～27cm，宽1.2～2cm，基部抱茎。总状花序，花序密生9～20朵花；苞片线状披针形，长1.2～2.5cm；子房无毛，弧状，连花梗长1.8～2.3cm；花黄色或褐黄色；中萼片宽椭圆形，凹入，长4～5mm，侧萼片反折，斜宽倒卵形，长6～7mm；花瓣直立，

斜窄卵形或斜窄椭圆形，长4～5mm，与中萼片靠合呈兜状，基部3裂，中裂片线形，长8～9mm，侧裂片钻状，叉开，先端渐尖；距极细圆筒形，下垂，下部稍增粗，末端钝，多少前弯；距口前方环状物低于柱头凸起。花期6～8月。

分布于广东、香港、海南、广西、贵州和云南；越南。生于山坡林下或草地。

黄花羊耳蒜　羊耳蒜属
Liparis luteola Lindl.

附生草本，矮小。假鳞茎稍密集，常多少斜卧，近卵形，顶端具2叶。叶线形或线状倒披针形，纸质，长4～14cm，宽4～9mm，先端渐尖，基部逐渐收狭成柄，有关节；叶柄长1～1.5cm。花葶长6～16cm；花序柄略compressed，两侧有狭翅，靠近花序下方有时有1枚不育苞片；总状花序，具数朵至10余朵花；花苞片披针形，在花序基部的可达5～6mm；花乳白绿色或黄绿色；萼片披针状线形或线形，先端钝，中脉在背面稍隆起；侧萼片通常略宽于中萼片；花瓣丝状；唇瓣长圆状倒卵形，先端微缺并在中央具细尖，近基部有一肥厚的纵脊，脊的前端有1个2裂的胼胝体；蕊柱纤细，稍向前弯曲，上部具翅。蒴果倒卵形，长7～9mm，宽3～4mm；果梗长6～9mm。花果期12月至翌年2月。

分布于广东和海南；印度、缅甸和泰国。生于林中树上或岩石上。

见血青　羊耳蒜属
Liparis nervosa (Thunb. ex A. Murray) Lindl.

多年生地生草本。茎（或假鳞茎）圆柱状，肥厚，肉质，有数节，通常包藏于叶鞘之内，上部有时裸露。叶2～5枚，卵形至卵状椭圆形，膜质或草质，长5～16cm，宽3～8cm，先端近渐尖，全缘，基部收狭并下延成鞘状柄，无关节；鞘状柄大部抱茎。花葶发自茎顶端；总状花序通常具数朵至10余朵花，罕有花更多；花序轴有时具很窄的翅；花苞片三角形；花紫色；中萼片线形或狭线形，先端钝，边缘外卷，具不明显的3脉；侧萼片狭卵状长圆形，稍斜歪，先端钝，亦具3脉；花瓣丝状，亦具3脉；唇瓣长圆状倒卵形，先端截形并微凹，基部收狭并具2个近长圆形的胼胝体；蕊柱较粗壮，上部两侧有狭翅。蒴果倒卵状长圆形或狭椭圆形；果梗长4～7mm。花期2～7月，果期10月。

分布于华南、西南及华东部分省份；世界热带与亚热带地区。生于林下、溪谷旁、草丛荫处或岩石覆土上。

镰翅羊耳蒜　羊耳蒜属
Liparis bootanensis Griff.

多年生附生草本。假鳞茎密集，卵形、卵状长圆形或狭卵状圆柱形，顶端生1叶。叶狭长圆状倒披针形、倒披针形至近狭椭圆状长圆形，纸质或坚纸质，先端渐尖，基部收狭成柄，有关节。花序柄略压扁，两侧具很窄的翅；总状花序外弯或下垂，具数朵至20余朵花；花苞片狭披针形；花通常黄绿色，有时稍带褐色，较少近白色；中萼片近长圆形，先端钝；侧萼片与中萼片近等长，略宽；花瓣狭线形；唇瓣近宽长圆状倒卵形，先端近截形并有凹缺或短尖，通常整个前缘有不规则细齿，基部有2个胼胝体，有时2个胼胝体基部合生为一；蕊柱稍向前弯曲，上部两侧各有1翅。蒴果倒卵状椭圆形。

分布于华南、西南及华中部分省份。生于林缘、林中或山谷荫处的树上或岩壁上。

三蕊兰　三蕊兰属
Neuwiedia singapureana (Baker) Rolfe

多年生草本，高40~50cm。根状茎长达10cm以上，径1~1.5cm。叶多枚，近簇生于短茎，披针形或长圆状披针形，长25~40cm，宽3~6cm；叶柄长5~10cm，边缘膜质，基部抱茎。花序长6~8cm，具10余朵或多花，有腺毛；苞片长1~1.5cm，背面具腺毛，脉上毛密；子房椭圆形，多少具腺毛；花绿白色，不甚张开；萼片窄椭圆形，长1.5~1.8cm，先端芒尖，背面上部有腺毛；花瓣倒卵形，长约1.6cm，背面中脉具腺毛；唇瓣与侧生花瓣相似，中脉较粗；蕊柱近直立，花丝与花柱合生部分长约8mm，侧生雄蕊花丝扁平，长约3.5mm，有中脉；中央雄蕊花丝较窄长，具中脉，花药线形，长5~6mm，两药室基部不等长。花期5~6月。

分布于广东、海南、云南和香港；越南、泰国、马来西亚、新加坡和印度尼西亚。生于林下。

斑叶鹤顶兰　鹤顶兰属
Phaius flavus (Bl.) Lindl.

多年生草本，假鳞茎卵状圆锥形，长5~6cm，径2.5~4cm，具2~3节。叶长椭圆形或椭圆状披针形，长25cm以上，宽5~10cm，基部收窄成柄，两面无毛，常具黄色斑块。花葶侧生假鳞茎基部或基部以上，粗壮，不高出叶层，长达75cm，稀基部具短分枝，无毛，具数朵至20余朵花；苞片宿存花柠檬黄色，上举，不甚开展；中萼片长圆状倒卵形，长3~4cm，无毛，侧萼片斜长圆形，与中萼片等长，稍窄，无毛；花瓣长圆状倒披针形，与萼片近等长，无毛；唇瓣贴生蕊柱基部，与蕊柱分离，倒卵形，长约2.5cm，前端3裂，无毛，侧裂片包蕊柱，先端圆，中裂片近圆形，稍反卷，先端稍凹，前端边缘褐色，皱波状，上面具3~4条稍隆起褐色脊突，距白色，长

7~8mm。花期4~10月。

分布于华南、西南及台湾；斯里兰卡、尼泊尔、不丹、印度东北部、日本、菲律宾、老挝、越南、马来西亚、印度尼西亚和新几内亚岛。生于山坡林下荫湿处。

细叶石仙桃　石仙桃属
Pholidota cantonensis Rolfe.

多年生草本，根状茎匍匐，分枝，直径2.5~3.5mm，密被鳞片状鞘，节上疏生根。叶线形或线状披针形，纸质，长2~8cm，宽5~7mm，边缘常多少外卷；叶柄长2~7mm。花葶长3~5cm，花序具10余朵；苞片卵状长圆形，早落；花梗和子房长2~3mm；花白色或淡黄色，径约4mm；中萼片卵状长圆形，长3~4mm，多少呈舟状，背面略具龙骨状凸起，侧萼片卵形，斜歪，略宽于中萼片；花瓣宽卵状菱形或宽卵形，长、宽均2.8~3.2mm，唇瓣宽椭圆形，长约3mm，凹入成舟状，先端近截平或钝，唇盘无附属物，蕊柱粗，长约2mm。蒴果倒卵形，长6~8mm，宽4~5mm；果梗长2~3mm。花期4月，果期8~9月。

分布于广东、浙江、江西、福建、台湾、湖南和广西。生于林中或荫蔽处的岩石上。

石仙桃　石仙桃属
Pholidota chinensis Lindl.

多年生草本，根状茎通常较粗壮，匍匐，直径3~8mm或更粗，具较密的节和较多的根，相距5~15mm或更短距离生假鳞茎；假鳞茎狭卵状长圆形，大小变化甚大，基部收狭成柄状；柄在老假鳞茎尤为明显。叶2枚，生于假鳞茎顶端，倒卵状椭圆形、倒披针状椭圆形至近长圆形，长5~22cm，宽2~6cm，先端渐尖、急尖或近短尾状，具3条较明显的脉，干后多少带黑色。花葶长12~38cm，花序常多少外弯，具数朵至20余花；苞片花凋时不脱落；花白色或带淡黄色，中萼片卵状椭圆形，长0.7~1cm，舟状，侧萼片卵状披针形，略窄于中萼片；花瓣披针形，长0.9~1cm，唇瓣近宽卵形，略3裂，下部成半球形囊，囊两侧有半圆形侧裂片，中裂片卵圆形，长、宽均4~5mm，囊内无附属物；蕊柱长4~5mm。蒴果倒卵状椭圆形，长1.5~3cm，宽1~1.6cm，有6棱，3个棱上有狭翅；果梗长4~6mm。花期4~5月，果期9月至翌年1月。

分布于华南、西南及华东部分省份；越南、缅甸。生于林中或林缘树上、岩壁上或岩石上。

尾瓣舌唇兰　舌唇兰属
Platanthera mandarinorum Rchb. f.

多年生草本，根状茎指状或膨大呈纺锤形，肉质。茎直立，细长，下部具1~2枚大叶，大叶之上具2~4枚小的苞片状披针形小叶。大叶片椭圆形、长圆形，少为线状披针形，向上伸展，先端急尖，基部成抱茎的鞘。总状花序，具7~20余朵较疏生的花；花苞片披针形；子房圆柱状纺锤形，扭转，稍弓曲；花黄绿色；中萼片宽卵形至心形，凹陷，基部具3脉，有时中部具5脉；侧萼片反折，偏斜，长圆状披针形至宽披针形，具3脉；花瓣淡黄色，下半部为斜卵形，上半

部骤狭成线形，尾状，向外张开，不与中萼片靠合，基部具3脉，有时中部具4脉；唇瓣淡黄色，下垂，披针形至舌状披针形，先端钝。花期4~6月。

分布于华南、华东、华中和西南部分省份。生于山坡林下或草地。

小舌唇兰　舌唇兰属
Platanthera minor (Miq.) Rchb. f.

植株高达60cm。块茎椭圆形；茎下部具1~2（3）大叶，上部具2~5披针形或线状披针形小叶。叶互生，大叶椭圆形、卵状椭圆形或长圆状披针形，长6~15cm，基部鞘状抱茎。花序疏生多花，长10~18cm；苞片卵状披针形，长0.8~2cm；子房连花梗长1~1.5cm；花黄绿色；中萼片直立，舟状，宽卵形，长4~5mm，侧萼片反折，稍斜椭圆形，长5~7mm；花瓣斜卵形，长4~5mm，基部前侧扩大，与中萼片靠合呈兜状；唇瓣舌状，肉质，下垂，长5~7mm，宽2~2.5mm；距细圆筒状，下垂，稍向前弧曲，长1.2~1.8cm；粘盘圆形；柱头1枚，凹下，位于蕊喙之下。花期5~7月。

分布于华南、华中、华东、西南部分省份；朝鲜半岛、日本。生于山坡林下或草地。

独蒜兰　独蒜兰属
Pleione bulbocodioides (Franch.) Rolfe

半附生草本。假鳞茎卵形或卵状圆锥形，上端有颈，顶端1叶。叶在花期尚幼嫩，长成后狭椭圆状披针形或近倒披针形，纸质，长10~25cm，宽2~5.8cm，先端通常渐尖，基部渐狭成柄，叶柄长2~6.5cm。花葶生于无叶假鳞茎基部，下部包在圆筒状鞘内，顶端具1~2花；苞片长于花梗和子房；花粉红色至淡紫色，唇瓣有深色斑；中萼片近倒披针形，侧萼片与中萼片等长；花瓣倒披针形，稍斜歪，唇瓣倒卵形，3微裂，基部楔形稍贴生蕊柱。蒴果近长圆形，长2.7~3.5cm。花期4~6月。

分布于华南、西南、华中及西北部分省份。生于常绿阔叶林下或灌木林缘腐殖质丰富的土壤上或苔藓覆盖的岩石上。

绶草　绶草属
Spiranthes sinensis (Pers.) Ames

多年生草本，高13~30cm。根数条，指状，肉质，簇生于茎基部。茎较短，近基部生2~5枚叶。叶片宽线形或宽线状披针形，直立伸展，长3~10cm，常宽5~10mm，先端急尖或渐尖，基部收狭具柄状抱茎的鞘。花茎直立，上部被腺状柔毛至无毛；总状花序具多数密生的花，呈螺旋状扭转；花苞片卵状披针形，先端长渐尖；花小，紫红色、粉红色或白色，在花序轴上呈螺旋状排列；萼片的下部靠合，中萼片狭长圆形，舟状，先端稍尖，与花瓣靠合呈兜状；侧萼片偏斜，披针形，先端稍尖；花瓣斜菱状长圆形，先端钝，与中萼片等长

但较薄；唇瓣宽长圆形，凹陷，先端极钝，前半部上面具长硬毛且边缘具强烈皱波状啮齿，唇瓣基部凹陷呈浅囊状，囊内具2枚胼胝体。花期7~8月。

分布于全国各省份；俄罗斯、蒙古、朝鲜半岛、日本、阿富汗、克什米尔地区至不丹、印度、缅甸、越南、泰国、菲律宾、马来西亚和澳大利亚。生于山坡林下、灌丛下、草地或河滩沼泽草甸中。

带唇兰　带唇兰属
Tainia dunnii Rolfe

多年生草本，假鳞茎暗紫色，圆柱形，长1~7cm。叶狭长圆形或椭圆状披针形，长12~35cm，宽6~60mm，先端渐尖，基部渐狭为柄；叶柄长2~6cm，具3条脉。花葶直立，纤细，长30~60cm，疏生多数花；花黄褐色或棕紫色；中萼片狭长圆状披针形，长11~12mm，宽2.5~3mm，先端急尖或稍钝，具3条脉，仅中脉较明显；侧萼片狭长圆形镰刀形，与中萼片等长，基部贴生于蕊柱足而形成明显的萼囊；花瓣与萼片等长而较宽，先端锐尖，唇瓣长约1cm，前部3裂，侧裂片淡黄色带紫黑色斑点，三角形，先端内弯，中裂片黄色，横长圆形，先端截平或稍凹缺，唇盘无毛或具短毛，具3条褶片，侧生褶片弧形较高，中间的呈龙骨状。花期通常3~4月。

分布于华南、华东、西南、华中部分省份。生于常绿阔叶林下或山间溪边。

🌱 灯心草科　**Juncaceae**

灯心草　灯心草属
Juncus effusus L.

多年生草本，高27~91cm。根状茎粗壮横走，具黄褐色稍粗的须根。茎丛生，直立，圆柱形，淡绿色，具纵条纹，茎内充满白色的髓心。叶全部为低出叶，呈鞘状或鳞片状，包围在茎的基部，长1~22cm，基部红褐色至黑褐色；叶片退化为刺芒状。聚伞花序假侧生，含多花，排列紧密或疏散；总苞片圆柱形，生于顶端，似茎的延伸，直立，顶端尖锐；小苞片2枚，宽卵形，膜质，顶端尖；花淡绿色；花被片线状披针形，顶端锐尖，背脊增厚突出，黄绿色，边缘膜质，外轮者稍长于内轮；雄蕊3枚（偶有6枚）；花药长圆形，黄色，稍短于花丝；花柱极短；柱头3分叉。蒴果长圆形或卵形，顶端钝或微凹，黄褐色。种子卵状长圆形，黄褐色。花期4~7月，果期6~9月。

分布于华南、西南、华中、华东、东北及西北部分省份；世界温暖地区。生于河边、池旁、水沟、稻田旁、草地及沼泽湿处。

笄石菖　灯心草属
Juncus prismatocarpus R. Br.

多年生草本，具根状茎和多数黄褐色须根。茎丛生，圆柱形，或稍扁。叶基生和茎生，短于花序；基生叶少；叶片线形，通常扁平，顶端渐尖，绿色；叶鞘边缘膜质，有时带红褐色；叶耳稍钝。花序由5～30个头状花序组成，排列成顶生复聚伞花序，花序常分枝；头状花序半球形至近圆球形，有4～20朵花；叶状总苞片常1枚，线形，短于花序；花被片线状披针形至狭披针形。蒴果三棱状圆锥形，顶端具短尖头，淡褐色或黄褐色。种子长卵形，具短小尖头，蜡黄色，表面具纵条纹及细微横纹。

分布于华南、华东、华中及西南大部分省份。生于田地、溪边、路旁沟边、疏林草地以及山坡湿地。

莎草科　Cyperaceae

浆果薹草　薹草属
Carex baccans Nees

多年生草本，秆密丛生，直立粗壮，高0.8～1.5m。叶基生和秆生，平展，宽0.8～1.2cm，基部具红褐色宿存叶鞘。苞片叶状，长于花序，具长苞鞘；圆锥花序复出，长10～35cm，支花序3～8，单生，长圆形，长5～6cm，下部的1～3，疏离，余接近；支花序梗坚挺，基部的1枚长12～14cm，上部的渐短，通常不伸出苞鞘。果囊倒卵状球形或近球形，肿胀，长3.5～4.5mm，近革质，成熟时鲜红色或紫红色，有光泽，具多数纵脉，上部边缘与喙的两侧被短粗毛，基部具短柄，顶端骤缩呈短喙，喙口具2小齿。小坚果椭圆形，三棱形，长3～3.5mm，成熟时褐色，基部具短柄，顶端具短尖；花柱基部不增粗，柱头3个。花果期8～12月。

分布于广东、福建、台湾、广西、海南、四川、贵州和云南；马来西亚、越南、尼泊尔、印度。生于林边、河边及村边。

栗褐薹草　薹草属
Carex brunnea Thunb.

多年生草本，秆密丛生，高40～70cm，较细，锐三棱形，平滑，基部叶较多。叶长于或短于秆，宽2～3mm，下部对折，向上渐平展，两面和边缘均粗糙，鞘长不及5cm，膜质部分开裂；苞片下部的叶状，上部的刚毛状，鞘较短，褐绿色。小穗几个至十几个，常1～2生于苞鞘内，多数不分枝，稀疏，间距长达10cm以上，两性，雄雌顺序，雄花部分较雌花部分短，圆

柱形，长1.5～3cm，花多数密生，具柄；下部的柄长，上部的渐短；雌花鳞片卵形，长约2.5mm，先端急尖或钝，无short尖，膜质，淡黄褐色，具褐色短条纹，3脉。小坚果紧包于果囊内，近圆形，扁双凸状，黄褐色，基部无柄；花柱基部稍增粗，柱头2个。

分布于华南、华东、华中、西南及西北部分省份；日本、朝鲜、越南、印度、菲律宾、澳大利亚、尼泊尔。生于山坡、山谷的疏密林下或灌木丛中、河边、路边的荫处或水边的阳处。

中华薹草　薹草属
Carex chinensis Retz.

多年生草本。根状茎木质，丛生。秆中生，高30～45cm，纤细，有钝三棱，基部具褐棕色呈纤维状分裂的枯死叶鞘。叶长于秆，宽3～6mm，边缘外卷。小穗4～5个，疏远；顶生者雄性，圆柱形，长2～3.8cm，具长穗梗；侧生者雌性，有时基部具少数雄花，圆柱形，长2.5～5cm；基部小穗梗长3.5～7cm，向上则渐短；苞叶短，苞鞘长，稍扩大；雌花鳞片矩圆状披针形，长约3mm，顶端截形，有时微2裂或渐尖，具长芒，中间绿色，有3脉，两侧绿白色。果囊成熟后开展，菱形或倒卵形，微呈镰形弯，长3～3.5mm，黄绿色，疏被短柔毛，有多数脉，上部急缩成中等长的喙，喙顶端具2齿。小坚果菱形，长约2mm，有三棱，棱面凹，顶端具短喙；花柱基部膨大。

分布于广东、陕西、浙江、江西、福建、湖南、四川和贵州。生于林下。

十字薹草　薹草属
Carex cruciata Wahl.

多年生草本，根状茎粗壮，木质，具匍匐枝。秆丛生，高40～90cm，坚挺，三棱形，平滑。叶基生和秆生，长于秆，扁平，下面粗糙，上面光滑，边缘具短刺毛，基部具暗褐色、分裂成纤维状的宿存叶鞘。苞片叶状，长于支花序，基部具长鞘。圆锥花序复出，长20～40cm；小穗极多数，全部从枝先出叶中生出，横展，长5～12mm，两性，雄雌顺序；雄花部分与雌花部分近等长。雄花鳞片披针形，顶端渐尖，具短尖，膜质，淡黄白色，密生棕褐色斑点和短线；雌花鳞片卵形，长约2mm，顶端钝，具短芒，膜质，淡褐色，密生褐色斑点和短线，具3条脉。小坚果卵状椭圆形，三棱形，成熟时暗褐色；花柱基部增粗，柱头3个。花果期5～11月。

分布于华南、西南、华东及华中部分省份；喜马拉雅山南部地区、印度、马达加斯加、印度尼西亚、中南半岛和日本南部。生于林边或沟边草地、路旁、火烧迹地。

全草药用。治麻疹、肺热咳嗽、痢疾。

隐穗薹草　薹草属
Carex cryptostachys Brongn.

多年生草本，根状茎长，木质，外被暗褐色分裂成纤维状的残存老叶鞘。秆侧生，高12～30cm，扁三棱形，花葶状，柔弱。叶长于秆，宽6～15mm，平张，两面平滑，边缘粗糙，革质。苞片刚毛状，具鞘，鞘长5～15mm。小穗6～10个，几乎全部为雄雌顺序，长圆形或圆柱形，花疏生，雄花部分短；小穗柄纤细。雌花鳞片卵状长圆形，淡棕色或黄绿色，中脉绿色，顶端急尖或凸尖。果囊显

著长于鳞片，长圆状菱形至倒卵状纺锤形，微三棱状，膜质，黄绿色，上部密被短柔毛，边缘具纤毛，具多脉，基部楔形，具长约1mm的柄，顶端渐狭成短喙，喙口具2短齿。小坚果三棱状菱形，棱的中部凹缢，三个棱面中部凸出成腰状，上下凹入；花柱基部宿存，弯曲；柱头3个。花期冬季，果期春季。

分布于广东、福建、台湾、海南、广西和云南；越南、马来半岛、印度尼西亚、菲律宾、澳大利亚。生于密林下湿处、溪边。

蕨状薹草 薹草属
Carex filicina Nees

多年生草本，根状茎粗壮，木质。秆密丛生，高40～90cm，锐三棱形，无毛。叶平张，基部具紫红色或紫褐色、分裂成纤维状的宿存叶鞘。苞片叶状，长于支花序，具长鞘；圆锥花序复出，长20～50cm；小穗多数，开展或微开展，两性，雄雌顺序；雄花部分短于雌花部分，具3～7朵花；雌花部分具2～16朵花。雄花鳞片披针形，顶端渐尖，膜质，褐色或褐红色；雌花鳞片卵形或披针形，顶端渐尖或急尖，膜质，褐色、红褐色或淡褐色而有红褐色的斑点和短线，无毛，有1条中脉。果囊椭圆形或窄，下部黄白色，上部与鳞片同色，膜质，具稍外弯长喙。小坚果椭圆形，三棱形，长约1.5mm，成熟时黄褐色；花柱基部不增粗，柱头3个。果花期5～11月。

分布于华南、华东、西南及华中部分省份；印度、尼泊尔、斯里兰卡、缅甸、越南、马来西亚、印度尼西亚、菲律宾。生于林间或林边湿润草地。

花葶薹草 薹草属
Carex scaposa C. B. Carke

多年生草本，根状茎匍匐，木质。秆侧生，三棱形，基部具淡褐色无叶的鞘。叶基生和秆生；基生叶丛生，狭椭圆形、椭圆状倒披针形至椭圆状带形，有3条隆起的脉；秆生叶退化呈佛焰苞状，生于秆中部以下，褐色，纸质。圆锥花序复出，具3至数枚支花序；支花序圆锥状，轮廓为三角状卵形；支花序轴锐三棱形，密被短柔毛和褐色斑点；小苞片鳞片状，披针形，褐白色有深褐色斑点。小穗雄雌顺序，雄花鳞片卵状披针形，膜质，淡褐色；雌花鳞片卵形，膜质，中间黄绿色，有褐色斑点，具3条脉。果囊椭圆形，三棱形，纸质，淡黄绿色，密生褐色斑点。小坚果椭圆形，三棱形，成熟时褐色。

分布于华南、华东、西南及华中部分省份。生于常绿阔叶林林下、水旁、山坡阴处或石灰岩山坡峭壁上。

根花薹草 薹草属
Carex radiciflora Dunn

多年生草本，根状茎短，木质，坚硬。秆极短。叶长25～70cm，宽1.4～2cm，上部边缘微粗糙，先端渐尖，老叶鞘紫褐色纤维状；苞片鞘状，其下有3小叶包小穗成束。雌花鳞片卵形，先端钝，长约3mm，淡绿褐色，两侧近白色膜质，3脉。果囊斜展，卵状披针形，膨胀三棱形，长6～6.5mm，褐色，革质，微被毛，多脉隆起，具短柄，喙缘有细齿，喙口具2短齿。小坚果紧包果囊中，椭圆形，三棱状，长约3.5mm，深紫黑色，中部棱上缢缩，柄短直，喙长不及1mm，顶端碗状；花柱基部膨大，柱头3个。果期4～5月。

分布于广东、福建、广西和云南。生于溪边石隙中和林下荫处。

砖子苗 莎草属
Cyperus cyperoides (L.) Kuntze

草本。秆疏丛生，锐三棱形。叶常基生，有时茎生；小穗有花数朵，多少压扁，排成伞形花序式的头状花序或穗状花序；鳞片2列，小穗轴脱节于最下的2空鳞片之上；柱头3个。坚果三棱形。花果期4～10月。

分布于华南及西南省份；非洲、马来西亚、日本。生于田边、路旁草地。

全草或根状茎药用，有止咳化痰、宣肺解表、去瘀等作用。

风车草 莎草属
Cyperus flabelliformis Rottb.

多年生直立草本，根茎木质。根状茎短，粗大，须根坚硬。秆稍粗壮，高30～150cm，近圆柱状，上部稍粗糙，基部包裹以无叶的鞘，鞘棕色。苞片20枚，长几相等，较花序长约2倍，向四周展开，平展；辐射枝最长达7cm，每个第一次辐射枝具4～10个第二次辐射枝，最长达15cm；小穗密集于第二次辐射枝上端，椭圆形或长圆状披针形，压扁，具6～26朵花；小穗轴不具翅；鳞片覆瓦状排列，膜质，卵形，顶端渐尖，长约2mm，苍白色，具锈色斑点，或为黄褐色，具3～5条线；雄蕊3枚，花药线形，顶端具刚毛状附属物；花柱短，柱头3。小坚果椭圆形，近于三棱形，长为鳞片的1/3，褐色。花期6～8月，果期8～10月。

分布于华南、东北、华东、华中及华北部分省份；朝鲜。生于山坡、草地、路旁、林下。

常植于湿地作观赏植物；茎、叶有行气活血、退癀解毒等作用。治淤血作痛、蛇虫咬伤等。

畦畔莎草　莎草属
Cyperus haspan L.

多年生草本，根状茎短缩，或有时为一年生草本，具许多须根。秆丛生或散生，稍细弱，高达1m，扁三棱形，平滑。叶短于秆，宽2～3mm，或有时仅剩叶鞘而无叶片。苞片2枚，叶状，常较花序短；长侧枝聚伞花序复出或简单，少数为多次复出，具多数细长松散的第一次辐射枝；小穗通常3～6个呈指状排列，少数可多至14个，线形或线状披针形，具6～24朵花；小穗轴无翅。鳞片密覆瓦状排列，膜质，长圆状卵形，顶端具短尖，背面稍呈龙骨状凸起，绿色，两侧紫红色或苍白色，具3条脉，雄蕊1～3枚，花药线状长圆形，顶端具白色刚毛状附属物；花柱中等长，柱头3。小坚果宽倒卵形，三棱形，长约为鳞片的1/3，淡黄色，具疣状小凸起。果期很长，随地区而改变。

分布于广东、福建、台湾、广西、云南和四川；朝鲜、日本、越南、印度、马来西亚、印度尼西亚、菲律宾及非洲。生于水田或浅水塘等多水的地方，山坡上亦能见到。

碎米莎草　莎草属
Cyperus iria L.

一年生草本。秆丛生，扁三棱形，基部具少数叶。叶短于秆，宽2～5mm，平张或折合，叶鞘红棕色或棕紫色。叶状苞片3～5枚，下面的2～3枚常较花序长；穗状花序卵形或长圆状卵形；小穗排列松散，斜展开，长圆形、披针形或线状披针形，压扁，小穗轴上近于无翅；鳞片排列疏松，膜质，宽倒卵形，顶端微缺，具极短的短尖，不突出于鳞片的顶端，背面具龙骨状凸起，绿色，有3～5条脉，两侧呈黄色或麦秆黄色，上端具白色透明的边；雄蕊3枚，花丝着生在环形的胼胝体上，花药短，椭圆形，药隔不突出于花药顶端；花柱短，柱头3个。小坚果倒卵形或椭圆形，三棱形，与鳞片等长，褐色，具密的微凸起细点。花果期6～10月。

分布于华南、华东、华中、西南、西北及东北部分省份；朝鲜、日本、越南、印度、伊朗、澳大利亚、非洲北部以及美洲。生长于田间、山坡、路旁荫湿处。

全草有祛风除湿、调经利尿等作用，治风湿筋骨疼痛、慢性子宫炎、月经不调、痛经、经闭、瘫痪等。孕妇禁用。

毛轴莎草　莎草属
Cyperus pilosus Vahl.

多年生草本，匍匐根状茎细长。秆散生，粗壮，锐三棱形。叶平张，边缘粗糙；叶鞘短，淡褐色。苞片通常3枚，边缘粗糙；复出长侧枝聚伞花序具3～10个第一次辐射枝，每个第一次辐射枝具3～7个第二次辐射枝，聚成宽金字塔形的轮廓；穗状花序卵形或长圆形，具较多小穗；穗状花序轴上被较密的黄色粗硬毛；小穗二列，排列疏松，平展，线状披针形或线形，稍肿胀，具8～24朵花；鳞片排列稍松，宽卵形，背面具不明显的龙

骨状凸起，绿色，两侧褐色或红褐色，边缘具白色透明的边。小坚果宽椭圆形或倒卵形，三棱形，顶端具短尖，成熟时黑色。花果期8～11月。

分布于华南、西南和华东的部分省份；日本、越南、印度、尼泊尔、马来西亚、印度尼西亚、喜马拉雅山南部以及澳大利亚。生于水田边、河边潮湿处。

香附子　莎草属
Cyperus rotundus L.

多年生草本，高15～95cm，稍细，锐二棱状，基部块茎状。叶稍多，短于秆，宽2～5mm，平展；叶鞘棕色，常裂成纤维状。小穗斜展，线形，长1～3cm，宽1.5～2mm，具8～28朵花；小穗轴具白色透明较宽的翅；鳞片稍密覆瓦状排列，卵形或长圆状卵形，先端急尖或钝，长约3mm，中间绿色，两侧紫红色或红棕色，5～7脉；雄蕊3枚，花药线形；花柱长，柱头3，细长。小坚果长圆状倒卵形，三棱状，长为鳞片的1/3～2/5，具细点。花果期5～11月。

分布于华南、华东及西南部分省份；世界温暖地带。生于荒地、路边、沟边或田间向阳处。

全草药用，用于肝郁气滞、消化不良、月经不调、经闭痛经、寒疝腹痛和乳房胀痛等。

龙师草　荸荠属
Eleocharis tetraquetra Kom.

多年生草本，秆丛生，锐四棱柱状，秆基部具2～3叶鞘，叶鞘长7～10cm，下部紫红色，上部灰绿色，鞘口近截平，顶端短三角形具短尖。小穗稍斜生秆顶端，长卵状卵形或长圆形，褐绿色，具多花，基部3鳞片无花，上面2片对生，下部1片抱小穗基部一周。余鳞片均有1两性花，鳞片紧密覆瓦状排列，长圆形，先端钝舟状，纸质，背部中间绿色，两侧近锈色，边缘干膜质，1脉；下位刚毛6，稍长或等长于小坚果，疏生倒刺；柱头3个。小坚果倒卵形或宽倒卵形，微扁三棱状，背面隆起，长约1.2mm，淡褐色，近平滑，具粗短小柄；花柱基三棱状圆锥形，疏生乳头状凸起，宽约为小坚果的2/3～3/4。花果期9～11月。

分布于华南、华东及华中省份；日本。生长于水塘边或沟旁水边。

两歧飘拂草　飘拂草属
Fimbristylis dichotoma (L.) Vahl.

多年生草本，秆丛生，高15～50cm，无毛或被疏柔毛。叶线形，略短于秆或与秆等长，宽1～2.5mm，被柔毛或无，顶端急尖或钝，鞘革质，上端近于截形，膜质部分较宽而呈浅棕色。苞片3～4枚，叶状，通常有1～2枚长于花序，无毛或被毛；长侧枝聚伞花序复出，疏散或紧密；小穗单生于辐射枝顶端，卵形、椭圆形或长圆形，

长4~12mm，宽约2.5mm，具多数花；鳞片卵形、长圆状卵形或长圆形，长2~2.5mm，褐色，有光泽，脉3~5条，中脉顶端延伸成短尖；雄蕊1~2枚，花丝较短；花柱扁平，长于雄蕊，上部有缘毛，柱头2。小坚果宽倒卵形，双凸状，长约1mm，具7~9显著纵肋，网纹近似横长圆形，无疣状凸起，具褐色的柄。花果期7~10月。

分布于华南、华东、西南、东北及华北省份；印度、中南半岛、澳大利亚、非洲等地。生长于稻田或空旷草地上。

少穗飘拂草 飘拂草属
Fimbristylis schoenoides (Retz.) Vahl

多年生草本，根状茎极短，具须根。秆丛生，细长，高5~40cm，稍扁，平滑，具纵槽，基部具叶。叶短于秆，宽0.5~1mm，两边常内卷，上部边缘具小刺。苞片无或有1~2枚，线形，最长达2.5cm；长侧枝聚伞花序减退，仅具1~3小穗；小穗无柄或具柄，宽卵形、卵形或长圆状卵形，长5~16mm，宽3~4mm，具多数花；鳞片排列紧密，膜质，宽圆卵形，很凹，顶端圆；无短尖或有时中脉稍延伸出顶端，长约3mm，黄白色，具棕色短条纹，背面无龙骨状凸起，具多数脉；雄蕊3枚，花药线形，药隔白色，突出于顶端呈短尖；花柱长而扁平，基部扩大，中部以上具缘毛，柱头2。小坚果圆倒卵形或近于圆形，双凸状，具短柄，黄白色，表面具六角形网纹。花期8~9月，果期10~11月。

分布于广东、福建、台湾、海南、广西和云南；东南亚及澳大利亚。生于溪旁、荒地、沟边、路旁、水田边等低洼潮湿处。

黑莎草 黑莎草属
Gahnia tristis Nees

多年生草本，丛生，须根粗，具根状茎。秆粗壮，圆柱状，坚实，空心，有节。叶基生和秆生，具鞘，鞘红棕色，叶片狭长，极硬，硬纸质或几革质，长40~60cm，宽0.7~1.2cm，从下而上叶渐狭，顶端成钻形，边缘通常内卷，边缘及背面具刺状细齿。圆锥花序紧缩成穗状，长14~35cm，由7~15个卵形或矩形穗状花序所组成，下面的穗状花序较长，相距较远，渐上则渐短而相距渐紧密；雄蕊3枚，花丝细长，花药线状长圆形或线形，药隔顶端突出于花药外；花柱细长，柱头3，细长。小坚果倒卵状长圆形，三棱形，平滑，具光泽，骨质，未成熟时为白色或淡棕色，成熟时为黑色。花果期3~12月。

分布于广东、广西、福建、湖南和海南；日本。生于干燥的荒山坡或山脚灌木丛中。

割鸡芒（宽叶割鸡芒） 割鸡芒属
Hypolytrum nemorum (Vahl) Sprengel

多年生草本，根状茎粗短，木质，密被坚韧带红色的鳞片，具少数坚硬的须根。秆坚韧，直立，三棱形，具基生叶并常具1片秆生叶。叶超过秆之长，线形，向顶端渐狭，近革质，平张，向基部近对折，无毛，近顶端边缘具细刺，绝大部分光滑，基部呈鞘状，长5~15cm，近对折，淡褐色，边缘厚膜质，不闭合，在基生叶以下仅具少数鞘，鞘无叶片。穗状花序排列成伞房花序或复伞房花序，伞房花序近圆形，在花序下部的分枝几平展，上部的斜立；花序轴棱上具细刺粗糙，枝花序轴棱被糙硬毛，后期全变为粗糙；球穗单生，幼时倒卵形，至结果实时圆球形，具多数鳞片和小穗。小坚果圆卵形，双凸状，褐色，具少数稍不规则而隆起的纵皱纹。花果期4~8月。

分布于广东、广西、台湾和云南；印度、泰国、斯里兰卡、缅甸和越南。生于林中湿地或灌木丛中。

短叶水蜈蚣 水蜈蚣属
Kyllinga brevifolia Rottb.

多年生草本，根状茎长而匍匐，外被膜质、褐色的鳞片，具多数节间。秆成列散生，细弱，扁三棱形，平滑，基部不膨大，具4~5个圆筒状叶鞘，最下面2个叶鞘常为干膜质，棕色，鞘口斜截形，顶端渐尖，上面2~3个叶鞘顶端具叶片。叶柔弱，短于或稍长于秆，平张，上部边缘和背面中肋上具细刺。叶状苞片3枚，极展开，后期常向下反折；穗状花序单个，球形或卵球形，具极多数密生的小穗。小穗长圆状披针形或披针形，压扁，具1朵花；鳞片膜质，下面鳞片短于上面的鳞片，白色，具锈斑，少为麦秆黄色，背面的龙骨状凸起绿色，具刺；雄蕊1~3枚，花药线形；花柱细长，柱头2。小坚果倒卵状长圆形，扁双凸状，表面具密的细点。花果期5~9月。

分布于华南、华东、华中及西南大部分省份。非洲、马尔加什、喜马拉雅南部山区、印度、缅甸、越南、马来西亚、印度尼西亚、菲律宾、日本、澳大利亚、美洲。生于山坡荒地、路旁草丛中、田边草地、溪边、海边沙滩上。

单穗水蜈蚣 水蜈蚣属
Kyllinga nemoralis (J. R. Forster et G. Forster) Dandy ex Hutchinson et Dalziel

多年生草本，具匍匐根状茎。秆散生或疏丛生，细弱，扁锐三棱形，基部不膨大。叶通常短于秆，平张，柔弱，边缘具疏锯齿；叶鞘短，褐色，或具紫褐色斑点，最下面的叶鞘无叶片。苞片3~4，叶状，斜展，较花序长很多；穗状花序1个，少2~3个，卵圆形或球形，具极多数小穗；小穗近于倒卵形或披针状长圆形，顶端渐尖，压扁，具1朵花；鳞片膜质，舟状，苍白色或麦秆黄色，具锈色斑点，

两侧各具3～4条脉，背面龙骨状凸起具翅，翅的下部狭，从中部至顶端较宽，且延伸出鳞片顶端呈稍外弯的短尖，翅边缘具缘毛状细刺；雄蕊3枚；花柱长，柱头2枚。小坚果长圆形或倒卵状长圆形，较扁，棕色，具密的细点，顶端具很短的短尖。花果期5～8月。

分布于广东、广西、海南和云南；喜马拉雅南部山区、印度、缅甸、泰国、越南、马来西亚、印度尼西亚、菲律宾、日本、澳大利亚以及美洲热带地区。生于山坡林下、沟边、田边近水处、旷野潮湿处。

鳞籽莎 鳞籽莎属
Lepidosperma chinense Nees

多年生草本，具匍匐根状茎和须根。秆丛生，高45～90cm，圆柱状或近圆柱状，直立，坚挺；叶鞘紫黑色、淡紫黑色或麦秆黄色，开裂，边缘膜质；叶舌不甚显著。叶圆柱状，基生，较秆稍短，平滑，坚挺，无毛。苞片具鞘，圆柱状或半圆柱状，与秆等长或稍长；圆锥花序紧缩成穗状，长3～10cm；小穗密集，纺锤状长圆形，有1～2朵花；鳞片卵形或卵状披针形；雄蕊3枚，花丝较花药长1倍半，花药线形，顶端药隔突出；花柱细长，柱头3个，较花柱稍短。小坚果椭圆形，有光泽，无喙，基部为硬化的鳞片所包。花果期7～12月，有时在5月抽穗。

分布于广东、福建和湖南；马来西亚。生于山边、山谷疏荫下、湿地和溪边。

纤维可造纸。

白喙刺子莞 刺子莞属
Rhynchospora rugosa subsp. *borwnii* (Roemer et Schultes) T. Koyama

草本，根状茎极短。秆丛生，直立，纤细，高30～50cm，三棱形，平滑，无毛。叶鞘闭合，无毛，具多条纵肋，鞘口具极短叶舌；叶多数基生，秆生叶少而疏，狭线形，三棱形，较秆短，顶端渐尖，边缘微粗糙。苞片叶状，下面的具鞘，最上的不具鞘；圆锥花序由顶生和侧生伞房状长侧枝聚伞花序所组成，具多数小穗，顶生枝花序复出，松散；小穗椭圆形或近卵形，具7～8片鳞片，有花3～4朵，最下部的3～4片鳞片中空无花；雄蕊3枚，罕1～2个；子房倒卵形，花柱细长，柱头2个。小坚果宽椭圆状倒卵形，淡锈色，双凸状，具较深色的横皱纹，顶端具宿存的花柱基（喙）。花果期6～10月。

分布于华南、华东及华中部分省份；全球热带及亚热带地区。生于沼泽或河边潮湿的地方。

华刺子莞 刺子莞属
Rhynchospora chinensis Nees et Mey.

草本，根状茎极短。秆丛生，直立，纤细，三棱形，下部平滑，上部粗糙，基部具1～2个无叶片的鞘，鞘边缘膜质。叶基生和秆生，狭线形，宽1.5～2.5mm，向顶端渐狭，顶端渐尖，三棱形，边

缘粗糙。苞片狭线形，叶状，下面的具鞘，最上的具短鞘或不具鞘。圆锥花序由顶生和侧生伞房状长侧枝聚伞花序所组成，具多数小穗；小穗通常2～9个簇生成头状，披针形或卵状披针形，褐色，基部稍钝，顶端急尖，具鳞片7～8片，有2～3朵两性花；最下部鳞片中空无花，无花鳞片椭圆状卵形或卵形，较有花鳞片短小，有花鳞片2～3，宽卵形或披针状椭圆形，最上的鳞片不发达，无花；下位刚毛6，被顺刺；雄蕊3枚。小坚果宽椭圆状倒卵形。花果期5～10月。

分布于广东、山东、江苏、安徽、江西、福建、台湾和广西；马尔加什、斯里兰卡、缅甸、印度、越南、印度尼西亚、日本等。生于沼泽或潮湿的地方。

三俭草 刺子莞属
Rhynchospora corymbosa (L.) Britt.

多年生高大草本，具短而粗的根状茎。秆直立，粗壮，三棱形。叶鞘管状，抱秆，鞘口有短而宽的膜质叶舌；叶狭长，线形，宽9～17mm，扁平，平滑，边缘粗糙，顶端渐狭。在顶生枝花序下面的苞片3～5枚，叶状，具短鞘或几无鞘，其中最下的1～2枚较花序长；圆锥花序由顶生或侧生伞房状长侧枝聚伞花序所组成，大型，复出，辐射枝多数，松散展开，具极多数小穗，顶端着生小型长侧枝聚伞花序或总状花序；雄蕊3枚，花丝长，但不超过成熟小坚果的花柱基；花柱基部膨大，柱头2个，极短。小坚果长圆倒卵形，褐色，长3.5mm，扁，两面常凹凸不平，顶端具宿存的花柱基；花柱基钻状圆锥形，稍扁，基部与小坚果等宽，两面沿中线各有1条浅槽。花果期3～12月。

分布于广东、海南、台湾和云南；全球热带及亚热带地区。生于溪旁或山谷湿草地中。

刺子莞 刺子莞属
Rhynchospora rubra (Lour.) Makino

多年生草本，根状茎极短。秆丛生，直立，圆柱状，高30～65cm或稍长，平滑，径0.8～2mm，具细条纹，基部不具无叶片的鞘。叶基生，叶片钻状线形，长达秆的1/2或2/3，宽1.5～3.5mm，纸质，三棱形，稍粗糙；苞片4～10，叶状，长1～8.5cm，下部或近基部具密缘毛，上部或基部以上粗糙且多少反卷，背面中脉隆起粗糙，先端渐尖。头状花序顶生，球形，径1.5～1.7cm，棕色，小穗多数；小穗钻状披针形，长约8mm，鳞片7～8，有2～3单性花。小坚果倒卵形，长1.5～1.8mm，双凸状，近顶端被短柔毛，上部边缘具细缘毛，成熟后黑褐色，具细点；宿存花柱三角形。花果期5～11月。

分布于我国长江以南各省份及台湾；亚洲、非洲、大洋洲的热带地区。生于在各种环境条件下。

毛果珍珠茅（珍珠茅）　珍珠茅属
Scleria levis Retz.

多年生草本，匍匐根状茎木质，被紫色的鳞片。秆疏丛生或散生，三棱形，高可达90cm，粗糙。叶线形，向顶端渐狭，长约30cm，无毛，粗糙；叶鞘纸质，无毛；叶舌近半圆形，具髯毛。圆锥花序由顶生和1～2个侧生枝圆锥花序组成；枝圆锥花序的花序轴与分枝被微柔毛，有棱；小苞片刚毛状，基部有耳，耳上具髯毛；小穗单生或2个生在一起，褐色，单性；雄小穗窄卵形或长圆状卵形；雌小穗通常生于分枝的基部，披针形或窄卵状披针形，顶端渐尖；雄花具3枚雄蕊。小坚果球形或卵形，钝三棱形，顶端具短尖白色，表面具隆起的横皱纹，略呈波状，被微硬毛；下位盘3深裂，裂片披针状三角形，顶端急尖或具2～3个小齿，边缘反折，淡黄色。花果期6～10月。

分布于华南、华中及西南各省份；印度、斯里兰卡、马来西亚、越南、日本、印度尼西亚和澳大利亚。生于干燥处、山坡草地、密林下、潮湿灌木丛中。

高秆珍珠茅　珍珠茅属
Scleria terrestris (L.) Fass

多年生草本，匍匐根状茎木质，被深紫色鳞片。秆散生，三棱形，高0.6～1m，直径4～7mm，无毛。叶片长30～40cm，宽0.6～1cm；基部叶鞘无翅，中部的具宽1～3mm的翅，叶舌半圆形，被紫色髯毛。圆锥花序的分枝相距稍远；小苞片刚毛状，基部被微硬毛；雌小穗通常生于分枝基部，鳞片宽卵形或卵状披针形，长2～4mm，有时具锈色短条纹，先端具短尖；雄蕊3枚；柱头3个。小坚果球形或近卵形，直径2.5mm，有时略三棱形，顶端具短尖，白色或淡褐色，具网纹，横纹断续被微硬毛；下位盘直径约1.8mm，3浅裂或几不裂，裂片半圆形，先端圆钝，边缘反折，黄色。花果期5～10月。

分布于广东、广西、海南、福建、台湾、云南和四川；印度、斯里兰卡、马来西亚、印度尼西亚、泰国、越南。生于田边、路旁、山坡等干燥或潮湿的地方。

禾本科　Grameneae

粉单竹　簕竹属
Bambusa chungii McClure

乔木型，竿高达18m，直径6～8cm，梢端稍弯，幼时有显著白粉；竿壁厚3～5mm；竿环平，箨环具一圈木栓质，上有倒生棕色刺毛；箨鞘背面基部密生易脱落深色柔毛；箨耳窄长，边缘有繸毛；箨舌高约1.5mm；箨叶外反，淡黄绿色，卵状披针形，边缘内卷，背面密生刺毛。分枝高，每节具多数分枝，主枝较细，比侧枝稍粗，

小枝具6～7叶；叶质较厚，披针形或线状披针形，长10～20cm，宽1～3.5cm，下面初被微毛，后无毛，侧脉5～6对。箨鞘背面基部密生易脱落深色柔毛；箨耳窄长，边缘有繸毛；箨舌高约1.5mm；箨叶外反，淡黄绿色，卵状披针形，边缘内卷，背面密生刺毛。

分布于广东、湖南、福建和广西。生于沟边。

竹材韧性强，节间长，节平，适合劈篾编织精巧竹器、绞制竹绳等，是两广主要篾用竹种，亦是造纸业的上等原料；竹丛疏适中，可作为庭园绿化之用。

大眼竹　簕竹属
Bambusa eutuldoides McClure

乔木型，竿高6～12m，直径4～6cm，尾梢略弯；幼时薄被白蜡粉或近于无粉；竿壁厚约5mm，节处稍有隆起，竿基部数节于箨环上、下方各环生一圈灰白色绢毛；分枝常自竿基部第二或第三节开始，其中3枝较为粗长。箨鞘早落，革质，近外侧边缘一边有时具数条纵向黄白色细条纹，呈极不对称的拱形；箨耳极不相等，形状各异，质极脆；箨舌边缘呈不规则齿裂或条裂，被短流苏状毛；箨片直立，易脱落，背面疏生脱落性小刺毛。叶鞘无毛，背部具脊，纵肋隆起；叶舌截形，边缘具微齿；叶片披针形至宽披针形，上表面无毛，下表面密生短柔毛，先端骤渐尖，具粗糙钻状尖头。

分布于广东、广西和香港。生于村落附近及溪河两岸。

孝顺竹　簕竹属
Bambusa multiplex (Lour.) Raeuschel ex J. A. et J. H. Schult.

乔木型，竿高4～7m，直径1.5～2.5cm；幼时薄被白蜡粉，并于上半部被棕色至暗棕色小刺毛，老时则光滑无毛，竿壁稍薄；节处稍隆起；分枝自竿基部第二或第三节即开始，数枝乃至多枝簇生，主枝稍较粗长。竿箨幼时薄被白蜡粉，早落；箨鞘呈梯形，背面无毛，呈不对称的拱形；箨耳极微小以至不明显；箨舌边缘呈不规则的短齿裂；箨片直立，易脱落，狭三角形，背面散生暗棕色脱落性小刺毛，腹面粗糙，先端渐尖，基部宽度约与箨鞘先端近相等。末级小枝具5～12叶；叶鞘无毛，纵肋稍隆起，背部具脊；叶耳肾形，边缘具波曲状细长繸毛；叶舌圆拱形，边缘微齿裂；叶片线形，上表面无毛，下表面粉绿而密被短柔毛，先端渐尖，具粗糙细尖头。

分布于我国东南部至西南部省份。生于沟边。

撑篙竹　簕竹属
Bambusa pervariabilis McClure

乔木型，高10～15m，径4～6cm，节间长20～45cm，壁厚达8mm，表面绿色，幼时被白粉和易落白色细毛；基部节间具黄白色条纹，节上环生灰白色毛环。分枝坚挺且低。竿箨绿色，具淡色纵条纹，厚纸质，箨鞘先端呈不对称的圆拱形；箨耳明显，均具皱折，边缘具流苏状卷曲繸毛，大耳椭圆形下延，约比小耳大1倍，小耳卵

形；箨舌高2～5mm，边缘锯齿状；箨叶直立，长三角形，背面无毛，腹面有细刺毛。叶片长披针形，背面密生短柔毛。假小穗以数枚簇生于花枝各节，线性，长2～5cm；花丝短。颖果幼时宽卵球状，顶端被短硬毛，并有残留花柱和柱头。

分布于华南各省份。生于河溪两岸及村落附近。

竹材坚实挺直，可作棚架、撑篙、农具、家具及建筑用材，亦可劈篾编织竹器，节间去皮，刮下中间层为"竹茹"，可药用，治小儿惊病等症。

青皮竹　簕竹属
Bambusa textilis McClure

竿高8～10m，尾梢弯垂；幼时被白蜡粉，并贴生或疏或密的淡棕色刺毛，后变无毛，竿壁薄；节处平坦。箨鞘早落，革质，硬而脆，稍有光泽，背面近基部贴生暗棕色刺毛，箨耳较小，边缘具细弱波曲状繸毛，大耳狭长圆形至披针形，稍微向下倾斜，小耳长圆形，不倾斜；箨舌边缘齿裂，或有条裂，被短纤毛；箨片直立，卵状狭三角形，背面近基部处疏生暗棕色刺毛，先端的边缘内卷而成一钻状锐利硬尖头。叶鞘无毛，背部具脊，纵肋隆起；叶耳发达，常呈镰刀形，边缘具弯曲而呈放射状的繸毛；叶舌极低矮，边缘啮蚀状；叶片线状披针形至狭披针形，上表面无毛，下表面密生短柔毛，先端具钻状细尖头。

分布于华南、西南、华中及华东各省份。生于低海拔地的河边、村落附近。

花头黄　绿竹属
Dendrocalamopsis oldhamii (Munro) Keng f.f. revoluta

乔木型，竿绿色；节间夹有黄色纵条纹；节内常有一圈灰白色或浅黄白色的毛环。箨鞘顶端宽广，背面无毛，仅其基部生黄棕色刺毛；箨耳长圆形，常向外翻卷，边缘具稀疏短纤毛；箨舌高约1.5mm，上缘具细齿裂；箨片三角形，基部两侧稍外延，与箨耳略有相连。分枝习性较低，常自竿第三节开始分枝。外稃无小横脉；鳞被近卵形；花柱极短。

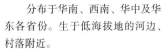

分布于广东。生于林中。

笋可食；竿供一般建筑之用。

箬叶竹（长耳箬竹）　箬竹属
Indocalamus longiauritus Hand.-Mazz.

灌木状，竿高2～3m，径1cm，中部节间长20～40cm；新竿深绿色，无毛，有白粉，节下具淡棕色贴生毛环，竿环较平，箨环木栓质隆起。竿箨短于节间，绿色，被棕褐色疣基刺毛，边缘具棕褐色纤毛；箨耳镰形，长0.4～1cm，缝毛放射状，长0.5～1cm；箨舌极短，微弧形；箨叶卵状披针形，抱茎，绿色，直立。叶鞘形扁，具白粉，叶耳镰状，缝毛长达1cm，放射状，后脱落；叶宽带状披针形，长13～35cm，宽2.5～7cm，下面淡绿色，无毛，侧脉7～13对；叶柄长0.5～1cm。

分布于华南、华中、华东及西南部分省份。生于山坡和路旁。

竿可作毛笔杆或竹筷；叶片可制斗笠等防雨用品。

箬竹　箬竹属
Indocalamus tessellatus (Munro) Keng f.

灌木状，竿高0.75～2m；节较平坦；竿环较箨环略隆起，节下方有红棕色贴竿的毛环。箨鞘长于节间，上部宽松抱竿，无毛，下部紧密抱竿，密被紫褐色伏贴疣基刺毛，具纵肋；箨耳无；箨舌厚膜质，截形，背部有棕色伏贴微毛；箨片大小多变化，窄披针形，易落。小枝具2～4叶；叶鞘紧密抱竿，有纵肋，背面无毛或被微毛；无叶耳；叶舌截形；叶片在成长植株上稍下弯，宽披针形或长圆状披针形，长20～46cm，宽4～10.8cm，先端长尖，基部楔形，下表面灰绿色，密被贴伏的短柔毛或无毛，中脉两侧或仅一侧生有一条毡毛，次脉8～16对，小横脉明显，形成方格状，叶缘生有细锯齿。圆锥花序（未成熟者）长10～14cm，花序主轴和分枝均密被棕色短柔毛；花药黄色。笋期4～5月，花期6～7月。

分布于广东、江西和湖南。生于山坡路旁。

叶片大型，多用以衬垫茶篓或装作各种防雨用品，亦可包裹粽子。

托竹　矢竹属
Pseudosasa cantori (Munro) P. C. Keng ex S. L. Chen et al.

灌木状，竹鞭的节间呈圆筒形，长2～3cm，直径4～5mm，中空微小，每节上包有宿存的箨鞘状苞片，并生根3条。竿高2～4m；箨鞘迟落，厚纸质或薄革质，棕黄色带紫色；先端近截形或稍作圆拱形，边缘密生金黄色纤毛；箨耳发达，半月形或镰形；箨舌拱形或截平面微凸起；箨片狭卵状披针形，先端长渐尖，具明显小横脉，边缘具细锯齿。叶鞘枯草色，带紫色，有光泽，背部在顶端具脊，无毛或有微毛，边缘生纤毛；叶耳镰形或半月形，老叶则叶片脱落；叶舌短矮，截形；叶片狭披针形乃至长圆状披针形，长12～32cm，宽12～45mm，先端渐尖，基部宽楔形，上表面深绿色，下表面淡绿色，次脉5～9对，边缘具细刺状锯齿，老叶秃净平滑；圆锥状或总状花序，着生于侧生叶枝的顶端；雄蕊3枚；子房长圆形，无毛，花柱极短，柱头3枚，羽毛状。果实未见。笋期3月，花期3～4月或7～8月。

分布于广东、香港、海南、江西和福建。生于低丘山坡或水沟边。

篲竹 矢竹属

Pseudosasa hindsii (Munro) Chu et Chao

灌木状，竿高3～5m，深绿色；节间无毛，幼时节下方具白粉，竿上部间被微毛；竿每节分3～5枝，枝直立，贴竿；二级分枝通常每节1或2枝。箨鞘宿存，革质，背部疏生白色或淡棕色刺毛，先端圆拱形；箨耳镰形，生有弯曲的继毛；箨舌拱形；箨片直立，宽卵状披针形，基部略向内收窄，先端渐尖。叶片线状披针形或狭长椭圆形，长7～22cm，先端渐尖，基部楔形，无毛或下表面被微毛，次脉3～5对，小横脉显著，叶缘的一边较平滑，另一边具向前倾斜的刺状锯齿；叶舌截形，坚硬；叶鞘枯草色或淡棕色，近无毛；叶耳无。总

状或圆锥花序着生在叶枝下方的侧枝顶端或混生仅有1叶片的枝顶，花序细长，具2～5枚小穗，基部复以具纵肋的叶鞘；果实未见。笋期5～6月，花期7～8月。

分布于广东、福建、台湾、广西和香港。生于沿海山地。

唐竹 唐竹属

Sinobambusa tootsik (Sieb.) Makino

乔木型，竿高5～12m，直径2～6cm，幼竿深绿色，被白粉，老竿有纵脉；节间在分枝一侧扁平而有沟槽；箨环木栓质隆起；竿环亦隆起。箨鞘早落，革质，近长方形，背面初为淡红棕色，并被薄白粉和贴生棕褐色刺毛，边缘具淡黄色而基部紫红色纤毛；箨耳棕褐色，表面粗糙或被绒毛，边缘具波曲继毛；箨舌呈拱形，边缘平整；箨片披针形乃至长披针形，绿色，外翻，具纵脉与小横脉，边缘具稀疏锯齿；竿中部每节通常分3枝，主枝稍粗，节环甚为隆起，具3～9叶；叶鞘边缘具纤毛；叶耳不明显；叶片呈披针形或狭披针形，次脉4～8对，小横脉存在，呈宽的长方形，边缘多具锯齿。笋期4～5月。

分布于广东、福建和广西。生于山坡、林下或山谷中。

竹材节间较长，常用作吹火管或搭棚架、筑篱笆等用；笋苦不堪食用；此竹生长茂盛，姿态潇洒，可作庭园观赏。

水蔗草 水蔗草属

Apluda mutica L.

多年生草本。秆高50～300cm，质硬，基部常斜卧并生不定根；节间上段常有白粉，无毛。叶片扁平，长10～35cm，宽3～15mm，两面无毛或沿侧脉疏生白色糙毛；先端长渐尖，基部渐狭成柄状；叶舌膜质，上缘微齿裂；叶鞘具纤毛或否。无柄小穗两性，第一颖长3～5mm，长卵形，绿色，7脉或更多；第二颖舟形，等长于第一颖，质薄而透明，5～7脉；第一小花雄性，略短于颖，长卵形，脉不明显；第二小花外稃舟形，1～3脉，先端2齿裂，无芒或于裂齿间生1膝曲芒；芒柱褐黄色，长1～2mm；花柱基部近合生，鳞被倒楔形，长

约0.2mm，上缘不整齐。颖果成熟时蜡黄色，卵形。花果期夏秋季。

分布于华南、西南及台湾；印度、日本、东南亚、澳大利亚及热带非洲。生于田边、水旁湿地及山坡草丛中。

幼嫩时可作饲料；据报道可入药治蛇伤。

石芒草 野古草属

Arundinella nepalensis Trin.

多年生草本，有具鳞片的根茎。秆直立，下部坚硬，高可达1.9m，无毛；节淡灰色，被柔毛，节间上段常具白粉，节上的分枝常可抽穗。叶鞘无毛或被短柔毛，边缘具纤毛或变无毛；叶舌干膜质，极短，上缘截平，具纤毛；叶片线状披针形，基部圆形，先端长渐尖，长10～40cm，无毛或具短疣毛及白色柔毛。圆锥花序疏散或稍收缩，主轴具纵棱，无毛；分枝细长，近轮生；小穗灰绿色至紫黑色；颖无毛；第一颖卵状披针形，具3～5脉，脊上稍粗糙，先端渐尖；第二颖等长于小穗，5脉，先

端长渐尖；第一小花雄性，第二小花两性，外稃成熟时棕褐色，薄革质，无毛或微粗糙；芒宿存，芒柱棕黄色；基盘具毛。颖果棕褐色，长卵形，顶端截平。花果期9～11月。

分布于华南、华东、华中及西南大部分省份；热带东南亚至大洋洲、非洲。生于山坡草丛中。

芦竹 芦竹属

Arundo donax L.

多年生草本，具发达根状茎。秆粗大直立，高3～6m，直径1～3.5cm，坚韧，具多数节，常生分枝。叶鞘长于节间，无毛或颈部具长柔毛；叶舌截平，先端具短纤毛；叶片扁平，上面与边缘微粗糙，基部白色，抱茎。圆锥花序极大型，长30～90cm，宽3～6cm，分枝稠密，斜升；小穗含2～4小花；外稃中脉延伸成短芒，背面中部以下密生长柔毛，基盘两侧上部具短柔毛，第一外稃长约1cm；内稃长约为外稃之半。颖果细小黑色。花果期9～12月。

分布于广东、海南、广西、贵州和云南。生于河岸道旁、砂质壤土上。

秆为制管乐器中的簧片。茎是制优质纸浆和人造丝的原料。幼嫩枝叶是牲畜的良好青饲料。

地毯草 地毯草属

Axonopus compressus (Sw.) Beauv.

多年生草本。具长匍匐枝。秆压扁，高8～60cm，节密生灰白色柔毛。叶鞘松弛，压扁，呈脊，边缘质较薄，近鞘口处常疏生毛；叶舌长约0.5mm；叶片扁平，质地柔薄，长5～10cm，宽2～12mm，两

面无毛或上面被柔毛，近基部边缘疏生纤毛。总状花序2～5个，长4～8cm，最长2个成对而生，呈指状排列在主轴上；小穗长圆状披针形，长2.2～2.5mm，疏生柔毛，单生；第一颖缺；第二颖与第一外稃等长或第二颖稍短；第一内稃缺；

第二外稃革质，短于小穗，具细点状横皱纹，先端钝而疏生细毛，边缘稍厚，包着同质内稃；鳞片2，折叠，具细脉纹；花柱基分离，柱头羽状，白色。

分布于广东、台湾、广西和云南；世界各热带和亚热带地区。生于荒野、路旁较潮湿处。

全草可作牧草；也可用于营造草坪。

硬秆子草　细柄草属
Capillipedium assimile (Steud.) A. Camus

多年生亚灌木状草本。秆高1.8～3.5m，坚硬似小竹，多分枝，分枝常向外开展而将叶鞘撑破。叶片线状披针形，长6～15cm，宽3～6mm，顶端刺状渐尖，基部渐窄，无毛或被糙毛。圆锥花序长5～12cm，宽约4cm，分枝簇生，疏散而开展，枝腋内有柔毛，小枝顶端有2～5节总状花序，总状花序轴节间易断落，长1.5～2.5mm，边缘变厚，被纤毛。无柄小穗长圆形，长2～3.5mm，背腹压扁，具芒，淡绿色至淡紫色，有被毛的基盘；第一颖顶端窄而截平，背部粗糙乃至疏被小糙毛，具2脊，脊上被硬纤毛，脊间有不明显的2～4脉；第二颖与第一颖等长，顶端钝或尖，具3脉；第一外稃长圆形，顶端钝，长为颖的2/3；芒膝曲扭转，长6～12mm。具柄小穗线状披针形，常较无柄小穗。花果期8～12月。

分布于华南、华中及西南部分省份；印度东北部、中南半岛、印度尼西亚及日本。生于河边、林中或湿地上。

细柄草　细柄草属
Capillipedium parviflorum (R. Br.) Stapf.

多年生簇生草本。秆直立或基部稍倾斜，高50～100cm，不分枝或具数直立、贴生的分枝。叶片线形，长15～30cm，宽3～8mm，顶端长渐尖，基部收窄，近圆形，两面无毛或被糙毛；叶舌干膜质，边缘具短纤毛；叶鞘无毛或有毛。圆锥花序长圆形，分枝簇生，可具1～2回小枝，纤细光滑无毛，枝腋间具细柔毛，小枝为具1～3节的总状花序，总状花序轴节间与小穗柄长为无柄小穗之半，边缘具纤毛。无柄小穗基部具髯毛；第一颖背腹扁，具4脉；第二颖舟形，与第一颖等长，具3脉。有柄小穗中性或雄性，无芒，二颖均背腹扁。花果期8～12月。

分布于华南、华东、华中和西南各省份。生于草地、河边、灌丛中。

酸模芒（假淡竹叶）　酸模芒属
Centotheca lappacea (L.) Desv.

多年生草本，具短根状茎。秆直立，具4～7节。叶片长椭圆状披针形，长6～15cm，宽1～2cm，具横脉，上面疏生硬毛，顶端渐尖，基部渐窄，成短柄状或抱茎；叶舌干膜质；叶鞘平滑，一侧边缘具纤毛。圆锥花序分枝斜升或开展，分枝斜升或开展，微粗糙，基部主枝长达15cm；小穗柄生微毛；小穗含2～3小花；颖披针形，具3～5脉，脊粗糙；第一外稃具7脉，顶端具小尖头，第二与第三外稃两侧边缘贴生硬毛，成熟后其毛伸展、反折或形成倒刺；内稃狭窄，脊具纤毛；雄蕊2枚。颖果椭圆形。花果期6～10月。

分布于华南、华东、西南及港澳台地区。生于林下、林缘和山谷蔽荫处。

薏米　薏苡属
Coix lacryma-jobi var. *ma-yuen* (Romanet du Caillaud) Stapf

一年生草本。秆高1～1.5m，具6～10节，多分枝。叶片宽大开展，无毛。总状花序腋生，雄花序位于雌花序上部，具5～6对雄小穗。雌小穗位于花序下部，为甲壳质的总苞所包；总苞椭圆形，先端成颈状之喙，并具一斜口，基部短收缩，长8～12mm，宽4～7mm，有纵长直条纹，质地较薄，揉搓和手指按压可破，暗褐色或浅棕色。颖果大，长圆形，长5～8mm，宽4～6mm，厚3～4mm，腹面具宽沟，基部有棕色种脐，质地粉性坚实，白色或黄白色。雄小穗长约9mm，宽约5mm；雄蕊3枚，花药长3～4mm。花果期7～12月。

分布于华南、华东、华中、西南、东北、华北及西北部分省份；印度、缅甸、泰国、越南、马来西亚、印度尼西亚、菲律宾。生于温暖潮湿的边地和山谷溪沟。

颖果又称薏苡仁，磨粉面食，为价值很高的保健食品。薏苡仁入药有健脾、利尿、清热、镇咳之功效。叶与根均作药用。秆叶为家畜的优良饲料。

狗牙根　狗牙根属
Cynodon dactylon (L.) Pers.

多年生低矮草本，具根茎。秆细而坚韧，下部匍匐地面蔓延甚长，节上常生不定根，直立部分高10～30cm，秆壁厚，光滑无毛，有时略两侧压扁。叶片线形，长1～12cm，宽1～3mm，通常两面无毛；叶舌仅为一轮纤毛；叶鞘微具脊，无毛或有疏柔毛，鞘口常具柔毛。穗状花序；小穗灰绿色或带紫色，长2～2.5mm，仅含1小花；颖长1.5～2mm，第二颖稍长，均具1脉，背部成脊而边缘膜质；外稃舟形，具3脉，背部明显成脊，脊上被柔毛；内稃与外稃近等长，具2脉。鳞被上缘近截平；花药淡紫色；子房无毛，柱头紫红色。颖果长圆柱形。花果期5～10月。

分布于新疆、甘肃及黄河以南的各省份；世界温暖地区。生于低海拔地带的田边、地角、旷野、路旁、旱地、果园及庭园中。

根茎蔓延力很强，广铺地面，为良好的固堤保土植物，常用以铺建草坪或球场；生于果园或耕地时，则为难除灭的有害杂草。

弓果黍　弓果黍属
Cyrtococcum patens (L.) A. Camus

一年生草本。秆较纤细。叶片线状披针形或披针形，顶端长渐尖，基部稍收狭或近圆形，两面贴生短毛，老时渐脱落，边缘稍粗糙，近基部边缘具疣基纤毛；叶舌膜质，顶端圆形；叶鞘常短于节间，边缘及鞘口被疣基毛或仅见疣基，脉间亦散生疣基毛。圆锥花序由上部秆顶抽出；分枝纤细，腋内无毛，小穗柄长于小穗；小穗被细毛或无毛，颖具3脉，第一颖卵形，长为小穗的1/2，顶端尖头；第二颖舟形，长约为小穗的2/3，顶端钝；第一外稃约与小穗等长，具5脉，顶端钝，边缘具纤毛；第二外稃背部弓状隆起，顶端具鸡冠状小瘤体；第二内稃长椭圆形，包于外稃中。花果期9月至翌年2月。

分布于广东、江西、广西、福建、台湾和云南等省份。生于丘陵杂木林或草地较荫湿处。

龙爪茅　龙爪茅属
Dactyloctenium aegyptium (L.) Beauv.

一年生草本。秆直立，高15～60cm，或基部横卧地面，于节处生根且分枝。叶鞘松弛，边缘被柔毛；叶舌膜质，长1～2mm，顶端具纤毛；叶片扁平，长5～18cm，宽2～6mm，顶端尖或渐尖，两面被疣基毛。穗状花序2～7个指状排列于秆顶，长1～4cm，宽3～6mm；小穗长3～4mm，含3小花；第一颖沿脊龙骨状凸起上具短硬纤毛，第二颖顶端具短芒，芒长1～2mm；外稃中脉成脊，脊上被短硬毛，第一外稃长约3mm；有近等长的内稃，其顶端2裂，背部具2脊，背缘有翼，翼缘具细纤毛；鳞被2，楔形，折叠，具5脉。囊果球状，长约1mm。花果期5～10月。

分布于华南、华东及华中各省份；世界热带及亚热带地区。生于山坡或草地。

可作草皮及牧草。

马唐　马唐属
Digitaria sanguinalis (L.) Scop.

一年生草本。秆直立或下部倾斜，膝曲上升，高10～80cm，无毛或节生柔毛。叶片线状披针形，长5～15cm，宽4～12mm，基部圆形，边缘较厚，微粗糙，具柔毛或无毛；叶舌长1～3mm；叶鞘短于节间，无毛或散生疣基柔毛。总状花序长5～18cm，4～12枚成指状着生于主轴上；穗轴直伸或开展，两侧具宽翼，边缘粗糙；小穗椭圆状披针形；第一颖小，短三角形，无脉；第二颖具3脉，披针形，长为小穗的1/2左右，脉间及边缘大多具柔毛；第一外稃等长于小穗，具7脉，中脉平滑，两侧的脉间距离较宽，无毛，脉间及边缘生柔毛；第二外稃近革质，灰绿色，顶端渐尖，等长于第一外稃。花果期6～9月。

分布于华南、西北、华北、西南、华东及华中部分省份；两半球的温带和亚热带山地。生于路旁、田野。

牛筋草（蟋蟀草）　穆属
Eleusine indica (L.) Gaertn.

一年生草本。根系极发达。秆丛生，基部倾斜，高10～90cm。叶鞘两侧压扁而具脊，松弛，无毛或疏生疣毛；叶舌长约1mm；叶片平展，线形，长10～15cm，宽3～5mm，无毛或上面被疣基柔毛。穗状花序2～7个指状着生于秆顶，很少单生，长3～10cm，宽3～5mm；小穗长4～7mm，宽2～3mm，含3～6小花；颖披针形，具脊，脊粗糙；第一颖长1.5～2mm；第二颖长2～3mm；第一外稃长3～4mm，卵形，膜质，具脊，脊上有狭翼，内稃短于外稃，具2脊，脊上具狭翼。囊果卵形，长约1.5mm，基部下凹，具明显的波状皱纹。鳞被2，折叠，具5脉。花果期6～10月。

分布于全国各省份；世界温带和热带地区。生于荒芜之地及道路旁。

可作牛羊饲料。药用。又可作造纸原料。

画眉草　画眉草属
Eragrostis pilosa (L.) Beauv.

一年生草本。秆高15～60cm，4节。叶片无毛，线形扁平或卷缩，长6～20cm，宽2～3mm；叶舌有一圈纤毛；叶鞘扁，疏散包茎，鞘缘近膜质，鞘口有长柔毛。圆锥花序开展或紧缩，长10～25cm，宽2～10cm；分枝单生、簇生或轮生，上举，腋间有长柔毛；小穗长0.3～1cm，宽1～1.5mm，有4～14小花；颖膜质，披针形，第一颖长约1mm，无脉，第二颖长约1.5mm，1脉；外稃宽卵形，先端尖，第一外稃长约1.8mm；内稃迟落或宿存，长约1.5mm，稍弓形弯曲，脊有纤毛；雄蕊3枚，花药长约0.3mm。颖果长圆形，长约0.8mm。花果期8～11月。

分布于全国大部分省份。生于路旁、旷地。

为优良饲料；药用治跌打损伤。

牛虱草　画眉草属
Eragrostis unioloides (Retz.) Nees ex Steud.

一年或多年生草本。秆直立或下部膝曲，具匍匐枝，通常3～5节，高20～60cm，径2～3mm。叶鞘松裹茎，光滑无毛，鞘口具长毛；叶舌极短，膜质，叶片平展，近披针形，先端渐尖，长2～20cm，宽3～6mm，上面疏生长毛，下面光滑。圆锥花序开展，长圆形，每节一个分枝，腋间无毛；小穗柄长0.2～1cm；小穗长圆形或锥形，含小花10～20朵；小花密集而覆瓦状排列，成熟时开展并呈紫色；小穗轴宿存；颖披针形，先端尖，具1脉，第一颖长1.5～2mm，第二颖长2～2.5mm；第一外稃长约2mm，广卵圆形，侧脉明显隆起，并密生细点，先端急尖；内稃稍短于外稃，具2脊，脊上有纤毛，成熟时与外稃同时脱落；雄蕊2枚，花药紫色。颖果椭圆形，长约0.8mm。花果期8～10月。

分布于华南、西南、华东及港澳台部分省份；亚洲和非洲的热带地区。生于荒山、草地、庭园、路旁等地。

耳稃草（三脉草） 耳稃草属
Garnotia patula (Munro) Benth.

多年生草本。秆丛生，直立，无毛，节具短毛。叶鞘具脊，多聚集于基部，鞘颈密生短毛；叶舌膜质，具小纤毛；叶片线形至线状披针形，扁平，急尖或渐尖，两面均生疣基长柔毛或下面无毛，边缘微粗糙。圆锥花序疏松开展，主轴具棱，粗糙，分枝硬直，上升或伸展，基部者多3枚簇生，向顶端孪生或单生；小穗狭披针形，基部被1圈短毛；两颖等长或第一颖稍短，先端渐尖至具短芒头，具3脉，脉上粗糙；外稃与颖等长，质较厚，成熟时呈棕黑色，具3脉，先端渐尖具芒，芒细弱，稍粗糙；内稃膜质，稍短于外稃，近基部边缘具耳，耳以上至顶端具软柔毛。花果期8～12月。

分布于广东、福建和广西等省份。生于林下、山谷和湿润的田野路旁。

大白茅（丝茅） 白茅属
Imperata cylindrica var. *major* (Nees) C. E. Hubbard

多年生草本。秆直立，具节，节具白柔毛。叶鞘无毛或上部及边缘具柔毛，鞘口具疣基柔毛；叶舌干膜质，顶端具细纤毛；叶片线形或线状披针形，长10～40cm，宽2～8mm，顶端渐尖，中脉在下面明显隆起并渐向基部增粗或成柄，边缘粗糙，上面被细柔毛；顶生叶短小，长1～3cm。圆锥花序穗状，长6～15cm，宽1～2cm，分枝短缩而密集，有时基部较疏松；小穗柄顶端膨大成棒状，无毛或疏生丝状柔毛，长柄长3～4mm，短柄长1～2mm；雄蕊2枚，花药黄色，长2～3mm，先雌蕊而成熟；柱头2枚，紫黑色，自小穗顶端伸出。颖果椭圆形。花果期5～8月。

分布于华南、华东、华中、西北及西南大部分省份；非洲东南部、阿富汗、伊朗、印度、斯里兰卡、马来西亚、印度尼西亚（爪哇）、菲律宾、日本至大洋洲。生于自谷地河床至干旱草地、空旷地、果园地、撂荒地、田坎、堤岸和路边。

根茎药用或作保健饮料，有清热利尿、凉血止血等作用。

细毛鸭嘴草（纤毛鸭嘴草） 鸭嘴草属
Ischaemum ciliare Retzius

多年生草本。秆直立或基部平卧至斜升，直立部分高达50cm，节上密被白色髯毛。叶鞘疏生疣毛；叶舌膜质，上缘撕裂状；叶片线形，长可达12cm，宽可达1cm，两面被疏毛。总状花序2（偶见3～4）个孪生于秆顶，开花时常互相分离，长5～7cm或更短；总状花序轴节间和小穗柄的棱上均有长纤毛。无柄小穗倒卵状矩圆形，第一颖革质，先端具2齿，两侧上部有阔翅，边缘有短纤毛，背面上部具5～7脉，下部光滑无毛；第二颖较薄，舟形，等长于第一颖，下部光滑，上部具脊和窄翅，先端渐尖，

边缘有纤毛；第一小花雄性，外稃纸质，脉不明显，先端渐尖；第二小花两性，外稃较短，先端2深裂至中部，裂齿间着生芒；芒在中部膝曲；有柄小穗具膝曲芒。花果期夏秋季。

分布于广东、浙江、福建、台湾、广西和云南等省份；印度、东南亚各国。生于山坡草丛中和路旁及旷野草地。

本种幼嫩时可作饲料。

淡竹叶 淡竹叶属
Lophatherum gracile Brongn.

多年生草本。须根中部膨大呈纺锤形小块根。秆直立，疏丛生，高40～80cm，具5～6节。叶鞘平滑或外侧边缘具纤毛；叶舌质硬，长0.5～1mm，褐色，背有糙毛；叶片披针形，长6～20cm，宽1.5～2.5cm，具横脉，有时被柔毛或疣基小刺毛，基部收窄成柄状。圆锥花序长12～25cm，分枝斜升或开展，长5～10cm；小穗线状披针形，长7～12mm，宽1.5～2mm，具极短柄；颖顶端钝，具5脉，边缘膜质，第一颖长3～4.5mm，第二颖长4.5～5mm；第一外稃长5～6.5mm，宽约3mm，具7脉，顶端具尖头，内稃较短，其后具长约3mm的小穗轴；不育外稃向上渐狭小，互相密集包卷，顶端具长1.5mm的短芒；雄蕊2枚。颖果长椭圆形。花果期6～10月。

分布于华南、华东、华中及西南大部分省份；印度、斯里兰卡、缅甸、马来西亚、印度尼西亚、新几内亚岛及日本。生于山坡、林地或林缘、道旁荫蔽处。

刚莠竹 莠竹属
Microstegium ciliatum (Trin.) A. Camus

一年生蔓生草本。秆基部匍匐地面，节处生根并向上分枝，高30～80cm，光滑无毛。叶鞘无毛或边缘有纤毛；叶舌紫色，长1～2mm，背部生短毛；叶片线状披针形，长5～10cm，宽4～10mm，先端渐尖，基部狭窄，无毛或上面疏生柔毛。总状花序3～5个，呈指状排列于秆顶，草黄色；总状花序轴节间长约3mm，小穗柄边缘皆具纤毛；无柄小穗线状披针形，基盘毛长约1mm；第一颖背部中央具一纵沟，顶端有2微齿，两脊中上部疏生纤毛，脊间具2～4脉；第二颖具3脉，脊上具纤毛，先端延伸成短芒；第二外稃先端2微齿间伸出细芒，稍扭转；第二内稃长约0.8mm；雄蕊3枚。有柄小穗稍小于其无柄小穗。花果期夏秋季。

分布于广东和台湾；印度、尼泊尔。生于荫湿草地。

蔓生莠竹 莠竹属
Microstegium fasciculatum (Linnaeus) Henrard

多年生草本。秆高达1m，多节，下部节着土生根并分枝。叶鞘无毛或鞘节具毛；叶片长12～15cm，宽5～8mm，顶端丝状渐尖，基部狭窄，不具柄，两面无毛，微粗糙。总状花序3～5个，带紫色，着生于无毛的主轴上；总状花序轴节间呈棒状，稍短于小穗

的 1/3，较粗厚，边缘具短纤毛，背部隆起，无毛；无柄小穗长圆形，基盘具柔毛；第一颖纸质，先端钝，微凹缺，脊中上部具硬纤毛，背部常刺状粗糙；第二颖膜质，稍尖或有小尖头；第一小花雄性；第二外稃微小，卵形，2 裂，芒从裂齿间伸出，中部膝曲，芒柱棕色，扭转；第二内稃卵形，顶端钝或具 3 齿，无脉，长为其外稃的 2 倍；雄蕊 3 枚。有柄小穗与其无柄小穗相似，但第一颖脊上粗糙而无毛。花果期 8～10 月。

分布于广东、海南和云南；印度、缅甸、泰国、印度尼西亚（爪哇）、马来西亚。生于林缘和林下荫湿地。

五节芒　芒属
Miscanthus floridulus (Lab.) Warb.ex Schum et Laut.

多年生草本，具发达根状茎。秆高 2～4m，无毛，节下具白粉，叶鞘无毛，鞘节间微毛；叶舌长 1～2mm，顶端具纤毛；叶片披针状线形，长 25～60cm，宽 1.5～3cm，扁平，基部渐窄或呈圆形，顶端长渐尖，中脉粗壮隆起，两面无毛，或上面基部有柔毛，边缘粗糙。圆锥花序大型，稠密，长 30～50cm，主轴粗壮，延伸达花序的 2/3 以上，无毛；分枝较细弱，通常 10 多枚簇生于基部各节，具二至三回小枝，腋间生柔毛；总状花序轴的节间长 3～5mm，小穗柄无毛，顶端稍膨大；雄蕊 3 枚，橘黄色；花柱极短，柱头紫黑色，自小穗中部之两侧伸出。花果期 5～10 月。

分布于广东、江苏、浙江、福建、台湾、海南和广西等省份；亚洲东南部太平洋诸岛屿至波利尼西亚。生于低海拔撂荒地、丘陵潮湿谷地和山坡或草地。

茎叶可作造纸原料；根药用，有利尿作用；植株嫩时可作牛饲料。

芒　芒属
Miscanthus sinensis Anderss.

多年生苇状草本。秆高 1～2m，无毛或在花序以下疏生柔毛；叶舌膜质。叶片线形，长 20～50cm，下面疏生柔毛及被白粉，边缘粗糙。圆锥花序直立，主轴无毛，延伸至花序的中部以下，节与分枝腋间具柔毛；分枝直立，不再分枝或基部分枝具第二次分枝；小枝节间三棱形；小穗披针形，黄色有光泽，基盘具丝状毛；第一颖顶具 3～4 脉，边脉上部粗糙，顶端渐尖，背部无毛；第二颖常具 1 脉，上部内折之边缘具纤毛；第一外稃长圆形，膜质，边缘具纤毛；第二外稃先端 2 裂，裂片间具 1 芒，芒柱稍扭曲，第二内稃长约为其外稃的 1/2；雄蕊 3 枚，稃褐色，先雌蕊而成熟；柱头羽状，紫褐色，从小穗中部之两侧伸出。颖果长圆形，暗紫色。花果期 7～12 月。

分布于华南、西南、华东及华中部分省份；朝鲜、日本。生于山地、丘陵和荒坡原野。

秆纤维用途较广，作造纸原料等。

类芦　类芦属
Neyraudia reynaudiana (Kunth) Keng

多年生草本，具木质根状茎，须根粗而坚硬。秆直立，高 2～3m，径 5～10mm，通常节具分枝，节间被白粉；叶鞘无毛，仅沿颈部具柔毛；叶舌密生柔毛；叶片长 30～60cm，宽 5～10mm，扁平或卷折，顶端长渐尖，无毛或上面生柔毛。圆锥花序长 30～60cm，分枝细长、开展或下垂；小穗长 6～8mm，含 5～8 小花，第一外稃不孕，无毛；颖片短小；长 2～3mm；外稃长约 4mm，边脉生有长约 2mm 的柔毛，顶端具长 1～2mm 向外反曲的短芒；内稃短于外稃。花果期 8～12 月。

分布于华南、西南、华中及华东部分省份；印度至亚洲东南部。生于河边、山坡或砾石草地。

竹叶草　求米草属
Oplismenus compositus (L.) Beauv.

多年生草本，秆较纤细，基部平卧地面，节着地生根。叶片披针形至卵状披针形，基部多少包茎而不对称，近无毛或边缘疏生纤毛，具横脉。圆锥花序，主轴无毛或疏生毛；分枝互生而疏离；小穗孪生（有时其中 1 个小穗退化），稀上部者单生；颖草质，近等长，边缘常被纤毛；第一小花中性，外稃革质，与小穗等长，先端具芒尖，具 7～9 脉，内稃膜质，狭小或缺；第二外稃革质，平滑，光亮，边缘内卷，包着同质的内稃；鳞片 2，薄膜质，折叠。花果期 9～11 月。

分布于广东、江西、四川、贵州、台湾和云南等省份。生于疏林下荫湿处。

露籽草　露籽草属
Ottochloa nodosa (Kunth) Dandy

多年生蔓生草本。秆下部横卧地面并于节上生根，上部倾斜直立。叶鞘短于节间，边缘仅一侧具纤毛；叶片披针形，质较薄，顶端渐尖，基部圆形至近心形，边缘稍粗糙。圆锥花序多少开展，分枝上举，纤细，疏离，互生或下部近轮生，分枝粗糙具棱，小穗有短柄，椭圆形；颖草质，第一颖具 5 脉，第二颖具 5～7 脉；第一外稃草质，有 7 脉，第一内稃缺；第二外稃骨质，与小穗近等长，平滑，顶端两侧压扁，呈极小的鸡冠状。花果期 7～9 月。

分布于广东、广西、福建、台湾和云南等省份。生于疏林下或林缘。

短叶黍　黍属
Panicum brevifolium L.

一年生草本。秆基部常伏卧地面，节上生根，花枝高达0.5m。叶鞘短于节间，松弛，被柔毛或边缘被纤毛；叶舌膜质，顶端被纤毛；叶片卵形或卵状披针形，长2~6cm，顶端尖，基部心形，包秆，两面疏被粗毛，边缘粗糙或基部具疣基毛。圆锥花序卵形，开展，主轴直立，常被柔毛，通常在分枝和小穗柄的着生处下具黄色腺点；小穗椭圆形，具蜿蜒的长柄；颖背部被疏刺毛；第一颖近膜质，长圆状披针形，稍短于小穗，具3脉；第二颖薄纸质，较宽，与小穗等长，背部凸起，顶端喙尖，具5脉；第一外稃长圆形，与第二颖近等长，顶端喙尖，具5脉，有近等长且薄膜质的内稃；第二外稃卵圆形，顶端尖，具不明显的乳突。鳞被薄而透明，局部折叠，具3脉。花果期5~12月。

分布于广东、福建、广西、贵州、江西和云南等省份；非洲和亚洲热带地区。生于荫湿地和林缘。

大黍　黍属
Panicum maximum Jacq.

多年生，簇生高大草本。根茎肥壮。秆直立，高达3m，粗壮，光滑，节上密生柔毛。叶鞘疏生疣基毛；叶舌膜质，顶端被长睫毛；叶片宽线形，硬，长20~60cm，宽1~1.5cm，上面近基部被疣基硬毛，边缘粗糙，顶端长渐尖，基部宽，向下收狭呈耳状或圆形。圆锥花序大而开展，分枝纤细，下部的轮生，腋内疏生柔毛；小穗长圆形，顶端尖，无毛；第一颖卵圆形，长约为小穗的1/3，具3脉，侧脉不甚明显，顶端尖，第二颖椭圆形，与小穗等长，具5脉，顶端喙尖；第一外稃与第二颖同形、等长，具5脉，其内稃薄膜质，与外稃等长，具2脉，有3枚雄蕊，花丝极短，白色；第二外稃长圆形，革质，与其内稃表面均具横皱纹。鳞被具3~5脉，局部增厚，肉质，折叠。花果期8~10月。

分布于广东和台湾等省份。生于荒野路旁。

心叶稷（心叶黍）　黍属
Panicum notatum Retz.

多年生草本。秆坚硬，直立或基部倾斜，具分枝，高60~120cm。叶鞘质硬，短于节间，边缘被纤毛；叶舌极短，为一圈毛；叶片披针形，长5~12cm，宽1~2.5cm，顶端渐尖，基部心形，无毛或疏生柔毛，边缘粗糙，近基部常具疣基毛，脉间具横脉，有时主脉偏斜，在下面明显。圆锥花序开展，长10~23cm，分枝纤细，下部裸露，上部疏生小穗；小穗椭圆形，绿

色，后变淡紫色，长2.3~2.5mm，无毛或贴生微毛，具长柄；第一颖阔卵形至卵状椭圆形，几与小穗等长，具5脉，顶端尖；第一外稃与第二颖同形，具5脉，其内稃缺；第二外稃革质，平滑、光亮，具脊，椭圆形，顶端尖略短于小穗，灰绿色至褐色。鳞被具5脉；局部折叠，透明。花果期5~11月。

分布于广东、福建、台湾、广西、云南和西藏等省份；菲律宾、印度尼西亚等地。生于林缘。

铺地黍　黍属
Panicum repens L.

多年生草本。根茎粗壮发达。秆直立，坚挺，高50~100cm。叶鞘光滑，边缘被纤毛；叶舌长约0.5mm，顶端被睫毛；叶片质硬，线形，长5~25cm，宽2.5~5mm，干时常内卷，呈锥形，顶端渐尖，上表皮粗糙或被毛，下表皮光滑；叶舌极短，膜质，顶端具长纤毛。圆锥花序开展，长5~20cm，分枝斜上，粗糙，具棱槽；小穗长圆形，长约3mm，无毛，顶端尖；第一颖薄膜质，长约为小穗的1/4，基部包卷小穗，顶端截平或圆钝，脉常不明显；第二颖约与小穗近等长，顶端喙尖，具7脉，第一小花雄性，其外稃与第二颖等长；雄蕊3枚，其花丝极短，花药长约1.6mm，暗褐色；第二小花结实，长圆形，长约2mm，平滑、光亮，顶端尖；鳞被脉不清晰。花果期6~11月。

分布于全国各省份；世界热带和亚热带。生于海边、溪边以及潮湿之处。

两耳草　雀稗属
Paspalum conjugatum Bergius

多年生草本。植株具长达1m的匍匐茎，秆直立部分高30~60cm。叶鞘具脊，无毛或上部边缘及鞘口具柔毛；叶舌极短，与叶片交接处其长约1mm的一圈纤毛；叶片披针状线形，长5~20cm，宽5~10mm，质薄，无毛或边缘具疣柔毛。总状花序2个，纤细，长6~12cm，开展；穗轴宽约0.8mm，边缘有锯齿；小穗柄长约0.5mm；小穗卵形，覆瓦状排列成两行；第二颖与第一外稃质地较薄，无脉，第二颖边缘具长丝状柔毛。第二外稃变硬，背面略隆起，卵形，包卷同质的内稃。颖果长约1.2mm。花果期5~9月。

分布于广东、台湾、云南、海南和广西；世界热带及温暖地区。生于田野、林缘、潮湿草地上。

圆果雀稗　雀稗属
Paspalum scrobiculatum var. *orbiculare* (G. Forster) Hackel

多年生草本。秆直立，丛生，高30~90cm。叶鞘长于其节间，无毛，鞘口有少数长柔毛，基部者生有白色柔毛；叶舌长约1.5mm；叶片长披针形至线形，长10~20cm，宽5~10mm，大多无毛。总状花序长3~8cm，2~10枚相互间距排列于长1~3cm的主轴上，分枝腋间有长柔毛；穗轴宽1.5~2mm，边缘微粗糙；小穗椭圆形或倒卵形，长2~2.3mm，单生于穗轴一侧，覆瓦状排列成两行；小穗柄微粗糙，长

约0.5mm；第二颖与第一外稃等长，具3脉，顶端稍尖；第二外稃等长于小穗，成熟后褐色，革质，有光泽，具细点状粗糙。花果期6～11月。

分布于华南、华东、西南及华中部分省份；亚洲东南部至大洋洲。生于荒坡、草地、路旁及田间。

狼尾草　狼尾草属
Pennisetum alopecuroides (L.) Spreng.

多年生草本。须根较粗壮。秆直立，丛生，高达1.2m，在花序下密生柔毛。叶鞘光滑，两侧压扁，主脉呈脊，在基部者跨生状，秆上部者长于节间；叶舌具纤毛；叶片线形，长10～80cm，宽3～8mm，先端长渐尖，基部生疣毛。圆锥花序直立；主轴密生柔毛；刚毛粗糙，淡绿色或紫色；小穗通常单生，偶有双生，线状披针形；第一颖微小或缺膜质，先端钝，脉不明显或具1脉；第二颖卵状披针形，先端短尖，具3～5脉，长约为小穗的1/3～2/3；第一小花中性，第一外稃与小穗等长，具7～11脉；第二外稃与小穗等长，披针形，具5～7脉，边缘包着同质的内稃；鳞被2，楔形；雄蕊3枚；花柱基部联合。颖果长圆形。花果期夏秋季。

分布于华南、东北、华北、华东、中南及西南各省份；日本、印度、朝鲜、缅甸、巴基斯坦、越南、菲律宾、马来西亚、大洋洲及非洲。生于田岸、荒地、道旁及小山坡上。

可作饲料；是编织或造纸的原料；常作为土法打油的油杷子；也可作固堤防沙植物。

芦苇　芦苇属
Phragmites australis (Cav.) Trin. ex Steud.

多年生草本，根状茎十分发达。秆直立，高1～3m，直径1～4cm，具20多节，基部和上部的节间较短，最长节间位于下部第4～6节，长20～25（40）cm，节下被蜡粉。叶鞘下部者短于上部者，长于节间；叶舌边缘密生一圈长约1mm纤毛，两侧缘毛长3～5mm，易脱落；叶片长30cm，宽2cm。圆锥花序大型，长20～40cm，分枝多数，着生稠密下垂的小穗；小穗柄无毛；小穗长约12mm，含4花；颖具3脉，第一颖长4mm；第二颖长约7mm；第一不孕外稃雄性，长约12mm，第二外稃长约11mm，具3脉，顶端长渐尖，基盘延长，两侧密生等长于外稃的丝状柔毛，与无毛的小穗轴相连接处具明显关节，成熟后易自关节上脱落；内稃长约3mm，两脊粗糙；雄蕊3枚。颖果长约1.5mm。

分布于全国各省份。生于江河湖泽、池塘沟渠沿岸和低湿地。为全球广泛分布的多型种。除森林生境不生长外，在各种有水源的空旷地带，芦苇常以其迅速扩展的繁殖能力，形成连片的芦苇群落。

金丝草　金发草属
Pogonatherum crinitum (Thunb.) Kunth

多年生草本，秆丛生，直立或基部稍倾斜，高10～30cm，具纵条纹，粗糙，通常3～7节，节上被白色髯毛，少分枝。叶片线形，扁平，稀内卷或对折，长1.5～5cm，宽1～4mm，顶端渐尖，基部为叶鞘顶宽的1/3，两面均被微毛而粗糙；叶舌短，纤毛状；叶鞘短于或长于节间，向上部渐狭，稍不抱茎，边缘薄纸质，除鞘口或边缘被细毛外，余均无毛，有时下部的叶鞘被短毛。穗形总状花序单生于秆顶，长1.5～3cm（芒除外），宽约1mm，细弱而微弯曲，乳黄色；雄蕊1枚，花药细小；花柱自基部分离为2枚；柱头帚刷状。颖果状长圆形，长约0.8mm。有柄小穗与无柄小穗同形同性，但较小。花果期5～9月。

分布于华南、华东、华中及西南各省份；日本、中南半岛、印度等地。生于田埂、山边、路旁、河、溪边、石缝瘠土或灌木下荫湿地。

本植物全株入药，有清凉散热、解毒、利尿淋之功效。又是牛马羊喜食的优良牧草。

筒轴茅　筒轴茅属
Rottboellia cochinchinensis (Loureiro) Clayton

一年生粗壮草本。须根粗壮，常具支柱根。秆直立，高可达2m，亦可低矮丛生，无毛。叶鞘具硬刺毛或变无毛；叶舌上缘具纤毛；叶片线形，长可达50cm，宽可达2cm，中脉粗壮，无毛或上面疏生短硬毛，边缘粗糙。总状花序粗壮直立，上部渐尖；总状花序轴节间肥厚，易逐节断落。无柄小穗嵌生于凹穴中，第一颖质厚，卵形，背面糙涩，先端钝或具2～3微齿，多脉，边缘具极窄的翅；第二颖质较薄，舟形；第一小花雄性，花药常较第二小花的短小而色深；第二小花两性，花药黄色；雌蕊柱头紫色。颖果长圆状卵形。有柄小穗之小穗柄与总状花序轴节间愈合，小穗着生在总状花序轴节间1/2～2/3部位，绿色，卵状长圆形，含2雄性小花或退化。花果期秋季。

分布于广东、福建、台湾、广西、四川、贵州和云南等省份；热带非洲、亚洲、大洋洲。生于田野、路旁草丛中。

幼嫩时可作饲料。

囊颖草　囊颖草属
Sacciolepis indica (L.) A. Chase

一年生草本，通常丛生。秆基常膝曲，高达1m，有时下部节上生根。叶鞘具棱脊，短于节间，常松弛；叶舌膜质，顶端被短纤毛；叶片线形，长5～20cm，宽2～5mm，基部较窄，无毛或被毛。圆锥花序紧缩成圆筒状，向两端渐狭或下部渐狭，主轴无毛，具棱，分枝短；小穗卵状披针形，向顶渐尖而弯曲，绿色或染以紫色，无毛或被疣基毛；第一颖为小穗长的1/3～2/3，通常具3脉，基部包裹小穗，第二颖背部囊状，与小穗等长，具明显的7～11脉，通常9脉；

第一外稃等长于第二颖，通常9脉；第一内稃退化或短小，透明膜质；第二外稃平滑而光亮，长约为小穗的1/2，边缘包着较其小而同质的内稃；鳞被2，阔楔形，折叠，具3脉；花柱基分离。颖果椭圆形。花果期7~11月。

分布于华南、华东、西南及中南各省份；印度至日本及大洋洲。生于湿地或淡水中，常见于稻田边、林下等地。

斑茅 甘蔗属
Saccharum arundinaceum Retz.

多年生高大丛生草本。秆粗壮，具多数节，无毛。叶片宽大，线状披针形，长1~2m，宽2~5cm，顶端长渐尖，基部渐变窄，中脉粗壮，无毛，上面基部生柔毛，边缘锯齿状粗糙；叶舌膜质，顶端截平；叶鞘长于其节间，基部或上部边缘和鞘口具柔毛。圆锥花序大型，稠密，长30~80cm，宽5~10cm，主轴无毛，每节着生2~4枚分枝，分枝2~3回分出，腋间被微毛；总状花序轴节间与小穗柄细线形，长3~5mm，被长丝状柔毛，顶端稍膨大。颖果长圆形，长约3mm，胚长为颖果之半。花果期8~12月。

分布于华南、华东、华中、西南及西北部分省份；印度、缅甸、泰国、越南、马来西亚。生于山坡和河岸溪涧草地。

嫩叶可供牛马的饲料；秆可编席和造纸。

金色狗尾草 狗尾草属
Setaria glauca (L.) Beauv.

一年生草本，单生或丛生。秆直立或基部倾斜膝曲，近地面节可生根。叶鞘下部扁压具脊，边缘薄膜质，光滑无纤毛；叶舌具一圈纤毛，叶片线状披针形或狭披针形，先端长渐尖，基部钝圆，上面粗糙，近基部疏生长柔毛。圆锥花序紧密呈圆柱状或狭圆锥状，直立，刚毛金黄色或稍带褐色，先端尖，第一颖宽卵形或卵形，具3脉；第二颖宽卵形，具5~7脉，第一小花雄性或中性，第一外稃与小穗等长或微短，具5脉，其内稃膜质，具2脉；第二小花两性，外稃革质，等长于第一外稃。先端尖，成熟时，背部极隆起，具明显的横皱纹；鳞被楔形。花果期6~10月。

分布于全国各省份。生于林边、山坡、路边和荒芜的园地及荒野。

为田间杂草，秆、叶可作牲畜饲料，可作牧草。

棕叶狗尾草 狗尾草属
Setaria palmifolia (Koen.) Stapf

多年生草本。秆直立或基部稍膝曲，具支柱根。叶片纺锤状宽披针形，长20~59cm，宽2~7cm，先端渐尖，基部窄缩呈柄状，近基部边缘有长约5mm的疣基毛，具纵深皱折，两面具疣毛或无毛；叶舌长约1mm，具长2~3mm的纤毛；叶鞘松弛，具密或疏疣毛，少数无毛，上部边缘具较密而长的疣基纤毛，毛易脱落，下部边缘薄纸质，无纤毛。圆锥花序主轴延伸甚长，呈开展或稍狭窄的塔形，长20~60cm，宽2~10cm，主轴具棱角，分枝排列疏松，甚粗糙，长达

30cm；成熟小穗不易脱落。花柱基部联合。颖果卵状披针形，成熟时往往不带着颖片脱落，长2~3mm，具不甚明显的横皱纹。花果期8~12月。

分布于华南、华中、华东及西南部分省份；非洲、大洋洲、美洲、亚洲的热带和亚热带地区。生于山坡或谷地林下荫湿处。

颖果含丰富淀粉，可供食用；根可药用治脱肛、子宫脱垂。

皱叶狗尾草 狗尾草属
Setaria plicata (Lam.) T. Cooke

多年生草本。须根细而坚韧。秆通常瘦弱；节和叶鞘与叶片交接处常具白色短毛。叶片质薄，椭圆状披针形或线状披针形，先端渐尖，基部渐狭呈柄状，具较浅的纵向皱折；叶舌边缘密生纤毛。圆锥花序狭长圆形或线形，分枝斜向上升，上部者排列紧密，下部者具分枝，排列疏松而开展，主轴具棱角；小穗着生小枝一侧，卵状披针状，绿色或微紫色，颖果狭长形，先端具硬而小的尖头；鳞被2，花柱基部联合。花果期6~10月。

分布于华南、华中及西南等部分省份。生于山坡林下、沟谷地荫湿处或路边杂草地上。

果实成熟时，可供食用。

狗尾草 狗尾草属
Setaria viridis (L.) Beauv.

一年生草本。叶片扁平，长三角状狭披针形或线状披针形，先端长渐尖或渐尖，基部钝圆形，几呈截状或渐窄，长4~30cm，宽2~18mm，通常无毛或疏被疣毛，边缘粗糙；叶舌极短，缘有纤毛；叶鞘松弛。圆锥花序紧密呈圆柱状或基部稍疏离，直立或稍弯垂，主轴被较长柔毛，长2~15cm，宽4~13mm（除刚毛外），刚毛长4~12mm，粗糙或微粗糙，直或稍扭曲，通常绿色或褐黄色到紫红色或紫色；小穗常3枚簇生；刚毛黄绿色或变紫色，粗糙。颖果灰白色。花果期5~10月。

分布于全国各省份；世界温带和亚热带地区。生于荒野、路边、旱地、果园等处。

可作饲料，也是田间杂草；根、种子有祛风明目、清热利尿等作用。

稗荩 稗荩属
Sphaerocaryum malaccense (Trin.) Pilger

一年生草本。秆下部卧伏地面，于节上生根，上部稍斜升，具多节，高10~30cm。叶鞘短于节间，被基部膨大的柔毛；叶舌短小，顶端具长约1mm的纤毛；叶片卵状心形，基部抱茎，长1~1.5cm，宽6~10mm，边缘粗糙，疏生硬毛。圆锥花序卵形；长2~3cm，宽1~2cm，秆上部的1、2叶鞘内常有隐藏或外露的花序，分枝斜升，小穗柄长1~3mm，中部具黄色腺点；小穗含1小花，长约1mm；颖透明膜质，无毛，第一颖长约为

小穗的 2/3，无脉，第二颖与小穗等长或稍短，具 1 脉；外稃与小穗等长，被细毛，内稃与外稃同质且等长，稍内卷；雄蕊 3 枚，花药黄色，细小，长约 0.3mm；花柱 2，柱头帚状。颖果卵圆形，棕褐色，长约 0.7mm。花果期秋季。

分布于华南、华东及西南大部分省份；印度、斯里兰卡、马来西亚、菲律宾、越南、缅甸。生于灌丛或草甸中。

鼠尾粟 鼠尾粟属
Sporobolus fertilis (Steud.) W. D. Clayt.

多年生草本。须根较粗壮且较长。秆直立，丛生，高可达 1.2m，平滑无毛。叶鞘疏松裹茎，基部者较宽，平滑无毛或其边缘稀具极短的纤毛，下部者长于而上部者短于节间；叶舌极短，纤毛状；叶片质较硬，平滑无毛，或仅上面基部疏生柔毛，通常内卷，少数扁平，先端长渐尖，长 15～65cm，宽 2～5mm。圆锥花序较紧缩呈线形，常间断，或稠密近穗形，分枝较坚硬，直立，与主轴贴生或倾斜，基部者较长，但小穗密集着生其上；小穗灰绿色且略带紫色；颖膜质，第一颖小，先端尖或钝，具 1 脉；外稃等长于小穗，先端稍尖，具 1 中脉及 2 不明显侧脉；雄蕊 3 枚，花药黄色。囊果成熟后红褐色，明显短于外稃和内稃，长圆状倒卵形或倒卵状椭圆形，顶端截平。花果期 3～12 月。

分布于华南、华东、华中、西南及西北大部分省份；印度、缅甸、斯里兰卡、泰国、越南、马来西亚、印度尼西亚、菲律宾、日本、俄罗斯等地。生于田野路边、山坡草地及山谷湿处和林下。

菅 菅属
Themeda villosa (Poir.) A. Camus

多年生草本。秆粗壮，多簇生，高 1～2m 或更高。两侧压扁或具棱，实心，髓白色。叶片线形，长可达 1m，宽 0.7～1.5cm；基部渐狭，顶端渐尖，两面微粗糙，中脉粗，白色，在叶背凸起，侧脉显著，叶缘稍增厚而粗糙；叶舌膜质，短，顶端具短纤毛；叶鞘光滑无毛，下

部具粗脊。多回复出的大型伪圆锥花序，由具佛焰苞的总状花序组成，长可达 1m；总状花序长 2～3cm，每总状花序由 9～11 小穗组成。颖草质，第一颖狭披针形，具 13 脉，背面被疏毛，第二颖长约 8mm，具 5 脉，半透明，上部边缘具纤毛。外稃长 7～8mm，透明，边缘具睫毛；内稃较短，透明，卵状；雄蕊 3 枚。颖果被毛或脱落，成熟时栗褐色。花果期 8 月至翌年 1 月。

分布于华南、华东及西南大部分省份；印度、中南半岛、菲律宾等地。生于山坡灌丛、草地或林缘向阳处。

粽叶芦 粽叶芦属
Thysanolaena latifolia (Roxburgh ex Hornemann) Honda

多年生草本，丛生草本。秆高 2～3m，直立粗壮，具白色髓部，不分枝。叶鞘无毛；叶舌长 1～2mm，质硬，截平；叶片披针形，长 20～50cm，宽 3～8cm，具横脉，顶端渐尖，基部心形，具柄。圆锥花序大型，柔软，长达 50cm，分枝多，斜向上升，下部裸露，基部主枝长达 30cm；小穗长 1.5～1.8mm，小穗柄长约 2mm，具关节；颖片无脉，长为小穗的 1/4；第一花仅具外稃，约等长于小穗；第二外稃卵形，厚纸质，背部圆，具 3 脉，顶端具小尖头，边缘被柔毛；内稃膜质，较短小；花药长约 1mm，褐色。颖果长圆形，长约 0.5mm。一年有两次花果期，春夏或秋季。

分布于广东、台湾、广西和贵州；印度、中南半岛、印度尼西亚、新几内亚岛。生于山坡、山谷或树林下和灌丛中。

秆高大坚实，作篱笆或造纸，叶可裹粽，花序用作扫帚。栽培作绿化观赏用。

主要参考文献

戴宝合. 2011. 野生植物资源学（第二版）[M]. 北京：中国农业出版社.

傅立国. 1989. 中国珍稀濒危植物 [M]. 上海：上海教育出版社.

傅立国. 1999—2009. 中国高等植物（1—12卷）[M]. 青岛：青岛出版社.

国家环保局，中国科学院植物研究所. 1992. 中国植物红皮书——稀有濒危植物（第1册）[M]. 北京：科学出版社.

国家环境保护局自然保护司保护区与物种管理处. 1991. 珍稀濒危植物保护与研究 [M]. 北京：中国环境科学出版社.

蒋谦才，李镇魁. 2008. 中山野生植物 [M]. 广州：广东科技出版社.

李镇魁，詹潮安. 2010. 潮汕中草药 [M]. 广州：广东科技出版社.

陆耀东，赖惠清，李镇魁，等. 2012. 观赏珍稀濒危植物 [M]. 广州：广东科技出版社.

全国中草药汇编编写组编. 1977. 全国中草药汇编彩色图谱 [M]. 北京：人民卫生出版社.

宋朝枢. 1989. 中国珍稀濒危保护植物 [M]. 北京：中国林业出版社.

王瑞江. 2017. 广东维管植物多样性编目 [M]. 广州：广东科技出版社.

吴兆洪，秦仁昌. 1991. 中国蕨类植物科属志 [M]. 北京：科学出版社.

徐颂军，李娘辉. 2002. 识花认草 [M]. 广州：广东人民出版社.

徐祥浩，徐颂军. 1998. 奇花异木和国家保护植物 [M]. 广州：广东人民出版社.

叶华谷，彭少麟. 2006. 广东植物多样性编目 [M]. 广州：世界图书出版社广东有限公司.

中国科学院华南植物研究所. 1987—2011. 广东植物志（1—9卷）[M]. 广州：广东科技出版社.

中国科学院中国植物志编辑委员会. 1959—2004. 中国植物志（1—80卷）[M]. 北京：科学出版社.

中文名索引

A

艾蒿　161
艾胶算盘子　72
爱地草　151
暗色菝葜　191
凹叶冬青　111

B

八角　20
八角枫　130
巴豆　70
巴戟天　153
菝葜　191
白苞蒿　161
白背黄花稔　66
白背算盘子　72
白背叶　72
白粉藤　120
白桂木　103
白花地胆草　165
白花龙　140
白花蛇舌草　152
白花酸藤子　138
白花悬钩子　81
白花油麻藤　93
白喙刺子莞　206
白酒草　164
白蜡树　143
白兰　19
白簕花　131
白楸　73
白瑞香　46
白舌紫菀　162
白棠子树　179
白颜树　103
白叶瓜馥木　22
白叶藤　146
白英　174
白子菜　167
百齿卫矛　114
百日青　17
柏拉木　58
稗荩　216
斑茅　216
斑叶鹤顶兰　200
斑叶野木瓜　31

半边莲　172
半边旗　8
薄叶红厚壳（横经席）　62
薄叶碎米蕨　8
北江荛花　46
北江十大功劳　31
崩大碗　132
笔管草　2
笔管榕　108
闭鞘姜　188
蓖麻　74
薜荔　107
蝙蝠草　89
鞭叶铁线蕨　9
扁担杆　62
扁担藤　121
变叶榕　108
变叶树参　131
滨盐肤木　128
柄果槲寄生　117
柄叶鳞毛蕨　13
驳骨丹　142
舶梨榕（梨果榕）　107

C

苍耳　170
糙果茶　52
糙叶树　102
草胡椒　34
草龙　45
草珊瑚（九节茶）　35
茶　52
豺皮樟　26
长瓣马铃苣苔　177
长柄蕗蕨　4
长柄鼠李　118
长刺酸模（假菠菜）　42
长萼堇菜（犁头草）　37
长花厚壳树　173
长箭叶蓼　41
长节耳草　152
长蒴母草　176
长尾毛蕊茶　51
长叶木姜子（黄丹木姜子）　26
长叶铁角蕨（长生铁角蕨）　11
长叶竹柏　17
长柱瑞香　46

长叶柞木　48
常春藤　131
常春卫矛　115
常绿荚蒾（坚荚蒾）　159
常山　76
巢蕨　11
沉水樟　24
撑篙竹　207
赪桐　181
橙黄玉凤花　199
秤星树（梅叶冬青、岗梅）　110
鳞花　154
匙羹藤　148
齿果草（莎萝莽）　38
赤车　110
赤楠蒲桃　57
赤杨叶　140
翅柃　53
重瓣臭茉莉　181
稠　101
臭独行菜（臭荠）　37
臭辣树　122
臭茉莉　181
楮（小构树）　104
川鄂栲（红背锥）　98
春云实　86
唇边书带蕨　9
唇柱苣苔（长蒴苣苔）　177
刺齿半边旗　7
刺齿泥花草　176
刺瓜　147
刺果藤　64
刺毛杜鹃　134
刺蒴麻　63
刺叶桂樱　78
刺芋　193
刺芫荽　133
刺子莞　206
粗喙秋海棠　50
粗糠柴　73
粗叶木　153
粗叶榕（五指毛桃）　106
粗叶悬钩子　80
酢浆草　43
催乳藤　148
翠云草　2

D

大白茅（丝茅） 212

大苞鸭跖草 186

大茶药 143

大车前 171

大果冬青 112

大果马蹄荷 96

大花黄杨 97

大花枇杷 77

大花忍冬 158

大青 181

大青薯 194

大黍 214

大头茶 54

大香秋海棠 51

大血藤 32

大芽南蛇藤（哥兰叶） 114

大眼竹 207

大叶臭（花）椒 124

大叶桂樱 78

大叶红叶藤 128

大叶黄杨 97

大叶千斤拨 91

大叶石上莲 177

大叶土蜜树 70

大叶新木姜子 29

大叶紫珠 180

带唇兰 201

单毛刺蒴麻（小刺蒴麻） 63

单穗水蜈蚣 205

单叶厚唇兰 198

单叶双盖蕨 10

单叶新月蕨 11

淡黄荚蒾 159

淡竹叶 212

当归藤 138

倒地铃 125

倒卵叶野木瓜 31

稻槎菜 167

灯笼石松 1

灯心草 201

地胆头 165

地耳草（田基黄） 61

地锦（爬山虎） 121

地稔 59

地毯草 209

地桃花（肖梵天花） 67

滇魔芋（滇磨芋） 192

吊皮锥 99

吊钟花 134

蝶花荚蒾 159

丁公藤 175

丁香杜鹃 135

鼎湖血桐 72

定心藤（甜果藤） 116

东风草（大头艾纳香） 163

东南爬山虎 121

东南茜草 156

豆腐柴 182

豆梨 79

毒根斑鸠菊 169

独行千里（尖叶槌果藤） 36

独蒜兰 201

杜虹花 179

杜茎山 139

杜英 63

短柄半边莲（棱茎半边莲） 172

短梗冬青 110

短梗幌伞枫 132

短毛金线草 40

短尾越橘 136

短小蛇根草 155

短序润楠 27

短叶赤车（小赤车） 109

短叶黍 214

短叶水蜈蚣 205

短柱肖菝葜 190

断线蕨 14

多花杜鹃 134

多花勾儿茶 118

多花黄精 190

多花兰 198

多脉青冈（密脉青冈） 100

多脉酸藤子 139

E

鹅掌柴（鸭脚木） 132

耳草 151

耳稃草（三脉草） 212

耳基卷柏 1

耳基水苋 44

二列叶柃 53

二色波罗蜜（小叶胭脂） 103

F

番石榴 56

翻白叶树 65

反枝苋 43

梵天花（狗脚迹） 67

饭甑青冈（猪仔笠） 100

方叶五月茶 68

飞龙掌血 123

飞扬草 71

芬芳安息香 140

粉单竹 207

粉防己 33

粉叶轮环藤 32

粉叶羊蹄甲 85

粪箕笃 33

风车草 203

蜂斗草（桑勒草） 60

风箱树 150

枫香树 96

枫杨 129

风筝果 67

凤凰润楠 28

凤尾蕨 6

凤丫蕨 9

佛冈拟兰 196

扶芳藤 114

伏石蕨 14

浮萍 193

福建观音座莲 2

福建假卫矛 115

福建青冈 100

傅氏凤尾蕨 7

馥芳艾纳香 163

G

赶山鞭 61

刚毛白勒 131

刚莠竹 212

岗柃 53

岗松 56

杠板归 41

高斑叶兰 199

高秆珍珠茅 207

高粱泡 81

割鸡芒（宽叶割鸡芒） 205

格木 86

革叶槭（樟叶槭） 126

葛（葛麻姆） 94

葛蕌葡萄（多曲葡萄） 122

根花薹草 203

弓果黍 211

弓果藤 149

钩刺雀梅藤 119

钩藤 157

狗肝菜 178

狗骨柴 150

狗脊 12

狗尾草 216

狗牙根 210

构棘（葨芝） 104

构树 104

菰腺忍冬（红腺忍冬） 157

谷木 59

谷木叶冬青 112

骨牌蕨 15

瓜馥木 22

栝楼 50

观光木　20
冠盖藤　76
光荚含羞草（簕仔树）　84
光里白　3
光亮山矾　142
光山香圆　127
光叶海桐　48
光叶山矾（光叶灰木）　141
光叶山黄麻　103
光叶紫玉盘　22
广东金叶子　134
广东琼楠　23
广东润楠　27
广东山龙眼　47
广东石豆兰　197
广东紫珠　180
广防风　183
广防己　33
广寄生　117
广西新木姜子　29
广州蓼菜　37
广州山柑（广州槌果藤）　36
广州蛇根草　155
鬼灯笼（白花灯笼）　181
鬼针草　162

H

海红豆　83
海金沙　4
海南海金沙　3
海南山姜（草豆蔻）　187
海芋　192
寒兰　198
含笑　19
韩信草　185
含羞草　84
蓼菜（塘葛菜）　37
旱莲草（鳢肠）　165
旱田草　176
禾串树（尖叶土蜜树）　69
荷莲豆　39
合萌　87
何首乌　40
褐苞薯蓣　195
黑老虎　21
黑面神　69
黑莎草　205
黑桫椤　5
黑叶谷木　60
黑叶小驳骨（大驳骨）　178
黑紫藜芦　190
黑足鳞毛蕨　13
红背山麻杆　68
红椿（红楝子）　125

红淡比　52
红冬蛇菰　117
红瓜　49
红花八角　20
红花寄生　116
红花酢浆草　44
红鳞蒲桃　57
红马蹄草　133
红楠　28
红色新月蕨　10
红丝线　173
红叶藤　128
红枝蒲桃　58
红枝崖爬藤　121
红锥　99
红紫珠　180
猴耳环　83
猴欢喜　64
猴头杜鹃　135
厚果崖豆藤　92
厚壳桂　24
厚皮香　54
厚叶冬青　113
厚叶鼠刺　76
厚叶素馨　144
厚叶算盘子　71
厚叶铁线莲　30
厚叶紫茎（圆萼折柄茶）　54
葫芦茶　95
胡氏青冈（雷公青冈）　100
胡枝子　92
槲蕨　16
虎耳草　39
虎皮楠　75
虎舌红　137
虎杖　41
花椒簕　124
花葶薹草　203
花头黄　208
华刺子莞　206
华凤仙　44
华马钱　143
华南赤车　109
华南桂（华南樟）　23
华南胡椒　34
华南鳞盖蕨　5
华南毛蕨　10
华南青皮木　116
华南远志（紫背金牛）　38
华南云实　85
华南皂荚　86
华南紫萁　2
华润楠　27
华山矾　141

华山姜　186
华腺萼木　154
华泽兰　166
华紫珠　179
画眉草　211
黄鹌菜　170
黄独（零余薯）　194
黄果厚壳桂　25
黄果榕　107
黄花败酱　159
黄花草（臭矢菜）　36
黄花大苞姜　187
黄花倒水莲　38
黄花蒿　160
黄花蝴蝶草　177
黄花稔　66
黄花小二仙草　46
黄花羊耳蒜　199
黄荆　182
黄葵　65
黄兰　19
黄兰　197
黄脉九节　156
黄毛冬青　111
黄毛猕猴桃　55
黄毛榕　105
黄毛五月茶　68
黄牛木　61
黄牛奶树　141
黄杞　129
黄绒润楠　27
黄桐　70
黄药　118
黄叶树（青蓝）　39
黄樟　24
黄栀子　151
黄珠子草　74
灰背清风藤　127
喙果黑面神　69
喙果鸡血藤　88
喙荚云实（南蛇簕）　85
箬竹　209
火力楠　19
火炭母　40
藿香蓟（胜红蓟）　160

J

鸡骨香　70
鸡矢藤　155
鸡眼草　91
鸡眼藤　153
笄石菖　202
蕺菜（鱼腥草）　35
棘茎楤木　130

蓟　163
寄生藤　117
鲫鱼胆　139
槠木　96
莱蒾　158
假臭草　165
假地豆（异果山绿豆）　90
假地蓝　89
假杜鹃　178
假蒟　34
假马齿苋　175
假苹婆　65
假柿木姜子（假柿树、柿叶木姜子）　26
假烟叶树　174
假鹰爪（酒饼叶）　21
假玉桂（华南朴、樟叶朴）　102
尖脉木姜子　25
尖山橙　145
尖尾芋　192
尖叶四照花　129
菅　217
建兰　197
见血青　199
剑叶耳草　151
剑叶凤尾蕨　7
剑叶鳞始蕨（双唇蕨）　6
剑叶木姜子　26
江南卷柏　1
江南星蕨　15
浆果薹草　202
交让木　75
角花胡颓子　119
角花乌蔹莓　120
绞股蓝（五叶神）　50
铰剪藤　148
接骨草　158
节节菜　45
截叶铁扫帚　92
金草　151
金疮小草　183
金灯藤（日本菟丝子）　175
金萼杜鹃　134
金花树　58
金剑草　156
金锦香　60
金毛狗　5
金钮扣　160
金钱豹（土党参）　171
金色狗尾草　216
金丝草　215
金线兰　196
金腰箭　168
金樱子　80
金盏银盘　162

锦地罗　39
锦香草　60
井栏边草　7
九丁榕（凸脉榕）　106
九节　156
九头狮子草　179
酒饼簕　122
菊芹　165
苣荬菜　168
聚花草　186
绢毛杜英　64
决明　87
蕨　6
蕨状薹草　203
爵床　179

K

苦郎藤（毛叶白粉藤）　120
苦蘵　173
宽药青藤（大青藤）　29
宽叶金粟兰　35
阔裂叶羊蹄甲　84
阔叶丰花草　149
阔叶猕猴桃　55
阔叶山麦冬　189
阔叶十大功劳　30

L

蓝叶藤　148
榄绿粗叶木　153
狼把草　162
郎伞木　137
狼尾草　215
老鼠矢　142
老鸦谷（繁穗苋）　43
筋党　124
了哥王　46
类芦　213
棱果花　58
冷饭藤　21
犁耙柯　102
犁头尖　193
梨叶悬钩子　81
篱栏网（鱼黄草）　175
鲎藤锥　98
栗柄凤尾蕨　7
栗褐薹草　202
荔枝叶红豆　93
枥子青冈　99
帘子藤　145
莲座紫金牛　138
镰翅羊耳蒜　200
镰羽贯众　12
链荚豆　87

链珠藤（念珠藤）　145
楝（苦楝）　125
楝叶吴茱萸（楝叶吴萸）　123
凉粉草　184
两耳草　214
两广黄檀　90
两广梭罗　65
两广杨桐　51
两面针　124
两歧飘拂草　204
亮叶猴耳环　84
裂叶秋海棠　51
临时救　170
鳞瓦韦　15
鳞籽莎　206
柃木　53
岭南臭椿　124
岭南杜鹃　135
岭南茉莉　144
岭南槭　126
岭南青冈　99
岭南山竹子　62
岭南柿　137
岭南酸枣　128
流苏贝母兰　197
流苏子　150
柳叶海金沙　4
柳叶蓬莱葛　142
柳叶石斑木（柳叶春花）　80
六棱菊　167
龙船花　152
龙师草　204
龙须藤　85
龙爪茅　211
龙珠果　49
楼梯草　108
芦苇　215
芦竹　209
鹿角锥（狗牙锥）　99
蓧蕨　4
露兜草　196
露籽草　213
卵叶桂　24
轮叶木姜子　27
轮叶蒲桃　57
轮钟花（长叶轮钟草）　171
罗浮买麻藤　18
罗浮泡花树　126
罗浮槭　126
罗浮柿　136
罗浮锥（白锥）　98
罗伞树　138
罗星草　170
裸花水竹叶　186

裸花紫珠　180
络石　146
绿冬青（亮叶冬青）　113
绿萼凤仙花　44

M

麻楝　125
马鮫儿（老鼠拉冬瓜）　50
马鞭草　182
马齿苋　40
马甲菝葜　191
马甲子　118
马兰　167
马松子　64
马唐　211
马尾松　17
马银花　135
马缨丹　182
麦冬　189
满江红　16
满山红　135
蔓草虫豆　88
蔓赤车　110
蔓胡颓子　119
蔓九节　156
蔓生莠竹　212
芒　213
芒萁　3
猫尾草　95
毛八角枫　130
毛草龙　45
毛刺蒴麻　63
毛冬青　113
毛萼清风藤　127
毛钩藤　157
毛果巴豆　70
毛果算盘子　71
毛果珍珠茅（珍珠茅）　207
毛花猕猴桃　55
毛鸡矢藤　155
毛棉杜鹃　135
毛排钱树　94
毛葡萄　122
毛稔　59
毛山矾　141
毛麝香　175
毛桃木莲　19
毛相思子　87
毛杨梅　97
毛叶轮环藤　32
毛叶肾蕨　13
毛毡草　163
毛轴莎草　204
毛轴铁角蕨　11

毛柱铁线莲　30
毛锥（毛槠）　98
茅膏菜　39
茅瓜　50
茅莓　81
美冠兰　198
美丽胡枝子　92
美丽鸡血藤（牛大力藤）　88
美脉花楸　82
美人蕉　188
美叶桐　101
米碎花（岗茶）　53
米槠（小红栲）　97
密苞山姜（箭秆风）　187
密花假卫矛　115
密花山矾　141
密花树　139
密花鱼藤　87
密毛乌口树　156
密子豆　94
闽粤千里光　168
膜叶脚骨脆（膜叶嘉赐树）　49
磨盘草（苘麻）　65
母草　176
牡蒿　161
牡荆　182
木防己　32
木芙蓉　65
木荷（荷树、荷木）　54
木荚红豆　93
木姜叶青冈　100
木槿　66
木蓝　91
木莲　18
木油桐　75
木竹子（多花山竹子）　62

N

南方荚蒾　158
南岭柞木　48
南山茶（广宁油茶、红花油茶）　52
南酸枣　127
楠藤　154
囊颖草　215
牛白藤　152
牛耳枫　75
牛筋草（蟋蟀草）　211
牛筋藤　108
牛皮消　147
牛茄子（颠茄）　174
牛虱草　211
牛矢果　145
牛尾菜　191
牛膝　42

牛膝菊　166
牛眼马钱　143
扭肚藤　143
纽子果　138
糯米团　109
女贞　144

P

排钱树　94
攀倒甑（白花败酱）　159
攀缘星蕨　15
刨花润楠　28
膨大短肠蕨　10
蟛蜞菊　169
枇杷　78
枇杷叶紫珠　180
苹（田字草）　16
瓶蕨　5
坡参　199
破布叶（布渣叶）　62
铺地黍　214
葡蟠　104
蒲桃　57
蒲桃叶悬钩子　81
朴树　102
普通针毛蕨　10

Q

七星莲（蔓茎堇菜）　37
七叶一枝花　190
荠　36
奇蒿　161
畦畔莎草　204
千根草（小飞扬）　71
千金藤　33
千里光　167
茜树　149
蔷薇莓（空心泡）　82
鞘花　116
茄叶斑鸠菊　169
琴叶榕　106
青茶香（青茶冬青）　112
青冈　100
青江藤　114
青皮竹　208
青藤公（尖尾榕）　105
青葙　43
青羊参　147
青榨槭　126
清香藤　144
秋枫　69
秋鼠麹草　166
球花脚骨脆（嘉赐树）　49
曲轴海金沙　3

全缘叶紫珠　180
雀梅藤　119
雀舌草　40

R

忍冬（金银花）　158
日本粗叶木　153
日本杜英　63
日本龙芽草（小花龙芽草）　77
日本蛇根草　155
绒毛润楠　28
榕树（小叶榕）　106
榕叶冬青　111
柔毛堇菜　38
柔弱斑种草　172
如意草（堇菜）　37
乳源木莲　19
软荚红豆　93
软弱杜茎山　139
箬叶竹（长耳箬竹）　208
箬竹　208

S

赛葵　66
三白草　35
三叉蕨　13
三叉苦　122
三点金　91
三花冬青　113
三尖杉　18
三俭草　206
三裂叶野葛　94
三蕊兰　200
三色鞘花　116
三叶鬼针草　162
三叶木通　31
三叶崖爬藤　121
三羽新月蕨　11
三褶脉紫菀　161
三褶虾脊兰　197
伞房花耳草　151
沙坝冬青　111
沙梨　79
山扁豆（含羞草决明）　86
山苍子（山鸡椒）　26
山橙　145
山杜英　64
山槐　83
山黄菊　160
山黄麻　103
山菅兰　189
山姜　187
山椒子　22
山桔（橘）　123

山菊　34
山莓　80
山牡荆　182
山蒲桃（李万蒲桃）　58
山石榴　150
山薯　195
山桐子　48
山乌桕　74
山香圆　127
山血丹（斑叶紫金牛）　138
山银花（华南忍冬）　157
山油柑　122
山芝麻　64
山指甲　144
杉木　17
珊瑚树　159
扇叶铁线蕨　9
鳝藤　145
少花柏拉木　59
少花海桐　48
少花龙葵　173
少穗飘拂草　205
少叶黄杞（白皮黄杞）　129
蛇床　132
蛇莓　77
蛇婆子　67
射干　194
深裂锈毛莓　82
深绿卷柏　1
深山含笑　20
肾蕨　13
狮子尾　193
十字臺草　202
石斑木（车轮梅、春花）　79
石笔木　55
石蝉草　34
石菖蒲　191
石柑子　193
石胡荽　163
石龙芮　30
石萝藦　148
石芒草　209
石榕　104
石生楼梯草　109
石松　1
石韦　15
石仙桃　200
石岩枫　73
使君子　60
首冠藤　85
绶草　201
书带蕨　9
疏齿木荷　54
疏花卫矛　115

蔬花耳草（两广耳草）　152
鼠刺（华鼠刺）　76
鼠麴草　166
鼠尾草　185
鼠尾粟　217
薯莨　194
薯蓣　195
树参　131
栓叶安息香　140
双盖蕨　10
水东哥　56
水锦树　157
水晶兰　136
水蓼　41
水龙　45
水茄　174
水芹　133
水石梓　137
水田白（小姬苗）　143
水同木　105
水团花　149
水翁　56
水蔗草　209
四子马蓝（黄猄草）　179
楤木　130
苏木　86
酸模芒（假淡竹叶）　210
酸藤子　138
酸味子（日本五月茶）　68
酸叶胶藤　146
算盘子　71
碎米荠　36
碎米莎草　204
穗花杉　18
穗序鹅掌柴　132
桫椤　5

T

胎生狗脊　12
台湾冬青　112
台湾毛楤木（黄毛楤木）　130
台湾榕　105
台湾相思　82
唐竹　209
桃金娘（岗稔）　56
桃叶珊瑚　129
桃叶石楠　79
藤槐（单叶豆）　88
藤黄檀　90
藤金合欢　82
藤榕　105
藤石松　1
天胡荽　133
天料木　49

天门冬　188
天仙果　105
天香藤　83
田菁　94
甜麻　62
甜槠　98
铁包金　118
铁冬青　113
铁榄　137
铁芒萁　3
铁山矾　142
铁苋菜　67
铁线蕨　8
铁轴草　185
通城虎　33
通泉草　176
铜锤玉带草　172
筒轴茅　215
土茯苓　191
土荆芥　42
土蜜树（逼迫子）　70
土牛膝　42
土人参　40
兔耳兰　198
菟丝子　174
团叶鳞始蕨　6
臀果木（臀形果）　79
脱毛忍冬　157
托竹　208
椭圆线柱苣苔（线柱苣苔）　177

W

娃儿藤　149
瓦韦　15
网络鸡血藤（昆明鸡血藤）　88
网脉琼楠　23
网脉山龙眼　47
网脉酸藤子　139
望江南　86
威灵仙　29
尾瓣舌唇兰　200
尾叶远志　38
卫矛　114
蚊母树　96
乌材　136
乌饭树　136
乌桕　74
乌蕨　6
乌蔹莓　120
乌毛蕨　12
乌药　25
无刺巴西含羞草　84
无根藤　23
无患子　125

吴茱萸　123
蜈蚣草　8
五层龙　115
五加　131
五节芒　213
五列木　55
五岭龙胆　170
五叶薯蓣　195
五月茶　68
五爪金龙　175
雾水葛　110

X

豨莶　168
锡叶藤　47
习见蓼（腋花蓼）　41
喜旱莲子草　42
喜树　130
细柄草　210
细柄蕈树（细柄阿丁枫）　95
细齿叶柃（亮叶柃）　54
细风轮菜（瘦风轮菜）　183
细花冬青（纤花冬青）　112
细毛鸭嘴草（纤毛鸭嘴草）　212
细叶黄杨（雀舌黄杨）　97
细叶石仙桃　200
细圆藤　33
细枝柃　53
细轴荛花　47
虾脊兰　197
虾钳菜　42
下田菊　160
下延叉蕨　13
纤冠藤　147
纤花耳草　152
仙茅　196
纤细雀梅藤　119
咸虾花　169
显齿蛇葡萄　120
显脉冬青（凸脉冬青）　111
显脉新木姜子　29
线萼山梗菜　172
线蕨　14
线纹香茶菜　184
腺柄山矾　141
腺萼马银花　134
腺叶桂樱　78
香茶菜　184
香附子　204
香港大沙叶　155
香港瓜馥木　22
香港黄檀　90
香港双蝴蝶　170
香港四照花　129

香港算盘子　72
香港鹰爪花　21
香膏萼距花　44
香桂　24
香花鸡血藤（山鸡血藤）　88
香花枇杷　77
香楠　149
香蒲桃　58
香薷　183
香丝草　163
香叶树　25
响铃豆　89
肖蒲桃　56
小果冬青　112
小果蔷薇　80
小果山龙眼　47
小果石笔木　55
小果香椿　125
小果叶下珠　73
小花黄堇　35
小花山小橘（山小橘）　123
小花鸢尾　194
小花蜘蛛抱蛋　188
小槐花　93
小木通　29
小蓬草（加拿大飞蓬）　164
小舌唇兰　201
小叶海金沙　4
小叶冷水花（透明草）　110
小叶买麻藤　18
小叶青冈（杨梅叶青冈）　101
小叶石楠　78
小叶乌药（小叶钓樟）　25
小叶五月茶　69
小鱼仙草　184
孝顺竹　207
斜基粗叶木　153
斜叶榕　107
心叶黄花稔　66
心叶樱（心叶黍）　214
心叶毛蕊茶　52
星毛冠盖藤　76
星毛金锦香（朝天罐）　60
星宿菜　171
杏香兔儿风　160
杏叶柯　101
秀柱花　96
锈毛莓　82
穴子蕨　16
血桐　72
蕈树（阿丁枫）　95

Y

鸦胆子　124

鸭公树　28
鸭舌草　190
鸭跖草　185
崖姜　16
烟草　173
烟斗柯（烟斗石栎）　101
芜菱菊　164
盐肤木　128
眼树莲（瓜子金）　146
艳山姜　187
秧青（南岭黄檀）　89
羊耳菊　167
羊角拗　146
羊角藤　154
羊乳　171
羊舌树　141
阳荷　188
阳桃　43
杨梅　97
杨梅叶蚊母树　95
杨桐（黄瑞木）　51
野百合　189
野甘草　177
野含笑　20
野蕉（野芭蕉）　186
野菊　164
野茉莉　140
野牡丹　59
野木瓜（七叶莲）　31
野漆树　128
野茼蒿（革命菜）　164
野鸦椿　127
野芋　193
野雉尾金粉蕨（野鸡尾）　8
叶下珠　74
夜花藤　32
夜来香　148
夜香牛　169
一把伞南星　192
一点红　165
一枝黄花　168
宜昌润楠　27
宜昌悬钩子（黄泡子）　80
异形南五味子　21
异叶茴芹　133
异叶鳞始蕨　6
异叶爬山虎　121
异叶榕　106

异株木犀榄　144
薏米　210
翼核果　119
阴石蕨　14
阴香　23
茵芋　123
银柴　69
银合欢　84
隐穗薹草　202
印度崖豆藤　92
鹰爪　21
楤树（中华楤）　83
硬秆子草　210
硬壳柯　101
硬毛木蓝　91
映山红　135
油杯子（怀德柿）　136
油茶　52
油桐　75
余甘子　73
鱼骨木　150
鱼眼菊　164
羽叶金合欢　83
玉叶金花　154
元宝草　61
圆苞杜根藤　178
圆盖阴石蕨　14
圆果雀稗　214
圆叶节节菜　45
圆叶南蛇藤　114
圆叶野扁豆　91
圆锥绣球　76
越南安息香　140
越南勾儿茶　117
越南叶下珠　73
粤蛇葡萄　120
云南桤叶树　133

Z

杂色榕（青果榕）　108
泽兰　166
粘木　67
樟树　24
樟叶泡花树（绿樟）　126
杖藤　195
爪哇脚骨脆（毛叶嘉赐树）　49
浙江润楠　27
珍珠莲　107

枝花李榄　144
蜘蛛抱蛋　188
枳椇　118
中华杜英　63
中华复叶耳蕨　12
中华里白　3
中华石楠　78
中华薹草　202
中华卫矛　115
中华锥花　184
中南鱼藤　90
钟萼粗叶木　153
钟花草　178
钟花樱桃（福建山樱花）　77
肿柄菊　168
皱叶狗尾草　216
皱叶忍冬　158
朱砂根　137
朱砂藤　147
猪肚木　150
猪屎豆　89
竹柏　17
竹根七　189
竹节树　61
竹叶草　213
竹叶兰　196
竹叶木姜子　26
竹叶榕　107
苎麻　108
柱果铁线莲　30
砖子苗　203
子凌蒲桃　57
紫背金盘　183
紫背三七（两色三七草）　166
紫背天葵　51
紫花络石　146
紫花前胡　132
紫麻　109
紫萁　2
紫苏（野生紫苏）　185
紫薇　45
紫玉盘　22
紫玉盘柯　102
棕叶狗尾草　216
棕叶芦　217
钻形紫菀　162
醉鱼草　142

拉丁名索引

A

Abelmoschus moschatus　65
Abrus pulchellus subsp. mollis　87
Abutilon indicum　65
Acacia concinna　82
Acacia confusa　82
Acacia pennata　83
Acalypha australis　67
Acer coriaceifolium　126
Acer davidii　126
Acer fabri　126
Acer tutcheri　126
Achyranthes aspera　42
Achyranthes bidentata　42
Acmella paniculata　160
Acmena acuminatissima　56
Acorus gramineus　191
Acronychia pedunculata　122
Actinidia eriantha　55
Actinidia fulvicoma　55
Actinidia latifolia　55
Adenanthera microsperma　83
Adenosma glutinosum　175
Adenostemma lavenia　160
Adiantum capillus-veneris　8
Adiantum caudatum　9
Adiantum flabellulatum　9
Adina pilulifera　149
Adinandra glischroloma　51
Adinandra millettii　51
Aeschynomene indica　87
Aganope thyrsiflora　87
Ageratum conyzoides　160
Aglaomorpha coronans　16
Agrimonia nipponica var. occidentatis　77
Aidia canthioides　149
Aidia cochinchinensis　149
Ailanthus triphysa　124
Ainsliaea fragrans　160
Ajuga decumbens　183
Ajuga nipponensis　183
Akebia trifoliata　31
Alangium chinense　130
Alangium kurzii　130
Albizia chinensis　83
Albizia corniculata　83

Albizia kalkora　83
Alchornea trewioides　68
Allantodia dilatata　10
Alniphyllum fortunei　140
Alocasia cucullata　192
Alocasia odora　192
Alpinia hainanensis　187
Alpinia japonica　187
Alpinia oblongifolia　186
Alpinia stachyodes　187
Alpinia zerumbet　187
Alsophila spinulosa　5
Alternanthera philoxeroides　42
Alternanthera sessilis　42
Altingia chinensis　95
Altingia gracilipes　95
Alysicarpus vaginalis　87
Alyxia sinensis　145
Amaranthus cruentus　43
Amaranthus retroflexus　43
Amentotaxus argotaenia　18
Ammannia auriculata　44
Amorphophallus yunnanensis　192
Ampelopsis cantoniensis　120
Ampelopsis grossedentata　120
Angelica decursiva　132
Angiopteris fokiensis　2
Anisomeles indica　183
Anisopappus chinensis　160
Anodendron affine　145
Anoectochilus roxburghii　196
Antenoron filiforme var. neofiliforme　40
Antidesma bunius　68
Antidesma fordii　68
Antidesma ghaesembilla　68
Antidesma japonicum　68
Antidesma montanum var. microphyllum　69
Aphananthe aspera　102
Apluda mutica　209
Aporosa dioica　69
Apostasia fogangica　196
Arachniodes chinensis　12
Aralia chinensis　130
Aralia decaisneana　130
Aralia echinocaulis　130
Archidendron clypearia　83
Archidendron lucidum　84

Ardisia crenata　137
Ardisia hanceana　137
Ardisia mamillata　137
Ardisia primulaefolia　138
Ardisia punctata　138
Ardisia quinquegona　138
Ardisia virens　138
Arisaema erubescens　192
Aristolochia fangchi　33
Aristolochia fordiana　33
Artabotrys hexapetalus　21
Artabotrys hongkongensis　21
Artemisia annua　160
Artemisia anomala　161
Artemisia argyi　161
Artemisia japonica　161
Artemisia lactiflora　161
Artocarpus hypargyreus　103
Artocarpus styracifolius　103
Arundina graminifolia　196
Arundinella nepalensis　209
Arundo donax　209
Asparagus cochinchinensis　188
Aspidistra elatior　188
Aspidistra minutiflora　188
Asplenium crinicaule　11
Asplenium nidus　11
Asplenium prolongatum　11
Aster ageratoides　161
Aster baccharoides　162
Aster subulatus　162
Atalantia buxifolia　122
Aucuba chinensis　129
Averrhoa carambola　43
Axonopus compressus　209
Azolla pinnata subsp. asiatica　16

B

Bacopa monnieri　175
Baeckea frutescens　56
Balanophora harlandii　117
Bambusa chungii　207
Bambusa eutuldoides　207
Bambusa multiplex　207
Bambusa pervariabilis　207
Bambusa textilis　208
Barleria cristata　178

Barthea barthei　58

Bauhinia apertilobata　84

Bauhinia championii　85

Bauhinia corymbosa　85

Bauhinia glauca　85

Begonia crassirostris　50

Begonia fimbristipula　51

Begonia handelii　51

Begonia palmata　51

Beilschmiedia fordii　23

Beilschmiedia tsangii　23

Belamcanda chinensis　194

Berchemia annamensis　117

Berchemia floribunda　118

Berchemia lineata　118

Bidens bipinnata　162

Bidens biternata　162

Bidens pilosa　162

Bidens tripartita　162

Bischofia javanica　69

Blastus cochinchinensis　58

Blastus dunnianus　58

Blastus pauciflorus　59

Blechnum orientale　12

Blumea aromatica　163

Blumea hieraciifolia　163

Blumea megacephala　163

Boehmeria nivea　108

Borreria latifolia　149

Bothriospermum zeylanicum　172

Bowringia callicarpa　88

Breynia fruticosa　69

Breynia rostrata　69

Bridelia balansae　69

Bridelia retusa　70

Bridelia tomentosa　70

Broussonetia kaempferi　104

Broussonetia kazinoki　104

Broussonetia papyrifera　104

Brucea javanica　124

Buddleja asiatica　142

Buddleja lindleyana　142

Bulbophyllum kwangtungense　197

Buxus bodinieri　97

Buxus henryi　97

Buxus megistophylla　97

Byttneria aspera　64

C

Caesalpinia crista　85

Caesalpinia minax　85

Caesalpinia sappan　86

Caesalpinia vernalis　86

Cajanus scarabaeoides　88

Calanthe discolor　197

Calanthe triplicata　197

Callerya dielsiana　88

Callerya reticulata　88

Callerya speciosa　88

Callerya tsui　88

Callicarpa cathayana　179

Callicarpa dichotoma　179

Callicarpa formosana　179

Callicarpa integerrima　180

Callicarpa kochiana　180

Callicarpa kwangtungensis　180

Callicarpa macrophylla　180

Callicarpa nudiflora　180

Callicarpa rubella　180

Calophyllum membranaceum　62

Camellia caudata　51

Camellia cordifolia　52

Camellia furfuracea　52

Camellia semiserrata　52

Camellia sinensis　52

Camellia oleifera　52

Campanumoea javanica　171

Camptotheca acuminata　130

Canna indica　188

Canscora andrographioides　170

Canthium dicoccum　150

Canthium horridum　150

Capillipedium assimile　210

Capillipedium parviflorum　210

Capparis acutifolia　36

Capparis cantoniensis　36

Capsella bursa-pastoris　36

Carallia brachiata　61

Cardamine hirsuta　36

Cardiospermum halicacabum　125

Carex baccans　202

Carex brunnea　202

Carex chinensis　202

Carex cruciata　202

Carex cryptostachys　202

Carex filicina　203

Carex radiciflora　203

Carex scaposa　203

Casearia glomerata　49

Casearia membranacea　49

Casearia velutina　49

Cassytha filiformis　23

Castanopsis carlesii　97

Castanopsis eyrei　98

Castanopsis faberi　98

Castanopsis fargesii　98

Castanopsis fissa　98

Castanopsis fordii　98

Castanopsis hystrix　99

Castanopsis kawakamii　99

Castanopsis lamontii　99

Catunaregam spinosa　150

Caulokaempferia coenobialis　187

Cayratia corniculata　120

Cayratia japonica　120

Celastrus gemmatus　114

Celastrus hindsii　114

Celastrus kusanoi　114

Celosia argentea　43

Celtis sinensis　102

Celtis timorensis　102

Centella asiatica　132

Centipeda minima　163

Centotheca lappacea　210

Cephalantheropsis gracilis　197

Cephalanthus tetrandrus　150

Cephalotaxus fortunei　18

Cerasus campanulata　77

Chamaecrista mimosoides　86

Cheilanthes tenuifolia　8

Cheilocostus speciosus　188

Chenopodium ambrosioides　42

Chirita sinensis　177

Chloranthus henryi　35

Choerospondias axillaris　127

Christia vespertilionis　89

Chukrasia tabularis　125

Cibotium barometz　5

Cinnamomum austrosinense　23

Cinnamomum burmannii　23

Cinnamomum camphora　24

Cinnamomum micranthum　24

Cinnamomum parthenoxylon　24

Cinnamomum rigidissimum　24

Cinnamomum subavenium　24

Cirsium japonicum　163

Cissus assamica　120

Cissus repens　120

Cleistocalyx operculatus　56

Clematis armandii　29

Clematis chinensis　29

Clematis crassifolia　30

Clematis meyeniana　30

Clematis uncinata　30

Cleome viscosa　36

Clerodendrum chinense　181

Clerodendrum chinense var. *simplex*　181

Clerodendrum cyrtophyllum　181

Clerodendrum fortunatum　181

Clerodendrum japonicum　181

Clethra delavayi　133

Cleyera japonica　52

Clinopodium gracile 183
Cnidium monnieri 132
Coccinia grandis 49
Cocculus orbiculatus 32
Codonacanthus pauciflorus 178
Codonopsis lanceolata 171
Coelogyne fimbriata 197
Coix lacryma-jobi var. ma-yuen 210
Colocasia antiquorum 193
Colysis elliptica 14
Colysis hemionitidea 14
Commelina communis 185
Commelina paludosa 186
Coniogramme japonica 9
Conyza bonariensis 163
Conyza canadensis 164
Conyza japonica 164
Coptosapelta diffusa 150
Corchorus aestuans 62
Corydalis racemosa 35
Cotula anthemoides 164
Craibiodendron scleranthum var.
    kwangtungense 134
Crassocephalum crepidioides 164
Cratoxylum cochinchinense 61
Crotalaria albida 89
Crotalaria ferruginea 89
Crotalaria pallida 89
Croton lachnocarpus 70
Croton tiglium 70
Croton crassifolius 70
Cryptocarya chinensis 24
Cryptocarya concinna 25
Cryptolepis sinensis 146
Cunninghamia lanceolata 17
Cuphea balsamona 44
Curculigo orchioides 196
Cuscuta chinensis 174
Cuscuta japonica 175
Cyclea barbata 32
Cyclea hypoglauca 32
Cyclobalanopsis blakei 99
Cyclobalanopsis championii 99
Cyclobalanopsis chungii 100
Cyclobalanopsis fleuryi 100
Cyclobalanopsis glauca 100
Cyclobalanopsis hui 100
Cyclobalanopsis litseoides 100
Cyclobalanopsis multinervis 100
Cyclobalanopsis myrsinifolia 101
Cyclocodon lancifolius 171
Cyclosorus parasiticus 10
Cymbidium ensifolium 197
Cymbidium floribundum 198

Cymbidium kanran 198
Cymbidium lancifolium 198
Cynanchum auriculatum 147
Cynanchum corymbosum 147
Cynanchum officinale 147
Cynanchum otophyllum 147
Cynodon dactylon 210
Cyperus cyperoides 203
Cyperus flabelliformis 203
Cyperus haspan 204
Cyperus iria 204
Cyperus pilosus 204
Cyperus rotundus 204
Cyrtococcum patens 211
Cyrtomium balansae 12

D

Dactyloctenium aegyptium 211
Dalbergia assamica 89
Dalbergia benthamii 90
Dalbergia hancei 90
Dalbergia millettii 90
Daphne championii 46
Daphne papyracea 46
Daphniphyllum calycinum 75
Daphniphyllum macropodum 75
Daphniphyllum oldhamii 75
Dendranthema indicum 164
Dendrobenthamia angustata 129
Dendrobenthamia hongkongensis 129
Dendrocalamopsis oldhamii 208
Dendropanax dentiger 131
Dendropanax proteus 131
Dendrotrophe varians 117
Derris fordii 90
Desmodium heterocarpon 90
Desmodium triflorum 91
Desmos chinensis 21
Dianella ensifolia 189
Dichroa febrifuga 76
Dichrocephala integrifolia 164
Dicliptera chinensis 178
Dicranopteris dichotoma 3
Dicranopteris linearis 3
Digitaria sanguinalis 211
Dioscorea benthamii 194
Dioscorea bulbifera 194
Dioscorea cirrhosa 194
Dioscorea fordii 195
Dioscorea opposita 195
Dioscorea pentaphylla 195
Dioscorea persimilis 195
Dioscorea persimilis 195
Diospyros eriantha 136

Diospyros morrisiana 136
Diospyros tsangii 136
Diospyros tutcheri 137
Diplazium donianum 10
Diplazium subsinuatum 10
Diplopterygium chinensis 3
Diplopterygium laevissimum 3
Diplospora dubia 150
Dischidia chinensis 146
Disporopsis fuscopicta 189
Distylium myricoides 95
Distylium racemosum 96
Drosera peltata 39
Drosera burmanni 39
Drymaria cordata 39
Drynaria fortunei 16
Dryopteris fuscipes 13
Dryopteris podophylla 13
Duchesnea indica 77
Dunbaria rotundifolia 91

E

Eclipta prostrata 165
Ehretia longiflora 173
Elaeagnus glabra 119
Elaeagnus gonyanthes 119
Elaeocarpus chinensis 63
Elaeocarpus decipiens 63
Elaeocarpus japonicus 63
Elaeocarpus nitentifolius 64
Elaeocarpus sylvestris 64
Elatostema involucratum 108
Elatostema rupestre 109
Eleocharis tetraquetra 204
Elephantopus scaber 165
Elephantopus tomentosus 165
Eleusine indica 211
Eleutherococcus gracilistylus 131
Eleutherococcus setosus 131
Eleutherococcus trifoliatus 131
Elsholtzia ciliata 183
Embelia laeta 138
Embelia parviflora 138
Embelia ribes 138
Embelia rudis 139
Embelia vestita 139
Emilia sonchifolia 165
Endospermum chinense 70
Engelhardia fenzlii 129
Engelhardia roxburghiana 129
Enkianthus quinqueflorus 134
Epigeneium fargesii 198
Equisetum ramosissimum subsp. debile 2
Eragrostis pilosa 211

Eragrostis unioloides　211
Erechtites valerianaefolia　165
Eriobotrya cavaleriei　77
Eriobotrya fragrans　77
Eriobotrya japonica　78
Erycibe obtusifolia　175
Eryngium foetidum　133
Erythrophleum fordii　86
Eulophia graminea　198
Euonymus alatus　114
Euonymus centidens　114
Euonymus fortunei　114
Euonymus hederaceus　115
Euonymus laxiflorus　115
Euonymus nitidus　115
Eupatorium catarium　165
Eupatorium chinense　166
Eupatorium japonicum　166
Euphorbia hirta　71
Euphorbia thymifolia　71
Eurya alata　53
Eurya chinensis　53
Eurya distichophylla　53
Eurya groffii　53
Eurya japonica　53
Eurya loquaiana　53
Eurya nitida　54
Euscaphis japonica　127
Eustigma oblongifolium　96
Evodia fargesii　122
Evodia glabrifolia　123
Evodia lepta　122
Evodia rutaecarpa　123
Exbucklandia tonkinensis　96

F

Ficus abelii　104
Ficus erecta var. *beecheyana*　105
Ficus esquiroliana　105
Ficus fistulosa　105
Ficus formosana　105
Ficus harmandii　105
Ficus hederacea　105
Ficus heteromorpha　106
Ficus hirta　106
Ficus microcarpa　106
Ficus nervosa　106
Ficus pandurata　106
Ficus pumila　107
Ficus pyriformis　107
Ficus sarmentosa var. *henryi*　107
Ficus stenophylla　107
Ficus subpisocarpa　108
Ficus tinctoria subsp. *gibbosa*　107

Ficus variegata　108
Ficus variolosa　108
Ficus vasculosa　107
Fimbristylis dichotoma　204
Fimbristylis schoenoides　205
Fissistigma glaucescens　22
Fissistigma oldhamii　22
Fissistigma uonicum　22
Flemingia macrophylla　91
Floscopa scandens　186
Fortunella hindsii　123
Fraxinus chinensis　143

G

Gahnia tristis　205
Galinsoga parviflora　166
Garcinia multiflora　62
Garcinia oblongifolia　62
Gardenia jasminoides　151
Gardneria lanceolata　142
Garnotia patula　212
Gelsemium elegans　143
Gentiana davidii　170
Geophila repens　151
Gironniera subaequalis　103
Gleditsia fera　86
Glochidion eriocarpum　71
Glochidion hirsutum　71
Glochidion puberum　71
Glochidion wrightii　72
Glochidion lanceolarium　72
Glochidion zeylanicum　72
Glycosmis parviflora　123
Gnaphalium affine　166
Gnaphalium hypoleucum　166
Gnetum luofuense　18
Gnetum parvifolium　18
Gomphostemma chinense　184
Gongronema nepalense　147
Gonostegia hirta　109
Goodyera procera　199
Gordonia axillaris　54
Grewia biloba　62
Gymnema sylvestre　148
Gymnosphaera podophylla　5
Gynostemma pentaphyllum　50
Gynura bicolor　166
Gynura divaricata　167

H

Habenaria linguella　199
Habenaria rhodocheila　199
Haloragis chinensis　46
Hedera nepalensis var. *sinensis*　131

Hedyotis acutangula　151
Hedyotis auricularia　151
Hedyotis caudatifolia　151
Hedyotis corymbosa　151
Hedyotis diffusa　152
Hedyotis hedyotidea　152
Hedyotis matthewii　152
Hedyotis tenellifloa　152
Hedyotis uncinella　152
Helicia cochinchinensis　47
Helicia kwangtungensis　47
Helicia reticulata　47
Helicteres angustifolia　64
Heteropanax brevipedicellatus　132
Heterosmilax septemnervia　190
Heterostemma oblongifolium　148
Hibiscus mutabilis　65
Hibiscus syriacus　66
Hiptage benghalensis　67
Holostemma annulare　148
Homalium cochinchinense　49
Houttuynia cordata　35
Hovenia acerba　118
Humata repens　14
Humata tyermanni　14
Hydrangea paniculata　76
Hydrocotyle nepalensis　133
Hydrocotyle sibthorpioides　133
Hypericum attenuatum　61
Hypericum japonicum　61
Hypericum sampsonii　61
Hypolytrum nemorum　205
Hypserpa nitida　32

I

Idesia polycarpa　48
Ilex asprella　110
Ilex buergeri　110
Ilex championii　111
Ilex chapaensis　111
Ilex dasyphylla　111
Ilex editicostata　111
Ilex elmerrilliana　113
Ilex ficoidea　111
Ilex formosana　112
Ilex graciliflora　112
Ilex hanceana　112
Ilex macrocarpa　112
Ilex memecylifolia　112
Ilex micrococca　112
Ilex pubescens　113
Ilex rotunda　113
Ilex triflora　113
Ilex viridis　113

Illicium dunnianum 20

Illicium verum 20

Illigera celebica 29

Impatiens chinensis 44

Impatiens chlorosepala 44

Imperata cylindrica var. *major* 212

Indigofera hirsuta 91

Indigofera tinctoria 91

Indocalamus longiauritus 208

Indocalamus tessellatus 208

Inula cappa 167

Ipomoea cairica 175

Iris speculatrix 194

Ischaemum ciliare 212

Isodon amethystoides 184

Isodon lophanthoides 184

Itea chinensis 76

Itea coriacea 76

Ixonanthes chinensis 67

Ixora chinensis 152

J

Jasminum elongatum 143

Jasminum lanceolarium 144

Jasminum laurifolium 144

Jasminum pentaneurum 144

Juncus effusus 201

Juncus prismatocarpus 202

Justicia championii 178

Justicia ventricosa 178

K

Kadsura coccinea 21

Kadsura heteroclita 21

Kadsura oblongifolia 21

Kalimeris indica 167

Kummerowia striata 91

Kyllinga brevifolia 205

Kyllinga nemoralis 205

L

Lagerstroemia indica 45

Laggera alata 167

Lantana camara 182

Lapsana apogonoides 167

Lasia spinosa 193

Lasianthus chinensis 153

Lasianthus japonicus 153

Lasianthus japonicus var. *lancilimbus* 153

Lasianthus trichophlebus 153

Lasianthus wallichii 153

Laurocerasus phaeosticta 78

Laurocerasus spinulosa 78

Laurocerasus zippeliana 78

Lemmaphyllum microphyllum 14

Lemna minor 193

Lepidium didymum 37

Lepidogrammitis rostrata 15

Lepidosperma chinense 206

Lepisorus oligolepidus 15

Lepisorus thunbergianus 15

Lespedeza bicolor 92

Lespedeza cuneata 92

Lespedeza thunbergii subsp. *formosa* 92

Leucaena leucocephala 84

Ligustrum lucidum 144

Ligustrum sinense 144

Lilium brownii 189

Lindera aggregata 25

Lindera aggregata var. *playfairii* 25

Lindera communis 25

Lindernia anagallis 176

Lindernia ciliata 176

Lindernia crustacea 176

Lindernia ruellioides 176

Lindsaea ensifolia 6

Lindsaea heterophylla 6

Lindsaea orbiculata 6

Linociera ramiflora 144

Liparis bootanensis 200

Liparis luteola 199

Liparis nervosa 199

Liquidambar formosana 96

Liriope muscari 189

Lithocarpus amygdalifolius 101

Lithocarpus calophyllus 101

Lithocarpus corneus 101

Lithocarpus glaber 101

Lithocarpus hancei 101

Lithocarpus silvicolarum 102

Lithocarpus uvariifolius 102

Litsea acutivena 25

Litsea cubeba 26

Litsea elongata 26

Litsea lancifolia 26

Litsea monopetala 26

Litsea pseudoelongata 26

Litsea rotundifolia var. *oblongifolia* 26

Litsea verticillata 27

Lobelia alsinoides 172

Lobelia chinensis 172

Lobelia melliana 172

Lobelia nummularia 172

Lonicera calvescens 157

Lonicera confusa 157

Lonicera hypoglauca 157

Lonicera japonica 158

Lonicera macrantha 158

Lonicera rhytidophylla 158

Lophatherum gracile 212

Loropetalum chinense 96

Ludwigia hyssopifolia 45

Ludwigia octovalvis 45

Ludwigia adscendens 45

Lycianthes biflora 173

Lycopodiastrum casuarinoides 1

Lycopodium japonicum 1

Lygodium conforme 3

Lygodium flexuosum 3

Lygodium japonicum 4

Lygodium salicifolium 4

Lygodium scandens 4

Lysimachia congestiflora 170

Lysimachia fortunei 171

M

Macaranga sampsonii 72

Macaranga tanarius 72

Machilus breviflora 27

Machilus chekiangensis 27

Machilus chinensis 27

Machilus grijsii 27

Machilus ichangensis 27

Machilus kwangtungensis 27

Machilus pauhoi 28

Machilus phoenicis 28

Machilus thunbergii 28

Machilus velutina 28

Maclura cochinchinensis 104

Macrosolen cochinchinensis 116

Macrosolen tricolor 116

Macrothelypteris torresiana 10

Maesa japonica 139

Maesa perlarius 139

Maesa tenera 139

Mahonia bealei 30

Mahonia shenii 31

Malaisia scandens 108

Mallotus apelta 72

Mallotus paniculatus 73

Mallotus repandus 73

Mallotus philippensis 73

Malvastrum coromandelianum 66

Manglietia fordiana 18

Manglietia moto 19

Manglietia yuyuanensis 19

Mappianthus iodoides 116

Marsdenia tinctoria 148

Marsilea quadrifolia 16

Mazus pumilus 176

Mecodium badium 4

Mecodium osmundoides 4

Melastoma dodecandrum　59

Melastoma malabathricum　59

Melastoma sanguineum　59

Melia azedarach　125

Meliosma fordii　126

Meliosma squamulata　126

Melochia corchorifolia　64

Melodinus fusiformis　145

Melodinus suaveolens　145

Memecylon ligustrifolium　59

Memecylon nigrescens　60

Merremia hederacea　175

Mesona chinensis　184

Michelia × *alba*　19

Michelia champaca　19

Michelia figo　19

Michelia macclurei var. *sublanea*　19

Michelia maudiae　20

Michelia skinneriana　20

Microcos paniculata　62

Microlepia hancei　5

Microsorium buergerianum　15

Microsorium fortunei　15

Microstegium ciliatum　212

Microstegium fasciculatum　212

Microtropis fokienensis　115

Microtropis gracilipes　115

Millettia pachycarpa　92

Millettia pulchra　92

Mimosa bimucronata　84

Mimosa diplotricha var. *inermis*　84

Mimosa pudica　84

Miscanthus floridulus　213

Miscanthus sinensis　213

Mitrasacme pygmaea　143

Monochoria vaginalis　190

Monotropa uniflora　136

Morinda officinalis　153

Morinda parvifolia　153

Morinda umbellata subsp. *obovata*　154

Mosla dianthera　184

Mucuna birdwoodiana　93

Murdannia nudiflora　186

Musa balbisiana　186

Mussaenda erosa　154

Mussaenda esquirolii　154

Mussaenda pubescens　154

Mycetia sinensis　154

Myrica esculenta　97

Myrica rubra　97

N

Nageia fleuryi　17

Nageia nagi　17

Neolitsea chui　28

Neolitsea kwangsiensis　29

Neolitsea levinei　29

Neolitsea phanerophlebia　29

Nephrolepis auriculata　13

Nephrolepis brownii　13

Neuwiedia singapureana　200

Neyraudia reynaudiana　213

Nicotiana tabacum　173

O

Oenanthe javanica　133

Ohwia caudata　93

Olea dioica　144

Onychium japonicum　8

Ophiopogon japonicus　189

Ophiorrhiza cantoniensis　155

Ophiorrhiza japonica　155

Ophiorrhiza pumila　155

Oplismenus compositus　213

Oreocharis auricula　177

Oreocharis benthamii　177

Oreocnide frutescens　109

Ormosia semicastrata f. *litchifolia*　93

Ormosia semicastrata　93

Ormosia xylocarpa　93

Osbeckia chinensis　60

Osbeckia stellata　60

Osmanthus matsumuranus　145

Osmunda japonica　2

Osmunda vachellii　2

Ottochloa nodosa　213

Oxalis corniculata　43

Oxalis corymbosa　44

P

Paederia scandens　155

Paederia scandens var. *tomentosa*　155

Palhinhaea cernua　1

Paliurus ramosissimus　118

Pandanus austrosinensis　196

Panicum brevifolium　214

Panicum maximum　214

Panicum notatum　214

Panicum repens　214

Paris polyphylla　190

Parthenocissus austro-orientalis　121

Parthenocissus heterophylla　121

Parthenocissus tricuspidata　121

Paspalum conjugatum　214

Paspalum scrobiculatum var. *orbiculare*　214

Passiflora foetida　49

Patrinia scabiosifolia　159

Patrinia villosa　159

Pavetta hongkongensis　155

Pellionia brevifolia　109

Pellionia grijsii　109

Pellionia radicans　110

Pellionia scabra　110

Pennisetum alopecuroides　215

Pentaphylax euryoides　55

Pentasachme caudatum　148

Peperomia blanda　34

Peperomia pellucida　34

Pericampylus glaucus　33

Perilla frutescens var. *acuta*　185

Peristrophe japonica　179

Phaius flavus　200

Pholidota cantonensis　200

Pholidota chinensis　200

Photinia beauverdiana　78

Photinia parvifolia　78

Photinia prunifolia　79

Phragmites australis　215

Phyllagathis cavaleriei　60

Phyllanthus urinaria　74

Phyllanthus virgatus　74

Phyllanthus cochinchinensis　73

Phyllanthus emblica　73

Phyllanthus reticulatus　73

Phyllodium elegans　94

Phyllodium pulchellum　94

Physalis angulata　173

Pilea microphylla　110

Pileostegia tomentella　76

Pileostegia viburnoides　76

Pimpinella diversifolia　133

Pinus massoniana　17

Piper austrosinense　34

Piper hancei　34

Piper sarmentosum　34

Pittosporum glabratum　48

Pittosporum pauciflorum　48

Plantago major　171

Platanthera mandarinorum　200

Platanthera minor　201

Pleione bulbocodioides　201

Podocarpus neriifolius　17

Pogonatherum crinitum　215

Polygala caudata　38

Polygala chinensis　38

Polygala fallax　38

Polygonatum cyrtonema　190

Polygonum chinense　40

Polygonum hastatosagittatum　41

Polygonum hydropiper　41

Polygonum multiflorum　40

Polygonum perfoliatum　41

Polygonum plebeium　41

Portulaca oleracea　40

Pothos chinensis　193

Pottsia laxiflora　145

Pouzolzia zeylanica　110

Premna microphylla　182

Pronephrium lakhimpurense　10

Pronephrium simplex　11

Pronephrium triphyllum　11

Prosaptia khasyana　16

Pseudosasa cantori　208

Pseudosasa hindsii　209

Psidium guajava　56

Psychotria rubra　156

Psychotria serpens　156

Psychotria straminea　156

Pteridium aquilinum var. *latiusculum*　6

Pteris cretica var. *nervosa*　6

Pteris dispar　7

Pteris ensiformis　7

Pteris fauriei　7

Pteris multifida　7

Pteris plumbea　7

Pteris semipinnata　8

Pteris vittata　8

Pterocarya stenoptera　129

Pterospermum heterophyllum　65

Pueraria montana　94

Pueraria phaseoloides　94

Pycnospora lutescens　94

Pygeum topengii　79

Pyrrosia lingua　15

Pyrus calleryana　79

Pyrus pyrifolia　79

Q

Quisqualis indica　60

R

Ranunculus sceleratus　30

Rapanea neriifolia　139

Reevesia thyrsoidea　65

Reynoutria japonica　41

Rhamnus crenata　118

Rhamnus longipes　118

Rhaphidophora hongkongensis　193

Rhaphiolepis indica　79

Rhaphiolepis salicifolia　80

Rhododendron bachii　134

Rhododendron cavaleriei　134

Rhododendron championae　134

Rhododendron chrysocalyx　134

Rhododendron farrerae　135

Rhododendron mariae　135

Rhododendron mariesii　135

Rhododendron moulmainense　135

Rhododendron ovatum　135

Rhododendron simiarum　135

Rhododendron simsii　135

Rhodomyrtus tomentosa　56

Rhus chinensis　128

Rhus chinensis var. *roxburghii*　128

Rhynchospora chinensis　206

Rhynchospora corymbosa　206

Rhynchospora rubra　206

Rhynchospora rugosa subsp. *borwnii*　206

Rhynchotechum ellipticum　177

Ricinus communis　74

Rorippa indica　37

Rorippa cantoniensis　37

Rosa cymosa　80

Rosa laevigata　80

Rostellularia procumbens　179

Rotala rotundifolia　45

Rotala indica　45

Rottboellia cochinchinensis　215

Rourea microphylla　128

Rourea santaloides　128

Rubia alata　156

Rubia argyi　156

Rubus alceifolius　80

Rubus corchorifolius　80

Rubus ichangensis　80

Rubus jambosoides　81

Rubus lambertianus　81

Rubus leucanthus　81

Rubus parvifolius　81

Rubus pirifolius　81

Rubus reflexus　82

Rubus reflexus　82

Rubus rosifolius　82

Rumex trisetifer　42

S

Sabia discolor　127

Sabia limoniacea　127

Saccharum arundinaceum　216

Sacciolepis indica　215

Sageretia gracilis　119

Sageretia hamosa　119

Sageretia thea　119

Salacia chinensis　115

Salomonia cantoniensis　38

Salvia japonica　185

Sambucus chinensis　158

Sapindus saponaria　125

Sarcandra glabra　35

Sarcosperma laurinum　137

Sargentodoxa cuneata　32

Saurauia tristyla　56

Saururus chinensis　35

Saxifraga stolonifera　39

Schefflera delavayi　132

Schefflera heptaphylla　132

Schima remotiserrata　54

Schima superba　54

Schoepfia chinensis　116

Scleria levis　207

Scleria terrestris　207

Scoparia dulcis　177

Scurrula parasitica　116

Scutellaria indica　185

Selaginella doederleinii　1

Selaginella limbata　1

Selaginella moellendorffii　1

Selaginella uncinata　2

Senecio scandens　167

Senecio stauntonii　168

Senna occidentalis　86

Senna tora　87

Sesbania cannabina　94

Setaria glauca　216

Setaria palmifolia　216

Setaria plicata　216

Setaria viridis　216

Sida acuta　66

Sida cordifolia　66

Sida rhombifolia　66

Siegesbeckia orientalis　168

Sinobambusa tootsik　209

Sinosideroxylon wightianum　137

Skimmia reevesiana　123

Sloanea sinensis　64

Smilax china　191

Smilax glabra　191

Smilax lanceifolia　191

Smilax lanceifolia var. *opaca*　191

Smilax riparia　191

Solanum americanum　173

Solanum erianthum　174

Solanum lyratum　174

Solanum surattense　174

Solanum torvum　174

Solena amplexicaulis　50

Solidago decurrens　168

Sonchus wightianus　168

Sonerila cantonensis　60

Sorbus caloneura　82

Sphaerocaryum malaccense　216

Sphenomeris chinensis　6

Spiranthes sinensis　201

Spondias lakonensis　128

Sporobolus fertilis　217
Stauntonia chinensis　31
Stauntonia maculata　31
Stauntonia obovata　31
Stellaria uliginosa　40
Stephania japonica　33
Stephania longa　33
Stephania tetrandra　33
Sterculia lanceolata　65
Stewartia crassifolia　54
Strobilanthes tetrasperma　179
Strophanthus divaricatus　146
Strychnos angustiflora　143
Strychnos cathayensis　143
Styrax faberi　140
Styrax japonicus　140
Styrax odoratissimus　140
Styrax suberifolius　140
Styrax tonkinensis　140
Symplocos adenopus　141
Symplocos chinensis　141
Symplocos congesta　141
Symplocos glauca　141
Symplocos groffii　141
Symplocos lancifolia　141
Symplocos laurina　141
Symplocos lucida　142
Symplocos pseudobarberina　142
Symplocos stellaris　142
Synedrella nodiflora　168
Syzygium buxifolium　57
Syzygium championii　57
Syzygium grijsii　57
Syzygium hancei　57
Syzygium jambos　57
Syzygium levinei　58
Syzygium rehderianum　58
Syzygium odoratum　58

T

Tadehagi triquetrum　95
Tainia dunnii　201
Talinum paniculatum　40
Tarenna mollissima　156
Taxillus chinensis　117
Tectaria decurrens　13
Tectaria subtriphylla　13
Telosma cordata　148
Ternstroemia gymnanthera　54
Tetracera asiatica　47
Tetrastigma erubescens　121

Tetrastigma hemsleyanum　121
Tetrastigma planicaule　121
Teucrium quadrifarium　185
Themeda villosa　217
Thysanolaena latifolia　217
Tithonia diversifolia　168
Toddalia asiatica　123
Toona ciliata　125
Toona sureni　125
Torenia flava　177
Toxicodendron succedaneum　128
Toxocarpus wightianus　149
Trachelospermum axillare　146
Trachelospermum jasminoides　146
Tradica sebiferum　74
Trema cannabina　103
Trema tomentosa　103
Triadica cochinchinensis　74
Trichomanes auriculata　5
Trichosanthes kirilowii　50
Tripterospermum nienkui　170
Triumfetta annua　63
Triumfetta cana　63
Triumfetta rhomboidea　63
Tsoongiodendron odorum　20
Turpinia arguta　127
Turpinia glaberrima　127
Tutcheria championii　55
Tutcheria microcarpa　55
Tylophora ovata　149
Typhonium blumei　193

U

Uncaria hirsuta　157
Uncaria rhynchophylla　157
Uraria crinita　95
Urceola rosea　146
Urena lobata　67
Urena procumbens　67
Uvaria boniana　22
Uvaria grandiflora　22
Uvaria macrophylla　22

V

Vaccinium bracteatum　136
Vaccinium carlesii　136
Ventilago leiocarpa　119
Veratrum japonicum　190
Verbena officinalis　182
Vernicia fordii　75
Vernicia montana　75

Vernonia cinerea　169
Vernonia cumingiana　169
Vernonia patula　169
Vernonia solanifolia　169
Viburnum dilatatum　158
Viburnum fordiae　158
Viburnum hanceanum　159
Viburnum lutescens　159
Viburnum odoratissimum　159
Viburnum sempervirens　159
Viola diffusa　37
Viola inconspicua　37
Viola principis　38
Viola arcuata　37
Viscum multinerve　117
Vitex negundo　182
Vitex negundo var. *cannabifolia*　182
Vitex quinata　182
Vitis flexuosa　122
Vitis heyneana　122
Vittaria elongata　9
Vittaria flexuosa　9

W

Waltheria indica　67
Wedelia chinensis　169
Wendlandia uvariifolia　157
Wikstroemia indica　46
Wikstroemia monnula　46
Wikstroemia nutans　47
Woodwardia japonica　12
Woodwardia prolifera　12

X

Xanthium strumarium　170
Xanthophyllum hainanense　39
Xylosma controversa　48
Xylosma longifolia　48

Y

Youngia japonica　170

Z

Zanthoxylum avicennae　124
Zanthoxylum myriacanthum　124
Zanthoxylum nitidum　124
Zanthoxylum scandens　124
Zehneria indica　50
Zingiber striolatum　188